中文版

AutoCAD 2015 室内装饰装潢技法精讲

孙文君 编著

北京希望电子出版社
Beijing Hope Electronic Press
www.bhp.com.cn

内 容 简 介

本书全面介绍如何使用 AutoCAD 针对室内装饰装潢进行设计。AutoCAD 软件具有良好的用户界面，通过交互菜单或命令行的方式便可以进行各种操作。AutoCAD 软件的多文档设计环境，让非计算机专业人员也能很快地学会使用该软件。AutoCAD 软件具有广泛的适应性，它可以在各种操作系统支持的微型计算机和工作站上运行。

本书共 15 章，详细讲解了 AutoCAD 2015 的各种常用技术，具体包括 AutoCAD 2015 入门知识，室内设计的必备理论知识，AutoCAD 的图层和绘图环境的设置，绘制基本的二维图形，图形的编辑与修改，填充图案，创建和插入图块，文字说明的创建与应用，图形尺寸的标注，文件的布局，打印与输出发布，常用室内设施图的绘制，绘制室内平面图，绘制室内立面图，绘制室内详图，以及绘制室内照明图纸。本书包含的技术要点全面，表现技法讲解详细，非常适合 AutoCAD 艺术设计、室内设计等相关专业的初学者系统学习。

图书在版编目（CIP）数据

中文版 AutoCAD 2015 室内装饰装潢技法精讲 / 孙文君编著. -- 北京 : 北京希望电子出版社, 2016.4

ISBN 978-7-83002-227-3

Ⅰ. ①中… Ⅱ. ①孙… Ⅲ. ①室内装饰设计－计算机辅助设计－AutoCAD 软件 Ⅳ. ①TU238-39

中国版本图书馆 CIP 数据核字(2016)第 044942 号

出版：北京希望电子出版社
地址：北京市海淀区中关村大街 22 号
中科大厦 A 座 9 层
邮编：100190
网址：www.bhp.com.cn
电话：010-62978181（总机）转发行部
010-82702675（邮购）
传真：010-82702698
经销：各地新华书店

封面：深度文化
编辑：周卓琳
校对：刘 伟
开本：787mm×1092mm 1/16
印张：23
字数：545 千字
印刷：北京昌联印刷有限公司
版次：2016 年 4 月 1 版 1 次印刷

定价： 55.00 元（配 1 张 DVD 光盘）

前言

AutoCAD软件是由美国欧特克有限公司（Autodesk）出品的一款自动计算机辅助设计软件，可以用于绘制二维制图和基本三维设计，通过它无需懂得编程，即可自动制图。该软件在全球得到广泛使用，可以用于土木建筑、装饰装潢、工业制图、工程制图、电子工业、服装加工等多方面的领域。

AutoCAD软件具有良好的用户界面，通过交互菜单或命令行的方式便可以进行各种操作。AutoCAD软件的多文档设计环境，让非计算机专业人员也能很快地学会使用该软件。AutoCAD软件具有广泛的适应性，它可以在各种操作系统支持的微型计算机和工作站上运行。

本书内容

本书共15章，详细讲解了AutoCAD 2015的各种常用技术，具体包括AutoCAD 2015入门知识，室内设计的必备理论知识，AutoCAD的图层和绘图环境的设置，绘制基本的二维图形，图形的编辑与修改，填充图案，创建和插入图块，文字说明的创建与应用，图形尺寸的标注，文件的布局、打印与输出发布，常用室内设施图的绘制，绘制室内平面图，绘制室内立面图，绘制室内详图，以及室内照明图纸的绘制。

本书特色

本书内容实用、版式美观、步骤详细。全书分为15章，内容都是按知识点的应用和难易程度进行安排，从易到难，从入门到提高，循序渐进地介绍了AutoCAD在室内设计中各种工具的使用方法和技巧。在讲解AutoCAD的常用命令和工具时，都是先介绍其功能，再介绍其操作方法，最后再通过实例讲解各种命令在室内设计中的具体应用。在最后的综合实例部分，对每个实例都是先介绍相应图纸绘制的内容和特点，再介绍绘制的过程，让读者能够深入地掌握不同图纸的绘制。本书具有如下4个特点。

（1）内容全面，讲解细致。

书中对AutoCAD在室内设计中的所有常用命令和功能及具体应用，都进行了详细介绍。同时，对各种常见的室内设计图纸也都从绘制内容、绘制方法、绘制流程和绘制技巧等方面进行了深入地讲解。

（2）一步一图，易懂易学。

在介绍操作步骤时，每一个操作步骤后均配有对应的图形，并采用科学的排版方式推进图文对应地讲解方式，图中配有相关的说明文字，可以使读者在学习时能够直观、清晰地看到操作的过程和效果，以便于理解。

（3）实例丰富，实用性强。

本书的每一个实例都是由AutoCAD处理过程中的日常使用案例改编而成，其针对性强、专业水平高，更贴近实战。书中实例题材广泛，包括公装和家装两方面。

（4）视频讲解，读者易懂。

本书用视频化教程、配以丰富而典型的实例，完美地将AutoCAD在室内设计上的所有常用知识，采用边讲解边操作的方式，对软件命令及应用做了深入细致的描述。

关于光盘

本书采用大容量DVD光盘，光盘中包含了如下内容。

（1）书中涉及实例的素材文件和场景文件。

（2）书中涉及实例制作的全程语音讲解视频教学文件。

读者对象

- 在校学生。
- 从事室内设计的工作人员。
- 在职设计师。
- 培训人员。

本书由河北工程技术高等专科学校孙文君老师负责编写。在编写过程中得到了于香芝、刘书彤、武克元、纪宏志、江俊浩、王劲、陈可义、安静、于舒春、张博、周艳山、张慧萍、赵平、吴艳臣、王永忠、宁秋丽、李永华、李日强、张德强、高羡明等同事和朋友的大力支持与帮助，在此一并表示感谢。由于作者水平有限，书中存在的疏漏和错误之处，敬请读者批评指正。

编著者

目录

第1章 AutoCAD 2015入门

第2章 室内设计必备知识

第3章 设置图层和绘图环境

第4章 绘制基本二维图形

第5章 图形的编辑与修改

第6章 填充图案

第7章 图 块

第8章 文字标注和表格

第9章 图形尺寸标注

第10章 文件的布局、打印与输出发布

第11章 绘制常用室内设施图

第12章 绘制室内平面图

第13章 绘制室内立面图

第14章 绘制室内详图

第15章 绘制室内照明图纸

AutoCAD

第1章 AutoCAD 2015入门

AutoCAD广泛应用于机械、建筑、电子、航天、化工、地理、气象、航海等工程设计领域。该软件简单易行、操作方便，是许多工程技术人员绘图的首选软件，也是目前功能最强大的通用型辅助设计绘图软件。它主要用于绘制二维图形，同时也具备三维建模的能力。利用AutoCAD的辅助设计功能可以方便地查询所绘制图形的长度、面积和体积等。该软件还提供了三维空间中的各种绘图和编辑功能，具备三维实体和三维曲面的造型功能，便于用户对设计有直观的了解和认识。

1.1 AutoCAD 2015的启动与退出

使用AutoCAD 2015时，首先要了解如何启动该软件；其次，在完成操作后，应该如何退出该软件，这是软件操作的首要步骤。启动和退出AutoCAD 2015的方式有多种，下面将详细讲解。

1.1.1 启动AutoCAD 2015

安装AutoCAD 2015后，就可以启动并使用该软件。启动AutoCAD的方法主要有如下几种。

1. 通过桌面快捷图标启动

安装AutoCAD 2015后，系统会自动在计算机桌面上添加快捷图标，如图1-1所示。此时，用鼠标左键双击该图标即可启动软件，这是最直接也是最常用的启动方法。

2. 通过快速启动区启动

在安装AutoCAD 2015软件的过程中，软件会提示用户是否创建快速启动方式，如果创建了快速启动方式，在任务栏的快速启动区中会显示AutoCAD 2015的图标，如图1-2所示。此时，用鼠标左键单击该图标即可启动软件。

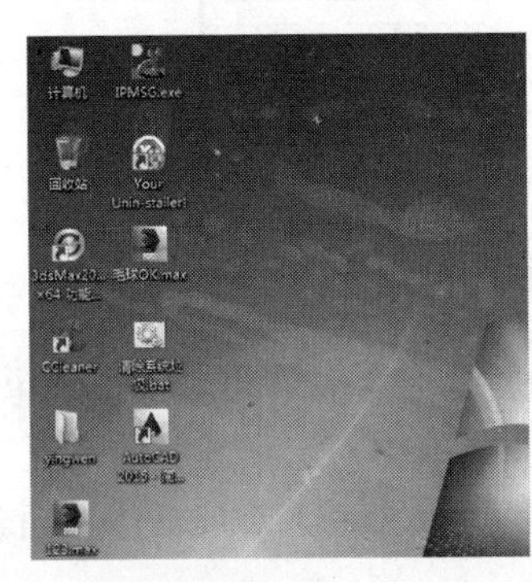

图1-1

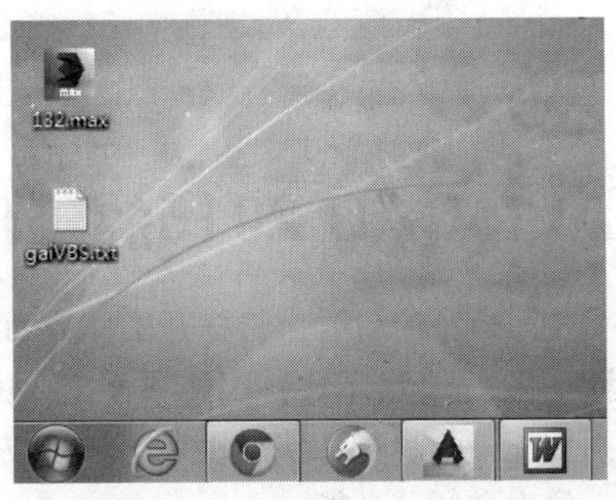

图1-2

3. 通过“开始”菜单启动

与其他多数应用软件类似，安装AutoCAD后，系统会自动在“开始”菜单的“所有程序”子菜单中创建一个名为“Autodesk”的程序组，选择该程序组中的“AutoCAD 2015-简体中文（Simplified Chinese）|AutoCAD 2015-简体中文（Simplified Chinese）”，启动“acad”命令即可启动AutoCAD 2015，如图1-3所示。

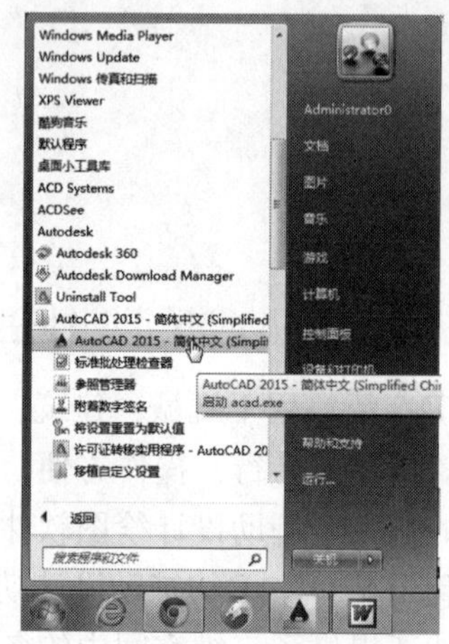

图1-3

1.1.2 退出AutoCAD 2015

在AutoCAD 2015中完成绘图后，若需退出，可以通过以下几种方式实现。

- 单击AutoCAD窗口右上角的“关闭”按钮。
- 单击“菜单浏览器”按钮，在弹出的菜单中单击 退出 Autodesk AutoCAD 2015 按钮，如图1-4所示。
- 在AutoCAD工作界面的标题栏上单击鼠标右键，在弹出的快捷菜单中选择“关闭”命令。
- 直接按组合键【Alt+F4】或【Ctrl+Q】退出软件。

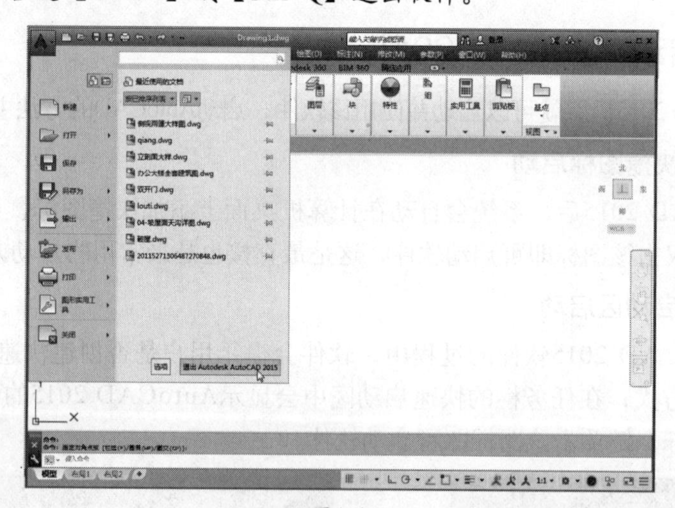

图1-4

1.2 AutoCAD 2015的工作界面

AutoCAD 2015启动后，将打开工作界面，并自动新建一个名称为“Drawing1-dwg”的图形文件，如图1-5所示。其工作界面主要由标题栏、菜单栏、选项卡、绘图区、十字光标、坐标系图标、命令行和状态栏等部分组成。下面根据AutoCAD 2015工作界面各组成部分的位置，依次介绍其功能。

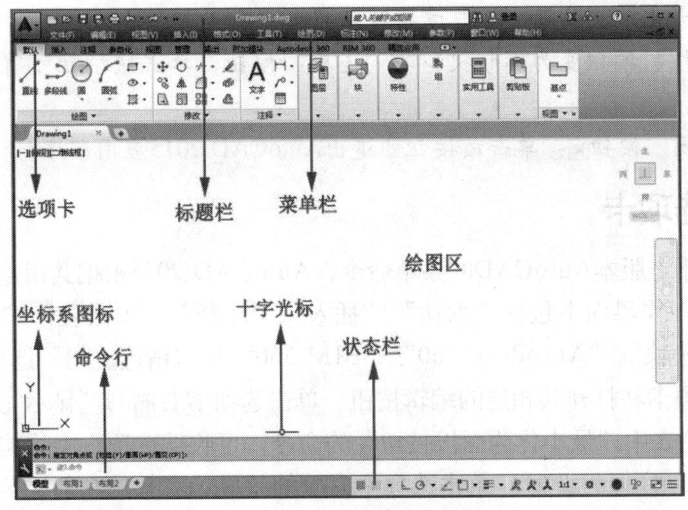

图1-5

1.2.1 标题栏

标题栏位于工作界面的最上方，如图1-6所示。下面分别介绍标题栏中各按钮的作用。

图1-6

- “菜单浏览器”按钮：单击该按钮可以打开相应的操作菜单，如图1-7所示。
- 快速访问区：默认情况下显示7个按钮，包括“新建”按钮、“打开”按钮、“保存”按钮、“另存为”按钮、“打印”按钮、“放弃”按钮和“重做”按钮。

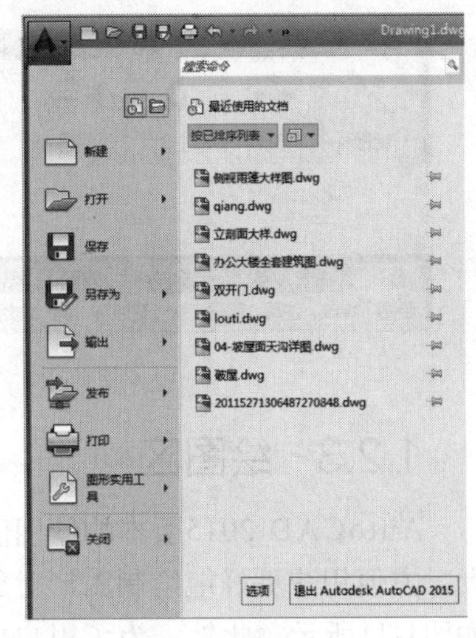

图1-7

- ：表示软件的文件名称。
- 搜索栏：在文本框中输入要查找的内容，单击按钮即可进行搜索。
- 登录框：单击该登录框，将弹出“AutoCAD 账户”对话框，用于登录账户。
- “交换”按钮：单击该按钮将弹出“AutoCAD Exchange”对话框，用于与用户进行信息交换，默认显示该软件新增内容的相关信息。
- “帮助”按钮：单击该按钮将弹出帮助的对话框，此时默认显示“帮助”主页，在页面中输入相应的帮助信息并进行搜索，可查看到相应的信息。
- 控制按钮：分别是“最小化”按钮、“最大化”按钮和“关闭”按钮。各按钮的作用如下。
  - “最小化”按钮：单击该按钮可将窗口最小化到Windows任务栏中，只显示图形文件的名称。

- “最大化”按钮□：单击该按钮可将窗口放大充满整个屏幕，即全屏显示，同时该控制按钮变为□形状，即“还原”按钮，单击该按钮可将窗口还原到原有状态。
- “关闭”按钮☒：单击该按钮可退出AutoCAD 2015应用程序。

1.2.2 选项卡

选项卡类似于老版本AutoCAD的菜单命令，AutoCAD 2015根据其用途做了新的规划。在默认情况下，工作界面中包括“默认”“插入”“注释”“参数化”“视图”“管理”“输出”“附加模块”“Autodesk 360”“BIM 360”和“精选应用”选项卡，如图1-8所示。单击某个选项卡将打开其相应的编辑按钮。单击选项卡右侧的“显示完整的功能区”按钮□▾，下拉出列表中“最小化为面板按钮”的命令，可收缩选项卡中的编辑按钮，只显示各组名称，如图1-9所示。此时，单击选项卡右侧的“显示完整的功能区”按钮□▾，下拉出列表中“最小化为选项卡”的命令，可将其收缩为如图1-10所示的样式，再次单击□▾按钮将展开选项卡。

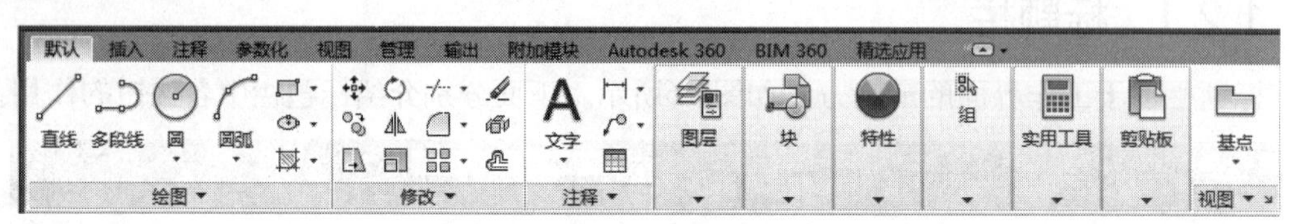

图1-8

图1-9

图1-10

1.2.3 绘图区

AutoCAD 2015版本的绘图区更大，方便用户更好地绘制图形对象，如图1-11所示。此外，为了用户更方便地操作，在绘图区的右上角还有动态显示坐标和常用工具栏，这是该软件人性化的一面，可为绘图节省不少时间。

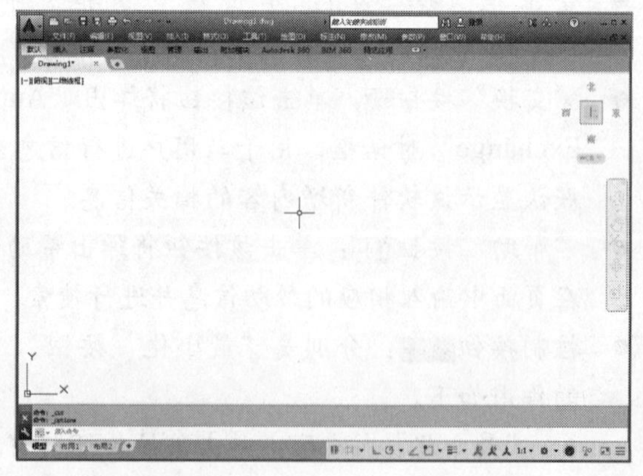

图1-11

1.2.4 十字光标

在绘图区中，光标变为十字形状，即十字光标，他的交点显示了当前点在坐标系中的位置，十字光标与当前用户坐标系的x、y坐标轴平行，如图1-12所示。系统默认的十字光标大小为5，该大小可根据实际情况进行相应的调整。

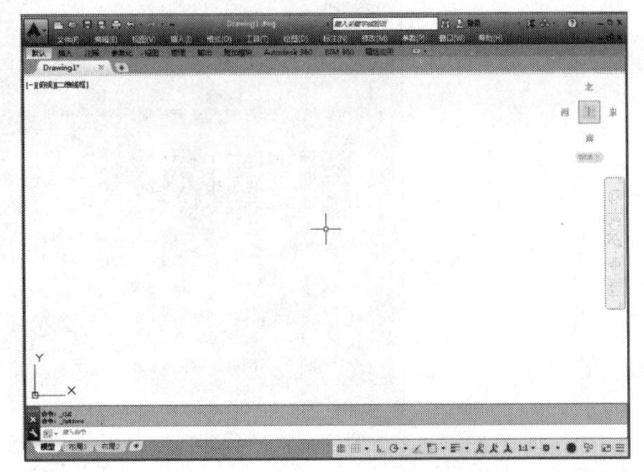

图1-12

1.2.5 坐标系图标

坐标系图标位于绘图区的左下角，其主要用于显示当前使用的坐标系以及坐标方向等，如图1-13所示。在不同的视图模式下，该坐标系所指的方向也会不同。

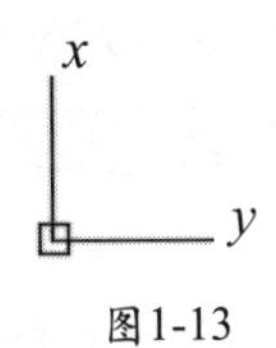

图1-13

1.2.6 命令行

命令行是AutoCAD与用户对话的区域，位于绘图区的下方。在使用软件的过程中应密切关注命令行中出现的信息，然后按照信息提示进行相应的操作。在默认情况下，命令行有3行。

在绘图过程中，命令行一般有两种情况。

- 等待命令输入的状态：表示系统等待用户输入命令，以绘制或编辑图形，如图1-14所示。
- 正在执行命令的状态：在执行命令的过程中，命令行中将显示该命令的操作提示，以便用户快速确定下一步操作，如图1-15所示。

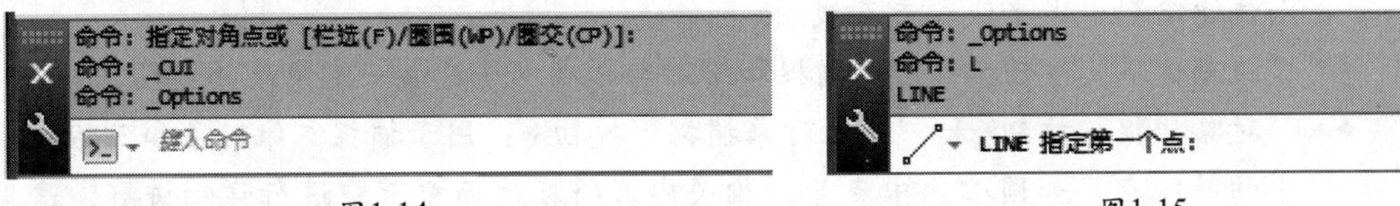

图1-14　　图1-15

提 示

在当前命令提示行中输入内容后，可以按【F2】键打开文本窗口，最大化显示命令行的信息，如图1-16所示。AutoCAD的文本窗口和命令提示行相似。

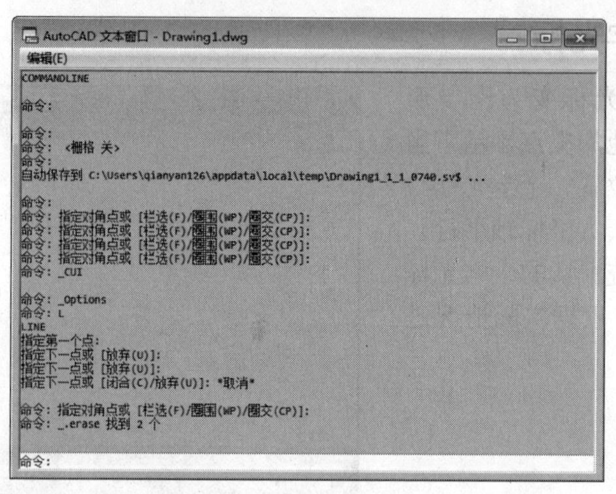

图1-16

1.2.7 状态栏

状态栏位于AutoCAD操作界面的最下方，主要由当前光标的坐标值和辅助工具按钮组两部分组成，如图1-17所示。下面介绍状态栏中各部分的作用。

图1-17

- 当前光标的坐标值：位于左侧，分别显示（x, y, z）坐标值，方便用户快速查看当前光标的位置。移动鼠标光标，坐标值也将随之变化。单击该坐标值区域，可关闭该功能的显示。
- 辅助工具按钮组：用于设置AutoCAD的辅助绘图功能，均属于开关型按钮，即单击某个按钮，呈蓝底显示时表示启用该功能，再次单击该按钮，呈灰底显示时，则表示关闭该功能。各按钮的作用如下。
  - “推断约束”按钮：用于推断几何约束。
  - “捕捉模式”按钮：用于捕捉设定的间距倍数点和栅格点。
  - “栅格显示”按钮：用于显示栅格，即绘图区中出现的小方框，默认为启用。
  - “正交模式”按钮：用于绘制二维平面图形的水平线段和垂直线段以及正等轴测图中的线段。启用该功能后，光标只能在水平或垂直方向上确定位置，从而快速绘制出水平线和垂直线。
  - “极轴追踪”按钮：用于捕捉和绘制与起点水平线成一定角度的线段。
  - “对象捕捉”按钮和“三维对象捕捉”按钮：用于捕捉二维对象和三维对象中的特殊点，如圆心、中点等，相关内容将在后面章节中进行详细讲解，这里不再赘述。
  - “对象捕捉追踪”按钮：该功能和对象捕捉功能一起使用，用于追踪捕捉点在线性方向上与其他对象特殊点的交点。
  - “允许/禁止动态UCS”按钮：用于使用或禁止动态UCS。
  - “动态输入”按钮：用于使用动态输入。当开启此功能并输入命令时，在十字光标附近将显示线段的长度及角度，按【Tab】键可在长度及角度值间进行切换，并可输入新的长度及角度值。

- “显示/隐藏线宽”按钮：用于在绘图区显示绘图对象的线宽。
- “显示/隐藏透明度”按钮：用于显示绘图对象的透明度。
- “快捷特性”按钮：用于禁止和开启快捷特性选项板。显示对象的快捷特性选项板，能帮助用户快捷地编辑对象的一般特性。
- “选择循环”按钮：该按钮可以允许用户选择重叠的对象。
- “模型”按钮模型：用于转换到模型空间。
- “快速查看布局”按钮布局1：用于快速转换和查看布局空间。
- “注释比例”按钮1:1/100%：用于更改可注释对象的注释比例，默认为1:1。
- “注释可见性”按钮：用于显示所有比例的注释性对象。
- “自动缩放”按钮：在注释比例发生变化时，将比例添加到注释性对象。
- “切换工作空间”按钮：可以快速切换和设置绘图空间。
- “硬件加速”按钮：用于性能调节，检查图形卡和三维显示驱动程序，并对支持软件实现和硬件实现的功能进行选择。简而言之就是使用该功能可对当前的硬件进行加速，以优化AutoCAD在系统中的运行。在该按钮上单击鼠标右键，在弹出的快捷菜单中还可选择相应的命令并进行设置。
- “隔离对象”按钮：可通过隔离或隐藏选择集来控制对象的显示。
- “自定义”按钮：用于改变状态栏的相应组成部分。
- “全屏显示”按钮：用于隐藏AutoCAD窗口中的“功能区”选项板等界面元素，使AutoCAD的绘图窗口全屏显示。

1.3 AutoCAD命令的基本调用方法

在AutoCAD 2015中，命令的基本调用方法有多种，如输入命令、退出命令、重复执行命令和透明命令等，用户可以根据需要进行调用。下面对AutoCAD命令的基本调用方法进行详细讲解。

1.3.1 输入命令

如果要执行某个命令，必须先输入该命令。输入命令的方法有以下几种。

- 菜单和快捷键输入与其他软件的输入方法大致相同，这是所有软件的共同点。
- 在命令行中的命令，在文本框后输入命令的全名或简称，并按下【Enter】键或【Space】键。
- 在绘图过程中单击鼠标右键，在弹出的快捷菜单中选择需要的命令。
- 在选项卡中单击需要执行的命令按钮。

注 意

用户在命令行中输入的命令不用区分大小写。

1.3.2 退出命令

绘图过程中执行某一个命令后，如果发现无需执行此命令，可取消该命令的执行，方法如下。

- 在命令行中执行“U”或“UNDO”命令可撤销前一次命令的执行结果，如图1-18所示。
- 按【Esc】键可以退出正在执行的命令。
- 单击快速访问区中的“放弃”按钮，如图1-19所示。
- 执行命令后，在绘图区中单击鼠标右键，然后在弹出的快捷菜单中选择“放弃”命令。

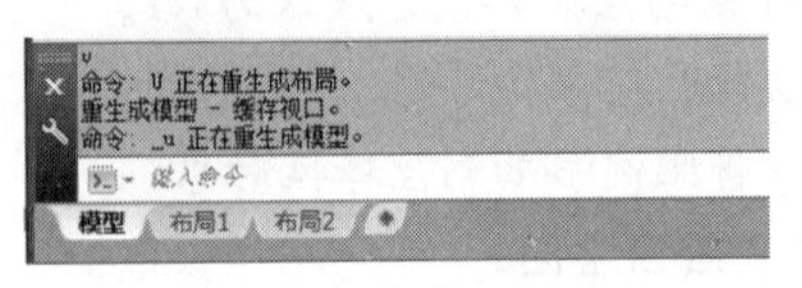

图1-18

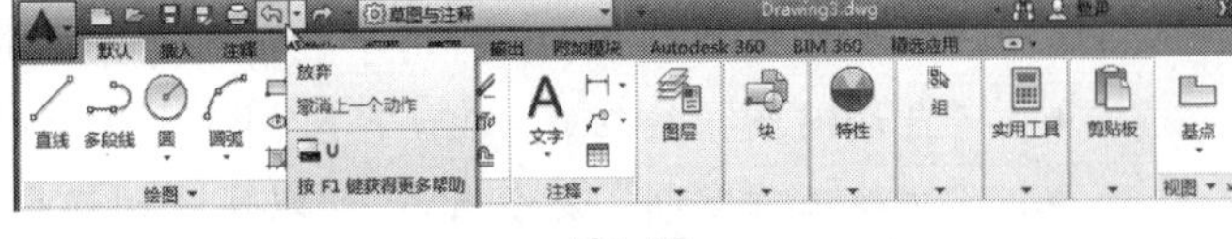

图1-19

1.4 管理图形文件

在绘制图形之前，首先需要熟练操作图形文件，如新建、打开、保存和关闭文件等。下面分别进行详细的讲解。

1.4.1 新建图形文件

AutoCAD默认新建了一个以acadiso.dwt为样板的Drawing1图形文件，为了更好地完成更多的绘图操作，用户可以自行新建图形文件。新建图形文件有以下几种方法。

- 单击快速访问区中的“新建”按钮。
- 单击“菜单浏览器”按钮，在弹出的菜单中选择“新建”|“图形”命令，如图1-20所示。
- 在命令行中执行“NEW”命令。
- 按【Ctrl+N】组合键。

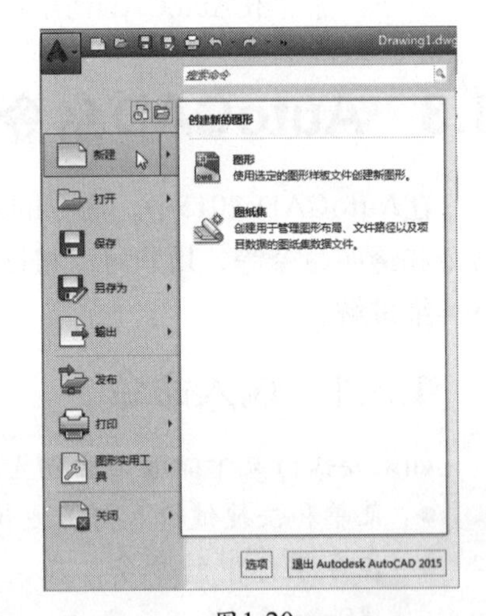

图1-20

使用以上任意一种新建方式，都将弹出如图1-21所示的“选择样板”对话框，若要创建基于默认样板的图形文件，单击“打开”按钮打开(O)即可。用户也可以在“名称”列表框中选择其他样板文件。

单击“打开”按钮打开(O)右侧的按钮，可弹出下拉菜单，如图1-22所示。在其中可选择图形文件的绘制单位，若选择“无样板打开-英制（I）”命令，将以英制单位为计量标准绘制图形；若选择“无样板打开-公制（M）”命令，将以公制单位为计量标准绘制图形。

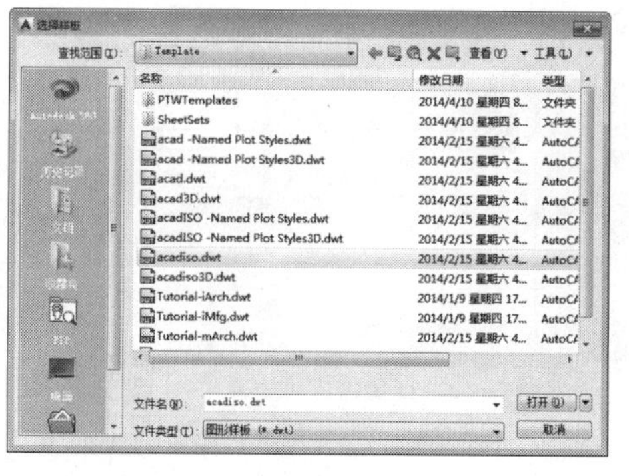

图1-21

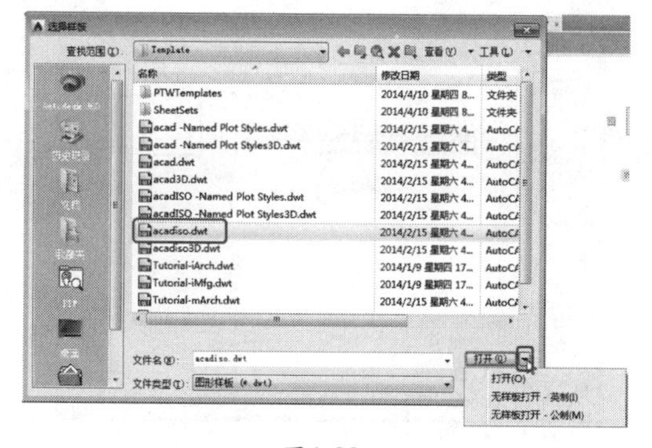

图1-22

下面以新建acadiso3D.dwt图形样板文件为例，练习新建图形文件的方法，具体操作如下。

01 启动AutoCAD 2015，单击快速访问区中的“新建”按钮，弹出“选择样板”对话框，在“名称”列表中选择acadiso3D.dwt图形样板文件，然后单击“打开”按钮打开(O)，如图1-23所示。

02 返回工作界面即可查看新建的acadiso3D.dwt图形文件，效果如图1-24所示。

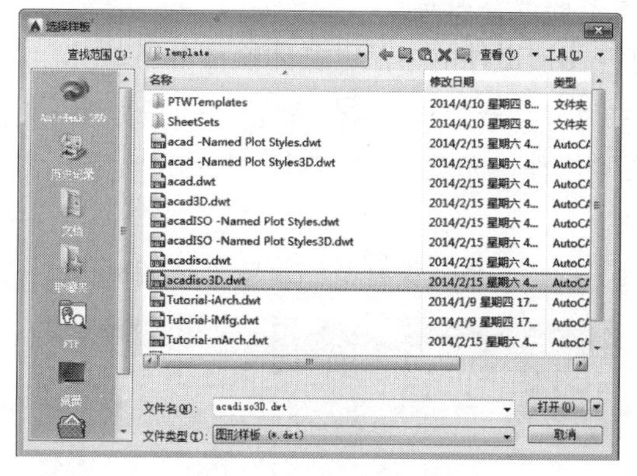

图1-23

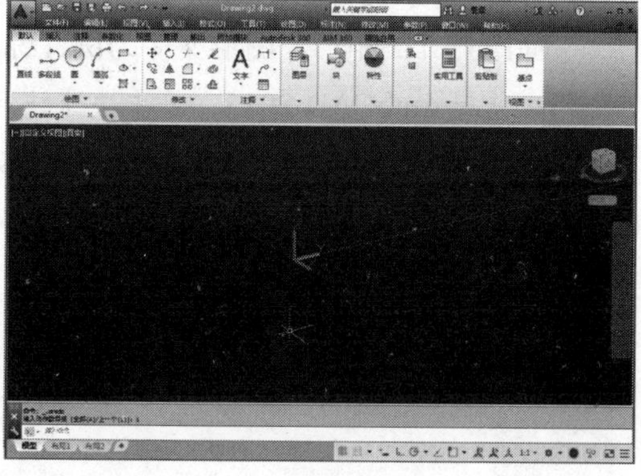

图1-24

1.4.2 打开图形文件

若计算机中有保存过的AutoCAD图形文件，用户如何将其打开进行查看和编辑，方法如下。

- 单击快速访问区中的“打开”按钮。
- 单击“菜单浏览器”按钮，在弹出的菜单中选择“打开”命令。
- 直接在命令行中输入“OPEN”命令。
- 按【Ctrl+O】组合键。

执行以上任意一种操作后，系统都将自动弹出“选择文件”对话框，在“查找范围”下拉列表中选择要打开文件的路径，在中间的列表框中选择要打开的文件，单击“打开”按钮打开(O)即可打开文件，如图1-25所示。

单击“打开”按钮打开(O)右侧的按钮，系统将弹出菜单，在该菜单中可以选择图形文件的打开方式，如图1-26所示。

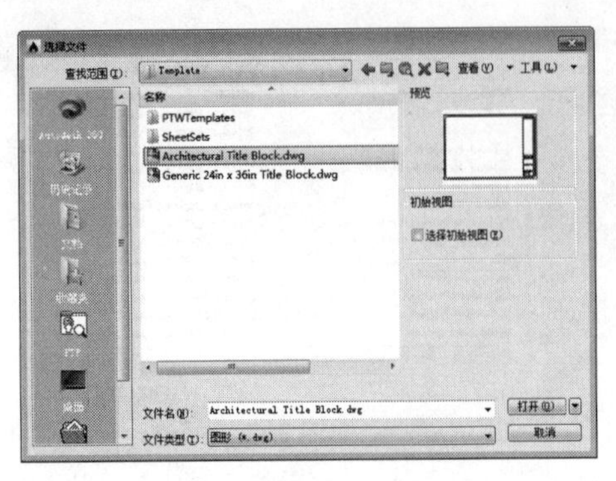
图1-25

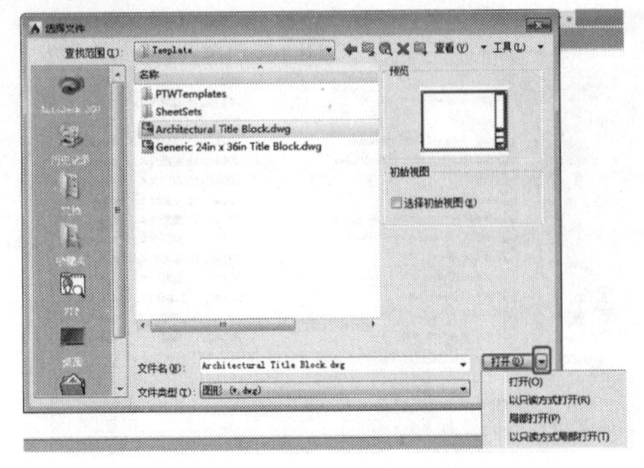
图1-26

该菜单为用户提供了以下几种打开图形文件的方式。

- 打开：选择该命令将直接打开图形文件。
- 以只读方式打开：选择该命令，文件将以只读方式打开，以此方式打开的文件可进行编辑操作，但保存时不能覆盖原文件。
- 局部打开：选择该命令，系统将弹出“局部打开”对话框。如果图形中的图层较多，可采用“局部打开”方式打开其中某些图层。
- 以只读方式局部打开：以只读方式打开图形的部分图层。

下面以打开“矩形”图形文件为例，练习打开图形文件的方法，具体操作如下。

01 启动AutoCAD 2015，单击快速访问区中的“打开”按钮，弹出“选择文件”对话框，在“名称”文本框中选择“矩形.dwg”图形文件（光盘:\素材\第1章\矩形.dwg），然后单击“打开(O)”按钮 打开(O) ，如图1-27所示。

02 返回工作界面即可看到所选的“矩形.dwg”图形文件已被打开，效果如图1-28所示。

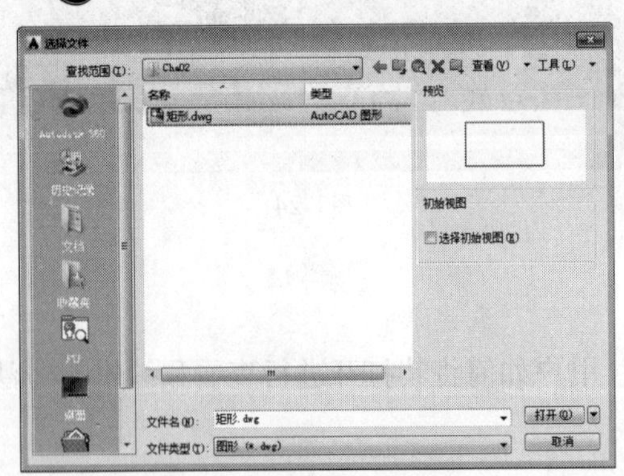
图1-27

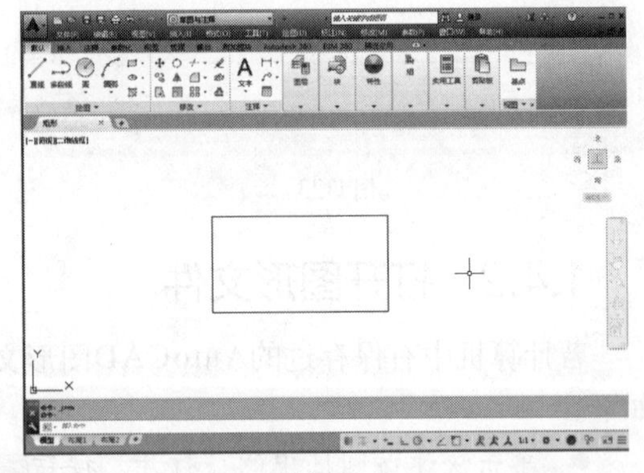
图1-28

1.4.3 保存图形文件

为防止计算机出现异常情况，丢失图形文件，在绘制图形文件的过程中应随时保存。保存图形文件包括保存新图形文件、另存为其他图形文件和定时保存图形文件3种，下面分别进行讲解。

1. 保存新图形文件

保存新图形文件也就是保存从未保存过的图形文件，主要有以下几种方法。

- 单击快速访问区中的“保存”按钮。
- 单击“菜单浏览器”按钮，在弹出的菜单中选择“保存”命令。
- 在命令行中执行“SAVE”命令。
- 按【Ctrl+S】组合键。

执行上述任意操作后，都将弹出“图形另存为”的对话框，如图1-29所示。在该对话框的“保存于(I)”下拉列表中选择要保存到的位置，在“文件名(N)”文本框中输入文件名，然后单击“保存(S)”按钮，保存文件并关闭对话框。返回到工作界面，即可在标题栏中显示文件的保存路径和名称。

在AutoCAD 2015中，用户可以将图形文件保存为几种不同扩展名的图形文件，如图1-30所示。各扩展名的含义如下。

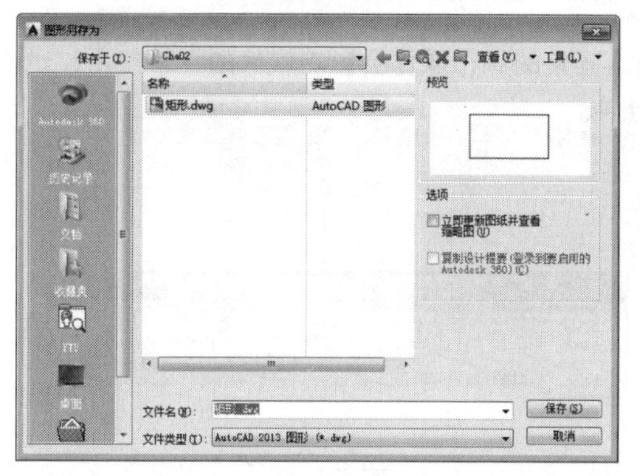

图1-29

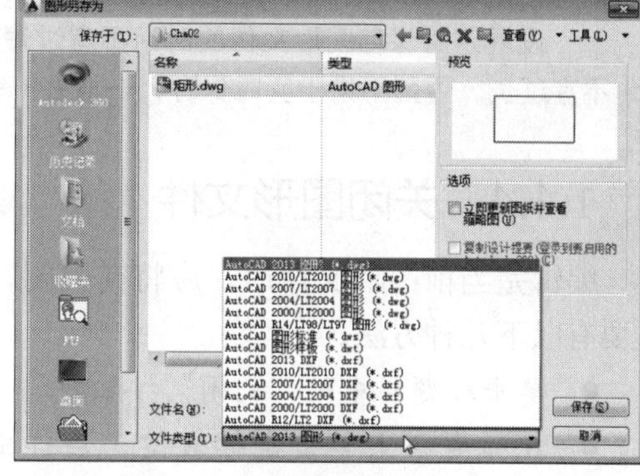

图1-30

- DWG：AutoCAD默认的图形文件类型。
- DXF：包含图形信息的文本文件或二进制文件，可供其他CAD程序读取该图形文件的信息。
- DWS：二维矢量文件，使用该种格式可以将AutoCAD图形发布在网络上。
- DWT：AutoCAD样板文件，新建图形文件时，可以基于样板文件进行创建。

2. 另存为其他图形文件

将修改后的文件另存为一个其他名称的图形文件，以便于区别，方法如下。

- 单击“菜单浏览器”按钮，在弹出的菜单中选择“另存为”命令。
- 在命令行中执行“SAVEAS”命令。

执行以上任意一个操作，都将弹出“图形另存为”的对话框，然后按照前面保存新图形文件的方法保存即可，用户可在其基础上任意改动，而不影响原文件。

注 意

如果另存为的文件与原文件保存在同一目录中，将不能使用相同的文件名称。

3. 定时保存图形文件

定时保存图形文件就是以一定的时间间隔，自动保存图形文件，免去了手动保存的麻烦，具体操作如下。

01 在绘图区中单击鼠标右键，在弹出的快捷菜单中选择“选项”命令，弹出“选项”对话框，切换至“打开和保存”选项卡，如图1-31所示。

02 在“文件安全措施”选项组中选择☑自动保存(U)复选框，在下面的文本框中输入所需的间隔时间，这里输入8，然后单击“确定”按钮 确定 ，如图1-31所示。

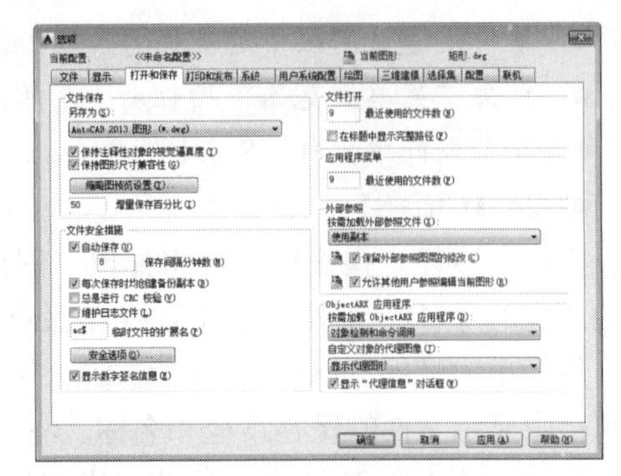

图1-31

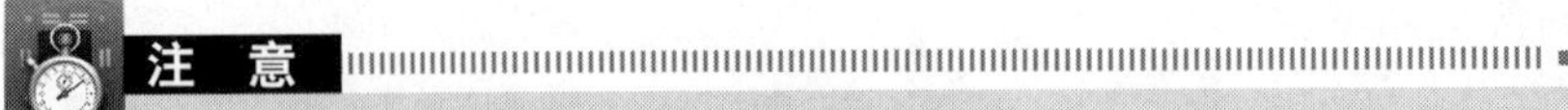

注 意

设置定时保存图形文件的时间不宜过短，因为频繁的保存操作会影响软件的正常使用，也不宜过长，否则不易于实时保存，一般在8～10分钟。

1.4.4 关闭图形文件

编辑完当前图形文件后，应将其关闭，主要有以下几种方法。

- 单击标题栏中的“关闭”按钮☒。
- 在标题栏上单击鼠标右键，在弹出的快捷菜单中选择“关闭”命令，如图1-32所示。
- 在命令行中执行“CLOSE”命令。
- 按【Ctrl+F4】组合键。

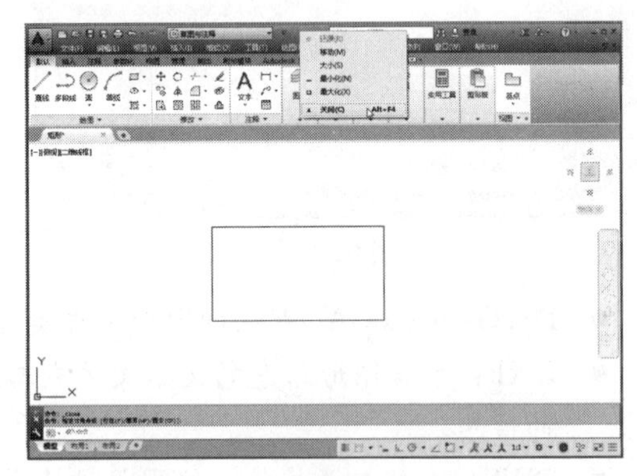

图1-32

1.5 视图操作

视图操作包括平移视图、缩放视图、重画与重生成等，通过视图操作可以全面地观察图形对象，使绘制出的图形对象更加精准。下面分别进行讲解。

1.5.1 平移视图

使用AutoCAD 2015绘制图形的过程中，由于某些图形对象不能完全显示在绘图区中，此时可以执行“平移视图”操作，查看未显示在绘图区中的图形对象，该操作不会改变图形显示的大小。调用该命令的方法如下。

- 在“视图”选项卡的“二维导航”组中单击“平移”按钮 平移 。
- 在绘图区右侧的常用工具栏中单击“平移”按钮。
- 在命令行中执行“PAN”或“P”命令。

执行上述命令后，鼠标光标变为形状，在绘图区按住鼠标左键不放，移动鼠标位置可以自由移动当前图形，使其到达最佳观察位置。

平移视图又分为“实时平移”和“定点平移”两种方式，其功能和作用如下。

实时平移：光标变为形状，按住鼠标左键不放并拖动鼠标，可使图形的显示位置随鼠标向同一方向移动。

定点移动：以平移起始基点和目标点的方式进行平移。

1.5.2 缩放视图

熟练掌握视图的缩放操作技巧可以大大提高工作效率，有利于对图形对象的观察。用户可以通过缩放视图工具调整图形对象的显示方式，它不会改变图形对象实际尺寸的大小和形状。缩放视图的缩放方式有实时、窗口、图形界限和图形比例等。调用该命令的方法如下。

- 在“视图”选项卡的“导航”组中单击“范围”按钮旁边的按钮，然后在弹出的下拉列表中选择相应的选项。
- 在命令行中执行“ZOOM”或“Z”命令，然后选择相应的选项。
- 滚动三键鼠标滚轮，可自由缩放图形。

执行命令后，其命令行如图1-33所示。

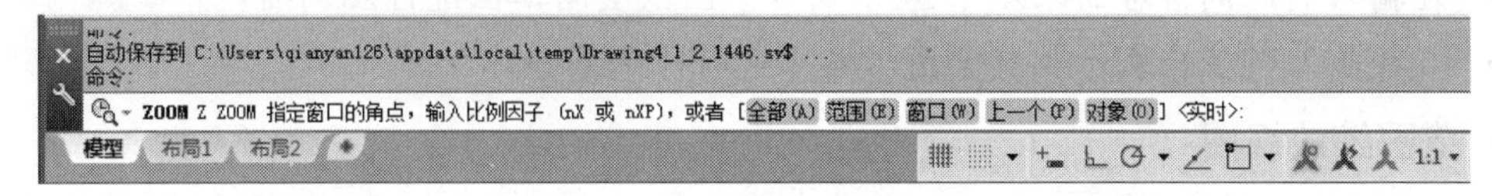

图1-33

在命令执行的过程中，有多种缩放视图的方式供用户选择使用，下面进行详细讲解。

1. 显示全部对象

显示全部对象是指在视图窗口中将图形中的所有对象全部显示出来。调用该命令的方法如下。

- 在“视图”选项卡的“二维导航”组中单击“范围”按钮旁边的按钮，然后在弹出的下拉列表中选择“全部”选项。
- 在命令行中执行“ZOOM”或“Z”命令，然后选择“全部”选项。

执行上述命令后，具体操作过程如下。

```
命令: Z                    //执行ZOOM命令
指定窗口的角点，输入比例因子 (nX 或 nXP)，或者
[全部(A)/中心(C)/动态(D)/范围(E)/上一个(P)/比例(S)/窗口(W)/对象(O)] <实时>: A
                           //输入缩放方式选项，这里选择“全部”选项，按【Space】键确认
正在重生成模型。            //系统刷新显示
```

2. 比例缩放视图

比例缩放视图是按照指定的比例将视图进行放大或缩小，对图形的实际大小没有影响。调用该命令的方法如下。

- 在“视图”选项卡的“二维导航”组中单击“范围”按钮旁边的按钮，然后在弹出的下拉列表中选择“缩放”选项。
- 在命令行中执行“ZOOM”或“Z”命令，然后选择“比例”选项。

下面通过实例进行讲解，具体操作如下。

01 打开“圆.dwg”图形文件（光盘：\素材\第1章\正方形.dwg），从图中可以看出图形显示不完整，如图1-34所示。

02 在命令行中执行“Z”命令，然后根据命令行中的提示再输入“S”（设置比例），最后输入数值0.01，完成后的效果如图1-35所示（光盘：\场景\第1章\正方形.dwg）。

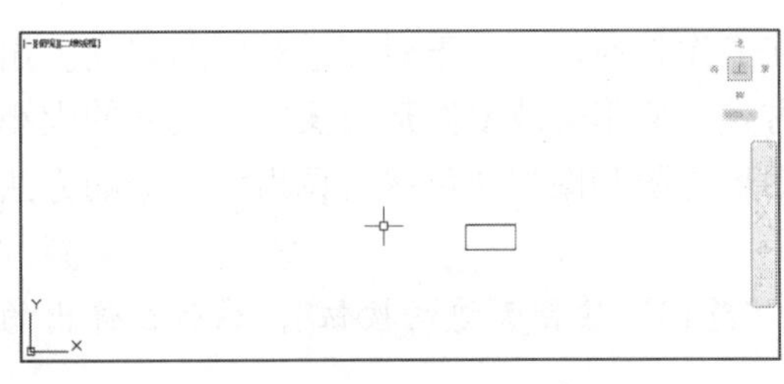
图1-34

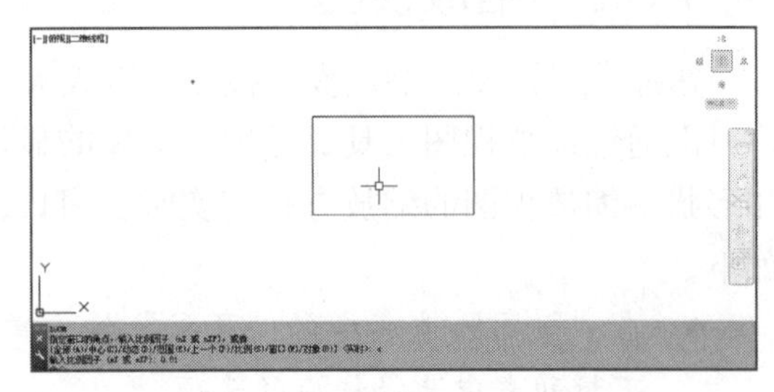
图1-35

在进行比例缩放时需要指定比例因子，输入方式如下。

- 在输入的比例值后面跟X：表示相对于当前视图大小进行比例缩放。
- 在输入的比例值后面跟XP：表示相对于图纸空间单位进行比例缩放。
- 直接输入数值：表示相对于图形界限进行比例缩放。

3. 范围缩放视图

范围缩放视图是指将当前窗口中的所有图形最大化显示在整个屏幕上，调用该命令的方法如下。

- 在“视图”选项卡的“二维导航”组中单击“范围”按钮。
- 在命令行中执行“ZOOM”或“Z”命令，然后选择“范围”选项。

执行上述命令后，具体操作过程如下。

```
命令：Z                    //执行ZOOM命令
指定窗口的角点，输入比例因子 (nX 或 nXP)，或者
[全部(A)/中心(C)/动态(D)/范围(E)/上一个(P)/比例(S)/窗口(W)/对象(O)] <实时>: E
                           //选择缩放方式，这里选择“范围”选项，并按【Space】键确认
正在重生成模型。            //系统刷新显示
```

4. 以其他方法缩放显示视图

常见的视图缩放显示还有中心点、动态、范围、上一个、窗口、实时等方式，调用方法同上，然后在命令行提示信息中选择相应的选项，这里不再具体讲解。

注 意

按【Ctrl+0】组合键，可以扩展图形的显示区域，仅显示快速访问工具栏、绘图区、命令行和状态栏，再按【Ctrl+0】组合键可切换到原来的工作界面。

1.5.3 重画与重生成

在AutoCAD 2015中绘制较复杂的图形或较大的图形时，可以执行重画与重生成操作，

刷新当前视窗中的图形，清除残留标记点痕迹。

1. 视图重画

将虚拟屏幕上的图形对象传送到实际屏幕中，不需要重新计算图形，即视图重画。调用该命令的方法如下。

- 在菜单栏中单击“视图”菜单，在弹出的菜单中选择“重画”命令。
- 在命令行中执行“REDRAWALL”命令。

2. 图形重生成

图形重生成相当于刷新桌面一样。当视图被放大后，图形的分辨率有所降低，弧形对象可能会显示成直线段，在这种情况下执行重画操作只能去除点的标记，不能使圆弧看起来很连续，此时必须执行重生成命令来刷新视图。调用该命令的方法如下。

- 菜单栏中单击“视图”，在弹出的菜单中选择“重生成”或“全部重生成”命令。
- 在命令行中执行“REGEN”命令。

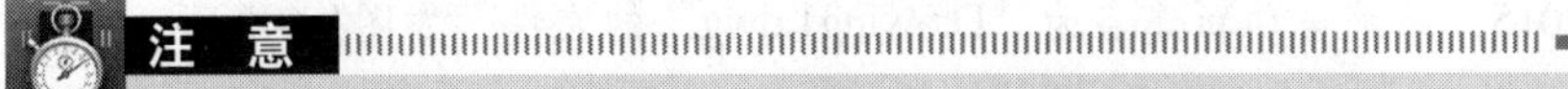

注 意

在绘制三维图形时，当对实体进行了消隐或更改线框密度后，需要重生成视图，才能观察到更改后的图形效果。

1.6 实战演练

1.6.1 启动AutoCAD 2015并查看默认界面

01 单击“开始”按钮，选择“所有程序”中的 |“Autodesk|AutoCAD 2015-简体中文（Simplified Chinese）”|“AutoCAD 2015-简体中文（Simplified Chinese）启动acad.exe”命令，如图1-36所示。启动AutoCAD 2015，如图1-37所示。

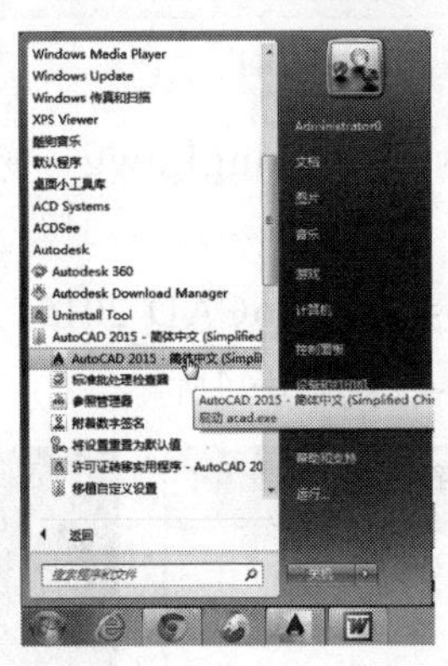

图1-36

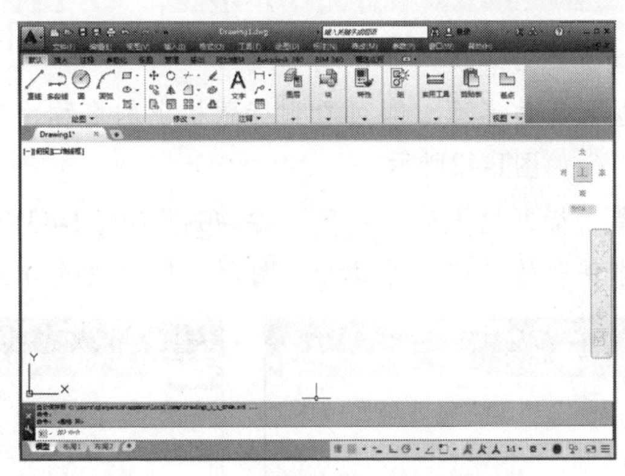

图1-37

02 单击选项卡右侧的“显示完整的功能区”按钮，显示下拉列表中的“最小化为面板按钮”命令，收缩选项卡中的编辑按钮，只显示各组名称，如图1-38所示。单击“菜单浏览器”按钮，在弹出的菜单中单击“退出Autodesk AutoCAD 2015”按钮退出 Autodesk AutoCAD 2015，如图1-39所示，退出该软件。

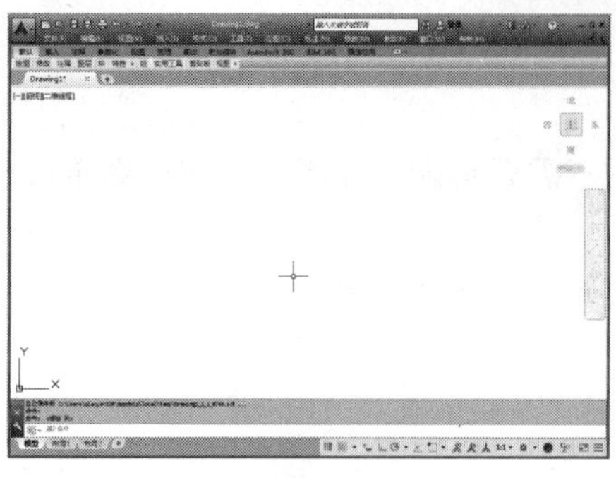
图1-38

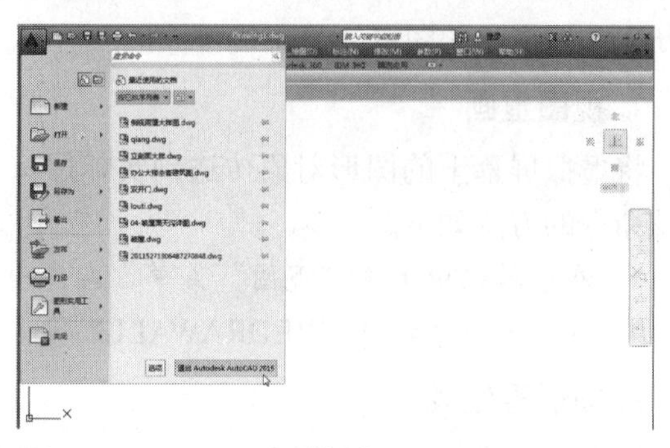
图1-39

1.6.2 新建、保存并关闭图形文件

下面以新建一个图形文件，然后将其保存到桌面上，并命名为“空文件”为例，综合练习本节的知识。具体操作如下。

01 启动AutoCAD 2015，系统自动新建名为“Drawing1.dwg”的文件，如图1-40所示。

02 单击快速访问区中的“保存”按钮，弹出“图形另存为”对话框，在“保存于(I)”下拉列表中选择“桌面”选项，在“文件名(N)”文本框中输入“空文件”，然后单击“保存(S)”按钮，如图1-41所示。

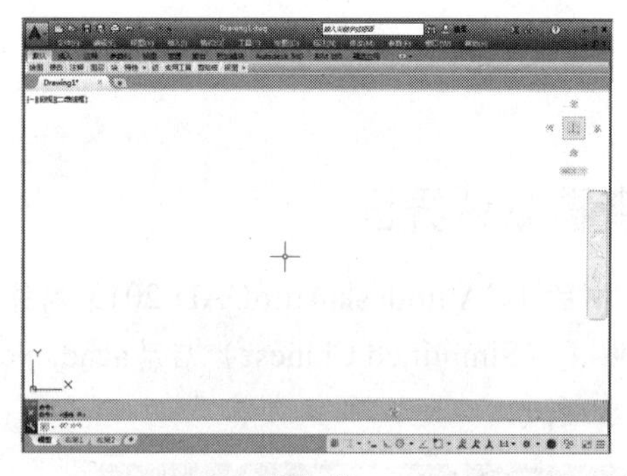
图1-40

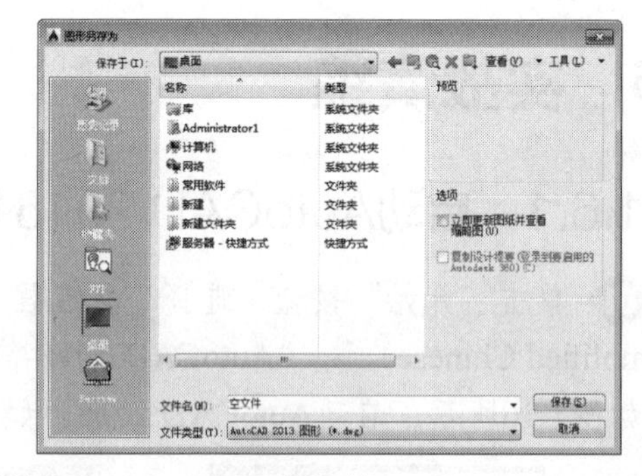
图1-41

03 返回工作界面，即可看到标题栏上的名称由原来的“Drawing1.dwg”变成了“空文件.dwg”，如图1-42所示。

04 单击标题栏上的“关闭”按钮，如图1-43所示，关闭AutoCAD 2015。返回桌面即可看到刚保存的“空文件.dwg”图形文件的快捷方式图标，如图1-44所示。

图1-42

图1-43

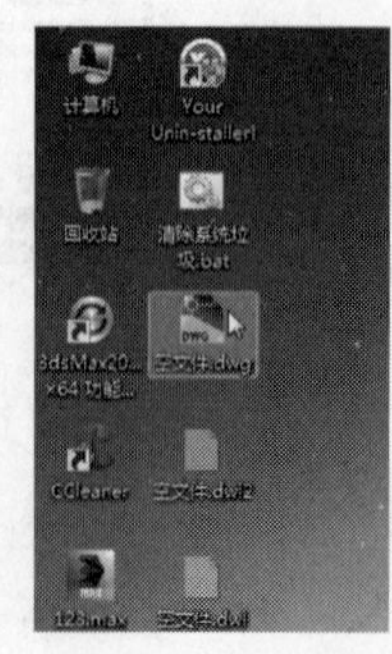
图1-44

第2章 室内设计必备知识

室内设计，顾名思义是对建筑物室内空间环境的设计，是建筑设计的延续、深化和再创作。室内环境的创造，应该把保障安全和有利于人们身心健康的要素作为室内设计的重要前提。人们对于室内环境除了有使用功能、冷暖光照等物质功能的需求之外，还要与建筑物的类型和风格相适应，符合人们精神生活的要求。

2.1 室内设计基础知识

人的一生，绝大部分时间是在室内度过的。因此，人们设计、创造的室内环境，必然会直接关系到室内生活及生产活动的质量，关系到人们的安全、健康、效率和舒适等。

2.1.1 什么是室内设计

1. 室内设计的定义

一般来讲，室内设计主要指建筑中所提供的室内环境设计，即运用相关的技术手段和美学原理，创造能够满足人们物质和精神双重需求的室内环境。具体来说，根据建筑内部的使用功能、艺术要求和业主的经济能力，依据相关的法规和规范等因素，进行室内空间组合、改造，进行空间界面形态、材料、色彩的构思和设计，并通过一定的物质技术手段，最终以视觉传媒的形式表达出来。

2. 室内设计的内容

室内设计的目的在于为人们的工作、生活提供一个舒适的室内环境，其内容大概包括以下几个方面。

（1）室内空间的组织与安排。

包括室内平面功能的分析、布置和调整，原有不合理部分的改建和再创造。

（2）室内各界面的设计。

包括地面、墙面、顶棚等的使用分析，形态、色彩、材料及相关构造的设计。

（3）室内物理环境设计。

包括根据室内的使用要求进行声、光、电的设计和改造，创造良好的室内采光、照明、音质以及温湿度环境。要与室内空间和各界面的设计相协调。

（4）室内装饰设计。

即在前期装修的基础上，通过对家具、灯具、织物、绿化、陈设等的选用、设计及布置，对室内氛围的再创造，升华到最终的设计效果。

伴随社会生活的发展和科技的进步，室内设计的内容亦会有新的发展，对于从事室内设计的工作人员，应不断探索，抓住影响室内设计的主要因素，并与相关专业人员积极配合，从而创造出优质的室内环境。

2.1.2 室内设计的理念

现代室内设计从创造符合可持续发展，以满足功能、经济和美学原则并体现时代精神的室内环境出发，需要确定以下一些基本理念。

1. 环境为源，以人为本

现代室内设计，这一创造人工环境的设计、选材、施工过程，甚至延伸到后期使用、维护和更新的整个活动过程，理应充分重视环境的可持续发展、环境保护、生态平衡、资源和能源的节约等现代社会的准则，也就是室内设计中以“环境为源”的原则理念。

“以人为本”的理念就是在设计中以满足人和人际活动的需要为核心。

“为人服务，这正是室内设计社会功能的基石”。室内设计的目的是通过创造室内空间环境为人服务，设计者始终需要把人对室内环境的需求，包括物质使用和精神享受两方面放在设计的首位。由于设计的过程中矛盾错综复杂，问题千头万绪，设计者需要清醒地认识到要将以人为本，为人服务，确保人们的安全和身心健康，满足人和人际活动的需要作为设计的核心。为人服务这一真理虽平凡，但在设计时往往会因过多局部因素的考虑而有意无意地被忽视。

现代室内设计需要满足人们的生理、心理等要求，需要综合地处理人与环境、人际交往等多项关系，需要在为人服务的前提下，综合解决使用功能、经济效益、舒适美观和环境氛围等问题。设计及实施的过程中还会涉及材料、设备、定额、法规，以及与施工管理的协调等诸多问题。所以现代室内设计是一项综合性极强的系统工程，而现代室内设计的出发和归宿只能是为人和人际活动服务。

从为人服务这一“功能的基石”出发，需要设计者细致入微、设身处地地为人们创造美的室内环境。因此，现代室内设计特别重视人体工程学、环境心理学和审美心理学等方面的研究，用以科学地、深入地了解人们的生理特点、行为心理和视觉感受等方面对室内环境的设计要求。

针对不同的人及不同的使用对象，相应的要求应该也不同。例如，幼儿园室内的窗户要考虑到适应幼儿的尺度，窗台高度应由通常的900～1 000mm降至450～550mm，楼梯踏步的高度也应在12cm左右，并设置适应儿童和成人尺度的两档扶手。一些公共建筑应顾及残疾人的通行和活动，在室内外高差、垂直交通、卫生间和盥洗室等许多方面应做无障碍设计。近年来，地下空间的疏散设计就注意了此方面的问题，如上海的地铁车站，考虑到活动反应较迟缓的人们的安全疏散，在紧急疏散时间的计算公式中，为这些人安全疏散多留了1分钟的疏散时间余地。

在室内空间的组织、色彩和照明的选用，以及相应的室内环境氛围的烘托等方面，更需要研究人们的行为心理和视觉感受方面的要求。例如，教堂高耸的室内空间具有神秘感，会议厅规整的室内空间具有庄严感，而娱乐场所应利用绚丽的色彩和缤纷闪烁的照明给人愉悦的心理感受。应该充分运用现时可行的物质技术手段和相应的经济条件，创造出满足人和人际活动所需的室内人工环境。

遵循“环境为源，以人为本”的理念，首先强调尊重自然规律，顺应环境发展，注重人为活动与自然发展的融洽和协调。“环境为源，以人为本”正是演绎我国传统哲学“天人合一”的观念。

2. 系统与整体的设计观

现代室内设计需要确定“系统与整体的设计观”。这是因为室内设计确实紧密地、有机地联系着方方面面。白俄罗斯建筑师E. 巴诺玛列娃曾提到：“室内设计是一项系统，它与下列因素有关，即整体功能特点、自然气候条件、城市建设状况和所在位置，以及地区文化传统和工程建造方式等”。环境整体意识薄弱，关起门来做设计，容易使创作的室内设计缺乏深度，没有内涵。当然，设计任务的使用性质不同、功能特点各异，相应对环境系列中各项内容联系的紧密程度也有所不同。但是，从人们对室内环境的物质和精神两方面的综合感受来说，仍然应该强调对环境整体予以充分重视。

现代室内设计的立意、构思、室内风格和环境氛围的创造，需要着眼于对环境整体、文化特征，以及建筑物的功能特点等方面的考虑。

室内设计的“里”与室外环境的“外”（包括自然环境、文化特征和所在位置等），可以说是一对相辅相成、辩证统一的矛盾，为了更深入地做好室内设计，就更加需要对环境整体有足够的了解和分析。要着手于室内，首先要着眼于“室外”。当前室内设计的弊病之一是互相类同，很少有创新和个性，对整体环境缺乏必要的了解和研究，从而使设计的依据流于一般，设计构思局限封闭。看来，忽视环境与室内设计关系的分析，也是影响设计的重要原因之一。

室内环境设计即现代室内设计，这里的“环境”有两层含义。

一层含义是室内设计时固然需要重视视觉环境的设计，但是对室内声、光和热等物理环境，空气质量环境，以及心理环境等因素也应极为重视，因为人们对室内环境是否舒适的感受，是一种综合感受。一个闷热、噪音很大的室内环境，即使看上去很漂亮，待在其间也很难给人愉悦的感受。

另一层含义是把室内设计看成“自然环境—城乡环境（包括历史文脉）—社区街坊、建筑室外环境—室内环境”这一环境系列的有机组成部分，既是环境链中一环也是一个系统。当然，他们相互之间有许多前因后果或相互制约和提示的因素存在。

3. 科学性与艺术性相结合

现代室内设计的又一个基本理念是在创造室内环境中高度重视科学性、艺术性及其相互的结合。从建筑和室内发展的历史来看，具有创新精神的新风格的兴起，总与社会生产力的发展相适应。社会生活和科学技术的进步，改变了人们的价值观和审美观，这促使室内设计必须充分重视并积极运用当代科学技术的成果，包括新型材料、结构构成和施工工艺，以及为创造良好声、光和热环境的设施及设备。现代室内设计的科学性，除了在设计观念上得到转变以外，在设计方法和表现手段等方面，也日益受到重视。设计者已开始用科学的方法分析和确定室内物理环境和心理环境的优劣，并已运用电子计算技术辅助设计和绘图。早在20世纪80年代，贝聿铭先生来华讲学时所展示的华盛顿艺术东馆室内透视的比较方案，就是电子计算机绘制的，这些精确绘制的非直角的形体和空间关系，极为细致、真实地表达了室内空间的视觉形象。

一方面需要充分重视科学性，另一方面又需要充分重视艺术性。在重视物质技术手段的同时，高度重视建筑美学原理，重视创造具有表现力和感染力的室内空间和形象，创造具有视觉愉悦感和文化内涵的室内环境，使生活在现代社会、高科技、高节奏中的人们，在心理和精神上得到平衡，即将现代建筑和室内设计中的高科技（High-tech）和高感情（High-touch）有机结合。总之，室内设计是科学性与艺术性、生理要求与心理要求，以及物质因素与精神因素的综合。

在具体工程设计时，会遇到不同类型和功能特点的室内环境（生产性或生活性、行政办公或文化娱乐，以及居住性或纪念性等），处理上述两个方面的问题，可能会有所侧重，但从宏观整体的设计观念出发，仍然需要将两者结合。科学性与艺术性决不是割裂的或者对立的，而是可以密切结合的。

4. 时代感与历史文脉并重

从宏观整体看，建筑物和室内环境总是从一个侧面反映当代社会物质生活和精神生活的特征，铭刻着时代的印记，但是现代室内设计更需要强调自觉在设计中体现时代精神，主动考虑并满足当代社会生产活动和行为模式的需要，分析具有时代精神的价值观和审美观，积极采用当代物质技术手段。

同时，人类社会的发展，不论是物质技术，还是精神文化，都具有历史的延续性。在室内设计中，生活居住、旅游休闲和文化娱乐等类型的室内环境里，都有可能因地制宜地采取具有民族特点、地方风情、乡土风味的风格，以及充分考虑历史文化的延续和发展的设计手法。应该指出，这里所说的历史文化，并不能简单地只从形式和符号来理解，而是广义地涉及规划思想、平面布局和空间组织特征，甚至设计中的哲学思想和观点。

2.1.3 室内设计的分类

1. 建筑设计的分类

建筑物根据其使用性质分为非生产性建筑和生产性建筑，其中非生产性建筑又分为居住建筑（如住宅、宿舍、公寓等）和公共建筑（如学校、医院、商场、旅馆、办公楼、影剧院、展览馆、车站等）；生产性建筑又分为工业建筑（如厂房、车间等）和农业建筑（如饲养房、种植暖房等）。与之相对应的建筑设计分类如下。

（1）居住建筑设计。

（2）公共建筑设计。

（3）工业建筑设计。

（4）农业建筑设计。

一般来讲，室内设计位于整个建筑设计行业队列的末端，因此其分类要根据相应的建筑使用功能进行进一步分化。

2. 室内设计的分类

根据建筑物的使用功能，室内设计作了如下分类。

（1）居住建筑室内设计。

主要涉及住宅、公寓和宿舍的室内设计，具体包括前室、起居室、餐厅、书房、工作室、卧室、厨房和浴厕设计。

（2）公共建筑室内设计。

- 文教建筑室内设计。主要涉及幼儿园、学校、图书馆、科研楼的室内设计，具体包括门厅、过厅、中庭、教室、活动室、阅览室、实验室、机房等的室内设计。
- 医疗建筑室内设计。主要涉及医院、社区诊所、疗养院的建筑室内设计，具体包括门诊室、检查室、手术室和病房的室内设计。
- 办公建筑室内设计。主要涉及行政办公楼和商业办公楼内部的办公室、会议室以及报告厅的室内设计。
- 商业建筑室内设计。主要涉及商场、便利店、餐饮建筑的室内设计，具体包括营业厅、专卖店、酒吧、茶室、餐厅的室内设计。
- 观演建筑室内设计。主要涉及剧院、影视厅、电影院、音乐厅等建筑的室内设计，具体包括观众厅、排演厅、化妆间等的设计。
- 展览建筑室内设计。主要涉及各种美术馆、展览馆和博物馆的室内设计，具体包括展厅和展廊的室内设计。
- 娱乐建筑室内设计。主要涉及各种舞厅、歌厅、KTV、游艺厅的室内设计。
- 体育建筑室内设计。主要涉及各种类型的体育馆、游泳馆的室内设计，具体包括用于不同体育项目的比赛和训练厅及配套的辅助用房的设计。
- 交通建筑室内设计。主要涉及公路、铁路、水路、民航的车站、候机楼、码头建筑，具体包括候机厅、候车室、候船厅、售票厅等的室内设计。

（3）工业建筑室内设计。

主要涉及各类厂房的车间和生活间及辅助用房的室内设计。

（4）农业建筑室内设计。

主要涉及各类农业生产用房，如种植暖房、饲养房的室内设计。

3. 室内设计分类的说明

（1）对于不同类型建筑内部的相同功能空间的室内设计说明。

在上一节已经介绍了室内设计的分类情况，需要特别说明的是，在各类建筑中均存在门厅、过厅、楼梯间、电梯间、卫生间、盥洗室等空间，除此之外，办公室、会议室、门卫室、接待室也广泛的存在于多种建筑类型中。就室内设计而言，设计人员在接受相关的设计任务时要根据其所在建筑的主要使用功能对上述空间进行功能的预定位，使其符合该建筑整体的设计效果，不可一概而论，以免造成空间上的混乱。

（2）对于室内设计艺术风格倾向问题的说明。

在当前的设计市场中，存在一种以艺术风格作为依据的室内设计分类方式，即业界常说的中式设计、民族风格设计和欧式设计。欧式设计，又分为欧式皇家古典风格、田园风格、现代简欧风格等，具体如下。

- 中国传统风格：崇尚庄重和优雅，汲取中国传统木构架构筑室内的藻井天棚、屏风、隔扇、博古等装饰，采用对称的空间构图方式，庄重而简练，空间氛围宁静雅致而简朴。

- 乡土风格：主要表现为尊重民间的传统习惯、风土人情，保持地域特色，注意运用地方建筑材料或当地的传说故事作为装饰题材。在室内环境中力求表现悠闲、舒畅的田园生活情趣，创造自然、质朴、高雅的空间气氛。
- 西洋古典风格：这是一种追求华丽、高雅的古典风格。居室色彩主调为白色或深木纹色。家具为古典弯腿式，擅用各种花饰、丰富的木线变化、富丽的窗帘帷幄是西式传统室内装饰的固定模式，空间环境多表现出华美、富丽、浪漫之感，再配以相同格调的壁纸、帘幔、地毯、家具外罩等装饰织物，给室内增添端庄、典雅的贵族气氛。
- 西洋现代风格：以简洁明快为主要特点，重视室内空间的使用效能，强调室内布置要按功能区分的原则进行，家具布置与空间结构密切配合，主张废弃多余的、烦琐的附加装饰。另外，装饰色彩和造型要追随当下流行的时尚。
- 中西结合式风格：在空间结构上既讲究现代实用，又吸取传统特色，在装饰与陈设中融中西风格为一体。如传统的屏风、茶几，现代风格的墙画及门窗装修，新型的沙发，使人感受到不拘一格。此种分类法主要依据装饰的手法和元素，多用于居住建筑室内的装修装饰，由于其涵盖的局限性，故不作为主流的室内设计分类。

2.2 室内设计的基本原则与方法

要设计出安全、健康、适用、美观，且满足现代室内环境需要的室内作品，必须清楚了解室内设计的一些基本原则与一定的设计方法。

2.2.1 室内设计的原则

室内设计要以人为本，具体的设计原则如下。

1. 功能适用原则

室内设计的目的在于为人们的生活、工作创造舒适、理想的室内环境，因此，使用功能应位于所有设计原则之首。

室内使用功能包括物质使用和精神感受两方面的内容。室内设计者应充分考虑人们的生理和心理需求，将以人为本作为出发点和归宿，综合人体工程学、环境心理学、美学等多方面的知识，科学地运用到室内设计中去。从物质使用功能上说，室内空间的组织、平面布置的合理与否直接影响到后期使用者的舒适度和方便性。此外，在满足室内空间物质使用功能的基础上，室内设计还需要带给人以美的享受，从而满足人们对于形式、色彩、尺度、比例等方面的审美需求。

2. 安全健康原则

安全健康是建筑设计的大原则之一，更是室内设计所不容忽视的问题。室内设计的内容中涉及到室内空间环境、视觉环境、室内的（声、光、热）物理环境及室内空气质量等。随着生活水平的提高，人们越来越关注装修后的环境安全，这就要求室内设计人员充分了解装修材料的特性、艺术性与安全实用性的关系，多方面考虑不同年龄层次和不同情况的安全要求。

3. 文化艺术原则

室内设计是一门融科学性和艺术性于一体的学科，室内设计人员在关注实用性的基础上应高度重视建筑美学原理在室内设计中的运用。结合不同室内空间的使用功能和氛围要求，创造具有表现力和感染力的室内空间，将人们对于视觉美感的要求与历史、文化相结合，将业主要求与民族特点、地方风格相结合，将时代风尚与历史文脉相结合，设计出美观且品位高雅的作品。

4. 可持续发展原则

室内设计学科具有非常典型的时效性特点，任何室内设计作品，随着时间的推移、社会生活主流意识的改变和室内功能等因素的变化，都会面临风格落后、功能退化、材料使用寿命缩短等问题，因此不能将室内设计的依据、功能和审美要求看成是一成不变的。这就要求室内设计人员要有可持续发展的动态观念，关注室内设计与自然、人文社会的发展与变化，注重材料的循环利用问题以及空间的机动灵活性，营造人工环境、自然环境、社会环境相协调的室内空间。

2.2.2 室内设计的方法

室内设计是一项创造性思维与工程实际操作紧密联系的工作，要求设计者不仅具有宏观的运筹控制能力，还应具有良好的微观思维能力和设计表达技巧。

1. 室内设计的一般流程

一个完整的室内设计通常分为四个阶段，即设计的准备阶段、方案设计阶段、施工图设计阶段及设计实施阶段。

（1）设计准备阶段。

主要是接受业主委托，明确设计任务，签订相关合同，制定相关的设计进度计划，考虑各工种之间的配合。在此阶段，要充分掌握设计任务的使用性质、功能特点、造价限制、业主的个性需求及相关的规范核定额标准，收集分析必要的资料和信息，从而制定相关的设计进度、收费标准。

（2）方案设计阶段。

主要是在前期准备的基础之上进行立意构思，进行初步方案设计，包括以下内容。

- 室内平面布置图（包括家具布置），比例为1：50、1：100。
- 室内平顶图或室内平面仰视图，包括灯具、喷淋设施、风口等，比例为1：50、1：100。
- 室内立面展开图，比例为1：20、1：50。
- 室内透视图，包括整体布局、质感、色彩的表达。
- 室内设计材料的实景图，包括构造详图、材料、设备、家具及灯具详图或实物照片。
- 设计说明和造价概算。

（3）施工图设计阶段。

初步设计方案确定后，即进入到施工图设计阶段，使方案图的内容得以深化，便于施工，包括以下内容。

- 室内平面布置图，包括家具布置，比例为1：50、1：100。
- 室内平顶图或室内平面仰视图，包括灯具、喷淋设施、风口等，比例为1：50、1：100。
- 室内立面展开图，比例为1：20、1：50。
- 构造节点详图。
- 细部大样图。
- 设备管线图。
- 施工说明。
- 造价概算。

（4）设计实施阶段。

即室内装修施工阶段，需要设计人员与施工单位进行有效的沟通，明确设计意图和相关技术要求，必要时可根据现场情况进行图纸变更，但必须是设计单位同意且出具设计变更书。施工结束后进行施工质量验收。

2. 室内设计的一般方法

室内设计工作是以思维劳动为基础，动手绘图为表达的一种设计工作。就设计方法来说，更倾向于思维能力的培养和宏观问题的把握。

（1）立意构思要明确。

在充分掌握设计任务的使用性质、功能特点、造价限制、业主的个性需求及相关的规范核定额标准之后，首先要有一个明确的设计构思或主题立意，使得后期的所有设计均围绕这一主题展开，如常说的设计格调、设计风格及主题神韵。缺乏了立意构思会使后期设计杂乱无章甚至无法进行。

（2）设计思路要清晰。

主题立意确定后，要实现这一立意，就要有明确的设计思路，设计思路清晰主要要处理好以下两个关系。

整体与局部：室内设计要注重整体性，整体的协调统一与和谐完美对于设计具有统领作用；室内设计同时也要注重局部的精致，必要的细致刻画与局部氛围的营造会提升整体的品味。室内设计人员要平衡好二者的关系，即不要过于强调整体性，忽略细部的精细雕琢，使得最终效果过于粗略，也不要过分偏重于局部细节的勾画，使得设计凌乱无章，丧失整体的协调统一。

内在与外在：室内设计与建筑设计同样会遇到室内与室外关系的问题。对于室内设计者，营造室内空间氛围的同时抓住室外环境的优质元素，会大大提升设计的最终效果。设计者应不断地推敲内在与外在之间的关系，内外协调，从而创造室内外浑然一体的环境设计。

（3）表达技巧要熟练。

室内设计最终是以视觉传媒的形式表现出来的，良好的色彩、比例与材质运用是一名室内设计人员具备的基本技能。有了这些基本理念，就要靠完整的图纸表达来实现设计方案，一方面是手绘技能，多用于初步方案草图及立意构思阶段的直观反映和调整；另一方面是计算机绘图能力的培养，应熟练运用各种工具软件，使之为室内设计服务。

2.3 室内设计的制图要求及规范

在建筑装饰施工的过程中，每一道工序都要遵循一定的规范和标准，建筑装饰施工图的绘制也要遵循这些规范和标准，这样施工人员才能够有理有据的通过图纸更好的进行施工的管理与指导，施工质量才能够得以保证。

2.3.1 室内设计制图国家标准简介

建筑装饰施工图的图示原理与房屋建筑工程施工图的图示原理相同，是用正投影的方法绘制指导施工的图样，制图时应遵守《房屋建筑制图统一标准》（GB 50001—2010）、《建筑制图标准》（GB/T50104—2010）、《房屋建筑室内装饰装修制图标准》（JGJ/T244—2011）的要求。

建筑装饰装修工程应根据国家标准《建筑装饰装修工程质量验收规范》（GB 50210—2001）的要求施工，家庭装饰装修的施工图可参考国家标准《住宅装饰装修工程施工规范》（GB50327—2001）中的规定。

建筑装饰装修工程所用材料的阻燃性能应符合现行的国家标准《建筑内部装修设计防火规范》（GB50222）、《建筑内部装修防火施工及验收规范》（GB50354—2005）和《高层民用建筑设计防火规范》（GB 50045）的规定。

建筑装饰施工图的绘制还可以参考中南地区通用建筑标准设计《建筑配件图集》。

1. 建筑装饰施工图的图幅

建筑装饰施工图的图幅即图纸宽度和长度组成的图面，也就是指图纸大小，为了便于图纸的装订、查阅和保存，满足图纸现代化管理要求，图纸的大小规格应力求统一。图纸幅面的基本尺寸规定有五种，其代号分别为A0、A1、A2、A3和A4。各号图纸幅面尺寸和图框形式、图框尺寸都有明确规定，具体规定见表2-1。

表2-1 工程图纸的幅面表

幅面代号 幅面尺寸	A0	A1	A2	A3	A4
b×1	841×1189	594×841	420×594	297×420	210×297
c	10			5	
a	25				

长边作为水平边使用的图幅称为横式图幅，短边作为水平边使用的图幅称为立式图幅。A0～A3可横式或立式使用，A4一般采用立式使用。

2. 建筑装饰施工图的标题栏

图纸中应有标题栏、图框线、幅面线、装订边和对中标志。图纸的标题栏及装订边的位置应符合下列规定。

（1）横式使用的图纸，应按图2-1和图2-2的形式进行布置。

（2）立式使用的图纸，应按图2-3和图2-4的形式进行布置。

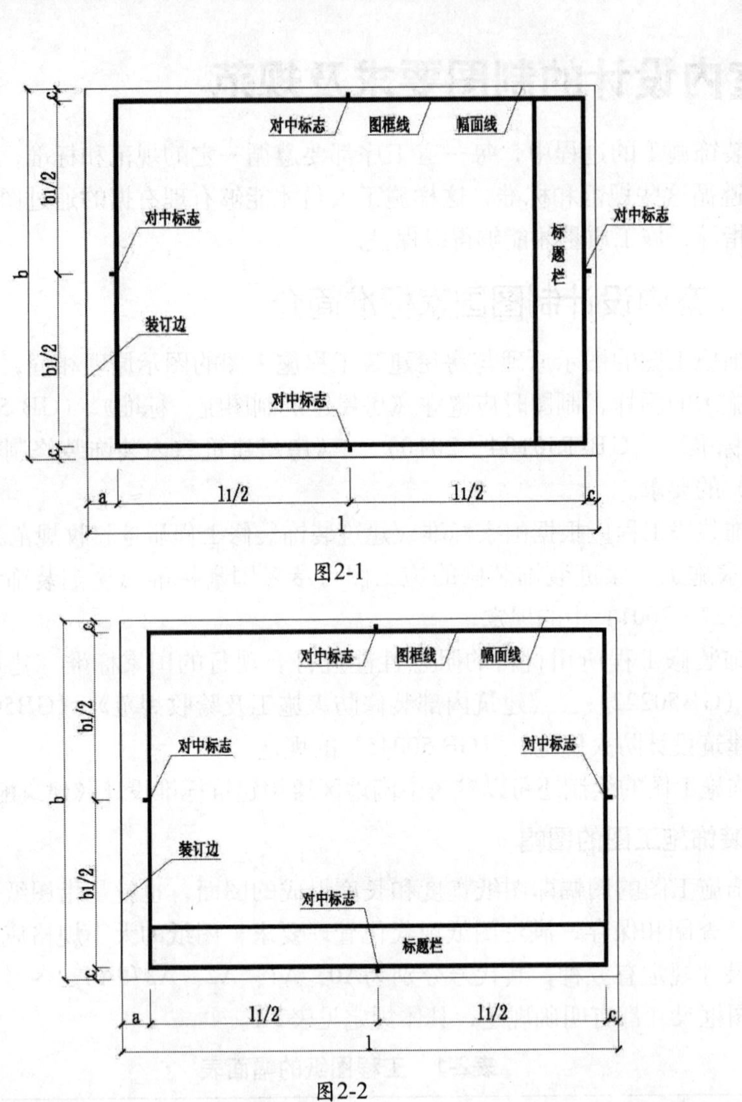

图2-1

图2-2

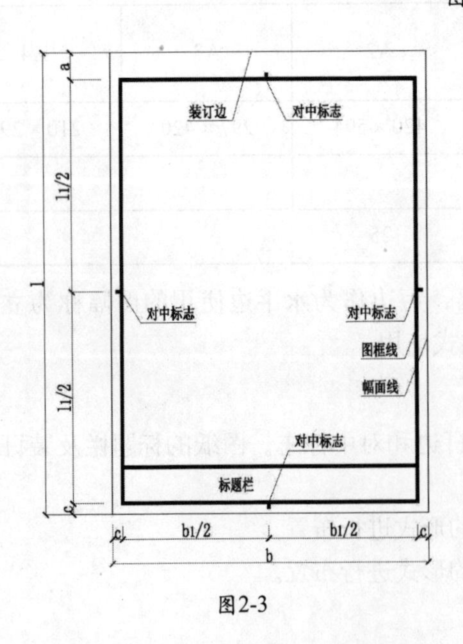

图2-3

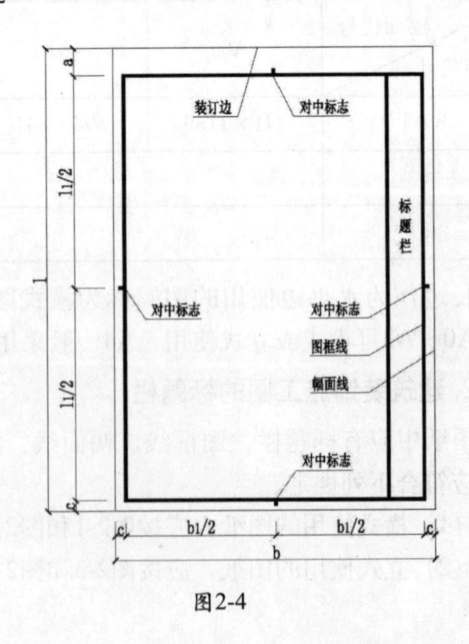

图2-4

标题栏要根据工程的需要选择其尺寸、格式及分区，应符合图2-5和图2-6所示的规定。

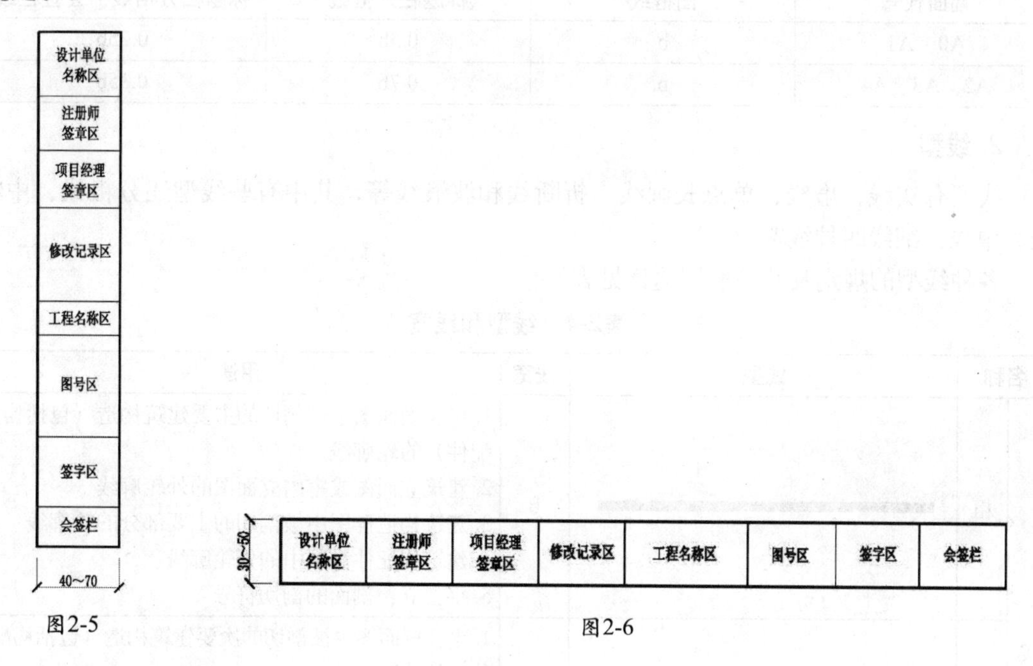

图2-5

图2-6

2.3.2 建筑装饰施工图的图线

为了使施工图纸更容易识读，制图规范里面规定要根据施工图绘制的内容不同分别采用不同的图线。图线的表达包括以下几个方面。

1. 线宽

线宽比的不同代表线的粗细不同，例如剖面图的轮廓线要用粗线表达，可视图的轮廓线一般用中粗线或细线表达。常用的线宽度有：0.13mm、0.18mm、0.25mm、0.35mm、0.5mm、0.7mm、1.0mm和1.4mm，图线宽度不应小于0.1mm。

通常先确定图样中所用粗线的宽度b，再确定中粗线宽度为0.7b和中线宽度为0.5b，最后定出细线宽度为0.25b。

粗线、中粗线、中线、细线形成一组，叫做线宽组，详见表2-2。同一张图纸内，相同比例的图样应选用相同的线宽组。

表2-2 线宽组

单位（mm）

线宽比	线宽组			
b	1.4	1.0	0.7	0.5
0.7b	1.0	0.7	0.5	0.35
0.5b	0.7	0.5	0.35	0.25
0.25b	0.35	0.25	0.18	0.13

注：1. 需要微缩的图纸，不宜采用0.18mm及更细的线宽。

2. 同一张图纸内，不同线宽中的细线，可统一采用较细的线宽组的细线。

表2-3 图框线、标题栏线的宽度（mm）

幅面代号	图框线	标题栏外框线	标题栏分格线、会签栏线
A0、A1	b	0.5b	0.25b
A2、A3、A4	b	0.7b	0.35b

2. 线型

线型有实线、虚线、单点长画线、折断线和波浪线等，其中有些线型还分粗线、中粗线、中线、细线四种线宽。

各种线型的规定及其一般用途详见表2-4。

表2-4 线型和线宽

名称		线型	线宽	用途
实线	粗		b	1. 平、剖面图中被剖切的主要建筑构造（包括构配件）的轮廓线 2. 建筑立面图或室内立面图的外轮廓线 3. 建筑构造详图中被剖切的主要部分的轮廓线 4. 建筑构配件详图中的外轮廓线 5. 平、立、剖面的剖切符号
	中粗		0.7b	1. 平、剖面图中被剖切的次要建筑构造（包括构配件）的轮廓线 2. 建筑平、立、剖面图中建筑构配件的轮廓线 3. 建筑构造详图及建筑构配件详图中的一般轮廓线
	中		0.5b	小于0.7b的图形线、尺寸线、尺寸界线、索引符号、标高符号、详图材料做法引出线、粉刷线、保温层线、地面、墙面的高差分界线等
	细		0.25b	图例填充线、家具线、纹样线等
虚线	中粗		0.7b	1. 建筑构造详图及建筑构配件不可见的轮廓线 2. 平面图中的起重机（吊车）轮廓线 3. 拟建、扩建建筑物轮廓线
	中		0.5b	投影线、小于0.5b的不可见轮廓线
	细		0.25b	图例填充线、家具线等
单点长画线	粗		b	起重机（吊车）轨道线
	细		0.25b	中心线、对称线、定位轴线
折断线	细		0.25b	部分省略表示时的断开界线
波浪线	细		0.25b	1. 部分省略表示时的断开界线，曲线形构件断开界线 2. 构造层次的断开界线

注：地平线宽可用1.4b。

3. 图线的画法

（1）相互平行的两条线，其间隙不宜小于图内粗线的宽度，且不宜小于0.7mm。

（2）虚线、单点长画线、双点长画线的线段长度宜各自相等，间隔宜均匀。

（3）虚线与实线、虚线与单（双）点画线、虚线与虚线、单（双）点画线与实线、单（双）点画线与单（双）点画线相交，一般情况都应交于线段。

（4）圆的中心线可以用细单点长画线，也可以用细实线，如图2-7所示。

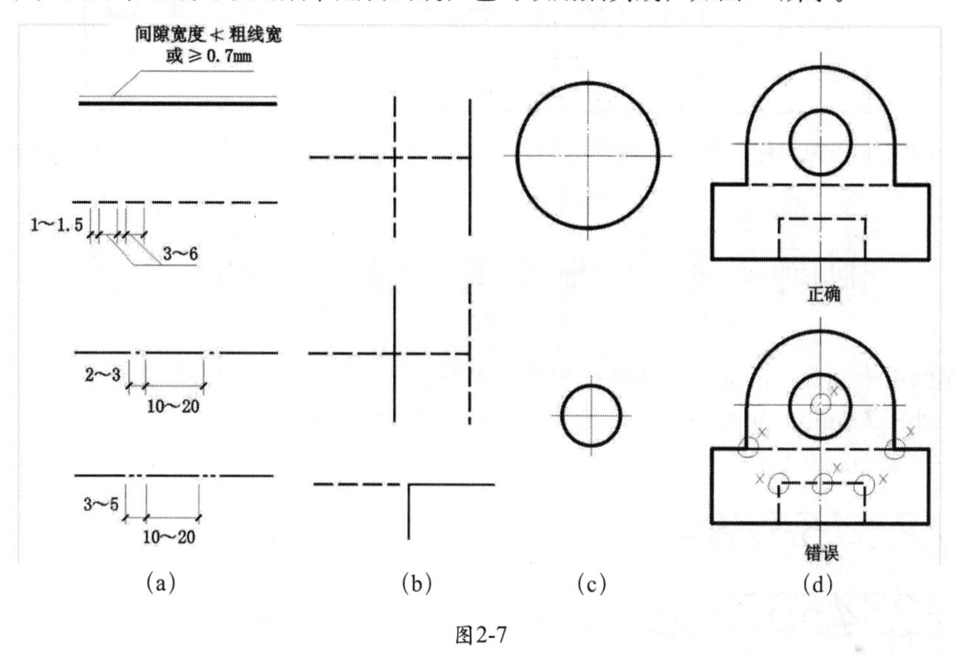

图2-7

（a）线的画法（b）线的交接（c）圆的中心线画法（d）举例

4. 绘制图线时的注意事项

绘制图线时应注意以下几点。

（1）单点长画线和双点长画线的首末两端应是线段，而不是点。点画线与点画线交接，或点画线（双点画线）与其他图线交接时，应是线段交接。

（2）单点长画线或双点长画线在较小图形中绘制有困难时，可用实线代替。

（3）虚线与虚线交接或虚线与其他图线交接时，都应是线段交接。虚线为实线的延长线时，不得与实线连接。

（4）图线不得与文字、数字和符号重叠、混淆，不可避免时，应首先保证文字等内容的清晰。

2.3.3 建筑装饰施工图的工程字体

建筑装饰施工图的工程字体常用长仿宋体，字宽：字高=2/3，常用的字高系列有3.5mm、5mm、7mm、10mm、14mm、20mm等，字高也称字号，如5号字的字高为5mm。

长仿宋体的书写要领是：横平竖直，注意起落，结构匀称，填满方格。写完后要求字体端正、笔画清楚、排列整齐、间隔均匀。

横平竖直，横笔基本要平，可顺着运笔方向稍许向上倾斜2°～5°。

注意起落，横、竖的起笔和收笔，撇、钩的起笔，钩折的转角等，都要顿一下笔，形成小三角并出现字肩。几种基本笔画的写法如表2-5所示。

表2-5 仿宋体字基本笔画的写法

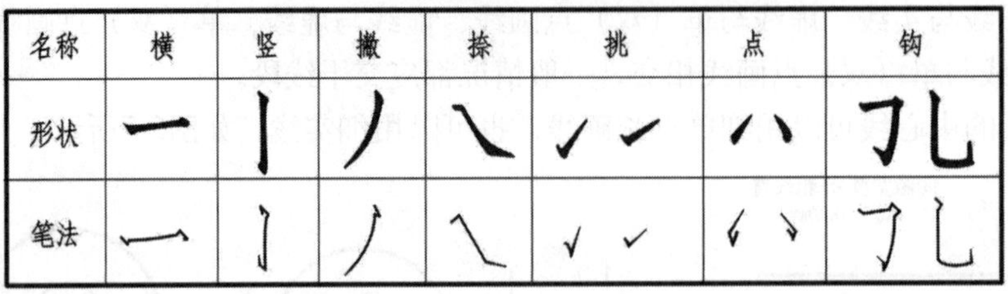

名称	横	竖	撇	捺	挑	点	钩
形状							
笔法							

长仿宋体结构匀称，笔画布局要均匀，字体构架要中正疏朗、疏密有致，如图2-8所示。

平 面 基 土 木 术 审 市 正 水 直 垂 四 非 里

柜 轴 孔 抹 粉 棚 械 缝 混 凝 砂 以 设 纵 沉

图2-8

图纸中表示数量的数字应用阿拉伯数字书写，阿拉伯数字、罗马数字或拉丁字母的字高应不小于2.5mm，如图2-9所示。数字和字母有直体和斜体两种写法，在同一张图纸上必须统一，如图2-10所示。

1234567890

1234567890

图2-9

直体：0 1 2 3 4 5 6 7 8 9 A B C D E F

斜体：*A B C D 1 4 5 6 8 9 0*

图2-10

2.3.4 建筑装饰施工图的比例

建筑装饰施工图的图纸比例是指图中的图形与其实物相对应要素的线性尺寸之比，即图距：实距=比例尺，他是线段之比而不是面积之比。

比例的大与小，是指比值的大与小，比值大于1的比例，称为放大的比例，比值小于1的比例，称为缩小的比例，建筑装饰施工图上常采用缩小的比例。

建筑专业、室内设计专业制图选用的各种比例，宜符合表2-6的规定。

表2-6 比 例

图 名	比 例
建筑物或构筑物的平面图、立面图、剖面图	1：50、1：100、1：150、1：200、1：300
建筑物或构筑物的局部放大图	1：10、1：20、1：25、1：30、1：50
配件及构造详图	1：1、1：2、1：5、1：10、1：15、1：20、1：25、1：30、1：50

比例应该用阿拉伯数字表示，如1：100、1：10、1：5等，一般注写在图名的右侧，字的底线应取平，其字高宜比图名的字高小一号或二号，如图2-11所示。

同一扇门可用不同的比例画出立面图，如图2-12所示。

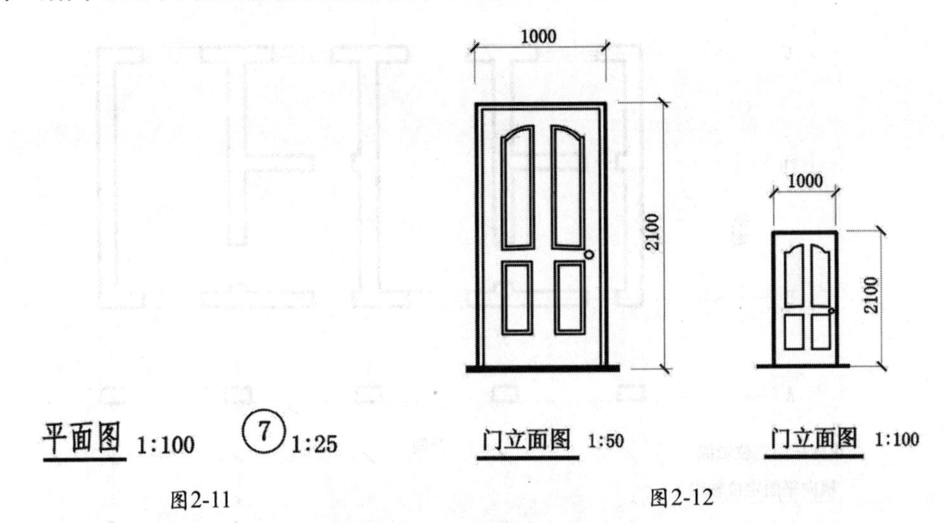

图2-11 图2-12

为使画图时快捷准确，可利用比例尺确定图线长度，如图2-13所示。

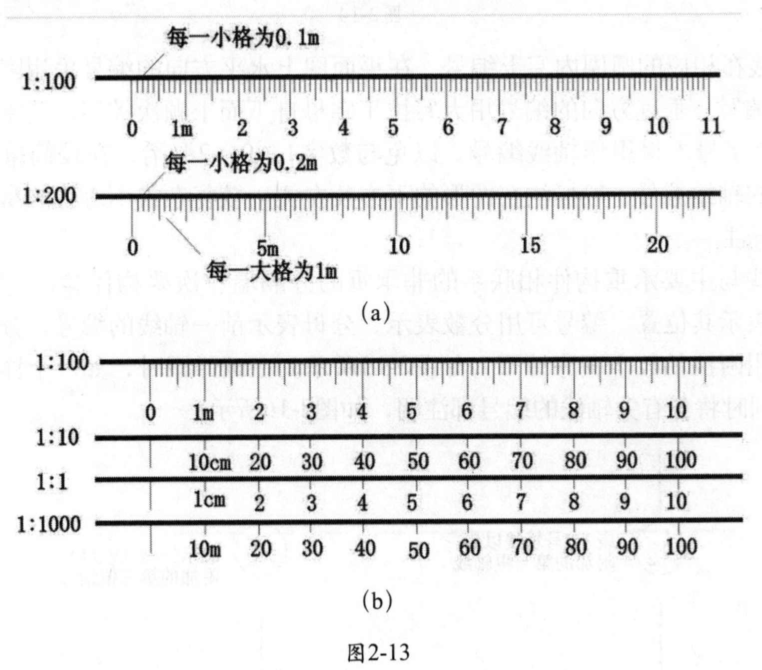

图2-13

(a) 比例尺的读法 (b) 比例尺的换算

2.3.5 建筑装饰施工图的符号

建筑装饰施工图中常用符号有以下几种。

1. 定位轴线

在施工图中通常将房屋的基础、墙、柱、墩和屋架等承重构件的轴线画出，并进行编号，以便于施工时定位放线和查阅图纸，这些轴线称为定位轴线。

根据“国标”规定，定位轴线采用细单点长画线表示，轴线编号的圆圈用细实线，直径一般为8～10mm，如图2-14所示。

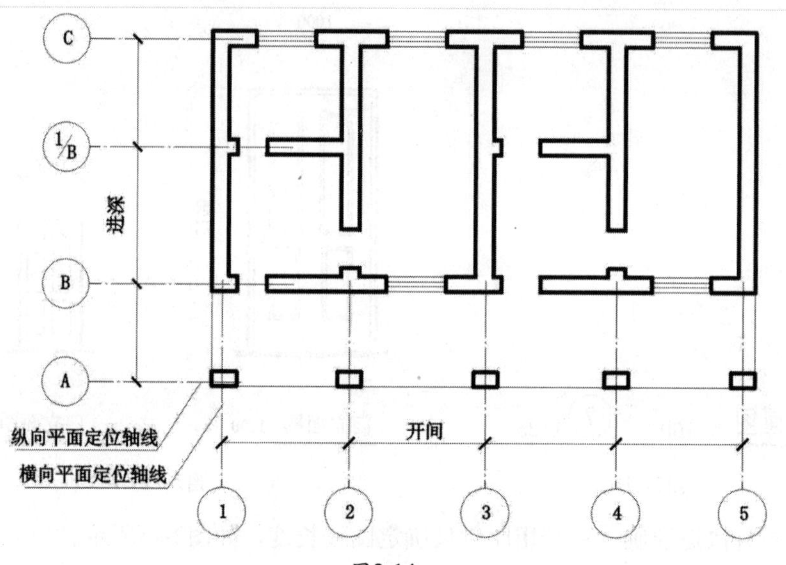

图2-14

每根轴线在相应的圆圈内写上编号，在平面图上水平方向的编号采用阿拉伯数字，从左向右依次编写。垂直方向的编号用大写拉丁字母自下而上顺次编写，其中拉丁字母中的I、O及Z三个字母不得用作轴线编号，以免与数字1、0、2混淆。在较简单或对称的房屋中，平面图的轴线编号一般标注在图形的下方及左侧，较复杂或不对称的房屋，图形上方或右侧也可标注。

对于一些与主要承重构件相联系的非承重的分隔墙、次要构件等，有时用附加轴线（分轴线）表示其位置，编号可用分数表示。分母表示前一轴线的编号，分子表示附加轴线的编号，用阿拉伯数字顺序编写，如图2-15所示。在画详图时，如一个详图适用于几个轴线时，应同时将各有关轴线的编号都注明，如图2-16所示。

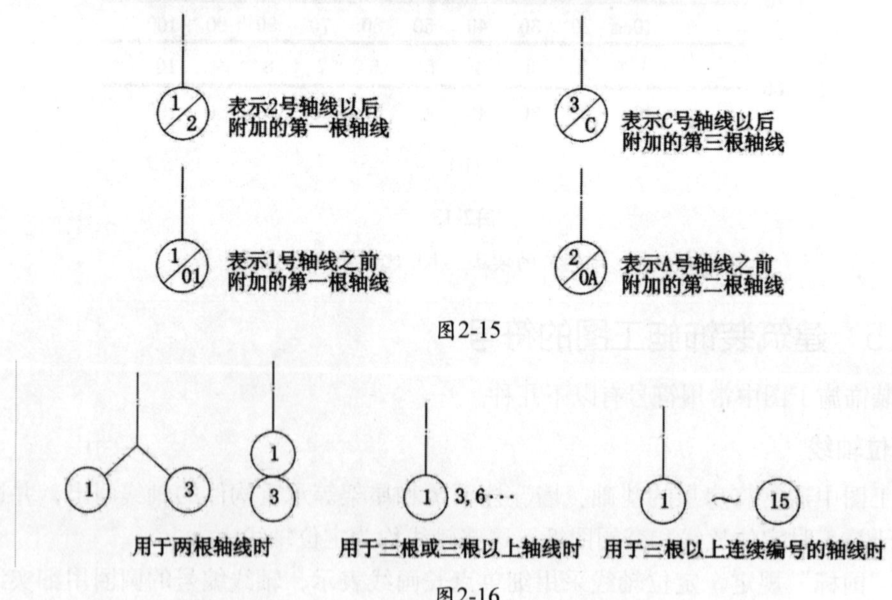

图2-15

图2-16

圆形与弧形平面图中的定位轴线，其径向轴线应以角度进行定位，其编号要用阿拉伯数字表示，从左下角或-90°开始，按逆时针顺序编写，如图2-17所示。其环向轴线宜用大写阿拉伯字母表示，按外向内的顺序编写，如图2-18所示。

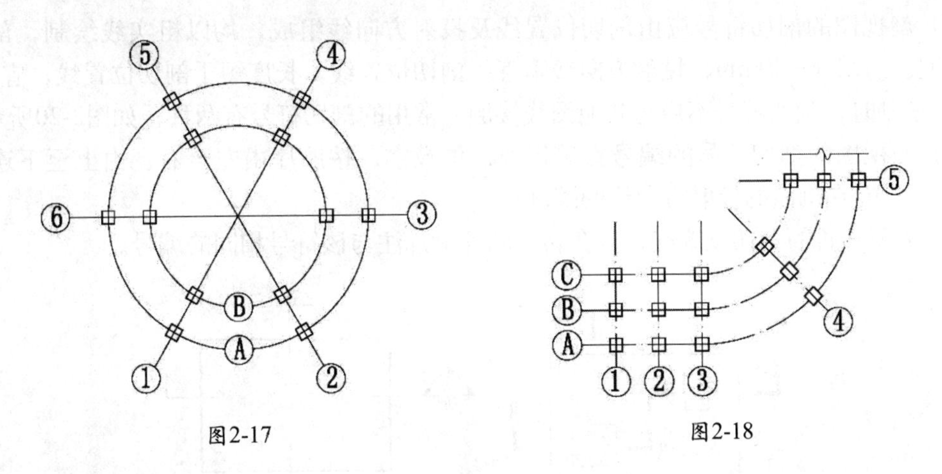

图2-17　　图2-18

2. 标高符号

总平面图的室外整平标高宜用涂黑的倒三角形符号“▼”表示，如图2-19（a）所示。

标高是标注建筑物高度的另一种尺寸形式，是用符号“▽——”表示。下面短横线为某处需标注高度的界限，长横线之上注明标高，但应注在小三角的外侧，小三角的高度约为3mm，如图2-19（b）所示。

标高单位为米（m），“国标”规定准确到毫米（mm），因此要注写到小数点后第三位，总平面图标高注至小数点后第二位，在数字后面不注写单位。

标高分为绝对标高和相对标高两种。

（1）绝对标高。

绝对标高是指把我国青岛附近的黄海平均海平面作为绝对标高的零点而测量的高度尺寸，其他各地标高都以此作为基准。

如北京绝对标高在40m以下。绝对标高的数值，一律以米（m）为单位，一般注至小数点后两位。

（2）相对标高。

一栋建筑的施工图需注明许多标高，如都采用绝对标高，数字会很繁琐，所以一般都采用相对标高，即把某一建筑首层定为零点标高，写作“±0.000”，低于零点的负数标高前应加注“-”号，如“-0.450”，如图2-19（c）所示。高于零点的正数标高前不用加注“+”号，如图2-19（d）所示。当图样的同一位置需表示几个不同的标高时，标高数字可以垂直的形式标注，如图2-19（e）所示。

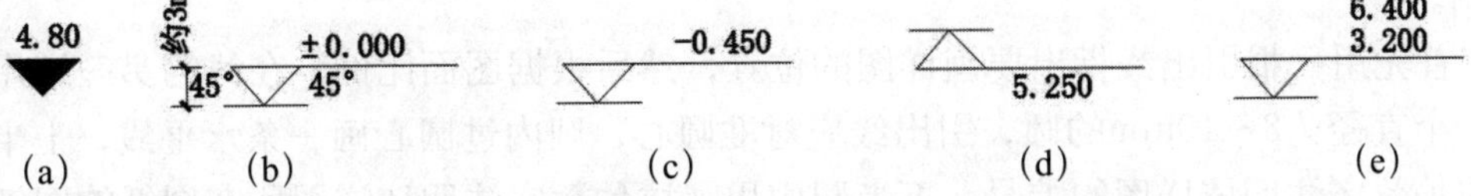

4.80　约3mm　±0.000　45°　45°　-0.450　5.250　9.600 6.400 3.200

(a)　(b)　(c)　(d)　(e)

图2-19

（a）总平面图标高（b）零点标高（c）负数标高（d）正数标高（e）一个标高符号标注多个标高数字

3. 剖切符号

(1) 剖视图的剖切符号。

剖视图的剖切符号应符合以下规定。

1) 剖视图的剖切符号应由剖切位置线及投射方向线组成，均以粗实线绘制，剖切位置线的长度宜为6~10mm，投射方向线垂直于剖切位置线，长度短于剖切位置线，宜为4~6mm。绘制时，剖切符号不应与其他图线接触，常用的剖切符号有两种，如图2-20所示。

2) 剖视图的剖切符号的编号宜采用阿拉伯数字，按顺序由左至右、由上至下连续编排，并应注写在剖面的投射方向线的端部。

3) 需要转折的剖切位置线，应在转角的外侧加注与该符号相同的编号。

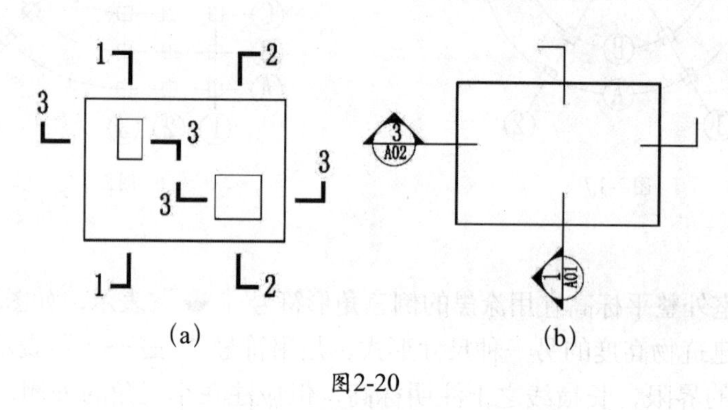

图2-20

(a) 剖视的剖切符号 (一) (b) 剖视的剖切符号 (二)

(2) 断面图的剖切符号。

断面图的剖切符号应符合下列规定。

1) 断面图的剖切符号应只用剖切位置线表示，并加以粗实线绘制。

2) 断面图的剖切符号的编写宜采用阿拉伯数字，按顺序连续编排，并应注写在剖切位置线的一侧，编号所在的一侧应为该断面的剖视方向，如图2-21所示。

当剖面图或断面图与被剖切图样不在同一张图纸内时，应在剖切位置线的另一侧注明其所在图纸的编号，也可以在图上集中说明。

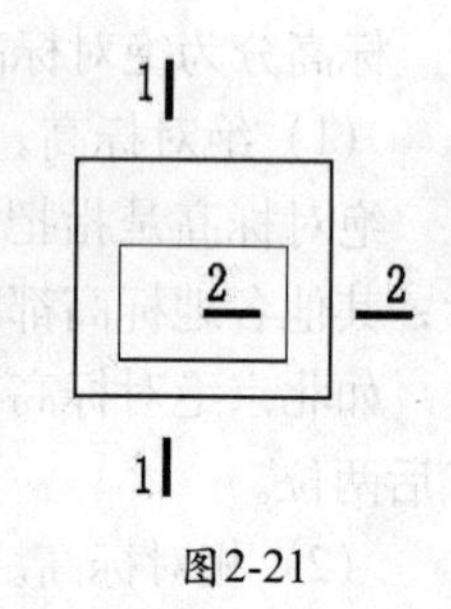

图2-21

4. 索引符号和详图符号

按《房屋建筑制图统一标准》(GB 50001—2010) 中的规定，施工时查阅图样中某一局部或构件的详图时，常常用索引符号注明详图的位置、详图的编号以及详图所在的图纸的编号，以方便查找。

索引符号由直径为8~10mm的圆和其水平直径组成，圆及其水平直径均以细实线绘制。

首先用一根引出线指出要画详图的位置，然后根据图面比例，在线的另一端用细实线画一个直径为8~10mm的圆，引出线应对准圆心，圆内过圆心画一条水平线，上半圆中用阿拉伯数字注明该详图的编号，下半圆中用阿拉伯数字注明该详图所在图纸的图纸号。如详图与被索引的图样在同一张图纸内，则在下半圆中间画一条水平细实线。索引出的详图如采用标准图，应在索引符号水平直径的延长线上加注该标准图册的编号。索引符号与详图符号的画法如表2-7所示。

表2-7　索引符号与详图符号

名 称	符 号	说 明
索引符号	5 / —	索引出的详图与被索引的详图同在一张纸内，要在索引符号的上半圆中用阿拉伯数字注明该详图的编号，并在下半圆中画一条水平细实线
	5 / 4	索引出的详图与被索引的详图不在同一张纸内，要在索引符号的上半圆中用阿拉伯数字注明该详图的编号，在索引符号的下半圆中用阿拉伯数字注明该详图所在图纸的编号
	J103 5 / 4	索引出的详图如采用标准图，要在索引符号水平直径的延长线上加注该标准图集的编号
	1 / —；2 / —；J103 5 / 2；3 / 4	当索引符号用于索引剖视详图时，要在被剖切的部位绘制剖切位置线，并用引出线引出索引符号，引出线所在的一侧视为剖视方向
详图符号	5	当详图与被索引的图样同在一张图纸内时，要在详图符号内用阿拉伯数字注明详图的编号
	5 / 3	当详图与被索引的图样不在同一张图纸内时，要用细实线在详图符号内画一条水平直径，在上半圆中注明详图编号，在下半圆中注明被索引的图纸编号

5. 引出线

（1）引出线用细实线绘制，并宜用与水平方向成30°、45°、60°或90°的直线或经过上述角度再折为水平的折线，如图2-22所示。

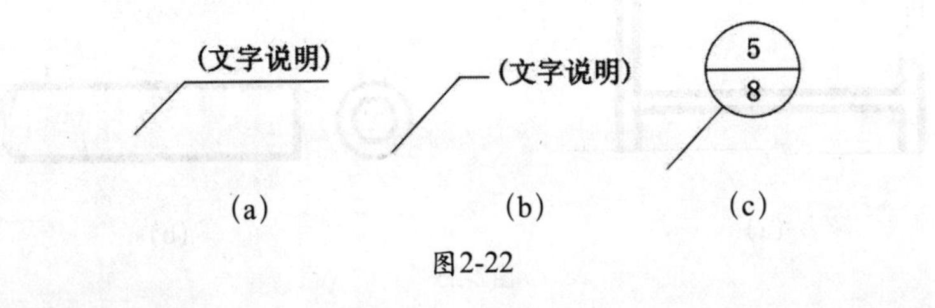

图2-22

(a) 一般引出线（一） (b) 一般引出线（二） (c) 一般引出线（三）

（2）同时引出几个相同部分的引出线，宜相互平行，如图 2-23（a）、（b）所示，也可画成交于一点的放射线，如图 2-23（c）所示。

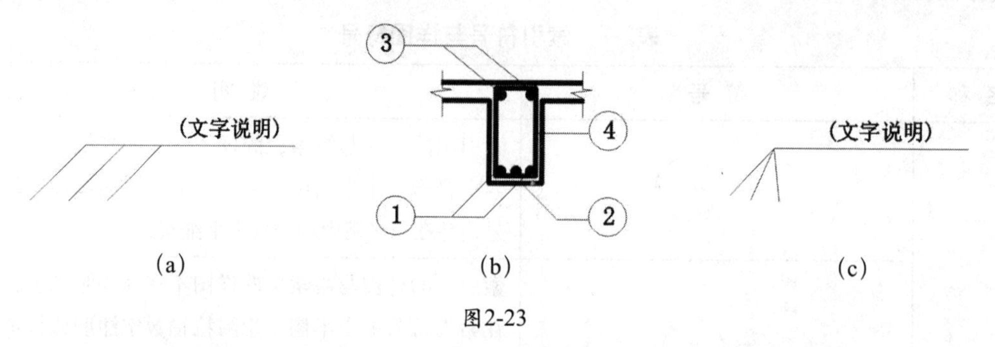

图2-23

（a）引出相同部分的引出线（一）（b）引出相同部分的引出线（二）（c）引出相同部分的引出线（三）

（3）为了对多层构造部位加以说明，可以用引出线表示，如图2-24所示。

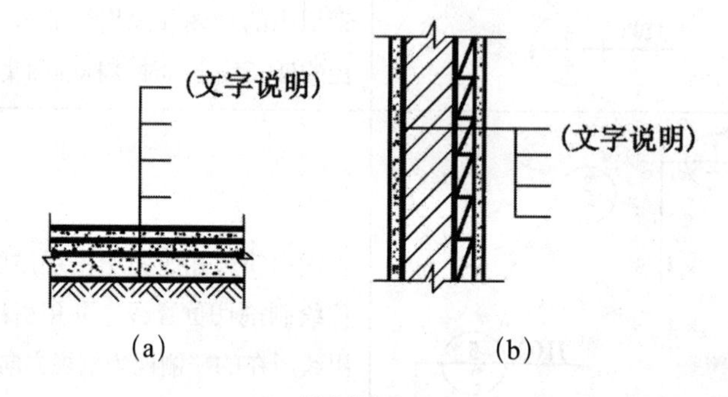

图2-24

（a）多层次构造部位的引出线（一）（b）多层次构造部位的引出线（二）

6. 图形折断符号

（1）直线折断。

当图形采用直线折断时，其折断符号为折断线，它经过被折断的图面，如图2-25（a）所示。

（2）曲线折断。

对圆形构件的图形折断，其折断符号为曲线，如图2-25（b）所示。

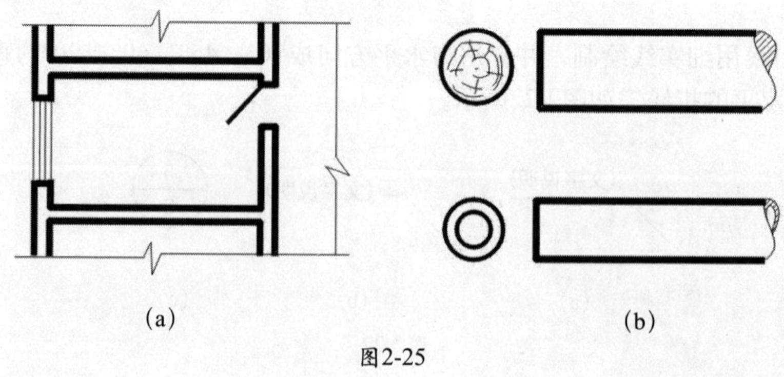

图2-25

（a）直线折断（b）曲线折断

7. 对称符号

对称符号即在对称中心线（细单点长画线）的两端画出两段平行线（细实线）。平行线长度为6～10mm，间距为2～3mm，且对称线两侧长度对应相等，如图2-26（a）所示。当房屋施工图的图形完全对称时，可只画该图形的一半，并画出对称符号，以节省图纸篇幅，如图2-26（b）所示。

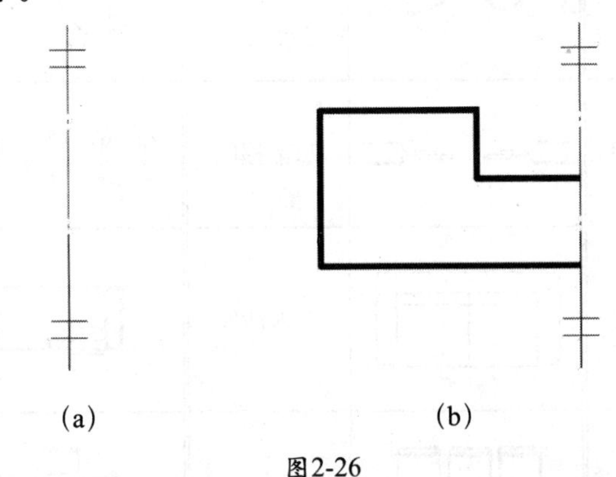

图2-26

(a) 普通施工图的对称符号 (b) 对称施工图的对称符号

8. 连接符号

对于较长的构件，当其长度方向的形状相同或按一定规律变化时，可断开绘制，断开处应用连接符号表示。连接符号为折断线（细实线），并用大写拉丁字母表示连接编号，如图2-27所示。

9. 指北针

在总平面图及底层建筑平面图上，一般都画有指北针，以指明建筑物的朝向。指北针圆的直径宜为24mm，用细实线绘制，指针尾端的宽度3mm，需用较大直径绘制指北针时，指针尾部宽度宜为圆的直径的1/8，指针涂成黑色，针尖指向北方，并加注“北”或“N”字，如图2-28所示。

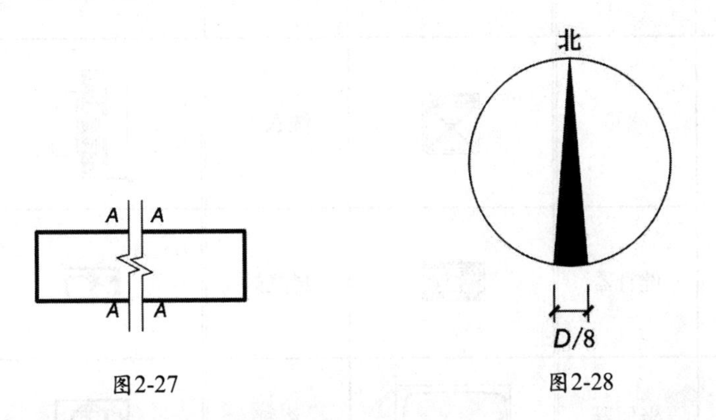

图2-27　图2-28

2.3.6 建筑装饰施工图的图例

建筑装饰施工图的图例应遵守《房屋建筑制图统一标准》的有关规定，除此之外还可采用表2-8和表2-9中的常用图例，以满足建筑装饰设计表达的需要。

表2-8 装饰工程施工图常用图例（平面图）

图例	名称	图例	名称	图例	名称
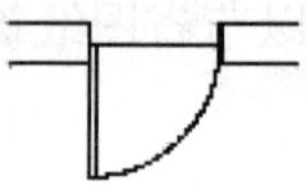	单扇平开门	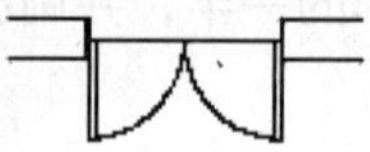	双扇平开门	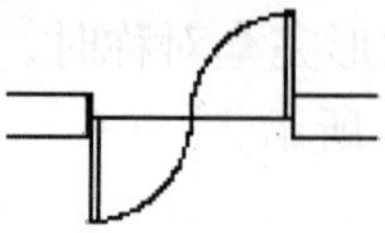	双扇内外开平开门
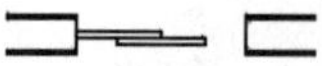	双扇移门		四扇移门	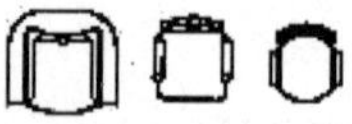	休闲椅凳
	单人沙发	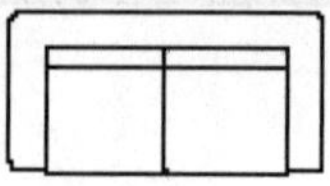	双人沙发	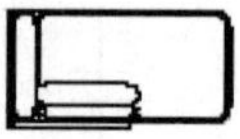	贵妃椅
	四人桌椅	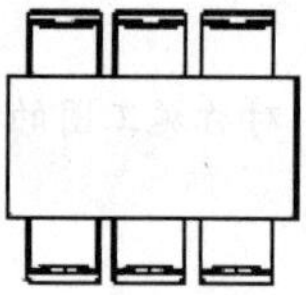	六人桌椅	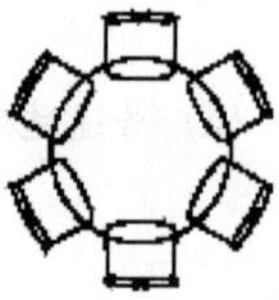	圆形桌椅
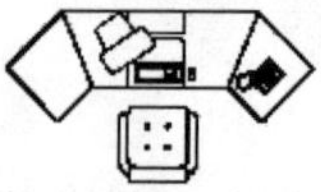	办公桌椅	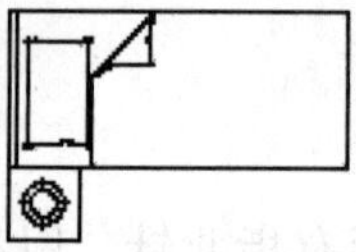	单人床	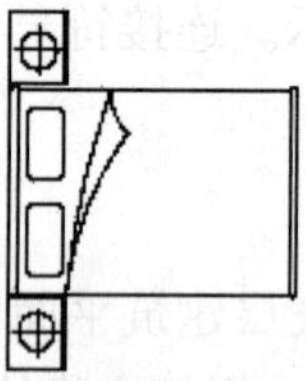	双人床
	电脑		电视	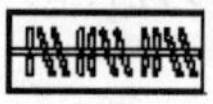	衣柜
	冰箱		洗衣机	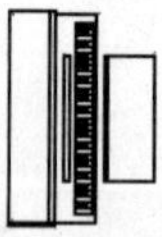	钢琴
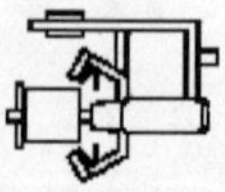	健身器		燃气炉		水槽
	坐便器	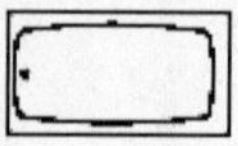	浴缸		洗面台

表2-9 装饰工程施工图常用图例（灯具、电气图）

图例	名称	图例	名称	图例	名称
	吊灯		台灯或落地灯		倚灯
	风口		浴霸		吸顶灯
	暗装单极开关		暗装双极开关		暗装三极开关
TV	电视插座	TP	电话插座	KD	宽带插座
	暗装接地单相插座	K	暗装接地空调插座	S	暗装接地防水插座

2.3.7 建筑装饰施工图的尺寸标注

建筑装饰施工图中均注有详细尺寸，虽然建筑形体的投影图已经清楚地表达了形体的形状和各部分的相互关系，但还必须注上足够的尺寸，才能明确形体的实际大小和各部分的相对位置。这些尺寸是施工制作过程中的主要依据，因此，注写尺寸要求正确、完整、清晰、合理。

1. 尺寸的组成及一般标注方法

建筑装饰施工图的尺寸由尺寸线、尺寸界线、尺寸起止符号和尺寸数字四部分组成，如图2-29所示。

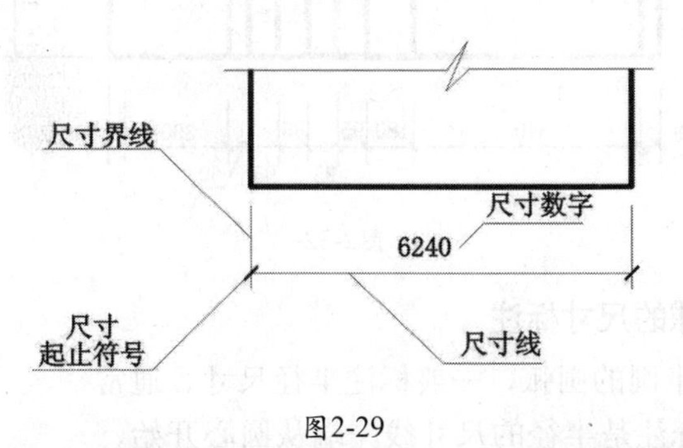

图2-29

（1）尺寸界线应用细实线绘制，一般应与被注长度垂直，其一端应离图样的轮廓线不小于2mm，另一端宜超出尺寸线2～3mm，必要时可利用轮廓线作为尺寸界线，如图2-30所示。总尺寸的尺寸界线应靠近所指部位，中间的尺寸界线可稍短，但其长度要相等，如图2-31所示。

(2) 尺寸线应用细实线绘制，并应与被注长度平行，但不宜超出尺寸界线之外（特殊情况下可以超出尺寸界线之外），相互平行的尺寸线应从被注写的图样轮廓线由近向远，小尺寸在内，大尺寸靠外整齐排列。尺寸线与图样最外轮廓线的间距不宜小于10mm，平行排列的尺寸线的间距，宜为7～10mm，如图2-31所示。图样上任何图线都不得用作尺寸线。

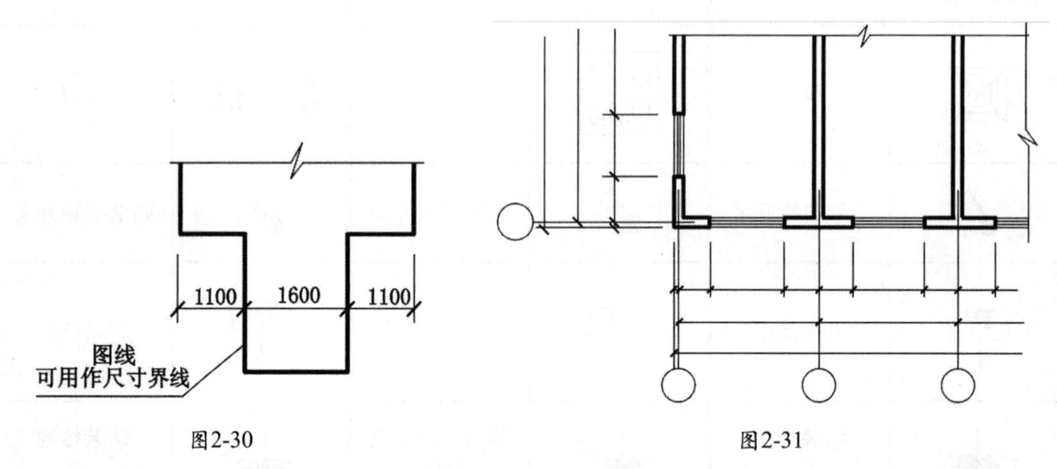

图2-30　　图2-31

(3) 尺寸起止符一般用中粗短实线斜向绘制，其倾斜方向应与尺寸界线成顺时针45°角，长度宜为2～3mm。在轴测图中标注尺寸时，其起止符号宜用小圆点；半径、直径、角度与弧长的尺寸起止符号，宜用箭头表示。

(4) 根据国标的规定，图样上标注的尺寸，除标高及总平面图以米（m）为单位外，其余一律以毫米（mm）为单位，为了图纸简明，图上尺寸数字都不再注写单位。尺寸数字一般依其方向写在靠近尺寸线的上左方，必要时最外边的尺寸数字可注写在尺寸界线的外侧，中间相邻的尺寸数字可错开注写，但这种方法要尽量少用，如图2-32所示。

整个尺寸标注宜在图样轮廓以外，不宜与图线、文字及符号等相交（断开相应图线）。

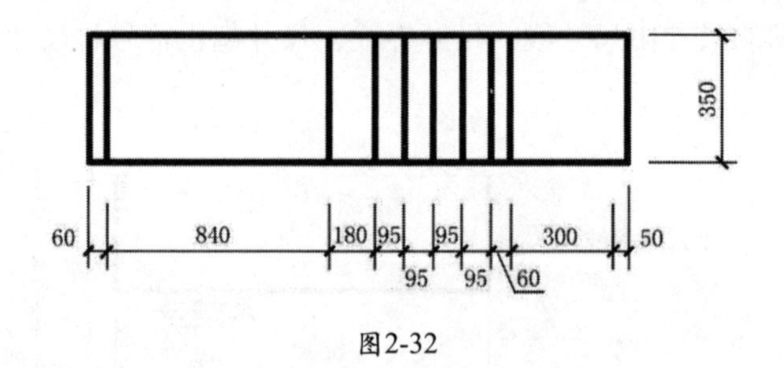

图2-32

2. 半径、直径、球的尺寸标注

(1) 半圆或小于半圆的圆弧，一般标注半径尺寸。通常情况下，半径的尺寸标注是半径的尺寸线一端从圆心开始，另一端画箭头指向圆弧，半径数字前加注半径符号“*R*”，如图2-33所示。

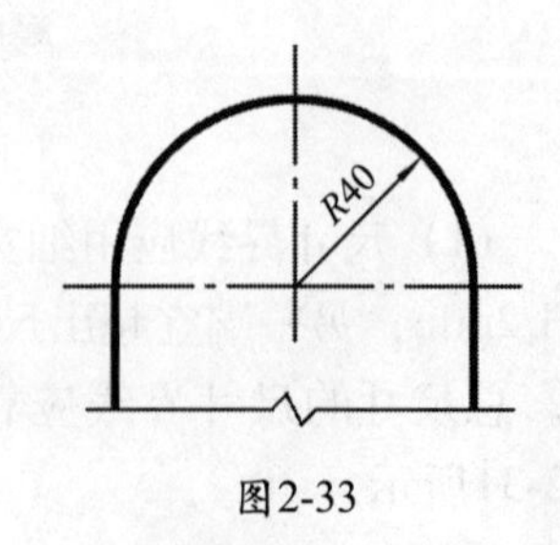

图2-33

遇特殊情况时，半径的尺寸标注可以适当地调整。比如：较大圆弧的尺寸线，可画成折断线引出标注，如图2-34所示；

较小圆弧的尺寸线，可用半径数字引出标注，如图2-35所示。

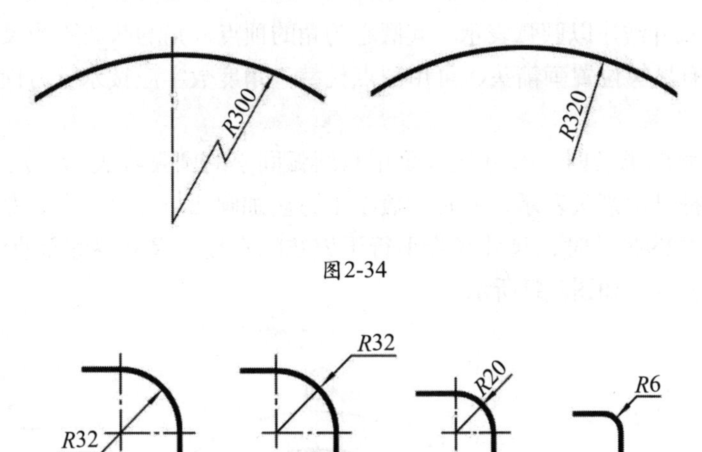

图2-34

图2-35

（2）圆或者大于半圆的弧，一般标注直径。通常情况下，标注直径的尺寸时，尺寸线是通过圆心，两端指向圆弧，用箭头作为尺寸的起止符号，并在直径数字前加注直径代号“*Φ*”。较小圆的尺寸可直接标注在圆外，如图2-36所示。

遇特殊情况时，直径的尺寸标注也可以适当地调整。比如较小的圆的直径，可用直径数字引出标注，如图2-37所示。

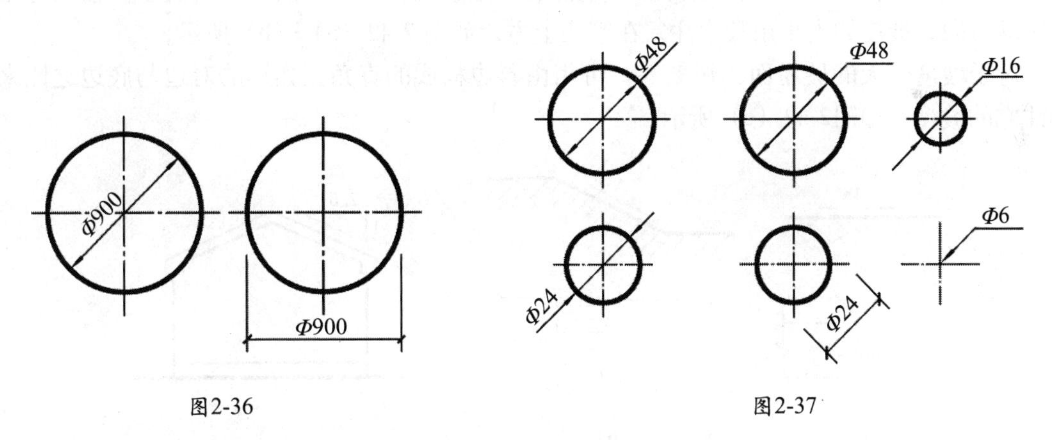

图2-36　　图2-37

（3）标注球的半径、直径时，应在尺寸前加注符号“*S*”，即“*SR*”、“*S*”，其注写方法与圆弧半径和圆直径相同，如图2-38所示。

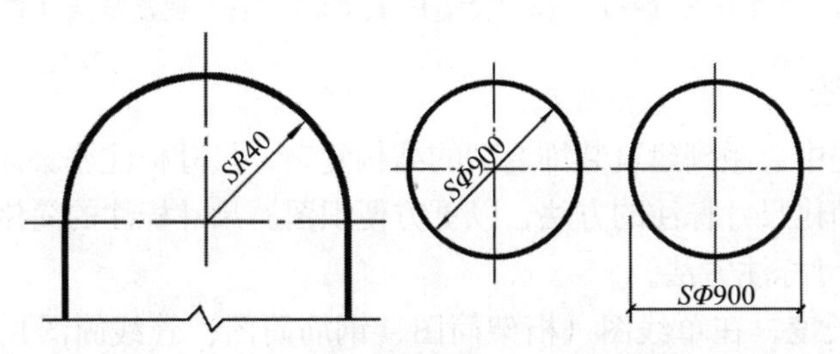

图2-38

3. 角度、弧长、弦长的标注

（1）角度的尺寸线应以圆弧表示，其圆心为角的顶点，角的两条边为尺寸界线，起止符号用箭头，若没有足够位置画箭头，可用圆点代替，角度数字应按水平方向注写，如图2-39所示。

（2）标注圆弧的弧长时，尺寸线应采用与圆弧同心的圆弧线表示，尺寸界线垂直于该圆弧的弦，起止符号用箭头表示，弧长的数字上方应加圆弧符号“⌒”，如图2-40所示。

（3）标注圆弧的弦长时，尺寸线应平行于该弦的直线，尺寸界线垂直于该弦，起止符号用中粗斜短线表示，如图2-41所示。

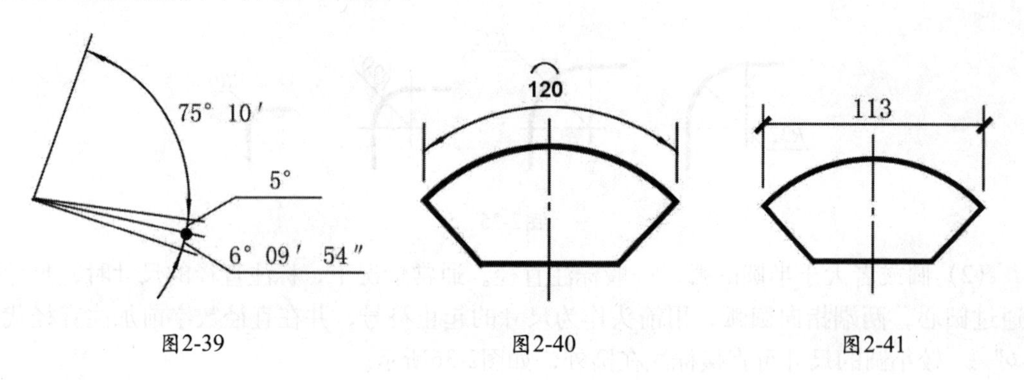

图2-39　　图2-40　　图2-41

4. 坡度标注

在建筑装饰施工图中，其倾斜部分通常要加注坡度符号，一般用箭头表示。箭头应指向下坡方向，坡度的大小用数字注写在箭头上方，如图 2-42（a）、(b）所示。

对于坡度较大的坡屋面、屋架等，可用由斜边构成的直角三角形的对边与底边之比来标注它的坡度，如图2-42（c）所示。

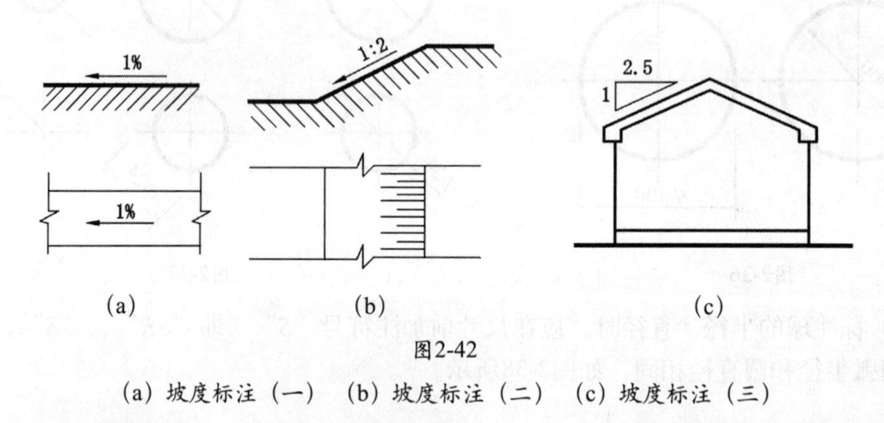

图2-42

（a）坡度标注（一）（b）坡度标注（二）（c）坡度标注（三）

5. 简化尺寸标注

在尺寸标注过程中会碰到建筑装饰造型的结构复杂，尺寸标注密集而影响识图的特殊情况，此时可以采用简化尺寸标注的方法，以更方便识图。尺寸标注的简化方法有以下几种。

（1）单线图尺寸标注方法。

杆件或管线的长度，在单线图（桁架简图、钢筋简图、管线简图）上，可将尺寸数字沿杆件或管线的一侧注写，如图2-43所示。

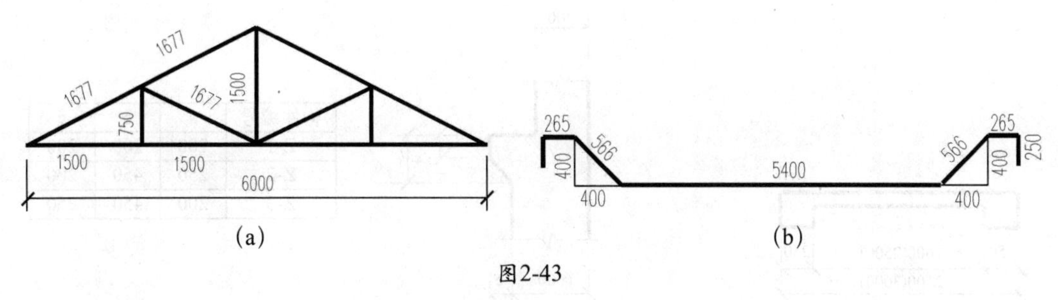

图2-43

(a) 桁架简图尺寸标注 (b) 钢筋简图尺寸标注

(2) 等长尺寸简化标注方法。

连续排列的等长尺寸，可以用“等长尺寸×个数=总长”的形式标注，如图2-44 (a) 所示；还可以用“等分×个数=总长”的形式标注，如图2-44 (b) 所示。

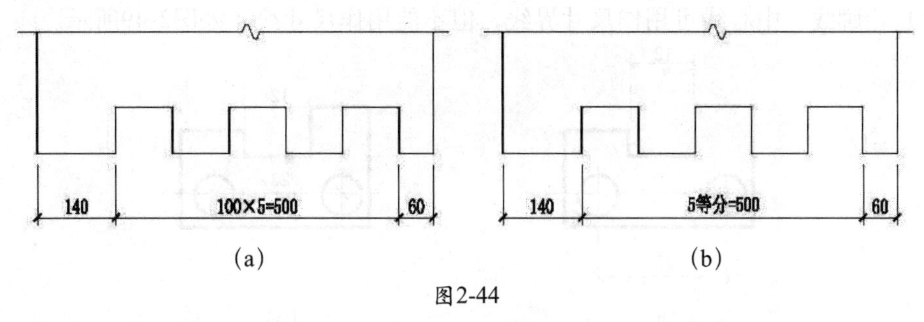

图2-44

(a) 等长尺寸标注法 (一) (b) 等长尺寸标注法 (二)

(3) 相同要素尺寸标注方法。

构配件内的构造因素（如槽、孔等）如果相同，可以仅标注其中一个要素的尺寸，如图2-45所示。

(4) 对称构配件尺寸标注方法。

对称构配件采用对称省略画法时，该对称构配件的尺寸线应略超过对称符号，仅在尺寸线的一端画尺寸起止符号，尺寸数字应按整体全尺寸注写，其注写的位置宜与对称符号对齐，如图2-46所示。

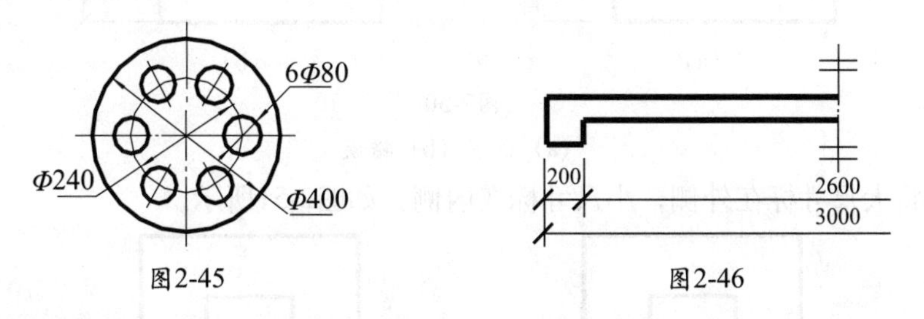

图2-45　　图2-46

(5) 相似构配件尺寸标注方法。

两个构配件，如个别尺寸数字不同，可在同一图样中将其中一个构配件的不同尺寸数字注写在括号内，该构配件的名称也应注写在相应的括号内，如图2-47所示。

(6) 相似构配件尺寸的表格式标注方法。

数个构配件中如仅某些尺寸不同，这些有变化的尺寸数字可用拉丁字母注写在同一图样中，再另列表格写明其具体尺寸，如图2-48所示。

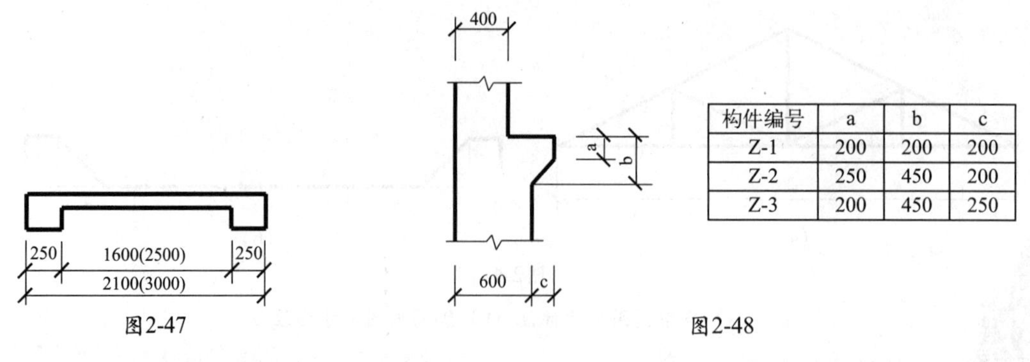

构件编号	a	b	c
Z-1	200	200	200
Z-2	250	450	200
Z-3	200	450	250

图2-47　　图2-48

6. 尺寸标注注意事项

尺寸标注种类繁杂，容易出现尺寸标注不符合规定的情况，但在建筑装饰施工图的绘制过程中占据很重要的地位，因此，下面用对比的方法列出尺寸标注的注意事项。

（1）轮廓线、中心线可用作尺寸界线，但不能用作尺寸线，如图2-49所示。

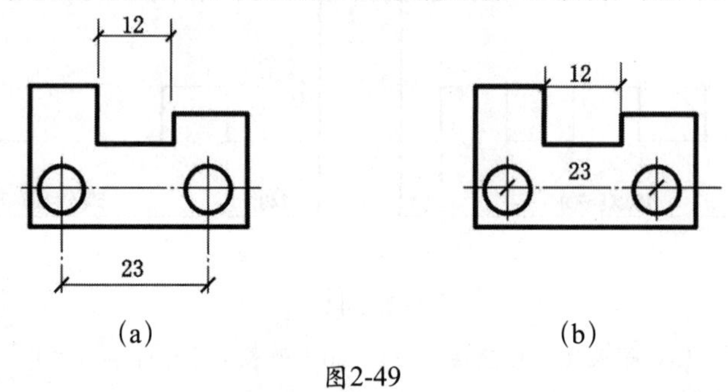

(a)　　(b)

图2-49

(a) 正确 (b) 错误

（2）图样上的尺寸数字都不注写单位。

（3）不能用尺寸界线作尺寸线，如图2-50所示。

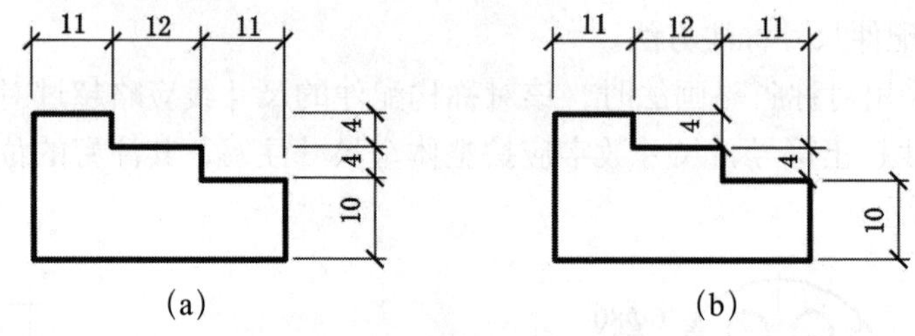

(a)　　(b)

图2-50

(a) 正确 (b) 错误

（4）应将大尺寸标在外侧，小尺寸标在内侧，如图2-51所示。

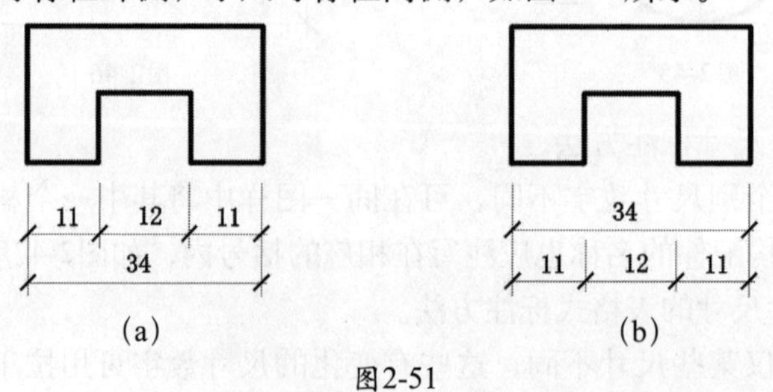

(a)　　(b)

图2-51

(a) 正确 (b) 错误

（5）注意水平方向和竖直方向的尺寸注写方式，如图2-52所示。

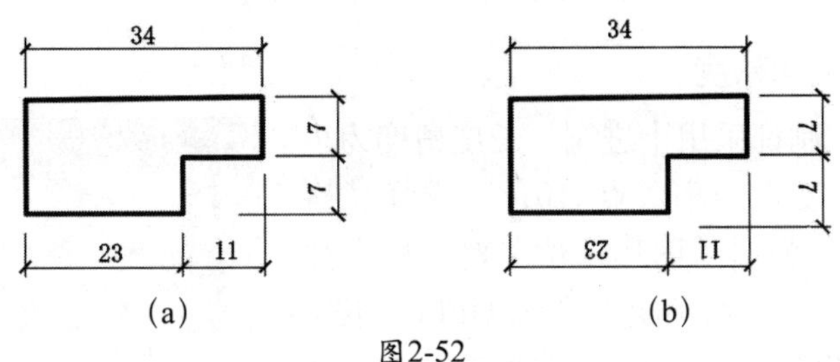

图2-52

（a）正确（b）错误

（6）任何图线都不能穿交尺寸数字，无法避免时，需将图线断开，如图2-53所示。

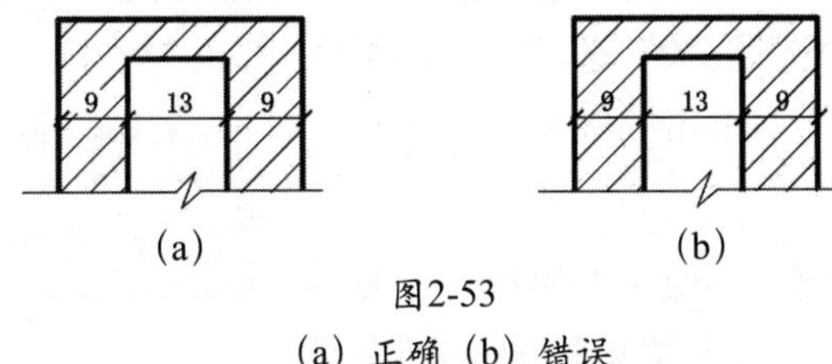

图2-53

（a）正确（b）错误

（7）尺寸界线相距很近时，尺寸数字可注写在尺寸界线的外侧近旁，或上下错开，或用引出线引出后再行标注，如图2-54所示。

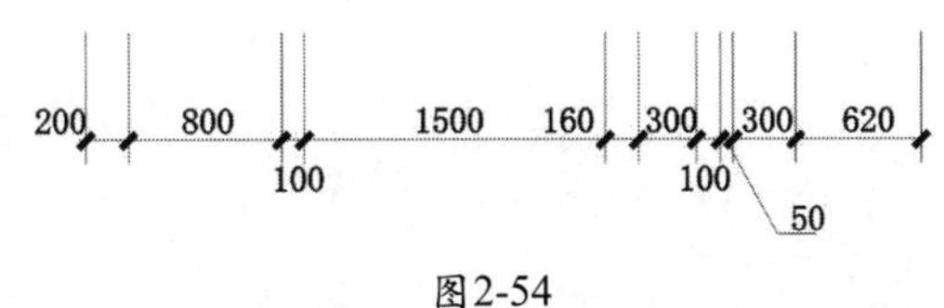

图2-54

（8）同一张图纸所标注的尺寸数字的字号应统一，通常选用3.5号字，如图2-55所示。

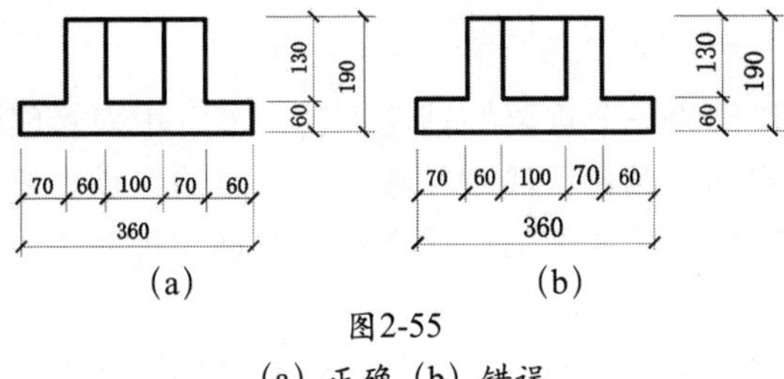

图2-55

（a）正确（b）错误

（9）尺寸线倾斜时，尺寸数字所注的方向应便于阅读，尽量避免在斜线范围内注写尺寸，如图2-56所示。

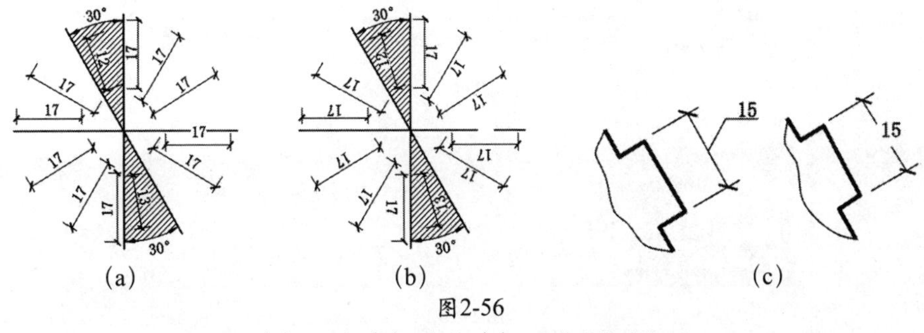

图2-56

（a）正确（b）错误（c）正确的斜向标注

2.3.8 室内设计绘图步骤

1. 设置绘图单位和精度

在绘图时，单位制都采用十进制，长度精度为小数点后0位，角度精度也为小数点后0位。选择“格式”|“单位”命令，弹出“图形单位”对话框，如图2-57所示。在“长度”选项组的“类型(T)”下拉列表框中选择“小数”选项，在“精度(P)”下拉列表框中选择“0”选项；在“角度”选项组的“类型(Y)”下拉列表框中选择“十进制度数”选项，在“精度(N)”下拉列表框中选择“0”选项，系统默认逆时针方向为正，设置完毕后单击“确定”按钮。

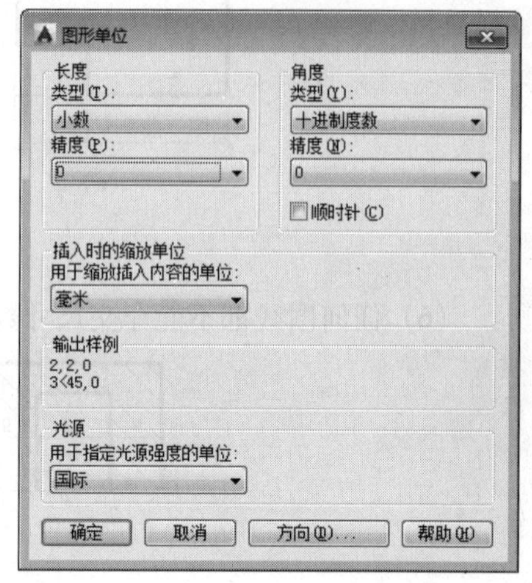

图2-57

2. 设置图形边界

国家标准对图纸的幅面大小做了严格规定，每一种图纸的幅面都有唯一的尺寸。这里按国标A3图纸幅面设置图形边界。A3图纸的幅面为420mm×297mm，设置图形边界时，在命令行中输入“LIMITS”命令。

此时，命令行提示如下。

```
重新设置模型空间界限:
指定左下角点或[开(ON)/关(OFF)] <0,0>:0,0
指定右上角点<12,9>: 420,297
```

单击状态栏上的“栅格”按钮▦，可以在绘图窗口中显示图纸的图形界限范围。

3. 设置图层

在绘制图形时，图层作为一个重要的辅助工具，可以用来管理图形中的不同对象。创建图层一般包括设置图层名、颜色、线型和线宽。图层的多少需要根据所绘制图形的复杂程度来确定，对于一些比较简单的图形，通常只需分别为辅助线、轮廓线、标注和标题栏等对象建立图层即可。

选择“格式”|“图层”命令，打开“图层特性管理器”选项板，在该对话框中新建图层，为图层设置颜色、线型和线宽，如图2-58所示。

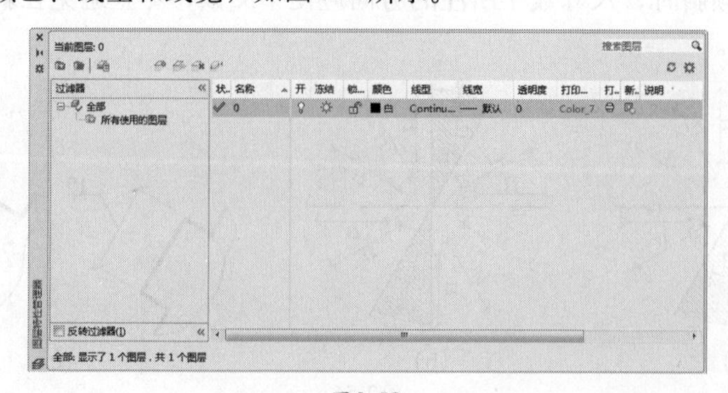

图2-58

4. 设置文本样式

在绘制图形时，通常要设置4种文字样式，分别用于一般注释、标题块名称、标题块注释和尺寸标注。

选择“格式”|“文字样式”命令，弹出“文字样式”对话框，单击“新建”按钮，弹出“新建文字样式”对话框，如图2-59所示。采用默认的样式名为“样式1”，单击“确定”按钮，返回“文字样式”对话框，在“字体名(F)”下拉列表框中选择“宋体”选项，将“高度(T)”设置为5，在“宽度因子(W)”文本框中输入0.7，如图2-60所示。单击“应用(A)”按钮，再单击“关闭”按钮。以此类推，设置其他文字样式。

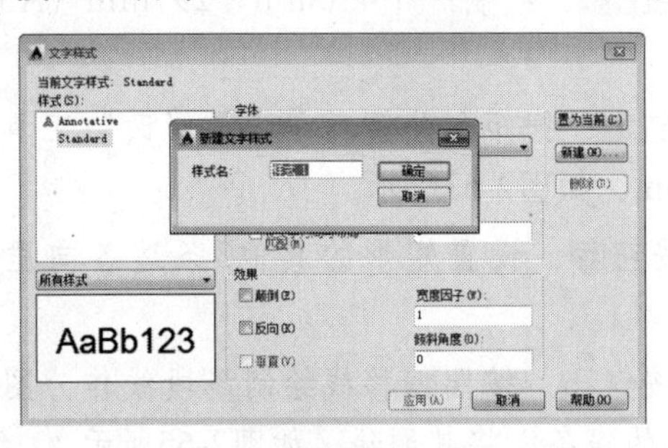

图2-59

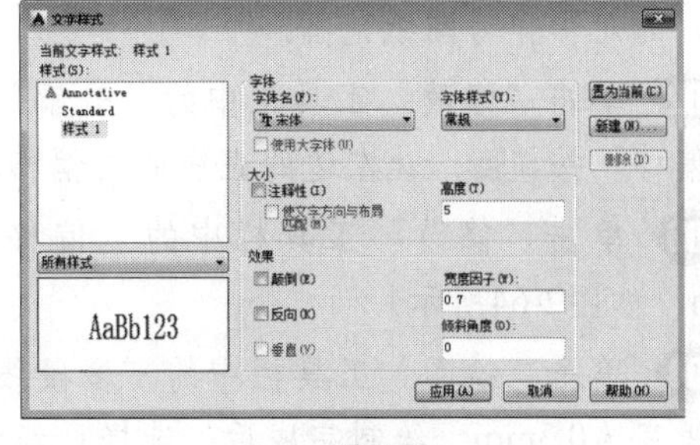

图2-60

根据要求，其他设置可定为：注释文字高度为7mm，名称文字高度为10mm，图标栏和会签栏中的其他文字高度为5mm，尺寸文字高度为5mm，线型比例为1，图纸空间的线型比例为1，单位为十进制，小数点后0位，角度小数点后0位。

5. 设置尺寸标注样式

尺寸标注样式主要用来标注图形中的尺寸，对于不同类型的图形，尺寸标注的要求也不一样。通常采用ISO标准，并设置标注文字为前面创建的“尺寸标注”。

选择“格式”|“标注样式”命令，弹出“标注样式管理器”对话框，如图2-61所示。在“预览”显示框中显示出标注样式的预览图形。根据前面的设定，单击“修改(M)”按钮，弹出“修改标注样式：ISO-25”对话框，在该对话框中对标注样式的选项按照需要进行修改，如图2-62所示。

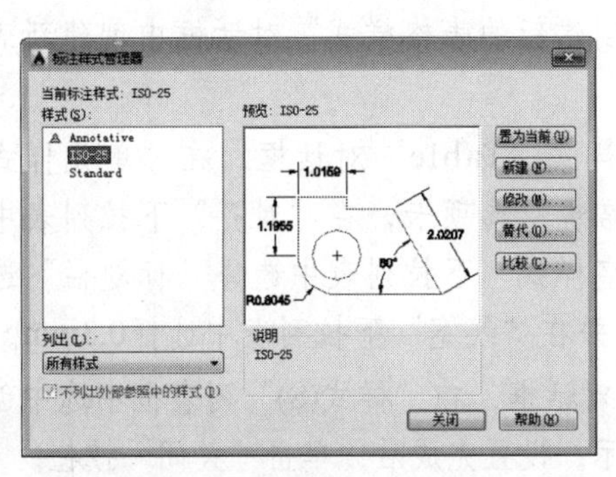

图2-61

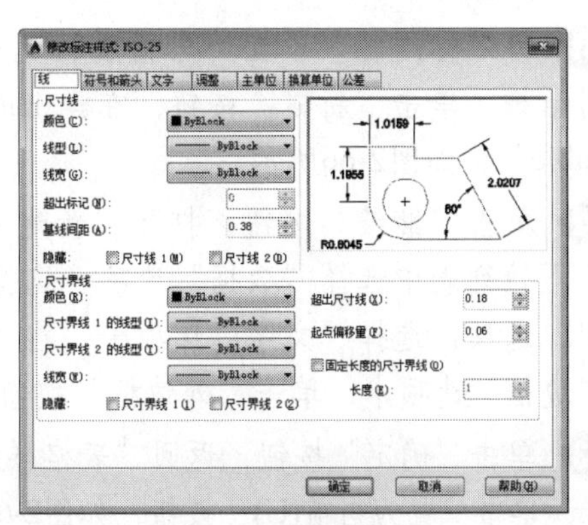

图2-62

其中，在“线”选项卡中，设置“颜色(C)”和“线宽(G)”为ByBlock，“基线间距(A)”为6；在“符号和箭头”选项卡中，设置“箭头大小”为1，其他保持不变；在“文字”选项卡中，设置“文字颜色”为ByBlock，“文字高度”为5，其他保持不变；在“主单位”选项卡中，设置“精度”为0，其他保持不变。其他选项卡保持不变。

6. 绘制图框线

在使用AutoCAD绘图时，绘图图限不能直观地显示出来，所以在绘图时还需要通过图框来确定绘图的范围，使所有的图形绘制在图框线之内。图框通常要小于图限，到图限边界要留一定的单位空间。

绘制图框线的操作步骤如下。

01 单击“绘图”工具栏中的“矩形”按钮，绘制一个420mm×297mm（A3图纸大小）的矩形作为图纸范围。

02 单击“修改”工具栏中的“分解”按钮，把矩形分解；单击“修改”工具栏中的“偏移”按钮，让左边的直线向右偏移25mm，如图2-63所示。

03 单击“修改”工具栏中的“偏移”按钮，设置矩形的其他3条边各向里偏移10mm，如图2-64所示。

04 单击“绘图”工具栏中的“多段线”按钮，按照偏移线绘制多段线作为图框，设置线宽为0.3mm。绘制完成后，选择已经偏移的线条，将其删除，如图2-65所示。

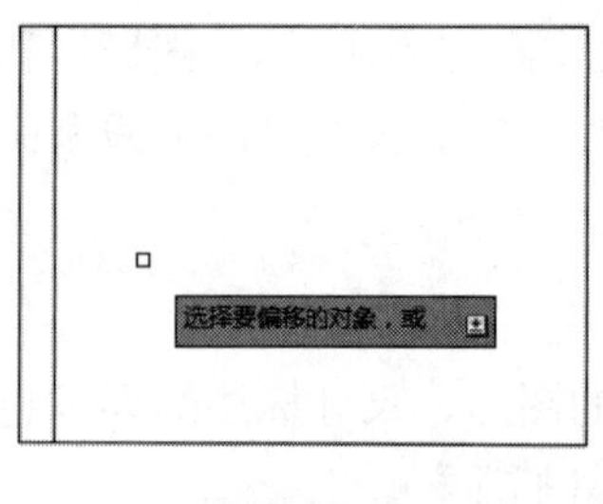

图2-63

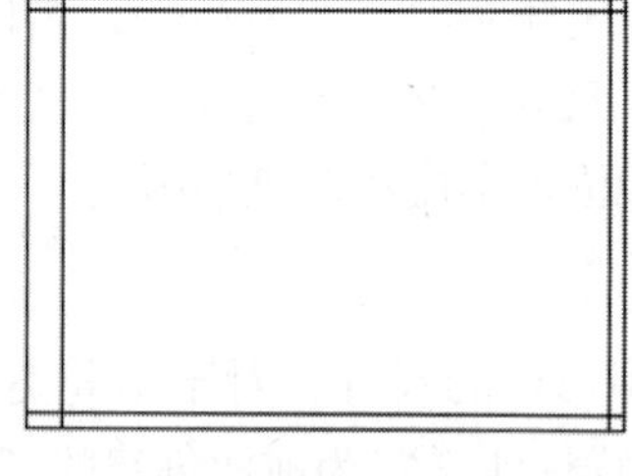

图2-64

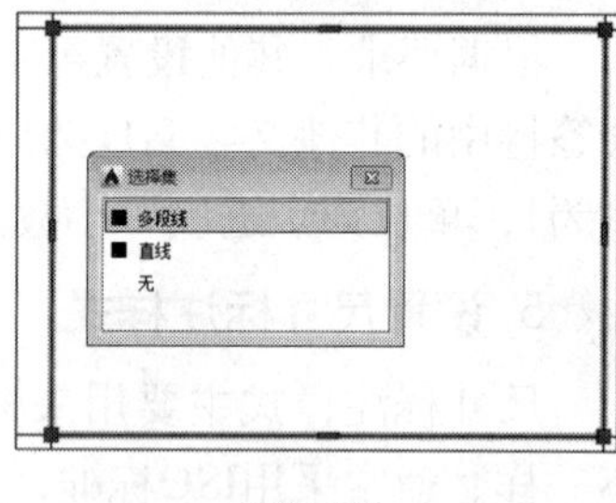

图2-65

7. 绘制标题栏

标题栏一般位于图框的右下角，在AutoCAD 2015中，可以使用“表格”命令绘制标题栏。具体步骤如下。

01 将“标题栏”设置为当前层，选择“格式”|“表格样式”命令，弹出“表格样式”对话框。单击“新建”按钮，在弹出的“创建新的表格样式”对话框中创建新表格样式“Table”，如图2-66所示。

02 单击“继续”按钮，打开“新建表格样式“Table”对话框，在“单元样式”选项组的下拉列表中选择“数据”选项；选择“常规”选项卡，在“对齐”下拉列表中选择“正中”选项；选择“文字”选项卡，在“文字样式”下拉列表中选择“标题栏”选项；选择“边框”选项卡，单击“外边框”按钮，并在“线宽”下拉列表中选择0.3mm。

03 单击“确定”按钮，返回“表格样式”对话框，在“样式(S)”列表框中选中创建的新样式，单击“置为当前(U)”按钮，如图2-67所示。设置完成后，单击“关闭”按钮。

04 单击“绘图”工具栏中的“表格”按钮，弹出“插入表格”对话框，在“插入方式”选项组中选择“指定插入点(I)”单选按钮；在“列和行设置”选项区域设置“列数(C)”为7，“数据行数(R)”为4，“列宽(D)”为20，“行高(G)”为1；在“设置单元样式”选项组中，三个下拉列表均选择“数据”选项，如图2-68所示。

05 单击“确定”按钮，则在绘图文档中插入了一个6行7列的表格，如图2-69所示。

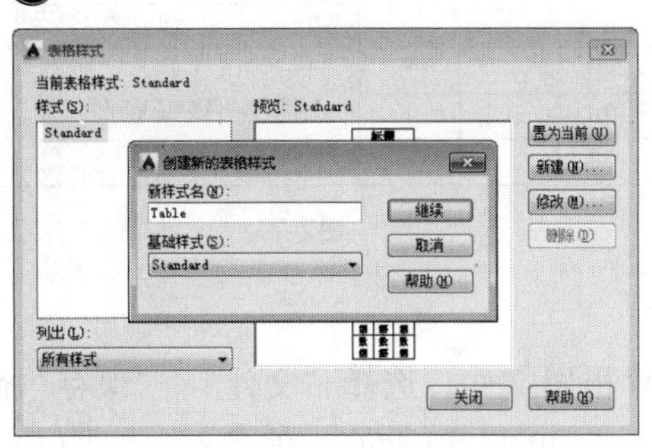

图2-66

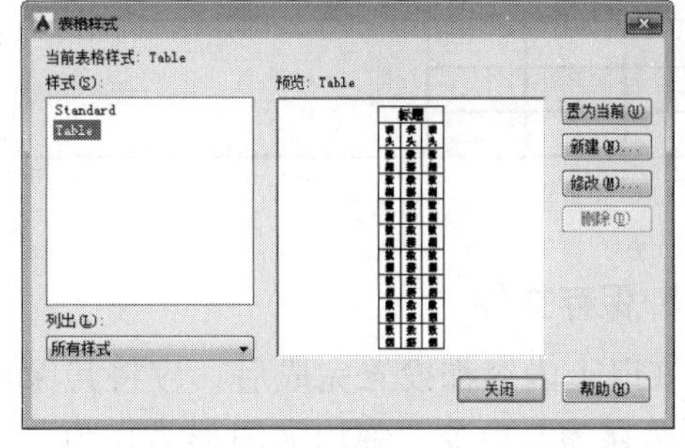

图2-67

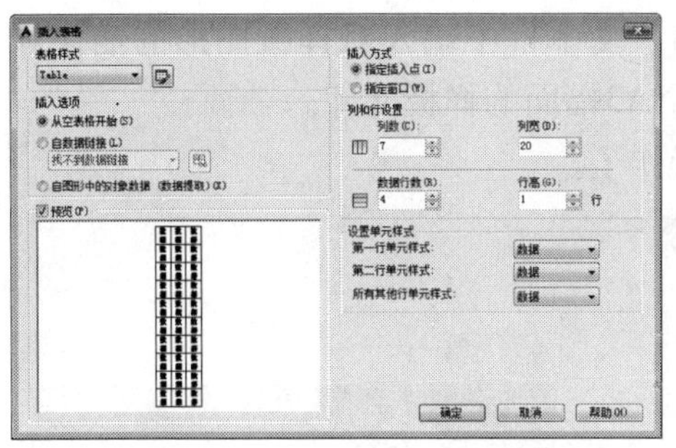

图2-68

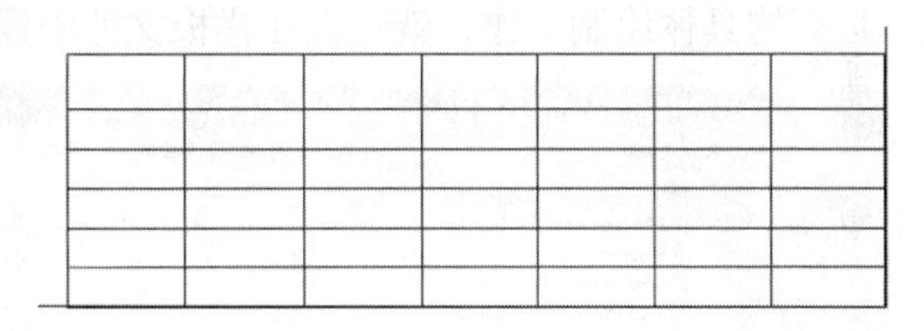

图2-69

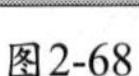

提 示

如果第一行没有表格，则选中第一行单击鼠标右键，在弹出的菜单中选择“取消合并”命令。

06 拖动鼠标选中表格中前3行和前3列的单元格，单击鼠标右键，在弹出的快捷菜单中选择“合并”|“全部”命令，如图2-70所示。选中的表格单元将合并成一个单元格，如图2-71所示。通过上述方法，表格编辑效果如图2-72所示。

07 选中绘制的表格，将其拖放到图框右下角，再标上相应的文字，完成标题栏的绘制，如图2-73所示。

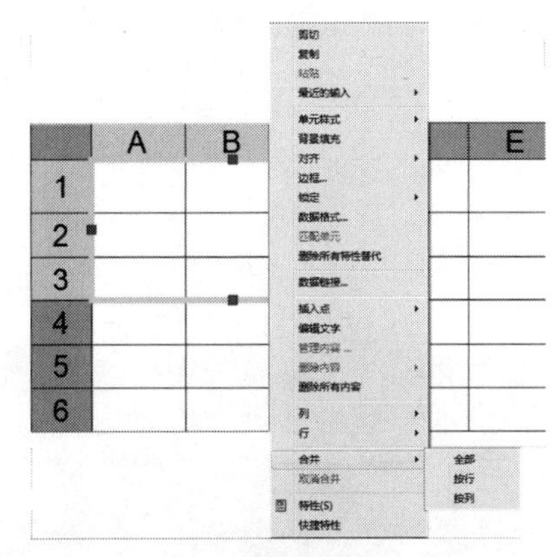

图2-70

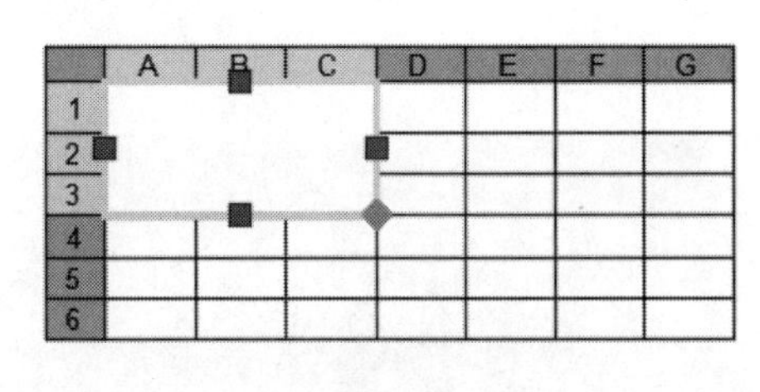

图2-71

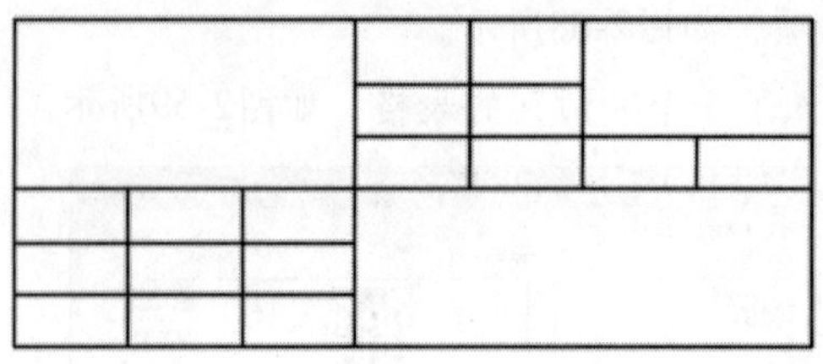

图2-72

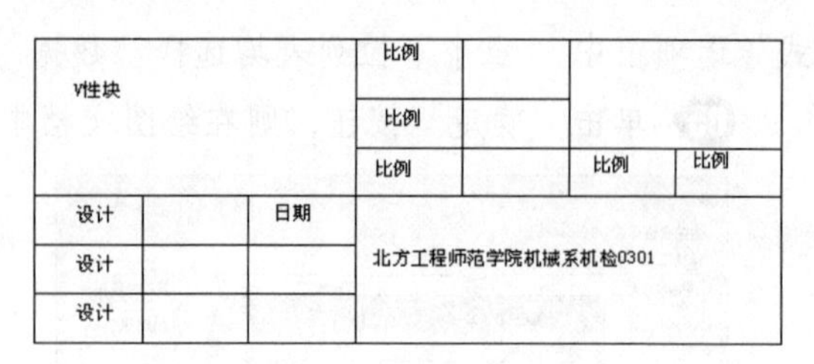

图2-73

8. 保存文件

在以上内容都设置完成后，应将其保存成样板图文件。选择“文件”|“保存”命令或“另存为”命令，弹出“图形另存为”对话框，如图2-74所示。在“文件类型(T)”下拉列表框中选择“AutoCAD图形样板（*.dwt）”选项，输入文件名“A3”，单击“保存”按钮，弹出“样板选项”对话框，在“说明”文本框中输入对样板图形的描述和说明，如图2-75所示。单击“确定”按钮，创建一个A3幅面的样板文件。

后面的具体绘制工作，就可以在样板文件中操作了。

图2-74

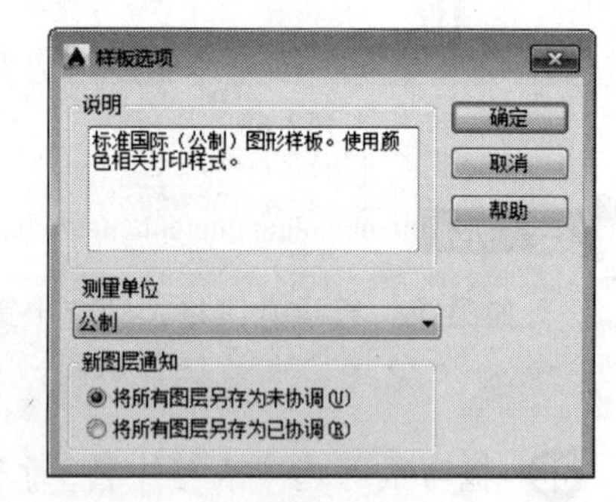

图2-75

AutoCAD

第3章 设置图层和绘图环境

图层相当于图纸绘图中使用的重叠图纸，它是图形中使用的主要组织工具。可以通过图层将信息按功能进行编组，以及执行线型、颜色及其他标准的设置。为了方便绘图，也可以根据直接绘图的习惯对绘图环境进行设置。本章将详细介绍图层和绘图环境的设置方法。

3.1 图层的创建和特性的设置

可以为在设计概念上相关的每一组对象（例如墙或标注）创建和命名新图层，并为这些图层指定常用特性。通过将对象组织到图层中，可以分别控制大量对象的可见性和对象的特性，并进行快速更改。

注 意

在图形中可以创建的图层数，以及在每个图层中可以创建的对象数实际上是没有限制。

3.1.1 建立、命名和删除图层

要建立一个新的图层，在“图层特性管理器”选项板中单击“新建图层”按钮，图层名（例如，图层1）将自动添加到图层列表中。在图层名的文本框中输入新图层的名称，注意最多可以包括255个字符，可以是字母、数字和特殊字符，但不能包含空格，如美元符号“$”、连字符“-”和下画线“_”。在其他特殊字符前使用反向引号“`”，使字符不被当做通配符。单击“说明”列并输入文字，可以对该图层进行说明。图层特性管理器按名称的字母顺序排列图层。如果要组织已有的图层方案，请仔细选择图层名。使用共同的前缀命名相关图形部件的图层，可以在快速查找这些图层时，使用图层名过滤器中的通配符。可以使用“PURGE”命令或者通过从图层特性管理器来删除图形中不使用的图层。要删除一个图层，在“图层”工具栏中单击“图层特性管理器”按钮，在打开的“图层特性管理器”选项板中选择要删除的图层，单击“删除图层”按钮即可。

已指定对象的图层不能删除，除非那些对象被重新指定给其他图层或者被删除，而且只能删除未被参照的图层。

3.1.2 图层颜色设置

颜色对于绘图工作来说非常重要，可以表示不同的组件、功能和区域。用AutoCAD进行建筑制图时，常常将不同的建筑部件设置为不同的图层，且将各个图层设置为不同的颜色，这样在进行复杂的绘图时，可以很容易地将各个部分区分开。默认情况下，新建图层被指定为7号颜色，白色或黑色，由绘图区域的背景色决定。要修改设定图层的颜色，在“图层特性管理器”选项板中单击颜色列中的颜色图标，弹出“选择颜色”对话框，该对话框中有3个选项卡，分别是“索引颜色”“真彩色”和“配色系统”，如图3-1所示。

1. 索引颜色

在“AutoCAD 颜色索引（ACI）”颜色面板中可以指定颜色。将光标悬停在某个颜色块上，该颜色的编号及其红、绿、蓝值将显示在调色板下方。单击一种颜色以选中他，或在“颜色”文本框中输入该颜色的编号或名称。大的调色板显示编号从10～249的颜色。第2个调色板显示编号从1～9的颜色，这些颜色既有编号，也有名称。第3个调色板显示编号从250～255的颜色，这些颜色表示灰度级。

2. 真彩色

选择“真彩色”选项卡，使用真彩色（24位颜色）指定颜色设置，使用色调、饱和度和亮度（HSL）颜色模式或红、绿、蓝（RGB）颜色模式。在使用真彩色功能时，可以使用1600多万种颜色。“真彩色”选项卡中的可用选项取决于指定的颜色模式（HSL或RGB）。

（1）HSL颜色模式。

在“颜色模式(M)”下拉列表框中选择HSL选项，指定使用HSL颜色模式来选择颜色。色调、饱和度和亮度是颜色的特性。通过设置这些特性值，用户可以指定一个很宽的颜色范围，如图3-2所示。

图3-1

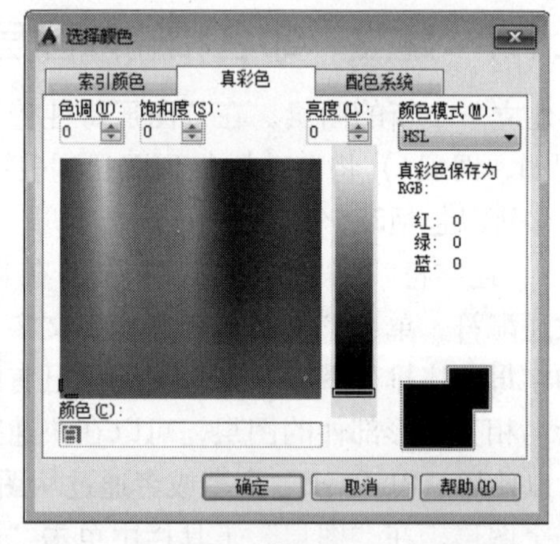

图3-2

色调：指定颜色的色调，表示可见光谱内光的特定波长。要指定颜色色调，使用色谱或在“色调”文本框中指定值，有效值为0°～360°。调整该值会影响RGB的值。

饱和度：指定颜色的饱和度。高饱和度会使颜色较纯，而低饱和度则使颜色褪色。要指定颜色饱和度，使用色谱或在“饱和度”文本框中指定值，有效值为0～100%。调整该值会影响RGB的值。

亮度：指定颜色的亮度。要指定颜色亮度，使用颜色滑块或在“亮度”文本框中指定值，有效值为0～100%。值为0%，表示最暗（黑）；值为100%，表示最亮（白），而50%表示颜色的最佳亮度。调整该值会影响RGB的值。

色谱：指定颜色的色调和纯度。要指定色调，将十字光标从色谱的左侧移到右侧。要指定颜色纯度，将十字光标从色谱顶部移到底部。

颜色滑块：指定颜色的亮度。要指定颜色亮度，可在调整颜色滑块或在“亮度”文本框中指定值。

（2）RGB颜色模式。

在“颜色模式(M)”下拉列表框中选择RGB选项，指定使用RGB颜色模式来选择颜色。颜色可以分解成红、绿、蓝3个分量。为每个分量指定的值分别表示红、绿、蓝颜色分量的强度。这些值的组合可以创建一个很宽的颜色范围，效果如图3-3所示。

红：指定颜色的红色分量。调整颜色滑块或在“红”文本框中指定1～255之间的值。如果调整该值，会在HSL颜色模式值中反映出来。

绿：指定颜色的绿色分量。调整颜色滑块或在“绿”文本框中指定1～255之间的值。如果调整该值，会在HSL颜色模式值中反映出来。

蓝：指定颜色的蓝色分量。调整颜色滑块或在“蓝”文本框中指定1～255之间的值。如果调整该值，会在HSL颜色模式值中反映出来。

3. 配色系统

选择“配色系统(B)”选项卡，如图3-4所示。从中使用第三方配色系统（例如PANTONE）或用户定义的配色系统指定颜色。选择配色系统后，“配色系统(B)”选项卡将显示选定配色系统的名称。

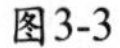
图3-3

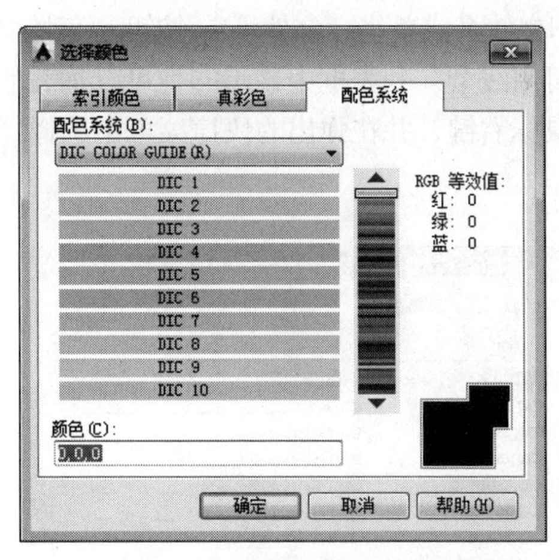

图3-4

在“配色系统(B)”下拉列表框中指定用于选择颜色的配色系统，包括在配色系统位置（在“选项”对话框的“文件”选项卡中指定）中找到的所有配色系统，显示选定配色系统的页，以及每页上的颜色和颜色名称。程序支持每页最多包含10种颜色的配色系统，如果配色系统没有分页，程序将按每页7种颜色的方式将颜色分页。要查看配色系统页，在颜色滑块上选择一个区域或用上下箭头进行浏览即可。

3.1.3 图层线型的设置

线型是指图形基本元素中线条的组成和显示方式，如虚线、实线等。在AutoCAD中，既有简单线型，也有由一些特殊符号组成的复杂线型，以满足不同国家或行业标准的要求。在建筑绘图中，常常用不同的线型来画一些特殊的对象，例如，用虚线绘制不可见棱边线和不可见轮廓线，用点画线绘制建筑的轴线等。

1. 选择线型

在“图层特性管理器”选项板中单击“线型”列中的任意图标，弹出“选择线型”对话框，如图3-5所示。在“已加载的线型”列表框中显示当前图形中的可用线型，在“已加载的线型”列表框中选择一种线型，然后单击“确定”按钮。

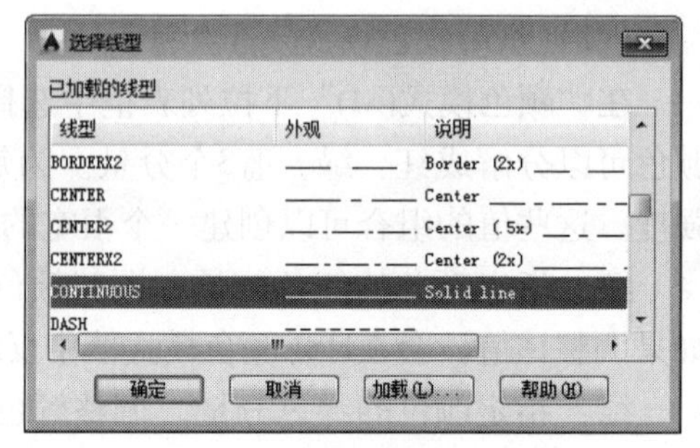

图3-5

2. 加载或重载线型

在默认情况下，在“选择线型”对话框中的“已加载的线型”列表框中只有Continuous一种线型，如果要使用其他线型，必须将其添加到“已加载的线型”列表框中。如果想将图层的线型设为其他形式，可以单击“加载”按钮，弹出“加载或重载线型”对话框，如图3-6所示。从中可以将选定的线型加载到图层中，并将他们添加到“已加载的线型”列表框中。单击“文件(F)”按钮，将弹出“选择线型文件”对话框，从中可以选择其他线型（LIN）的文件，如图3-7所示。在AutoCAD中，acad.lin文件包含标准线型。在“文件”文本框中显示的是当前LIN文件名，可以输入另一个LIN文件名或单击“文件(F)”按钮，在弹出的“选择线型文件”对话框中选择其他文件。在“可用线型”列表框中显示的是可以加载的线型。要选择或清除列表框中的全部线型，需单击鼠标右键，并在弹出的快捷菜单中选择“选择全部”或“清除全部”命令。

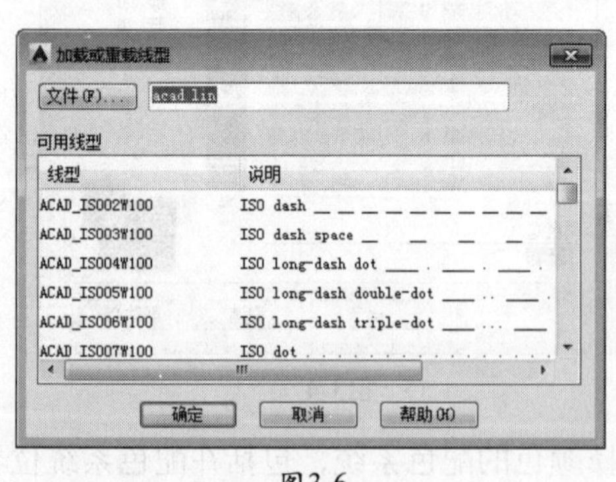

图3-6

图3-7

如果要了解哪些线型可用，可以显示在图形中加载的或者存储在LIN（线型定义）文件中的线型列表。AutoCAD包括线型定义文件acad.lin和acadiso.lin，选择哪个线型文件取决于使用英制测量系统还是公制测量系统。英制系统使用acad.lin文件，公制系统使用acadiso.lin文件。两个线型定义文件都包含若干个复杂线型。

3. 设置线型比例

在AutoCAD中，当用户绘制非连续线线型的图元时，需要控制其线型比例。通过线型管理器可以加载线型和设置当前线型。在菜单栏中选择“格式”|“线型”命令，弹出“线型管理器”对话框，如图3-8所示。单击“显示细节(D)”按钮，会在对话框下面出现“详细信息”选项组。其中显示了选中线型的名称、说明和全局比例因子等。在用某些线型进行绘图时，经常遇到中心线或虚线显示为实线等情况，这是因为线型比例过小造成的。通过全局修改或单个修改每个对象的线型比例因子，可以以不同的比例使用同一个线型。在默认情况下，全局线型和单个线型比例均设置为1.0。比例越小，每个绘图单位中生成的重复图案就越多。例如，线型比例由1.0变为0.5时，在同样长度的一条点画线中，将显示重复两次的同一图案。对于太短甚至不能显示一个虚线小段的线段，可以使用更小的线型比例。线型的比例由两个方面来控制。

（1）全局线型比例因子。

全局线型比例因子控制整张图中所有的线型整体比例。在命令行中输入“LTSCALE”命令，可以调出全局线型比例因子设置，一般默认为1。

（2）每个图元基本属性中的“线型比例”。

按【Ctrl+1】组合键或在命令行中输入“Properties”命令，可打开“特性”选项板，如图3-9所示。当选中图元时，在“常规”属性栏的“线型比例”文本框中，可通过输入不同的数值，调整单个图元的线型比例。

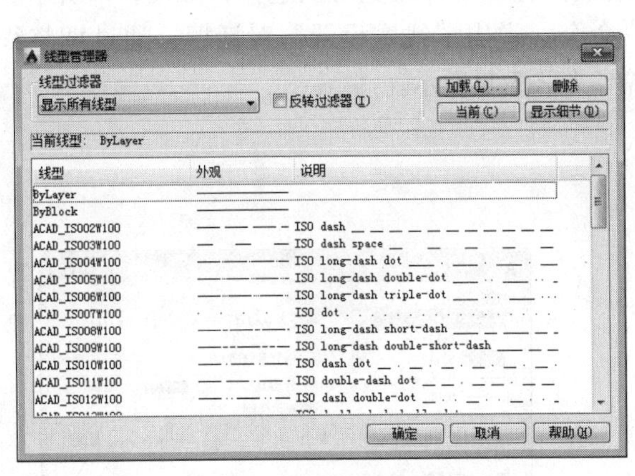

图3-8

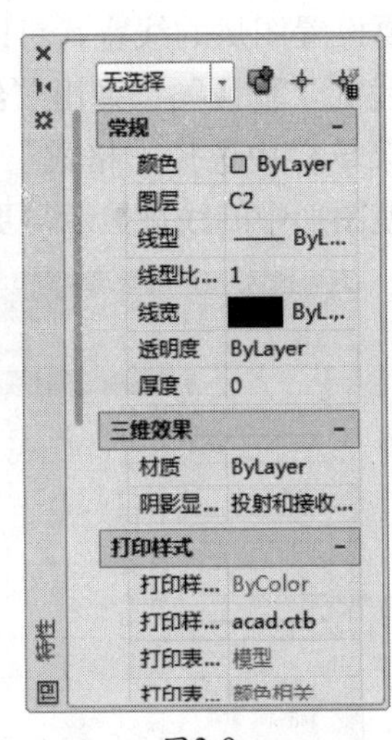

图3-9

在“线型管理器”对话框中显示“全局比例因子”和“当前对象缩放比例”。“全局比例因子”的值控制 LTSCALE系统变量，该系统变量可以全局修改新建和现有对象的线型比例。“当前对象缩放比例”的值控制CELTSCALE系统变量，该系统变量可设置新建对象的线型比例。将CELTSCALE的值乘以LTSCALE的值可获得已显示的线型比例。在图形中，可以很方便地单独或全局修改线型比例。

3.1.4 图层线宽设置

建筑图纸不但要求清晰准确，还需要美观，其中重要的一个因素就是图元线条是否层次分明。设置不同的线宽，是使图纸层次分明的最好方法之一。如果线宽设置得合理，图纸打印出来就可以很方便地根据线的粗细来区分不同类型的图元。使用线宽，可以用粗线和细线清楚地表现出截面的剖切方式、标高的深度、尺寸线和小标记，以及细节上的不同。

线宽设置就是指改变线条的宽度。在AutoCAD中，使用不同宽度的线条表现对象的大小或类型，可以提高图形的表达能力和可读性。例如，通过为不同图层指定不同的线宽，可以很方便地区分新建的、现有的和被破坏的结构。除非选择了状态栏上的“线宽”按钮，否则不显示线宽。除了TrueType字体、光栅图像、点和实体填充（二维实体）以外的所有对象，都可以显示线宽。在平面视图中，宽多段线忽略所有用线宽设置的宽度值。仅在视图中而不是在“平面”中查看宽多段线时，多段线才显示线宽。在模型空间中，线宽以像素显示，并且在缩放时不会发生变化。因此，在模型空间中要精确表示对象的宽度时，则不应使用线宽。例如，要绘制一个实际宽度为5mm的对象，就不能使用线宽而应该用宽度为5mm的多段线来表现对象。

具有线宽的对象将以指定的线宽值打印。这些值的标准设置包括“随层”“随块”和“默认”，他们的单位可以是英寸或毫米，默认单位是毫米。所有图层的初始设置均由LWDEFAULT系统变量控制，其值为0.25mm。线宽值为0.025mm或更小时，在模型空间显示为1个像素宽，并将以指定打印设备允许的最细宽度打印。在命令行中所输入的线宽值将舍入到最接近的预定义值。

要设置图层的线宽，可以在“图层特性管理器”选项板的“线宽”列中单击该图层对应的线宽“默认”，弹出“线宽”对话框，有20多种线宽可供选择，如图3-10所示。也可以在菜单栏中选择“格式”|“线宽”命令，弹出“线宽设置”对话框，通过调整线宽比例，使图形中的线宽显示得更宽或更窄，如图3-11所示。

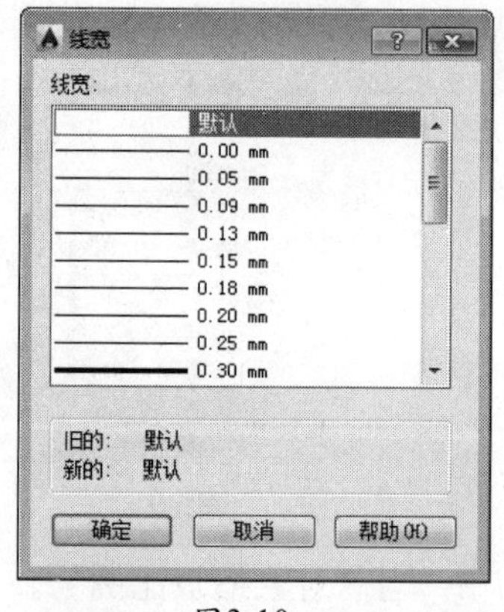

图3-10

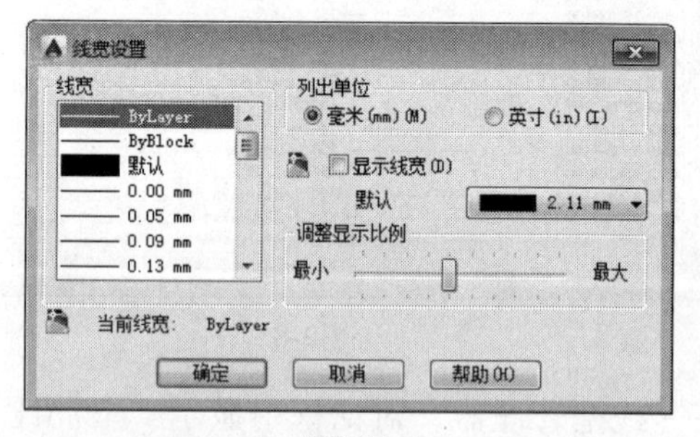

图3-11

通过“线宽设置”对话框，可以设置线宽单位和默认值，以及显示比例。也可以通过以下几种方法来访问“线宽设置”对话框。在命令行中输入“LWEIGHT”命令，在状态栏的“线宽”按钮上单击鼠标右键，在弹出的快捷菜单中选择“设置”命令，在“选项”对话框的“用户系统配置”选项卡中单击“线宽设置”按钮。在弹出的“线宽设置”对话框中设置当前线宽，设置线宽单位，控制“模型”选项卡上线宽的显示及其显示比例，以及设置图层的默认线宽值等。

3.1.5 修改图层设置和图层特性

可以改变图层名和图层的任意特性（包括颜色、线型和线宽），也可将对象从一个图层再指定给另一个图层。因为图形中的所有内容都与一个图层相关联，所以在规划和创建图形的过程中，可能会需要更改图层中放置的内容，或查看组合图层的方式。此时，用户可以进行如下操作。

- 将对象从一个图层重新指定到其他图层。
- 修改图层名。
- 修改图层的默认颜色、线型或其他特性。

在设置图层时，每个图层都有其各自不同的颜色、线宽和线形等属性定义。在绘制图纸时，一般都应做到尽量保持图元属性和所在图层一致，即该图元的各种属性都为ByLayer。如果在错误的图层上创建了对象，或者决定修改图层的组织方式，则可以将对象重新指定给不同的图层。除非已明确设置了对象的颜色、线型或其他特性，否则，重新指定给不同图层的对象将采用该图层的特性。这将有助于保持图面的清晰，以及提高绘图的准确性和效率。在特定的情况下，也可使某图元的属性不为ByLayer，以达到特定的目的。

在图层特性管理器和图层工具栏的图层控件中也可以修改图层特性，单击图标以修改设置。图层名和颜色只能在图层特性管理器中修改，不能在图层控件中修改。

可以通过选择“格式”|“图层工具”|“上一个图层”命令，放弃对图层设置所做的修改，如图3-12所示。例如，先冻结若干图层并修改图形中的某些几何图形，然后解冻冻结的图层，可以通过使用单个命令来完成此操作而不会影响几何图形的修改。如果修改了若干图层的颜色和线型之后，又决定使用修改前的特性，可以使用“上一个图层”命令撤销所做的修改并恢复原始的图层设置。

图3-12

使用“上一个图层”命令，可以放弃使用图层控件或图层特性管理器最近所做的修改。用户对图层设置所做的每个修改都将被追踪，并且可以使用“上一个图层”命令放弃操作。在不需要图层特性追踪功能时，可以使用“LAYERPMODE”命令暂停该功能。关闭“上一个图层”追踪后，系统性能将在一定程度上有所提高。

但是“上一个图层”命令无法放弃以下修改。

- 重命名的图层：如果重命名某个图层，然后修改其特性，则选择“上一个图层”命令，将恢复除原始图层名以外的所有原始特性。
- 删除的图层：如果删除或清理了某个图层，使用“上一个图层”命令，则无法恢复该图层。
- 添加的图层：如果将新图层添加到了图形中，使用“上一个图层”命令，则不能删除该图层。

可以通过在“选项”对话框中的“用户系统配置”选项卡中选择“合并图层特性更改”复选框，来对图层特性管理器中的更改进行分组。在“放弃”列表框中，图形创建和删除将被作为独特项目进行追踪。

3.2 控制图层状态

控制图层状态是为了更好地绘制或编辑图形，包括图层的打开与关闭、冻结与解冻、锁定与解锁等。

3.2.1 打开与关闭图层

若绘制的图形过于复杂，在编辑图形对象时就比较困难，此时可以将不相关的图层关闭，只显示需要编辑的图层，在图形编辑完成后，再打开关闭的图层。

1. 关闭图层

被关闭图层上的对象不仅不会显示在绘图区中，也不能被打印出来。关闭图层的方法如下。

01 在系统默认界面的选项卡的“图层”组中单击“图层”下拉按钮，然后在弹出的下拉列表中单击需要关闭的图层前的图标，使其变成图标，如图3-13所示。

02 打开“图层特性管理器”选项板，在中间列表框中的“开”栏下单击图标，使其变成图标，如图3-14所示。

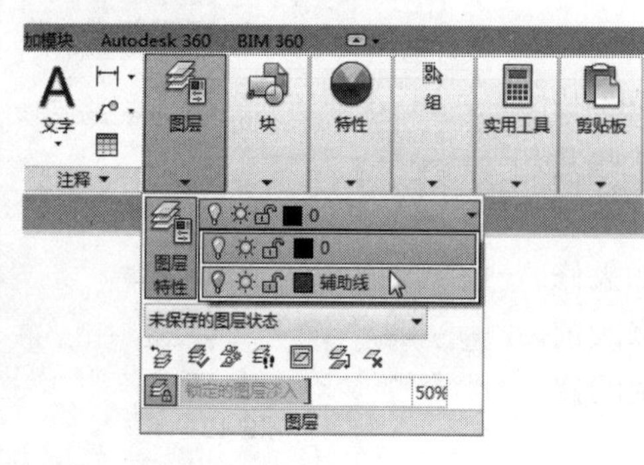

图3-13

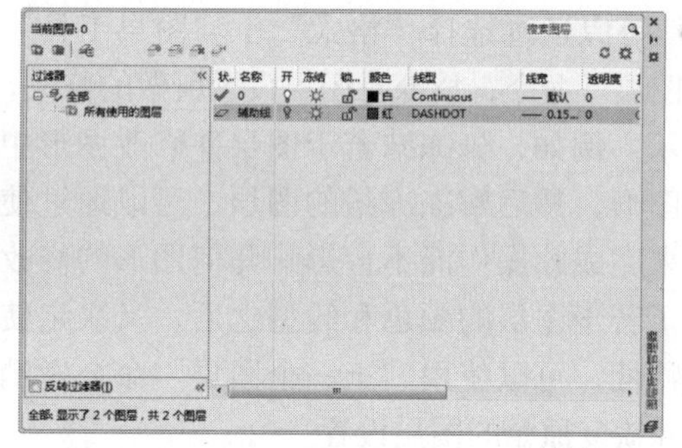

图3-14

2. 打开图层

在完成图形对象的编辑后，即可将隐藏的图层打开，方法如下。

01 在系统默认界面的选项卡的“图层”组中单击“图层”下拉按钮，然后在弹出的下拉列表中单击需要打开的图层前的图标，使其变成图标。

02 打开“图层特性管理器”选项板，在中间列表框中的“开”栏下单击图标，使其变成图标。

3.2.2 冻结与解冻图层

冻结图层有利于减少系统重新生成图形的时间，也可以将冻结后的图层解冻，但当前图层不能被冻结。

1. 冻结图层

冻结的图层不参与重新生成计算，且不显示在绘图区中，用户不能对其进行编辑。冻结图层的方法如下。

01 在系统默认界面的选项卡的“图层”组中单击“图层”下拉按钮▾，在弹出的下拉列表中单击需要冻结的图层前的☼图标，使其变成❆图标。

02 打开“图层特性管理器”选项板，在中间列表框中的“冻结”栏下单击☼图标，使其变成❆图标。

2. 解冻图层

解冻图层的方法如下。

01 在系统默认界面的选项卡的“图层”组中单击“图层”下拉按钮▾，在弹出的下拉列表中单击需要解冻的图层前的❆图标，使其变成☼图标。

02 打开“图层特性管理器”选项板，在中间列表框中的“冻结”栏下单击❆图标，使其变成☼图标。

3.2.3 锁定与解锁图层

在绘制复杂的图形对象时，可以将不需要编辑的图层锁定，但被锁定图层中的图形对象仍显示在绘图区上，只是不能对其进行编辑操作。

1. 锁定图层

锁定图层的方法如下。

01 在系统默认界面的选项卡的“图层”组中单击“图层”下拉按钮▾，在弹出的下拉列表中单击需要锁定的图层前的🔓图标，使其变成🔒图标。

02 打开“图层特性管理器”选项板，在中间列表框中的“锁定”栏下单击🔓图标，使其变成🔒图标。

2. 解锁图层

解锁图层的方法如下。

01 在系统默认界面的选项卡的“图层”组中单击“图层”下拉按钮▾，然后在弹出的下拉列表中单击需要解锁的图层前的🔒图标，使其变成🔓图标。

02 打开“图层特性管理器”选项板，在中间列表框中的“锁定”栏下单击🔒图标，使其变成🔓图标。

3.2.4 边学边练——调整图层状态

下面练习控制图层状态的相关操作，以巩固本节所讲的知识。

01 打开“图层状态.dwg”图形文件（光盘：\素材\第3章\图层状态.dwg），如图3-15所示。显示菜单栏，选择“格式”|“图层”命令，打开“图层特性管理器”选项板。

02 选择“标注”图层，在中间列表框中的“开”栏下单击💡图标，使其变成💡图标，如图3-16所示。

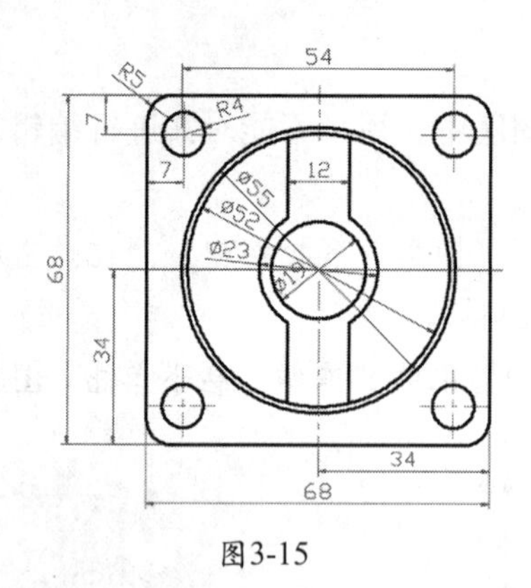

图3-15

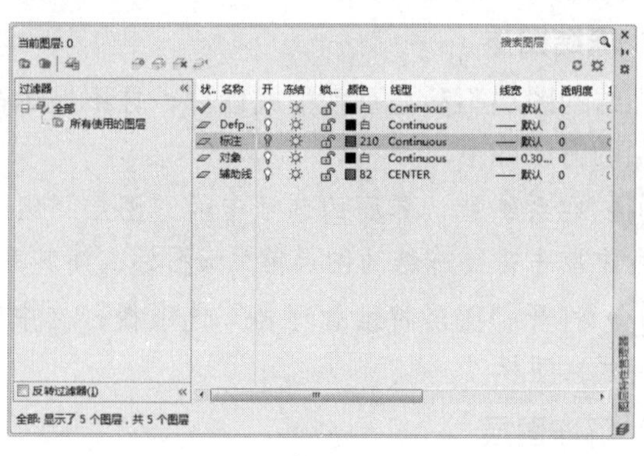
图3-16

03 选择“辅助线”图层，在中间列表框中的“锁定”栏下单击图标，使其变成图标，如图3-17所示。

04 单击“图层特性管理器”选项板右上角的“关闭”按钮，关闭该面板，调整后的效果如图3-18所示，然后将其保存（光盘：\场景\第3章\控制图层.dwg）。

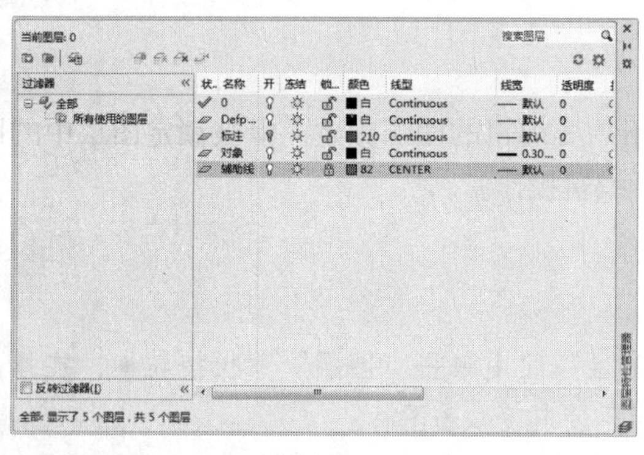
图3-17

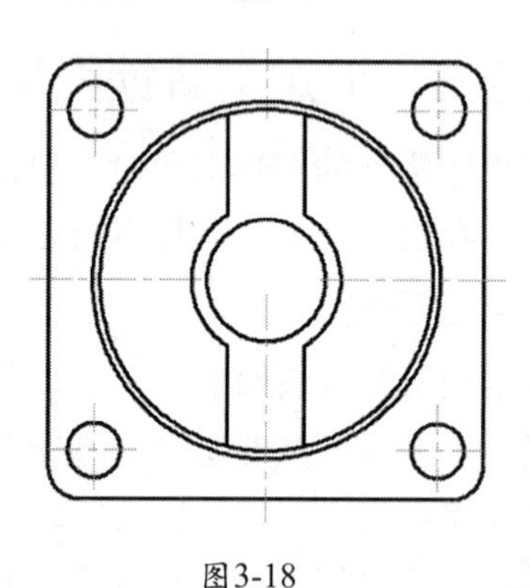
图3-18

3.3 管理图层

管理图层是为了更好地绘制图形，包括设置当前图层、重命名图层、删除图层、改变图形所在图层、替代视口中的图层特性等。

3.3.1 设置当前图层

当前图层就是当前正在使用的图层，若需要在某个图层上绘制图形对象，则应将该图层设置为当前图层。将图层设置为当前图层的方法如下。

01 在“图层特性管理器”选项板中选择需设置为当前的图层，单击“置为当前”按钮。

02 在“图层特性管理器”选项板中需设置为当前图层的图层上单击鼠标右键，在弹出的快捷菜单中选择“置为当前”命令。

03 在“图层特性管理器”选项板中直接双击需置为当前图层的图层。

04 在系统默认界面的选项卡的“图层”组中单击“图层”下拉按钮，然后在弹出的下拉列表中选择所需的图层，也可将需要的图层设置为当前图层。

3.3.2 重命名图层

为图层重命名有助于加强对图层的管理，并且可以更好地区分图层，重命名图层的方法如下。

01 在“图层特性管理器”选项板中选择需要重命名的图层，按【F2】键，然后输入图层名称并按【Enter】键确认。

02 在“图层特性管理器”选项板中选择需要重命名的图层，单击其图层名称，使其呈可编辑状态，输入新名称后按【Enter】键确认。

03 在选择的图层上单击鼠标右键，在弹出的快捷菜单中选择“重命名图层”命令，输入名称后按【Enter】键确认。

3.3.3 删除图层

在管理图层的过程中，用户可以将不需要的图层删除，删除图层的方法如下。

01 在“图层特性管理器”选项板中选择需要删除的图层，单击“删除图层”按钮。

02 在选择的图层上单击鼠标右键，在弹出的快捷菜单中选择“删除图层”命令。

注 意

在删除图层的过程中，0层、默认层、当前层、含有实体的层和外部引用依赖层是不能被删除的。

3.3.4 改变图形所在图层

在绘制图形的过程中，可以将某图层上的图形对象改变到其他图层上，具体操作如下。

01 打开“改变图形所在图层.dwg”的图形文件（光盘：\场景\第3章\改变图形所在图层.dwg），在绘图区中选择需要改变图层的图形对象，如图3-19所示。

02 在系统默认界面的选项卡的“图层”组中单击“图层”下拉按钮，在弹出的下拉列表中选择目标图层，这里选择“辅助线”图层，如图3-20所示。

03 按【Esc】键取消图形对象的选择状态，即可将选中的圆形更改到“辅助线”图层上，如图3-21所示。

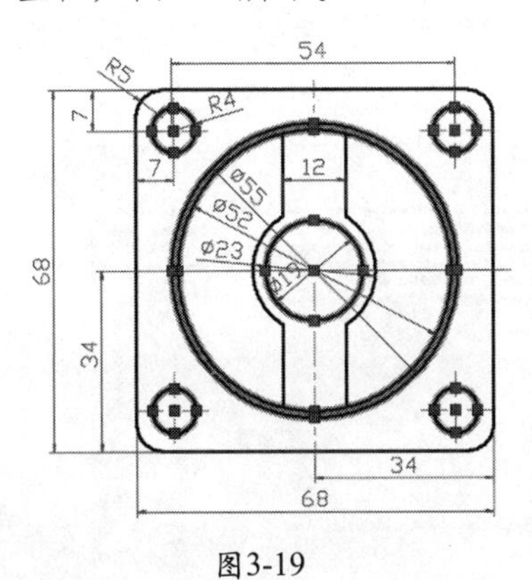

图3-19

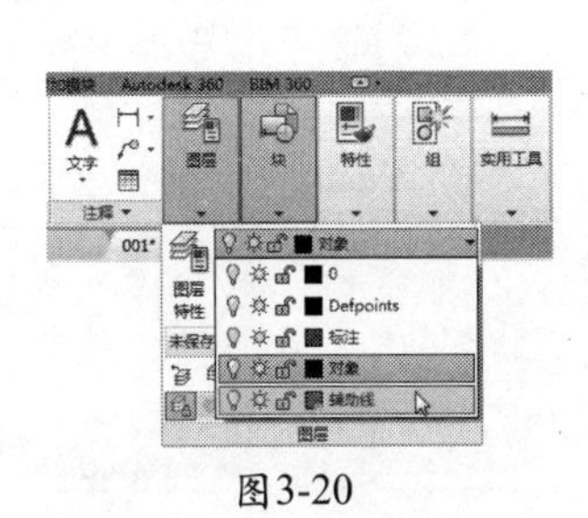

图3-20

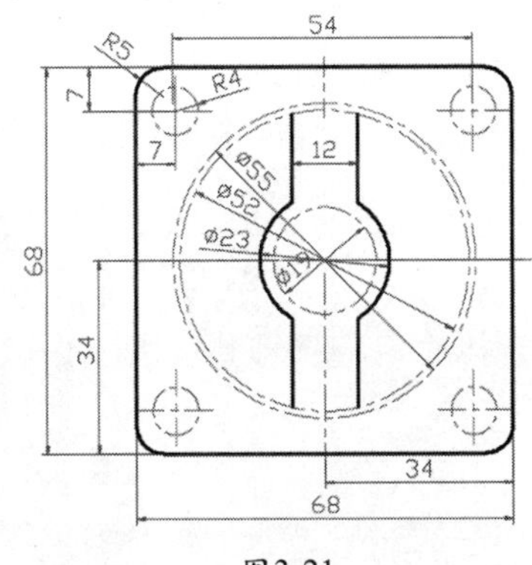

图3-21

3.3.5 边学边练——对图层进行管理

下面练习控制图层状态，以巩固本节所讲的知识。

01 打开“对图层进行管理.dwg”图形文件（光盘：\素材\第3章\对图层进行管理.dwg），在绘图区中选择绿色的直线，如图3-22所示。

02 在系统默认界面的选项卡的“图层”组中单击“图层”下拉按钮，在弹出的下拉列表中选择目标图层，这里选择“辅助线”图层，如图3-23所示。

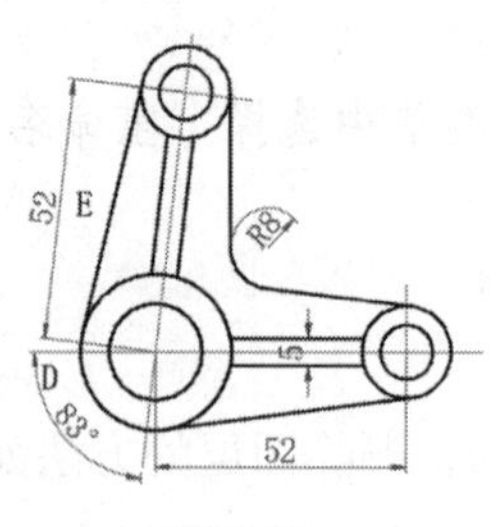

图3-22

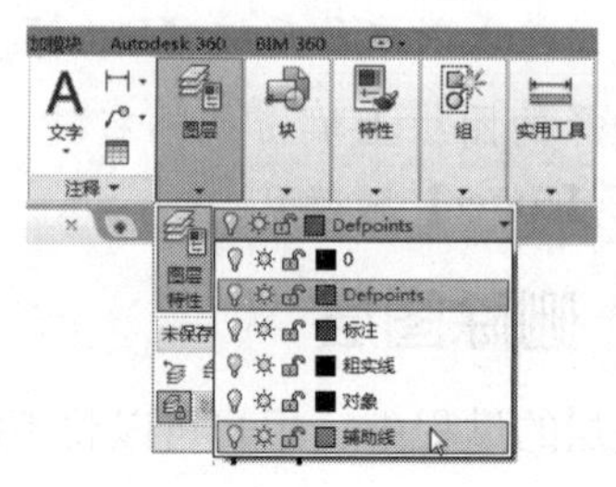

图3-23

03 按【Esc】键取消图形对象的选择状态，如图3-24所示。选择“格式”|“图层”命令，打开“图层特性管理器”选项板。

04 选择“标注”图层，按【F2】键，然后输入文本“红色标注”，按【Enter】键确认，如图3-25所示。

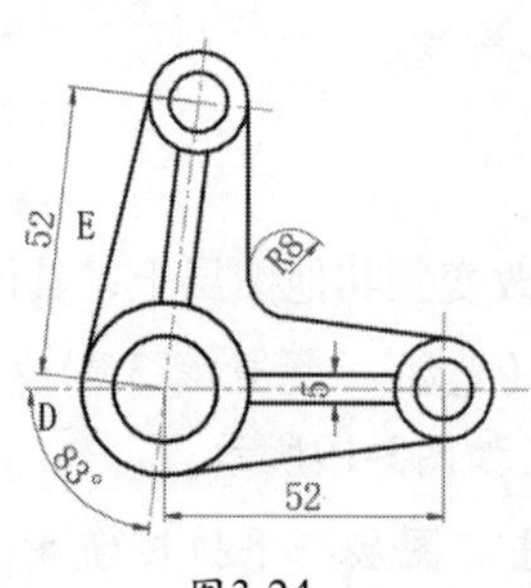

图3-24

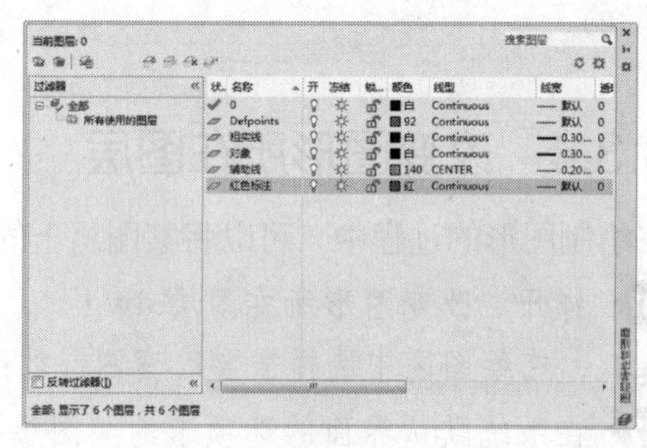

图3-25

05 选择“对象”图层，单击“置为当前”按钮，设置该图层为当前图层，如图3-26所示。在绘图页中将蓝色的辅助线删除，然后在“图层特性管理器”选项板中选择“辅助线”图层，单击“删除图层”按钮，删除该图层，如图3-27所示。最后关闭“图层特性管理器”选项板。

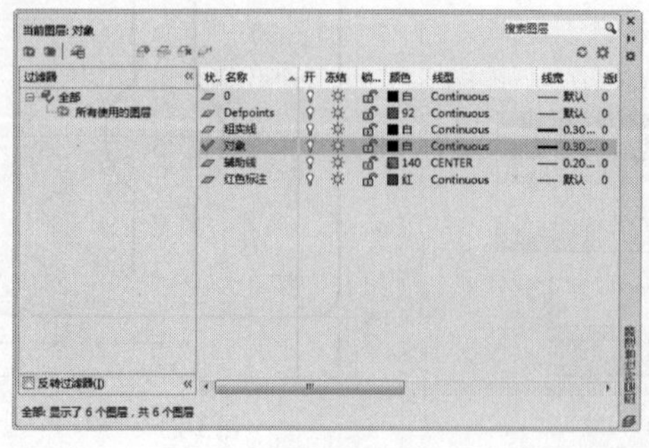

图3-26

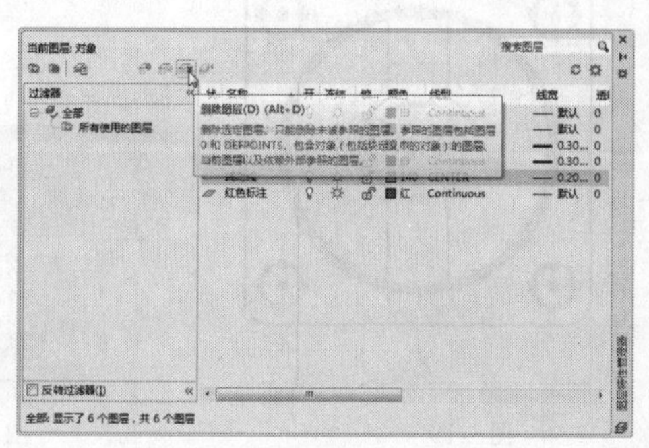

图3-27

3.4 设置绘图环境

设置绘图环境包括设置绘图界限、绘图单位、绘图区颜色、十字光标大小、工具栏的移动、命令行的显示行数与字体，以及保存工作空间和选择工作空间等。

3.4.1 设置绘图界限

绘图界限相当于手工绘图时规定的图纸大小，在AutoCAD中默认的绘图界限为无限大，如果开启了绘图界限检查功能，那么输入或拾取的点若超出绘图界限，将无法进行操作。如果关闭了绘图界限检查功能，则绘制图形时将不受绘图范围的限制。设置绘图界限的命令是“LIMITS”，具体操作过程如下。

```
命令: LIMITS                                                //执行LIMITS命令
重新设置模型空间界限:                                        //系统提示将要进行的操作
指定左下角点或 [开(ON)/关(OFF)] <0.0000,0.0000>:           //设置绘图区域左下角的坐
              标，这里保持默认直接按【Enter】键，表示左下角点的坐标位置为 (0,0)
指定右上角点 <420.0000,297.0000>: 297,210                    //设置绘图区域右上角的坐标
```

在执行命令的过程中各选项的含义如下。

开（ON）：选择该选项，表示开启图形界限功能。

关（OFF）：选择该选项，表示关闭图形界限功能。

注 意

在用户开启或关闭图形界限功能后，执行“REGEN”命令重新生成视图（或在AutoCAD 2015的菜单栏中选择“视图”|“重生成”命令），设置才能生效。

3.4.2 设置绘图单位

绘图单位直接影响绘制图形的大小，设置绘图单位的方法如下。

- 显示AutoCAD 2015菜单栏，选择“格式”|“单位”命令。
- 在命令行中执行“UNITS”“DDUNITS”或“UN”命令。

执行以上操作后，都将弹出如图3-28所示的“图形单位”对话框。通过该对话框可以设置长度和角度的单位与精度。其中各选项的含义如下。

- “长度”选项组：在“类型(T)”下拉列表中可选择长度单位的类型，如分数、工程、建筑、科学和小数等；在“精度(P)”下拉列表中可选择长度单位的精度值。
- “角度”选项组：在“类型(Y)”下拉列表中可选择角度单位的类型，如百分度、度/分/秒、弧度、勘测单位和十进制度数等；在“精度(N)”下拉列表中可选择角度单位的精度值。□顺时针(C) 复选框，系统默认不选择该复选框，即以逆时针方向旋转的角度为正方向；若选择该复选框，则以顺时针方向为正方向。
- “插入时的缩放单位”选项组：在“用于缩放插入内容的单位”下拉列表中可选择插入图块时的单位，这也是当前绘图环境的尺寸单位。
- 方向(D)... 按钮：单击该按钮将弹出“方向控制”对话框，如图3-29所示。在其中可设置“基准角度(B)”，例如设置0°的角度，若在“基准角度(B)”选项组中选择

“北(N)”单选按钮，那么绘图时的0°实际在90°方向上。

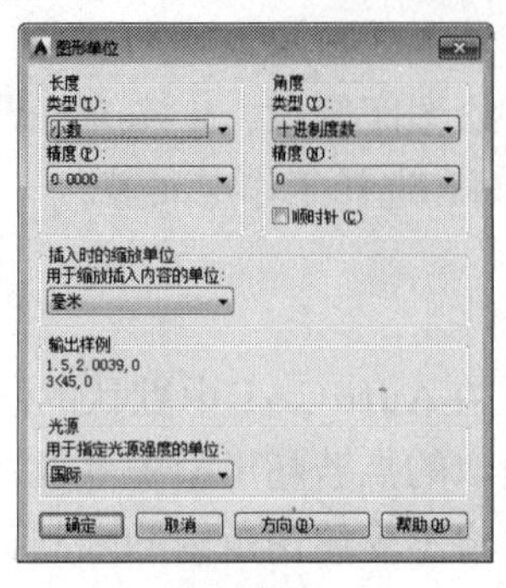
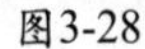
图3-28

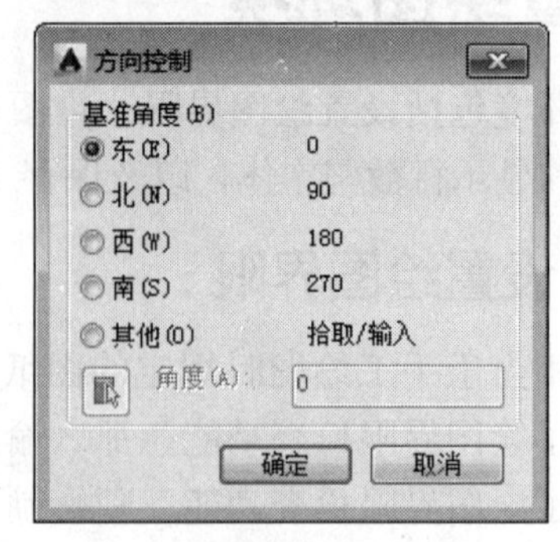

图3-29

3.4.3 设置绘图区颜色

同以前版本的AutoCAD一样，用户可以根据自己的绘图习惯自行更改绘图区的颜色，具体操作如下。

01 在绘图区中单击鼠标右键，在弹出的快捷菜单中选择“选项(O)”命令，如图3-30所示。

02 弹出“选项”对话框，切换至“显示”选项卡，在“窗口元素”选项组中单击 颜色(C)... 按钮，如图3-31所示。

图3-30

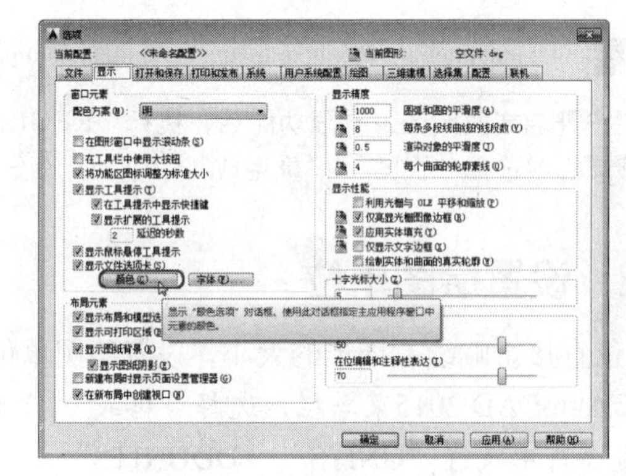
图3-31

03 弹出“图形窗口颜色”对话框，在“颜色(C)”下拉列表中选择需要的颜色即可。若在软件提供的颜色中没有需要的颜色，可选择“选择颜色”选项，如图3-32所示。

04 弹出“选择颜色”对话框，选择需要的颜色，在“颜色”文本框中输入新的数值（249，183，251），然后单击 确定 按钮，如图3-33所示。

05 返回“图形窗口颜色”对话框，单击 应用并关闭(A) 按钮，再返回“选项”对话框，单击 确定 按钮，即可看到绘图区的颜色改为了所设置的颜色，如图3-34所示。

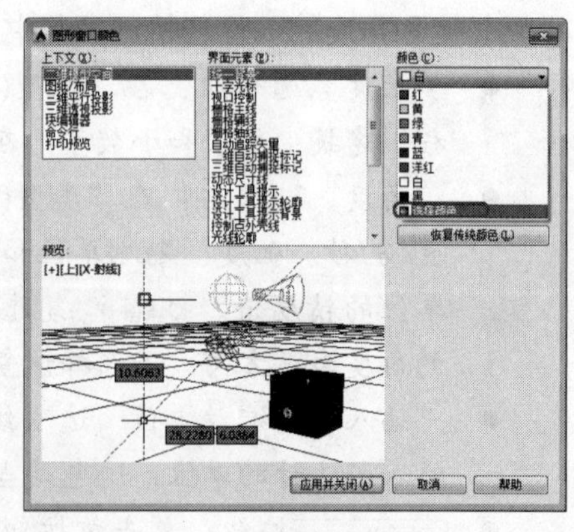
图3-32

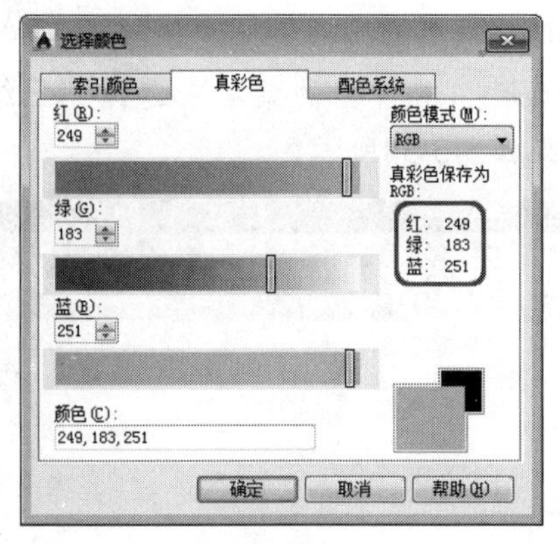

图3-33

图3-34

3.4.4 边学边练——设置工作环境

下面使用前面讲解的知识设置一个工作环境，然后将其保存。

01 启动AutoCAD 2015，在命令行中输入命令“LIMITS”，具体操作过程如下。

```
命令: LIMITS                                              //执行LIMITS命令
重新设置模型空间界限:                                       //系统提示将要进行的操作
指定左下角点或 [开(ON)/关(OFF)] <0.0000,0.0000>:            //设置绘图区域左下角的坐
            标，这里保持默认，直接按【Enter】键，表示左下角点的坐标位置为 (0,0)
指定右上角点 <420.0000,297.0000>:   //按【Enter】键设置绘图区域右上角的坐标
```

02 在命令行中输入命令“UN”，弹出“图形单位”对话框，在“长度”选项组的“精度(P)”下拉列表中选择0选项，然后单击 确定 按钮，如图3-35所示。

03 在绘图区中单击鼠标右键，在弹出的快捷菜单中选择“选项”命令，弹出“选项”对话框，切换至“显示”选项卡，在“十字光标大小（Z）”文本框中输入20，如图3-36所示。

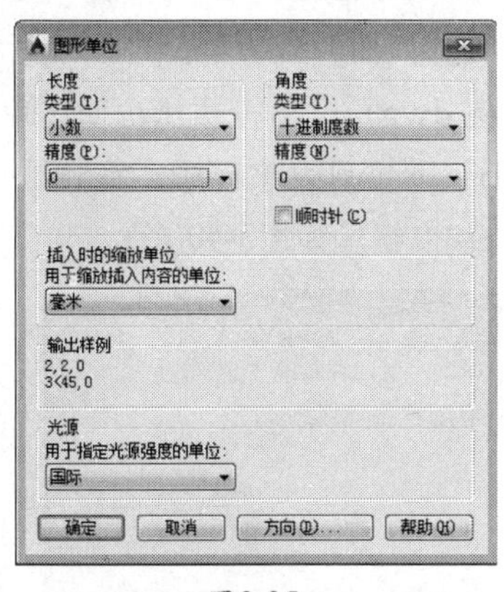

图3-35

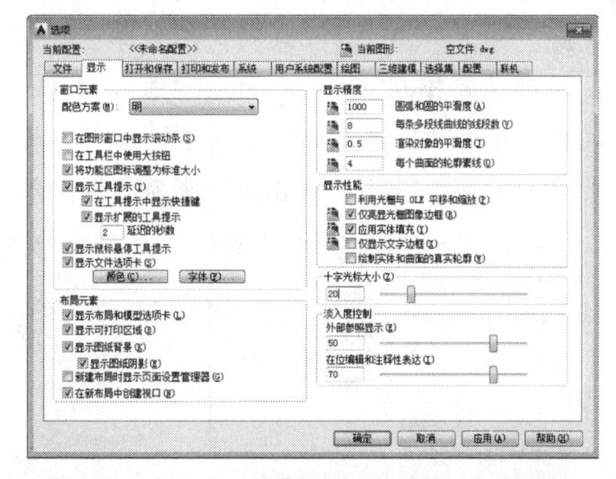

图3-36

04 切换至“选择集”选项卡，向右拖动“拾取框大小(P)”滑块至如图3-37所示的位置，单击 确定 按钮。

05 返回AutoCAD 2015的工作界面，将鼠标光标移动到命令行边上，待鼠标光标呈

状态时，按住鼠标左键不放，向上推动鼠标，将命令行扩展至6行。

06 单击状态栏中的“切换工作空间”按钮[草图与注释▾]，在弹出的菜单中选择“三维建模”命令，将工作空间切换至“三维建模”模式，效果如图3-38所示。

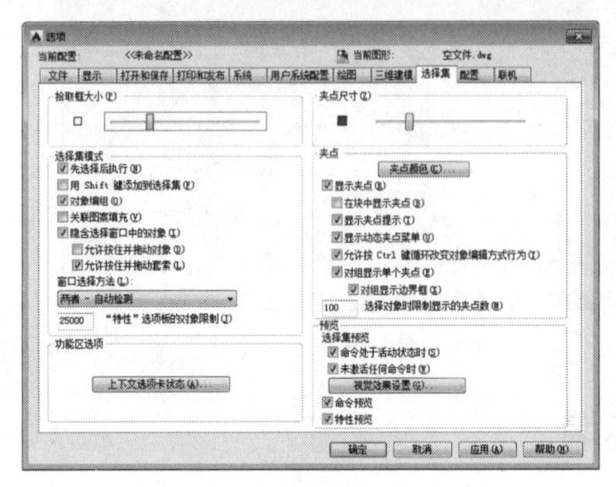

图3-37　　图3-38

3.5 实战演练

3.5.1 绘图环境设置与调整

01 启动AutoCAD 2015，在命令行中输入“LIMITS”命令，具体操作过程如下。

```
命令：LIMITS                                          //执行LIMITS命令
重新设置模型空间界限：                                  //系统提示将要进行的操作
指定左下角点或 [开(ON)/关(OFF)] <0.0000,0.0000>:        //设置绘图区域左下角的坐
        标，这里保持默认，直接按【Enter】键，表示左下角点的坐标位置为（0,0）
指定右上角点 <420.0000,297.0000>:  //按【Enter】键设置绘图区域右上角的坐标
```

02 在命令行中输入“UN”命令，弹出“图形单位”对话框，在“长度”选项组的“精度(P)”下拉列表中选择0选项，然后单击[确定]按钮，如图3-39所示。

03 打开“圆.dwg”图形文件（光盘：\素材\第3章\圆.dwg）。单击快速访问区中的“打开”按钮，弹出“选择文件”对话框，在“查找范围(I)”下拉列表中选择“第3章”选项，在“名称”列表框中选择“圆.dwg”选项，然后单击[打开(O)]按钮，如图3-40所示。

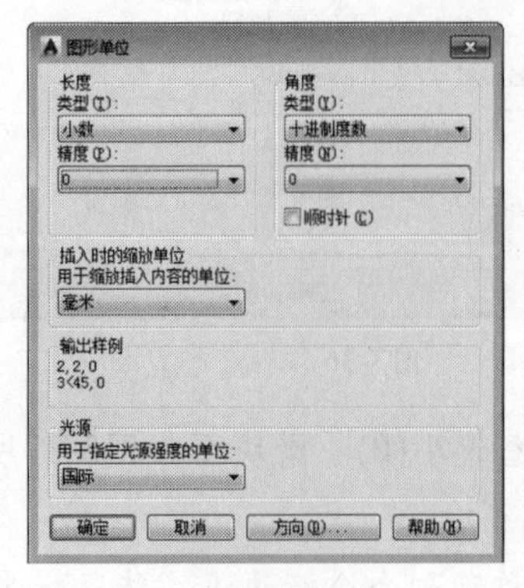

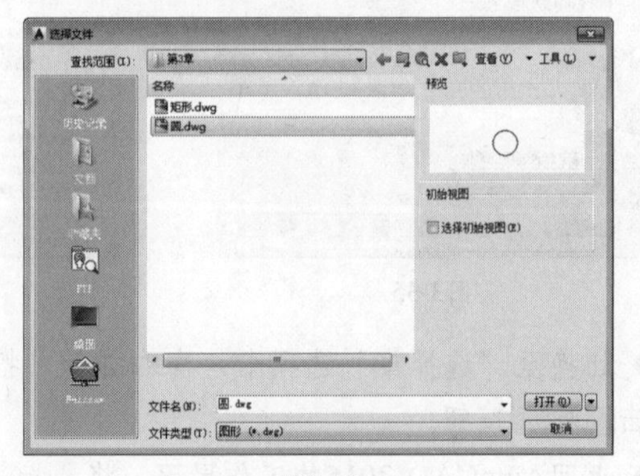

图3-39　　图3-40

04 单击“菜单浏览器”按钮▲，在弹出的菜单中选择“另存为”|“图形”命令，如图3-41所示。

05 弹出“图形另存为”对话框，在“保存于(I)”下拉列表中选择“桌面”选项，在“文件名”文本框中输入文本“大圆.dwg”，然后单击保存(S)按钮，如图3-42所示。最后在命令行中执行“CLOSE”命令，关闭图形文件。

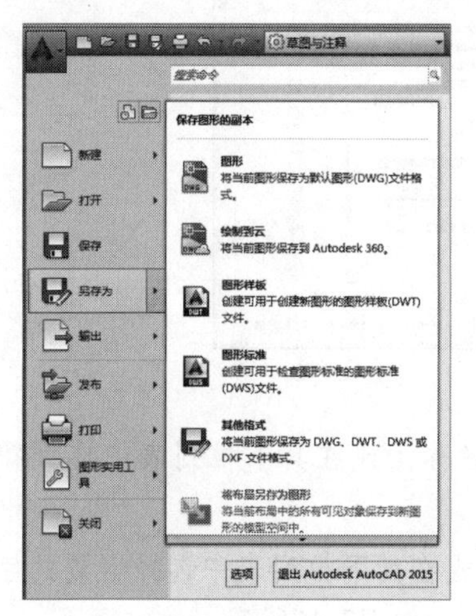

图3-41

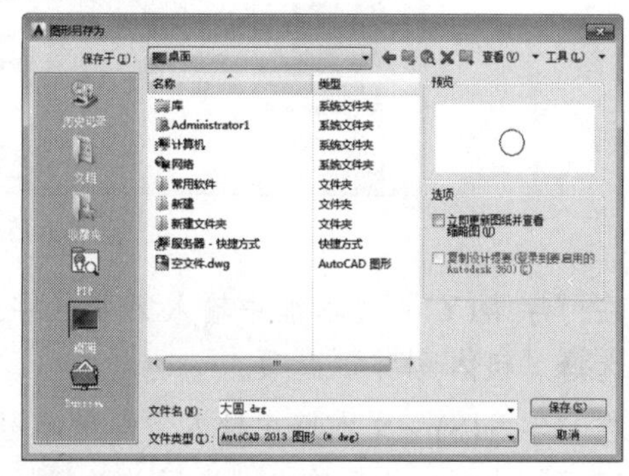

图3-42

3.5.2 设置工作空间——更改命令行的显示行数与字体

除了可以根据个人绘图习惯的不同，随时缩小和扩展命令行外，用户还可以将命令行中的字体设置为自己喜欢的类型，具体操作如下。

01 将鼠标光标移至命令行边上，等待鼠标光标变成如图3-43所示的状态。

02 按住鼠标左键不放，向上或向下推动鼠标即可扩展或缩小命令行，将命令行扩展后的效果如图3-44所示。

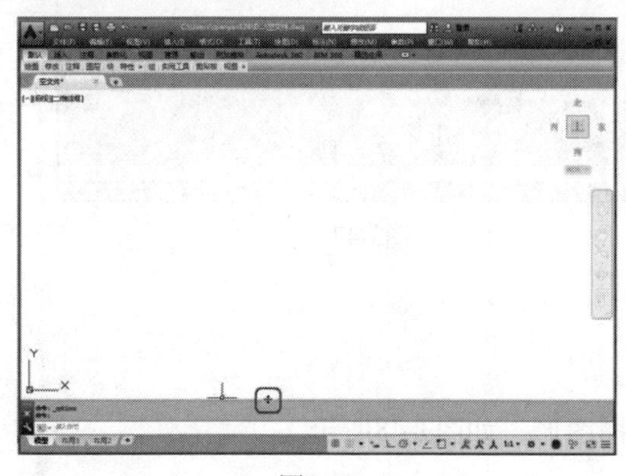

图3-43

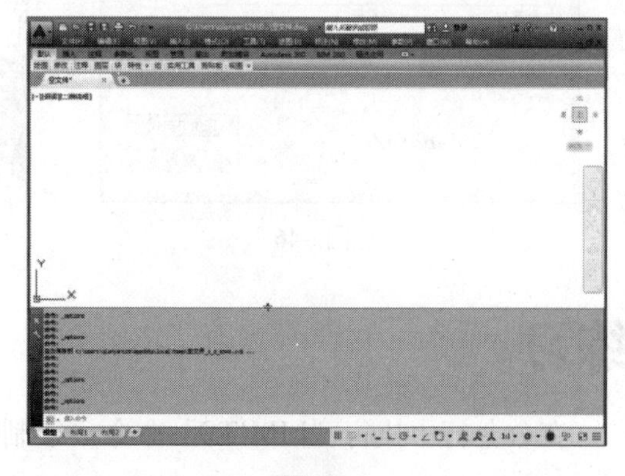

图3-44

03 在绘图区中单击鼠标右键，在弹出的快捷菜单中选择“选项”命令，弹出“选项”对话框，切换至“显示”选项卡，在“窗口元素”选项组中单击字体(F)...按钮，如图3-45所示。

04 弹出“命令行窗口字体”对话框，在“字体(F)”文本框中输入需要的字体名称，或在其下拉列表中选择需要的字体，这里选择“新宋体”选项。

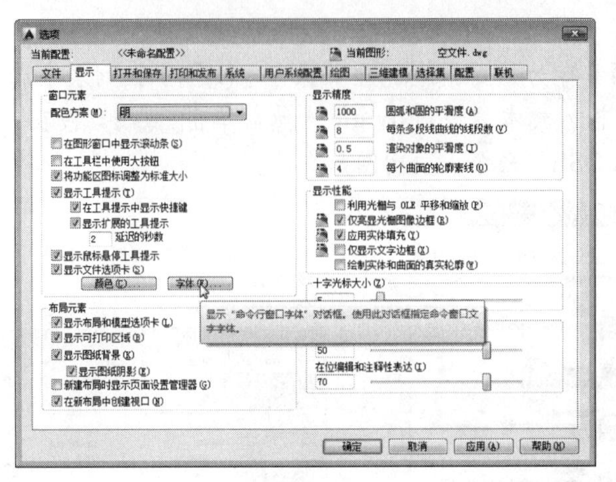

图3-45

05 在“字形(Y)”文本框中输入需要的字形名称，或在其下拉列表中选择需要的字形，这里选择“粗体 斜体”选项。

06 在“字号(S)”文本框中输入需要的字号，或在其下拉列表中选择需要的字号，这里选择“四号”选项，然后单击“应用并关闭”按钮，如图3-46所示。

07 返回“选项”对话框，单击 确定 按钮。返回工作界面，即可看到命令行的字体发生了变化，如图3-47所示。

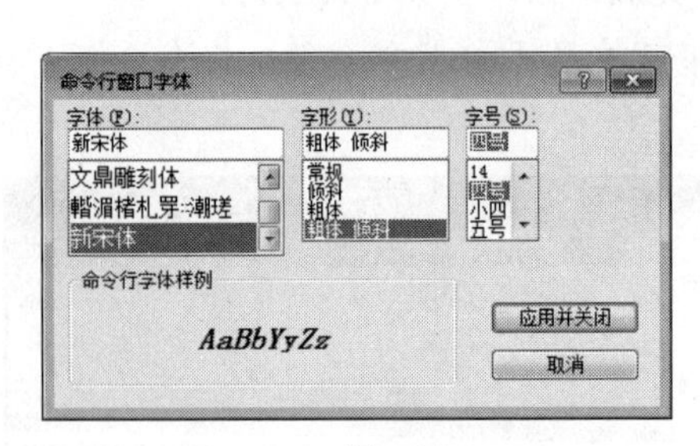

图3-46

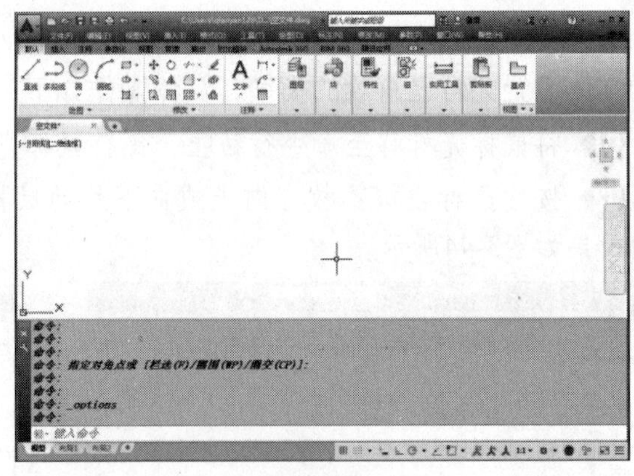

图3-47

练习

在命令行中执行“LIMITS”命令，绘制阶梯图形，如图3-48所示。

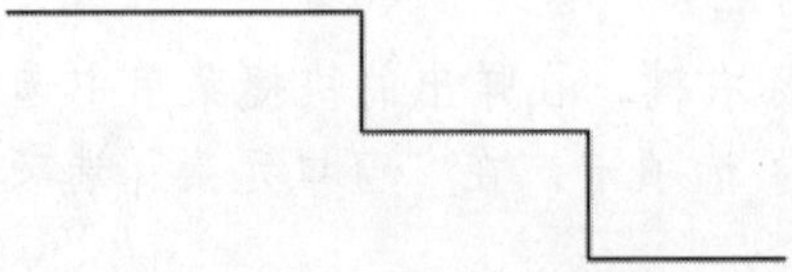

图3-48

AutoCAD

第4章
绘制基本二维图形

使用AutoCAD绘图可绘制由线段、圆形、多边形等简单的图形元素组成的图形有机体。中文版AutoCAD 2015为用户提供了各种基本图元的绘制功能，比如点、线、曲线、圆、弧、矩形、正多边形、边界和面域等。本章将详细介绍AutoCAD的基本绘图工具和命令的功能，并通过大量的实例来讲解这些工具的具体使用方法。

4.1 绘图方法

使用辅助定位功能可以使绘制的图形更加精确，并且可以更有效地提高绘图速度。辅助定位包括捕捉和栅格、极轴追踪、对象捕捉、动态输入和正交模式等，下面分别进行讲解。

4.1.1 捕捉和栅格

在绘图过程中，充分使用捕捉和栅格功能，可以更好地定位坐标位置，从而提高绘图质量和速度。

1. 捕捉

捕捉用于设置光标移动间距，调用该命令的方法如下。

- 单击状态栏中的“捕捉模式”按钮。
- 按【F9】键。

（1）在命令行中执行“SNAP”命令，使用该命令设置捕捉功能。

在命令行中执行“SNAP”命令后，具体操作过程如下。

```
命令:SNAP                                          //执行SNAP命令
指定捕捉间距或 [开(ON)/关(OFF)/纵横向间距(A)/样式(S)/类型(T)] <0.5000>:
                                                   //输入捕捉间距或选择捕捉选项
```

在执行命令的过程中，各选项的含义如下。

- 开：选择该选项，可开启捕捉功能，按当前间距进行捕捉操作。
- 关：选择该选项，可关闭捕捉功能。
- 纵横向间距：选择该选项，可设置捕捉的纵向和横向间距。
- 样式：选择该选项，可设置捕捉样式为标准的矩形捕捉模式或等轴测模式，等轴测模式可在二维空间中仿真三维视图。

- 类型：选择该选项，可设置捕捉类型是默认的直角坐标捕捉类型，或是极坐标捕捉类型。
- <0.5000>：表示默认捕捉间距为0.5000，可在提示后输入一个新的捕捉间距。

（2）使用对话框设置捕捉功能。

若使用命令设置捕捉功能不能满足需要，可以通过对话框设置捕捉功能，具体操作如下。

01 启动AutoCAD 2015，在状态栏的“捕捉模式”按钮上单击鼠标右键，在弹出的快捷菜单中选择“捕捉设置”命令，如图4-1所示。

02 弹出“草图设置”对话框，切换至“捕捉和栅格”选项卡，在“捕捉间距”选项组的“捕捉X轴间距(P)”文本框中输入X坐标方向的捕捉间距；在“捕捉Y轴间距(C)”文本框中输入Y坐标方向的捕捉间距；选择☑X 轴间距和 Y 轴间距相等(X)复选框，可以使X轴和Y轴间距相等。

03 在“捕捉类型”选项组中可对捕捉的类型进行设置，一般保持默认设置。完成设置后，单击 确定 按钮，如图4-2所示。此时，在绘图区中光标会自动捕捉到相应的栅格点上。

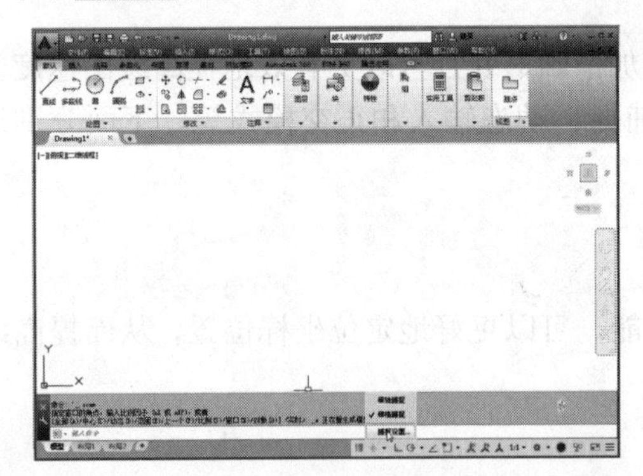
图4-1

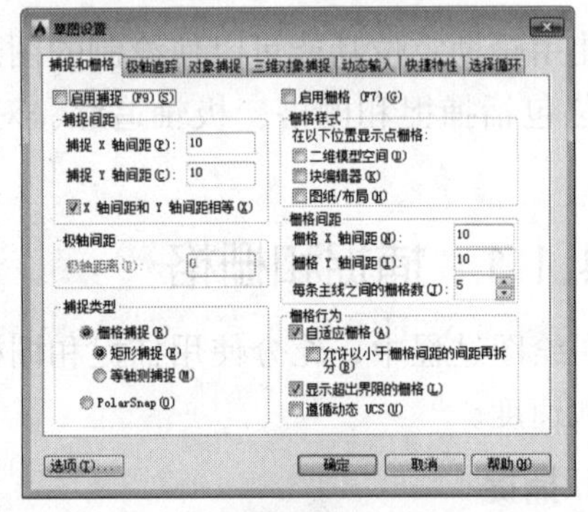

图4-2

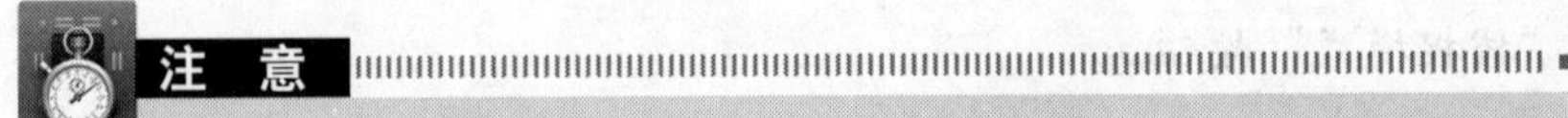

将“草图设置”对话框切换至“捕捉和栅格”选项卡，选择☑启用捕捉 (F9)(S)复选框，表示开启捕捉模式，反之则关闭捕捉模式。

2. 栅格

栅格是由许多可见但不能打印的小点构成的网格。开启该功能后，在绘图区的某块区域中会显示一些小点，这些小点即栅格，如图4-3所示。调用栅格命令的方法如下。

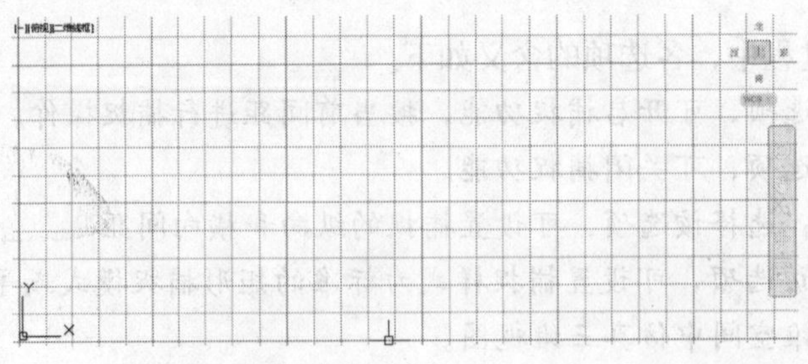
图4-3

- 单击状态栏中的“栅格显示”按钮▦。
- 按【F7】键。
- 在命令行中执行“GRID”命令。

在命令行中执行“GRID”命令后，具体操作过程如下。

```
命令:GRID                                     //执行GRID命令
指定栅格间距(X)或 [开(ON)/关(OFF)/捕捉(S)/主(M)/自适应(D)/界限(L)/跟随(F)/纵横
向间距(A)] <10.0000>:                          //输入栅格间距或选择其他选项
```

在执行命令的过程中，各选项的含义如下。

- 开：选择该选项，将按当前间距显示栅格。
- 关：选择该选项，将关闭栅格显示。
- 捕捉：选择该选项，将栅格间距定义为与“SNAP”命令设置的当前光标移动的间距相同。
- 纵横向间距：选择该选项，将设置栅格的X向间距和Y向间距。在输入值后可将栅格间距定义为捕捉间距的指定倍数，默认为10倍。
- <10.0000>：选择该选项，表示默认栅格间距为10，可在提示后输入一个新的栅格间距。当栅格过于密集时，屏幕上不显示出栅格，对图形进行局部放大观察才能看到。

4.1.2 极轴追踪

使用极轴追踪的功能可以用指定的角度来绘制对象。用户在极轴追踪模式下确定目标点时，系统会在鼠标光标接近指定角度时显示临时的对齐路径，并自动在对齐路径上捕捉距离光标最近的点，同时给出该点的信息提示，用户可据此准确地确定目标点。调用该命令的方法如下。

- 单击状态栏中的“极轴追踪”按钮。
- 按【F10】键。

设置极轴追踪相关参数的操作如下。

01 启动AutoCAD 2015，在状态栏的“极轴追踪”按钮上单击鼠标右键，在弹出的快捷菜单中选择“设置”命令。

02 弹出“草图设置”对话框，切换至“极轴追踪”选项卡，选择☑启用极轴追踪(F10)(P)复选框，开启极轴追踪功能。

03 在“极轴角设置”选项组的“增量角”下拉列表中选择追踪角度，如选择30，表示以角度为30°或30°的整数倍进行追踪。选择☑附加角(D)复选框，然后单击新建(N)按钮，可添加极轴追踪角度增量。

04 在“对象捕捉追踪设置”选项组中选择◉仅正交追踪(L)单选按钮，当极轴追踪角度增量为90°时，只能在水平和垂直方向建立临时捕捉追踪线；在“极轴角测量”选项组中选择◉绝对(A)单选按钮，单击确定按钮完成设置，如图4-4所示。

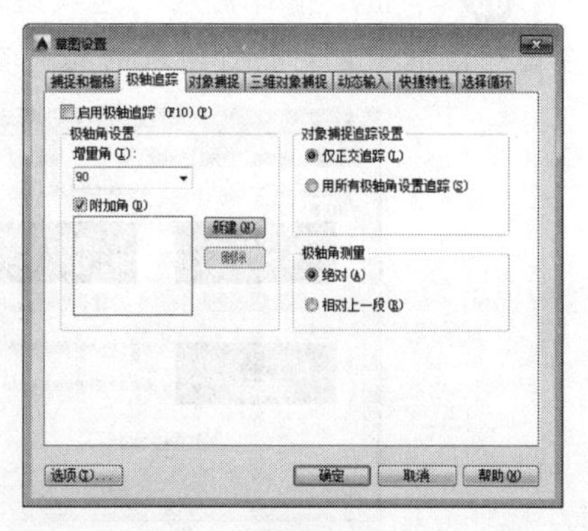

图4-4

4.1.3 对象捕捉

在绘制图形时，使用对象捕捉功能可以准确地拾取直线的端点、两直线的交点、圆形的圆心等。开启对象捕捉功能的方法如下。

- 单击状态栏中的“对象捕捉”按钮。
- 按【F3】键。

在状态栏中的“捕捉模式”按钮上单击鼠标右键，然后选择快捷菜单中的“设置”命令，弹出“草图设置”对话框，切换至“对象捕捉”选项卡，在该对话框中可以增加或减少对象捕捉模式，如图4-5所示。

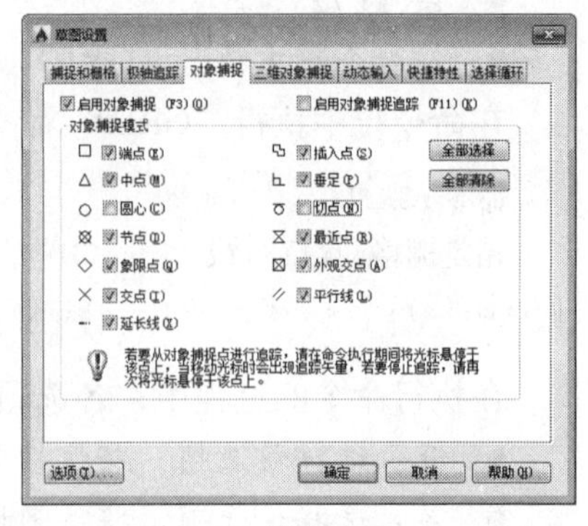

图4-5

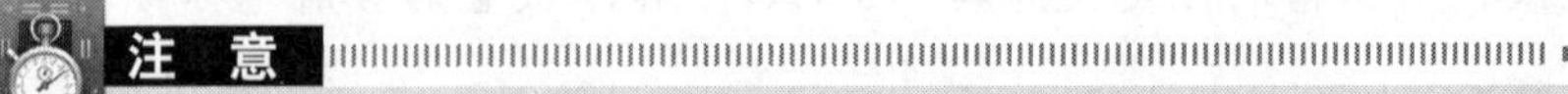

在“草图设置”对话框中切换至“对象捕捉”选项卡，在“对象捕捉模式”选项组中选择需要捕捉的几何点前的复选框后，在AutoCAD绘图区内绘图时，当光标靠近图形的特殊点时将自动捕捉对象。

4.1.4 动态输入

动态输入包括指针输入和标注输入，开启动态输入功能的方法如下。

- 单击状态栏中的“动态输入”按钮。
- 按【F12】键。

1. 指针输入

指针输入用于输入坐标值，设置指针输入相关参数的具体操作如下。

01 启动AutoCAD 2015，在状态栏的“动态输入”按钮上单击鼠标右键，在弹出的快捷菜单中选择“设置”命令。

02 弹出“草图设置”对话框，切换至“动态输入”选项卡，如图4-6所示。选择☑启用指针输入(P)复选框，可开启指针输入功能。此时在绘图区中移动光标时，光标处将显示坐标值，在输入点时，首先在第一个文本框中输入数值，然后按【，】键，可切换到下一个文本框输入下一个坐标值。

03 单击“指针输入”选项组中的 设置(S)... 按钮，弹出“指针输入设置”对话框，在该对话框中可对指针输入的相关参数进行设置，如图4-7所示。

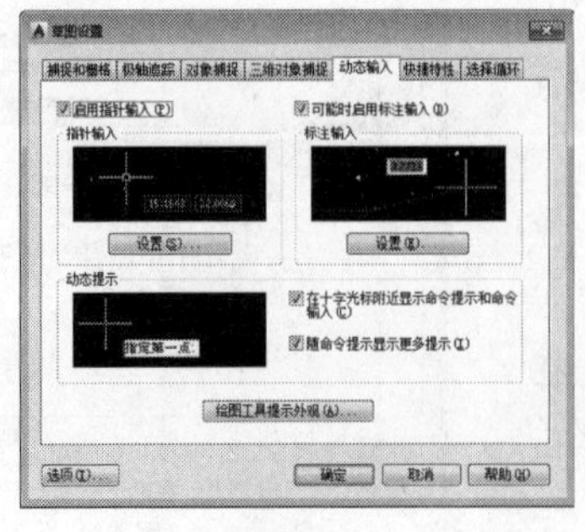

图4-6

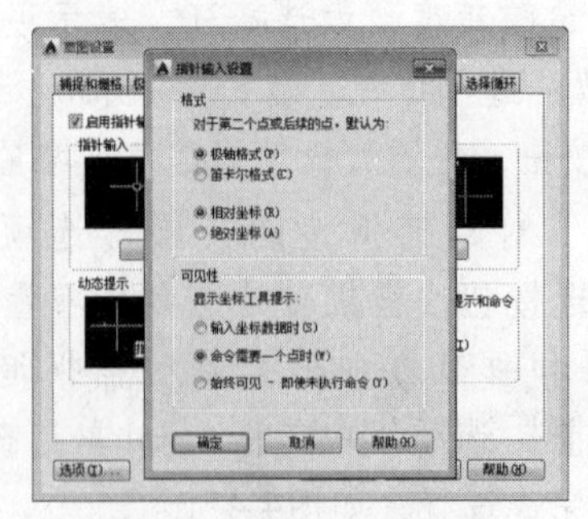

图4-7

2. 标注输入

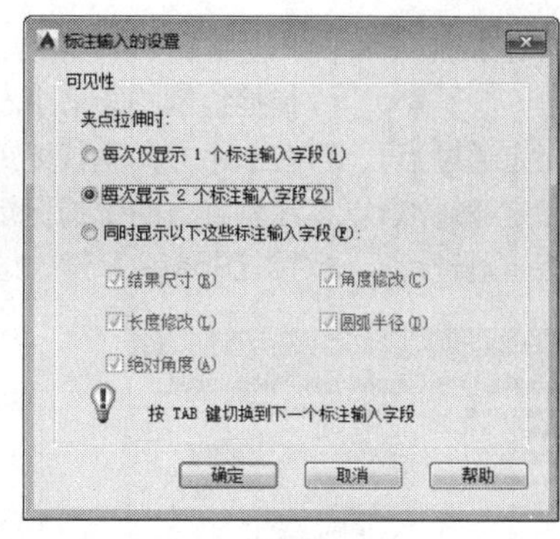

图4-8

标注输入用于输入距离和角度，在“草图设置”对话框的“动态输入”选项卡中选择☑可能时启用标注输入(D)复选框，则坐标输入字段会与正在创建或编辑的几何图形上的标注绑定，工具栏中的值将随着光标的移动而改变。单击“标注输入”选项组中的 设置(S)... 按钮，弹出“标注输入的设置”对话框，用户可在该对话框中对标注输入的相关参数进行设置，如图4-8所示。

4.1.5 正交模式

使用正交模式可在绘图区中手动绘制水平和垂直的直线或辅助线，开启正交模式的方法如下。

- 单击状态栏中的“正交模式”按钮。
- 按【F8】键。

注 意

开启正交模式后，无论鼠标处于什么位置，绘制直线时始终在水平或垂直方向上移动。但正交模式不能控制键盘输入的坐标点的位置，只能控制鼠标捕捉点的方位。

4.1.6 边学边练——使用对象捕捉绘制图形

下面以绘制换气扇为例，来练习本节所讲的知识。

01 启动AutoCAD 2015，在状态栏中的“捕捉模式”按钮上单击鼠标右键，选择快捷菜单中的“对象捕捉设置”命令，弹出“草图设置”对话框，切换至“对象捕捉”选项卡，选择☑启用对象捕捉(F3)(O)复选框，开启对象捕捉模式。

02 在“对象捕捉模式”选项组中选择☑端点(E)、☑中点(M)、☑圆心(C)、☑交点(I)、☑垂足(P)、☑最近点(R)复选框，然后单击 确定 按钮，如图4-9所示。

03 在命令行中执行“REC”命令，绘制一个圆角矩形，具体操作过程如下。

```
命令: REC                                                   //执行REC命令
指定第一个角点或 [倒角(C)/标高(E)/圆角(F)/厚度(T)/宽度(W)]:    //选择矩形的起始点
指定另一个角点或 [面积(A)/尺寸(D)/旋转(R)]: d                  //输入尺寸D命令
指定矩形的长度 <250.0000>: 300                                //输入矩形长度为300
指定矩形的宽度 <250.0000>: 300                                //输入矩形宽度为300
指定另一个角点或 [面积(A)/尺寸(D)/旋转(R)]:
                              //按【Enter】键，绘制完成的效果如图4-10所示
```

04 在命令行中执行“XLINE”命令，绘制两条相交的构造线作为辅助线，具体操作过程如下。

```
命令: XLINE              //执行XLINE命令
```

```
指定点或 [水平(H)/垂直(V)/角度(A)/二等分(B)/偏移(O)]:
            //捕捉绘制的矩形中心，单击指定一点，如图4-11所示
指定通过点: //在水平方向上捕捉矩形的中心，单击指定通过点，如图4-12所示
指定通过点: //在垂直方向上捕捉矩形的中心，单击指定通过点，如图4-13所示
指定通过点: //按【Space】键，结束绘制，绘制完成的效果如图4-14所示
```

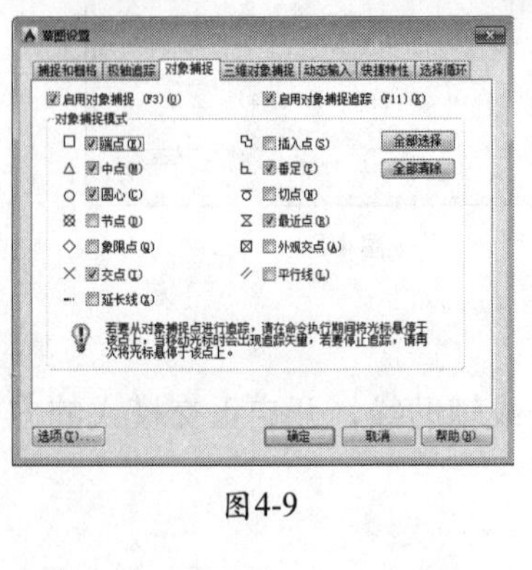

图4-9

图4-10

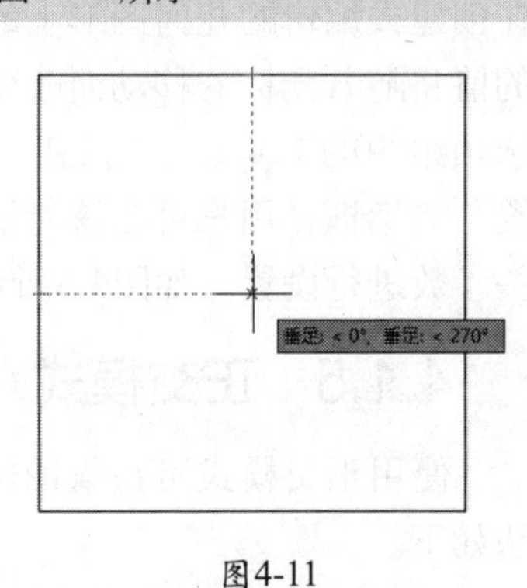

图4-11

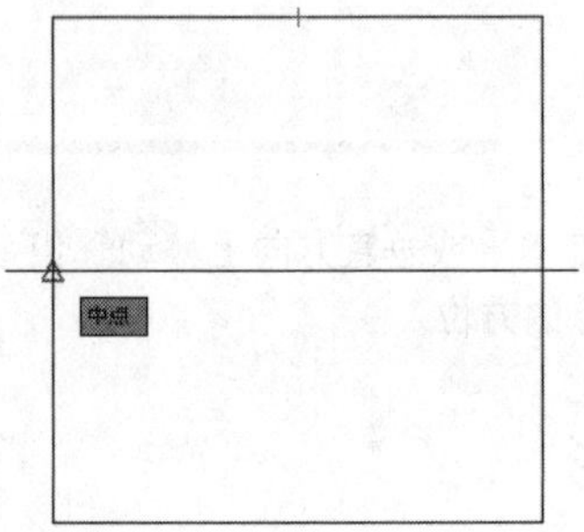

图4-12

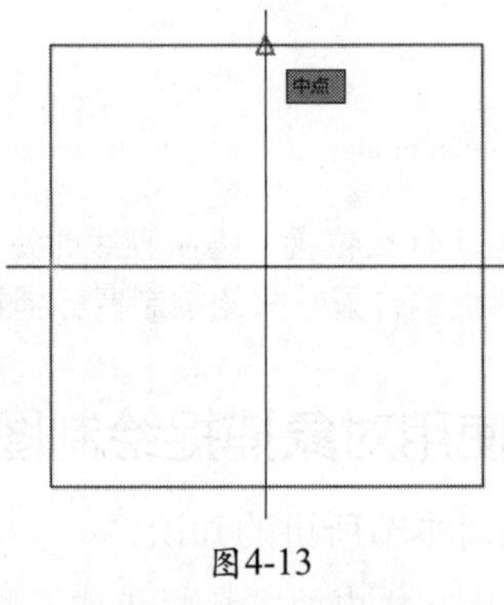

图4-13

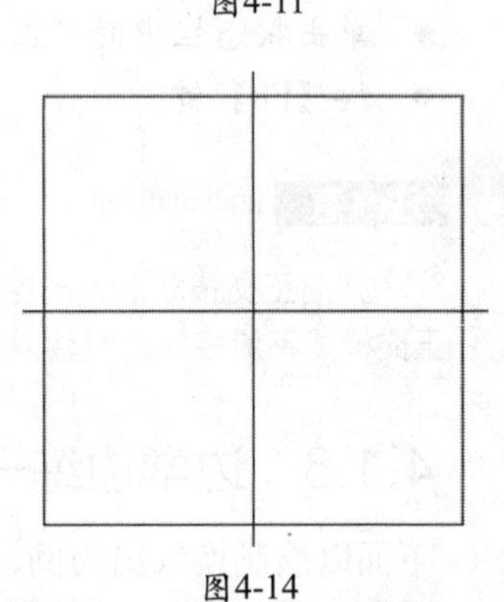

图4-14

05 在命令行中执行“LINE”命令，捕捉矩形的对角线，具体操作过程如下。

```
命令: LINE                    //执行LINE命令
指定第一个点:                 //在矩形的左上角指定第一点，如图4-15所示
指定下一点或 [放弃(U)]:       //在矩形的右下角指定下一点，如图4-16所示的起点
指定下一点或 [放弃(U)]:
    //按【Space】键确认，使用同样方法绘制另一条对角线，绘制完成的效果如图4-17所示
```

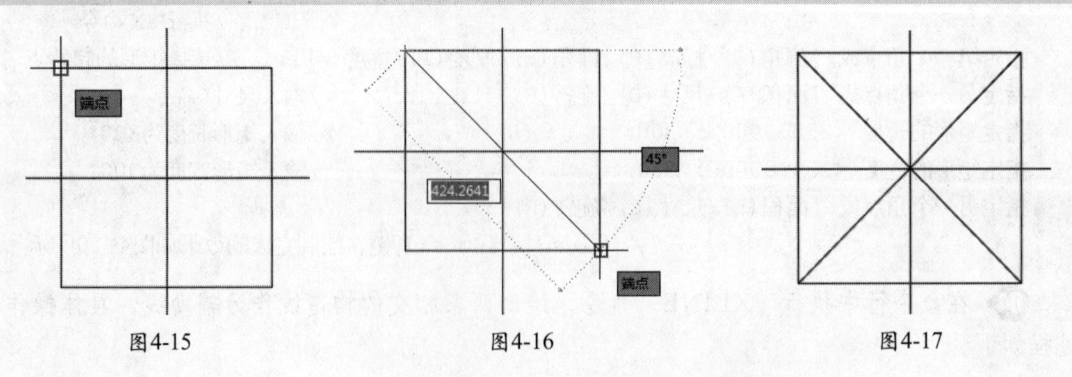

图4-15　　图4-16　　图4-17

06 在命令行中输入“OFFSET”命令偏移矩形，具体操作过程如下。

```
命令: OFFSET
当前设置: 删除源=否  图层=源  OFFSETGAPTYPE=0                    //当前设置
指定偏移距离或 [通过(T)/删除(E)/图层(L)] <20.0000>: 20          //输入偏移距离为20
选择要偏移的对象，或 [退出(E)/放弃(U)] <退出>:              //选择矩形为偏移对象
指定要偏移的那一侧上的点，或 [退出(E)/多个(M)/放弃(U)] <退出>://向矩形内部偏移
选择要偏移的对象，或 [退出(E)/放弃(U)] <退出>:
                                   //按【Space】键，绘制完成后的效果如图4-18所示
```

07 再次在命令行中输入“OFFSET”命令偏移矩形，具体操作过程如下。

```
命令: OFFSET
当前设置: 删除源=否  图层=源  OFFSETGAPTYPE=0                    //当前设置
指定偏移距离或 [通过(T)/删除(E)/图层(L)] <20.0000>: 20          //输入偏移距离为20
选择要偏移的对象，或 [退出(E)/放弃(U)] <退出>://选择通过偏移得到的矩形为偏移对象
指定要偏移的那一侧上的点，或 [退出(E)/多个(M)/放弃(U)] <退出>://向矩形内部偏移
选择要偏移的对象，或 [退出(E)/放弃(U)] <退出>:
                                   //按【Space】键，绘制完成后的效果如图4-19所示
```

08 按照相同的方法向矩形内再偏移出5个矩形，绘制完成后的效果如图4-20所示（光盘：\场景\第4章\绘制换气扇.dwg）。

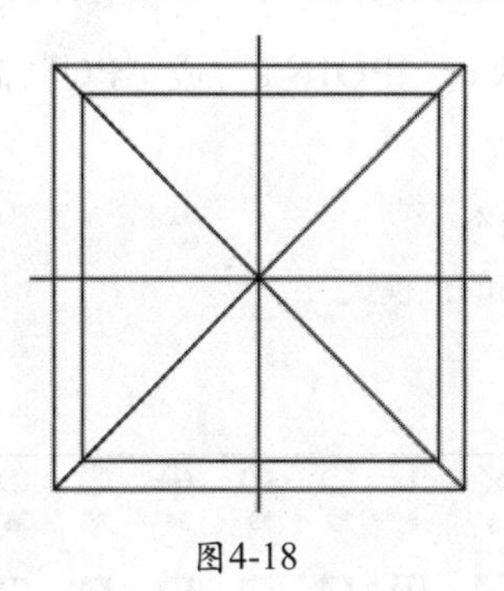
图4-18

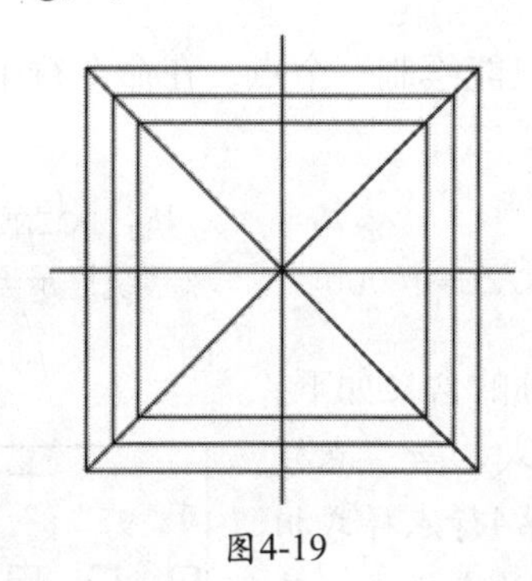
图4-19

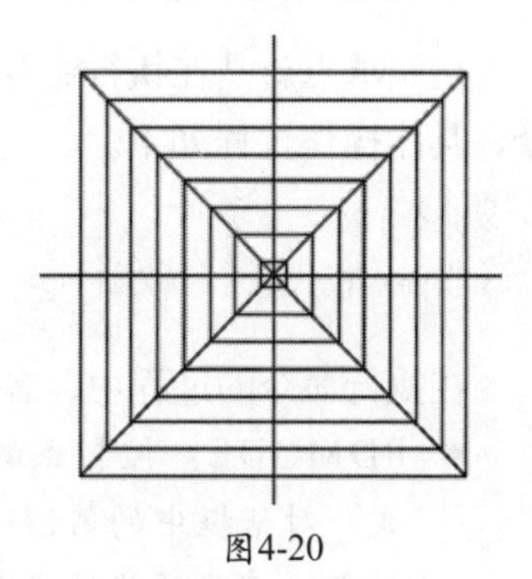
图4-20

4.2 绘制点

点是AutoCAD中组成图形对象最基本的元素，默认情况下点是没有长度和大小的，因此在绘制点之前可以对其样式进行设置，以便更好地显示点。

4.2.1 设置点样式

AutoCAD提供了多种点样式供用户选择使用，用户可以根据不同需要进行选择，具体操作如下。

01 在命令行中执行“DDPTYPE”命令，弹出“点样式”对话框，选择需要的点样式，这里选择⊙点样式。

02 在“点大小”文本框中输入点的大小，然后单击 确定 按钮，保存设置并关闭该对话框，如图4-21所示。

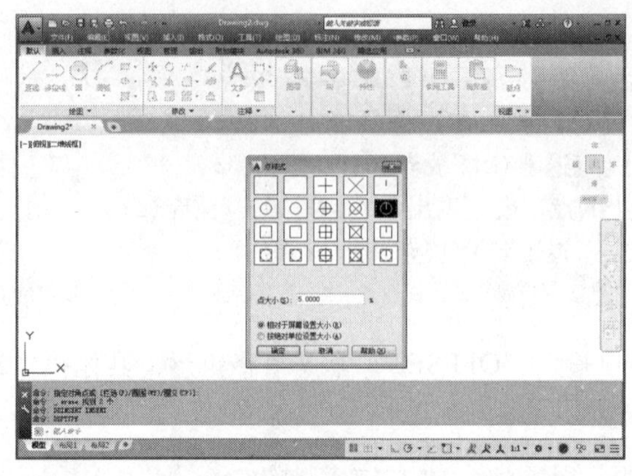

图4-21

注 意

在“点样式”对话框中，选择 相对于屏幕设置大小(R) 单选按钮，表示按屏幕尺寸的百分比设置点的大小，当缩放视图时，点的大小并不改变。选择 按绝对单位设置大小(A) 单选按钮，表示按在“点大小”文本框中指定的实际单位设置点的大小，当缩放视图时，显示的点的大小会随之改变。

4.2.2 绘制单点

绘制单点就是在执行命令后只能绘制一个点。在命令行中执行“POINT”或“PO”命令，具体操作过程如下。

```
命令:PO                                          //执行POINT命令
当前点模式:  PDMODE=0  PDSIZE=0.0000          //系统提示当前的点模式
```

在执行命令的过程中，各选项的含义如下。

- PDMODE：控制点的样式，与“点样式”对话框中的第1行与第4行点样式相对应，不同的值对应不同的点样式，其数值为0～4、32～36、64～68、96～100，对应关系如图4-22所示。其中值为0时，显示为1个小圆点；值为1时，不显示任何图形，但可以捕捉到该点，系统默认为0。

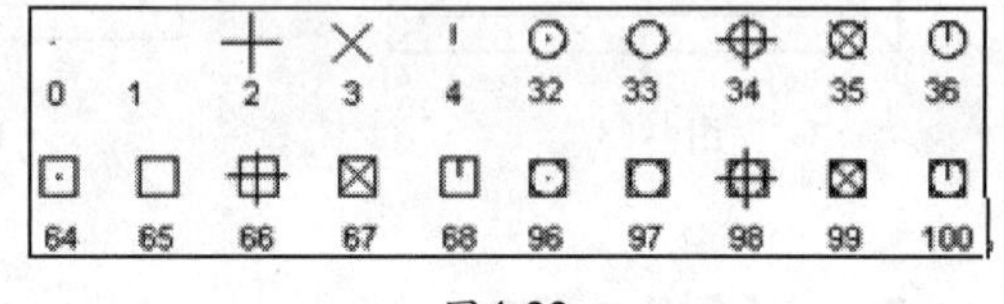

图4-22

- PDSIZE：控制点的大小，当该值为0时，点的大小为系统默认值，即为屏幕大小的5%。当该值为负值时，表示点的相对尺寸大小，相当于选择“点样式”对话框中的 相对于屏幕设置大小(R) 单选按钮。当该值为正值时，表示点的绝对尺寸大小，相当于选择“点样式”对话框中的 按绝对单位设置大小(A) 单选按钮。

注 意

在命令行中分别输入“PDMODE”和“PDSIZE”后，可以重新指定点的样式和大小，这与在“点样式”对话框中设置点的样式效果是一样的。

下面以绘制床头柜的台灯平面图为例，来练习绘制单点的方法，具体操作如下。

01 打开“绘制单点.dwg”图形文件（光盘：\素材\第4章\绘制单点.dwg），在命令行中执行“PO”命令，具体操作过程如下。

```
命令:PO                                      //执行POINT命令
当前点模式:   PDMODE=0   PDSIZE=0.0000       //系统提示当前的点模式
指定点                                       //单击如图4-23所示的点，即可绘制点
```

02 返回绘图区即可看到沙发旁边的台灯平面图已绘制完成，效果如图4-24所示（光盘：\场景\第4章\绘制单点.dwg）。

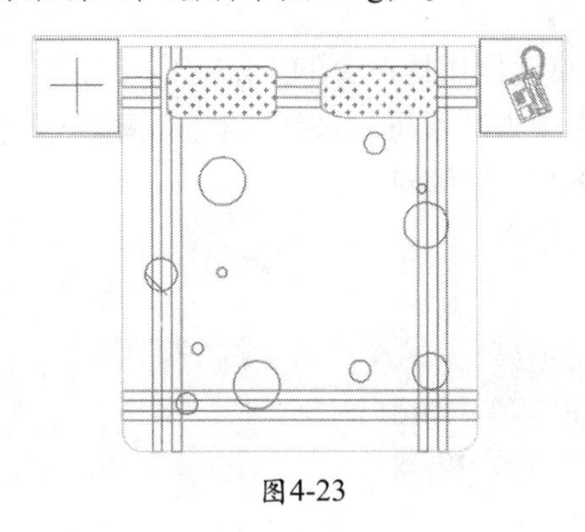

图4-23

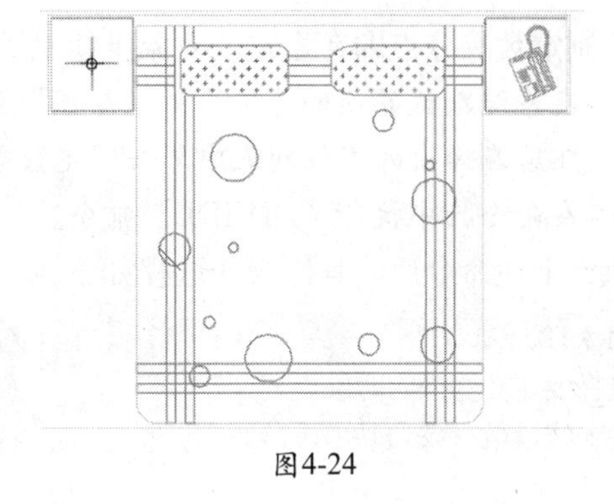

图4-24

4.2.3 绘制多点

绘制多点就是在输入命令后一次能绘制多个点，直到按【Esc】键手动结束命令为止。绘制多点命令的调用方法如下。

- 在系统默认界面的选项卡的“绘图”组中单击“绘图”按钮 绘图▼ ，然后在弹出的下拉列表中单击“多点”按钮。
- 单击“绘图”菜单，在弹出的菜单中选择“点”|“多点”命令。
- 在命令行中执行“POINT”命令，然后按【Enter】键，在绘图区的任意位置单击鼠标，按【Enter】键，再在绘图区的任意位置单击鼠标，以此类推。

下面以绘制床边的台灯平面图为例，练习绘制多点的方法，具体操作如下。

01 打开“绘制多点.dwg”图形文件（光盘：\素材\第4章\绘制多点.dwg），在命令行中执行“POINT”命令，具体操作过程如下。

```
命令:POINT                                   //执行POINT命令
当前点模式:   PDMODE=0   PDSIZE=0.0000       //系统提示当前的点模式
指定点                                       //单击如图4-25所示的点，即可绘制点
命令:                                        //按【Enter】键
POINT
当前点模式:   PDMODE=0   PDSIZE=0.0000       //系统提示当前的点模式
指定点                                       //单击如图4-26所示的点，即可绘制点
```

02 返回绘图区即可看到床旁边的台灯平面图已绘制完成，效果如图4-27所示（光盘：\场景\第4章\绘制多点.dwg）。

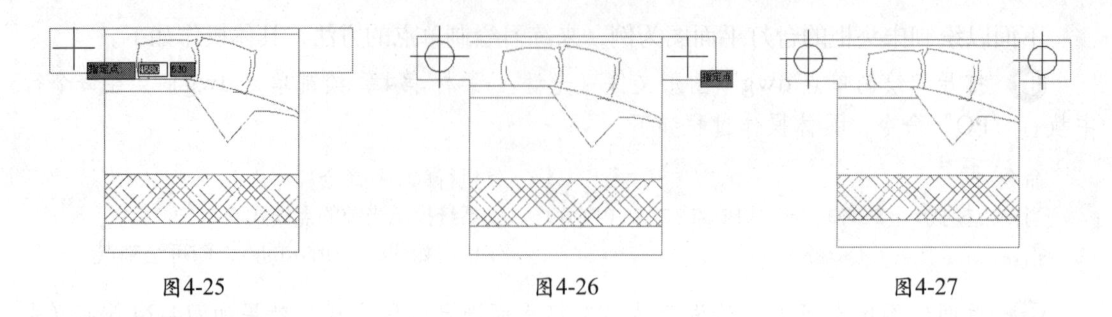

图4-25　　图4-26　　图4-27

4.2.4 绘制定数等分点

绘制定数等分点即在指定的对象上绘制等分点，调用该命令的方法有以下几种。

- 在系统默认界面的选项卡的“绘图”组中单击“绘图”按钮 绘图▾ ，然后在弹出的下拉列表中单击“定数等分点”按钮。
- 在命令行中执行“DIVIDE”命令。

执行上述命令后，具体操作过程如下。

```
命令:DIVIDE                          //执行DIVIDE命令
选择要定数等分的对象:                  //拾取要等分的图形对象
输入线段数目或 [块(B)]:               //输入要等分的数目
```

注 意

每次只能对一个对象操作，而不能对一组对象操作。输入的是等分数，而不是放置点的个数，如果将所选对象分成M份，则实际上只生成M－1个等分点。

下面以在一条直线上绘制定数等分点为例，练习绘制定数等分点的方法，具体操作如下。

01 打开“绘制定数等分点.dwg”图形文件（光盘：\素材\第4章\绘制定数等分点.dwg），在命令行中执行“DIVIDE”命令，具体操作过程如下。

```
命令:DIVIDE                          //执行DIVIDE命令
选择要定数等分的对象:                  //选择直线
输入线段数目或 [块(B)]: 5             //输入5，按Space键
```

02 返回绘图区即可看到绘制定数等分点后的效果，如图4-28所示（光盘：\场景\第4章\绘制定数等分点.dwg）。

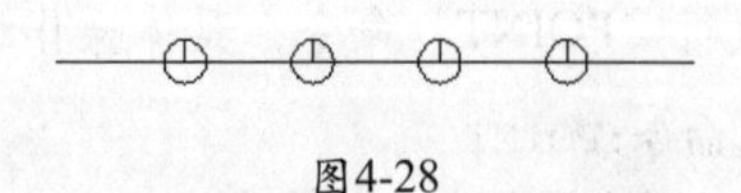

图4-28

4.2.5 绘制定距等分点

绘制定距等分点是指在选定的对象上按指定的长度绘制多个点对象，即该操作是先指定所要创建的点与点之间的距离，然后系统按照该间距值分割所选对象（并不是将对象断开，而是在相应的位置上放置点对象，以辅助绘制其他图形）。绘制定距等分点有以下两种方法。

- 在系统默认界面的选项卡的“绘图”组中单击“绘图”按钮 绘图▾ ，

然后在弹出的下拉列表中单击"测量"按钮。

- 在命令行中执行"MEASURE"或"ME"命令。

执行上述命令后，具体操作过程如下。

```
命令：MEASURE                         //执行MEASURE命令
选择要定数等分的对象：                 //拾取要等分的图形对象
输入线段长度或 [块(B) ]：             //输入各点间的距离或指定需要插入的图块
```

下面以在圆上绘制定距等分点为例，练习绘制定距等分点的方法，具体操作如下。

01 打开"绘制定距等分点.dwg"图形文件（光盘：\素材\第4章\绘制定距等分点.dwg），在命令行中执行"MEASURE"命令，具体操作过程如下。

```
命令：MEASURE                         //执行MEASURE命令
选择要定数等分的对象：                 //选择圆
输入线段长度或 [块(B) ]：50           //输入50，按【Space】键
```

02 返回绘图区即可看到绘制定距等分点后的效果，如图4-29所示（光盘：\场景\第4章\绘制定距等分点.dwg）。

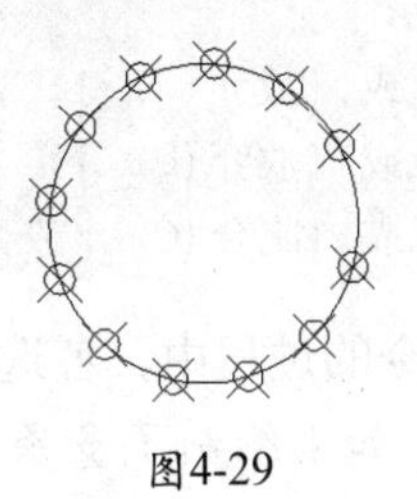

图4-29

4.2.6 边学边练——利用点工具绘制灯具平面图

下面根据已知图形文件绘制灯饰平面图，来练习本节所讲的知识。

01 打开"灯饰平面图.dwg"图形文件（光盘：\素材\第4章\灯饰平面图.dwg），在命令行中执行"DDPTYPE"命令，弹出"点样式"对话框，选择点样式。

02 在"点大小(S)"文本框中输入4，然后单击确定按钮，保存设置并关闭该对话框，如图4-30所示。

03 在命令行中执行"DIVIDE"命令，具体操作过程如下。

```
命令:DIVIDE                       //执行DIVIDE命令
选择要定数等分的对象：             //选择绘图区的曲线
输入线段数目或 [块(B) ]：6
    //输入6，按【Enter】键，效果如图4-31所示（光盘：\场景\第4章\灯饰平面图.dwg）
```

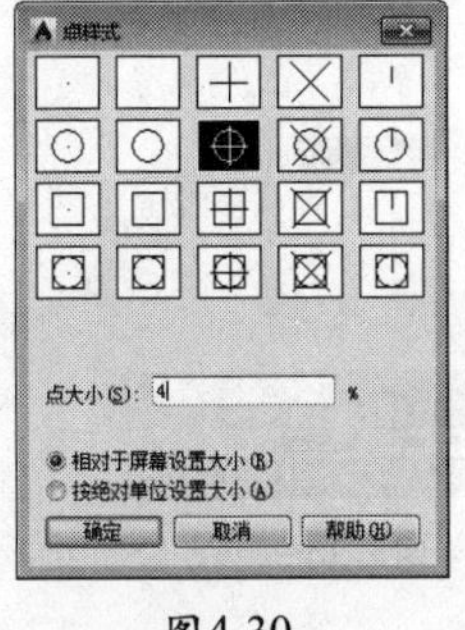

图4-30

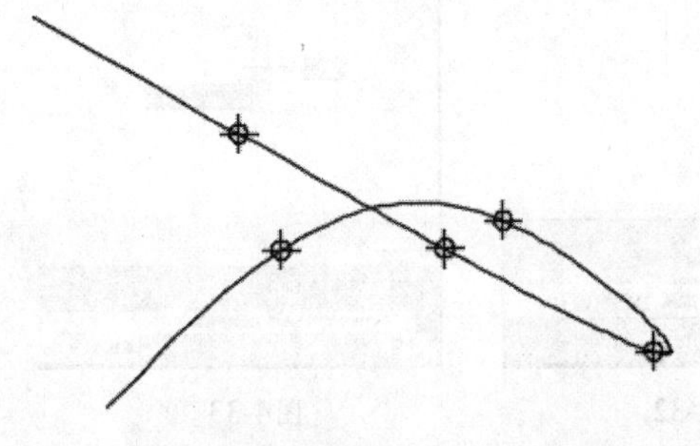

图4-31

4.3 绘制线

线是AutoCAD中最常用的图形对象之一，包括直线、射线、构造线、多线、多段线、样条曲线和修订云线等，下面分别讲解这些线的绘制方法。

4.3.1 绘制直线

直线是AutoCAD中比较简单的对象，当绘制一条线段后，可继续以该线段的终点作为起点，然后指定另一终点，从而绘制首尾相连的封闭图形。调用该命令的方法如下。

- 在系统默认界面的选项卡的“绘图”组中单击“直线”按钮。
- 在命令行中执行“LINE”或“L”命令。

执行上述命令后，具体操作过程如下。

```
命令:L                          //执行LINE命令
指定第一点:                      //在绘图区用鼠标拾取一点或直接输入坐标值指定点
指定下一点或 [放弃(U) ]: //用鼠标拾取下一点或输入下一点的坐标值
指定下一点或 [放弃(U) ]: //用鼠标拾取下一点或输入下一点的坐标值
指定下一点或 [闭合(C) /放弃(U) ]:   //指定下一点或选择“闭合”“放弃”选项
```

在执行命令的过程中，各选项的含义如下。

- 闭合：如果绘制了多条线段，最后要形成一个封闭的图形时，选择该选项，并按【Enter】键可将最后确定的端点与第1个起点重合，形成一个封闭的图形。
- 放弃：选择该选项，将撤销刚才绘制的直线而不退出“LINE”命令。

下面以绘制螺钉的边线为例，练习绘制直线的方法，具体操作如下。

01 创建一个新的图形文件，在命令行中执行“L”命令，具体操作过程如下。

```
命令:L                              //执行LINE命令
指定第一点:                          //单击如图4-32所示的点
指定下一点或 [放弃(U) ]:              //按【F8】键开启正交捕捉模式，向上移动鼠标并
                                       输入8.5，按【Space】键
指定下一点或 [放弃(U) ]:              //按【F8】键关闭正交捕捉模式，向右下方移动鼠
   标，在状态栏中打开动态输入，然后在动态输入框中分别输入6、45，单击图4-33所示的位置
指定下一点或 [闭合(C) /放弃(U) ]:     //在动态输入框中输入C，如图4-34所示
```

02 在绘图区即可看到绘制的效果，如图4-35所示。

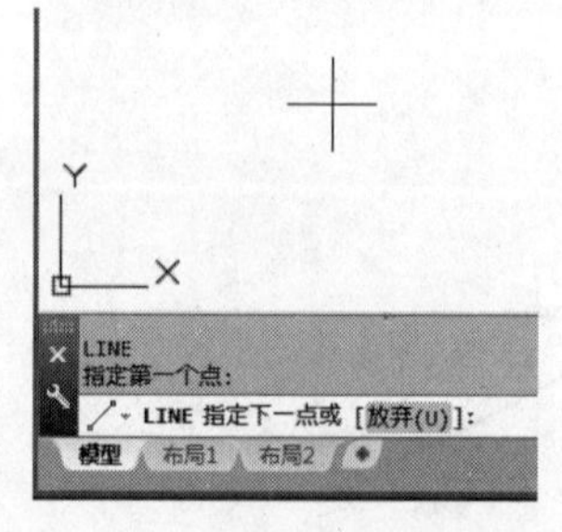

图4-32

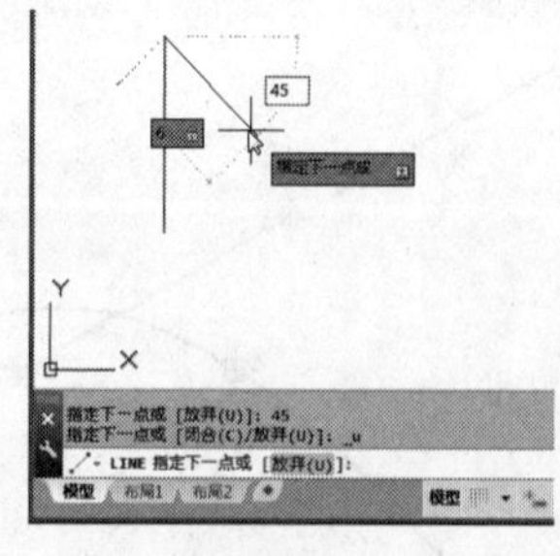

图4-33

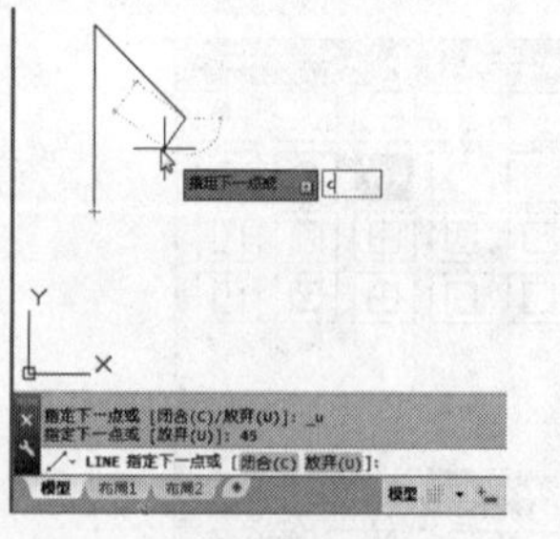

图4-34

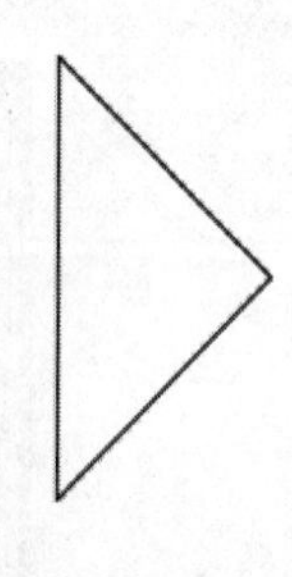
图4-35

4.3.2 绘制射线

射线是只有起点和方向，没有终点的直线，即射线为一端固定，另一端无限延伸的直线。射线一般作为辅助线，绘制射线后按【Esc】键退出绘制状态，如图4-36所示。调用该命令的方法如下。

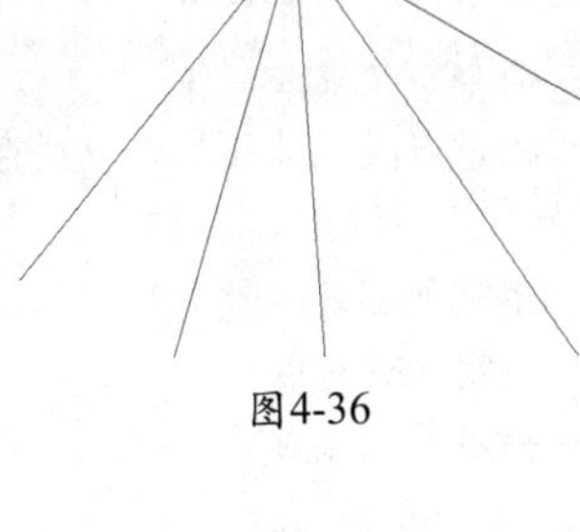

图4-36

- 在系统默认界面的选项卡的“绘图”组中单击“绘图”按钮 绘图▾ ，然后在弹出的下拉列表中单击“射线”按钮。
- 在命令行中执行“RAY”命令。

执行上述命令后，具体操作过程如下。

```
命令：RAY                    //执行RAY命令
指定起点：                   //指定起点坐标
指定通过点：                 //指定通过点坐标确定射线方向
```

4.3.3 绘制构造线

构造线只有方向，没有起点和终点，一般作为辅助线使用，调用该命令的方法如下。

- 在系统默认界面的选项卡的“绘图”组中单击“绘图”按钮 绘图▾ ，然后在弹出的下拉列表中单击“构造线”按钮。
- 在命令行中执行“XLINE”命令。

执行上述命令后，具体操作过程如下。

```
命令：XLINE                                                   //执行XLINE命令
指定点或［水平(H) /垂直(V) /角度(A) /二等分(B) /偏移(O) ]：   //指定方向和位置
指定通过点：                                 //指定通过点坐标确定构造线方向
```

在执行命令的过程中，各选项的含义如下。

- 水平：选择该选项即可绘制水平的构造线。
- 垂直：选择该选项即可绘制垂直的构造线。
- 角度：选择该选项即可按指定的角度创建一条构造线，如图4-37所示。
- 二等分：选择该选项即可创建已知角的角平分线。使用该选项创建的构造线平分指定的两条线间的夹角，且通过该夹角的顶点，如图4-38所示。在绘制角平分线时，系统要求用户依次指定已知角的顶点、起点及终点。
- 偏移：选择该选项即可创建平行于另一个对象的平行线，如图4-39所示。这条平行线可以偏移一段距离与对象平行，也可以通过指定的点与对象平行。

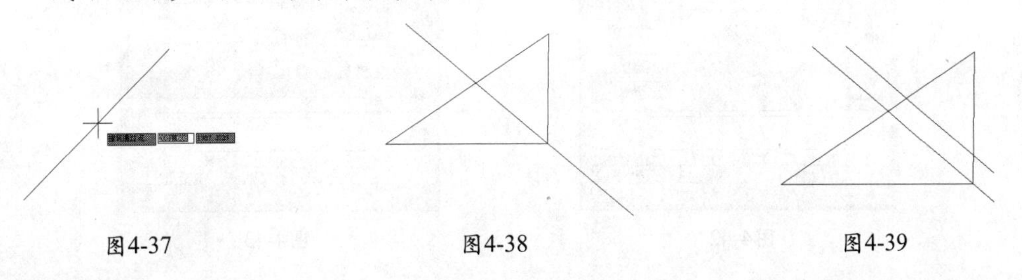

图4-37　　图4-38　　图4-39

下面以绘制法兰盘为例，练习绘制构造线的方法，具体操作如下。

01 打开“绘制构造线.dwg”图形文件（光盘：\素材\第4章\绘制构造线.dwg），在命令行中执行“XLINE”命令，具体操作过程如下。

```
命令：XLINE                                      //执行XLINE命令
指定点或 [水平(H) /垂直(V) /角度(A) /二等分(B) /偏移(O) ]:B
                                                 //选择“二等分”选项，并按【Space】键
指定顶点：                                        //单击两条辅助线的交点
指定角的起点：                                    //单击如图4-40所示的A点
指定角的端点：                                    //单击如图4-40所示的B点
指定角的端点：                                    //单击如图4-40所示的C点
指定角的端点：                                    //按【Space】键，结束命令
```

02 返回绘图区即可看到绘制的效果，如图4-41所示（光盘：\场景\第4章\绘制构造线.dwg）。

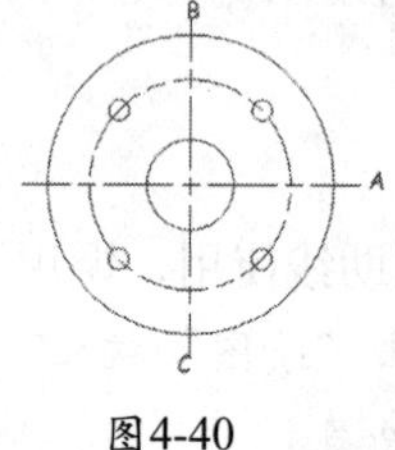

图4-40

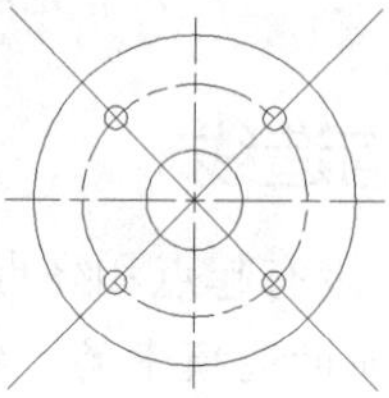

图4-41

4.3.4 绘制多线

多线是由多条平行线构成的线段，具有起点和终点。多线是AutoCAD中最复杂的直线段对象。它同绘制点的方法一样，在绘制多线之前应先设置多线样式。

1. 设置多线样式

设置多线样式包括设置每条单线的偏移距离、颜色、线型及背景填充等特性。

01 在命令行中执行“MLSTYLE”命令，弹出“多线样式”对话框，单击 新建(N)... 按钮，如图4-42所示，弹出“创建新的多线样式”对话框。

02 在“新样式名(N)”文本框中输入文本“多线样式”，然后单击 继续 按钮，如图4-43所示。

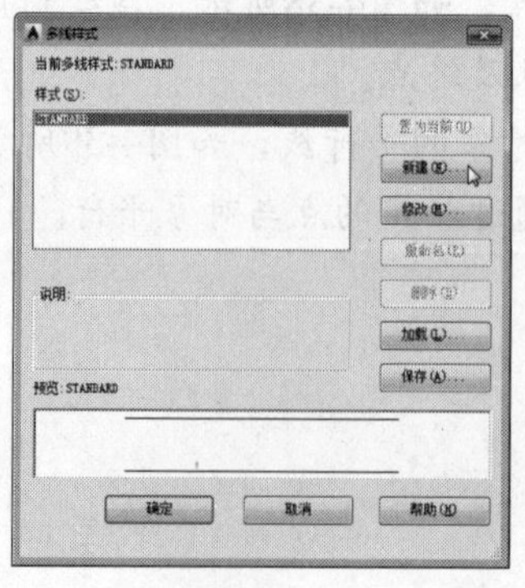

图4-42

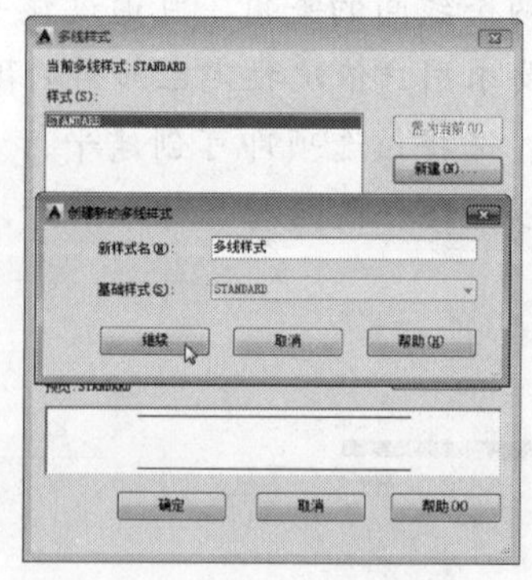

图4-43

03 弹出“新建多线样式：多线样式”对话框，在“说明(P)”文本框中输入需要的说明文本，这里输入文本“240墙线”，在“图元(E)”选项组中选择第1个线型，在“偏移(S)”文本框中输入120，如图4-44所示。

04 在“图元”选项组中选择第2个线型，在“偏移(S)”文本框中输入－120，如图4-45所示。

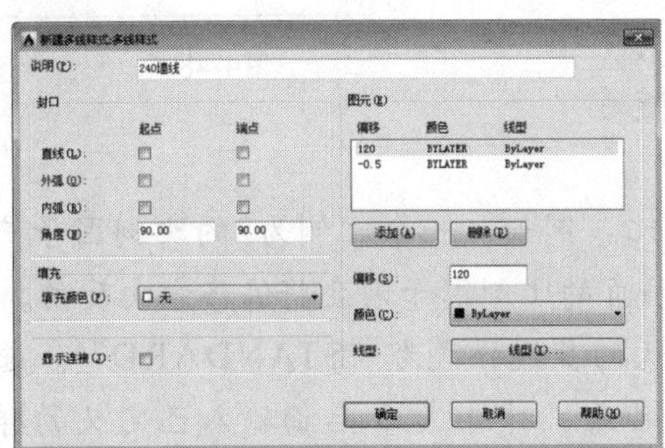
图4-44

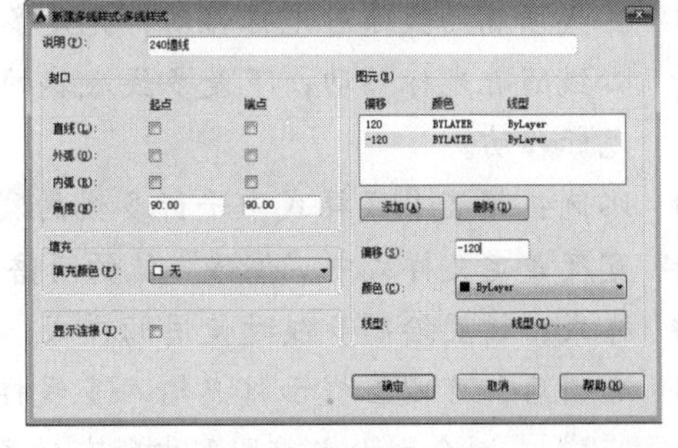
图4-45

05 单击“确定”按钮，返回“多线样式”对话框。此时，在“多线样式”对话框的“样式”列表框中将显示刚刚设置完成的多线样式，选择需要使用的多线样式，单击 置为当前(U) 按钮，如图4-46所示。将该多线样式设置为当前系统默认的样式，完成多线样式的设置后，单击 确定 按钮即可，如图4-47所示。

图4-46

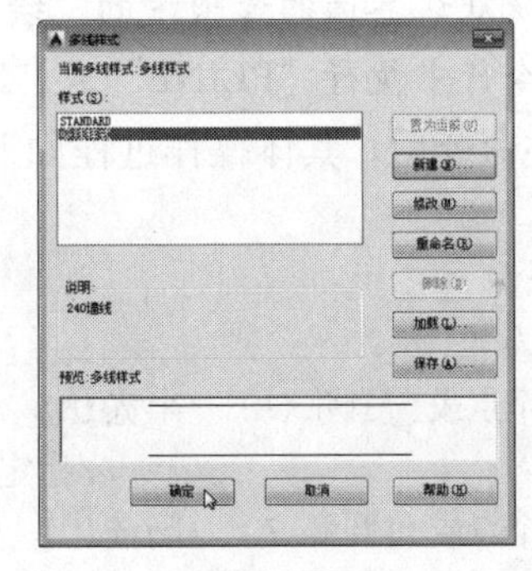
图4-47

2. 具体绘制多线

多线样式设置完成后，就可以绘制多线了。在绘制建筑墙线时，多线的使用最为频繁。

01 打开“绘制多线.dwg”图形文件（光盘：\素材\第4章\绘制多线.dwg），在命令行中执行“MLINE”命令，具体操作过程如下。

```
命令: MLINE                                //执行MLINE命令
当前设置:对正=上, 比例=20.00, 样式=QT//系统提示当前的多线样式、对正方法与比例
指定起点或 [对正(J) /比例(S) /样式(ST) ]:
                                           //在绘图区的适当位置拾取一点作为多线的起点
指定下一点:1000                            //将十字光标移至起点右侧，输入数值并确认
指定下一点或 [放弃(U) ]: 500
                        //将十字光标移至上一点的下方，输入500并按【Enter】键确认
指定下一点或 [放弃(U) ]: 1000
                        //将十字光标移至上一点的右侧，输入1000并按【Enter】键确认
```

02 绘制完成后，效果如图4-48所示（光盘：\场景\第4章\绘制多线.dwg）。

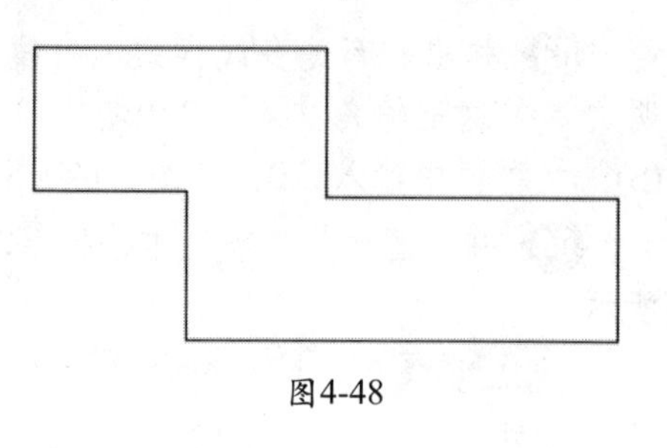

图4-48

在执行命令的过程中，各选项的含义如下。

- 对正：设置绘制多线时相对于输入点的偏移位置。该选项有上、无和下3个选项。上是多线顶端的线随着光标移动；无是多线的中心线随着光标移动；下是多线底端的线随着光标移动。
- 比例：设置多线样式中平行多线的宽度比。例如，一个比例为2的比例因子产生的宽度是定义样式中“偏移”值的两倍，而负的比例因子则会将偏移方向反向。
- 样式：设置绘制多线时使用的样式，默认的多线样式为“STANDARD”。选择该选项后，可以在提示信息输入多线样式名或“ [?] ”，后面输入已定义的样式名“?”，则会列出当前图形中所有的多线样式。

4.3.5 绘制多段线

多段线是由等宽或不等宽的直线或圆弧等多条线段构成的特殊线段，所构成的图形是一个整体，用户可对其进行整体编辑。

- 在系统默认界面的选项卡的“绘图”组中单击“多段线”按钮。
- 在命令行中执行“PLINE”或“PL”命令。

执行上述命令后，具体操作过程如下。

```
命令: PLINE                                         //执行PLINE命令
指定起点:                                           //指定一点作为多段线的起点
当前线宽为 0.0000                                   //显示当前多段线的线宽为0，即没有线宽
指定下一个点或 [圆弧(A) /半宽(H) /长度(L) /放弃(U) /宽度(W) ]:
                              //指定多段线的下一点的位置或选择一个选项绘制不同的线段
指定下一个点或 [圆弧(A) /闭合(C) /半宽(H) /长度(L) /放弃(U) /宽度(W) ]:
                                 //指定多段线的下一点的位置或按【Space】键结束命令
```

在执行命令的过程中，各选项的含义如下。

- 圆弧：选择该选项，以绘制圆弧的方式绘制多段线，其下的“半宽”“长度”“放弃”“宽度”选项与主提示中的各选项含义相同。
- 半宽：选择该选项，将指定多段线的半宽值，AutoCAD将提示用户输入多段线的起点半宽值与终点半宽值。
- 长度：选择该选项，将定义下一条多段线的长度，AutoCAD将按照上一条线段的方向绘制这一条多段线。若上一段是圆弧，将绘制与此圆弧相切的线段。
- 放弃：选择该选项，将取消上一次绘制的一段多段线。
- 宽度：选择该选项，可以设置多段线的宽度值。

下面以绘制箭头符号为例，练习绘制多段线的方法，具体操作如下。

01 启动AutoCAD 2015，在命令行中执行“PLINE”命令，具体操作过程如下。

```
命令: PLINE                              //执行PLINE命令
```

```
指定起点:                              //在绘图区中的任意位置单击
当前线宽为 0.0000                       //系统自动显示当前线宽
指定下一个点或 [圆弧(A) /半宽(H) /长度(L) /放弃(U) /宽度(W) ]: W
                                      //选择“宽度”选项，并按【Space】键
指定起点宽度 <0.0000>: 5                //输入5，并按【Space】键
指定端点宽度 <5.0000>:                  //按【Space】键
指定下一个点或 [圆弧(A) /半宽(H) /长度(L) /放弃(U) /宽度(W) ]: 50
                                      //向右移动鼠标并输入50，按【Space】键
指定下一点或 [圆弧(A) /闭合(C) /半宽(H) /长度(L) /放弃(U) /宽度(W) ]: W
                                      //选择“宽度”选项，并按【Space】键
指定起点宽度 <5.0000>: 50               //输入50，并按【Space】键
指定端点宽度 <50.0000>: 0               //按【Space】键
指定下一点或 [圆弧(A) /闭合(C) /半宽(H) /长度(L) /放弃(U) /宽度(W) ]: 50
                                      //向右移动鼠标并输入50，按【Space】键
指定下一点或 [圆弧(A) /闭合(C) /半宽(H) /长度(L) /放弃(U) /宽度(W) ]:
                                      //按【Space】键，结束命令
```

02 绘制完成，效果如图4-49所示（光盘：\场景\第4章\绘制多段线.dwg）。

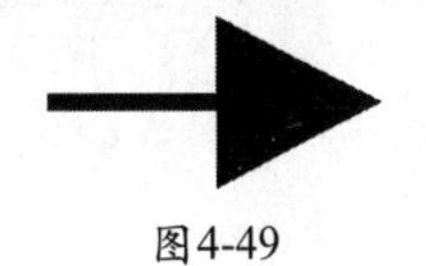

图4-49

4.3.6 绘制样条曲线

使用样条曲线可以生成拟合光滑曲线，使绘制的曲线更加真实、美观，常用来设计某些曲线型工艺品的轮廓线，调用该命令的方法如下。

- 在系统默认界面的选项卡的“绘图”组中单击“绘图”按钮 绘图▾，然后在弹出的下拉列表中单击“样条曲线拟合”按钮。
- 在命令行中执行“SPLINE”命令。

执行上述命令后，具体操作过程如下。

```
命令:SPLINE                                     //执行SPLINE命令
指定第一个点或 [对象(O) ]:                  //在绘图区中拾取一点作为样条曲线的起点
指定下一点:                                     //指定样条曲线的下一个顶点
指定下一点或 [闭合(C) /拟合公差(F) ] <起点切向>: //再次指定样条曲线的下一个顶点
指定下一点或 [闭合(C) /拟合公差(F) ] <起点切向>: //结束绘制后，按【Enter】键结束
                                                 指定样条曲线的顶点
指定起点切向:                                   //指定样条曲线起点的切点方向
指定端点切向:                                   //指定样条曲线起点的端点方向
```

在执行命令的过程中，各选项的含义如下。

- 对象：将样条曲线拟合多段线转换为等价的样条曲线。样条曲线拟合多段线是指使用“PEDIT”命令中的“样条曲线”选项，将普通多段线转换成样条曲线对象。
- 闭合：将样条曲线的端点与起点闭合。
- 拟合公差：定义曲线的偏差值。值越大，离控制点越远；值越小，离控制点越近。

- 起点切向：定义样条曲线的起点和结束点的切线方向。

下面练习绘制样条曲线的方法，具体操作如下。

01 打开“绘制样条曲线.dwg”图形文件（光盘：\素材\第4章\绘制样条曲线.dwg），在命令行中执行“SPLINE”命令，具体操作过程如下。

```
命令:SPLINE                                          //执行SPLINE命令
指定第一个点或 [对象(O) ]:                            //单击如图4-50所示的A点
指定下一点:                                           //单击如图4-50所示的B点
指定下一点或 [闭合(C) /拟合公差(F) ] <起点切向>:       //单击如图4-50所示的C点
指定下一点或 [闭合(C) /拟合公差(F) ] <起点切向>:       //单击如图4-50所示的D点
指定下一点或 [闭合(C) /拟合公差(F) ] <起点切向>:       //按【Space】键确认
指定起点切向:                                         //按【Space】键确认
指定端点切向:                                         //按【Space】键，结束命令
```

02 按照相同的方法绘制其右侧的样条曲线，绘制后的效果如图4-51所示（光盘：\场景\第4章\绘制样条曲线.dwg）。

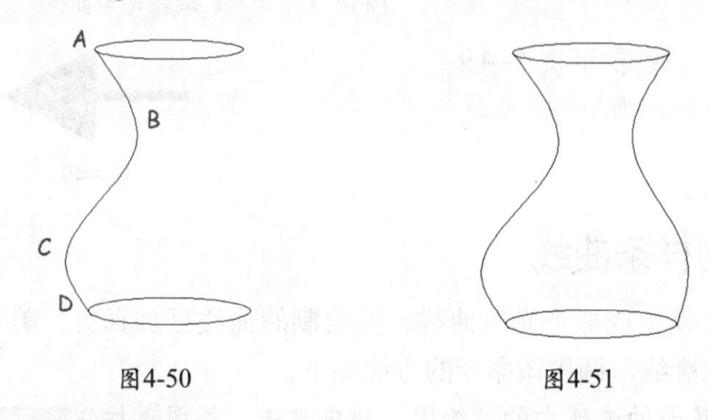

图4-50　　　　图4-51

4.3.7　绘制修订云线

修订云线主要用于突出显示图纸中已修改的部分，其形状类似于云朵，如图4-52所示。调用该命令的方法如下。

- 在系统默认界面的选项卡的“绘图”组中单击“绘图”按钮 绘图▾，然后在弹出的下拉列表中单击“修订云线”按钮。
- 在命令行中执行“REVCLOUD”命令。

执行上述命令后，具体操作过程如下。

```
命令: REVCLOUD                                  //执行REVCLOUD命令
最小弧长:15    最大弧长:15    样式:普通          //系统自动显示当前弧长设置
指定起点或[弧长(A) /对象(O) /样式(S) ] <对象>: A//选择“弧长”选项，重新指定弧长
指定最小弧长<15>:                               //输入最小弧长值
指定最大弧长<15>:                               //输入最大弧长值
指定起点或[对象(O) ] <对象>:                    //在绘图区指定一点作为起点
沿云线路径引导十字光标             //移动光标，系统按移动路径生成修订云线
修订云线完成        //当光标移至起点位置处时，系统自动闭合云线，完成修订云线的绘制
```

在执行命令的过程中，各选项的含义如下。

- 弧长：指定修订云线中的弧长，选择该选项后需要指定最小弧长与最大弧长，其中最大弧长不能超过最小弧长的3倍。
- 对象：指定要转换为修订云线的单个闭合对象。
- 反转方向：选择要转换的对象后，命令行将出现提示信息“反转方向［是(Y)/否(N)］<否>：”，默认为“否(N)”选项，即外凸形的云线，如果选择“是(Y)”选项，则可反转圆弧的方向，如图4-53所示。
- 样式：选择修订云形的样式，选择该选项后，命令行将出现提示信息“选择圆弧样式［普通(N)/手绘(C)］<普通>：”，默认为“普通”选项。

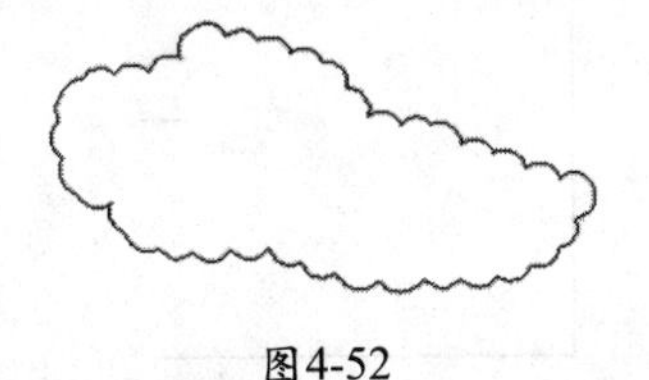

图4-52

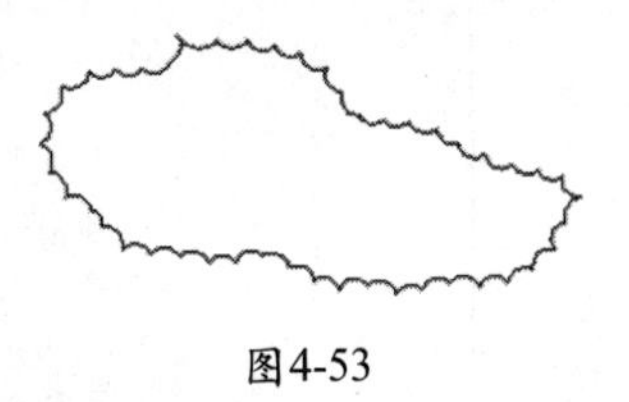

图4-53

4.3.8 边学边练——绘制水杯平面图

下面根据已知图形文件绘制水杯图，用以练习本节所讲的知识。

01 启动AutoCAD 2015并新建图形文件，在命令行中执行“L”命令，具体操作过程如下。

```
命令:L                          //执行LINE命令
指定第一点:                     //在绘图区中单击鼠标拾取一点
指定下一点或［放弃(U)］: 30
        //将鼠标向右移动，打开正交模式并输入下一点的坐标值30，按【Enter】键确认
指定下一点或［放弃(U)］: //按【Enter】键，绘制完成后的效果如图4-54所示
```

02 按【Enter】键，再次执行“L”命令，具体操作过程如下。

```
命令:L                          //执行LINE命令
指定第一点:                     //单击刚绘制的直线的左端点
指定下一点或［放弃(U)］:1//将鼠标向下移动并输入下一点的坐标值1，按【Enter】键确认
指定下一点或［放弃(U)］: //按【Enter】键，绘制完成后的效果如图4-55所示
```

图4-54

图4-55

03 使用相同的方法，以前一条直线的下端点为起点，向右绘制一条长30的直线，绘制完成的效果如图4-56所示。

04 以第3条直线的右端点为起点，向上绘制一条长1的直线，绘制完成的效果如图4-57所示。

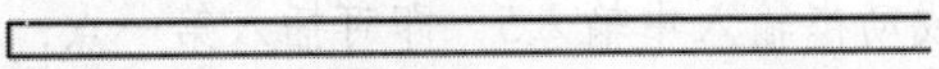

图4-56

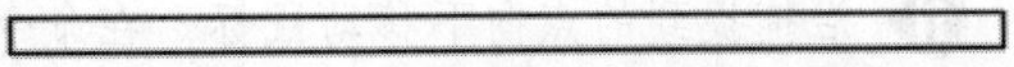

图4-57

05 以第2条直线的下端点为起点，向下绘制一条长45的直线，绘制完成的效果如图4-58所示。

06 以第5条直线的下端点为起点，向右绘制一条长30的直线，绘制完成的效果如图4-59所示。

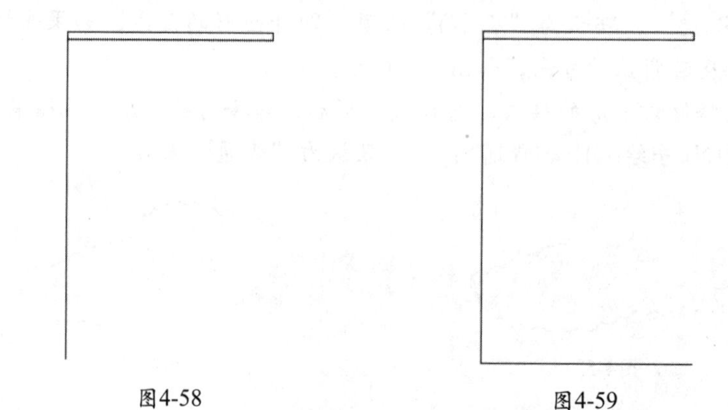
图4-58　　图4-59

07 以第6条直线的右端为起点连接第四条直线的下端，绘制完成的效果如图4-60所示。

08 再次使用“L”命令，连续绘制多条直线，具体操作过程如下。

```
命令:L                                    //执行LINE命令
指定第一点:                               //单击如图4-61所示的A点
指定下一点或［放弃(U)］: 5
            //将鼠标向下移动并输入下一点坐标值5，按【Enter】键确认
指定下一点或［放弃(U)］: 30
            //将鼠标向右移动并输入下一点坐标值30，按【Enter】键确认
指定下一点或 ［放弃(U)］:5
            //将鼠标向右移动并输入下一点坐标值5，效果如图4-62所示
```

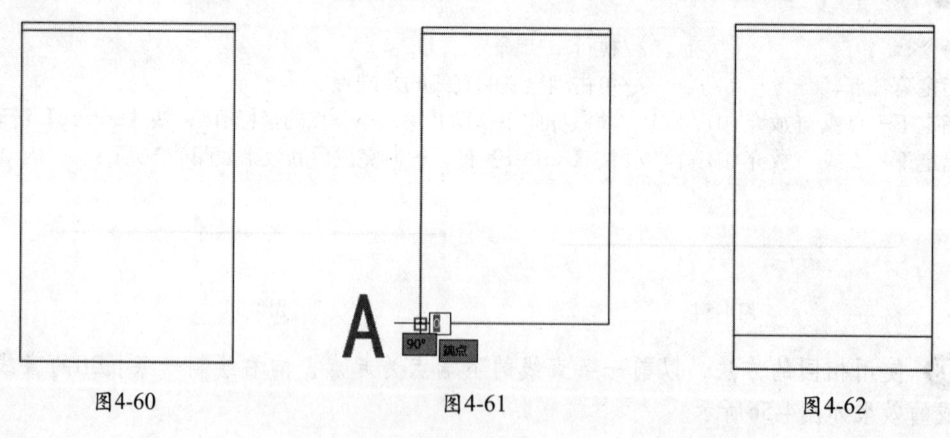

图4-60　　图4-61　　图4-62

09 继续使用“L”命令，连续绘制多条直线，效果如图4-63所示。

10 确定正交模式处于关闭状态，使用“ARC”命令，捕捉如图4-64所示的A点。

11 沿捕捉到的点向下移动鼠标，在命令行或动态输入中输入5，即可插入第一点，如图4-65所示。

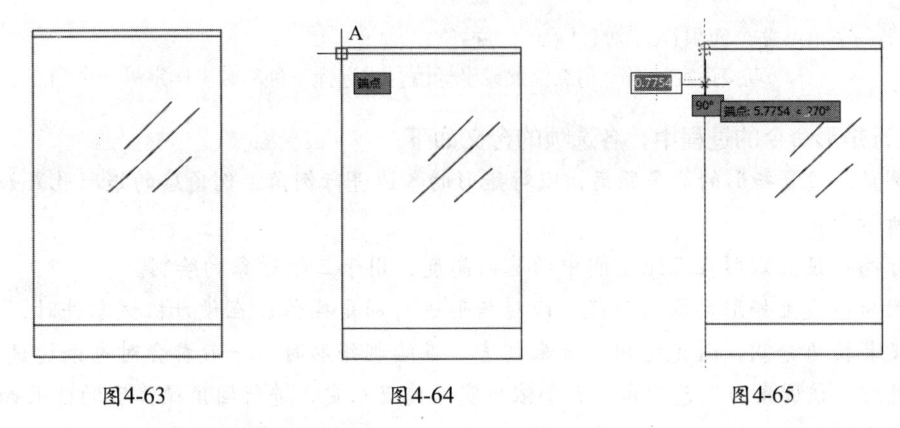

图4-63　　图4-64　　图4-65

⑫ 在命令行中输入“C”命令，向下移动鼠标捕捉垂直直线的中心点，单击鼠标，如图4-66所示，继续向下移动并单击鼠标，完成绘制，如图4-67所示。在命令行中输入“OFFSET”命令，按【Enter】键，然后在命令行中输入3，选择绘制的弧并单击鼠标，接着向右移动鼠标并单击鼠标，效果如图4-68所示（光盘：\场景\第4章\绘制水杯平面图.dwg）。

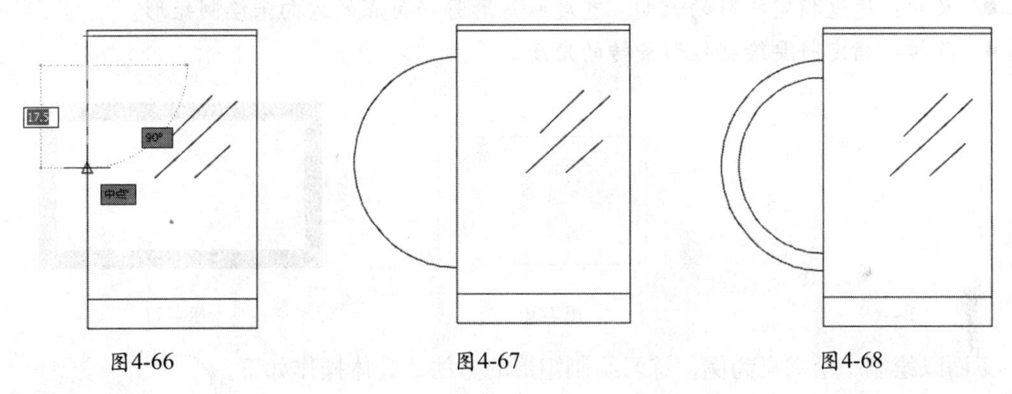

图4-66　　图4-67　　图4-68

4.4 绘制多边形

多边形顾名思义是由很多条边组成的形状，它包括矩形、正多边形等。下面逐一讲解这些多边形的绘制方法。

4.4.1 绘制矩形

矩形也就是长方形，在AutoCAD中不仅可以绘制常见的矩形，还可以绘制具有倒角、圆角等特殊效果的矩形，调用该命令的方法如下。

- 在系统默认界面的选项卡的“绘图”组中单击“矩形”按钮。
- 在命令行中执行“RECTANG”或“REC”命令。

执行上述命令后，具体操作过程如下。

```
命令：REC    //执行REC命令
指定第一个角点或［倒角(C) /标高(E) /圆角(F) /厚度(T) /宽度(W) ]:
            //指定一个角点或选择另一种绘制矩形的方式
```

```
指定另一个角点或 [面积(A) /尺寸(D) /旋转(R) ]:
          //直接指定另一个角点位置或坐标值，或选择一种参数来确定另一个角点
```

在执行矩形命令的过程中，各选项的含义如下。

- 倒角：设置矩形的倒角距离，以对矩形的各边进行倒角，倒角后的矩形效果如图4-69所示。
- 标高：设置矩形在三维空间中的基面高度，用于三维对象的绘制。
- 圆角：设置矩形的圆角半径，以对矩形进行圆角操作。在设计机械零件时，为了不使其棱角分明，避免给用户带来伤害，在绘制矩形时，一般都会对每条边进行圆角处理。该圆角为工艺倒角，大小依据实际情况而定，进行圆角操作后的效果如图4-70所示。
- 厚度：设置矩形的厚度，即三维空间z轴方向的高度。该选项用于绘制三维图形对象。
- 宽度：设置矩形的线条宽度，设置宽度后的效果如图4-71所示。
- 面积：指定将要绘制的矩形的面积，在绘制时系统要求指定面积和一个维度（长度或宽度），AutoCAD将自动计算另一个维度并完成矩形的绘制。
- 尺寸：通过指定矩形的长度、宽度和矩形另一角点的方向来绘制矩形。
- 旋转：指定将要绘制矩形旋转的角度。

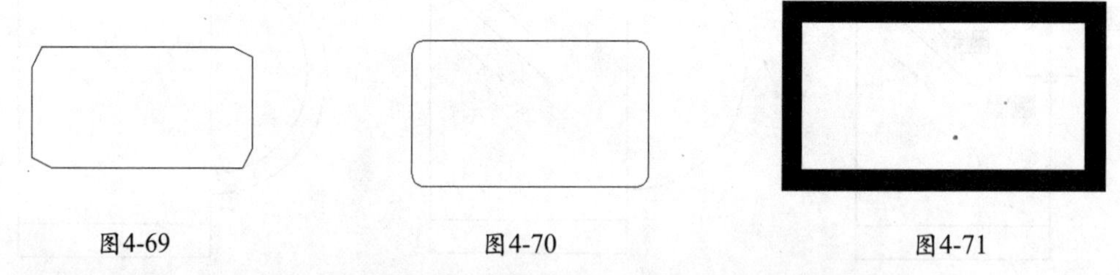

图4-69　　图4-70　　图4-71

下面以绘制一个书桌为例，练习绘制矩形的方法，具体操作如下。

01 新建一个图形文件，在命令行中执行“REC”命令，具体操作过程如下。

```
命令: REC                                   //执行REC命令
指定第一个角点或 [倒角(C) /标高(E) /圆角(F) /厚度(T) /宽度(W) ]:W
                                            //选择“宽度”选项，并按【Space】键
指定矩形的线宽 <0.0000>:5                   //输入5，并按【Space】键
指定第一个角点或 [倒角(C) /标高(E) /圆角(F) /厚度(T) /宽度(W) ]:
                                            //在绘图区的任意位置单击
指定另一个角点或 [面积(A) /尺寸(D) /旋转(R) ]: @500,-200
                                  //输入另一个角点的坐标 (@500,-200)，并按【Space】键
命令:                                       //按【Space】键，再次执行REC命令
命令:  RECTANG
当前矩形模式:  宽度=5.0000                  //系统自动显示当前宽度
指定第一个角点或 [倒角(C) /标高(E) /圆角(F) /厚度(T) /宽度(W) ]:
                                            //单击如图4-72所示的A点
指定第一个角点或 [倒角(C) /标高(E) /圆角(F) /厚度(T) /宽度(W) ]:@800,-200
                                            //输入 (@800,-200)，并按【Space】键
```

02 使用相同的方法，按照图4-73所标注的尺寸进行绘制（光盘：\场景\第4章\绘制矩形.dwg）。

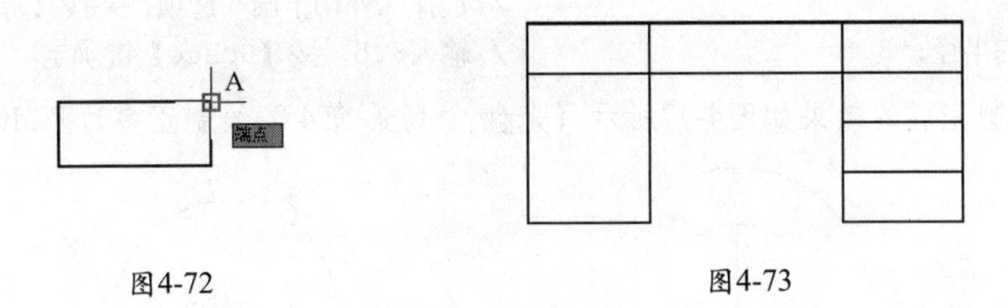

图4-72　　　　图4-73

4.4.2　绘制正多边形

在AutoCAD中，可以绘制边数为3～1024的正多边形，该命令有以下几种调用方法。

- 在系统默认界面的选项卡的“绘图”组中单击“正多边形”按钮。
- 在命令行中执行“POLYGON”或“POL”命令。

在绘制正多边形的过程中，可以通过指定多边形的边长或指定多边形中心点，以及其与圆相切或相接等方式来进行绘制。在实际绘图过程中，应根据实际情况选择相应的方式。

执行上述命令后，具体操作过程如下。

```
命令:POL                                            //执行POLYGON命令
输入边的数目 <4>:                                   //输入需要的边数，按【Space】键确定
指定正多边形的中心点或 [边(E) ]:                    //指定中心点
输入选项 [内接于圆(I) /外切于圆(C) ] <I>: //默认选择“内接于圆”选项
指定圆的半径:                                       //输入圆半径，按【Space】键确定
```

在执行命令的过程中，各选项的含义如下。

- 边：通过指定多边形边数的方式来绘制正多边形。该方式将通过边的数量和长度确定正多边形。
- 内接于圆：通过指定多边形内接圆半径的方式来绘制多边形，效果如图4-74所示。
- 外切于圆：通过指定多边形外切圆半径的方式来绘制多边形，效果如图4-75所示。

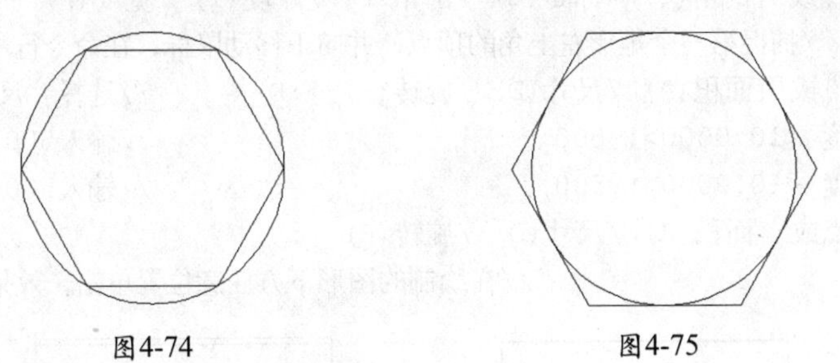

图4-74　　　　图4-75

下面练习绘制正多边形的方法，具体操作如下。

01 打开“绘制正多边形.dwg”图形文件（光盘：\素材\第4章\绘制正多边形.dwg），在命令行中执行“POL”命令，具体操作过程如下。

```
命令:POL                          //执行POLYGON命令
输入边的数目 <4>: 6               //输入6，并按【Space】键确定
```

```
指定正多边形的中心点或 [边(E) ]:          //单击如图4-76所示的圆心
输入选项 [内接于圆(I) /外切于圆(C) ] <I>: C
                                         //选择"外切于圆"选项，并按【Space】键
指定圆的半径: 8.5                         //输入8.5，按【Space】键确定
```

02 绘制完成的效果如图4-77所示（光盘：\场景\第4章\绘制正多边形.dwg）。

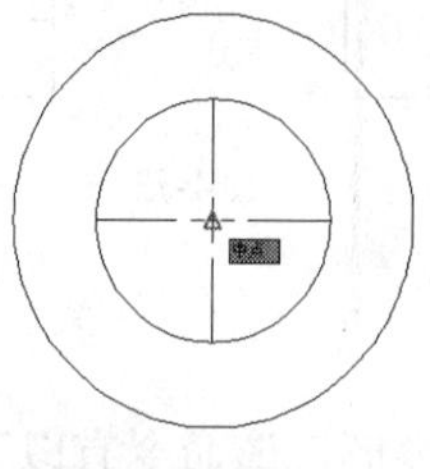

图4-76

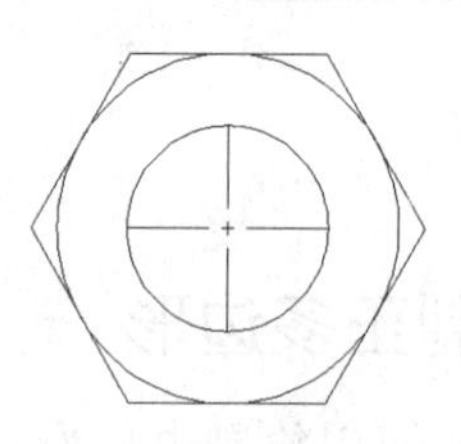

图4-77

4.4.3 边学边练——绘制椅子平面图

下面根据已知图形文件绘制凳子平面图，用以练习本节所讲的知识。

01 启动AutoCAD 2015，在命令行中执行"REC"命令，具体操作过程如下。

```
命令: REC                                                    //执行REC命令
指定第一个角点或 [倒角(C) /标高(E) /圆角(F) /厚度(T) /宽度(W) ]:
                                                             //在绘图区中任意单击一点
指定另一个角点或 [面积(A) /尺寸(D) /旋转(R) ]:D              //选择"尺寸"选项
指定矩形的长度 <10.0000>: 500                                //输入500
指定矩形的宽度 <10.0000>: 500                                //输入500
指定另一个角点或 [面积(A) /尺寸(D) /旋转(R) ]:
                                        //在绘图区中任意位置单击，效果如图4-78所示
```

02 在命令行中执行"REC"命令，绘制靠背，具体操作过程如下。

```
命令:REC                                                     //执行POLYGON命令
指定第一个角点或 [倒角(C) /标高(E) /圆角(F) /厚度(T) /宽度(W) ]:50
                  //捕捉第一个矩形左上角的顶点，并向下移动鼠标，在命令行中输入10
指定另一个角点或 [面积(A) /尺寸(D) /旋转(R) ]:D              //选择"尺寸"选项
指定矩形的长度 <10.0000>: 500                                //输入500
指定矩形的宽度 <10.0000>: 500                                //输入500
指定另一个角点或 [面积(A) /尺寸(D) /旋转(R) ]:
                              //在绘制的图形下方任意位置单击，效果如图4-79所示
```

图4-78

图4-79

03 继续使用“REC”命令，捕捉之前绘制矩形左侧高度的中心点，单击鼠标，插入第一点，使用同样方法绘制一个长度为50，宽度为400的矩形，如图4-80所示。使用同样方法绘制其他图形，绘制完成的效果如图4-81所示（光盘：\场景\第4章\绘制椅子平面图.dwg）。

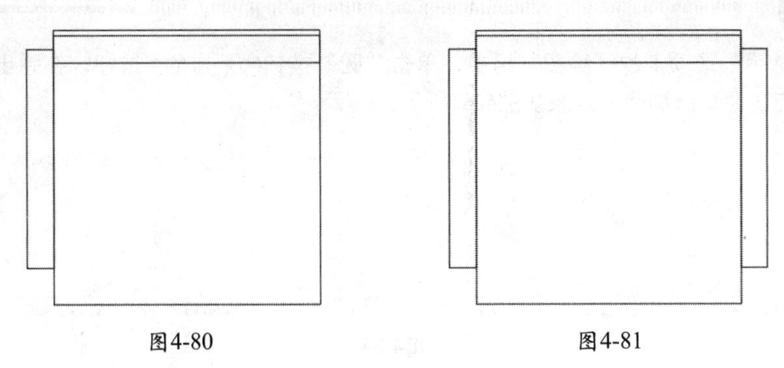

图4-80　　　　图4-81

4.5 绘制圆和圆弧

圆和圆弧是比较常用的图形对象之一，圆主要用来绘制孔、轴、轮、柱等，圆弧主要用来连接图形。下面详细讲解这两种图形对象的绘制方法。

4.5.1 绘制圆

AutoCAD提供了多种绘制圆的方式供用户选择，系统默认是通过指定圆心和半径进行绘制。调用该命令的方法如下。

- 在“常用”选项卡的“绘图”组中单击“圆”按钮。
- 在“常用”选项卡的“绘图”组中单击“圆”按钮下方的按钮，然后在弹出的下拉列表中选择相应的命令绘制圆，如图4-82所示。
- 在命令行中执行“CIRCLE”或“C”命令。

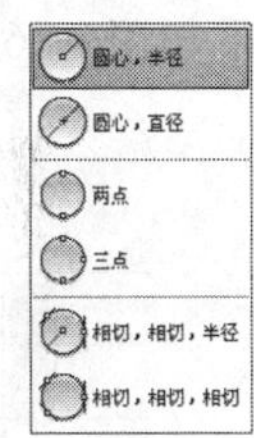

图4-82

若在命令行中执行“CIRCLE”命令绘制圆，则可以通过3种方式进行绘制，具体操作过程如下。

```
命令：CIRCLE                                   //执行CIRCLE命令
指定圆的圆心或[三点(3P)/两点(2P)/切点、切点、半径(T)]:
                                               //在绘图区中拾取一点作为圆心
指定圆的半径或[直径(D)]<0>:                    //输入半径值并按【Space】键确认
```

在执行命令的过程中，各选项的含义如下。

- 三点：通过已知的3个点作为将要绘制的圆周上的3个点来绘制圆，系统会陆续提示指定第1点、第2点和第3点。
- 两点：利用已知的两个点绘制圆，系统将分别提示指定圆直径方向的两个端点。
- 切点、切点、半径：利用两个已知对象的切点和圆的半径来绘制圆，系统会分别提示指定圆的第1切线、第2切线上的点和圆的半径。在使用该选项绘制圆时，由于圆的半径限制，绘制的圆可能与已知对象不实际相切，而与其延长线相切。如果输入的圆半径不合适，也可能绘制不出需要的圆。

- 相切、相切、相切：利用3个切点绘制圆。
- 直径：通过指定圆心和直径绘制圆。

注 意

在“常用”选项卡的“绘图”组中，单击“圆”按钮下方的按钮，在弹出的下拉列表中选择相应的命令绘制圆，效果如图4-83所示。

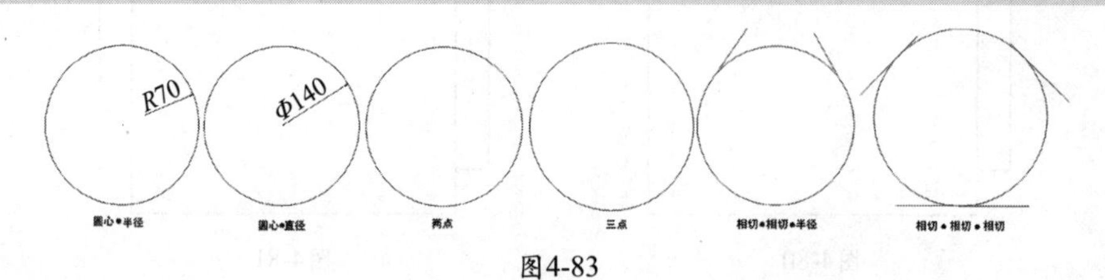

图4-83

下面以绘制浴霸的灯泡为例，练习绘制圆的方法，具体操作如下。

01 打开“绘制圆.dwg”文件（光盘：\素材\第4章\绘制圆.dwg），在命令行中执行“CIRCLE”命令，具体操作过程如下。

```
命令: CIRCLE                                        //执行CIRCLE命令
指定圆的圆心或[三点(3P) /两点(2P) /切点、切点、半径(T) ]:
                                                    //单击如图4-84所示的点
指定圆的半径或[直径(D) ] <0>: 30                    //输入30，并按【Space】键确认
```

02 使用相同的方法，按照图4-85所示的尺寸标准绘制其他灯泡，然后删除辅助线，效果如图4-86所示（光盘：\场景\第4章\绘制圆.dwg）。

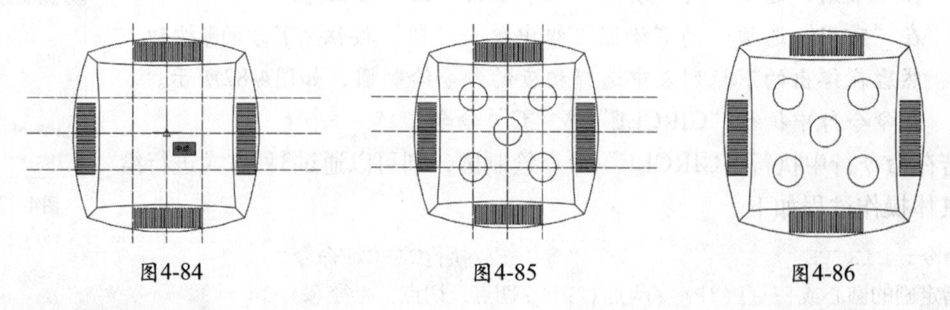

图4-84　　图4-85　　图4-86

4.5.2 绘制圆弧

圆弧是包含一定角度的圆周线。调用该命令的方法如下。

- 在“常用”选项卡的“绘图”组中单击“圆弧”按钮。
- 在“常用”选项卡的“绘图”组中单击“圆弧”按钮下方的按钮，然后在弹出的下拉列表中选择相应的选项绘制圆弧，如图4-87所示。
- 在命令行中执行“ARC”或“A”命令。

图4-87

执行上述命令后，具体操作过程如下。

```
命令：A                                   //执行ARC命令
指定圆弧的起点或 [圆心(C)]：//在绘图区的任意位置单击，将该点作为圆弧的起点
指定圆弧的第二个点或 [圆心(C)/端点(E)]：C //输入圆心命令C，并按【Space】键
指定圆弧的圆心：              //在绘图区的任意位置单击，将该点作为圆弧的中心
指定圆弧的端点或 [角度(A)/弦长(L)]：A      //输入角度命令A，并按【Space】键
指定包含角：                               //输入角度值，并按【Space】键
```

单击“圆弧”按钮下侧的按钮，其下拉列表中各选项的含义如下。

- 三点：以指定3个点的方式绘制圆弧，如图4-88所示。
- 起点，圆心，端点：以圆弧的起点、圆心、端点的方式绘制圆弧，如图4-89所示。
- 起点，圆心，角度：以圆弧的起点、圆心、圆心角的方式绘制圆弧，如图4-90所示。

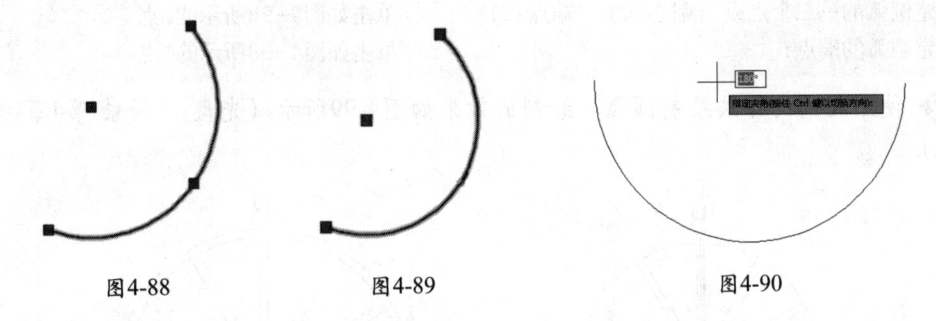

图4-88　　图4-89　　图4-90

- 起点，圆心，长度：以圆弧的起点、圆心、弦长的方式绘制圆弧，如图4-91所示。
- 起点，端点，角度：以圆弧的起点、端点、圆心角的方式绘制圆弧，如图4-92所示。
- 起点，端点，方向：以圆弧的起点、端点、起点的切线方向的方式绘制圆弧，如图4-93所示。

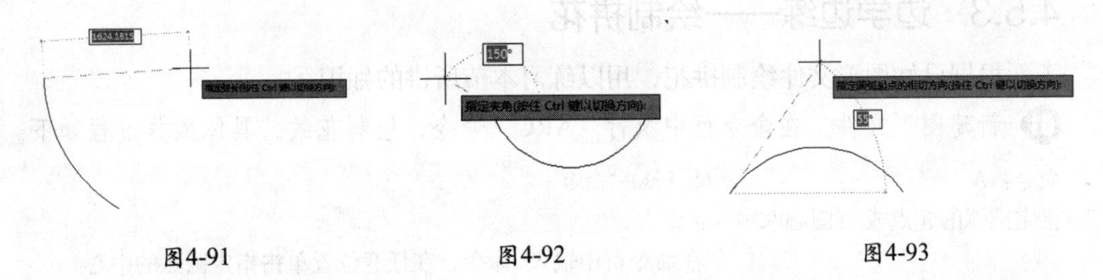

图4-91　　图4-92　　图4-93

- 起点，端点，半径：以圆弧的起点、端点、半径的方式绘制圆弧，如图4-94所示。
- 圆心，起点，端点：以圆弧的圆心、起点、终点的方式绘制圆弧，如图4-95所示。
- 圆心，起点，角度：以圆弧的圆心、起点、圆心角的方式绘制圆弧，如图4-96所示。

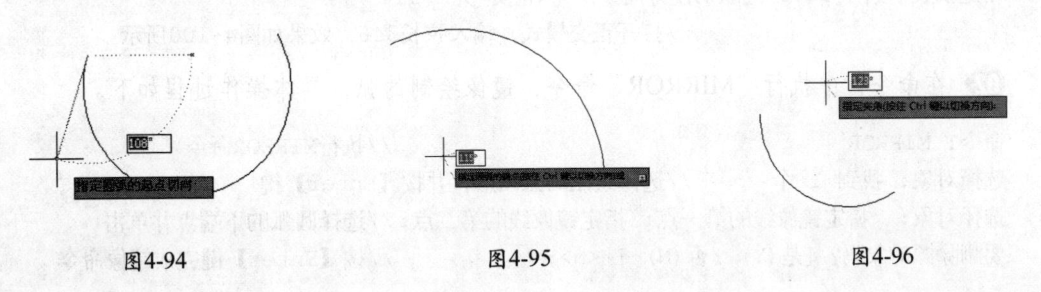

图4-94　　图4-95　　图4-96

- 圆心、起点，长度：以圆弧的圆心、起点、弦长的方式绘制圆弧，如图4-97所示。
- 连续：在绘制其他直线或非封闭曲线后，选择“绘图”|“圆弧”|“连续”命令，系统将自动以刚才绘制的对象的终点作为即将绘制的圆弧起点。

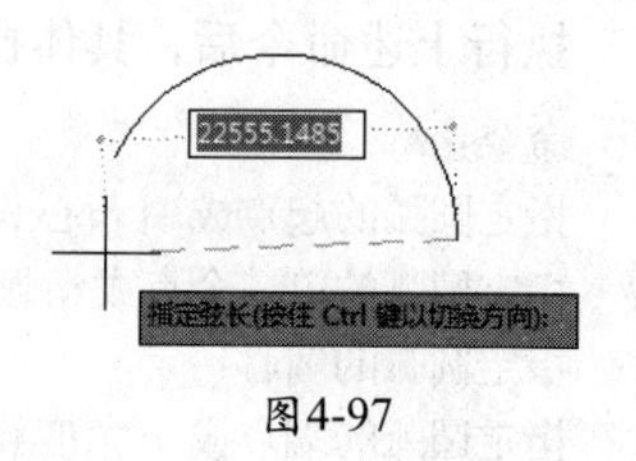

图4-97

下面以绘制窗户为例，练习绘制圆弧的方法，具体操作如下。

01 打开“绘制圆弧.dwg”图形文件（光盘：\素材\第4章\绘制圆弧.dwg），在命令行中执行“A”命令，具体操作过程如下。

```
命令：A                                          //执行ARC命令
指定圆弧的起点或 [圆心(C) ]:                     //单击如图4-98所示的A点
指定圆弧的第二个点或 [圆心(C) /端点(E) ]:        //单击如图4-98所示的B点
指定圆弧的端点:                                  //单击如图4-98所示的C点
```

02 使用相同的方法绘制圆弧，绘制的效果如图4-99所示（光盘：\场景\第4章\绘制圆弧.dwg）。

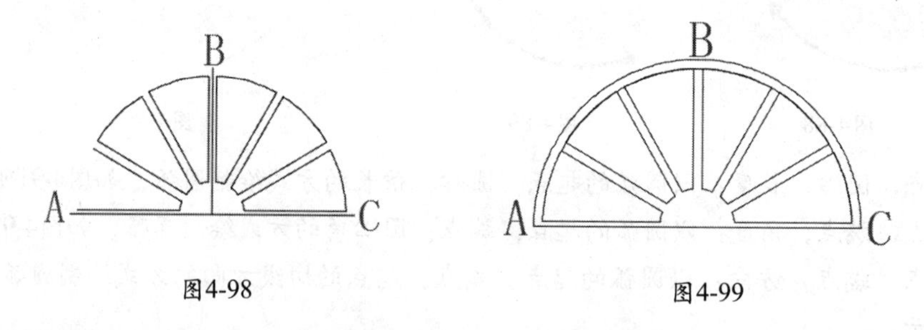

图4-98　　图4-99

4.5.3 边学边练——绘制拼花

下面根据已知图形文件绘制拼花，用以练习本节所讲的知识。

01 新建图形文件，在命令行中执行“ARC”命令，绘制花纹，具体操作过程如下。

```
命令：A                        //执行ARC命令
指定圆弧的起点或 [圆心(C) ]: C
                               //在命令行中输入C命令，在任意位置单击指定圆弧的中心
指定圆弧的起点:                //打开动态输入，输入半径200，角度120，并按【Enter】键
指定圆弧的端点(按住 Ctrl 键以切换方向) 或[角度(A) /弦长(L) ]:L
                               //输入弦长命令L并按【Enter】键
指定弦长(按住 Ctrl 键以切换方向) : <正交 开> 346
                               //打开正交模式，输入弦长346，效果如图4-100所示
```

02 在命令行中执行“MIRROR”命令，镜像绘制的弧，具体操作过程如下。

```
命令: MIRROR                                              //执行MIRROR命令
选择对象: 找到 1 个      //选择绘制的弧图形，并按【Enter】键
选择对象:  指定镜像线的第一点: 指定镜像线的第二点: //选择圆弧的下端点并单击
要删除源对象吗? [是(Y) /否(N) ] <N>:                      //按【Enter】键完成镜像命令
```

03 在命令行中执行“ARRAY”命令，阵列图形，具体操作过程如下。

```
命令：ARRAY                                          //执行ARRAY命令
选择对象：指定对角点：找到 2 个                        //选择所有图形
选择对象： 输入阵列类型 [矩形(R) /路径(PA) /极轴(PO) ] <极轴>：   PO类型 =
极轴  关联 = 是                                       //输入极轴PO命令
指定阵列的中心点或 [基点(B) /旋转轴(A) ]：             //选择已选中图形的下端为基点
选择夹点以编辑阵列或 [关联(AS) /基点(B) /项目(I) /项目间角度(A) /填充角度(F) /
行(ROW) /层(L) /旋转项目(ROT) /退出(X) ] <退出>: x
              //输入退出X命令，并按【Enter】键，绘制完成的效果如图4-101所示
```

04 在命令行中执行“ARRAY”命令，阵列图形，具体操作过程如下。

```
命令：CIRCLE                                //执行CIRCLE命令
指定圆的圆心或 [三点(3P) /两点(2P) /切点、切点、半径(T) ]：
                                            //捕捉这列图形的中心处并单击
指定圆的半径或 [直径(D) ]:173               //输入半径346，按【Enter】键绘制，完成的效
                          果如图4-102所示（光盘：\场景\第4章\绘制拼花.dwg）
```

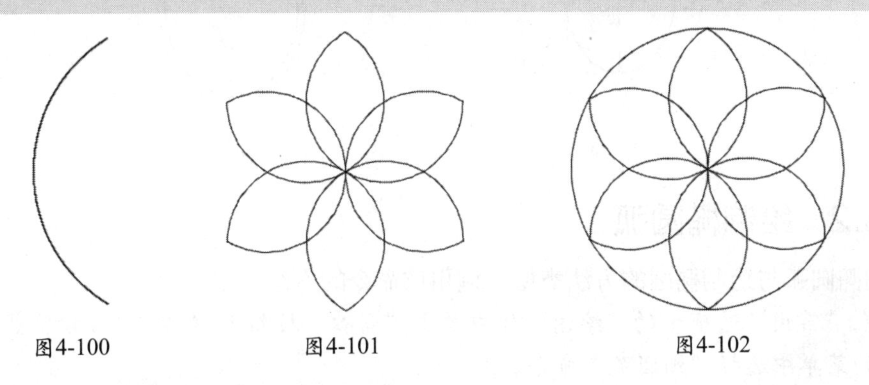

图4-100　　图4-101　　图4-102

4.6 绘制椭圆和椭圆弧

绘制椭圆和椭圆弧的方法与绘制圆和圆弧的方法类似。下面分别讲解椭圆和椭圆弧的具体绘制方法。

4.6.1 绘制椭圆

在绘制椭圆时，系统默认需指定椭圆长轴与短轴的尺寸，调用该命令的方法如下。

- 在“常用”选项卡的“绘图”组中单击“圆心”按钮右侧的按钮，然后在弹出的菜单中选择相应的命令。
- 在命令行中执行“ELLIPSE”或“EL”命令。

执行上述命令后，具体操作过程如下。

```
命令：ELLIPSE                                 //执行ELLIPSE命令
指定椭圆的轴端点或 [圆弧(A) /中心点(C) ]：     //指定端点
指定轴的另一个端点：                           //指定另一个端点
指定另一条半轴长度或 [旋转(R) ]：              //指定另一条半轴长度
```

在执行命令的过程中，各选项的含义如下。

- 圆弧：只绘制椭圆上的一段弧线，即椭圆弧。
- 中心点：以指定椭圆圆心和两轴半径长度的方式绘制椭圆或椭圆弧。
- 旋转：通过绕第一条轴旋转的方式绘制椭圆或椭圆弧。输入的值越大，椭圆的离心率越大，当输入0时，绘制的图形是正圆。

下面以绘制镜子为例，练习绘制椭圆的方法，具体操作如下。

01 打开“绘制椭圆.dwg”图形文件（光盘：\素材\第4章\绘制椭圆.dwg），在菜单栏中选择“绘图”|“椭圆”|“轴，端点”命令，在绘图区中以AB线为轴，以C点为端点绘制椭圆，如图4-103所示。

02 删除辅助线，绘制完成的效果如图4-104所示。

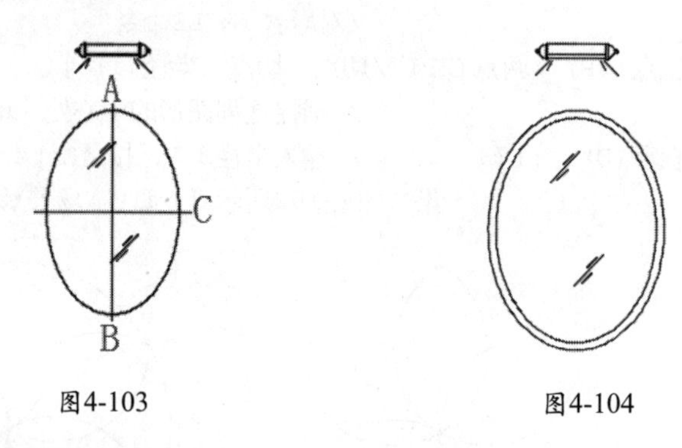

图4-103　　图4-104

4.6.2 绘制椭圆弧

绘制椭圆弧与绘制椭圆的方法类似，调用该命令的方法如下。

- 在“常用”选项卡的“绘图”组中单击“圆心”按钮右侧的按钮，然后在弹出的菜单中选择“椭圆弧”命令。
- 在命令行中执行“ELLIPSE”或“EL”命令。

执行上述操作后，具体操作过程如下。

```
命令: ELLIPSE                                  //执行ELLIPSE命令
指定椭圆的轴端点或 [圆弧(A) /中心点(C) ]:A                 //选择“圆弧”选项
指定椭圆弧的轴端点或 [中心点(C) ]:       //在绘图区中拾取一点作为椭圆弧轴的一个端点
指定轴的另一个端点:                      //拾取另一点作为轴的另一个端点
指定另一条半轴长度或 [旋转(R) ]:         //指定椭圆弧另一条轴线的半长
指定起始角度或 [参数(P) ]:               //指定椭圆弧起点角度值，可手动拾取一点来确定
指定终止角度或 [参数(P) /包含角度(I) ]:    //指定椭圆弧端点角度值
```

在执行命令的过程中，各选项含义如下。

- 中心点：以指定圆心的方式绘制椭圆弧。选择该选项后指定第一根轴的长度时也只需指定其半长即可。
- 旋转：通过绕第一条轴旋转圆的方式绘制椭圆，再指定起始角度与终止角度绘制出椭圆弧。
- 参数：选择“参数”选项后同样需要输入椭圆弧的起始角度，但系统将通过矢量

参数方程式“p(u) = c+a cos(u) +b sin(u) ”来绘制椭圆弧。其中，c表示椭圆的中心点，a和b分别表示椭圆的长轴和短轴。

- 包含角度：定义从起始角度开始的包含角度。

下面以绘制杯子底部为例，练习绘制椭圆弧的方法，具体操作如下。

01 打开“绘制椭圆弧.dwg”图形文件（光盘：\素材\第4章\绘制椭圆弧.dwg），如图4-105所示，在命令行中执行“ELLIPSE”命令，具体操作过程如下。

```
命令：ELLIPSE                              //执行ELLIPSE命令
指定椭圆的轴端点或［圆弧(A)/中心点(C)］:A//选择“圆弧”选项，并按【Space】键
指定椭圆弧的轴端点或［中心点(C)］:10，10
                                           //输入端点坐标（10，10），并按【Space】键
指定轴的另一个端点：20，0                  //输入端点坐标（20，0），并按【Space】键
指定另一条半轴长度或［旋转(R)］:4          //输入4，并按【Space】键
指定起始角度或［参数(P)］:0                //输入0，并按【Space】键
指定终止角度或［参数(P)/包含角度(I)］:180       //输入180，并按【Space】键
```

02 绘制完成的效果如图4-106所示（光盘：\场景\第4章\绘制椭圆弧.dwg）。

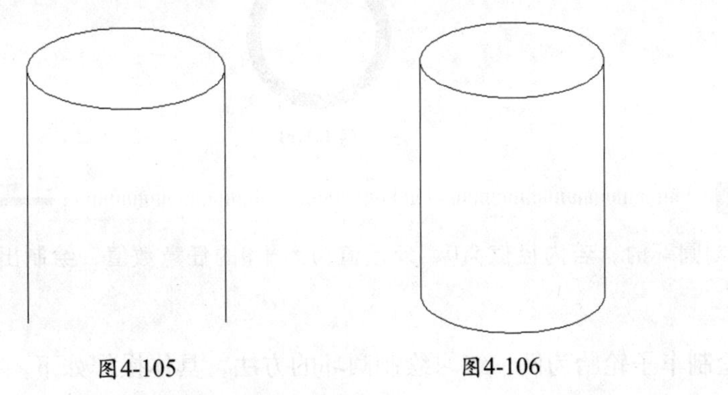

图4-105　　图4-106

4.6.3 边学边练——绘制洗手池

下面根据已知图形文件绘制洗手池，用以练习本节所讲的知识。

01 打开“洗手池.dwg”文件（光盘：\素材\第4章\洗手池.dwg），效果如图4-107所示。

02 新建图形文件并在命令行中输入“ELLIPSE”命令，捕捉辅助线的中心点，单击鼠标指定椭圆的中心点，向下移动鼠标输入500，按【Enter】键，然后输入700，按【Enter】键，在命令行中输入“OFFSET”命令按【Enter】键，接着输入50，按【Enter】键，选择之前绘制的椭圆，使光标向椭圆中心处移动并按【Enter】键，偏移完成进行修剪，效果如图4-108所示。

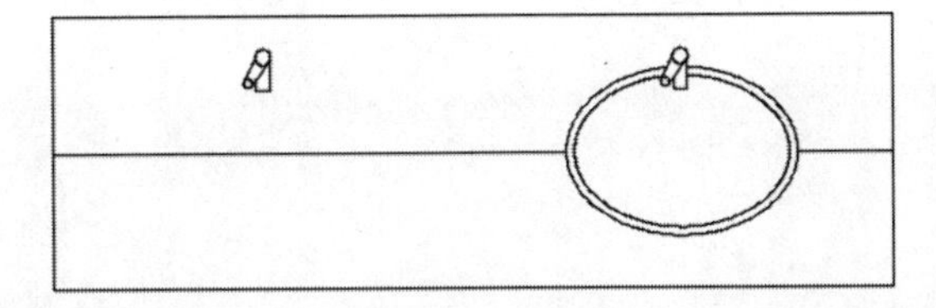

图4-107

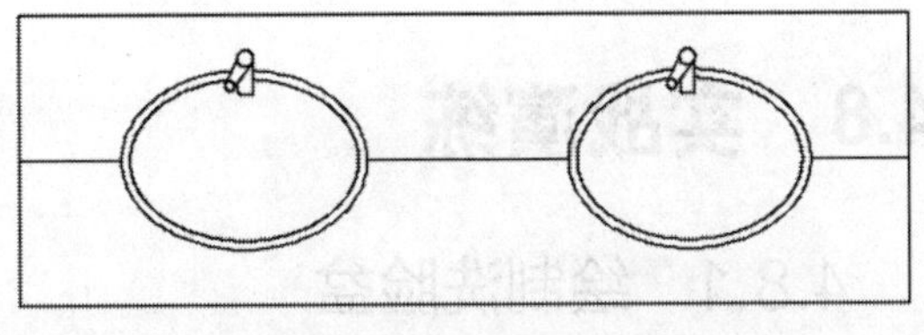

图4-108

4.7 绘制圆环

在绘制圆环时，需要用户指定圆环的内径和外径。调用该命令的方法如下。

- 在“常用”选项卡的“绘图”组中单击“绘图”按钮 绘图▾ ，然后在弹出的下拉列表中单击“圆环”按钮◎。
- 在命令行中执行“DONUT”或“DO”命令。

执行上述命令后，具体操作过程如下。

```
命令：DO                                      //执行DONUT命令
指定圆环的内径：                               //输入圆环的内径
指定圆环的外径：                               //输入圆环的外径
指定圆环的中心点或 <退出>：                     //此时会出现一个设置好大小的圆环跟随十字光标
                  移动，在绘图区中拾取一点即可以该点作为圆环的中心点绘制圆环
指定圆环的中心点或 <退出>：                     //在绘图区中多次单击可连续绘制多个相同的圆环，
                                    按【Space】键完成绘制，如图4-109所示
```

图4-109

注 意

在绘制圆环时，若内径值为0，外径值为大于0的任意数值，绘制出的圆环就是一个实心圆。

下面以绘制车子轮胎为例，练习绘制圆环的方法，具体操作如下。

01 打开“绘制圆环.dwg”图形文件（光盘：\素材\第4章\绘制圆环.dwg），如图4-110所示。

02 在命令行中执行“DO”命令，在命令行中根据提示分别输入250、400。最后会出现一个圆环跟随鼠标移动，以A、B为圆环的中点进行绘制，效果如图4-111所示。

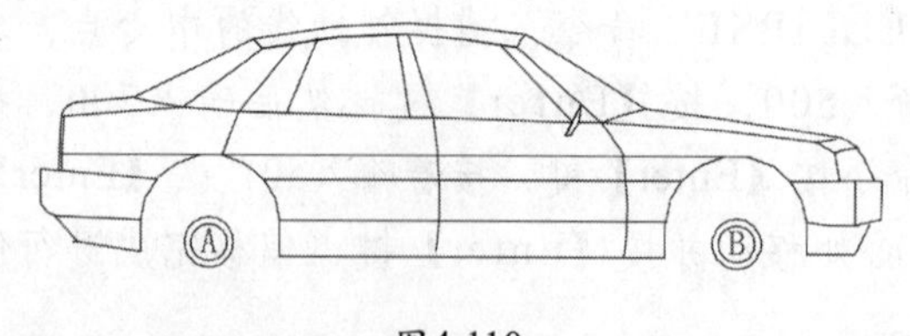

图4-110

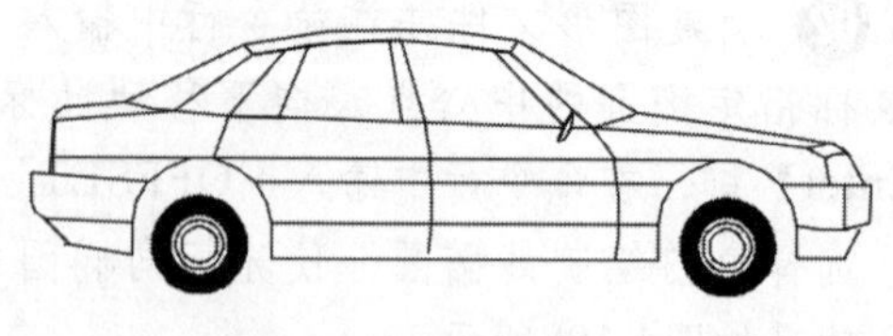

图4-111

4.8 实战演练

4.8.1 绘制洗脸盆

洗脸盆主要应用于室内卫生间或厨房，几乎是室内必备用具，下面将介绍洗脸盆平面

图的绘制方法，其中主要使用“矩形”“偏移”和“镜像”命令。

01 使用“矩形”（RECTANG）命令，绘制一个长度为500mm，宽度为350mm的矩形，如图4-112所示。

02 选中矩形，使用“分解”（EXPLODE）命令，将矩形进行分解，然后使用“偏移”（OFFSET）命令，将左侧、右侧和顶部的直线向内偏移60mm，将底部的直线向上偏移50mm，如图4-113所示。

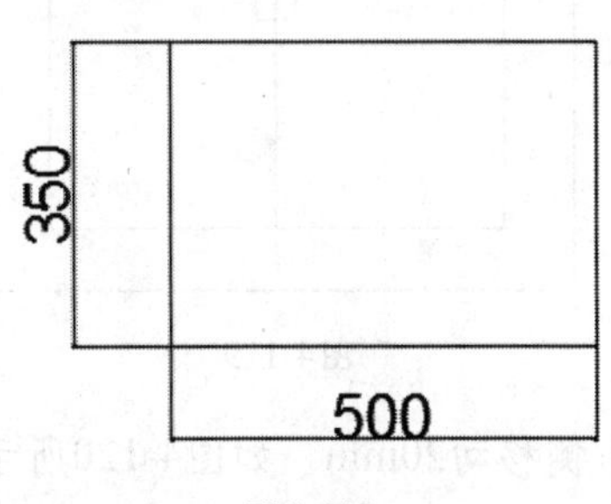

图4-112

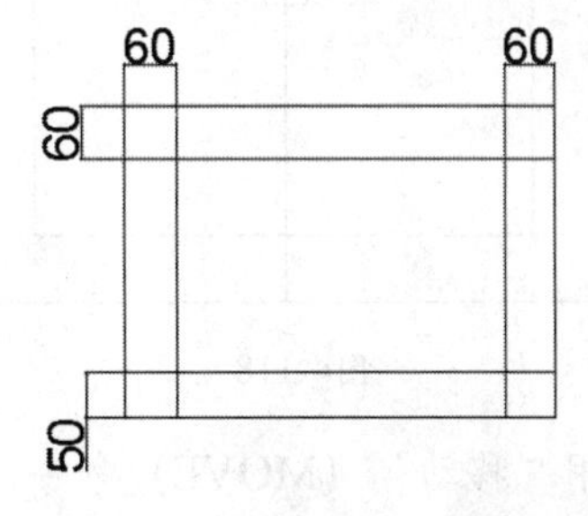

图4-113

03 使用“修剪”（TRIM）命令，将多余的线段进行修剪，如图4-114所示。

04 使用“偏移”（OFFSET）命令，将左侧线段向右偏移250mm，将顶部线段向下偏移30mm，将得到的线段作为辅助线，如图4-115所示。

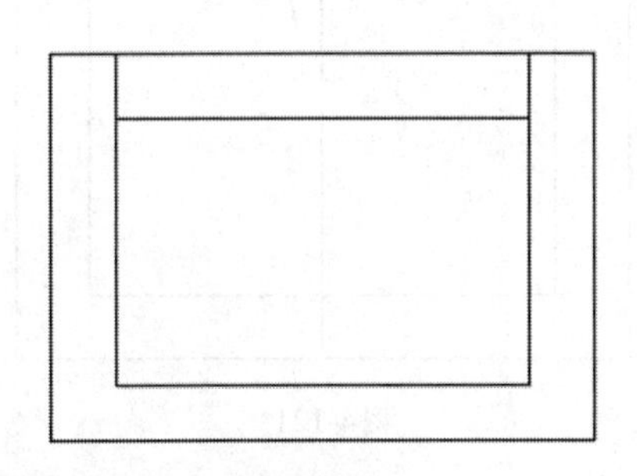
图4-114

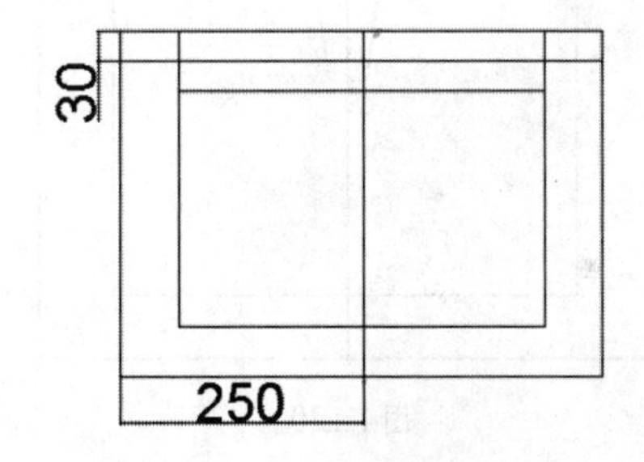

图4-115

05 使用“矩形”（RECTANG）命令，以辅助线的交点为起点，绘制一个长度为30mm，宽度为100mm的矩形，如图4-116所示。

06 选中矩形右下角的顶点，将其移动至底边的中点位置处，得到梯形图形，如图4-117所示。

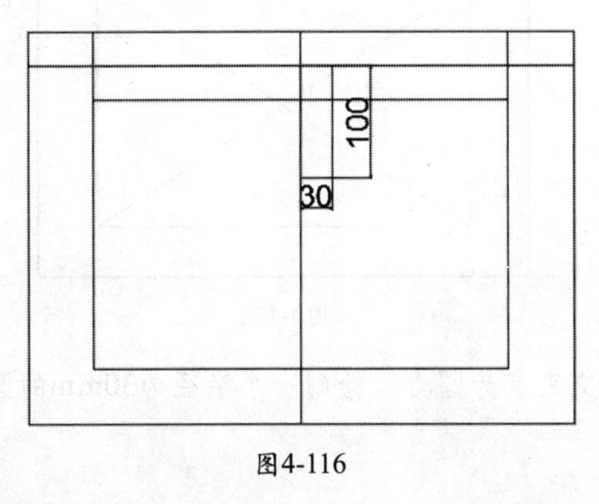

图4-116

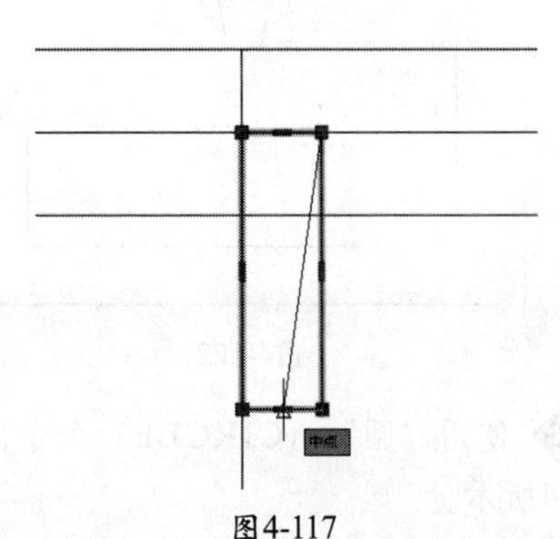
图4-117

07 使用“镜像”（MIRROR）命令，以垂直辅助线为镜像轴，镜像梯形图形，如图4-118所示。

08 使用“圆”（CIRCLE）命令，绘制一个半径为20mm的圆，如图4-119所示。

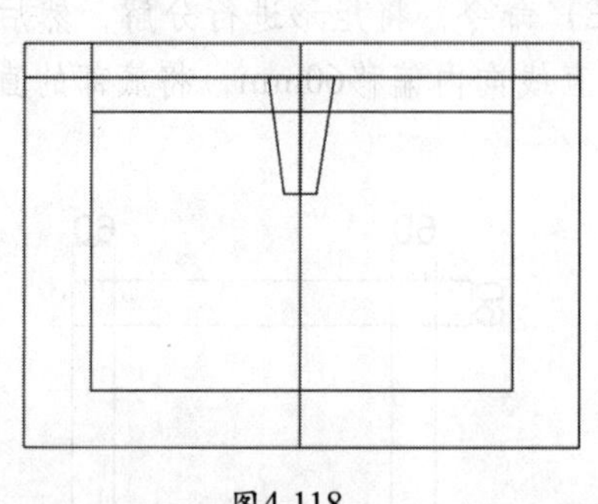
图4-118

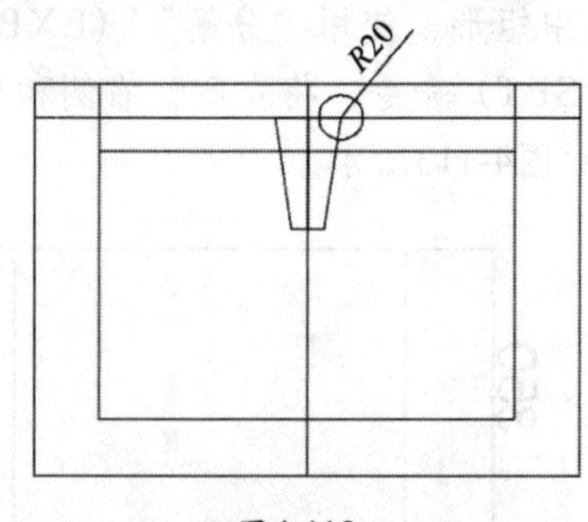

图4-119

09 使用“移动”（MOVE）命令，将圆向右侧移动20mm，如图4-120所示。

10 使用“镜像”（MIRROR）命令，以垂直辅助线为镜像轴，镜像圆，如图4-121所示。

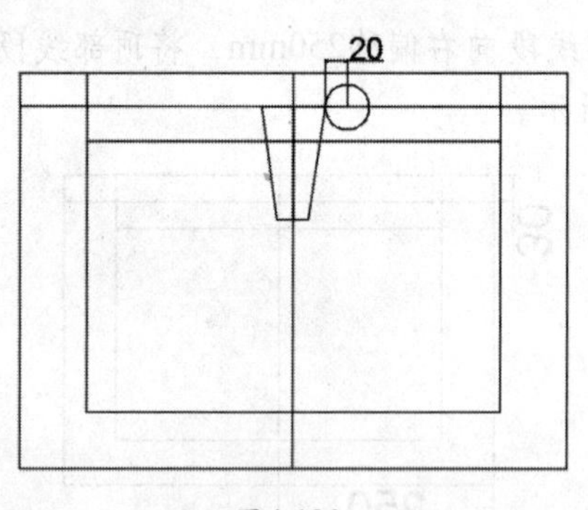

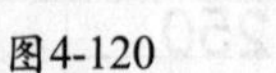
图4-120

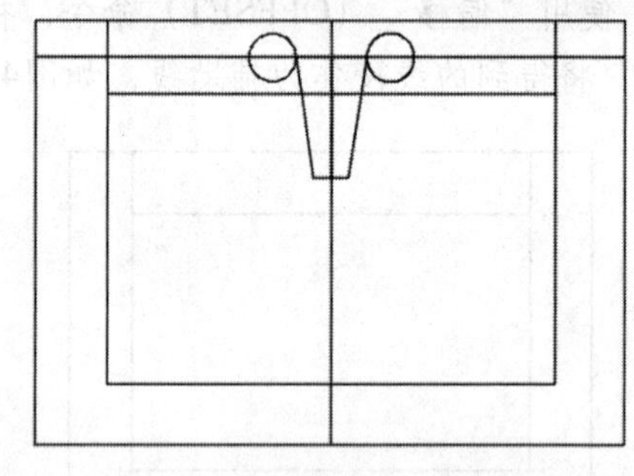
图4-121

11 删除辅助线，然后使用“修剪”（TRIM）命令，将多余的线段进行修剪，如图4-122所示。

12 使用“直线”（LINE）命令，绘制两条交叉线段，如图4-123所示。

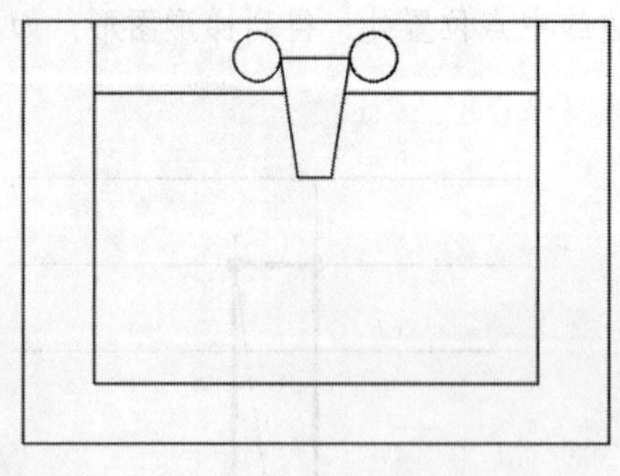
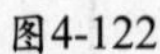
图4-122

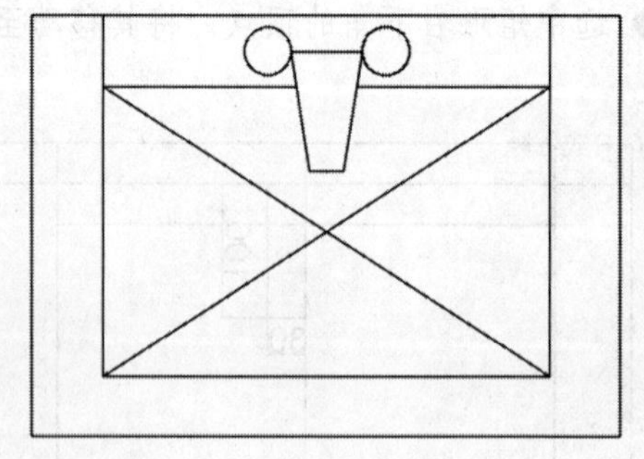
图4-123

13 使用“圆”（CIRCLE）命令，以交叉点为圆心，绘制一个半径为30mm的圆，如图4-124所示。

14 使用“修剪”（TRIM）命令，将多余的线段进行修剪，洗脸盆完成后的效果如图4-125所示。

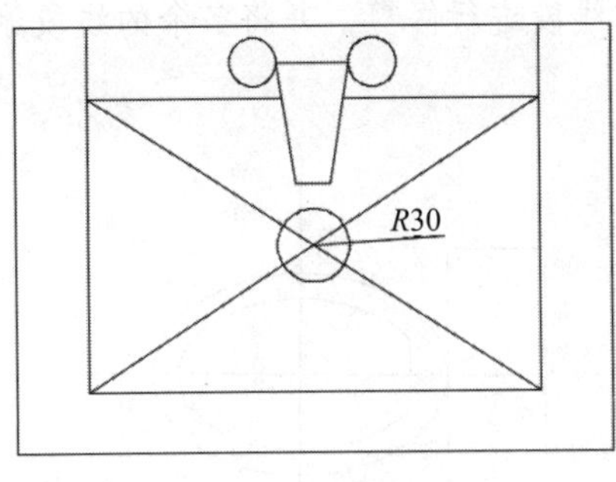

图4-124　　图4-125

4.8.2 绘制坐便器

坐便器主要应用于室内卫生间，下面将介绍坐便器平面图的绘制方法，其中主要使用了“椭圆”“偏移”和“修剪”命令。

01 使用“直线”（LINE）命令，绘制两条长度为1000mm，并相互垂直平分的辅助线，如图4-126所示。

02 使用“椭圆”（ELLIPSE）命令，指定辅助线的交叉点为中心点，绘制长半轴为300mm，短半轴为200mm的椭圆，如图4-127所示。

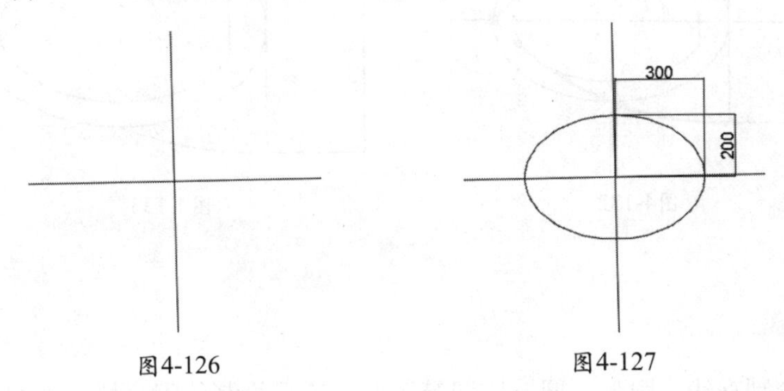

图4-126　　图4-127

03 使用“偏移”（OFFSET）命令，将椭圆向内偏移50mm，如图4-128所示。

04 使用“矩形”（RECTANG）命令，在空白位置绘制一个长度为200mm，宽度为500mm的矩形，然后将其移动到图4-129所示的位置。

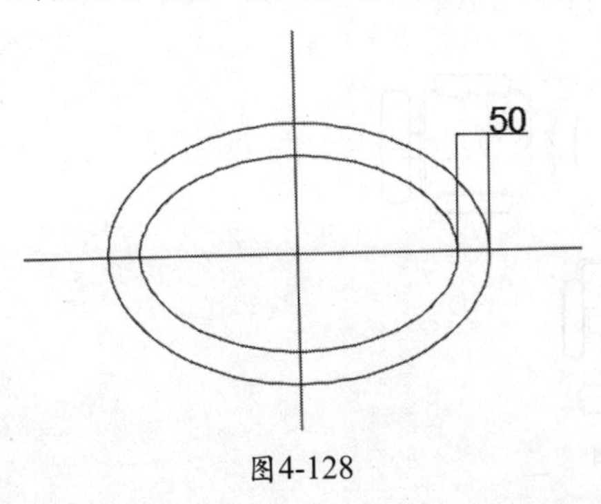

图4-128

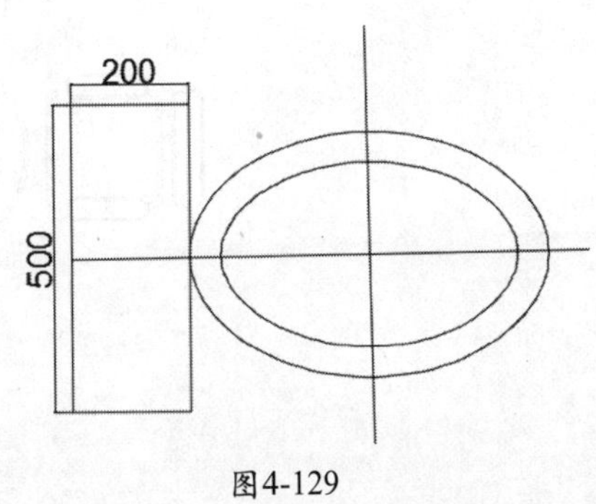

图4-129

05 选中绘制的矩形，使用“分解”（EXPLODE）命令，将矩形进行分解。然后使用“偏移”（OFFSET）命令，将矩形右侧的线段向右偏移75mm，如图4-130所示。

06 使用“修剪”（TRIM）命令，将多余的线段进行修剪，并将多余的线段删除，如图4-131所示。

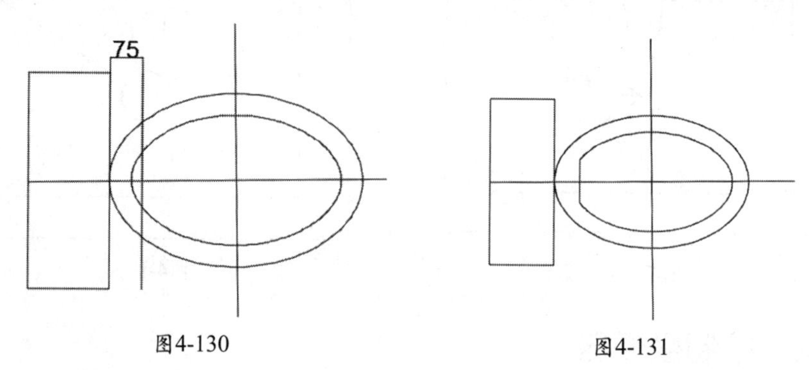

图4-130　　图4-131

07 使用“圆弧”（ARC）命名，绘制两个圆弧，如图4-132所示。

08 使用“修剪”（TRIM）命令，将多余的线段和多余的辅助线删除，坐便器完成后的效果如图4-133所示。

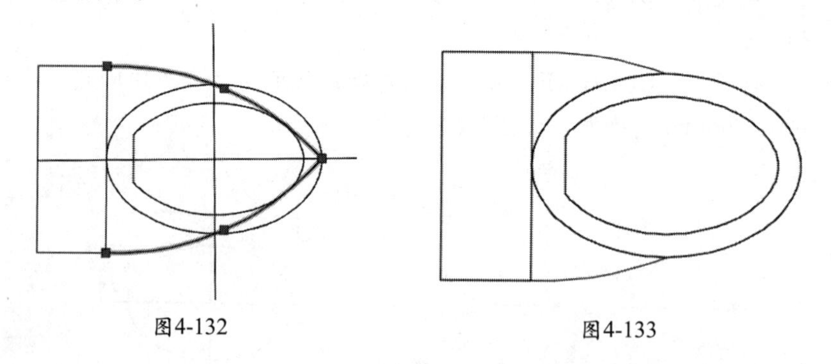
图4-132　　图4-133

练习

通过学习绘制直线、圆弧、圆、椭圆等图形，练习绘制休闲桌椅，如图4-134所示。

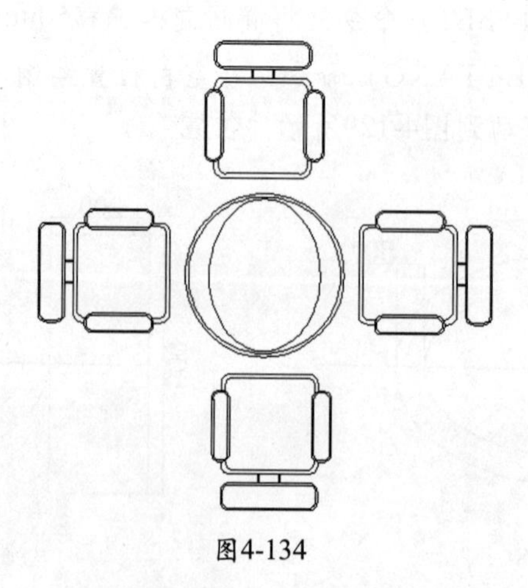
图4-134

AutoCAD

第5章 图形的编辑与修改

在绘制图形对象时，不仅可以使用二维绘图命令绘制图形对象，还可以结合编辑命令来完成图形对象的绘制。本章将讲解图形对象的简单编辑，其中包括选择图形对象、放弃和重做图形对象、改变图形对象的位置和更改图形对象的大小等。

5.1 选择图形对象

在编辑图形对象之前，首先必须了解和掌握选择图形对象的相关知识。在AutoCAD 2015中，选择图形对象的方法有很多种，如选择单个对象、框选、围选和栏选对象等。下面分别进行讲解。

5.1.1 点选对象

选择单个图形对象可以使用点选的方式，即直接在绘图区中单击图形对象选择该图形对象，如选择桌腿的一条直线，如图5-1所示。如果连续单击其他对象则可同时选择多个对象，如图5-2所示。

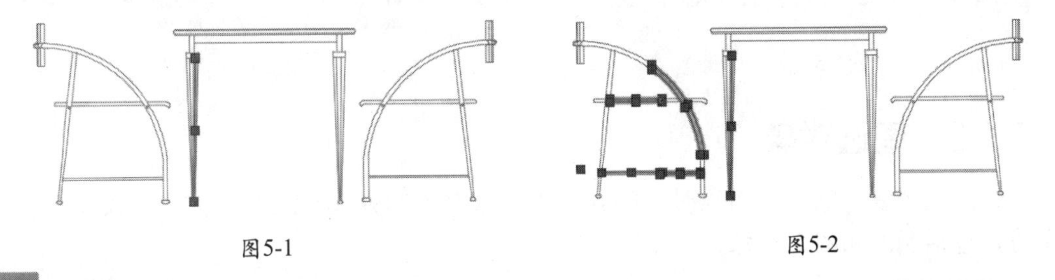

图5-1　　图5-2

注 意

在默认情况下，被选择的对象以蓝色线的状态显示，并呈现出一些蓝色小实体方块，这些蓝色的小实体方块被称为“夹点”。

5.1.2 框选对象

在选择多个图形对象时，可以使用框选的方法进行选择，分为矩形框选和交叉框选两种。下面分别进行详细的讲解。

1. 矩形框选

矩形框选是指按住鼠标左键不放向右上方或右下方进行拖动，此时在绘图区中会出现一个矩形方框，释放鼠标后，被方框完全包围的对象将被选择，具体操作过程如下。

命令：指定对角点　　　　//在需要选择的图形对象的左上方单击，如图5-3所示，然后呈对角拖动鼠标，在图形对象的右下方单击，结束选择，如图5-4所示

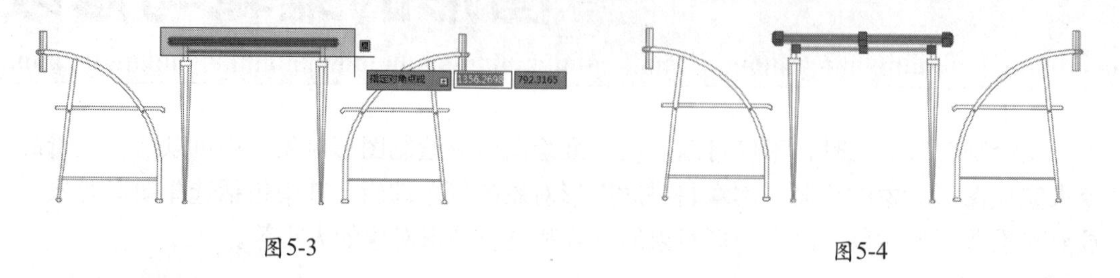

图5-3　　　　图5-4

2. 交叉框选

交叉框选的方法与矩形框选类似，两者的区别在于选择图形对象的方向不同，交叉框选是将鼠标光标移至图形对象的右侧，按住鼠标左键不放向左上方或左下方拖动鼠标，此时在绘图区中将出现一个以虚线显示的方框，释放鼠标后，与方框相交和被方框完全包围的对象都将被选择，具体操作过程如下。

命令：指定对角点　　　　//在需要选择图形对象的右上方单击，如图5-5所示，然后呈对角拖动鼠标，在图形对象的左下方单击鼠标结束选择，完成后的效果如图5-6所示

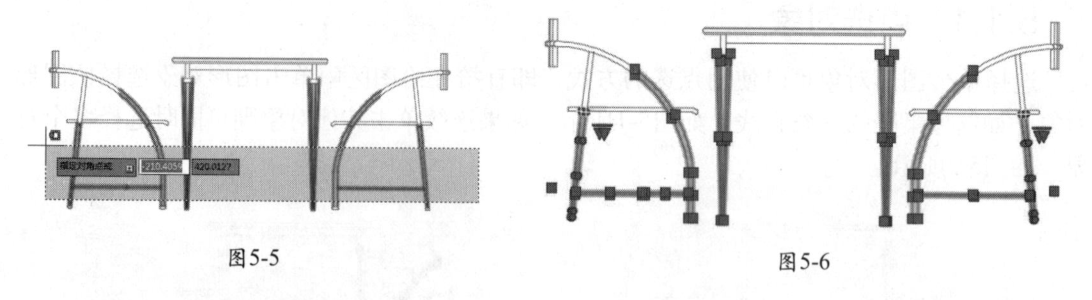

图5-5　　　　图5-6

5.1.3 围选对象

在选择比较复杂的图形对象时，推荐使用围选对象的方式，此方式自主性较强。围选对象方式包括圈围和圈交两种。

1. 圈围对象

圈围对象相对于其他选择方式来说更实用，它是一种多边形窗口的选择方式，可以构造任意形状的多边形，并且多边形框呈实线显示，完全包含在多边形区域内的对象均会被选择。在命令行中执行“SELECT”命令，具体操作过程如下。

命令：SELECT　　　　//执行SELECT命令并按【Space】键
选择对象：?　　　　//输入“?”符号
无效选择　　　　//系统自动显示
需要点或窗口(W)/上一个(L)/窗交(C)/框(BOX)/全部(ALL)/栏选(F)/圈围(WP)/圈交(CP)/编组(G)/添加(A)/删除(R)/多个(M)/前一个(P)/放弃(U)/自动(AU)/单个(SI)/子对象(SU)/对象(O)　　　　//系统自动显示选择方式

```
选择对象: WP                          //选择“圈围”选项并按【Space】键
第一圈围点:
        //在需要选择的图形起始位置单击，单击如图5-7所示的A点，作为第1个圈围点
指定直线的端点或 [放弃(U)]:             //单击如图5-7所示的B点，作为第2个圈围点
指定直线的端点或 [放弃(U)]:             //单击如图5-7所示的C点，作为第3个圈围点
指定直线的端点或 [放弃(U)]:             //单击如图5-7所示的D点，作为第4个圈围点
指定直线的端点或 [放弃(U)]:             //单击如图5-7所示的E点，作为第5个圈围点
指定直线的端点或 [放弃(U)]:             //单击如图5-7所示的F点，作为第6个圈围点
指定直线的端点或 [放弃(U)]:             //单击如图5-7所示的G点，作为第7个圈围点
指定直线的端点或 [放弃(U)]:             //单击如图5-7所示的H点，作为第8个圈围点，
                                        并按【Space】键结束选择
指定直线的端点或 [放弃(U)]:  找到 31 个   //提示选择了31个对象，以蓝线显示的桌子
                                        为被选择的对象，完成后的效果如图5-8所示
```

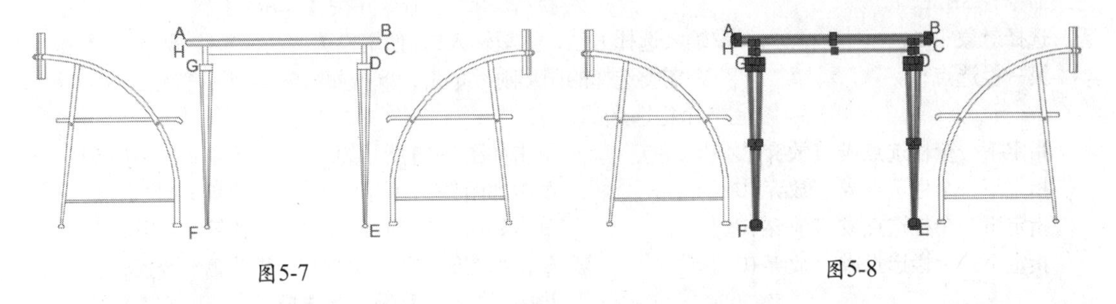

图5-7　　　　图5-8

2. 圈交对象

圈交方式类似于交叉框选，不同的是圈交对象是绘制一个任意闭合但不能与选择框自身相交或相切的多边形，多边形框呈虚线显示，选择完毕后与多边形框相交或被其完全包围的对象都会被选择。在命令行中执行“SELECT”命令，具体操作过程如下。

```
命令: SELECT                           //执行SELECT命令并按【Space】键
选择对象: ?                            //输入“?”符号
*无效选择*                             //系统自动显示
需要点或窗口(W)/上一个(L)/窗交(C)/框(BOX)/全部(ALL)/栏选(F)/圈围(WP)/圈交(CP)/
编组(G)/添加(A)/删除(R)/多个(M)/前一个(P)/放弃(U)/自动(AU)/单个(SI)/子对象(SU)/对
象(O)                                  //系统自动显示选择方式
选择对象: CP                           //选择“圈交”选项并按【Space】键
第一圈交点:                            //在需要选择的图形附近单击，单击如图5-9所示
                                         的A点，作为第1个圈交点
指定直线的端点或 [放弃(U)]:             //单击如图5-9所示的B点，作为第2个圈交点
指定直线的端点或 [放弃(U)]:             //单击如图5-9所示的C点，作为第3个圈交点
指定直线的端点或 [放弃(U)]:             //单击如图5-9所示的D点，作为第4个圈交点并按
                                         【Space】键结束选择
指定直线的端点或 [放弃(U)]:  找到 90个   //提示选择了90个对象，以蓝线显示的对象为
                                         被选择的对象，完成后的效果如图5-10所示
```

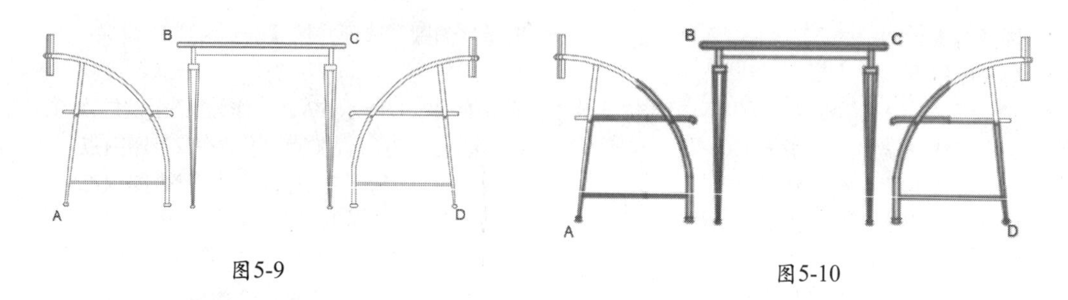

图5-9　　图5-10

5.1.4 栏选对象

在选择连续性图形对象时可以使用栏选对象的方式，该方式是通过绘制任意折线来选择对象，凡是与折线相交的图形对象都会被选择。在命令行中执行“SELECT”命令，具体操作过程如下。

```
命令: SELECT                          //执行SELECT命令并按【Space】键
选择对象: F                    //输入选择方法，这里输入F，使用栏选方法，并按【Space】键
第一栏选点:                   //在需要选择的图形附近单击，单击如图5-11所示的A点，作为第
                                1个栏选点
指定下一个栏选点或 [放弃(U)]:          //单击如图5-11所示的B点，作为第2个栏选点
指定下一个栏选点或 [放弃(U)]:          //单击如图5-11所示的C点，作为第3个栏选点
指定下一个栏选点或 [放弃(U)]:          //单击如图5-11所示的D点，作为第4个栏选点
指定下一个栏选点或 [放弃(U)]:          //单击如图5-11所示的E点，作为第5个栏选点，
                                       并按【Space】键结束选择
指定下一个栏选点或 [放弃(U)]:    找到 22 个 //提示选择了22个对象，以蓝线显示的对象
                                       为被选择的对象，完成后的效果如图5-12所示
```

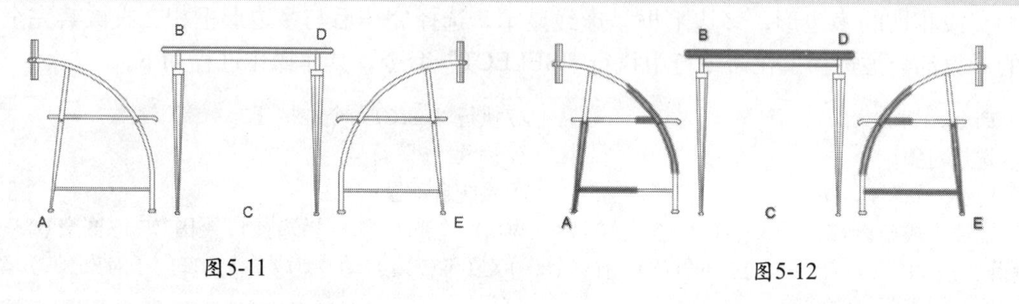

图5-11　　图5-12

5.1.5 快速选择对象

快速选择是指一次性选择图中所有具有相同属性的图形对象。调用该命令的方法如下。

- 在系统默认界面的选项卡的“实用工具”组中单击“快速选择”按钮。
- 在命令行中执行“QSELECT”命令。
- 在绘图区中单击鼠标右键，在弹出的快捷菜单中选择“快速选择”。

执行上述任意一种命令后，都将弹出如图5-13所示的“快速选择”对话框，使用该对话框可以对图形对象进行快速选择。

下面使用“快速选择”对话框选择图形中相同图层的对象，具体操作如下。

01 打开“桌椅.dwg”文件（光盘：\素材\第5章\桌椅.dwg）。

02 在绘图区中单击鼠标右键，在弹出的快捷菜单中选择“快速选择”命令，在弹出“快速选择”对话框中将“对象类型(B)”设置为“圆弧”，其他设置默认不变，如图5-14所示。

03 完成设置后，单击 确定 按钮关闭对话框，返回到绘图区，此时图中所有符合设置的线都会被选取，如图5-15所示。

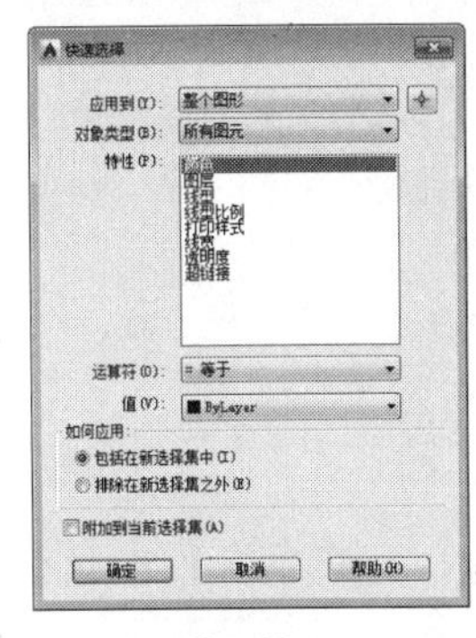

图5-13

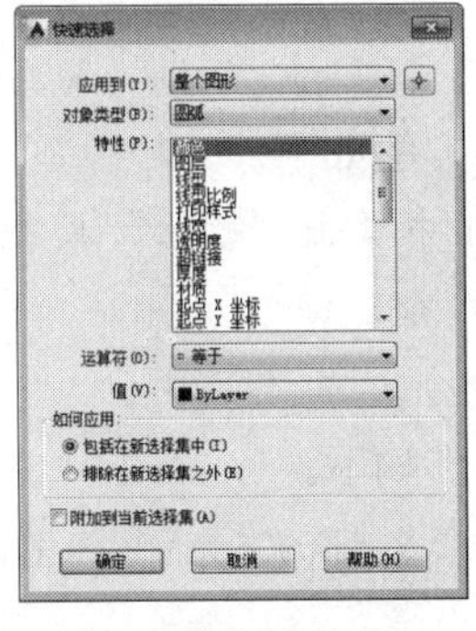

图5-14

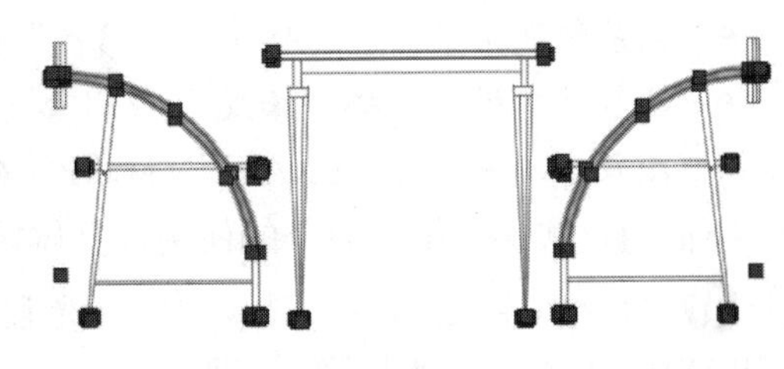
图5-15

在“快速选择”对话框的“如何应用”选项组中可以选取符合过滤条件的对象或不符合过滤条件的对象。该选项组中各选项的含义如下。

- 包括在新选择集中：选择绘图区中所有符合过滤条件的对象。关闭、锁定和冻结层上的对象除外。
- 排除在新选择集之外：选择所有不符合过滤条件的对象。关闭、锁定和冻结层上的对象除外。

5.1.6 边学边练——选择多个对象

下面通过实例，综合练习本节所讲的知识。

01 打开“法兰盘.dwg”图形文件（光盘：\素材\第5章\法兰盘.dwg），如图5-16所示。

02 在命令行中执行“SELECT”命令，选择图形中的4螺栓孔，具体操作过程如下。

```
命令：SELECT                          //执行SELECT命令，并按【Space】键
选择对象：F                            //输入选择方法，这里输入F，使用栏选方法，并按
                                        【Space】键
指定第一个栏选点或拾取/拖动光标：      //在左上角的圆孔上拾取一点作为第一栏选点，以U
                                    型的栏选方式拾取右上角为下一个栏选点，按【Space】键确认
栏选(F) 套索，按空格键可循环浏览选项，找到 4 个    // 选择完成可循环浏览，提示选择
                                               了4个对象，选择后的效果如图5-17所示
```

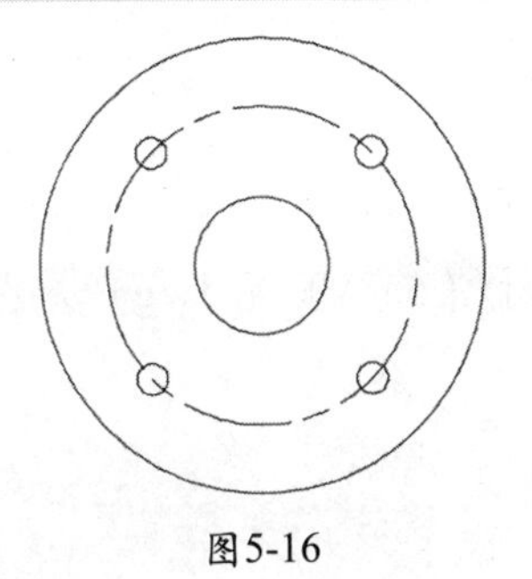
图5-16

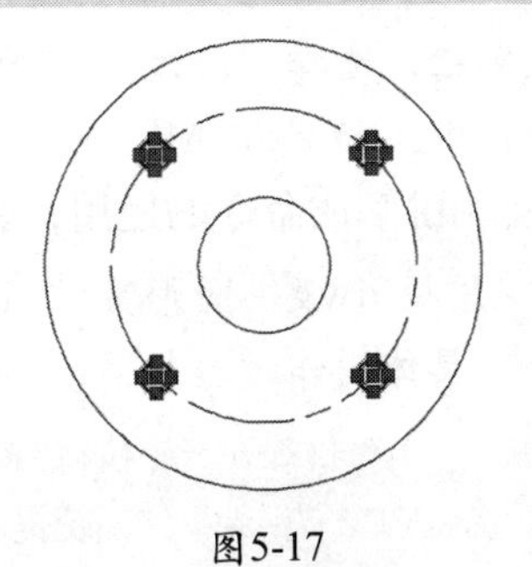
图5-17

5.2 修改类命令

在绘制图形对象的过程中，为了使图形更为标准，反复修改是必须的。下面介绍几种关于修改图形对象的命令。

5.2.1 删除命令

删除操作是最常用的操作，调用该命令的方法如下。

- 在系统默认界面的选项卡的“修改”组中单击“删除”按钮。
- 显示菜单栏，选择“修改”|“删除”命令。
- 在命令行中执行“ERASE”和“E”命令。

下面通过实例讲解该命令的使用，具体操作如下。

01 打开“电视.dwg”图形文件（光盘：\素材\第5章\电视.dwg），在命令行中执行“ERASE”命令，具体操作过程如下。

```
命令: ERASE                //执行ERASE命令
选择对象: 找到 1 个         //选择绘图区中要删除的对象，这里选择电视下面的部分，
                             如图5-18所示
选择对象:                  //按【Space】键删除所选对象，并结束该命令
```

02 绘制完成后的效果如图5-19所示（光盘：\场景\第5章\电视.dwg）。

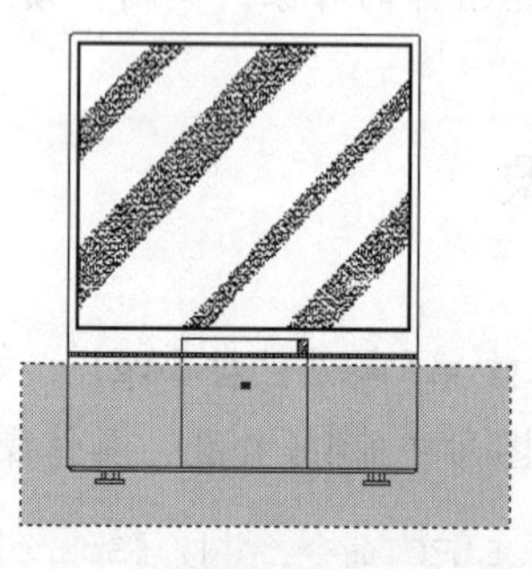

图5-18

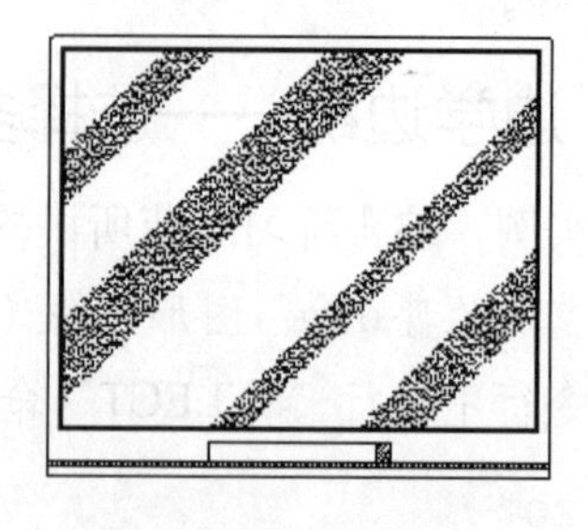

图5-19

5.2.2 修剪命令

为了使绘图区中的图形显示得更标准，可以将多余的线段进行修剪，被修剪的对象可以是直线、圆、弧、多段线、样条曲线和射线等。调用该命令的方法如下。

- 在系统默认界面的选项卡的“修改”组中单击“修剪”按钮。
- 显示菜单栏，选择“修改”|“修剪”命令。
- 在命令行中执行“TRIM”或“TR”命令。

下面通过实例讲解该命令的使用，具体操作如下。

01 打开“压板.dwg”图形文件（光盘：\素材\第5章\压板.dwg），在命令行中执行“TRIM”命令，具体操作过程如下。

```
命令: TRIM                     //执行TRIM命令
当前设置:投影=UCS，边=无       //系统提示
```

```
选择剪切边...                    //系统提示
选择对象或 <全部选择>:           //框选绘图区中的所有对象
选择对象:                        //按【Space】键，结束对象的选择
选择要修剪的对象，或按住【Shift】键选择要延伸的对象，或[栏选(F)/窗交(C)/投影(P)/
边(E)/删除(R)/放弃(U)]:          //依次选择需要修剪的对象，这里选择如图5-20所示的A、B、C
                                   和D线段
选择要修剪的对象，或按住【Shift】键选择要延伸的对象，或[栏选(F)/窗交(C)/投影(P)/
边(E)/删除(R)/放弃(U)]:          //按照相同的方法修剪其他线段
选择要修剪的对象，或按住【Shift】键选择要延伸的对象，或 [栏选(F)/窗交(C)/投影(P)/
边(E)/删除(R)/放弃(U)]:          //按【Space】键结束修剪操作
```

02 绘制完成后的效果如图5-21所示（光盘：\场景\第5章\压板.dwg）。

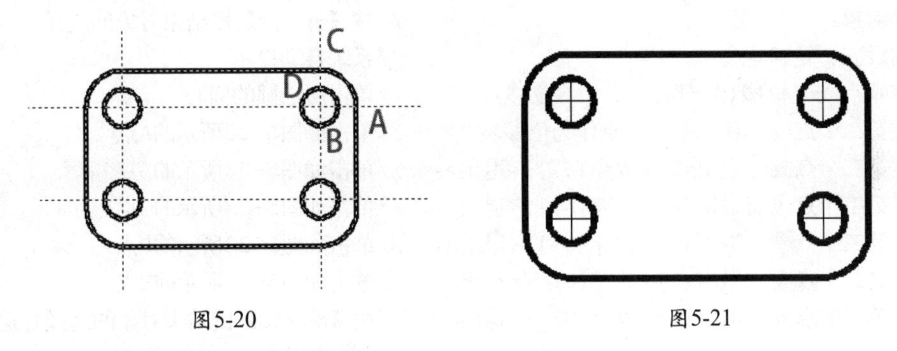

图5-20　　　　图5-21

在执行命令的过程中，各选项的含义如下。

- 全部选择：按【Space】键可快速选择所有可见的几何图形，用于剪切边或边界边。
- 栏选：使用栏选方式可一次性选择多个需进行修剪的对象。
- 窗交：这是使用频率非常高的选择方式，使用此方式可一次性选择多个需进行修剪的对象。
- 投影：指定修剪对象时AutoCAD使用的投影模式，该选项常在三维绘图中应用。
- 边：确定是在另一对象的隐含边处修剪对象，还是仅修剪对象到与它在三维空间中相交的对象处。
- 删除：直接删除选择的对象。
- 放弃：撤销上一步的修剪操作。

注 意

在命令行中执行“TRIM”命令的过程中，按住【Shift】键可转换为执行“延伸”(EXTEND) 命令，如在选择要修剪的对象时，某线段未与修剪边界相交，则按住【Shift】键后单击该线段，可将其延伸到最近的边界。

5.3 复制类命令

在绘制相同或相似的图形对象时，使用复制命令不仅可以提高绘图速度，还可以提高绘图质量，复制类命令包括复制、偏移、镜像和阵列。

5.3.1 复制命令

通过复制命令可以复制单个或多个已有图形对象到指定的位置，调用该命令的方法如下。

- 在系统默认界面的选项卡的“修改”组中单击“复制”按钮。
- 显示菜单栏，选择“修改”|“复制”命令。
- 在命令行中执行“COPY”或“CO”命令。

下面通过实例练习该命令的使用，具体操作如下。

01 打开“阀盖俯视图.dwg”图形文件（光盘：\素材\第5章\阀盖俯视图.dwg），在命令行中执行“COPY”命令，复制轴孔，具体操作过程如下。

```
命令：COPY                                          //执行COPY命令
选择对象：找到 1 个                                  //选择如图5-22所示的圆
选择对象：                                           //按【Space】键结束对象的选择
当前设置：复制模式 = 多个                             //系统自动提示
指定基点或 [位移(D)/模式(O)] <位移>：                 //单击所选圆的圆心
指定第二个点或 <使用第一个点作为位移>：                //单击如图5-23所示的A点
指定第二个点或 [退出(E)/放弃(U)] <退出>：             //单击如图5-23所示的B点
指定第二个点或 [退出(E)/放弃(U)] <退出>：             //单击如图5-23所示的C点
指定第二个点或 [退出(E)/放弃(U)] <退出>：             //单击如图5-23所示的D点
指定第二个点或 [退出(E)/放弃(U)] <退出>：             //单击如图5-23所示的E点
指定第二个点或 [退出(E)/放弃(U)] <退出>：             //按【Space】键结束对象的选择并退出复
                                                      制命令
```

02 复制后的效果如图5-24所示（光盘：\场景\第5章\阀盖俯视图.dwg）。

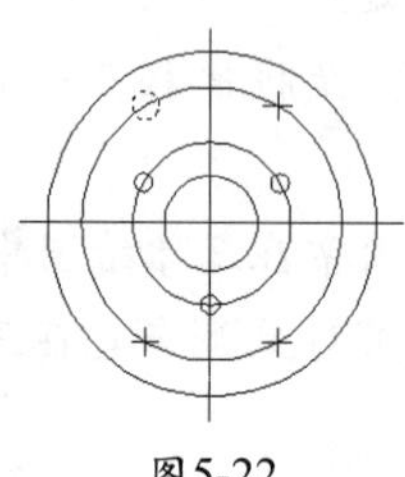
图5-22

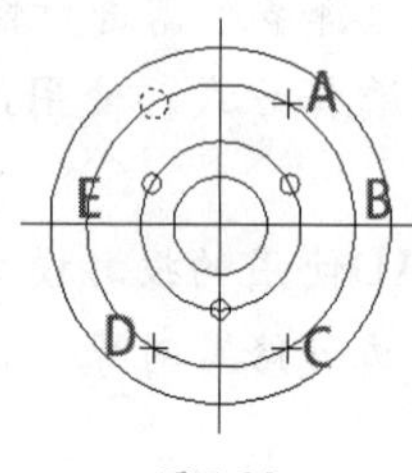

图5-23

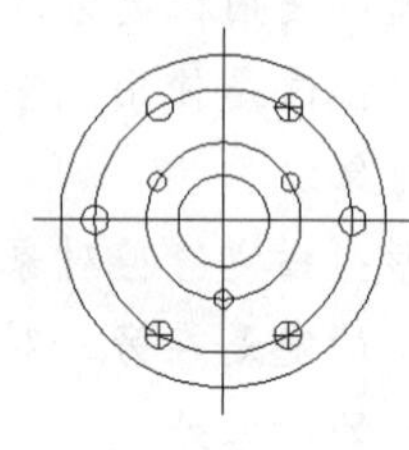
图5-24

注 意

在复制拖动图形对象时，若开启正交功能，则只能在水平和垂直方向上拖动图形对象，关闭正交功能则可将图形复制到绘图区的任意位置。

5.3.2 偏移命令

偏移与复制类似，不同的是偏移要输入新旧两个图形的具体距离，即偏移值，偏移命令的对象可以是直线、圆弧、圆、椭圆、椭圆弧、二维多段线、构造线、射线和样条曲线等对象。调用该命令的方法如下。

- 在系统默认界面的选项卡的“修改”组中单击“偏移”按钮。
- 显示菜单栏，选择“修改”|“偏移”命令。

- 在命令行中执行“OFFSET”或“O”命令。

下面通过实例练习该命令的使用，具体操作如下。

01 打开“书桌.dwg”图形文件（光盘：\素材\第5章\书桌.dwg），在命令行中执行“OFFSET”命令，绘制把手，具体操作过程如下。

```
命令：OFFSET                                        //执行OFFSET命令
当前设置：删除源=否  图层=源  OFFSETGAPTYPE=0  //系统提示当前设置状态
指定偏移距离或［通过(T)/删除(E)/图层(L)］<通过>：  40
                                                    //输入偏移距离40，按【Space】键
选择要偏移的对象，或［退出(E)/放弃(U)］<退出>：    //选择如图5-25所示的A线
指定要偏移的那一侧上的点，或［退出(E)/多个(M)/放弃(U)］<退出>：
                                                    //向下移动鼠标并单击
选择要偏移的对象，或［退出(E)/放弃(U)］<退出>：    //按【Space】键结束命令，绘制后
                                                      的效果如图5-26所示
命令：                                              //按【Space】键结束命令
命令：OFFSET                                        //执行OFFSET命令
当前设置：删除源=否  图层=源  OFFSETGAPTYPE=0  //系统提示当前设置状态
指定偏移距离或［通过(T)/删除(E)/图层(L)］<40.0000>：  125
                                            //输入偏移距离125，按【Space】键
选择要偏移的对象，或［退出(E)/放弃(U)］<退出>：    //选择如图5-27所示的A线
指定要偏移的那一侧上的点，或［退出(E)/多个(M)/放弃(U)］<退出>：
                                            //向右移动鼠标并单击
选择要偏移的对象，或［退出(E)/放弃(U)］<退出>：    //按【Space】键结束命令
```

02 按照相同的方法，将书桌的其他把手绘制完成，完成后的效果如图5-28所示（光盘：\场景\第5章\书桌.dwg）。

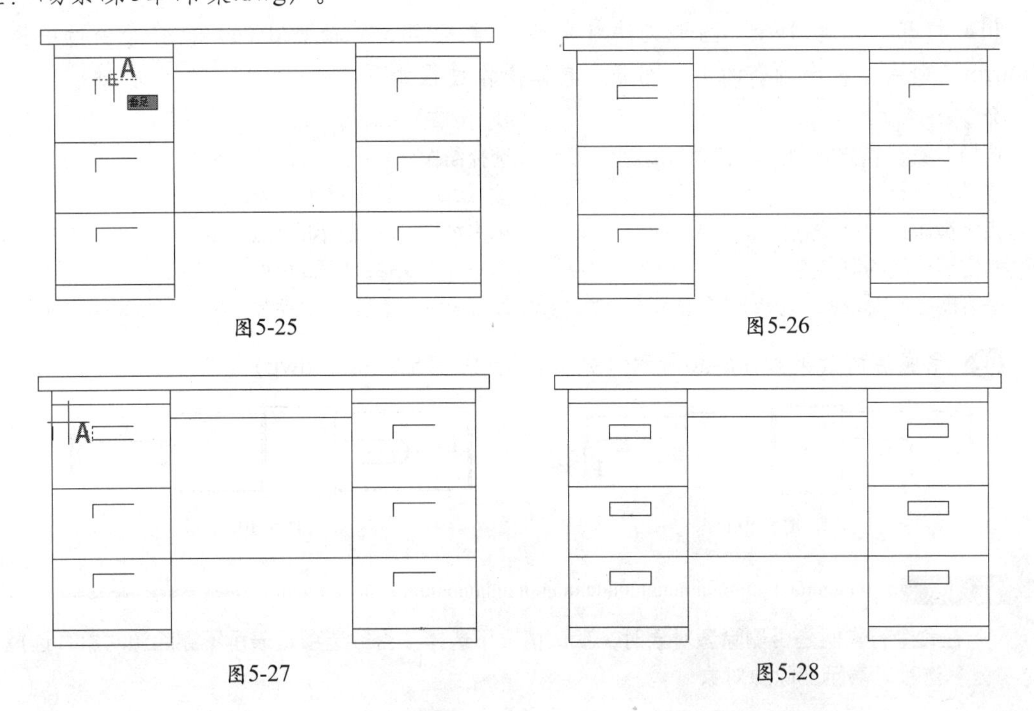

图5-25　图5-26

图5-27　图5-28

在执行命令的过程中，各选项的含义如下。

- 通过：指定通过一个已知点的方法偏移图形对象。
- 删除：指定是否在执行偏移操作后删除源图形对象，当前是什么状态可以通过执行“OFFSET”命令时的命令行提示来判断，如果选择“删除源=否”，则不删除源对象，如果选择“删除源=是”，则会在执行偏移操作后只保留偏移图形而删除源对象。
- 图层：指定是在源对象所在的图层执行偏移操作还是在当前图层执行偏移操作，如果选择“图层=源”，则表示在源对象所在图层执行偏移操作，如果选择“图层=当前”，则表示在当前图层执行偏移操作。
- OFFSETGAPTYPE：控制偏移闭合多段线时处理线段之间潜在间隙方式的系统变量，其值有0、1和2三个。0表示通过延伸多段线填充间隙；1表示用圆角弧线段填充间隙（每个弧线段半径等于偏移距离）；2表示用倒角直线段填充间隙（到每个倒角的垂直距离等于偏移距离）。

注 意

如果偏移的对象是直线，则偏移后的直线大小不变；如果偏移的对象是圆或矩形等，则偏移后的对象将被放大或缩小，在实际应用中此命令一般用来偏移直线。

5.3.3 镜像命令

镜像命令可以生成与所选对象相对称的图形。调用该命令的方法主要有以下几种。

- 在系统默认界面的选项卡的“修改”组中单击“镜像”按钮。
- 显示菜单栏，选择“修改”|“镜像”命令。
- 在命令行中执行“mirror”或“mi”命令。

下面通过实例练习该命令的使用，具体操作如下。

01 打开“轴套.dwg”图形文件（光盘：\素材\第5章\轴套.dwg），在命令行中执行“mirror”命令，镜像轴套的下半部分，具体操作过程如下。

```
命令:MIRROR                              //执行MIRROR命令
选择对象：指定对角点：找到 26 个          //选择绘图区中的所有图形对象
选择对象:                                //按【Space】键结束对象的选择
指定镜像线的第一点:                       //单击如图5-29所示的A点
指定镜像线的第二点:                       //单击如图5-29所示的B点
是否删除源对象？[是(Y)/否(N)] <N>:       //按【Space】键不删除源对象，并结束镜像命令
```

02 完成后的效果如图5-30所示（光盘：\场景\第5章\轴套.dwg）。

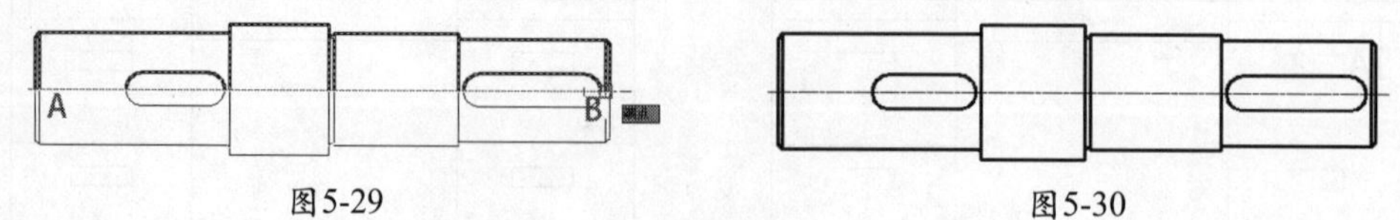

图5-29　　图5-30

注 意

在命令行询问是否删除源对象时，默认情况下选择“否”选项，表示不删除源对象；选择“是”选项，表示删除源对象。

5.3.4 阵列命令

阵列命令可以将被阵列的源对象按一定的规则复制多个并进行阵列排列。阵列后可以对其中的一个或者几个图形对象分别进行编辑而不影响其他对象。阵列分为矩形阵列和环形阵列两种，无论哪种阵列方式都需要在“阵列”对话框中进行，打开“陈列”对话框的方法如下。

- 在系统默认界面的选项卡的“修改”组中单击按钮右侧的，然后在弹出的菜单中选择相应的阵列命令。
- 显示菜单栏，选择“修改”|“阵列”命令，在弹出的菜单中选择相应的阵列命令。
- 在命令行中执行“ARRAY”或“AR”命令后，选择相应的阵列选项，或执行相应的阵列命令。

1. 矩形阵列

01 打开“办公桌.dwg”图形文件（光盘：\素材\第5章\办公桌.dwg），在命令行中执行“ARRAYRECT”命令，具体操作过程如下。

```
命令: ARRAYRECT                                    //执行ARRAYRECT命令（矩形阵列）
选择对象: 找到 1 个                                //选择凳子上的圆形，如图5-31所示
选择对象:                                          //按【Space】键结束对象的选择
类型 = 矩形  关联 = 是                             //系统提示当前设置状态
为项目数指定对角点或 [基点(B)/角度(A)/计数(C)] <计数>:
                                   //指定矩形阵列的对象点，这里选择如图5-31所示的A点
指定行数和列数:选择夹点以编辑阵列或 [关联(AS)/基点(B)/计数(COU)/间距(S)/列数
(COL)/行数(R)/层数(L)/退出(X)] <退出>: s     //选择“间距”选项，按【Space】键
指定列之间的距离或 [单位单元(U)] <90>: 60   //输入列间距，这里输入60
指定行之间的距离 <-90>:-60                       //输入行间距，这里输入-60
按 Enter 键接受或 [关联(AS)/基点(B)/行(R)/列(C)/层(L)/退出(X)] <退出>:
                                              //按【Space】键确认输入并进行矩形阵列
```

02 完成后的阵列效果如图5-32所示（光盘：\场景\第5章\办公桌.dwg）。

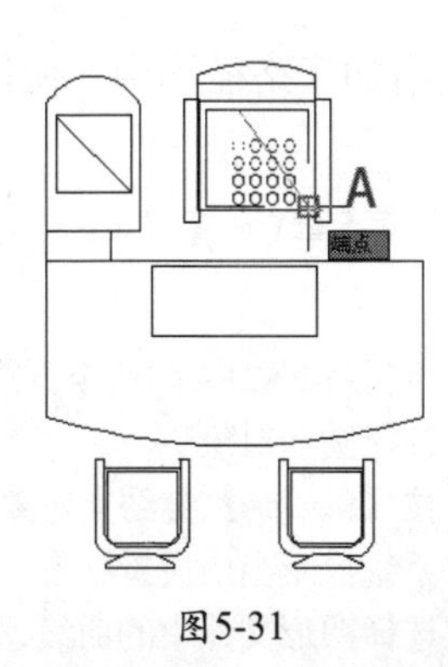

图5-31

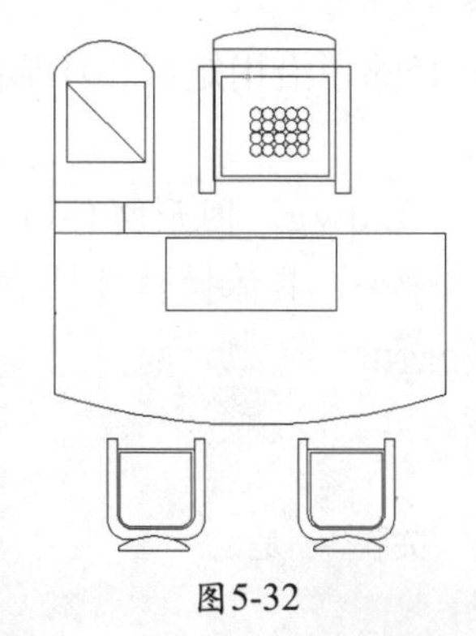
图5-32

注 意

在矩形阵列中，行偏移和列偏移有正负之分。在默认情况下，若行偏移为正值，则行添加在上面；反之，添加在下面。若列偏移为正值，则列添加在右侧；反之，添加在左侧。

2. 环形阵列

环形阵列是将图形对象以一个圆形进行阵列复制，具体操作如下。

01 打开“机械零件.dwg”图形文件（光盘：\素材\第5章\机械零件.dwg），在命令行中执行“ARRAYPOLAR”命令，具体操作过程如下。

```
命令：ARRAYPOLAR                              //执行ARRAYPOLAR命令（环形阵列）
选择对象：找到 1 个                            //选择图5-33左上角的小圆，对该圆进行环形阵列
选择对象：                                     //按【Space】键结束对象的选择
类型 = 极轴  关联 = 是                          //系统提示当前设置状态
指定阵列的中心点或 [基点(B)/旋转轴(A)]：        //指定环形阵列的中心，这里选择如图5-33
                                                 所示的圆心为中心点
指定填充角度(+=逆时针、-=顺时针)或 [表达式(EX)] <360>：//输入环形阵列的角度，保持
                                                 默认值为360，按【Space】键确认输入
输入项目数或 [项目间角度(A)/表达式(E)] <6>：    4    //输入环形阵列的数目，值为
                                                 4，按【Space】键确认输入
按 Enter 键接受或 [关联(AS)/基点(B)/项目(I)/项目间角度(A)/填充角度(F)/行(ROW)/
层(L)/旋转项目(ROT)/退出(X)]                   //按【Space】键确认输入完成环形阵列
```

02 完成环形阵列后，效果如图5-34所示（光盘：\场景\第5章\机械零件.dwg）。

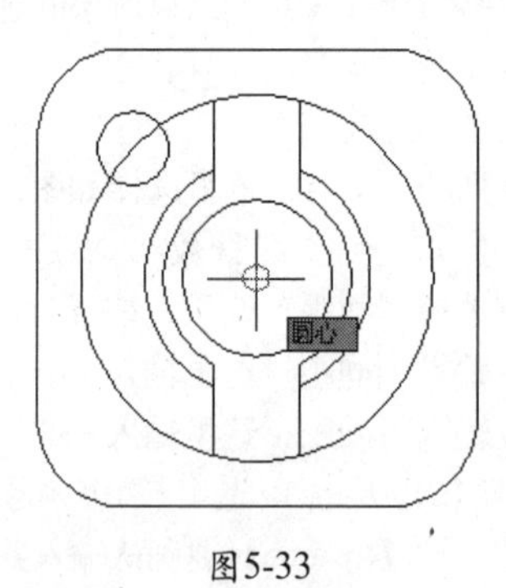

图5-33

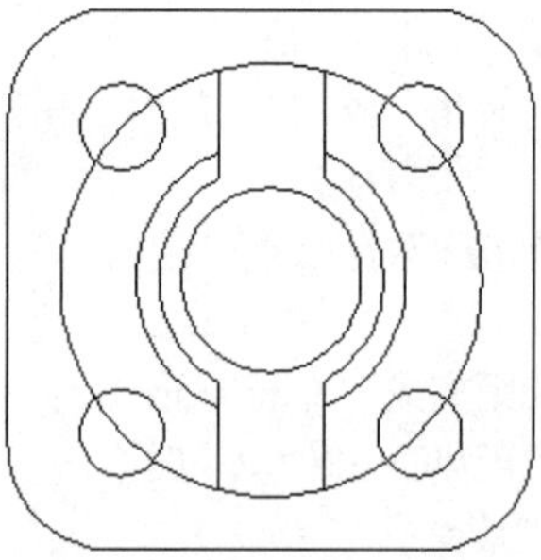

图5-34

3. 路径阵列

AutoCAD 2015除了沿用矩形和环形阵列外，还增加了路径阵列，使用户体验了更多的方便与人性化。

01 打开“水管.dwg”图形文件（光盘：\素材\第5章\水管.dwg），在命令行中执行“ARRAYPATH”命令，具体操作过程如下。

```
命令：ARRAYPATH                                //执行ARRAYPATH命令（路径阵列）
选择对象：找到 1 个                             //选择圆形对象
选择对象：                                      //按【Space】键结束对象的选择
类型 = 路径  关联 = 是                           //系统提示当前设置状态
选择路径曲线：                                  //选择图形文件中的曲线，如图5-35所示
选择夹点以编辑阵列或 [关联(AS)/方法(M)/基点(B)/切向(T)/项目(I)/行(R)/层(L)/对齐
项目(A)/Z 方向(Z)/退出(X)] <退出>：m            //输入M，选择阵列的方法，按【Space】键
输入路径方法 [定数等分(D)/定距等分(M)] <定距等分>：d
                                                //输入D，选择定数等分，按【Space】键
```

```
选择夹点以编辑阵列或 [关联(AS)/方法(M)/基点(B)/切向(T)/项目(I)/行(R)/层(L)/对齐项目(A)/Z 方向(Z)/退出(X)] <退出>: I          //输入I，选择项目，按【Space】键
输入沿路径的项目数或 [表达式(E)] <9>: 5
                              //输入阵列的数目，这里输入5，并按【Space】键确认输入
选择夹点以编辑阵列或 [关联(AS)/方法(M)/基点(B)/切向(T)/项目(I)/行(R)/层(L)/对齐项目(A)/Z 方向(Z)/退出(X)] <退出>:          //按【Space】键确认并进行阵列操作
已删除 1 个约束                                //系统提示
```

02 完成后的阵列效果如图5-36所示（光盘：\场景\第5章\水管.dwg）。

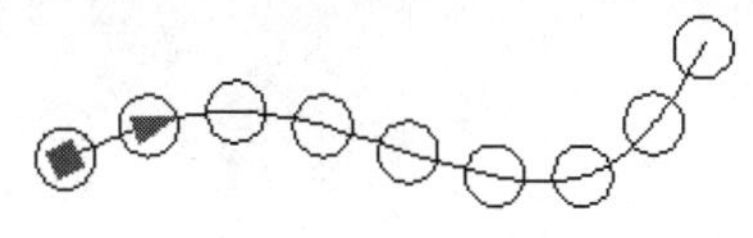
图5-35

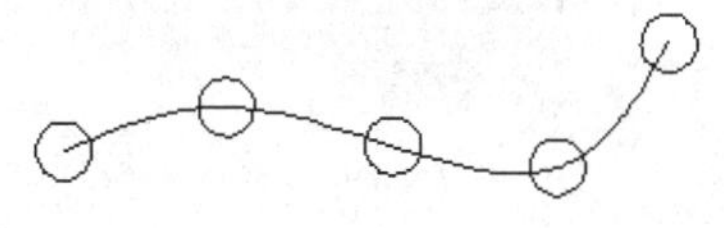
图5-36

5.3.5 边学边练——利用偏移命令绘制窗户

绘制窗户，命令执行的具体操作如下所示。

01 在命令行中输入“Line”命令，按【Enter】键，命令行提示如下。

```
指定第一点:                         //用鼠标在绘图区中任意指定一点
指定下一点或 [放弃(U)]:@200<0        //输入终点坐标，绘出直线A，使用同样的方法绘出
                                      直线B
```

02 在命令行中输入“offset”命令，按【Enter】键，命令行提示如下。

```
指定偏移距离或 [通过(T)/ 删除(E)/图层(L)] <2.8030>:30          //输入偏移距离数值
选择要偏移的对象，或[退出(E)/放弃(U)]<退出>:          //选中直线A
指定要偏移的那一侧上的点，或 [退出(E)/多个(M)/放弃(U)] <退出>://指定直线下方的任
                                                          意一点
选择要偏移的对象，或[退出(E)/放弃(U)]<退出>:          //按【Enter】键，结束偏移命令
```

03 在命令行中输入“offset”命令，按【Enter】键，命令行提示如下。

```
指定偏移距离或 [通过(T)/删除(E)/图层(L)] <2.8030>:10          //输入偏移距离数值
选择要偏移的对象，或[退出(E)/放弃(U)]<退出>:                  //选中直线A
指定要偏移的那一侧上的点，或 [退出(E)/多个(M)/放弃(U)] <退出>://指定直线下方的任
                                                          意一点
选择要偏移的对象，或[退出(E)/放弃(U)]<退出>:          //选中最下方的水平直线
指定要偏移的那一侧上的点，或 [退出(E)/多个(M)/放弃(U)] <退出>: //指定直线上方的任
                                                          意一点
选择要偏移的对象，或[退出(E)/放弃(U)]<退出>:          //按【Enter】键，结束偏移命令
```

04 在命令行中输入“offset”命令，按【Enter】键，命令行提示如下。

```
指定偏移距离或 [通过(T)/删除(E)/图层(L)] <2.8030>:200          //输入偏移距离数值
选择要偏移的对象，或[退出(E)/放弃(U)]<退出>:                  //选中直线B
指定要偏移的那一侧上的点，或 [退出(E)/多个(M)/放弃(U)] <退出>: //指定直线左方的任
```

意一点

选择要偏移的对象，或[退出(E)/放弃(U)]<退出>:　　//按【Enter】键，结束偏移命令

绘制的窗户，如图5-37所示。

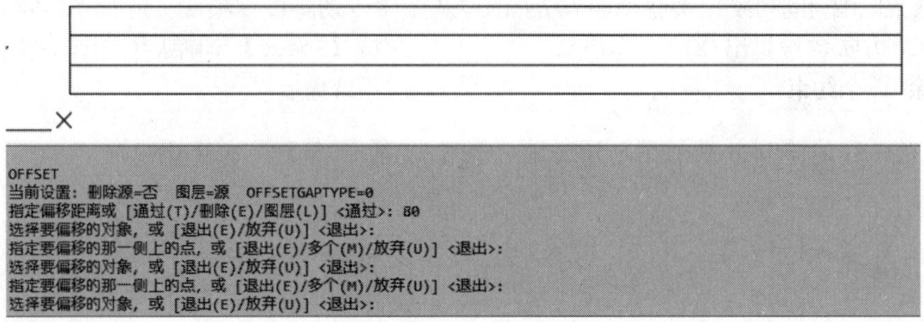

```
OFFSET
当前设置: 删除源=否  图层=源  OFFSETGAPTYPE=0
指定偏移距离或 [通过(T)/删除(E)/图层(L)] <通过>: 80
选择要偏移的对象, 或 [退出(E)/放弃(U)] <退出>:
指定要偏移的那一侧上的点, 或 [退出(E)/多个(M)/放弃(U)] <退出>:
选择要偏移的对象, 或 [退出(E)/放弃(U)] <退出>:
指定要偏移的那一侧上的点, 或 [退出(E)/多个(M)/放弃(U)] <退出>:
选择要偏移的对象, 或 [退出(E)/放弃(U)] <退出>:
```

图5-37

5.4 改变位置类命令

在绘制图形时，图形的位置直接关系到绘图的效果，此时用户可以通过AutoCAD提供的改变图形对象位置的方法，将图形移动或旋转到合适的位置。

5.4.1 移动命令

移动命令就是把单个对象或多个对象从一个位置移动到另一个位置，但不会改变对象的方位和大小，调用该命令的方法如下。

- 在系统默认界面的选项卡的"修改"组中单击"移动"按钮。
- 在命令行中执行"MOVE"或"M"命令。
- 选择图形对象后单击鼠标右键，在弹出的快捷菜单中选择"移动"命令。

执行上述命令后，具体操作如下。

01 打开"车子.dwg"图形文件（光盘：\素材\第5章\车子.dwg）。

02 使用鼠标，将脱离"车子"图形的轮胎图形全部选中，如图5-38所示。

03 执行"M"命令，选择之前选择的轮胎的圆心，将其移到车子轮胎A圆心处，如图5-39所示。

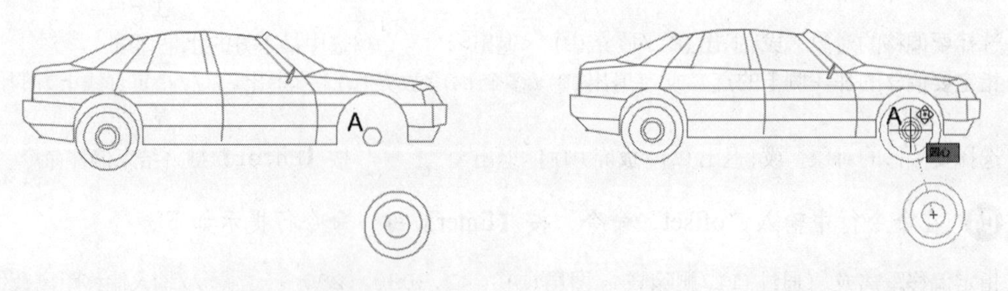

图5-38　　图5-39

04 移动完成后的效果如图5-40所示。

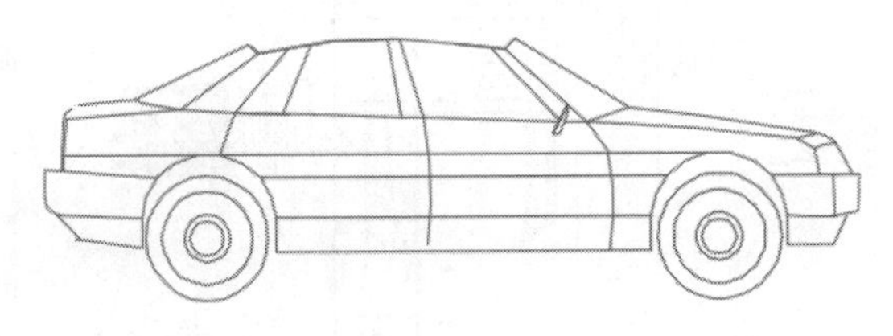

图5-40

注 意

在移动图形对象的过程中，用户可以开启对象捕捉、极轴追踪等功能，以方便捕捉基点。

5.4.2 旋转命令

使用旋转命令可以将图形对象调整到合适的位置，指定一个中心点，然后通过这个中心点将对象旋转到指定的角度，调用该命令的方法如下。

- 在系统默认界面的选项卡的“修改”组中单击“旋转”按钮。
- 在命令行中执行“ROTATE”或“RO”命令。
- 选择图形对象后单击鼠标右键，在弹出的快捷菜单中选择“旋转”命令。

执行上述命令后，具体操作如下。

01 打开“餐桌椅.dwg”图形文件（光盘：\素材\第5章\餐桌椅.dwg）。

02 在绘图区中使用鼠标选择方向错误的椅子，如图5-41所示。

03 在命令行或动态输入中输入“RO”命令，再在绘图区中选择椅背的中点，将鼠标向上移动，然后输入90“作为旋转的角度”，如图5-42所示。

04 旋转完成后的效果如图5-43所示。

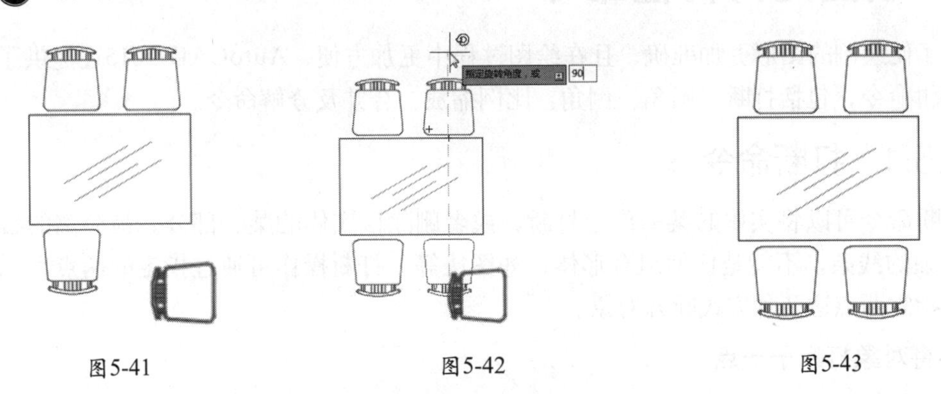

图5-41 图5-42 图5-43

5.4.3 边学边练——编辑图形对象

下面使用移动命令和旋转命令来编辑图形，用以综合练习本节所讲的知识。

01 打开“衣橱.dwg”图形文件（光盘：\素材\第5章\衣橱.dwg）。

02 使用鼠标，在图中选择装饰画，如图5-44所示。在命令行中输入“RO”（旋转）命令，选择图形的左下角为基点，输入90作为旋转角度，如图5-45所示。

03 旋转完成后，效果如图5-46所示。

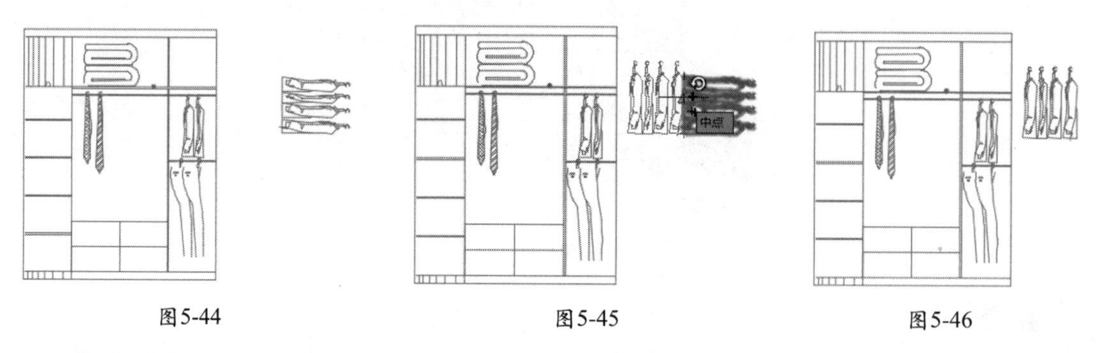

图5-44　　图5-45　　图5-46

04 选择完成旋转后的装饰画，如图5-47所示。在命令行中输入“M”（移动）命令，然后选择移动基点并移动到图中所示的位置，如图5-48所示。

05 最终效果如图5-49所示。

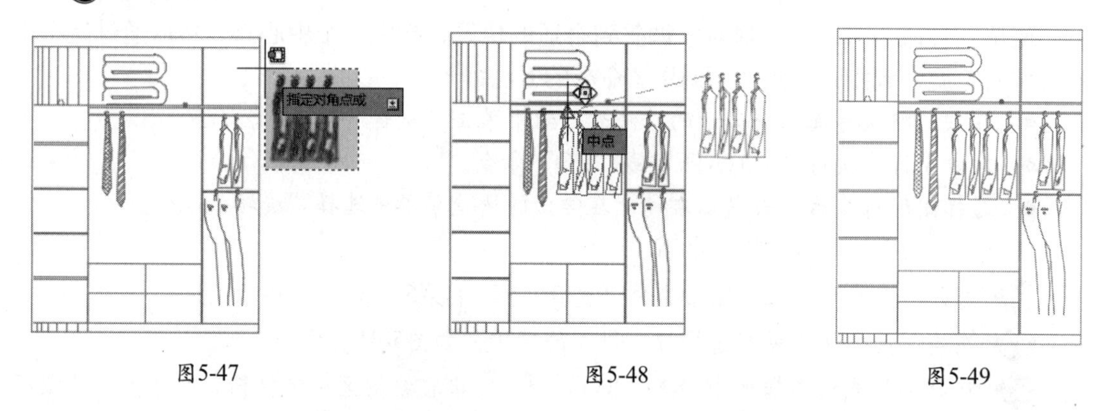

图5-47　　图5-48　　图5-49

5.5　改变几何特性命令

为了使绘制的图形更加准确，且在绘图过程中更加方便，AutoCAD 2015还提供了多种其他编辑命令，包括打断、圆角、倒角、比例缩放、合并及分解命令。

5.5.1　打断命令

打断命令可以将实体的某一部分打断，或者删除该实体的某一部分。被分离的线段只能是单独的线条，不能是任何组合形体，如图块等。打断操作可通过指定的两点和选择物体后再指定两点这两种方式断开对象。

1. 将对象打断于一点

将对象打断于一点是指将整条线段分离成两条独立的线段，但线段之间没有空隙。调用该命令的方法如下。

- 在系统默认界面的选项卡的“修改”组中单击修改按钮，然后在弹出的下拉列表中单击“打断于点”按钮。
- 在命令行中执行“BREAK”或“BR”命令。

执行上述命令后，具体操作过程如下。

```
命令：BREAK                    //执行BREAK命令
```

```
选择对象:                              //选择要打断的对象
指定第二个打断点或 [第一点(F)]:F       //系统自动执行“第一点”选项
指定第一个打断点:                      //单击在对象上要打断的位置
指定第二个打断点: @                    //系统自动输入@符号，表示第二个打断点与第一个
                                         打断点为同一点。对象将无缝断开，并退出命令
```

2. 以两点方式打断对象

以两点方式打断对象是指在对象上创建两个打断点，使对象以一定的距离断开。调用该命令的方法如下。

- 在系统默认界面的选项卡的“修改”组中单击修改▾按钮，然后在弹出的下拉列表中单击“打断”按钮。
- 在命令行中执行“BREAK”或“BR”命令。

执行上述命令后，具体操作过程如下。

```
命令: BREAK                            //执行BREAK命令
选择对象:                              //选择要打断的对象
指定第二个打断点或 [第一点(F)]:f       //系统自动执行“第一点”选项
指定第一个打断点:                      //单击在对象上要打断的位置
指定第二个打断点:                      //单击在对象上要打断的另一位置
```

5.5.2 圆角命令

圆角命令是将两条相交的直线通过一个圆弧连接起来，调用该命令的方法如下。

- 在系统默认界面的选项卡的“修改”组中单击“圆角”按钮。
- 显示菜单栏，选择“修改”|“圆角”命令。
- 在命令行中执行“FILLET”或“F”命令。

下面通过实例练习该命令的使用，具体操作如下。

01 打开“洗菜盆.dwg”图形文件（光盘：\素材\第5章\洗菜盆.dwg），在命令行中执行“FILLET”命令，具体操作过程如下。

```
命令: FILLET                                      //执行FILLET命令
当前设置: 模式 = 修剪，半径 = 0.0000              //系统提示当前圆角设置
选择第一个对象或 [放弃(U)/多段线(P)/半径(R)/修剪(T)/多个(M)]: R
                                                  //选择“半径”选项，按【Space】键
指定圆角半径 <0.0000>:30                          //输入圆角半径30，按【Space】键
选择第一个对象或 [放弃(U)/多段线(P)/半径(R)/修剪(T)/多个(M)]: M
                                                  //选择“多个”选项，按【Space】键
选择第一个对象或 [放弃(U)/多段线(P)/半径(R)/修剪(T)/多个(M)]:
                                                  //选择如图5-50所示的A线和B线
选择第二个对象，或按住 Shift 键选择要应用角点的对象:
                                                  //选择如图5-50所示的B线和C线
选择第一个对象或 [放弃(U)/多段线(P)/半径(R)/修剪(T)/多个(M)]:
                                                  //选择如图5-50所示的C线和D线
选择第二个对象，或按住 Shift 键选择要应用角点的对象:
```

```
                                    //选择如图5-50所示的D线和A线
选择第一个对象或 [放弃(U)/多段线(P)/半径(R)/修剪(T)/多个(M)]:
                                    //按【Space】键结束命令
```

02 完成后的效果如图5-51所示（光盘：\场景\第5章\洗菜盆.dwg）。

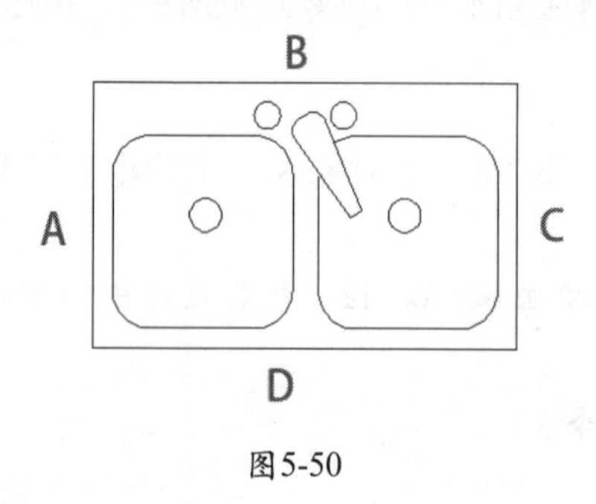

图5-50

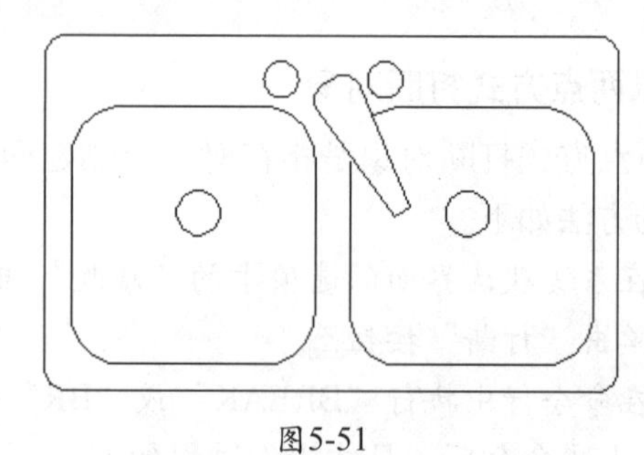
图5-51

5.5.3 倒角命令

倒角命令用于将两条非平行直线或多段线做出有斜度的倒角，调用该命令的方法主要有以下几种。

- 在系统默认界面的选项卡的“修改”组中单击“圆角”按钮右侧的按钮，然后在弹出的下拉列表中选择“倒角”命令。
- 显示菜单栏，选择“修改”|“倒角”命令。
- 在命令行中执行“CHAMFER”或“CHA”命令。

下面通过实例练习该命令的使用，具体操作如下。

01 打开“灶具.dwg”图形文件（光盘：\素材\第5章\灶具.dwg），在命令行中执行“CHAMFER”命令，具体操作过程如下。

```
命令: CHAMFER                        //执行CHAMFER命令
("修剪"模式) 当前倒角距离 1 = 0.0000, 距离 2 = 0.0000
                                     //系统提示当前倒角设置
选择第一条直线或 [放弃(U)/多段线(P)/距离(D)/角度(A)/修剪(T)/方式(E)/多个(M)]: D
                                     //选择"距离"选项，按【Space】键
指定第一个倒角距离 <0.0000>: 30       //输入第一个倒角距离30，然后按【Space】键
指定第二个倒角距离 <30.0000>:         //按【Space】键
选择第一条直线或 [放弃(U)/多段线(P)/距离(D)/角度(A)/修剪(T)/方式(E)/多个(M)]: M
                                     //选择"多个"选项，按【Space】键
选择第一条直线或 [放弃(U)/多段线(P)/距离(D)/角度(A)/修剪(T)/方式(E)/多个(M)]:
                                             //选择如图5-52所示的A线
选择第二条直线，或按住 Shift 键选择要应用角点的直线:   //选择如图5-52所示的B线
选择第一条直线或 [放弃(U)/多段线(P)/距离(D)/角度(A)/修剪(T)/方式(E)/多个(M)]:
                                     //选择如图5-52所示的C线
选择第二条直线，或按住 Shift 键选择要应用角点的直线:   //选择如图5-52所示的D线
选择第一条直线或 [放弃(U)/多段线(P)/距离(D)/角度(A)/修剪(T)/方式(E)/多个(M)]:
                                     //按【Space】键结束命令
```

02 完成后的效果如图5-53所示（光盘：\场景\第5章\灶具.dwg）。

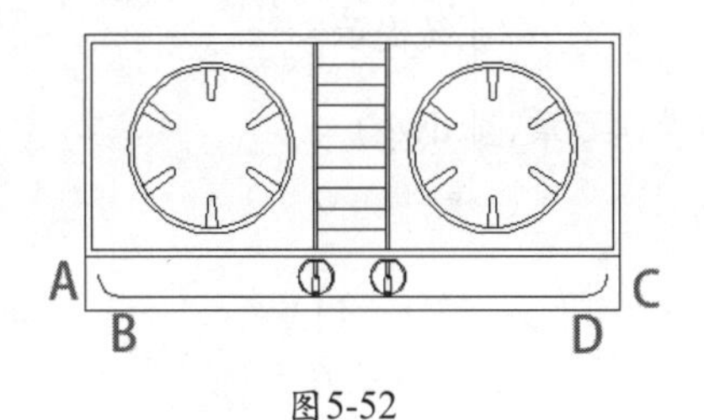

图5-52

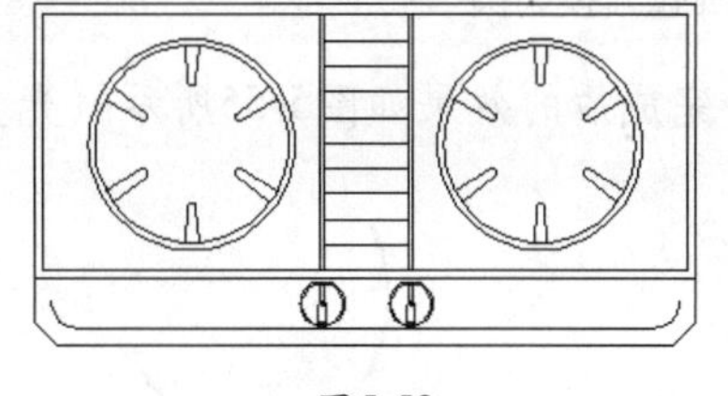

图5-53

在执行命令的过程中，各选项的含义如下。

- 多段线：选择该选项，可对由多段线组成的图形的所有角同时进行倒角处理。
- 角度：以指定一个角度和一段距离的方法来设置倒角的距离。
- 修剪：设置修剪模式，控制倒角处理后是否删除原角的组成对象，默认为删除。
- 多个：选择该选项，可连续对多组对象进行倒角处理，直到结束命令为止。

5.5.4 比例缩放命令

比例缩放命令是将指定对象按指定比例，相对于基点放大或缩小，调用该命令的方法如下。

- 在系统默认界面的选项卡的“修改”组中单击“比例”按钮。
- 显示菜单栏，选择“修改”|“缩放”命令。
- 在命令行中执行“SCALE”或“SC”命令。

执行上述命令后，具体操作过程如下。

```
命令：SCALE                              //执行SCALE命令
选择对象：                               //选择需要缩放的对象
选择对象：                               //按【Space】键结束对象的选择
指定基点：                               //指定缩放基点
指定比例因子或 [复制(C)/参照(R)]：       //指定缩放比例并按【Space】键
```

5.5.5 合并命令

合并图形是指将相似的图形对象合并为一个对象，可以合并的对象包括圆弧、椭圆弧、直线、多段线和样条曲线等，调用该命令的方法如下。

- 在系统默认界面的选项卡的“修改”组中单击 修改▾ 按钮，然后在弹出的下拉列表中单击“合并”按钮。
- 显示菜单栏，选择“修改”|“合并”命令。
- 在命令行中执行“JOIN”或“J”命令。

下面通过实例练习该命令的使用，具体操作如下。

01 打开“圆.dwg”图形文件（光盘：\素材\第5章\圆.dwg），在命令行中执行“JOIN”命令，具体操作过程如下。

```
命令：J                                  //执行JOIN命令
选择源对象：                             //选择如图5-54所示的圆弧
```

```
选择圆弧，以合并到圆或进行 [闭合(L)]: L             //选择“闭合”选项
已将圆弧转换为圆                                    //系统提示
```

02 完成后的效果如图5-55所示（光盘：\场景\第5章\圆.dwg）。

图5-54　　图5-55

5.5.6 分解命令

分解对象命令的调用方法有以下几种。

- 在系统默认界面的选项卡的“修改”组中单击“分解”按钮。
- 显示菜单栏，选择“修改”|“分解”命令。
- 在命令行中执行“EXPLODE”命令。

执行上述命令后，具体操作过程如下。

```
命令：EXPLODE              //执行EXPLODE命令
选择对象：找到 1 个         //选择需要分解的对象
选择对象：                 //按【Space】键结束对象的选择，并自动显示分解后的效果
```

5.5.7 边学边练——绘制钢琴

下面通过实例，综合练习本节所讲的知识。

01 在菜单栏中选择“绘图”|“矩形”命令，在绘图区中绘制一个280×1 575的矩形。在菜单栏中选择“修改”|“分解”命令，分解绘制的矩形，效果如图5-56所示。

02 在菜单栏中选择“修改”|“偏移”命令，选择矩形的右侧边，向内部偏移50mm，效果如图5-57所示。

03 使用“矩形”工具，在绘图区绘制一个305×1 525的矩形，并将其移动到适当位置，且新绘制的矩形与原绘制的矩形对角均相差25mm，效果如图5-58所示。

04 在菜单栏中选择“修改”|“分解”命令，分解绘制的矩形，然后使用“偏移”工具，将矩形的上侧边和下侧边向中间偏移305mm，将右侧边向左偏移205mm，将左侧边向右偏移50mm，效果如图5-59所示。

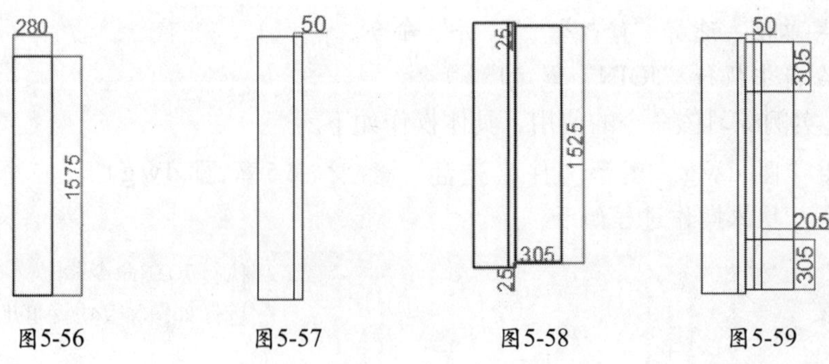

图5-56　　图5-57　　图5-58　　图5-59

05 在菜单栏中选择“修改”|“修剪”命令，修剪偏移出的直线，效果如图5-60所示。

06 使用同样的方法，将矩形的上侧边和下侧边向中间偏移59mm，右侧边向左侧偏移25mm，左侧边向右侧偏移150mm，效果如图5-61所示。

07 使用“修剪”命令，修剪偏移出的线，效果如图5-62所示。

08 选择偏移出的矩形的下侧边，使用偏移工具将其向上偏移44mm，效果如图5-63所示。

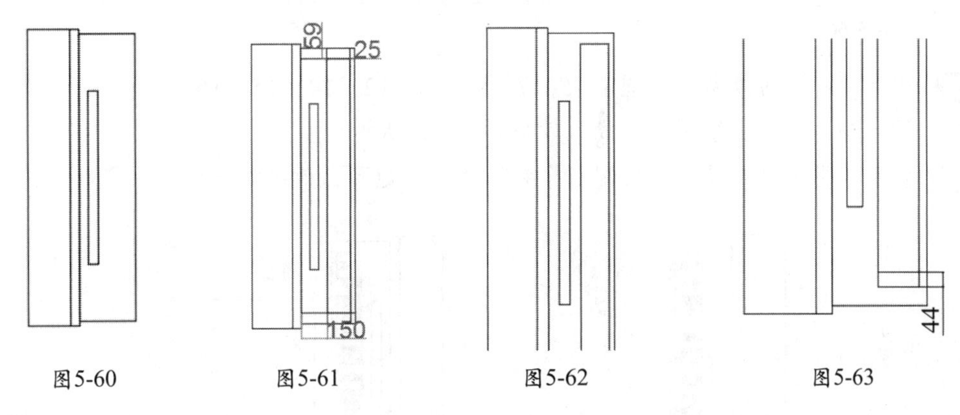

图5-60 图5-61 图5-62 图5-63

09 在菜单栏行中选择“修改”|“阵列”|“路径阵列”命令，以偏移出的直线为对象，以矩形的边为路径进行阵列操作，并将“介于”设置为44，完成后效果如图5-64所示。

10 选择“阵列”后的图形，在菜单栏中选择“修改”|“分解”命令，将其分解，效果如图5-65所示。

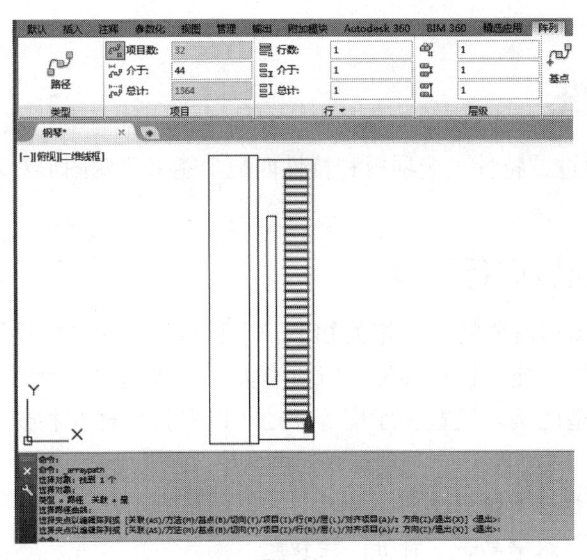

图5-64

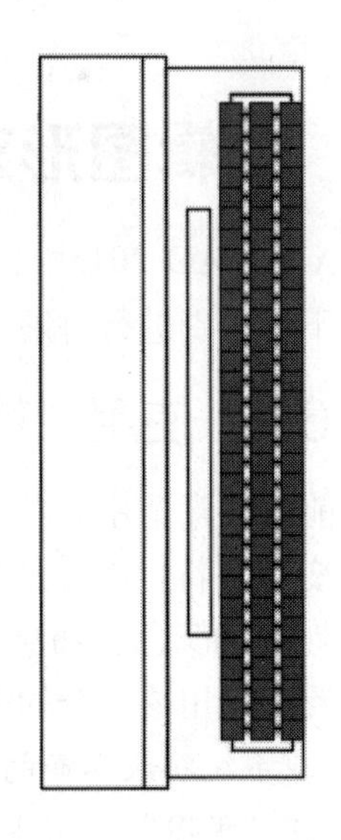

图5-65

11 在菜单栏中选择“绘图”|“多段线”命令，在分解后得到的方格中绘制多段线，效果如图5-66所示。

12 双击绘制的多段线，在弹出的下拉列表中选择“宽度”，将其宽度设置为35，效果如图5-67所示。

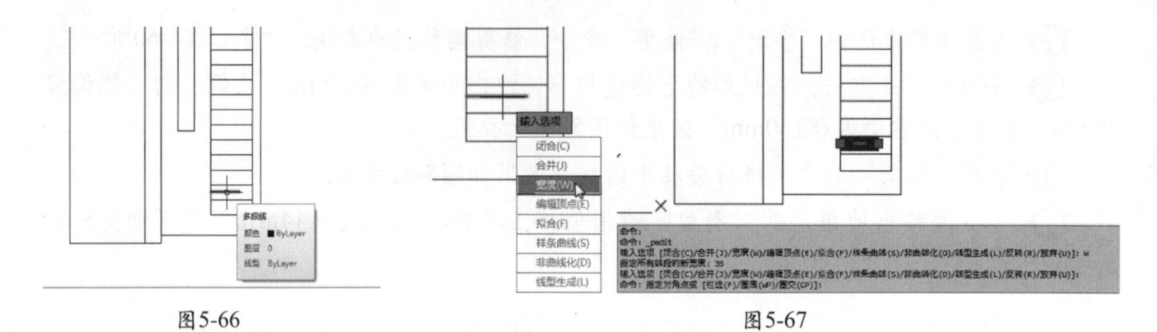

图5-66　　　　图5-67

⑬ 使用同样的方法分别在第4、5、7、9、10、12、14、15、16、18、20、21、23、25、26、27、29、31格上绘制多段线，效果如图5-68所示。

⑭ 使用矩形工具在绘图区绘制一个457×914的矩形，效果如图5-69所示。

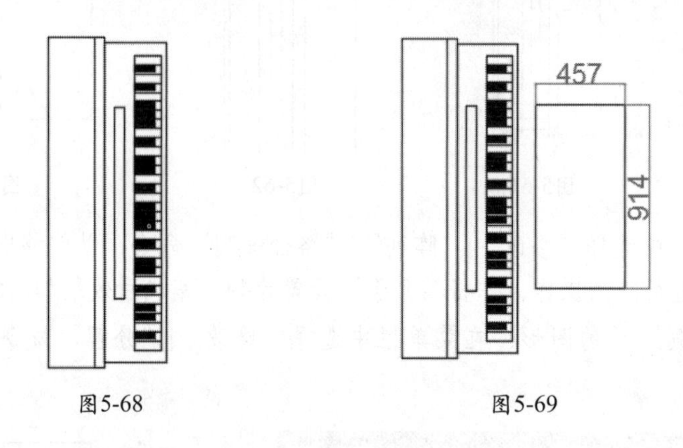

图5-68　　　　图5-69

5.6 编辑图形对象特性

在AutoCAD 2015中，用户可以通过“特性”选项板和特性匹配功能来改变图形对象的特性，下面分别进行讲解。

5.6.1 使用“特性”选项板进行改变

在前面的章节中介绍了一些改变图形对象特性的相关知识，本章将对利用“特性”选项板改变对象特性的方法进行详细讲解。使用该选项板可以更全面、更快速地改变图形对象的特性，如颜色、图层、线型、线型比例、线宽和厚度等，还可以对打印样式和视图等进行设置。调用该命令的方法如下。

- 在系统默认界面的选项卡的“特性”组中单击“特性”右侧的按钮。
- 在“视图”选项卡的“选项板”组中单击“特性”按钮。
- 在命令行中执行“PROPERTIES”或“PR”命令。
- 若已在快速访问工具栏中添加了“特性”按钮，可在快速访问工具栏中单击“特性”按钮。
- 选择对象后，在对象上单击鼠标右键，在弹出的快捷菜单中选择“特性”命令。
- 直接按【Ctrl+1】组合键。

执行上述任意一种操作都能打开“特性”选项板。使用“特性”选项板的操作步骤如下。

01 打开“休闲桌椅.dwg”图形文件（光盘：\素材\第5章\休闲桌椅.dwg），如图5-70所示。首先改变图形中椅子的特性。框选图形中的3把椅子，在命令行中执行“PROPERTIES”命令，打开“特性”选项板。

02 在“常规”栏的“颜色”下拉列表中选择“洋红”选项，在“线型”下拉列表中选择“连续”选项，在“线宽”下拉列表中选择“默认”选项，如图5-71所示。

03 完成设置后，按【Ctrl+1】键关闭“特性”面板，按【Esc】键退出选择，完成后的效果如图5-72所示（光盘：\场景\第5章\休闲桌椅.dwg）。

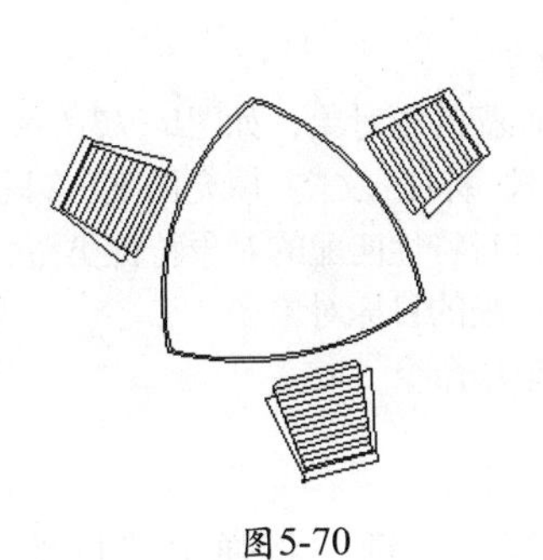

图5-70

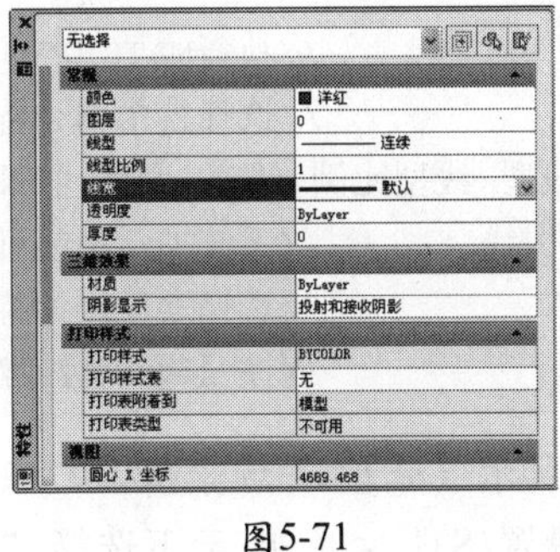

图5-71

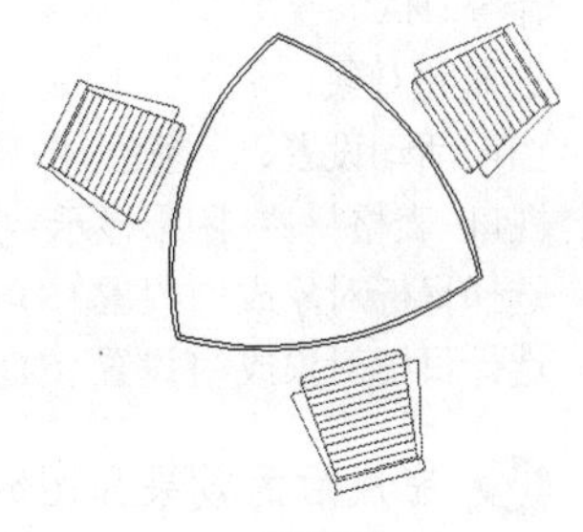

图5-72

在未选择对象之前，“特性”选项板中各选项的含义如下。

- “无选择”下拉列表：用于选择对象，当在绘图区选择多个对象时，可在此下拉列表中选择要修改的对象，选择的对象不同，下面的特性选项也会做出相应的改变。
- “切换PICKADD系统变量的值”按钮：该按钮用于设置在绘图区中选择对象时，是否可以按住【Shift】键向选择集中添加对象。该功能也可通过PICKADD系统变量进行设置，单击该按钮，则变为样式。
- “切换PICKADD系统变量的值”按钮：单击按钮后变成，表示如果选择新对象，会替代已选择的选择集；若单击该按钮，该按钮变为样式，表示可依次选择多个对象，即可同时对所选对象进行特性设置。
- “选择对象”按钮：单击该按钮后可在绘图区中选择对象。在实际操作时，即使不用单击此按钮也可直接在绘图区中选择对象。
- “快速选择”按钮：单击该按钮会弹出“快速选择”对话框创建快速选择集。
- “常规”栏：设置图形对象的颜色、图层、线型、线型比例、线宽和厚度等特性。
- “三维效果”栏：设置图形对象的三维效果。
- “打印样式”栏：设置图形对象的输出特性。
- “视图”栏：设置显示图形对象的特性。
- “其他”栏：设置显示UCS坐标系的特性。

注 意

单击“特性”按钮，在弹出的快捷菜单中可选择相应的命令对面板进行操作，然后按【Ctrl+1】组合键可以关闭该选项板。

5.6.2 使用“特性匹配”功能改变对象特性

在AutoCAD 2015中，使用“特性匹配”功能可以将对象的特性进行复制，如颜色、图层、线型、线型比例、线宽和厚度等特性，调用该命令的方法如下。

- 在命令行中执行“MATCHPROP”或“MA”命令。
- 若已在快速访问工具栏中添加了“特性匹配”按钮，可直接在快速访问工具栏中单击“特性匹配”按钮。

执行上述任意一种操作，都能启用“特性匹配”功能，使用该功能的操作如下。

01 打开“床.dwg”图形文件（光盘：\素材\第5章\床.dwg），设置图形中地毯的特性。在命令行中执行“MA”命令，具体操作过程如下。

```
命令:MA                                          //执行MATCHPROP命令
选择源对象:                                       //选择枕巾作为特性匹配的源对象，如图5-73所示
当前活动设置:  颜色 图层 线型 线型比例 线宽 厚度 打印样式 标注 文字 填充图案 多段
线 视口 表格材质 阴影显示 多重引线                  //系统提示当前可以进行特性匹配的对象特性类型
选择目标对象或 [设置(S)]:                          //选择地毯作为特性匹配的目标对象
选择目标对象或 [设置(S)]:                          //按【Space】键结束该命令
```

02 完成后的效果如图5-74所示（光盘：\场景\第5章\床.dwg）。

若在“选择目标对象或［设置(S)］：”提示下选择“设置”选项，将弹出“特性设置”对话框，如图5-75所示。通过此对话框，在特性匹配过程中可以选择被复制的特性，完成设置后，单击“确定”按钮 确定 即可。

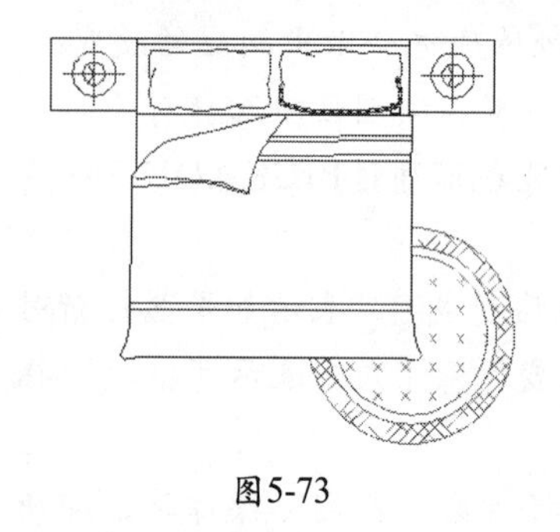

图5-73

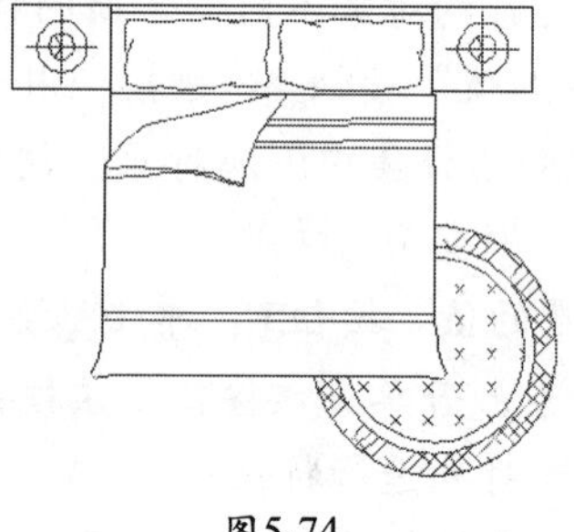

图5-74

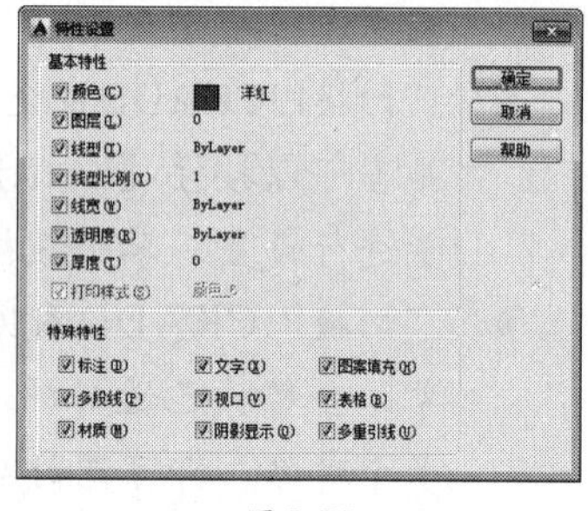

图5-75

“特性设置”对话框中包括“基本特性”和“特殊特性”两个选项组，其中各选项的功能如下。

- 在“基本特性”选项组中显示了源对象的特性，用户可通过选择相应的复选框来选择需要进行复制对象的特性。
- 在“特殊特性”选项组中选择其复选框表示将复制对象的这些特殊特性。

5.6.3 边学边练——设置落地灯的特性

下面以设置落地灯图形的特性为例，综合练习本节所讲的知识。

01 打开“落地灯.dwg”图形文件（光盘：\素材\第5章\落地灯.dwg），如图5-76所示。

02 框选图形文件右边的灯，然后按【Ctrl+1】组合键，打开“特性”选项板，在“常规”栏的“颜色”下拉列表中选择“洋红”选项，在“线宽”下拉列表中选择0.5mm

选项。设置完成后，再按【Ctrl+1】组合键，关闭“特性”选项板，按【Esc】键退出选择，改变特性后的效果如图5-77所示。

03 使用“特性匹配”功能统一图形中灯的颜色，具体操作过程如下。

```
命令:MA                                      //执行MATCHPROP命令
选择源对象:                                  //选择右边灯罩作为特性匹配的源对象
当前活动设置:  颜色 图层 线型 线型比例 线宽 厚度 打印样式 标注 文字 填充图案 多段
线 视口 表格材质 阴影显示 多重引线            //系统提示当前可以进行特性匹配的对象特性类型
选择目标对象或 [设置(S)]:                     //选择左边灯罩作为特性匹配的目标对象
选择目标对象或 [设置(S)]:                     //按【Space】键结束该命令
```

04 设置后的效果如图5-78所示（光盘：\场景\第5章\落地灯.dwg）。

图5-76　　图5-77　　图5-78

5.7 编辑特殊图形对象

在编辑图形对象的过程中，有时需要对多线、多段线、样条曲线等图形对象进行编辑，下面分别进行讲解。

5.7.1 编辑多线

若绘制的多线不能满足绘图需要，可以使用标准的对象修改命令，如复制、旋转、拉伸等，对其进行编辑。调用该命令的方法如下。

- 在命令行中执行“MLEDIT”命令。
- 将鼠标光标移动到多线上方，连续双击鼠标左键。

执行上述任意一种操作，都可打开“多线编辑工具”对话框，具体操作如下。

01 打开“梯子.dwg”图形文件（光盘：\素材\第5章\梯子.dwg），对图形中的多线进行编辑。

02 在命令行中执行“MLEDIT”命令，具体操作过程如下。

```
命令: MLEDIT                           //执行MLEDIT命令，按【Space】键，弹出如图5-79
                          所示的“多线编辑工具”对话框，选择“角点结合”编辑工具
选择第一条多线:                        //选择要编辑的多线，单击如图5-80所示的A点
选择第二条多线:                        //选择要编辑的多线，单击如图5-80所示的B点
选择第一条多线 或 [放弃(U)]:            //按【Space】键结束该命令
```

03 编辑后的效果如图5-81所示（光盘：\场景\第5章\梯子.dwg）。

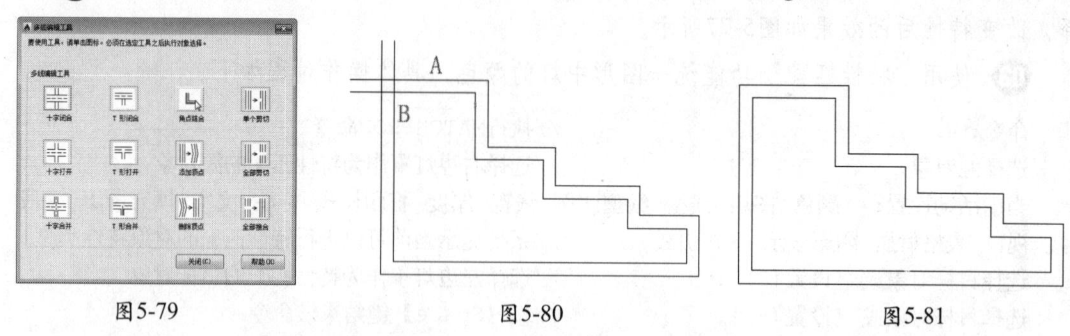

图5-79　　图5-80　　图5-81

在“多线编辑工具”对话框的“多线编辑工具”选项组中，样式名称上面显示的是进行该编辑后的效果，其中各编辑样式的含义如下。

- 十字闭合：两条多线相交为闭合的十字交点，选择的第一条多线被修剪，第二条多线保持原状。
- T形闭合：两条多线相交为闭合的T形交点，选择的第一条多线被修剪或延伸到与第二条多线的交点处。
- 角点结合：两条多线相交为角点连接。
- 单个剪切：用于切断多线中的一条，只需拾取要切断的某条多线上的两点即可。
- 十字打开：两条多线相交为开放的十字交点，所选择的第一条多线的内部和外部元素都被打断，第二条多线的外部元素被打断。
- T形打开：两条多线相交为开放的T形交点，所选择的第一条多线被修剪或延伸到与第二条多线的交点处。
- 添加顶点：在多线上添加一个顶点。
- 全部剪切：通过两个拾取点使多线的所有线都间断。
- 十字合并：两条多线相交为合并的十字交点，所选择的第一条多线和第二条多线都被修剪到交叉的部分。
- T形合并：两条多线相交为合并的T形交点，所选择的第一条多线被修剪或延伸到与第二条多线的交点处。
- 删除顶点：删除多线上的交点，使其成为直的多线。
- 全部接合：可以重新显示所选两点间的任何切断部分。

5.7.2　编辑多段线

在编辑图形对象的过程中，用户可以对不同类型的多段线及多段线形体（如多边形、填充实体等）进行编辑，调用该命令的方法如下。

- 在系统默认界面的选项卡的“修改”组中单击“修改”按钮修改，然后在弹出的下拉列表中单击“编辑多段线”按钮。
- 在命令行中执行“pedit”或“pe”命令。

使用编辑多段线命令的具体操作如下。

01 打开“凹槽侧视图.dwg”图形文件（光盘：\素材\第5章\凹槽侧视图.dwg），如图5-82所示。

02 在命令行中执行“pedit”命令，具体操作过程如下。

```
命令：PEDIT                                        //执行PEDIT命令
选择多段线或 [多条(M)]：                           //选择要编辑的多段线
输入选项 [闭合(C)/合并(J)/宽度(W)/编辑顶点(E)/拟合(F)/样条曲线(S)/非曲线化(D)/
线型生成(L)/反转(R)/放弃(U)]：W                    //选择“宽度”选项，按【Space】键确认
指定所有线段的新宽度：2                            //输入新的宽度2，按【Space】键确认
输入选项 [闭合(C)/合并(J)/宽度(W)/编辑顶点(E)/拟合(F)/样条曲线(S)/非曲线化(D)/
线型生成(L)/反转(R)/放弃(U)]：                     //按【Space】键结束命令
```

03 编辑后的效果如图5-83所示（光盘：\场景\第5章\凹槽侧视图.dwg）。

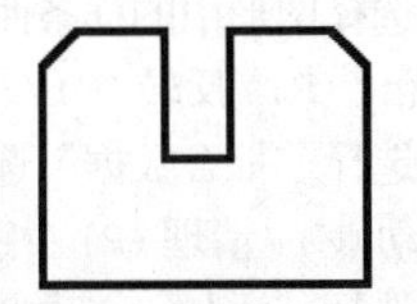

图5-82

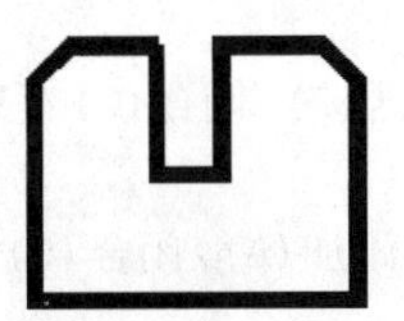

图5-83

在执行“编辑多段线”命令的过程中，命令行提示信息中的各选项的含义如下。

- 多条：选择该选项后可同时对多条多段线进行编辑操作。
- 闭合：若所选择的多段线是打开的，可将其闭合。
- 合并：把与多段线相连接的非多段线对象（如直线或圆弧）与多段线连接成一条完整的多段线。该选项只有在多段线是“打开”状态时可用。
- 宽度：修改多段线的宽度。选择该选项后，可输入多线段的新宽度。
- 编辑顶点：修改多段线的相邻顶点。选择该选项后，命令提示行会出现“[下一个（N）/上一个（P）/打断（B）/插入（I）/移动（M）/重生成（R）/拉直（S）/切向（T）/宽度（W）/退出（X）] <N>：”提示信息，选择顶点编辑选项即可执行相应的操作。
- 拟合：创建圆弧平滑曲线拟合多段线。
- 样条曲线：用样条曲线拟合多段线。
- 非曲线化：拉直多段线，保留多段线顶点和切线不变。
- 线型生成：通过多段线的顶点生成连续线型。若关闭此选项，将在每个顶点处以点画线开始和结束生成线型。
- 放弃：取消上一次操作。

注 意

执行“多段线编辑”命令，当命令行提示为选择多段线时，但选择的又不是多段线，则命令行会提示是否将其转换为多段线，如选择“Y”选项，则表示将对象转换为多段线，从而可对其进行各种编辑操作。

5.7.3 编辑样条曲线

在执行“编辑样条曲线”命令时，可对样条曲线的顶点、精度及反转方向等进行相关

设置，调用该命令的方法如下。

- 在系统默认界面的选项卡的“修改”组中单击“修改”按钮，然后在弹出的下拉列表中单击“编辑样条曲线”按钮。
- 在命令行中执行“SPLINEDIT”命令。

使用“编辑样条曲线”命令的具体操作如下。

01 打开“样条曲线.dwg”图形文件（光盘：\素材\第5章\样条曲线.dwg），如图5-84所示。

02 在命令行中执行“SPLINEDIT”命令，具体操作过程如下。

```
命令：SPLINEDIT                                   //执行SPLINEDIT命令
选择样条曲线：                                     //选择图形中的样条曲线
输入选项 [拟合数据(F)/闭合(C)/移动顶点(M)/优化(R)/反转(E)/转换为多段线(P)/放弃
(U)]：F                                            //选择“拟合数据”选项并按【Space】键
输入拟合数据选项[添加(A)/闭合(C)/删除(D)/移动(M)/清理(P)/相切(T)/公差(L)/退出
(X)]<退出>：A                                      //选择“添加”选项并按【Space】键
指定控制点<退出>：                                 //指定需要从哪个控制点添加，单击如图5-85
                                                     所示的A点
指定新点或 [后面(A)/前面(B)] <退出>：              //指定新的控制点的位置，单击如图5-85所
                                                     示的B点
指定新点<退出>：                                   //按【Space】键
指定控制点<退出>：                                 //按【Space】键
输入拟合数据选项 [添加(A)/闭合(C)/删除(D)/移动(M)/清理(P)/相切(T)/公差(L)/退出
(X)] <退出>：C                                     //选择“闭合”选项并按【Space】键
输入拟合数据选项 [添加(A)/打开(O)/删除(D)/移动(M)/清理(P)/相切(T)/公差(L)/退出
(X)] <退出>：                                      //按【Space】键退出该命令
输入选项 [拟合数据(F)/打开(O)/移动顶点(M)/优化(R)/反转(E)/转换为多段线(P)/放弃
(U)]：                                             //按【Space】键结束该命令
```

03 编辑完成后的最终效果如图5-86所示（光盘：\场景\第5章\样条曲线.dwg）。

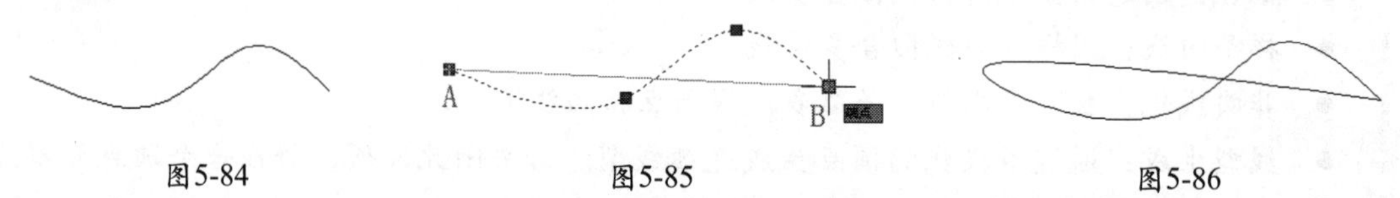

图5-84　　图5-85　　图5-86

在执行“编辑样条曲线”命令的过程中，命令行提示信息中各选项的含义如下。

- 拟合数据：选择该选项后，命令行将显示“输入拟合数据选项 [添加（A）/闭合（C）/删除（D）/移动（M）/清理（P）/相切（T）/公差（L）/退出（X）] <退出>：”的提示信息。
- 闭合：若选择的样条曲线是闭合的，AutoCAD将用“打开”选项替代“闭合”选项。
- 移动顶点：重新定位样条曲线的控制顶点，并且清理拟合点。
- 优化：精确调整样条曲线。选择该选项后，命令行将显示“输入精度选项 [添加控制点（A）/提高阶数（E）/权值（W）/退出（X）]<退出>：”的提示信息。
- 反转：使样条曲线的方向反转。

- 放弃：取消上一次的编辑操作。
- 退出：退出“拟合数据”选项并返回到执行“SPLINEDIT”命令后的提示信息。
- 添加：为样条曲线增加拟合点，以增加样条曲线的长度。
- 删除：删除样条曲线的拟合点并用其余点重新拟合样条曲线。
- 移动：移动拟合点的位置。
- 清理：从图形数据库中删除样条曲线的拟合数据。
- 相切：编辑样条曲线的起点和端点的切向。
- 公差：选择该选项，指定新的公差值，并将样条曲线重新拟合至现有的点。

5.7.4 边学边练——编辑家居装饰

通过前面的讲解，读者已对使用夹点编辑对象、改变图形对象特性和编辑特殊图形对象的方法有了大概了解，本节将通过一个简单实例的操作过程，来加深读者对本章知识的理解和掌握。

01 打开“家居装饰.dwg”图形文件（光盘：\素材\第5章\家居装饰.dwg）。

02 在绘图区中框选沙发图形，框选沙发、台灯、茶几对象，如图5-87所示的图形。

03 按【Ctrl+1】组合键打开“特性”面板，将“颜色”设置为“红色”，如图5-88所示，按【Esc】键取消选择。

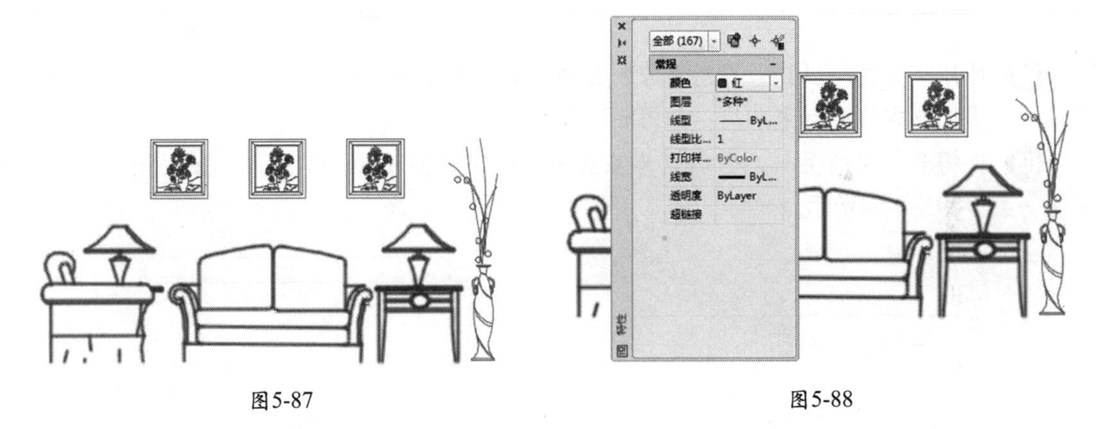

图5-87　　图5-88

04 在绘图区中选择壁纸中的图形，在特性面板中，将“颜色”设置为“绿色”，效果如图5-89所示，按【Esc】键取消选择。

05 使用同样方法选择图形，在特性面板中设置他们的颜色，效果如图5-90所示。

图5-89　　图5-90

5.8 实战演练

5.8.1 绘制沙发组

沙发一般放置于客厅或办公室的招待室中，几乎是家居必不可少的组成部分，下面将介绍平面布置图中沙发组平面的绘制方法，只要运用“矩形”“圆角”“修剪”“圆弧”“直线”“复制”等命令。

1. 绘制三人沙发

01 在菜单栏中选择“绘图”|“直线”工具，在绘图区中绘制一个1 880 × 150的矩形，如图5-91所示。

02 选择“圆角”命令，将圆角半径设置为50mm，对偏移的线段进行圆角处理，效果如图5-92所示。

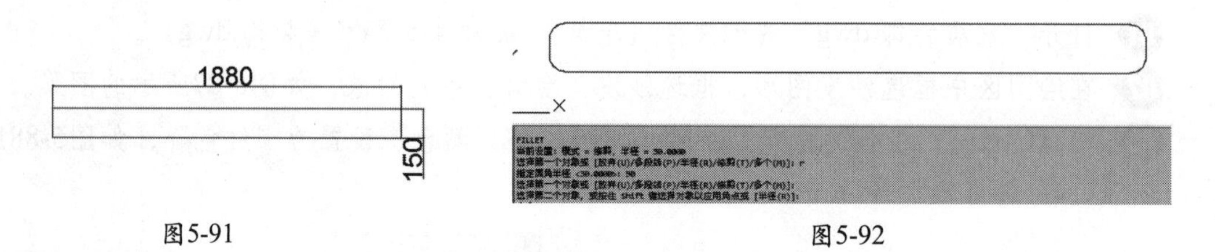

图5-91　　图5-92

03 使用“直线”工具，以刚刚绘制的图形的最短线的中点为基点，绘制一条30mm的直线，使用同样方法绘制另一边，如图5-93所示。

04 以得到直线的另一端的端点为基点向下绘制一条700mm的直线，使用同样方法绘制另一条，如图5-94所示。

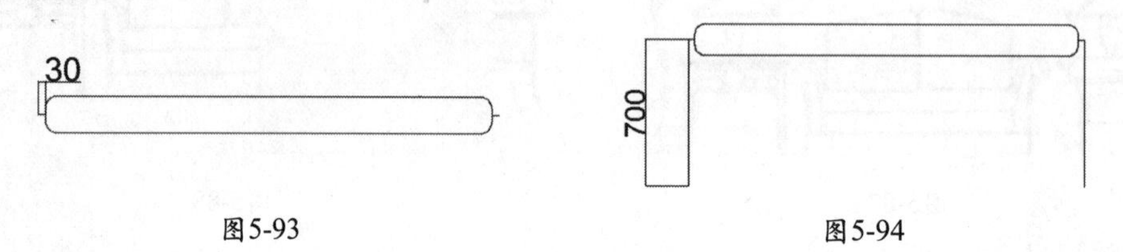

图5-93　　图5-94

05 使用“偏移”工具，将绘制的两条线向内侧偏移120mm，再以之前绘制矩形的下侧边为基线向下偏移50mm，再以偏移出的直线为基线向下偏移600mm，效果如图5-95所示。

06 使用“圆角”和“修剪”工具，对图形进行修改，修改后的效果如图5-96所示。

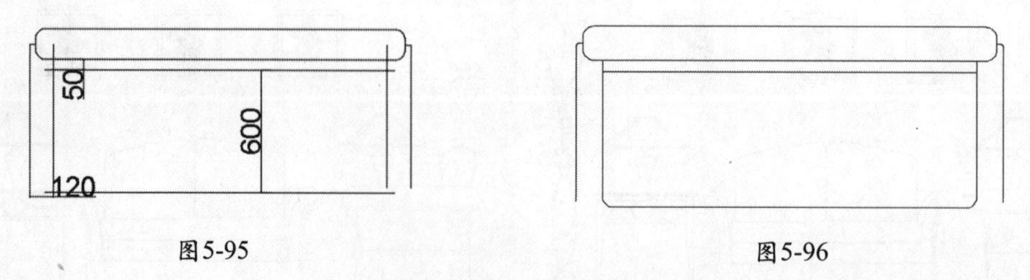

图5-95　　图5-96

07 使用“直线”工具，绘制直线，将绘制的图形进行封闭，并使用“偏移”工具偏移直线，使用“修剪”工具将多余的部分进行修剪，效果如图5-97所示。

08 使用“直线”工具，绘制几条直线，作为三人沙发的修饰，效果如图5-98所示。

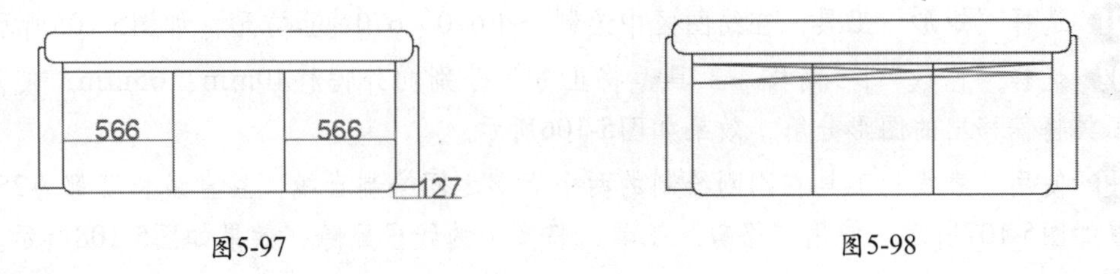

图5-97　　图5-98

2. 绘制台灯桌

01 使用“矩形”工具在绘图区绘制一个760×760的正方形，并使用“移动”工具将其移动到适当位置，效果如图5-99所示。

02 使用“偏移”工具将正方形向内侧分别偏移80mm、110mm，效果如图5-100所示。

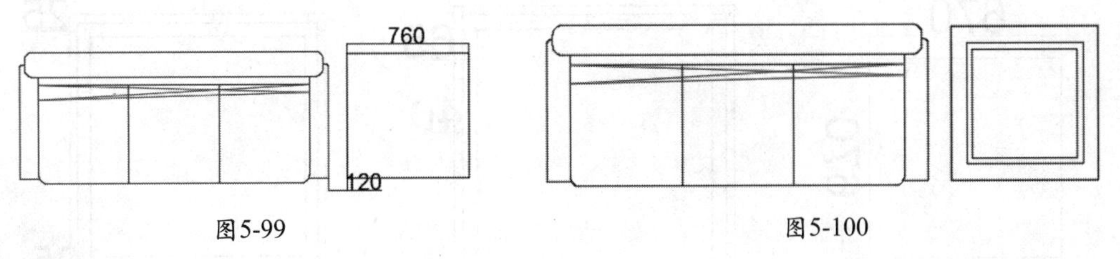

图5-99　　图5-100

03 使用“直线”工具绘制两条相互垂直的直线，再使用“圆心，半径”命令，绘制一个半径为180mm的正圆，如图5-101所示。

04 使用“偏移”工具，以圆为基础向圆内偏移80mm，得到一个同心圆，再使用“修剪”工具将之前绘制的直线进行修剪，其效果如图5-102所示。

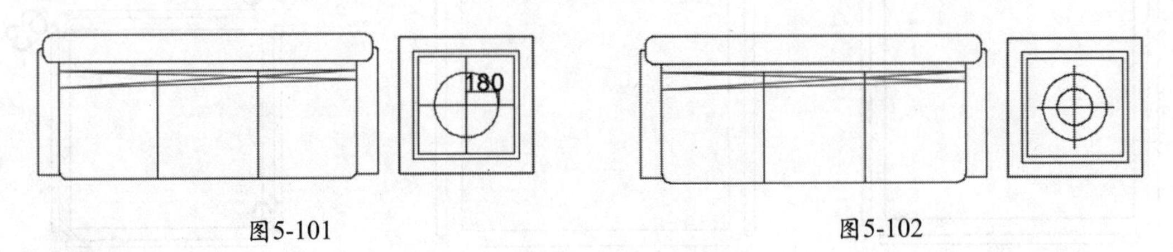

图5-101　　图5-102

05 选中刚刚绘制的正方形，使用“复制”命令，将其复制在三人沙发的另一边，如图5-103所示。

06 根据之前绘制三人沙发的方法，再绘制单人沙发和双人沙发，绘制完成后的效果如图5-104所示。

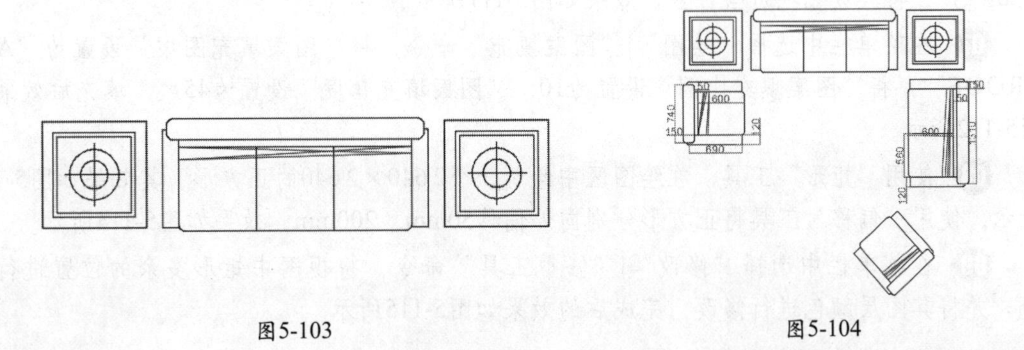

图5-103　　图5-104

3. 绘制茶几和地毯

01 选择“矩形”工具，在绘图区中绘制一个670×670的正方形，如图5-105所示。

02 选择“修改”|“偏移”工具，将正方形分别向外偏移40mm、65mm，使用“分解”工具将偏移出的图形分解，效果如图5-106所示。

03 使用“直线”工具在刚刚绘制的两个矩形之间绘制直线，且直线长度都为25mm，其位置如图5-107所示。使用“修剪”工具，将多余的线段删除，效果如图5-108所示。

04 使用“圆角”工具，将圆角半径设置为10mm，对图中新出现的矩形进行修饰，效果如图5-109所示。

05 选择“直线”命令，在绘图区中绘制直线，其长度分别为5mm、103mm、63mm，使用“修剪”工具将多余的线删除，绘制线的具体位置，如图5-110所示。

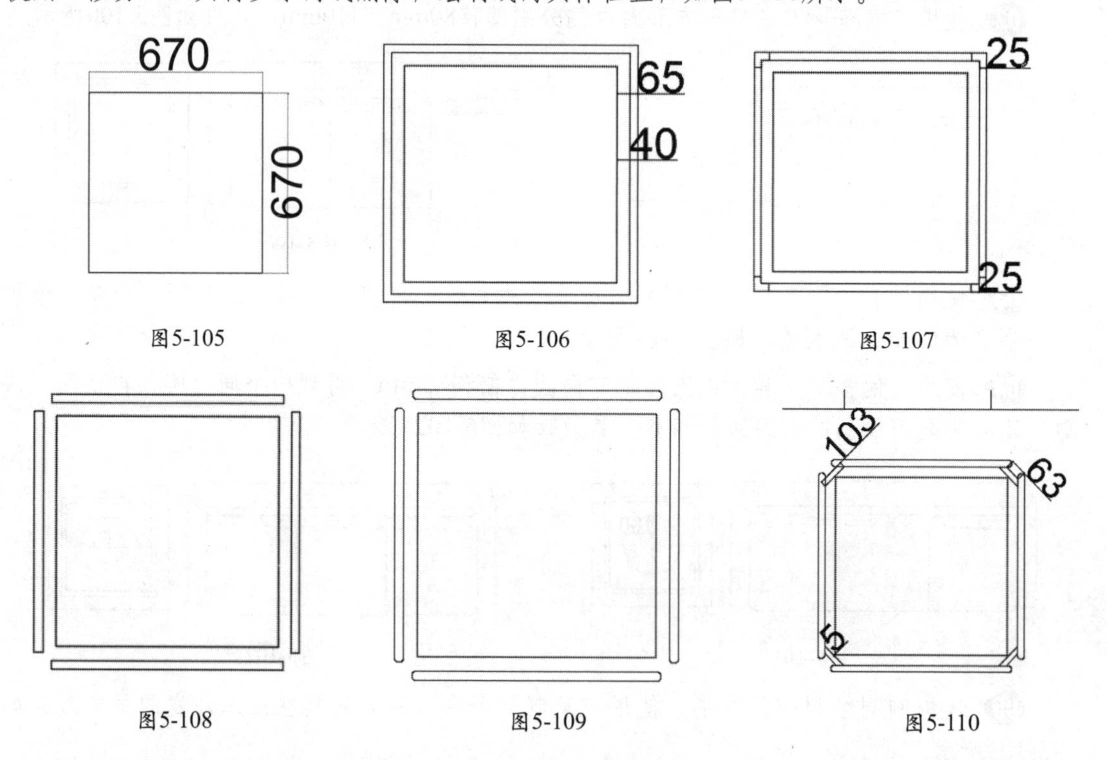

图5-105　图5-106　图5-107

图5-108　图5-109　图5-110

06 在菜单栏中选择“插入”|“块”命令，在弹出的“插入”对话框中单击“浏览(B)”按钮，在弹出的对话框中选择“装饰花.dwg”文件（光盘：\素材\第5章\装饰花.dwg），将其放置在适当位置，效果如图5-111所示。

07 在菜单栏中选择“绘图”|“图案填充”命令，将“图案填充图案”设置为“AR-RROOF”，将“图案填充比例”设置为10，“图案填充角度”设置为45度，填充后效果如图5-112所示。

08 使用“矩形”工具，在绘图区中绘制一个2 640×2 640的正方形，其效果如图5-113所示。使用“偏移”工具将正方形分别向外偏移50mm、200mm，效果如图5-114所示。

09 在菜单栏中选择“修改”|“修剪工具”命令，将视图中矩形多余的位置进行修剪，并将其图层颜色进行修改，完成后的效果如图5-115所示。

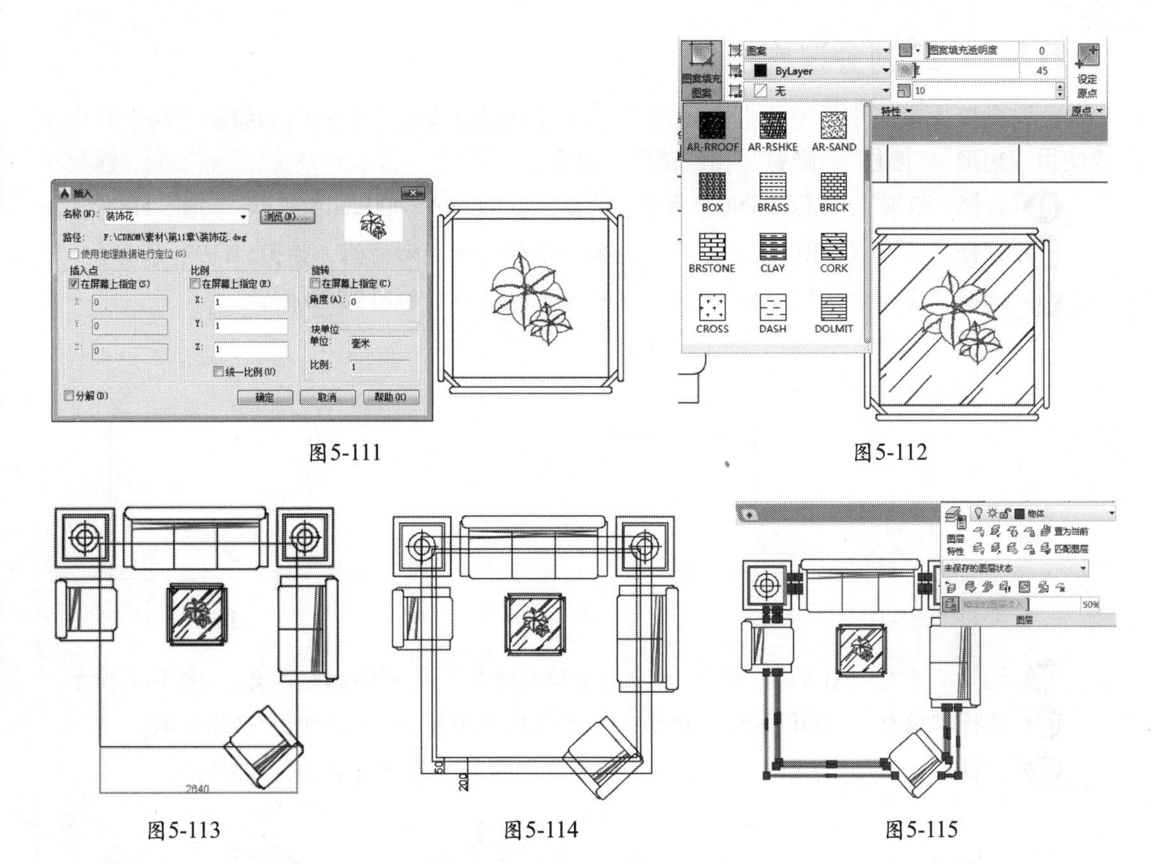

图5-111

图5-112

图5-113

图5-114

图5-115

❿ 使用“直线”工具在刚刚绘制的正方形上绘制一个长100mm的直线，在菜单栏中选择“修改”|“阵列”|“路径阵列”命令，以绘制的直线为对象，以绘制的矩形为路径，进行阵列，并将“介于，顶间距”设置为50，效果如图5-116所示。使用同样的方法绘制另一边。

⓫ 在菜单栏中选择“绘图”|“圆弧”|“起点、端点、方向”命令，在适当的位置绘制4条圆弧，沙发组平面效果如图5-117所示。

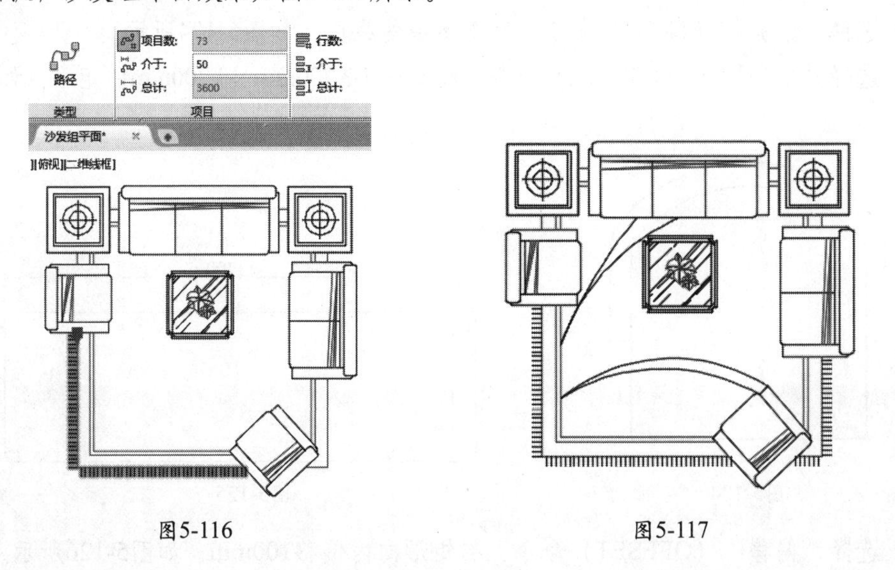

图5-116

图5-117

5.8.2 绘制会议桌椅

会议桌椅主要应用于室内办公场所，下面将介绍会议桌椅平面图的绘制方法，其中主要使用“矩形”“偏移”“修剪”和“镜像”命令。

01 选择“矩形”（RECTANG）命令，绘制一个500mm×400mm的矩形，如图5-118所示。

02 选择“圆”（CIRCLE）命令，绘制一个外切于矩形的圆，如图5-119所示。

03 选择“修剪”（TRIM）命令，修剪多余的线段，如图5-120所示。

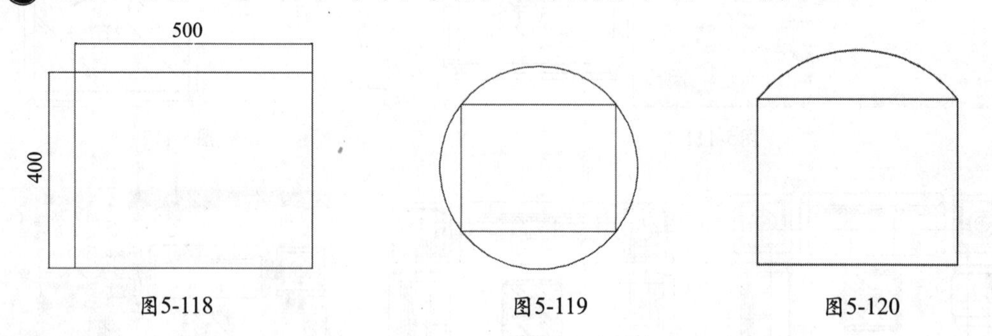

图5-118　　图5-119　　图5-120

04 选择“直线”（LINE）命令，捕捉中点绘制两条长度为50mm的直线，如图5-121所示。

05 选择“偏移”（OFFSET）命令，将圆弧向上偏移50mm，如图5-122所示。

06 选择“直线”（LINE）命令，绘制直线，将端点连接，如图5-123所示。

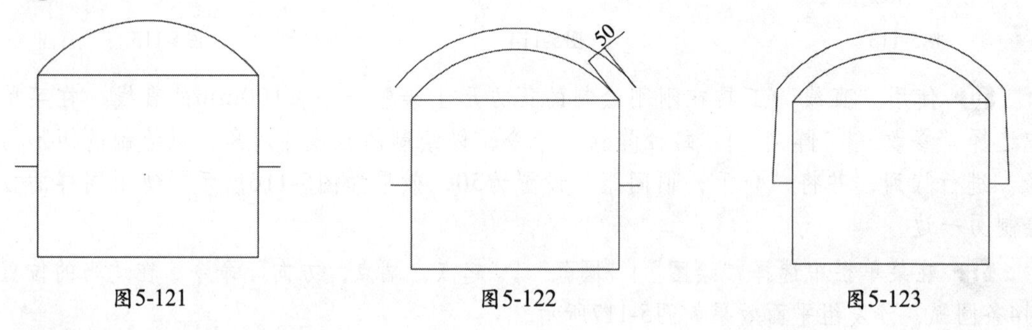

图5-121　　图5-122　　图5-123

07 选择“修剪”（TRIM）命令，修剪多余的线段，如图5-124所示。

08 选择“矩形”（RECTANG）命令，绘制一个3 700mm×1 200mm的矩形，如图5-125所示。

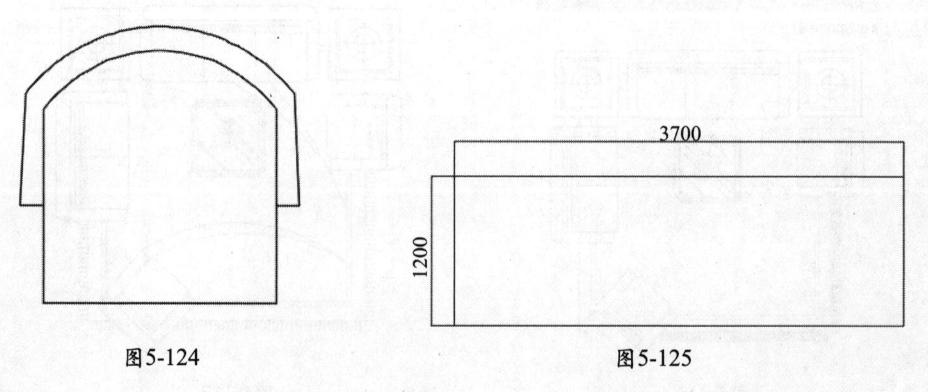

图5-124　　图5-125

09 选择“偏移”（OFFSET）命令，将矩形向内偏移100mm，如图5-126所示。

⑩ 选择“复制”（COPY）、“镜像”（MIRROR）和“旋转”（ROTATE）命令，将绘制好的椅子添加到办公桌旁，会议桌椅完成后的效果如图5-127所示。

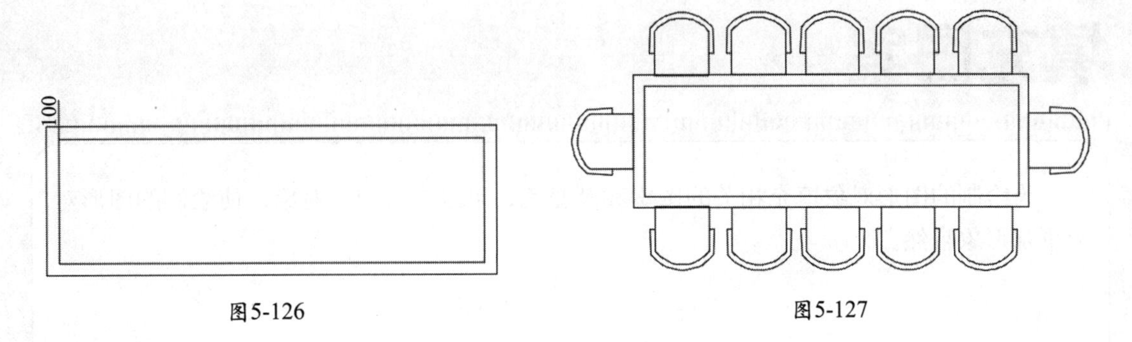

图5-126　　图5-127

练习

利用本章介绍的编辑命令绘制餐桌和餐椅，如图5-128所示。

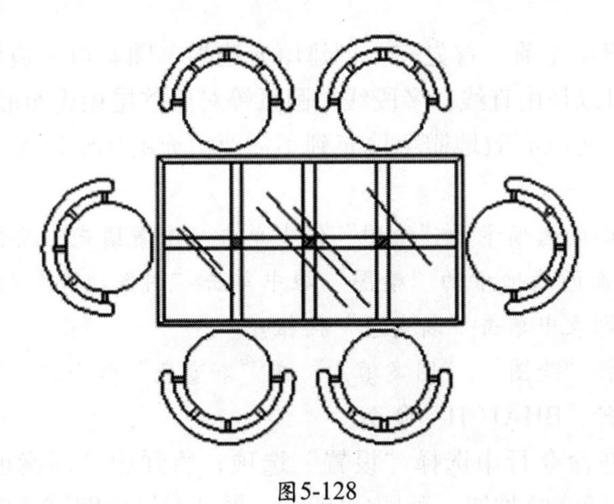

图5-128

AutoCAD

第6章 填充图案

为绘制的图形对象填充相关的图案和渐变色，可以丰富图形对象，使绘制的图形对象更加形象自然。

6.1 创建填充边界

在为图形进行图案填充前，首先需要创建填充边界，图案填充边界可以是圆形、矩形等单个封闭对象，也可以是由直线、多段线、圆弧等对象首尾相连而形成的封闭区域。

创建填充边界后，可以有效地避免填充到不需要填充的图形区域。调用该命令的方法如下。

- 在系统默认界面的选项卡的“绘图”组中单击“图案填充”按钮。
- 在系统默认界面的选项卡的“绘图”组中单击“图案填充”按钮右侧的按钮，在弹出的下拉列表中单击“渐变色”按钮。
- 在菜单栏中选择“绘图”|“图案填充”或“渐变色”命令。
- 在命令行中执行“BHATCH”命令。

执行上述命令并在命令行中选择“设置”选项，将弹出“图案填充和渐变色”对话框，单击该对话框右下角的按钮，如图6-1所示。展开对话框即可创建填充边界，如图6-2所示。

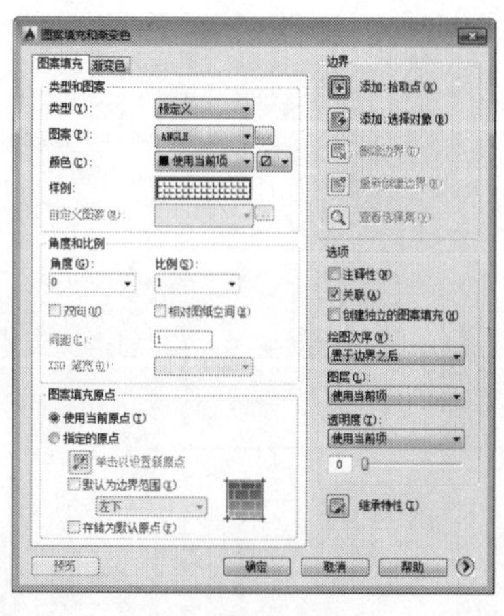

图6-1

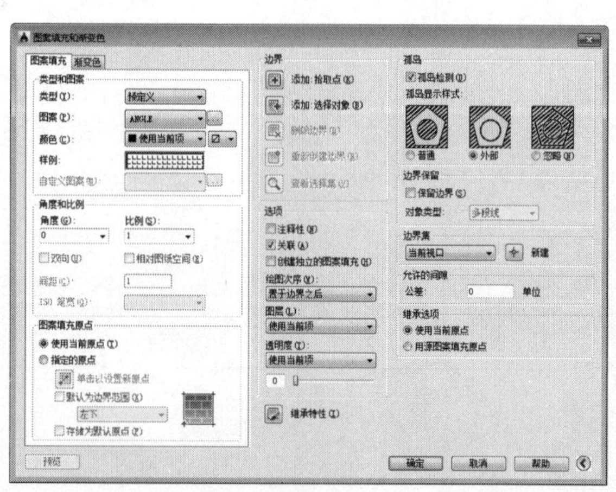

图6-2

在创建填充边界时，相关选项一般都保持默认设置，如果对填充方式有特殊要求，可以对相应选项进行设置，其中各选项的含义如下。

- ☑孤岛检测(D)复选框：指定是否把在内部边界中的对象包括为边界对象。这些内部对象称为孤岛。
- 孤岛显示样式：用于设置孤岛的填充方式。当指定填充边界的拾取点位于多重封闭区域内部时，需要在此选择一种填充方式，其填充方式包括如下三种。
  - ◆ 选择◉普通单选按钮，将从最外层的外边界向内边界填充，第一层填充，第二层不填充，第三层填充，如此交替进行，直到选择边界被填充完毕为止，效果与其上方的图形效果相同。
  - ◆ 选择◎外部单选按钮，将只填充从最外层边界向内第一层边界之间的区域，效果与其上方的图形效果相同。
  - ◆ 选择◎忽略(N)单选按钮，则忽略内边界，最外层边界的内部将被全部填充，效果与其上方的图形效果相同。
- "对象类型"下拉列表：用于控制新边界对象的类型。如果选择☑保留边界(S)复选框，则在创建填充边界时系统会将边界创建为面域或多段线，同时保留源对象，这样可以在其下拉列表中选择将边界创建为多段线还是面域。如果取消选择该复选框，则系统在填充指定的区域后将删除这些边界。
- "边界集"选项区域：指定使用当前视口中的对象还是使用现有选择集中的对象作为边界集，单击"选择新边界集"按钮，可以返回绘图区，选择作为边界集的对象。
- "允许的间隙"选项区域：将几乎封闭一个区域的一组对象视为一个闭合的图案填充边界。默认值为0，指定对象封闭以后该区域无间隙。

6.2 创建填充图案

在AutoCAD中，创建填充图案需要指定填充区域，然后才能对图形对象进行图案填充。

6.2.1 创建填充区域

填充边界内部区域即为填充区域，选择填充区域可以通过拾取封闭区域中的一点或拾取封闭对象两种方法进行。

1. 拾取填充点

拾取填充点必须在一个或多个封闭图形内部，AutoCAD会自动通过计算找到填充边界，具体操作如下。

01 打开"圆形.dwg"图形文件（光盘：\素材\第6章\圆形.dwg），在命令行中执行"BHATCH"命令，按【Enter】键确认输入，选择"设置"选项，弹出"图案填充和渐变色"对话框。

02 在该对话框中单击"边界"选项组中的"添加：拾取点(K)"按钮，如图6-3所示。返回绘图区，单击需要填充图案区域中的一点，这里单击如图6-4所示的长方形中的任意一点即可。

03 选择"设置"选项，返回"图案填充和渐变色"对话框。为了更好地查看效果，在“比例(S)”下拉列表中输入10，单击确定按钮。关闭对话框可以看到绘图区中的圆形已填充了图案，效果如图6-5所示。

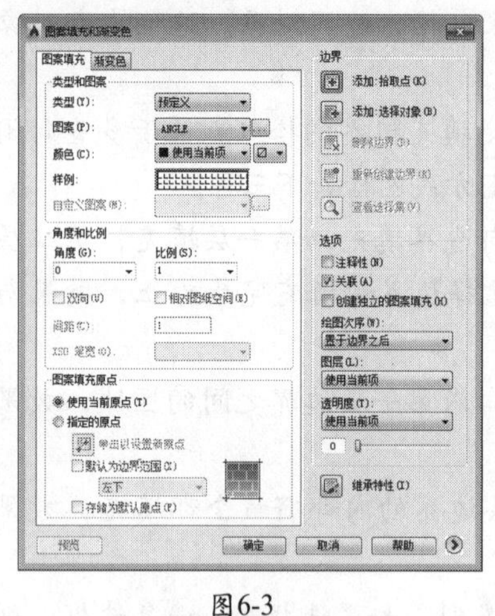

图6-3

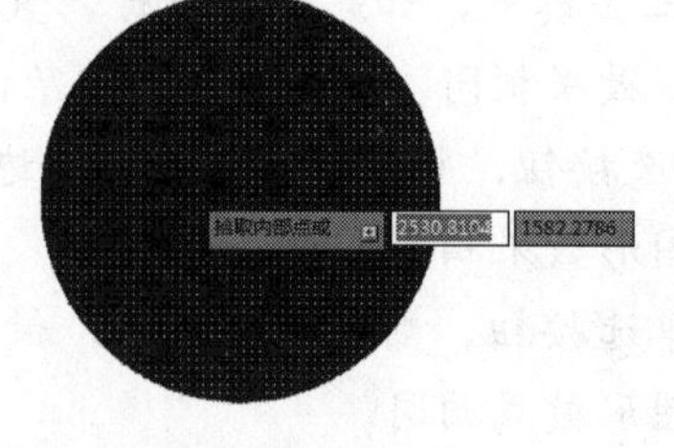

图6-4

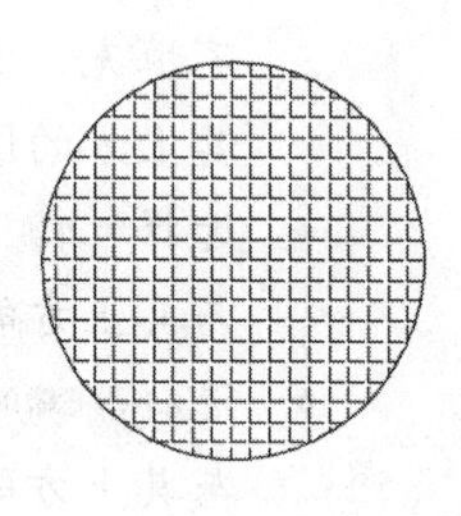

图6-5

2. 拾取填充对象

拾取的填充对象可以是一个封闭对象，如矩形、圆形、椭圆形和多边形等，也可以是多个非封闭对象，但是这些非封闭对象必须互相交叉或相交围成一个或多个封闭区域。具体操作如下。

01 打开“十字矩形.dwg”图形文件（光盘：\素材\第6章\十字矩形.dwg），在命令行中执行“BHATCH“命令，选择“设置”选项，弹出“图案填充和渐变色”对话框。

02 单击“边界”选项组中的“添加：选择对象(K)”按钮，返回绘图区，选择水平的矩形，如图6-6所示。

03 选择“设置”选项，返回“图案填充和渐变色”对话框。为了更好地查看效果，在“比例(S)”下拉列表中输入8，单击“确定“按钮。关闭对话框可以看到绘图区中的矩形已填充了图案，效果如图6-7所示。

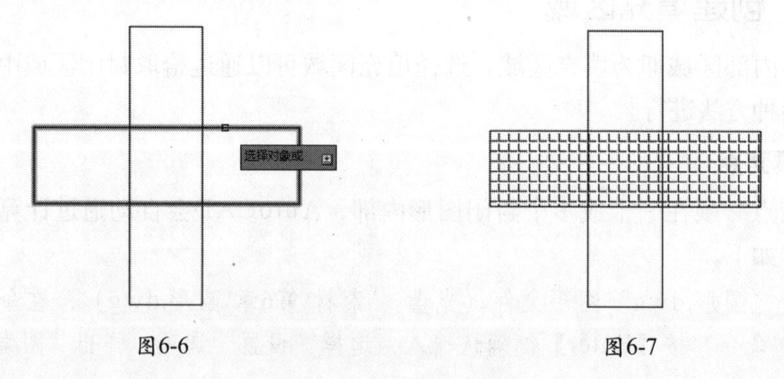

图6-6　　图6-7

注 意

如果拾取的多个封闭区域呈嵌套状，则系统默认填充外围图形与内部图形之间进行相减后的区域。此外，执行“BHATCH”命令后，系统会打开“图案填充创建”选项卡，在其中可进行相应的设置，大致与“图案填充和渐变色”对话框中的设置方法相同。

6.2.2 为对象创建填充图案

AutoCAD为了满足广大用户的需要，设置了多种填充图案，下面详细讲解为对象创建填充图案的方法，具体操作如下。

01 在命令行中执行“BHATCH”命令并选择“设置”选项，弹出“图案填充和渐变色”对话框，然后在“类型”下拉列表中设定图案填充类型，默认采用“预定义”图案类型。

02 单击“图案”下拉列表右侧的按钮，弹出“填充图案选项板”对话框。该对话框中有4个选项卡供用户选择，设置后单击“确定”按钮，如图6-8所示，返回“图案填充和渐变色”对话框。

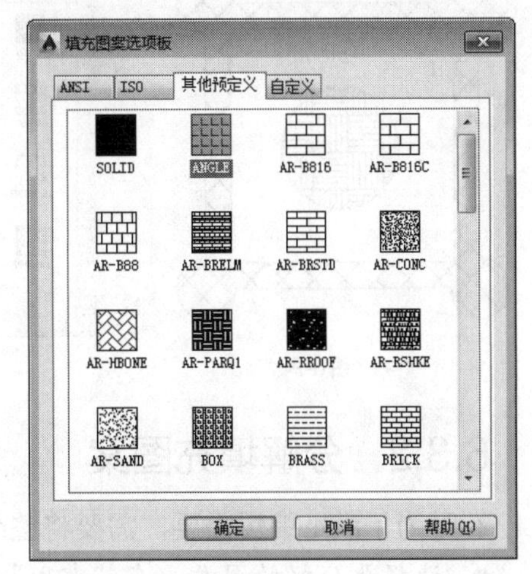

图6-8

03 在“角度(G)”下拉列表中选择填充图案的倾斜角度。在“比例(S)”下拉列表中指定填充图案的放大比例，该比例根据用户绘图的大小而定，若当前的绘图比例较大，可设置较大的图案填充比例。

04 单击对话框中“边界”选项组中的“添加：拾取点(K)”按钮，在绘图区中选择填充区域，然后选择“设置”选项，返回对话框中。单击“预览”按钮，返回绘图区预览填充图案后的效果，按【Esc】键返回对话框，然后单击“确定”按钮即完成填充。

6.3 编辑填充图案

如果对图形的填充图案不满意可以对其进行编辑，使其达到更理想的效果。编辑填充图案的操作包括快速编辑填充图案、分解填充图案、设置填充图案的可见性、修剪填充图案等，下面分别进行讲解。

6.3.1 快速编辑填充图案

快速编辑填充图案可以有效地提高绘图效果，调用该命令的方法如下。

- 直接在填充的图案上双击鼠标左键。
- 在命令行中执行“HATCHEDIT”命令。

快速编辑填充图案的具体操作如下。

01 打开“图形01.dwg”图形文件（光盘：\素材\第6章\图形01.dwg），如图6-9所示。在命令行中执行“HATCHEDIT”命令，具体操作过程如下。

```
命令:HATCHEDIT                    //执行HATCHEDIT命令
选择图案填充对象:                  //选择中心圆中的图案
```

02 选择填充的图案后，系统将自动弹出“图案填充编辑”对话框，单击“类型和图案”选项组中“图案”右侧的按钮，弹出“填充图案选项板”对话框。切换至“其他预定义”选项卡，在列表框中选择“ANGLE”选项，然后单击“确定”按钮，如图6-10所示。

03 返回“图案填充和渐变色”对话框，在“比例(S)”编辑框中输入5，然后单击“确定”按钮，返回绘图区即可看到完成填充后的效果，如图6-11所示。

图6-9

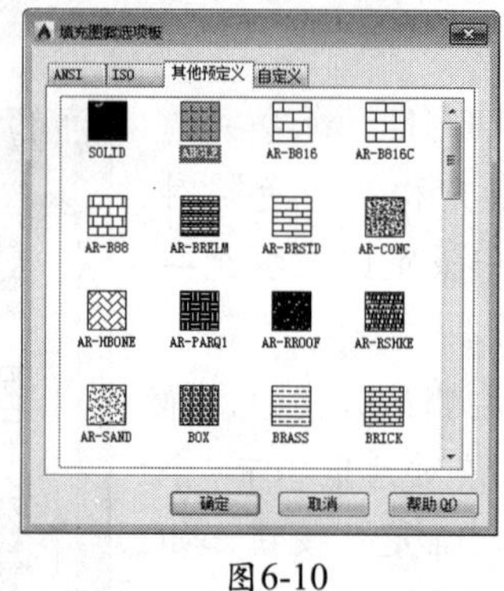

图6-10

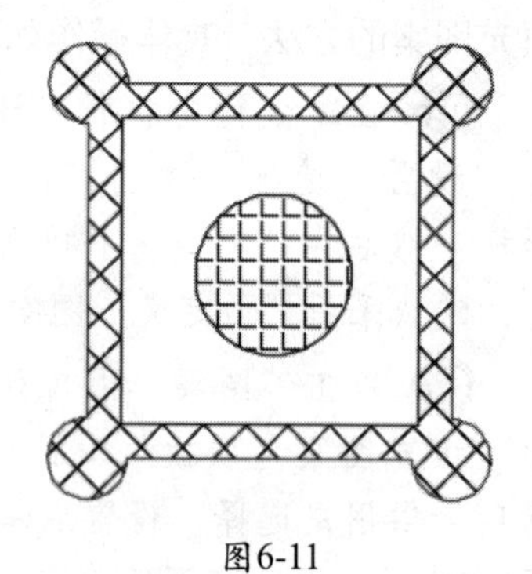

图6-11

6.3.2 分解填充图案

有时为了满足编辑需要，需要将整个填充图案进行分解。调用该命令的方法如下。

- 选择要分解的图案，在“常用”选项卡的“修改”组中单击“分解”按钮。
- 在命令行中执行“EXPLODE”命令。

分解填充图案的具体操作如下。

01 打开“晾衣柜.dwg”图形文件（光盘：\素材\第6章\晾衣柜.dwg），如图6-12所示。在命令行中执行“EXPLODE”命令，具体操作过程如下。

```
命令：EXPLODE                    //执行EXPLODE命令
选择对象：找到 1 个              //选择上侧的填充图案
选择对象：                       //按【Space】键确认选择
已删除图案填充边界关联性。       //系统当前提示
```

02 选择刚分解的图案，即可发现原来的整体对象变成了单独的线条，如图6-13所示。

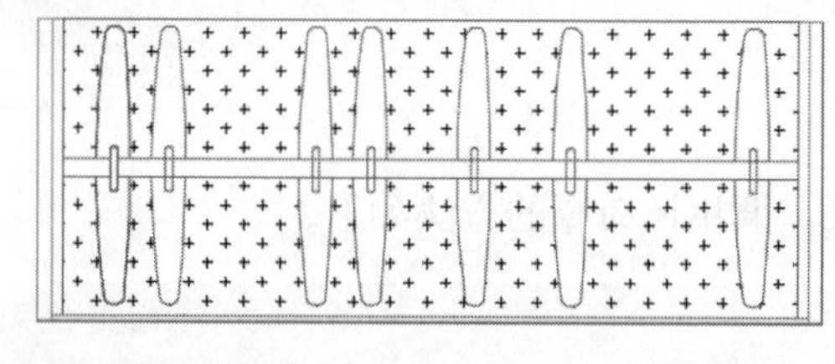

图6-12

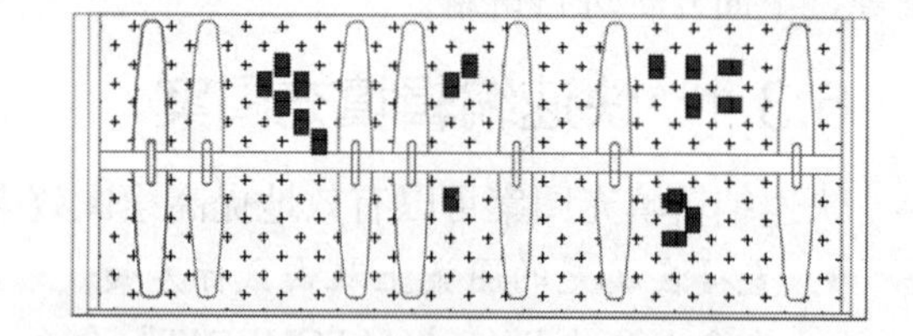

图6-13

注 意

被分解后的图案失去了与图形的关联性，不能再使用图案填充编辑命令对其进行编辑了。

6.3.3 设置填充图案的可见性

在绘制较大的图形时，需要花费较长时间等待图形中填充图案的生成，此时可关闭“填充”模式，从而提高显示速度。暂时将图案的可见性关闭，具体操作如下。

01 打开“室内平面图形.dwg”图形文件（光盘：\素材\第6章\室内平面图形.dwg），如图6-14所示。在命令行中执行“FILL”命令，具体操作过程如下。

```
命令：FILL                                   //执行FILL命令
输入模式[开(ON)/关 (OFF)] <开>:OFF            //选择“关”选项，即不显示填充图案
命令：REGEN                                  //执行REGEN命令
正在重生成模型                               //系统自动提示并重生成图像
```

02 在绘图区中即可发现原来填充的图案隐藏了，如图6-15所示（光盘：\场景\第6章\室内平面图形.dwg）。

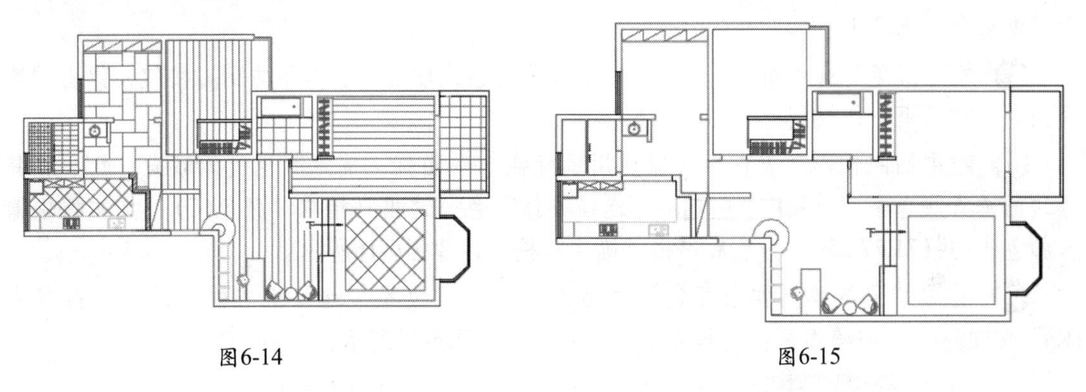

图6-14　　图6-15

6.3.4 修剪填充图案

修剪填充图案与修剪图形对象一样。调用该命令的方法如下。

- 在系统默认界面的选项卡的“修改”组中单击“修剪”按钮。
- 显示菜单栏，选择“修改”|“修剪”命令。
- 在命令行中执行“TRIM”或“TR”命令。

执行“TRIM”命令后，具体操作过程如下。

```
命令：TRIM                                   //执行TRIM命令
当前设置:投影=UCS，边=无                     //系统显示当前修剪设置
选择剪切边...                                //系统提示选择修剪边界
选择对象：找到 1个                           //选择其中一个图形对象
选择对象：找到 1 个，总计 2 个               //选择另一个图形对象
选择对象：                                   //按【Space】键结束对象的选择
选择要修剪的对象，或按住 Shift 键选择要延伸的对象，或 [投影(P)/边(E)/放弃(U)]:
                                             //选择要修剪的图形对象
选择要修剪的对象，或按住 Shift 键选择要延伸的对象，或 [投影(P)/边(E)/放弃(U)]:
                                             //修剪完成后，按【Space】键结束命令
```

6.4 渐变色填充

除了可以为图形对象填充图案外，还可以为图形对象填充渐变色彩。调用渐变色填充命令的方法如下。

- 在系统默认界面的选项卡的“绘图”组中单击“图案填充”按钮右侧的按钮，在弹出的下拉列表中单击“渐变色”按钮。
- 在菜单栏中选择“绘图”|“渐变色”命令。
- 在命令行中执行“GRADIENT”命令。

1. 填充单色渐变色

单色渐变填充是指从一种颜色到白色或黑色的过渡渐变，具体操作如下。

01 打开“图形02.dwg”图形文件（光盘：\素材\第6章\图形02.dwg），在命令行中执行“GRADIENT”命令，选择“设置”选项，弹出“图案填充和渐变色”对话框，默认显示“渐变色”选项卡。

02 在“颜色”选项组中选择 单色(O) 单选按钮，然后单击其下方的按钮，弹出“选择颜色”对话框，切换到“真彩色”选项卡。

03 在中间的色彩列表框中可以使用鼠标拖动图标，确定颜色大体倾向，然后在其旁边的垂直颜色条上拖动图标选择具体颜色，这里直接在“颜色(C):”文本框中输入颜色代码（71,77,250），然后单击“确定”按钮，如图6-16所示。

04 返回“图案填充和渐变色”对话框，单击“边界”选项组中的“添加：拾取点(K)”按钮，返回绘图区，选择左侧的小矩形，如图6-17所示。

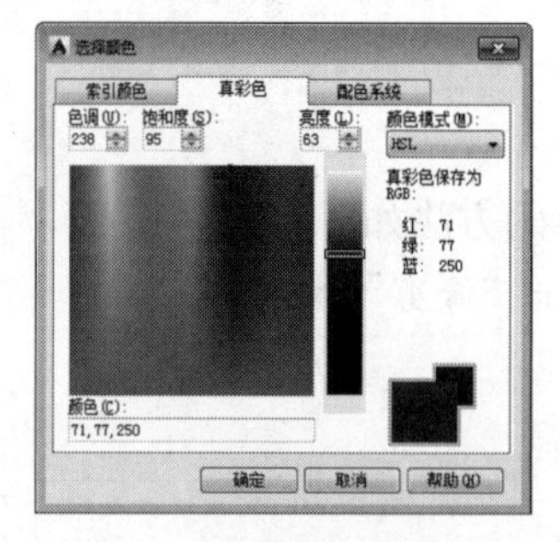

图6-16

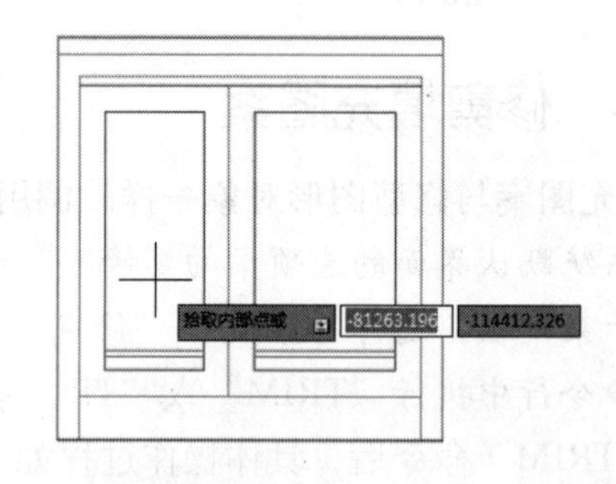

图6-17

05 选择“设置”选项，返回“图案填充和渐变色”对话框，在中间列表中选择填充样式，这里单击第一排第二个填充样式，然后单击“预览”按钮，如图6-18所示。

06 返回绘图区即可看到左侧小矩形对象被填充了颜色，然后按【Esc】键返回到“图案填充和渐变色”对话框，单击“确定”按钮，完成渐变色的填充操作，如图6-19所示。

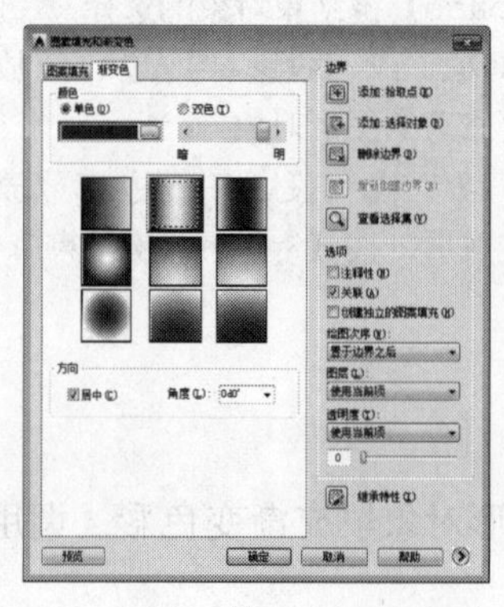

图6-18

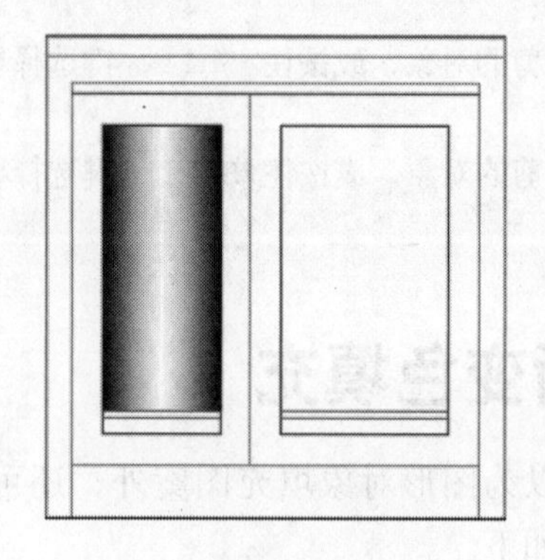

图6-19

在“渐变色”选项卡中各选项的含义如下。

- “居中”复选框：选择该复选框可以创建对称性的渐变，不选择此复选框，则渐变填充将向左上方变化，创建出光源从对象左边照射的图案效果。
- “删除边界”按钮：若用户选择了多个填充区域，则单击该按钮，可删除其部分填充区域。
- “查看选择集”按钮：单击此按钮可返回绘图区查看填充区域。
- “关联”复选框：控制填充图案是否与填充边界关联，即当改变填充边界时，填充图案是否也随着改变。一般保持选中状态。
- “绘图次序”下拉列表：指定图案填充的绘图顺序。图案填充可以放在其他所有对象之后、其他所有对象之前、图案填充边界之后或图案填充边界之前。
- “继承特性”按钮：在绘图区中选择已填充好的填充图案，在下次进行图案填充时将继承所选对象的参数设置。

注 意

在“选择颜色”对话框中有“索引颜色”“真彩色”“配色系统”3个选项卡供用户选择，以设置合适的颜色，上例打开的是“真彩色”选项卡。其他选项卡的操作方法与之类似。

2. 填充双色渐变色

填充双色渐变色就是使用两种颜色对图形对象进行填充，具体操作方法如下。

01 将“图案填充和渐变色”对话框切换至“渐变色”选项卡，在“颜色”选项组中选择“双色”单选按钮，单击“颜色1”上的[...]按钮，弹出“选择颜色”对话框，选择第一种颜色。

02 单击“颜色2”上的[...]按钮，弹出“选择颜色”对话框，选择第二种颜色，返回“渐变色”选项卡，选择填充区域后，再设置颜色显示样式和其他参数，最后单击“确定”按钮，返回绘图区即可查看填充双色渐变色的效果。

6.5 实战演练

6.5.1 编辑双人床图案

下面以编辑双人床图案为例，综合练习本节所讲的知识。

01 打开“双人床.dwg”图形文件（光盘：\素材\第6章\双人床.dwg），在命令行中执行“HATCH”命令，具体操作过程如下。

```
命令:HATCH                    //执行HATCH命令
选择图案填充对象:              //选择床单的填充图案，然后选择“设置”选项
```

02 弹出“图案填充编辑”对话框，单击“类型和图案”选项组中“图案”右侧的[...]按钮，弹出“填充图案选项板”对话框。切换至“其他预定义”选项卡，在列表框中选择“AR-CONC”选项，然后单击“确定”按钮，如图6-20所示。

03 返回“图案填充和渐变色”对话框，在“类型和图案”选项组中将“颜色(C)”设置为“青”。在“角度和比例”选项组中，在“角度(G)”编辑框中输入180，在“比例(S)”编辑框中输入50，然后单击“确定”按钮，如图6-21所示。返回绘图区即可看到设置后的效果，如图6-22所示。

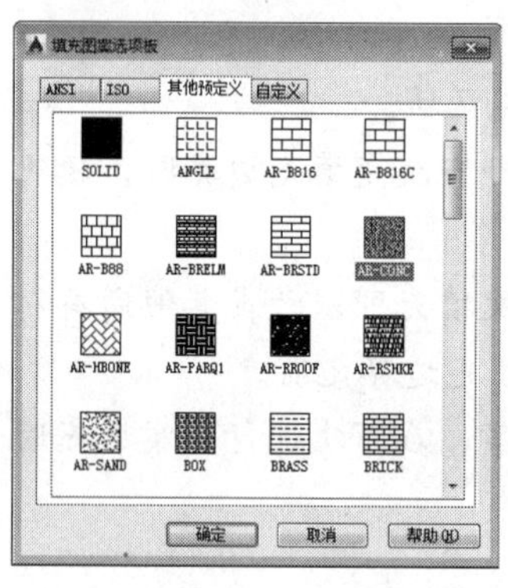

图6-20

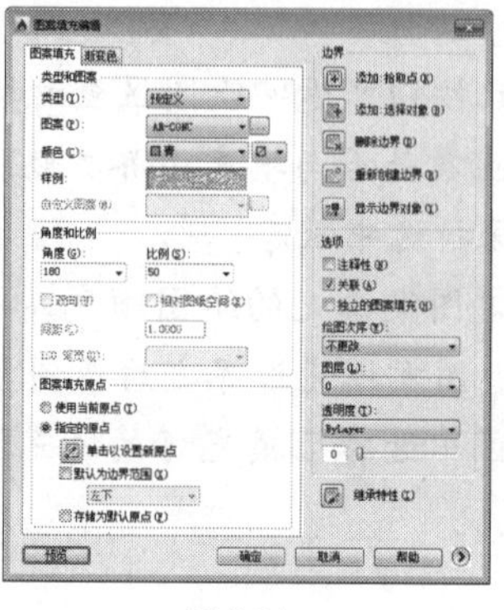

图6-21

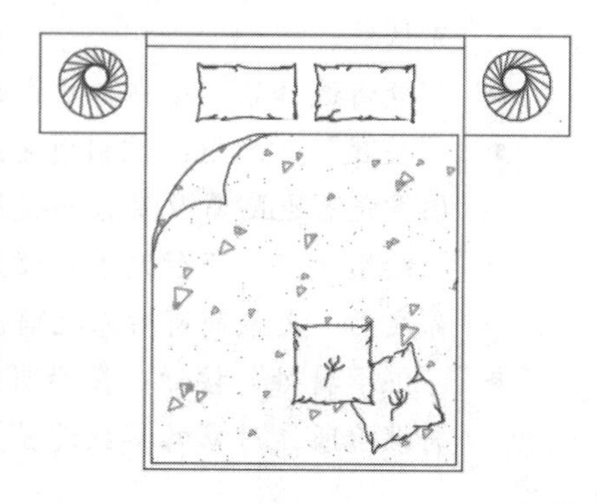

图6-22

04 在命令行中执行“TRIM”命令，具体操作过程如下。

```
命令: TRIM                                  //执行TRIM命令
                                            //按【Space】键
当前设置:投影=UCS，边=不延伸                 //系统显示当前修剪设置
选择要修剪的对象，或按住 Shift 键选择要延伸的对象，或 [投影(P)/边(E)/放弃(U)]:
                       //选择要修剪的图形对象，这里选择如图6-23所示的图案
选择要修剪的对象，或按住 Shift 键选择要延伸的对象，或 [投影(P)/边(E)/放弃(U)]:
                       //修剪完成后，按【Space】键结束命令
```

05 修剪完成后的效果如图6-24所示。

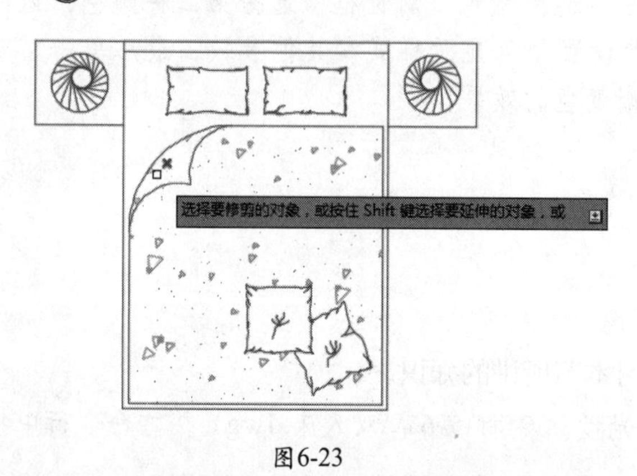

图6-23

图6-24

6.5.2 利用图案填充绘制音箱

在了解了AutoCAD 2015中为绘制的图形对象填充相关图案和渐变色的方法后，本节将通过一个简单实例的实现过程，来加深大家对相关知识的理解和掌握。

01 打开“音箱.dwg”图形文件（光盘：素材\第6章\音箱.dwg），在命令行中执行“BHATCH”命令并选择“设置”选项，弹出“图案填充和渐变色”对话框，切换到“图

案填充”选项卡。

02 单击“图案”右侧的按钮，弹出“填充图案选项板”，选择“ANSI”选项卡，选择“ANSI31”图案，如图6-25所示。

03 单击“确定”按钮，单击“颜色”右侧的下三角按钮，在弹出的下拉列表中选择“选择颜色”命令，弹出“选择颜色”对话框，将“颜色(C)”设置为17，单击“确定”按钮，如图6-26所示。

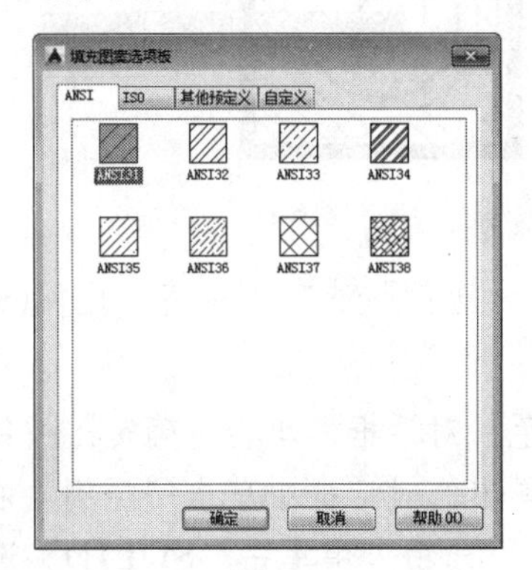

图6-25

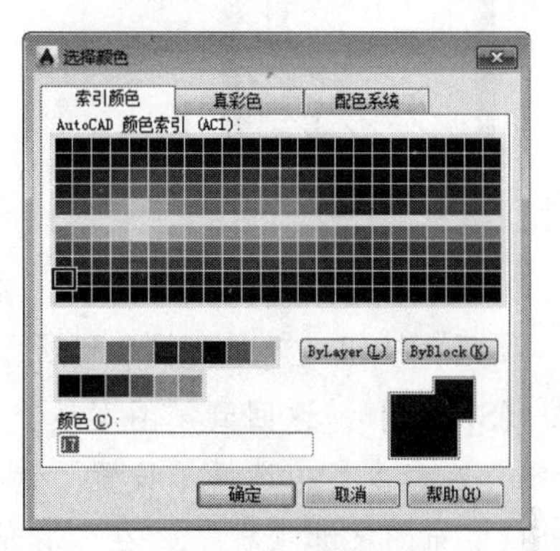

图6-26

04 返回“图案填充和渐变色”对话框，单击“添加:拾取点(K)”按钮，在场景中选择如图6-27所示的图形。在命令行中选择“设置”选项，再返回到“图案填充和渐变色”对话框中。

05 将“比例(S)”设置为4，单击“确定”按钮。在命令行中执行“BHATCH”命令并选择“设置”选项，弹出“图案填充和渐变色”对话框。单击“图案”右侧的按钮，弹出“填充图案选项板”，在该对话框中选择“其他预定义”选项卡，选择“SOLID”，单击“确定”按钮，如图6-28所示。

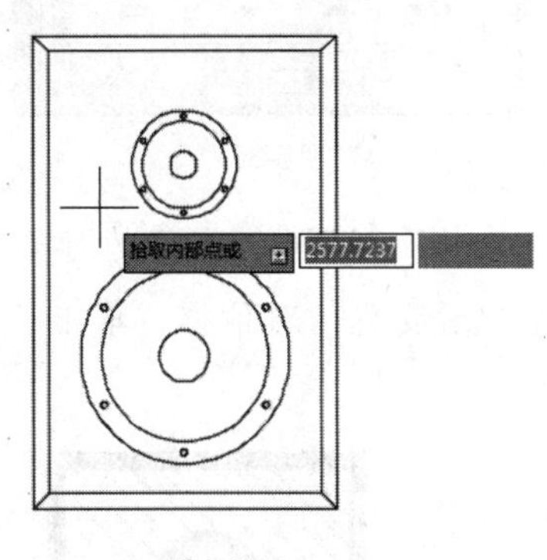

图6-27

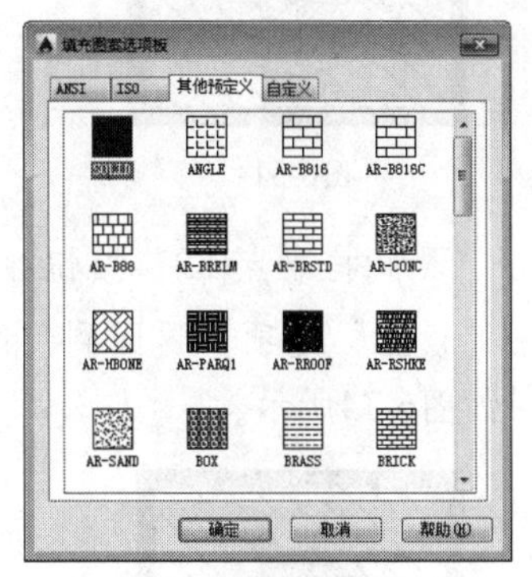

图6-28

06 单击“添加:拾取点(K)”按钮，然后在场景中拾取如图6-29所示的对象。

07 在命令行中选择“设置”选项，返回到“图案填充和渐变色”对话框，单击“确定”按钮。按两次【Space】键，在命令行中选择“设置”选项，打开“图案填充和渐变色”对话框，单击“图案”右侧的按钮，弹出“填充图案选项板”，在该对话框中选择“其他预定义”选项卡，选择“AR-SAND”图案。

08 单击“颜色”右侧的下拉按钮，在弹出的下拉列表中选择“黑”，单击“边界”

选项组中的“添加:拾取点(K)”按钮，在场景中选择如图6-30所示的对象。

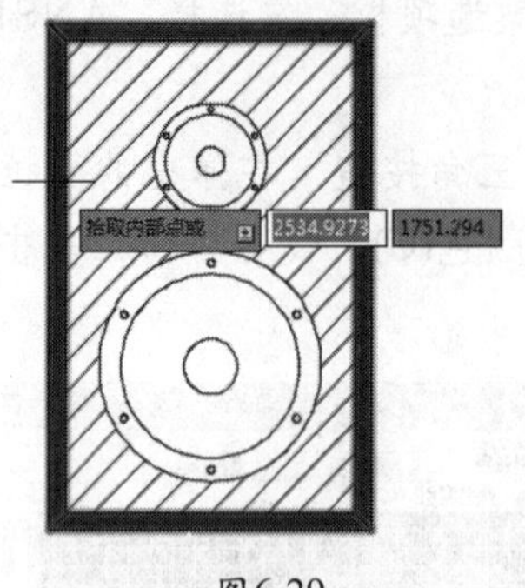

图6-29

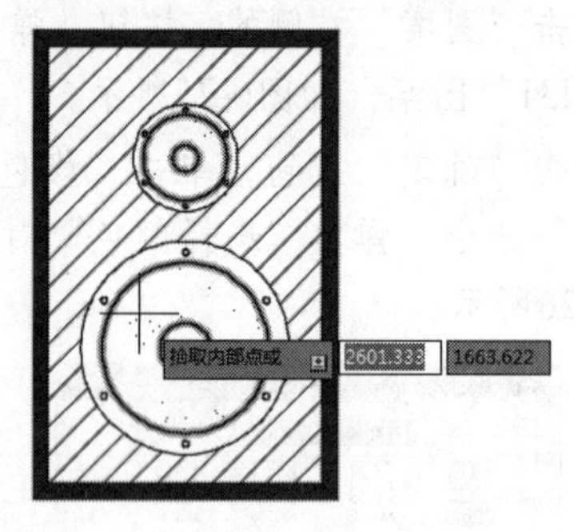

图6-30

09 在命令行中选择“设置”选项，在“角度和比例”选项组中将“比例(S)”设置为0.1，单击“预览”按钮，效果如图6-31所示。

10 按【Space】键返回到“图案填充和渐变色”对话框，单击“确定”按钮。按两次【Space】键，在命令行中选择“设置”选项，在弹出的对话框中单击“样例”右侧的预览图像，弹出“填充图案选项板”，在“其他预定义”选项卡中单击“SOLID”选项，单击“确定”按钮，如图6-32所示。

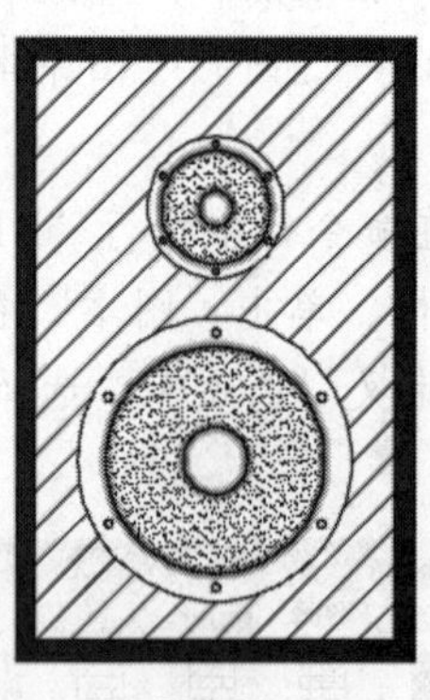
图6-31

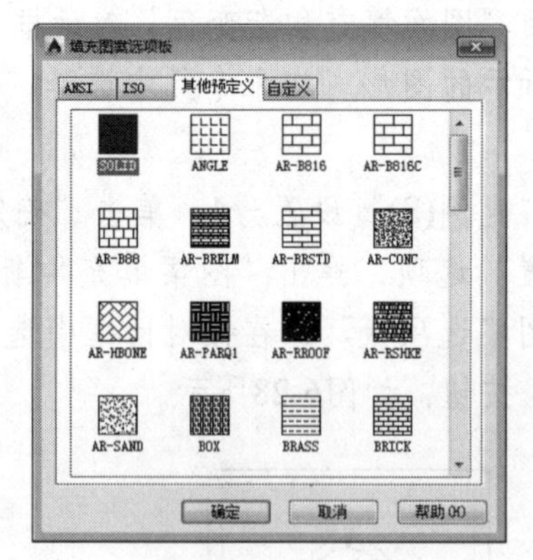

图6-32

11 单击“添加:拾取点(K)”按钮，在场景中拾取如图6-33所示的对象。

12 单击“设置”选项，返回到“图案填充和渐变色”对话框，单击“确定”按钮，完成后的效果如图6-34所示。

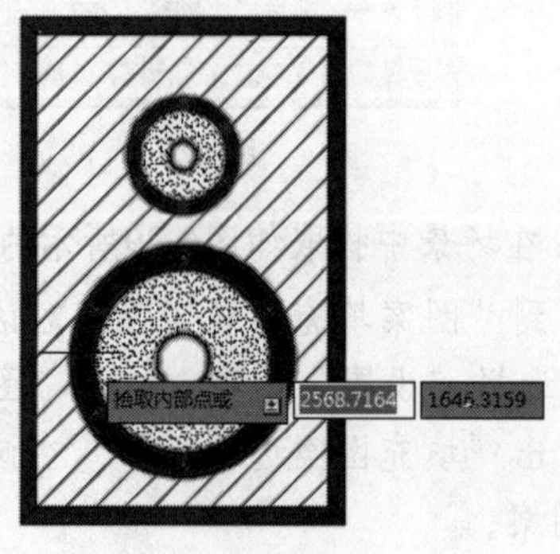

图6-33

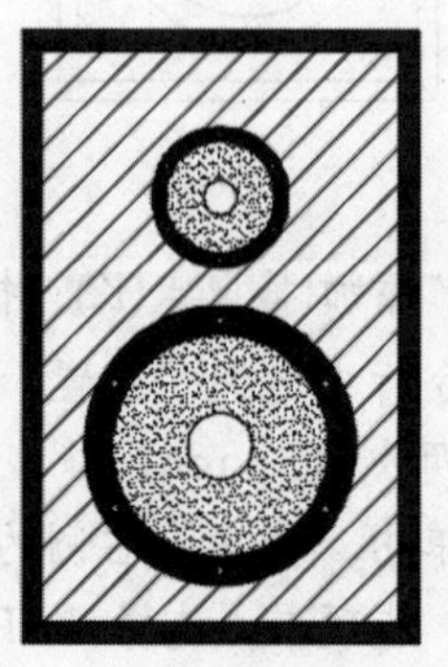
图6-34

⑬ 按【Space】键确认输入，选择场景中的所有对象，在“默认”选项卡中单击“修改”选项组中的“复制”按钮，然后在场景中指定基点，如图6-35所示。

⑭ 将对象向左向右各复制一个，复制完成后按【E】键退出复制，效果如图6-36所示。

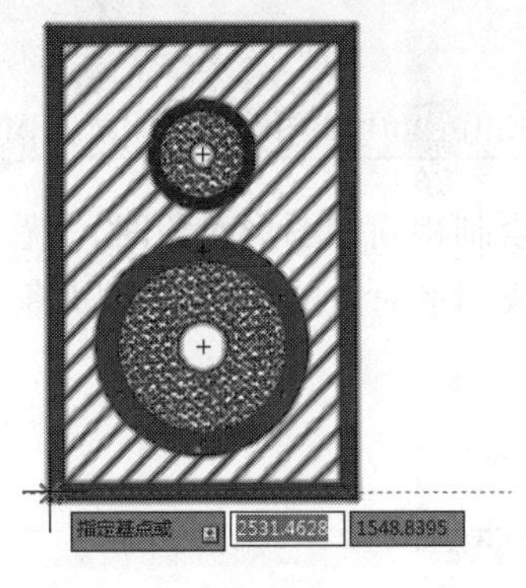

图6-35

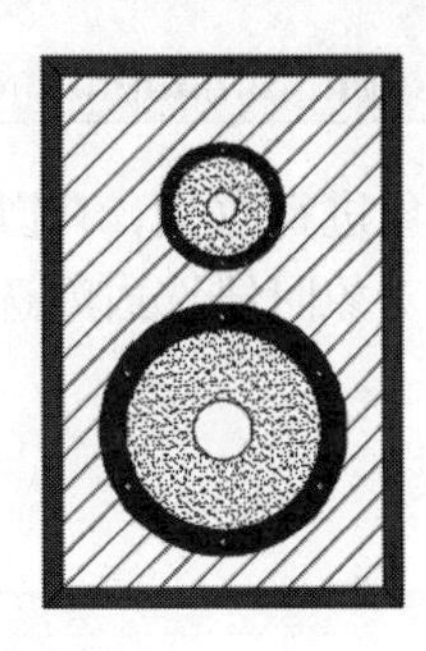
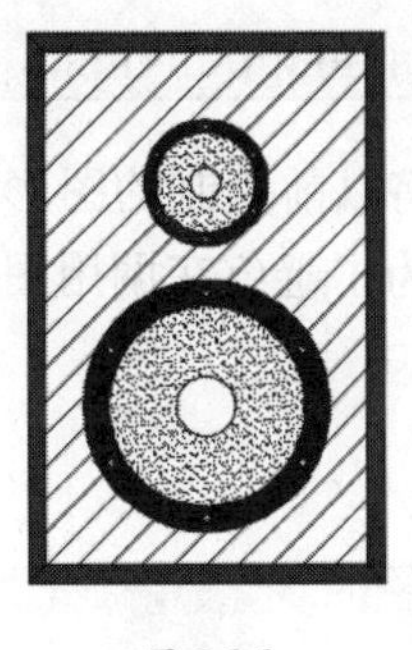
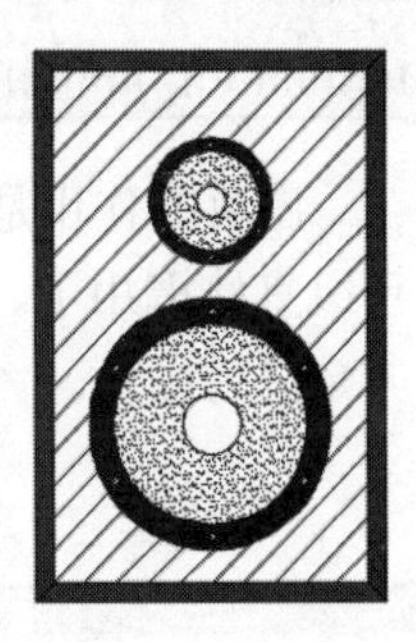

图6-36

⑮ 选择左侧的音箱，单击“修改”选线组中的“缩放”按钮，然后指定缩放基点，将“比例因子”设置为0.75，完成后的效果如图6-37所示。

⑯ 使用同样的方法将右侧的音箱进行缩放，将“比例因子”设置为0.75，完成后的效果如图6-38所示。

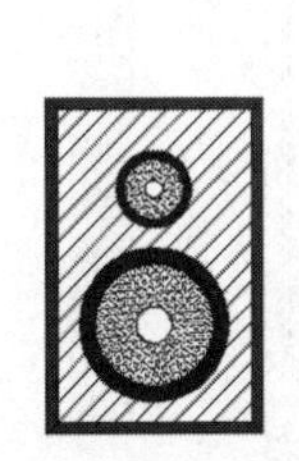
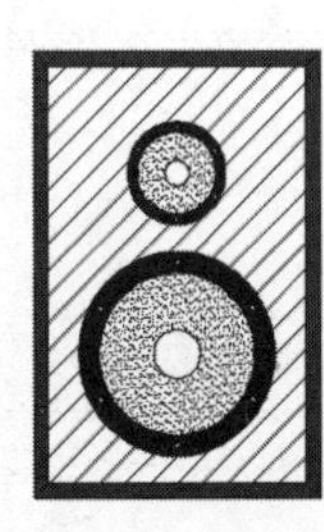
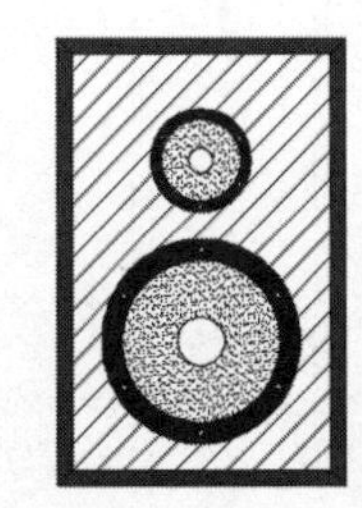

图6-37

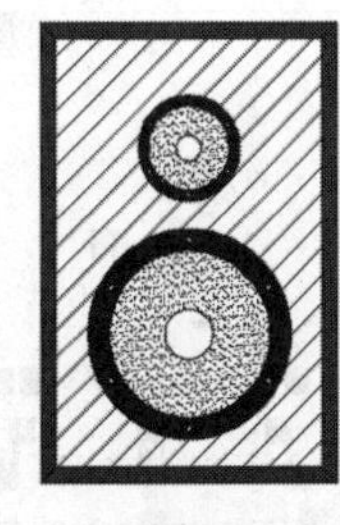
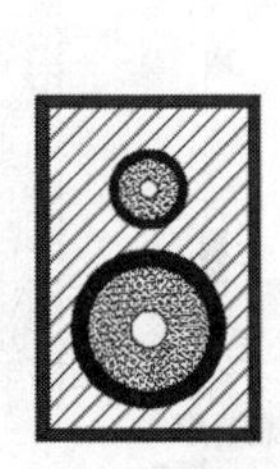
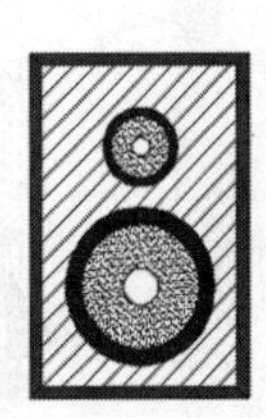

图6-38

练习

利用本章所介绍的命令绘制一扇门，如图6-39所示。

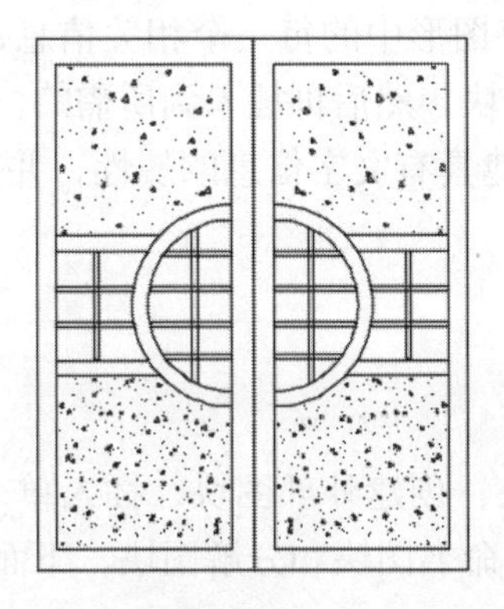

图6-39

AutoCAD

第7章 图 块

图块的作用是将以前绘制的图形对象进行收集，在以后绘制相同的图形对象时，就可以直接调用了。为了避免在调用图形对象时错选或漏选组成图形对象的元素，可以将其定义为图块。

7.1 图块的特点

图块是一组图形对象的总称，是一个整体，但块中的对象拥有各自的属性且互不影响。非图块和图块的区别，如图7-1所示。图块多用于绘制重复、复杂的图形。

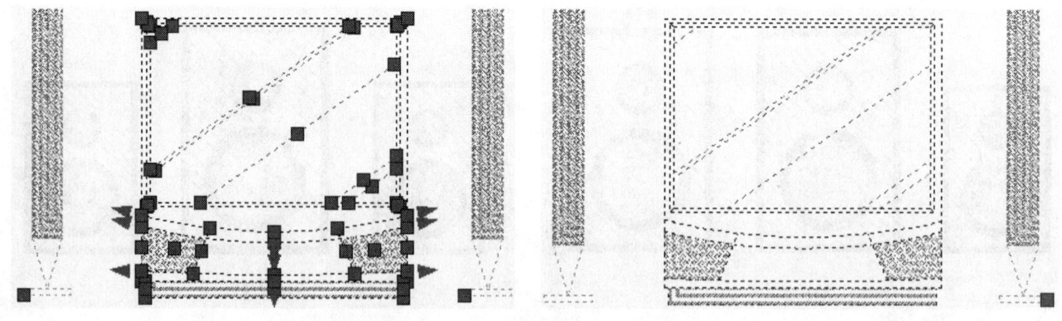

图7-1

在使用AutoCAD进行绘图的过程中，经常需要绘制一些重复出现的图形，如果把这些图形做成图块并以文件的形式保存于计算机中，当需要使用时再将其调出，可以避免大量的重复工作，从而提高工作效率。

在绘图的过程中，若要保存图形中的每一个相关信息，会占用大量的空间，因此可以把这些相同的图形先定义成一个块，然后再插入到所需的位置，以节省大量的存储空间。

AutoCAD还允许为图块创建具有文字信息的属性，并在插入图块时可设置是否显示这些属性。

7.2 使用图块

使用图块包括创建内部图块、创建外部图块、插入单个图块、插入多个图块、通过设计中心插入图块、删除图块、重命名图块和分解图块，下面分别进行讲解。

7.2.1 创建内部图块

内部图块存储在图形文件内部，因此只能在存储了该图块的文件中使用，不能在其他图形文件中使用。创建内部图块的方法如下。

- 在系统默认界面选项卡的“块”组中单击“创建”按钮。
- 在菜单栏中选择“绘图”|“块”|“创建”命令。
- 在命令行中执行“BLOCK”或“B”命令。

创建内部块的具体操作如下。

01 打开“创建块.dwg”图形文件（光盘：\素材\第7章\创建块.dwg），在命令行中执行“BLOCK”命令，弹出“块定义”对话框。

02 在“名称”文本框中输入要定义的图块名称，这里输入“洗手池”，然后单击“对象”选项组中的“选择对象”按钮，如图7-2所示。

03 返回绘图区，选择需要定义为块的图形，这里选择绘图区中所有的图形对象，如图7-3所示。

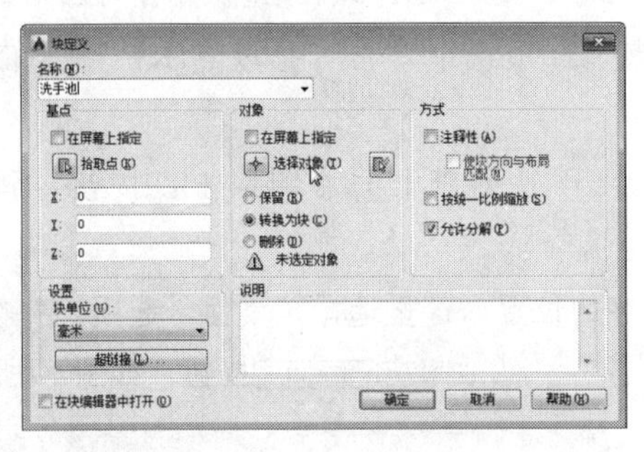

图7-2

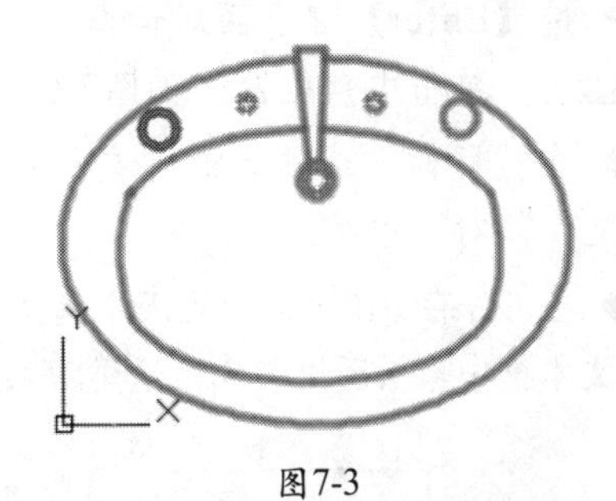

图7-3

04 按【Enter】键，单击“基点”选项组中的“拾取点(K)”按钮，返回绘图区，指定一点作为图块的基点。这里单击中心点位置，如图7-4所示。

05 返回“块定义”对话框，此时在“名称(N)”文本框右侧，系统将显示该图块创建的图标。在“块单位(U)”下拉列表中可以选择通过设计中心拖放块到绘图区时的缩放单位，这里保持默认设置。

06 在“说明”文本框中输入该图块的说明文字，也可不输入。单击“确定”按钮，即可完成该图块的定义，如图7-5所示。

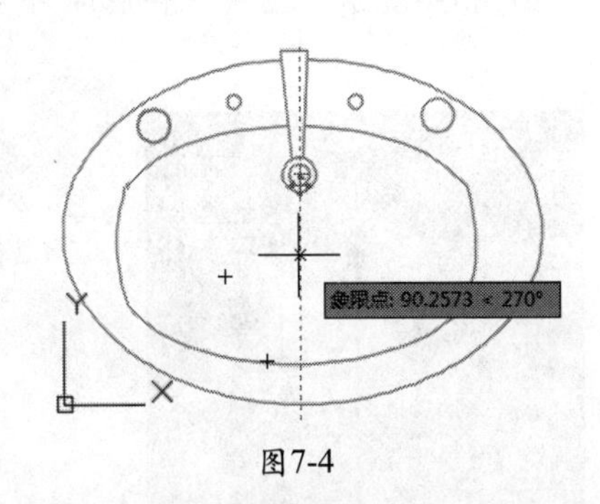

图7-4

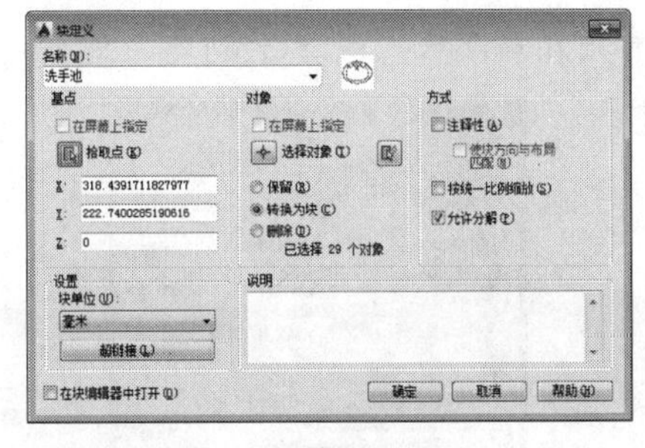

图7-5

在“块定义”对话框的“对象”选项组中，各单选按钮的含义如下。

- 保留(R)单选按钮：选择该单选按钮，则被定义为图块的源对象仍然以原格式保留在绘图区中。
- 转换为块(C)单选按钮：选择该单选按钮，则在定义内部图块后，绘图区中被定义为图块的源对象同时被转换为图块。
- 删除(D)单选按钮：选择该单选按钮，则在定义内部图块后，将删除绘图区中被定义为图块的源对象。

7.2.2 创建外部图块

外部图块与内部图块恰恰相反，它是以文件的形式保存到计算机中，随时都可以对其进行调整。在命令行中执行“WBLOCK”或“W”命令，即可创建外部图块，具体操作如下。

01 打开“写块.dwg”图形文件（光盘：\素材\第7章\写块.dwg），在命令行中执行“WBLOCK”命令，弹出“写块”对话框。

02 在“源”选项组中选择对象(O)单选按钮，在“对象”选项组中单击“选择对象”按钮，然后返回绘图区中选择需定义为块的图形，这里选择绘图区中所有的图形。

03 按【Enter】键返回对话框，在“基点”选项组中单击“拾取点(K)”按钮，然后返回绘图区，单击中点位置，如图7-6所示。

04 在“目标”选项组的“文件名和路径”下拉列表框的右侧单击…按钮，弹出“浏览图形文件”对话框。

05 在“保存于(I)”下拉列表中选择需要保存的位置，这里选择“桌面”选项，并在“文件名(N)”文本框中输入图块名称，这里输入文本“床”，然后单击保存(S)按钮，如图7-7所示。

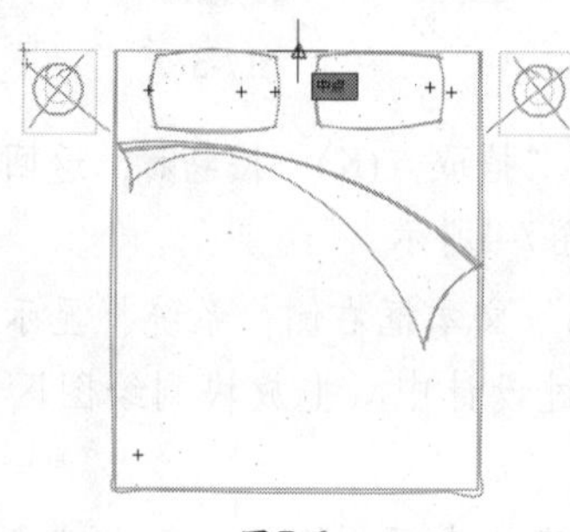

图7-6

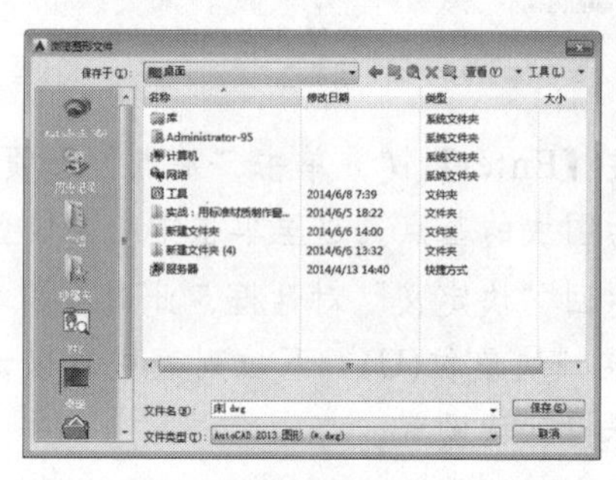

图7-7

06 返回“写块”对话框，单击“确定”按钮，如图7-8所示。图块保存后即可在保存的位置看到外部图块，如图7-9所示。

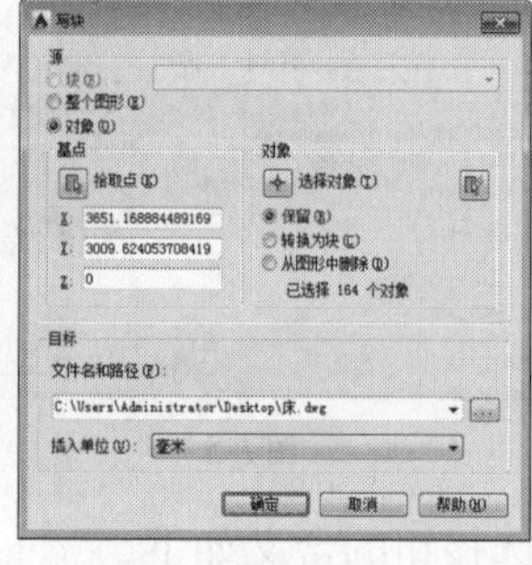

图7-8

图7-9

7.2.3 插入单个图块

图块创建完毕后，在绘制图形的过程中就可以将其插入到需要的位置。插入单个内部图块与外部图块的方法完全一样，方法如下。

- 在系统默认界面的选项卡的“块”组中单击“插入”按钮。
- 在菜单栏中选择“插入”|“块”命令。
- 在命令行中执行“INSERT”或“DDINSERT”命令。

以插入所创建的外部图块“轴套”为例，讲解插入图块的方法，具体操作方法如下。

01 启动AutoCAD 2015，在命令行中执行“INSERT”命令，弹出“插入”对话框。

02 单击“名称”下拉列表右侧的 浏览(B)... 按钮，弹出“选择图形文件”对话框，在“查找范围”下拉列表中选择图块的目标位置，在“名称”列表框中选择“床.dwg”图形文件（光盘：\素材\第7章\床.dwg），然后单击 打开(O) 按钮，如图7-10所示。

03 返回“插入”对话框，单击 确定 按钮，如图7-11所示。在绘图区中指定插入点即可插入图块。

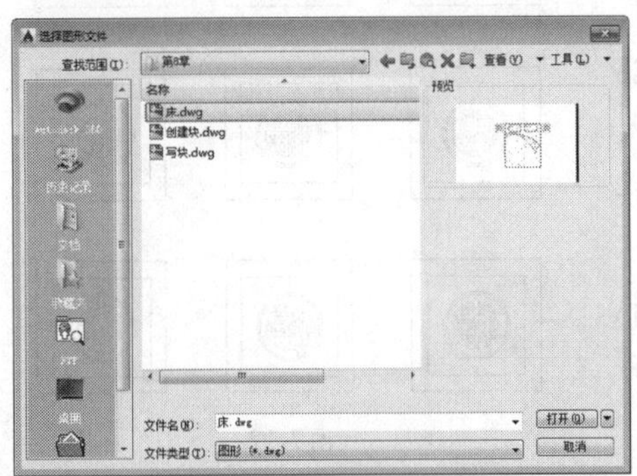

图7-10

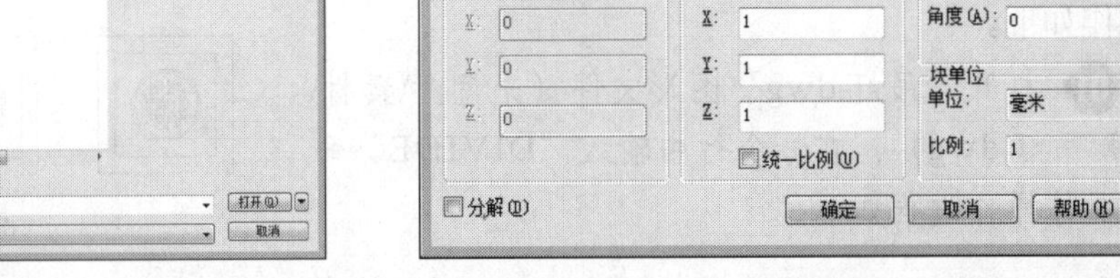

图7-11

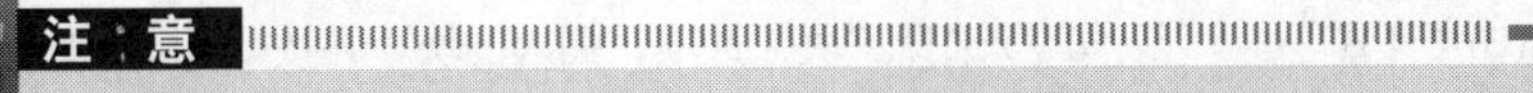

注 意

若要插入内部图块，在“插入”对话框的“名称”下拉列表中选择需要的图块名称，然后单击 确定 按钮即可，但该操作必须在保存内部图块的图形文件中进行。

7.2.4 插入多个图块

若要一次插入多个相同的图块，可以使用阵列、定数等分和定距等分的方式。

1. 以阵列方式插入多个图块

阵列方式是在需要插入多个相同的图块时，以矩形阵列的方式将其插入到图形中。在命令行中执行“MINSERT”命令，具体操作方法如下。

01 打开“壁画.dwg”图形文件（光盘：\素材\第7章\壁画.dwg），在命令行中输入“MINSERT”命令，具体操作过程如下。

```
命令：MINSERT                                //执行MINSERT命令
输入块名或 [?]:壁画
        //输入外部图块的路径及名称，这里直接采用内部图块，所以直接按【Enter】键
```

```
单位：毫米    转换：      1.0000         //系统自动显示
指定插入点或 [基点(B)/比例(S)/X/Y/Z/旋转(R)]:
                                        //在绘图区中单击指定第一个图块的插入点
输入 X 比例因子，指定对角点，或 [角点(C)/XYZ(XYZ)] <1>:
                                        //X方向上不缩放（默认为1），直接按【Space】键
输入 Y 比例因子或 <使用 X 比例因子>：   //使用X方向的缩放比例，直接按【Space】键
指定旋转角度 <0>: 0                     //输入旋转角度，这里输入0，并按【Space】键
输入行数 (---) <1>: 3                   //指定阵列行数，这里输入3，并按【Space】键
输入列数 (|||) <1>: 3                   //指定阵列列数，这里输入3，并按【Space】键
输入行间距或指定单位单元 (---):600
                                        //指定阵列的行间距，这里输入600，并按【Space】键
指定列间距 (|||): 600                   //指定阵列的列间距，这里输入600，并按【Space】键
```

02 以阵列方式插入图块的效果如图7-12所示（光盘：\场景\第7章\壁画.dwg）。

图7-12

2. 以定数等分方式插入多个图块

使用定数等分方式插入图块时，只能插入内部图块，不能插入外部图块。使用定数等分方式插入多个图块，要在命令行中执行“DIVIDE”命令，具体操作如下。

01 打开“吊灯.dwg”图形文件（光盘：\素材\第7章\吊灯.dwg），在命令行中输入“DIVIDE”命令，具体操作过程如下。

```
命令: DIVIDE                            //执行DIVIDE命令
选择要定数等分的对象:                   //选择绘图区中的直线，如图7-13所示
输入线段数目或 [块(B)]: B               //选择“块”选项，插入图块，并按【Space】键
输入要插入的块名:吊灯
                              //指定要插入图块的名称，这里输入“吊灯”，并按【Enter】键
是否对齐块和对象? [是(Y)/否(N)] <Y>:N
                 //指定是否将图块与所选对象对齐，这里选择“否”选项，并按【Space】键
输入线段数目:4               //指定要将所选对象等分的线段数，这里输入4，并按【Space】键
```

02 以定数等分方式插入图块，效果如图7-14所示（光盘：\场景\第7章\吊灯.dwg）。

图7-13

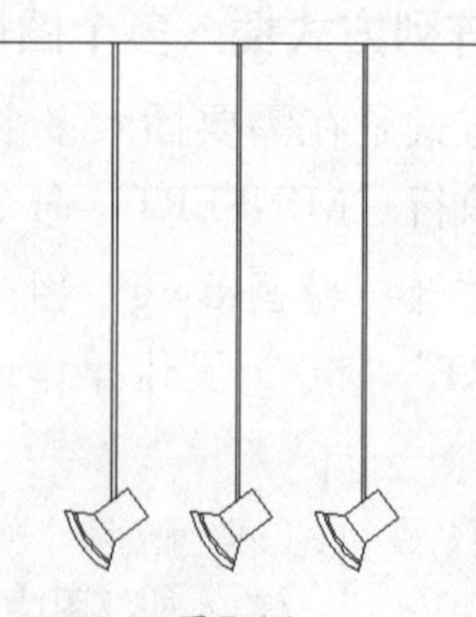

图7-14

3. 以定距等分方式插入多个图块

以定距等分方式插入多个图块与以定数等分方式插入多个图块的方法类似，在命令行中执行“MEASURE”命令即可，具体操作过程如下。

```
命令：MEASURE                              //执行MEASURE命令
选择要定距等分的对象：                      //选择被等分的对象
指定线段长度或 [块(B)]：B                   //选择“块”选项，并按【Space】键
输入要插入的块名：                          //输入要插入的块的名称，并按【Enter】键
是否对齐块和对象？[是(Y)/否(N)] <Y>:Y
            //指定是否将图块与所选对象对齐，这里选择“是”选项，并按【Space】键
指定线段长度：                              //输入间隔长度，按【Space】键
```

7.2.5 通过设计中心插入图块

设计中心是AutoCAD绘图的一项特色，设计中心包含了多种图块，通过它可方便地将这些图块应用到图形中。打开“设计中心”窗口的方法如下。

- 在“视图”选项卡的“选项板”组中单击“设计中心”按钮。
- 在菜单栏中选择“工具”|“选项板”|“设计中心”命令。
- 按【Ctrl+2】组合键。

执行上述命令后，都能打开“设计中心”选项板，在其中调用图块的具体方法如下。

01 将图块直接拖动到绘图区中，按照默认设置将其插入，如图7-15所示。

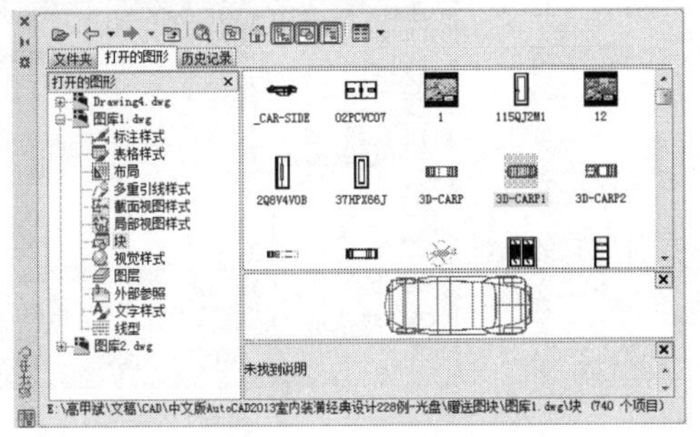

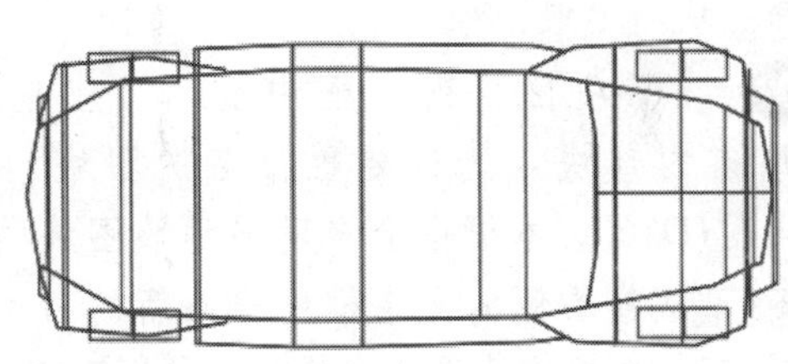

图7-15

02 在内容区域中的某个项目上单击鼠标右键，在弹出的快捷菜单中选择“插入为块”命令。

03 双击相应的图块，将弹出“插入”对话框，若双击填充图案将弹出“边界图案填充”对话框，通过这两个对话框可以将图块插入到绘图区中。

注 意

将“设计中心”选项板中的图块添加到绘图区中，该选项板不会关闭，用户还可根据需要继续添加，若不需要添加，可单击选项板左上角的“关闭”按钮，关闭该选项板。

7.2.6 删除图块

删除内部图块文件与删除计算机中的其他文件一样简单，其删除方法如下。

- 在菜单栏中选择“文件”|“图形实用工具”|“清理”命令。
- 在命令行中执行“PURGE”命令。

删除内部图块的具体操作方法如下。

01 在命令行中执行“PURGE”命令，弹出“清理”对话框，选择“查看能清理的项目”单选按钮。

02 在“图形中未使用的项目”列表框中双击“块”选项，显示当前图形文件中的所有内部图块，然后选择要删除的图块，单击“清理”按钮，如图7-16所示。

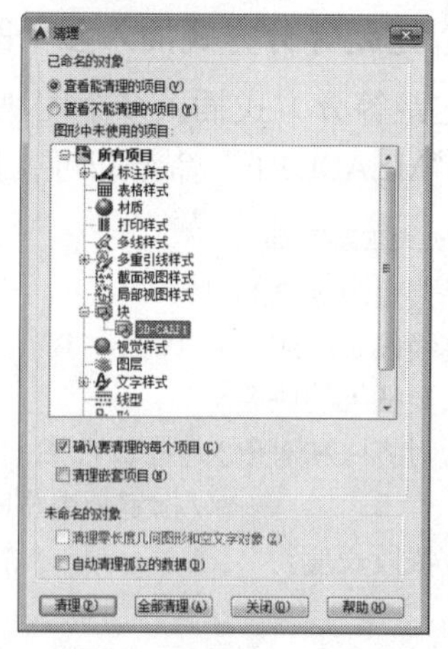

图7-16

注 意

在“清理”对话框中单击“全部清理”按钮，可删除该图形文件中的所有内部图块。

7.2.7 重命名图块

对于内部图块文件，可直接在保存目录中进行重命名，其方法比较简单。在命令行中执行“RENAME”或“REN”命令即可对内部图块进行重命名，具体操作如下。

01 在命令行中执行“RENAME”命令，弹出“重命名”对话框，然后在左侧的“命名对象(N)”列表框中选择“块”选项。

02 在“项目”列表框中显示了当前图形文件中的所有内部块，选择要重命名的图块，在下方的“旧名称(D)”文本框中会自动显示该图块的名称。在“重命名为(R):”按钮右侧的文本框中输入新的名称，然后单击“重命名为(R):”按钮确认重命名操作，如图7-17所示。

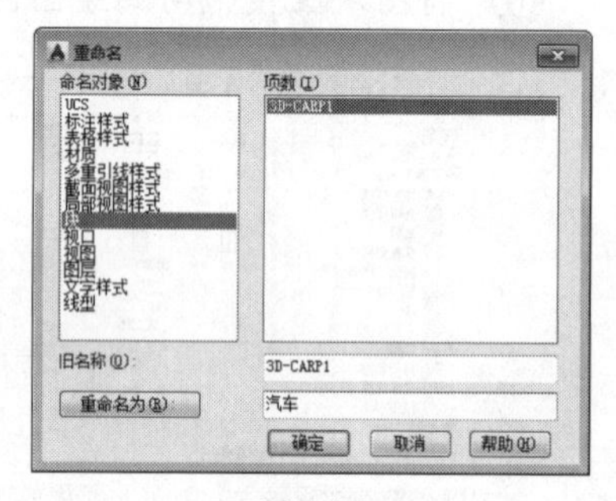

图7-17

03 单击“确定”按钮关闭“重命名”对话框。如需重命名多个图块名称，可在该对话框中继续选择要重命名的图块，然后进行相关操作，最后单击“确定”按钮关闭对话框。

7.2.8 分解图块

由于插入的图块是一个整体，有时因为绘图的需要对其分解，这样才能使用各种编辑命令对其进行编辑。分解图块的操作方法如下。

- 在系统默认界面的选项卡的“修改”组中单击“分解”按钮。
- 在菜单栏中选择“修改”|“分解”命令。
- 在命令行中执行“EXPLODE”或“X”命令。

执行上述命令后，按【Enter】键即可分解图块。图块被分解后，其各个组成元素变为独立的对象，然后可对各个独立对象分别进行编辑。

如果插入的图块是以等比例方式插入，分解后它将成为原始对象组件；如果插入图块时在x、y、z轴方向上设置了不同的比例，则图块可能被分解成未知的对象。

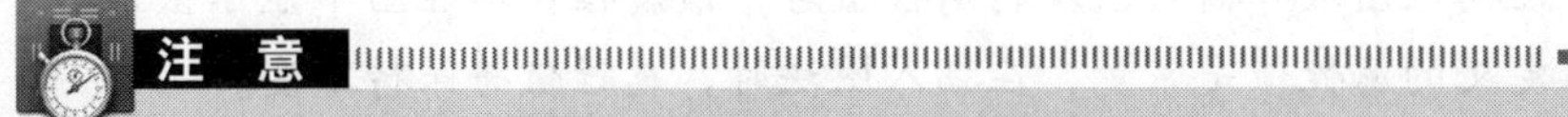

对于多段线、矩形、多边形和填充图案等对象也可以使用“EXPLODE”命令进行分解，但直线、样条曲线、圆、圆弧和单行文字等对象不能被分解，使用阵列命令插入的块也不能被分解。

7.3 设置图块属性

图块属性不能独立存在和使用，只有在插入块的过程中才会出现。图块属性可以是块的名称、用途、部件号及机件的型号等。

7.3.1 定义并编辑属性

图块的属性反映了图块的非图形信息。图块属性和图块一样，都可以进行修改。下面分别对定义属性和编辑属性的方法进行讲解。

1. 定义属性

属性是所创建的包含在块定义中的对象，它包括标记（标识属性的名称）、插入块时显示的提示、值的信息、文字样式、位置和任何可选模式。定义属性的方法如下。

- 在系统默认界面的选项卡的“块”组中单击“定义属性”按钮。
- 在“插入”选项卡的“属性”组中单击“定义属性”按钮。
- 在命令行中执行“ATTDEF”或“ATT”命令。

对图块属性进行定义的具体操作如下。

01 打开“五角枫.dwg”图形文件（光盘：\素材\第7章\五角枫.dwg），用创建内部块的方法将其创建为内部图块。

02 在命令行中执行“ATTDEF”命令，弹出“属性定义”对话框，在“属性”选项组的“标记(I)”文本框中输入“植物”，在“提示(M)”文本框中输入“五角枫”，在“默认(L)”文本框中输入“植物”。

03 在“文字设置”选项组的“对正(J)”下拉列表中选择“左对齐”选项，在“文字高度(E)”文本框中输入200，如图7-18所示，然后单击确定按钮。

04 返回绘图区，单击图块右边的位置，定义属性后的图块效果如图7-19所示（光盘：\场景\第7章\五角枫.dwg）。

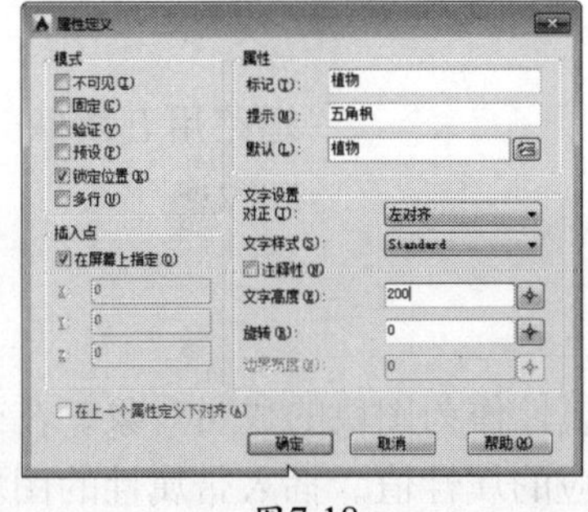

图7-18

图7-19

“属性定义”对话框的“模式”选项组用于设置属性的模式，部分复选框的含义如下。

- 不可见(I) 复选框：在插入图块并输入图块的属性值后，该属性值不在图中显示出来。
- 固定(C) 复选框：定义的属性值是常量，在插入图块时，属性值将保持不变。
- 验证(V) 复选框：在插入图块时，系统将对用户输入的属性值给出校验提示，以确认输入的属性值是否正确。
- 预设(P) 复选框：在插入图块时，将直接以图块默认的属性值插入。

2. 编辑属性

由于种种原因，图块插入完成后，可能还需对某些属性值进行修改。下面为“编辑属性.dwg”图形文件编辑图块属性，具体操作方法如下。

01 打开“编辑块属性.dwg”图形文件（光盘：\素材\第7章\编辑块属性.dwg），用定义内部块的方法将打开的素材重新定义为一个新的图块，图块名称为“植物-五角枫”，如图7-20所示。在定义时选择如图7-21所示的圆心点作为基点。

图7-20

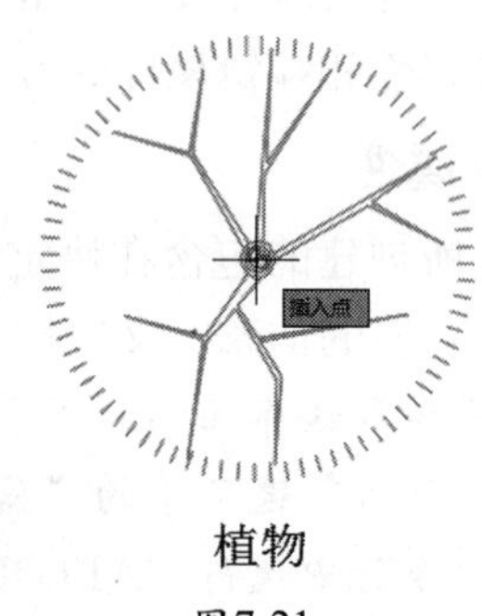

图7-21

02 单击 确定 按钮，弹出“编辑属性”对话框，在第一个文本框中输入“道路用五角枫”，单击 确定 按钮，如图7-22所示。

03 返回绘图区即可看到编辑属性后的效果，如图7-23所示（光盘：\场景\第7章\编辑块属性.dwg）。

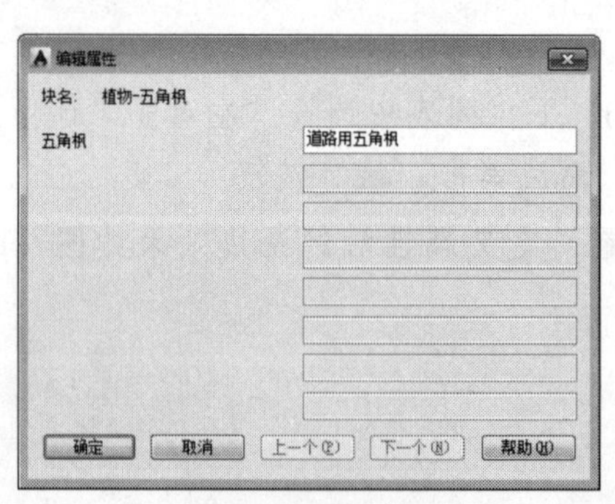

图7-22

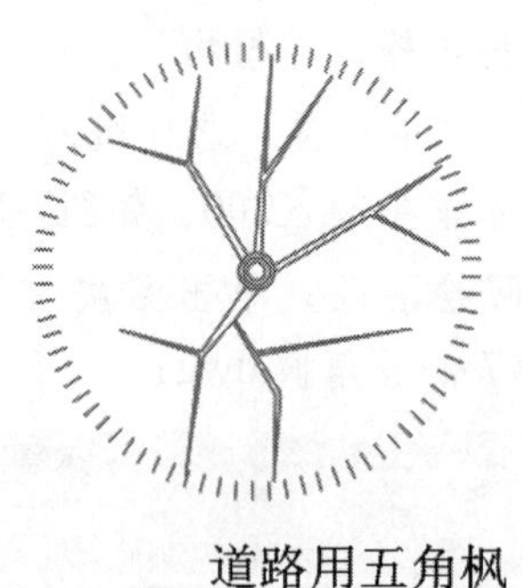

图7-23

7.3.2 插入带属性的图块

在创建带有属性的图块时，需要同时选择块属性作为图块的成员对象。在带有属性的图块创建完成后，即可在插入图块时为其指定相应的属性值。插入带属性的图块有以下两种方式。

- 在系统默认界面的选项卡的“块”组中单击“插入”按钮。
- 在命令行中执行“INSERT”或“I”命令。

插入带属性的图块的具体操作方法如下。

01 打开“插入带属性的图块.dwg”图形文件（光盘：\素材\第7章\插入带属性的图块.dwg），在命令行中执行“INSERT”命令。

02 弹出“插入”对话框，在“名称(N)”下拉列表中选择要插入的图块“灯”，其他参数保持默认设置，如图7-24所示。

03 单击 确定 按钮，返回绘图区，在需要插入图块的位置单击鼠标左键，即指定插入带属性图块的插入点。

04 插入带属性图块的效果如图7-25所示（光盘：\场景\第7章\插入带属性的图块.dwg）。

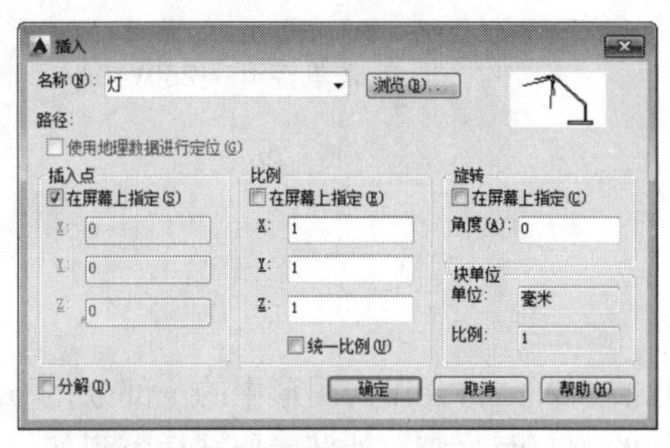

图7-24

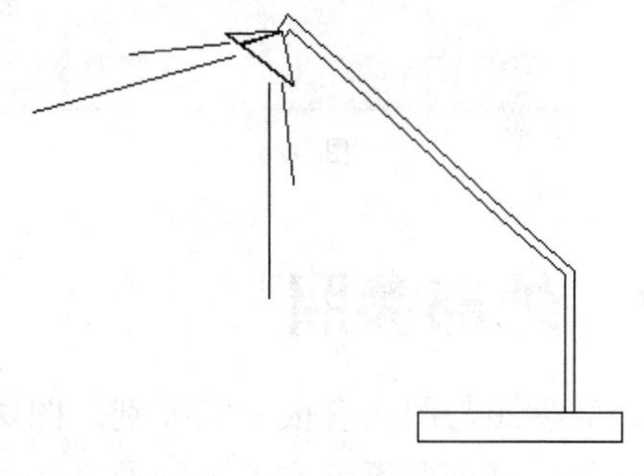

图7-25

7.3.3 修改属性

插入带属性的图块后，若选择带属性的块，单击“编辑属性”按钮，将显示“增强属性编辑器”对话框，如图7-26所示。列出选定的块实例中的属性并显示每个属性的特性。如果觉得属性值不符合此时的要求，还可以对其进行修改，方法如下。

- 在命令行中执行“DDATTE”或“ATE”命令。
- 在命令行中执行“DDATTE”命令修改图块属性值，需要在选择定义了属性的图块后，打开“编辑属性”对话框，如图7-27所示。在该对话框中可以为属性图块指定新的属性值，但不能编辑文字选项或其他特性。

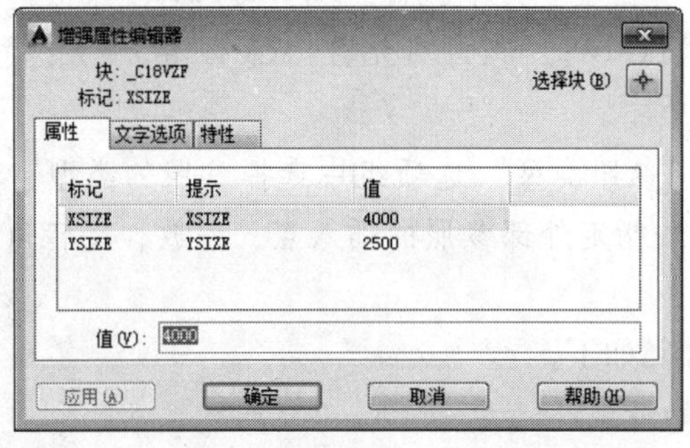

图7-26

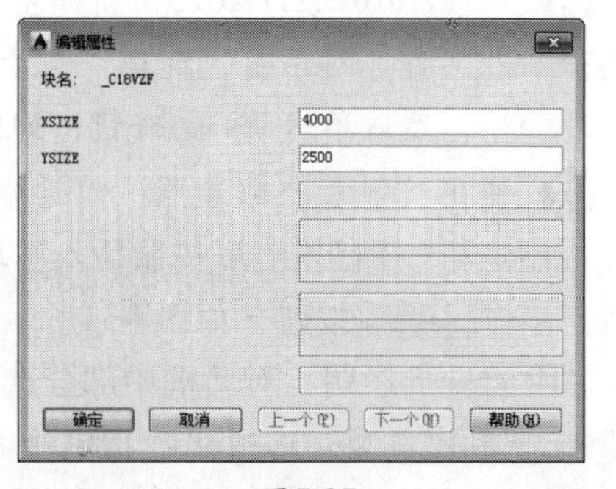

图7-27

下面以在命令行中执行命令来修改图块属性为例，练习本节所讲的知识，具体操作方法如下。

01 打开“修改属性.dwg”图形文件（光盘：\素材\第7章\修改属性.dwg），在命令行中执行“DDATTE”命令，选择绘图区中的图块。

02 弹出“编辑属性”对话框，在第一个文本框中输入“单联单控开关250V10A”，然后单击确定按钮，如图7-28所示。

03 返回绘图区即可看到修改属性后的效果，如图7-29所示。

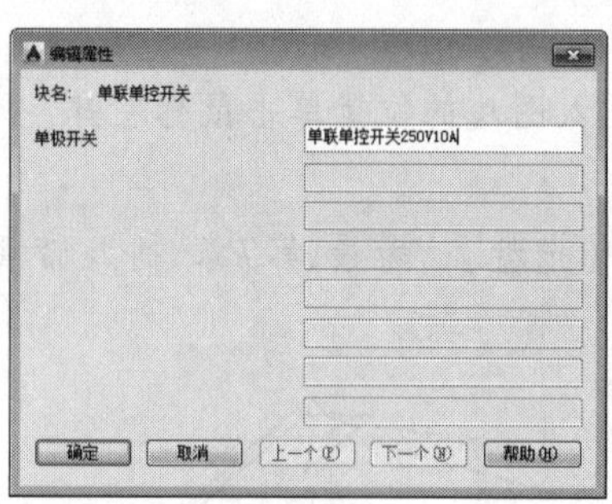

图7-28

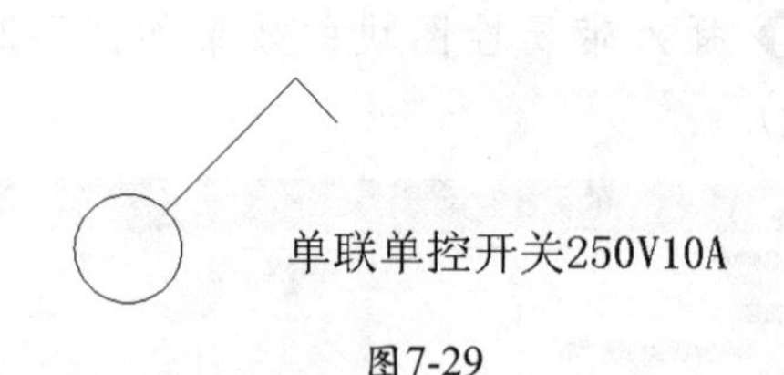

图7-29

7.4 外部参照

外部参照与图块有很大的区别，图块一旦被插入，将会作为图形中的一部分，与原来的图块没有任何联系，它不会随原来图块文件的改变而改变。外部参照被插入到某一个图形文件中时，虽然也会显示，但不能直接编辑，它只是起链接作用，将参照图形链接到当前图形中。

7.4.1 附着外部参照

附着外部参照也就是将存储在外部媒介上的外部参照链接到当前图形中的一种操作。调用该命令的方法如下。

- 在“插入”选项卡的“参照”组中单击“附着”按钮。
- 在命令行中执行“XATTACH”或“ATTACH”命令。

执行上述命令后，其操作方法如下。

01 启动AutoCAD 2015，新建空白文档，在命令行中执行“XATTACH”命令，弹出“选择参照文件”对话框，选择“附着外部参照.dwg”文件（光盘：\素材\第7章\附着外部参照.dwg），然后单击打开(O)按钮，如图7-30所示。

02 弹出“附着外部参照”对话框，在“参照类型”选项组中选择参照的类型，这里选择附着型(A)单选按钮，然后按照插入图块的方法指定外部参照的插入点、缩放和旋转角度等参数，单击确定按钮，如图7-31所示。

“附着外部参照”对话框中部分选项的含义如下。

- “参照类型”选项组：指定外部参照的类型。
- 附着型(A)单选按钮：选择该单选按钮，表示指定外部参照将被附着而非覆盖。附着外部参照后，每次打开外部参照原图形时，对外部参照文件所做的修改都将反映在插入的外部参照图形中。

- 覆盖型(O) 单选按钮：选择该单选按钮，表示指定外部参照为覆盖型，当图形作为外部参照被覆盖或附着到另一个图形时，任何附着到该外部参照的嵌套覆盖图都将被忽略。
- “路径类型(P)”下拉列表：指定外部参照的保存路径，将路径类型设置为“相对路径”之前，必须保存当前图形。

注 意

在“视图”选项卡的“选项板”组中单击“外部参照”选项板按钮，打开如图7-32所示的“外部参照”选项板，在选项板上方单击“附着DWG”按钮，也可以打开“选择参照文件”对话框。

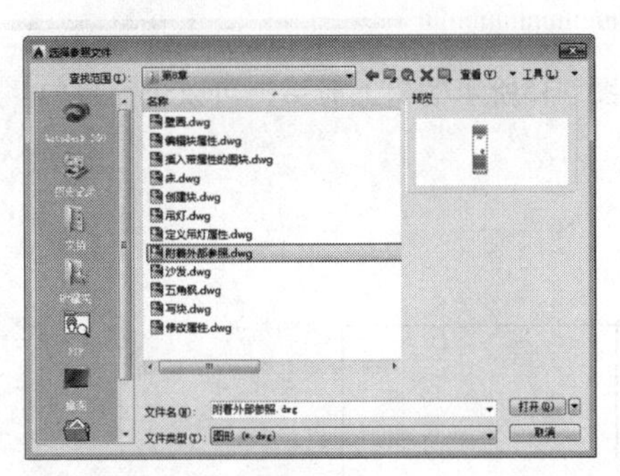

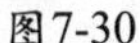

图7-30

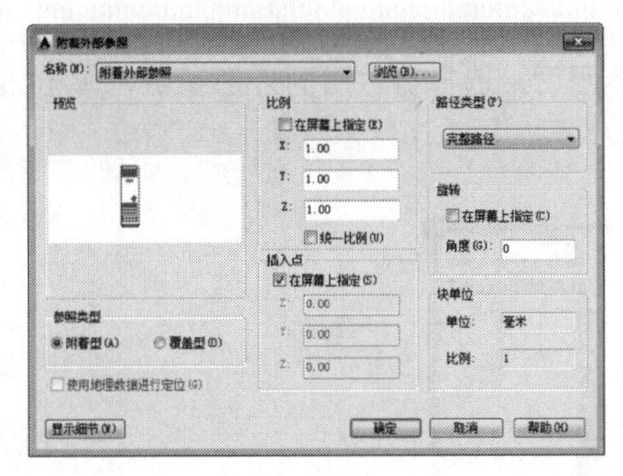

图7-31

图7-32

7.4.2 剪裁外部参照

将外部参照插入到图形中后，可以通过剪裁命令满足用户的绘图需要，调用该命令的方法如下。

- 在“插入”选项卡的“参照”组中单击“剪裁”按钮。
- 在命令行中执行“XCLIP”或“CLIP”命令。

剪裁外部参照的具体操作方法如下。

01 使用附着外部参照的方法，选择“剪裁外部参照.dwg”图形文件（光盘：\素材\第7章\剪裁外部参照.dwg），如图7-33所示。

02 在命令行中执行“XCLIP”命令，剪裁“办公桌椅”中的外部参照办公桌，具体操作过程如下。

```
命令：XCLIP                                  //执行XCLIP命令
选择对象：找到 1 个                           //选择整个对象
选择对象：                                    //确认对象的选择
输入剪裁选项[开(ON)/关(OFF)/剪裁深度(C)/删除(D)/生成多段线(P)/新建边界(N)] <新建边界>:  外部模式 - 边界外的对象将被隐藏//按【Space】键，默认选择“新建边界”选项
指定剪裁边界或选择反向选项：[选择多段线(S)/多边形(P)/矩形(R)/反向剪裁(I)] <矩形>:
                         //按【Space】键，默认选择“矩形”方式选择边界
```

指定第一个角点：指定对角点：

//框选需要保留部分的图形对象，这里选择中间的桌子

03 剪裁外部参照后的效果如图7-34所示（光盘：\场景\第7章\剪裁外部参照.dwg）。

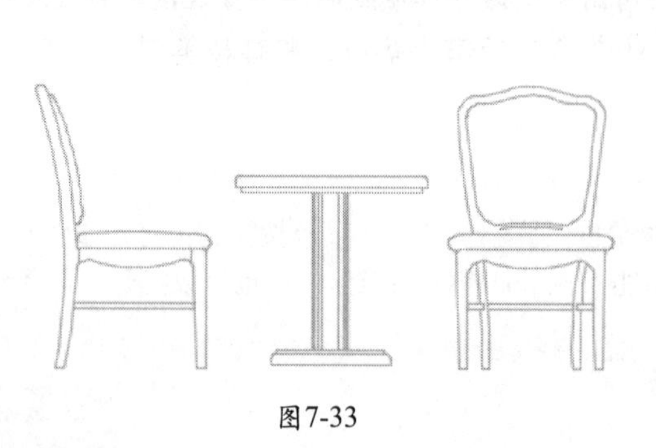

图7-33

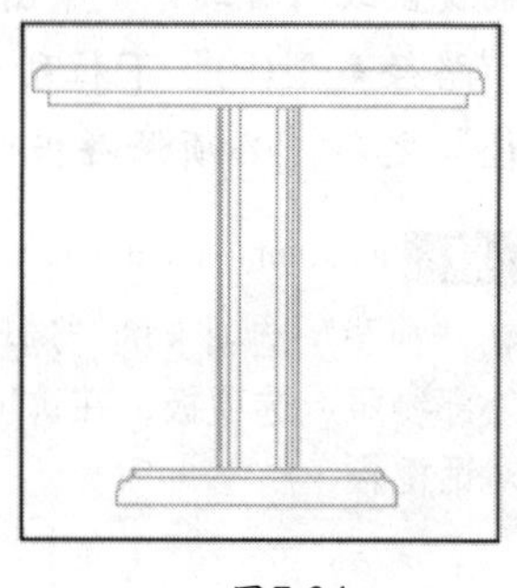

图7-34

注 意

剪裁外部参照后，选择剪裁后的外部参照，单击如图7-35所示的向上箭头，可以进行反向剪裁边界操作，效果如图7-36所示。

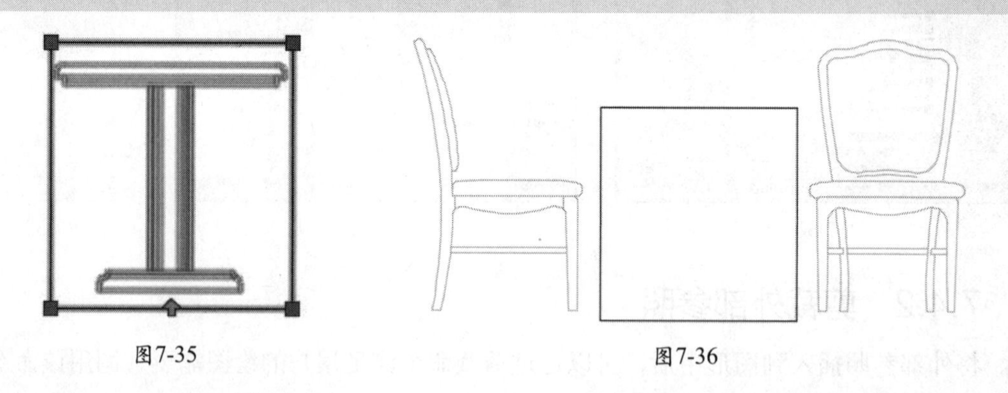

图7-35　　图7-36

7.4.3 绑定外部参照

绑定外部参照是指将外部参照定义转换为标准的内部图块，如果将外部参照绑定到正在打开的图形中，则外部参照及其所依赖的对象将成为当前图形中的一部分。调用该命令的方法是在命令行中执行“XBIND”命令，弹出“外部参照绑定”对话框，如图7-37所示，然后在该对话框的“外部参照”列表框中选择需要绑定的选项，单击添加(A) ->按钮，将其添加到“绑定定义”列表框中，单击确定按钮即可绑定相应的外部参照。

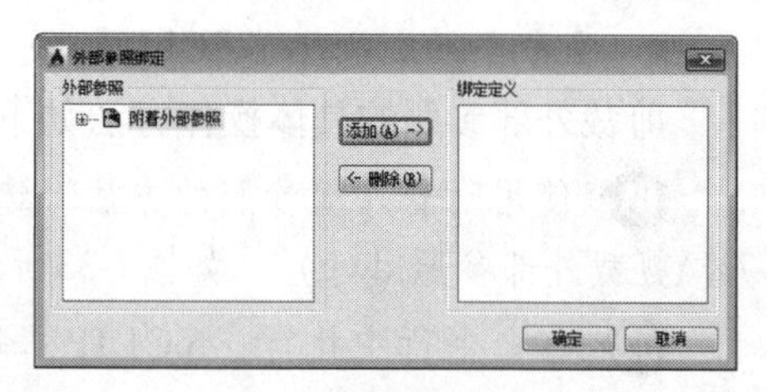

图7-37

注 意

在“外部参照绑定”对话框的“绑定定义”列表框中选择要取消绑定的外部参照图形，然后单击<- 删除(R)按钮即可取消外部参照的绑定。

7.5 实战演练

7.5.1 创建电视机块

首先绘制一个如图7-38所示的电视机，它由矩形框、直线、圆弧和填充组成。然后，利用块创建命令，将其创建为块。

创建电视机块的具体操作方法如下。

```
block:                              //按【Enter】键，弹出如图7-39所示的对话框，
在“对象”选项组中单击“选择对象”按钮，切换到绘图窗口，然后框选电视机，如图7-40所示
选择对象：指定对角点：找到 61 个      //按【Enter】键，这时会弹出如图7-41所示的
                          “块定义”对话框，在“基点”选项组中单击“拾取点”按钮
指定插入基点：                       //然后单击电视机的一角作为插入基点，会弹出如
                          图7-42所示的对话框，最后单击“确定”按钮，完成块定义
```

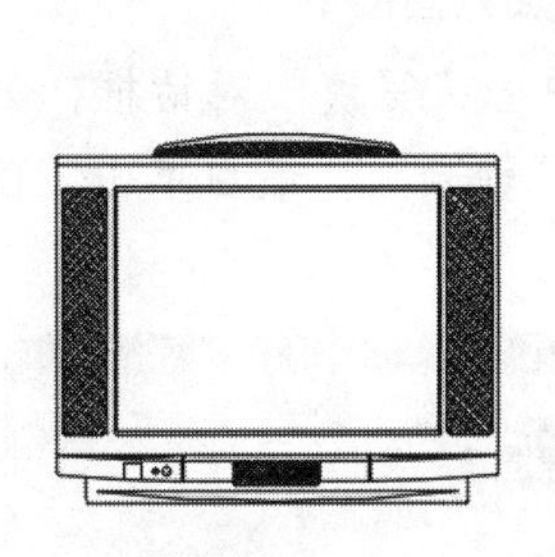

图7-38

图7-39

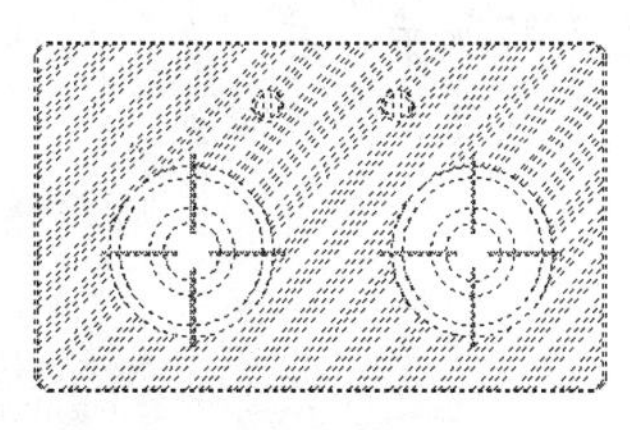

图7-40

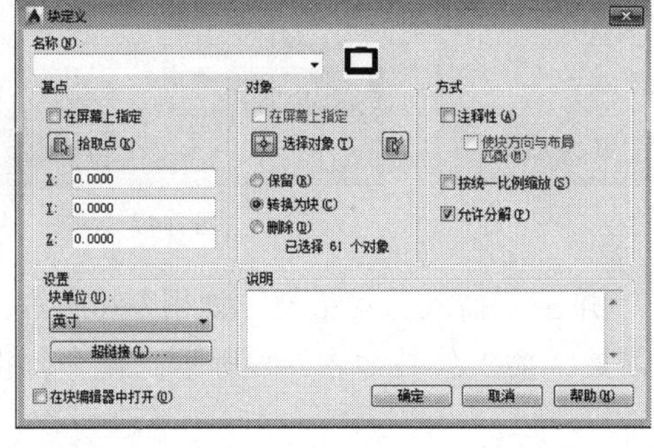

图7-41

图7-42

7.5.2 轴线编号属性块的创建与应用

本实例主要通过绘制施工图的轴线编号属性块，来说明属性块的应用方法。具体操作步骤如下。

01 绘制一个直径为100的圆，并对其进行放大，如图7-43所示。

02 选择“绘图”|“块”|“定义属性”命令，弹出“属性定义”对话框，如图7-44所示。在“标记(T)”文本框中输入一个属性标记值X，在“提示(M)”文本框中输入5，在“默认(L)”文本框中输入一个默认值A。在“文字设置”选项组中调整“文字高度(E)”为

60，设置“对正(J)”为“正中”，然后单击“确定”按钮，这时图框消失，出现X跟随光标，在圆心位置单击，就会出现如图7-45所示的轴线编号，这样就完成了块属性的定义。

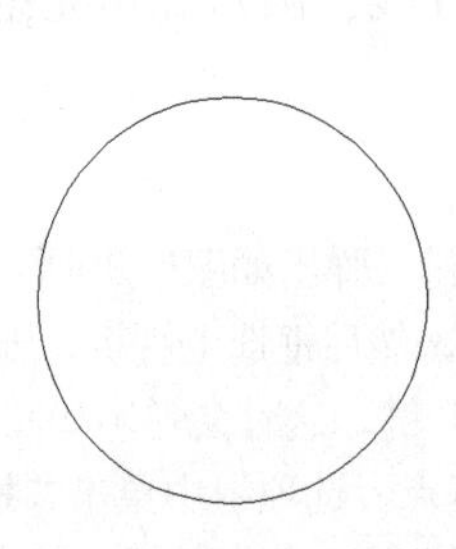

图7-43

图7-44

03 定义块。选择“绘图”|“块”|“创建”命令，弹出“块定义”对话框，如图7-46所示，将属性与轴线圈一起创建为图块，设置块名为“轴号”，基点为圆心。

04 定义为外部块。在命令行中输入“WBLOCK”命令，弹出“写块”对话框，如图7-47所示，在“源”选项组中选择“块(B)”单选按钮，块名为“轴号”，最后单击“确定”按钮，完成转换。

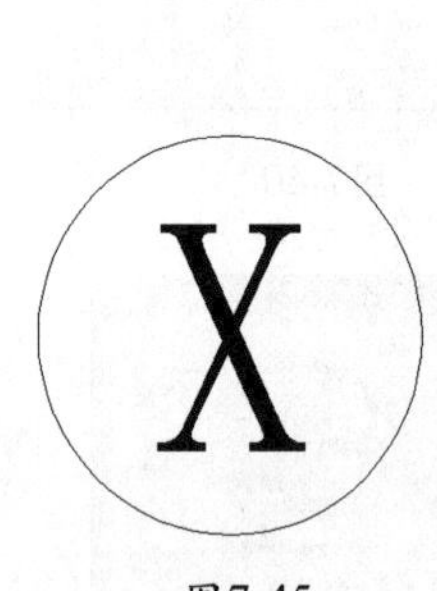

图7-45

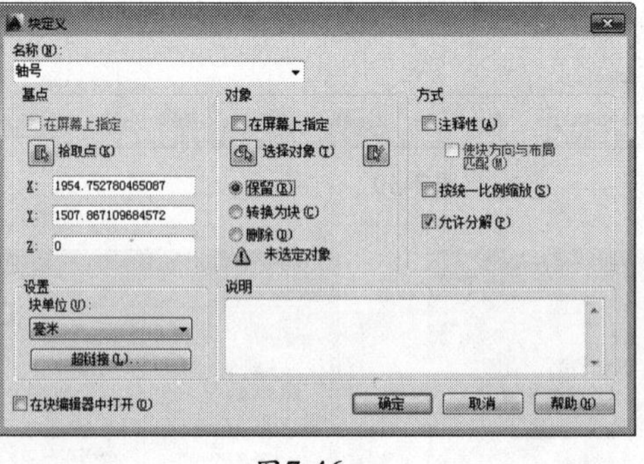

图7-46

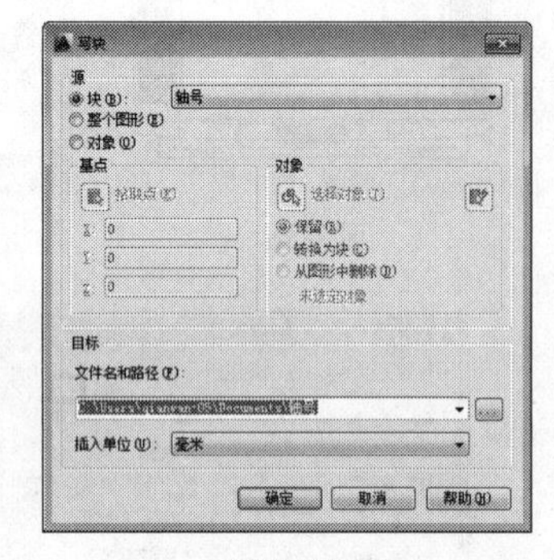

图7-47

05 写块。在命令行中输入“INSERT”命令，弹出“插入”对话框，如图7-48所示，输入要插入的块名称“轴号”，然后插入到合适的位置，插入结果如图7-49所示。命令行提示如下。

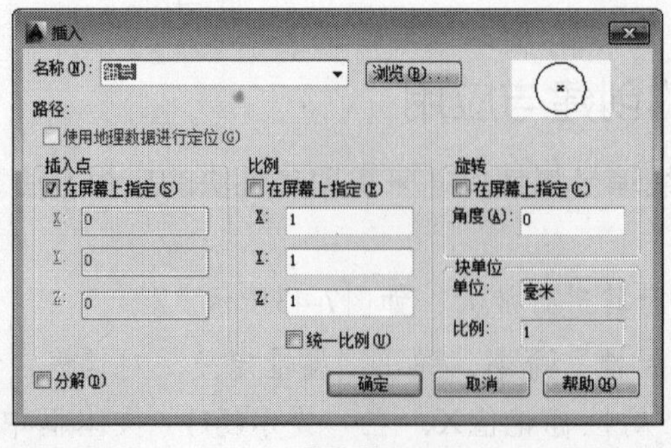

图7-48

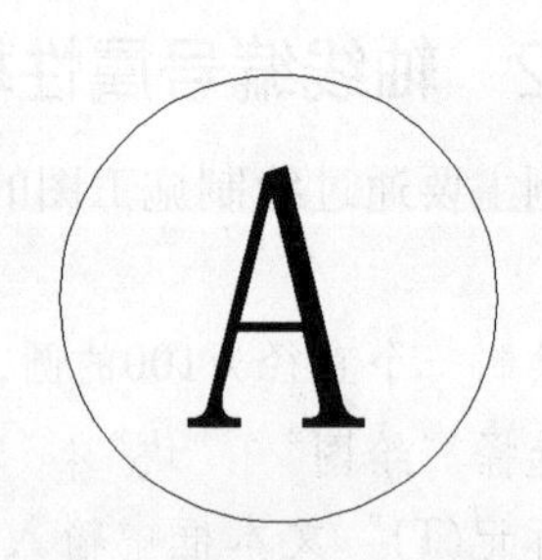

图7-49

```
命令: INSERT
指定插入点或 [基点(B)/比例(S)/X/Y/Z/旋转(R)]:   //在绘图区拾取一点作为插入点
输入属性值
输入轴线编号 <A>:                              //按【Enter】键，采取默认值
```

06 重复“INSERT”命令，只是改变轴线编号值，输入如图7-50所示的编号，命令行提示如下。

图7-50

```
命令: INSERT
指定插入点或 [基点(B)/比例(S)/X/Y/Z/旋转(R)]:   // 在绘图区拾取一点作为插入点
输入属性值
输入轴线编号 <A>: b                            // 输入B，按【Enter】键
```

练习

利用本章介绍的方法，绘制电视组合立面图，如图7-51所示。

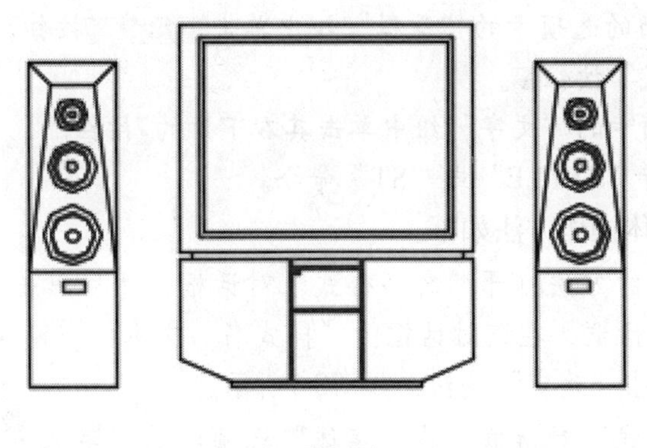

图7-51

AutoCAD

第8章 文字标注和表格

在绘制图形对象时，可以为其添加说明文字，如材料说明、工艺说明、技术说明和施工要求等，直观地表现图形对象的信息。本章将详细讲解设置文字样式、输入文字和编辑文字的方法。

8.1 设置文字样式

在AutoCAD 2015中，系统默认的文字样式为Standard。在绘制图形的过程中，用户可以对该样式进行修改或根据需要新建一个文字样式。下面详细讲解新建文字样式、应用文字样式、重命文字样式名及删除文字样式的方法。

8.1.1 新建文字样式

在新建文字注释之前，首先要对文字样式的字体、字号、倾斜角度、方向和其他文字特性进行相关设置。调用“文字样式”命令的方法如下。

- 在系统默认界面的选项卡的“注释”组中单击 注释▾ 按钮，然后在弹出的列表中单击“文字样式”按钮A。
- 在“注释”选项卡的“文字”组中单击其右下角的↘按钮。
- 在命令行中执行“STYLE”或“ST”命令。

新建文字样式的具体操作方法如下。

01 按照上面介绍的方法打开“文字样式”对话框，然后单击“新建(N)”按钮，弹出“新建文字样式”对话框。在该对话框的“样式名”文本框中输入样式名称，这里输入“机械制图”，然后单击“确定”按钮，如图8-1所示。

02 返回“文字样式”对话框，在“字体”选项组的“字体名(F)”下拉列表中选择“黑体”，在“高度(I)”文本框中输入10，如图8-2所示。单击“应用(A)”按钮，再单击“关闭(C)”按钮，保存设置并关闭对话框，完成名为“机械制图”的新文字样式的创建。

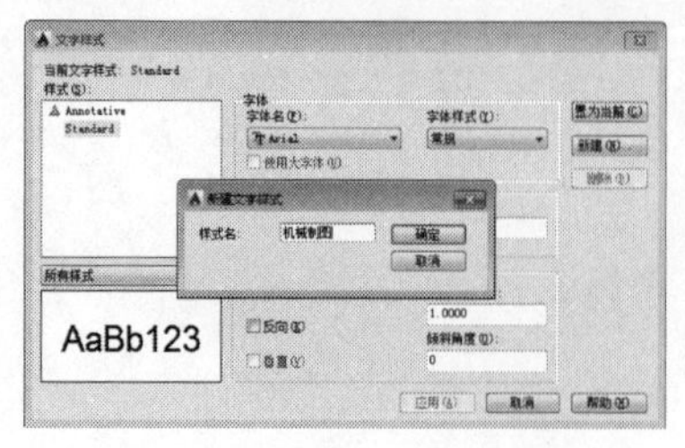

图8-1

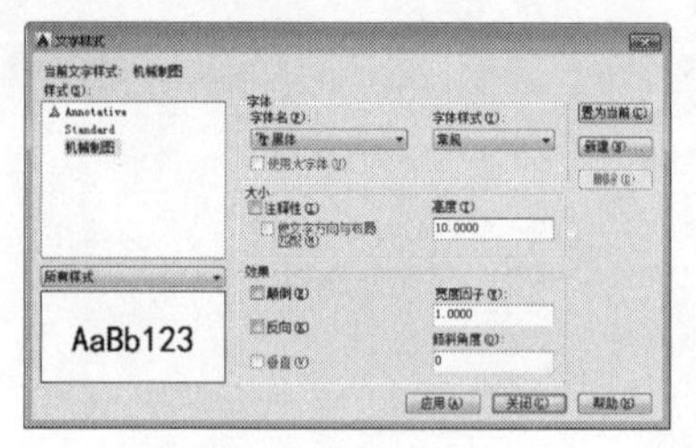

图8-2

“文字样式”对话框中部分选项的含义如下。

- 当前文字样式：显示当前正在使用的文字样式名称。
- 样式：该列表框显示图形中所有的文字样式。在该列表框中包括已定义的样式名并默认显示选择的当前样式。
- 样式列表过滤器 所有样式 ：可以在该下拉列表中指定样式列表中显示所有样式还是仅显示使用中的样式。
- 预览：位于样式列表过滤器下方，其显示会随着字体的改变和效果的修改而动态更改样例文字的预览效果。
- “字体名”下拉列表：该下拉列表中列出了系统中的所有字体。
- “使用大字体”复选框：该复选框用于选择是否使用大字体。只有 SHX 文件可以创建“大字体”。
- “字体样式”下拉列表：指定字体格式，比如斜体、粗体或者常规字体。勾选“使用大字体”复选框后，该选项变为“大字体”，用于选择大字体文件。
- “高度”文本框：可在该文本框中输入字体的高度。如果用户在该文本框中指定了文字的高度，则在使用Text（单行文字）命令时，系统将不提示“指定高度”选项。
- “颠倒”复选框：选择该复选框，可以将文字上下颠倒显示，该选项只影响单行文字。
- “反向”复选框：选择该复选框，可以将文字首尾反向显示，该选项只影响单行文字。
- “宽度因子”文本框：设置字符间距。若输入小于1.0的值，将紧缩文字；若输入大于1.0的值，将加宽文字。
- “倾斜角度”文本框：该文本框用于指定文字的倾斜角度。

注 意

在指定文字倾斜角度时，如果角度值为正数，则其倾斜方向是向右；如果角度值为负数，则其倾斜方向是向左。

8.1.2 应用文字样式

在AutoCAD 2015中，如果要应用某个文字样式，需将文字样式设置为当前文字样式，调用该命令的方法如下。

- 在系统默认界面的选项卡的“注释”组中单击 注释 ▾ 按钮，然后在“文字样式”列表框中选择相应的样式，将其设置为当前的文字样式，如图8-3所示。
- 在命令行中执行“STYLE”命令，弹出“文字样式”对话框，在“样式(S)”列表框中选择要置为当前的文字样式，单击“置为当前(C)”按钮，如图8-4所示。

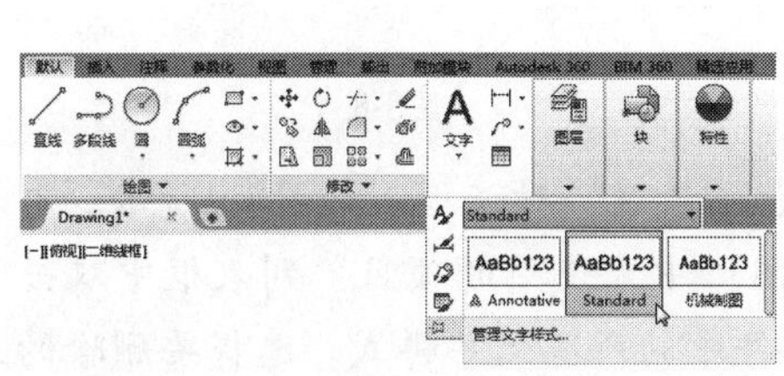

图8-3

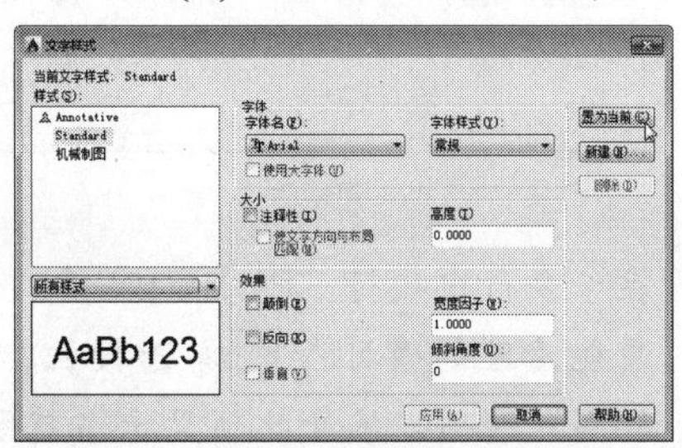

图8-4

8.1.3 重命名文字样式

在使用文字样式的过程中，如果对文字样式名称的设置不满意，可以进行重命名操作，以方便查看和使用。但对于系统默认的Standard文字样式不能进行重命名操作。重命名文字样式有以下两种方法。

- 在命令行中执行“STYLE”命令，弹出“文字样式”对话框，在“样式”列表框中用鼠标右键单击要重命名的文字样式，在弹出的快捷菜单中选择“重命名”命令，如图8-5所示。此时被选择的文字样式名称呈可编辑状态，输入新的文字样式名称，然后按【Enter】键，确认重命名操作。
- 在命令行中执行“RENAME”命令，弹出“重命名”对话框，在“命名对象(N)”列表框中选择“文字样式”选项，在“项数(I)”列表框中选择要修改的文字样式名称，然后在下方的空白文本框中输入新的名称，单击“确定”按钮或“重命名为(R)”按钮即可，如图8-6所示。

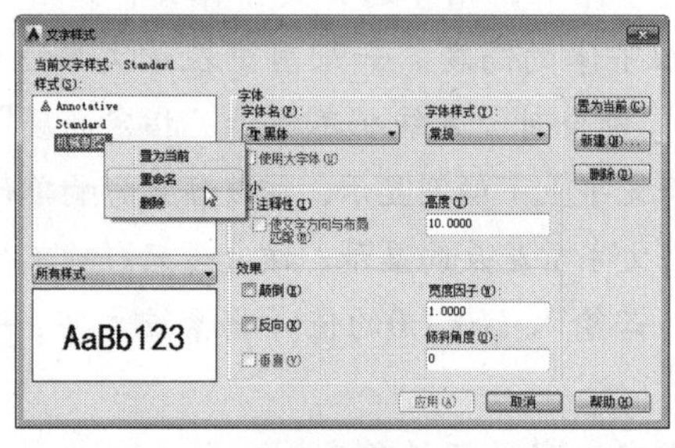

图8-5

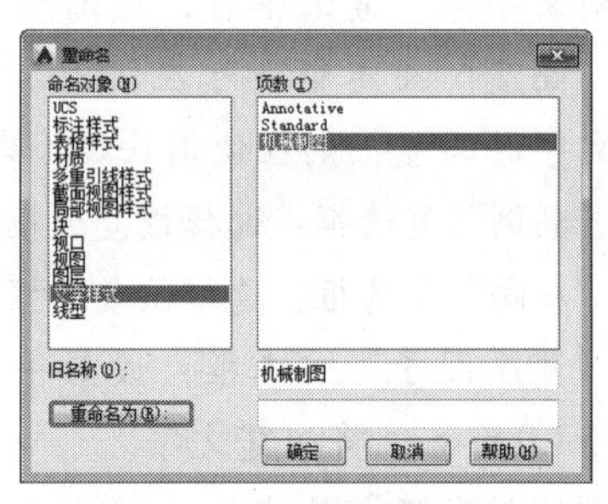

图8-6

8.1.4 删除文字样式

如果某个文字样式在图形中没有起到作用，可以将其删除，删除文字样式的方法如下。

- 在命令行中执行“STYLE”命令，弹出“文字样式”对话框，在“样式”列表框中选择要删除的文字样式，单击“删除”按钮，如图8-7所示。此时会弹出如图8-8所示的“acad警告”对话框，单击“确定”按钮，即可删除当前选择的文字样式。返回“文字样式”对话框，单击“关闭”按钮，关闭该对话框。

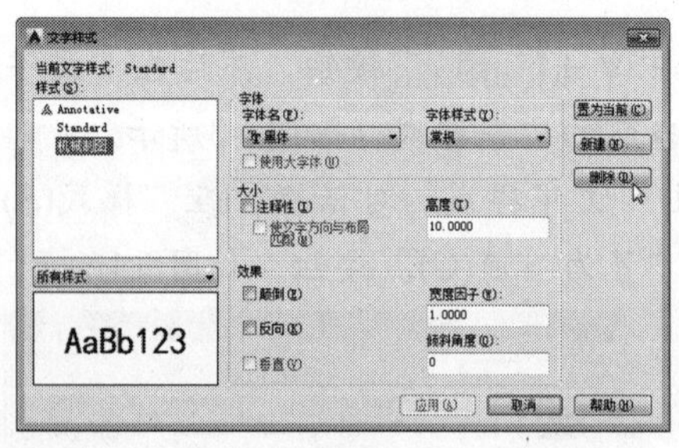

图8-7

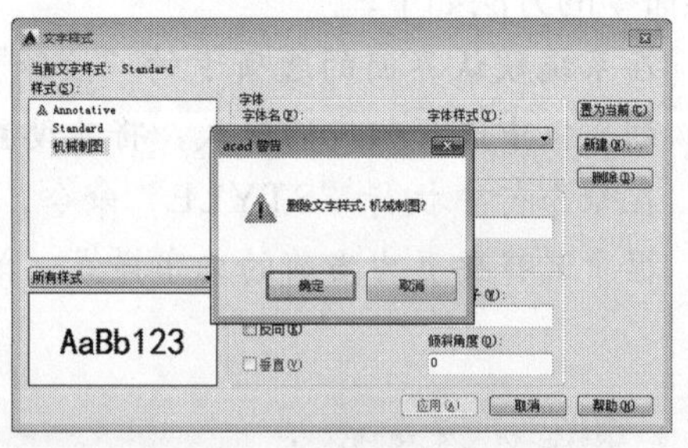

图8-8

- 在命令行中执行“PURGE”命令，弹出“清理”对话框，如图8-9所示。勾选“查看能清理的项目(V)”单选按钮，在“图形中未使用的项目”列表框中双击“文字样式”选项，展开此项显示当前图形文件中的所有文字样式，选择要删除的文字样式，然后单击“清理(P)”按钮即可，如图8-10所示。

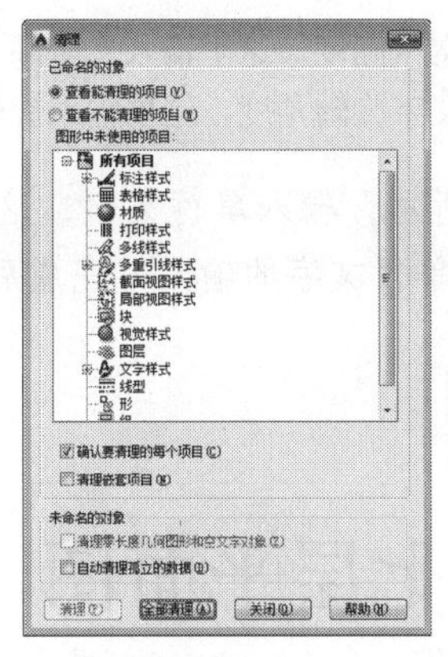

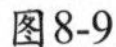

图8-9

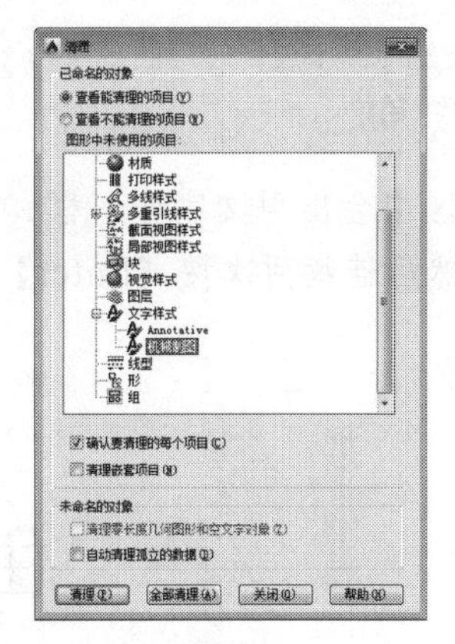

图8-10

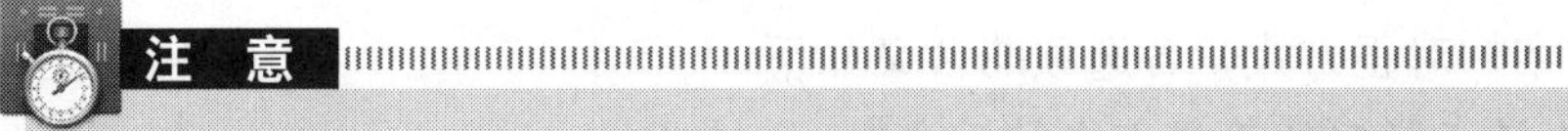

注 意

系统默认的Standard文字样式与置为当前的文字样式不能删除。

8.2 输入文字

在文字样式设置完成以后，就可以使用相关命令在图形文件中输入文字了。在输入文字的过程中，用户可以根据绘图需要输入单行或多行文字。

8.2.1 输入与编辑单行文字

输入单行文字是指在输入文字信息时，用户可以使用单行文字工具创建一行或多行文字。其中，每行文字都是独立的文字对象，并且还可以对其进行相应的编辑操作，如重定位、调整格式或进行其他修改等。

1. 输入单行文字

单行文字主要用于不需要多种字体和多行文字的简短输入，输入单行文字的方法如下。

- 在系统默认界面的选项卡的“注释”组中单击“单行文字”按钮，如果在“注释”组中没有显示该按钮，可以单击按钮，在弹出的下拉列表中选择“单行文字”按钮。
- 在“注释”选项卡的“文字”组中单击“单行文字”按钮，如果在“文字”组中没有显示该按钮，可以单击“多行文字”按钮，在弹出的下拉列表中单击“单行文字”按钮。
- 在命令行中执行“DTEXT”或“TEXT”命令。

输入单行文字的具体操作方法如下。

01 启动AutoCAD 2015，在命令行中输入“DTEXT命”令，具体操作过程如下。

```
命令：DTEXT                          //执行DTEXT命令
当前文字样式： "Standard"  文字高度：2.5000  注释性：否  对正：左
                                     //系统提示当前文字样式设置
指定文字的起点或 [对正(J)/样式(S)]：  //在绘图区中指定一点作为起点
```

```
指定高度 <2.5000>: 10                  //指定文字高度，这里输入文字高度值为10
指定文字的旋转角度<0>:    0             //指定文字旋转角度，这里输入旋转角度值为0
```

02 在绘图区中会出现文字输入框，如图8-11所示，输入单行文字，这里输入“住宅楼七层平面图”，然后连续两次按【Enter】键，结束单行文字的输入，完成后的效果如图8-12所示。

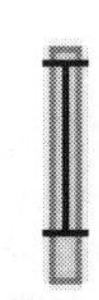

住宅楼七层平面图

图8-11 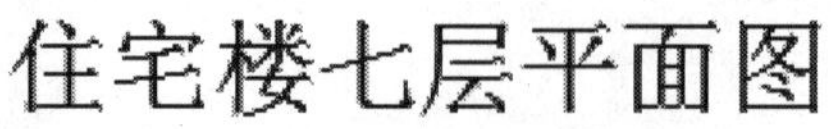　　　　图8-12

“对正”用于设置文字的对正方式，各选项的含义如下。

- 左：在由用户给出的点指定的基线上左对正文字。
- 居中：指定一个坐标点，确定文本的高度和文本的旋转角度，把输入的文本中心放在指定的坐标点上。
- 右：在由用户给出的点指定的基线上右对正文字。
- 对齐：指定输入文本基线的起点和终点，使输入的文本在起点和终点之间重新按比例设置文本的字高，并均匀地放置在两点之间。
- 中间：文字在基线的水平中点和指定高度的垂直中点上对齐，中间对齐的文字不保持在基线上。
- 布满：指定输入文本基线的起点和终点，使输入的文本在起点和终点之间布满。
- 左上：指定标注文本的左上角点。
- 中上：指定标注文本顶端的中心点。
- 右上：指定标注文本的右上角点。
- 左中：指定标注文本左端的中心点。
- 正中：指定标注文本中央的中心点。
- 右中：指定标注文本右端的中心点。
- 左下：指定标注文本的左下角点，确定与水平方向的夹角为文本的旋转角度，则过该点的直线就是标注文本中最低字符的基线。
- 中下：指定标注文本底端的中心点。
- 右下：指定标注文本的右下角点。

注 意

在输入单行文字时，如果输入的符号显示为“?”，是因为当前字体库中没有该符号。

2. 编辑单行文字

输入单行文字后，还可以对其特性和内容进行编辑，编辑单行文字的方法有以下两种。

- 直接双击需要编辑的单行文字，待文字呈可输入状态时，输入正确的文字内容即可。
- 在命令行中输入“DDEDIT”或“ED”命令。

编辑单行文字的具体操作如下。

01 打开“单行文字.dwg”图形文件（光盘：\素材\第8章\单行文字.dwg），在命令行中执行“DDEDIT”命令，具体操作过程如下。

```
命令：DDEDIT                //执行DDEDIT命令
选择注释对象：              //选择需要编辑的文字，如图8-13所示
选择注释对象：              //输入正确的文本“住宅楼八层平面图”，按【Enter】键结束
                              该命令，完成后的效果如图8-14所示
```

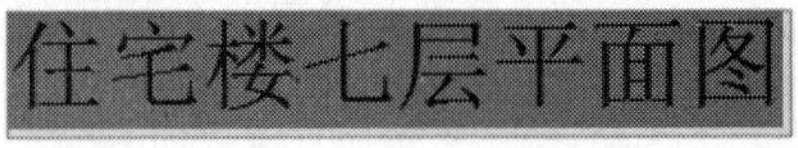

住宅楼七层平面图

图8-13

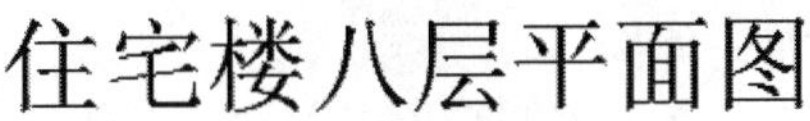

住宅楼八层平面图

图8-14

02 选择“住宅楼八层平面图”文字，按【Ctrl+1】组合键，打开文字“特性”选项板，在“常规”选项组的“颜色”下拉列表中选择“红”选项，在“文字”选项组的“旋转”文本框中输入45，如图8-15所示。

03 单击文字“特性”选项板左上角的“关闭”按钮，关闭该选项板，返回绘图区，按【Esc】键取消文字的选择状态。

04 此时单行文字的颜色和角度发生了变化，编辑后的效果如图8-16所示（光盘：\场景\第8章\单行文字.dwg）。

图8-15

图8-16

8.2.2 输入与编辑多行文字

输入多行文字是指在输入文字信息时，可以将若干文字段落创建为单个多行文字对象。多行文字也可以进行编辑。

1. 输入多行文字

多行文字适用于较多或较复杂的文字注释中，调用该命令的方法如下。

- 在系统默认界面的选项卡的“注释”组中单击“多行文字”按钮，如果在“注释”组中没有显示该按钮，可以单击按钮，在弹出的下拉列表中选择“多行文字”按钮。
- 在“注释”选项卡的“文字”组中单击“多行文字”按钮，如果在“文字”组

中没有显示该按钮，可以单击“单行文字”按钮，在弹出的下拉列表中单击“多行文字”按钮。

- 在命令行中执行“MTEXT”“MT”或“T”命令。

输入多行文字的具体操作方法如下。

01 启动AutoCAD 2015，在命令行中执行“T”命令，具体操作过程如下。

```
命令：T                                    //执行T命令
当前文字样式： "Standard"  文字高度:2.5  注释性：否
                                           //系统显示当前文字的样式及高度
指定第一角点：                             //在绘图区的任意位置拾取一点
指定对角点或 [高度(H)/对正(J)/行距(L)/旋转(R)/样式(S)/宽度(W)/栏(C)]:
                                           //呈对角拖动鼠标，绘制文本框
```

02 自动启动“文字编辑器”选项卡，在绘图区内会出现如图8-17所示的文本框，在文本框中输入需要创建的文字，这里输入“作品名称：户型八层平面图”，按【Enter】键换行。

03 按照相同的方法，输入如图8-18所示的文本内容，在“文字编辑器”选项卡的“关闭”组中单击“关闭文字编辑器”按钮，退出多行文字的输入状态，如图8-19所示。

04 返回绘图区，即可看到输入的文字效果，如图8-20所示。

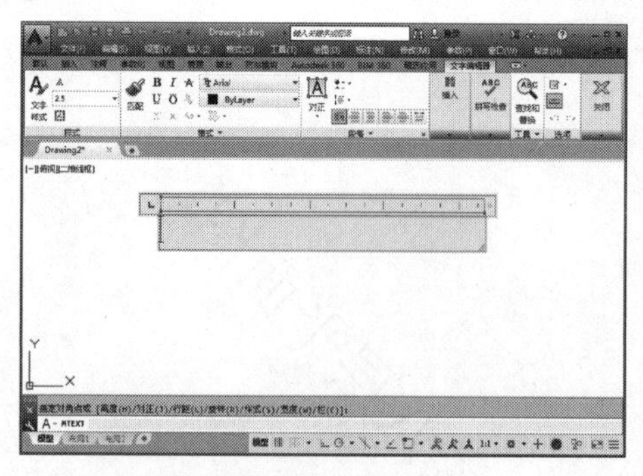

图8-17

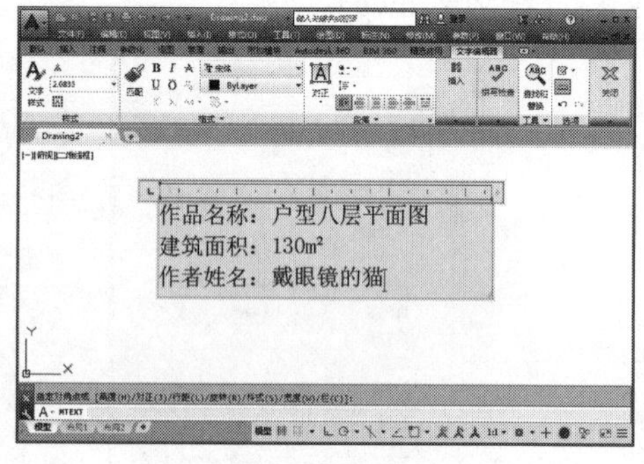

图8-18

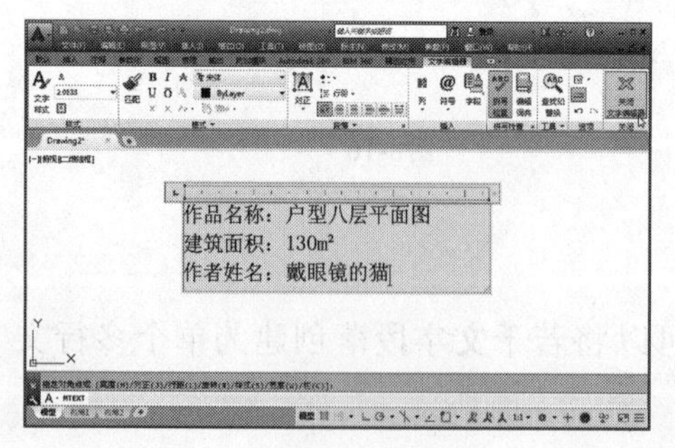

图8-19

作品名称：户型八层平面图
建筑面积：130㎡
作者姓名：戴眼镜的猫

图8-20

在执行命令的过程中，命令行中各选项的含义如下。

- 高度：指定所要创建的多行文字的高度。
- 对正：指定多行文字的对齐方式，与创建单行文字时该选项功能相同。
- 行距：当创建两行以上的多行文字时，可以设置多行文字的行间距。

- 旋转：设置多行文字的旋转角度。
- 样式：指定多行文字要采用的文字样式。
- 宽度：设置多行文字所能显示的单行文字宽度。
- 栏：指定多行文字对象的列选项。

2. 编辑多行文字

输入多行文字后，如发现输入的文字内容有误或需要添加某些特殊内容，可以对输入的文本进行编辑，调用该命令的方法如下。

- 在菜单栏中选择“修改”|“对象”|“文字”|“编辑”命令。
- 选择要编辑的多行文字，单击鼠标右键，在弹出的快捷菜单中选择“编辑多行文字”命令。
- 双击需要编辑的多行文字。
- 在命令行中执行“MTEDIT”“DDEDIT”或“ED”命令。

编辑多行文字的具体操作如下。

01 打开“多行文字.dwg”图形文件（光盘：\素材\第8章\多行文字.dwg），如图8-21所示。在命令行中执行“ED”命令，具体操作过程如下。

命令：ED　　　　　　　　　　//执行ED命令
选择注释对象：　　　　　　　//选择要编辑的多行文字对象，并自动打开“文字编辑器”选项卡，此时可以对文字内容进行修改，在文本框中选择“作品名称：”，在“文字编辑器”选项卡的“格式”组中单击“颜色”下拉按钮，在弹出的下拉列表中选择“红色”，如图8-22所示。按照相同的方法设置“建筑面积：”和“作者姓名：”
选择注释对象：　　　　　　　//在“文字编辑器”选项卡的“关闭”组中单击“关闭文字编辑器”按钮，退出编辑多行文字，如图8-23所示

注　意

双击需要编辑的文字，系统直接进入编辑状态。另外，在编辑一个文字对象后，系统将会提示“选择注释对象”，用户可以继续编辑其他文字，直到按【Enter】键或【Esc】键退出命令为止。

02 返回绘图区，多行文字在编辑后的效果如图8-24所示（光盘：\场景\第8章\多行文字.dwg）。

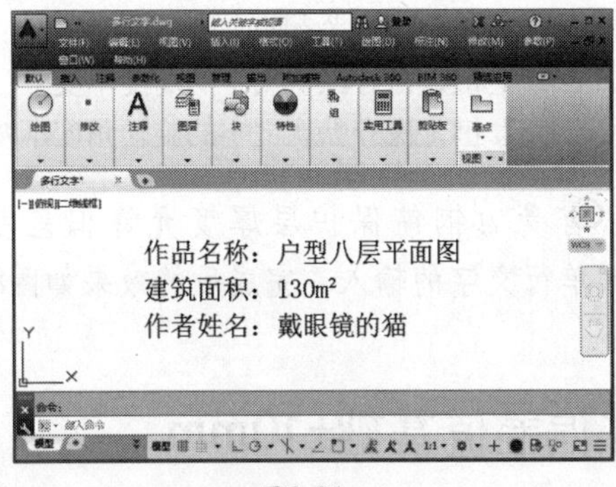

图8-21

图8-22

作品名称：户型八层平面图
建筑面积：130m²
作者姓名：戴眼镜的猫

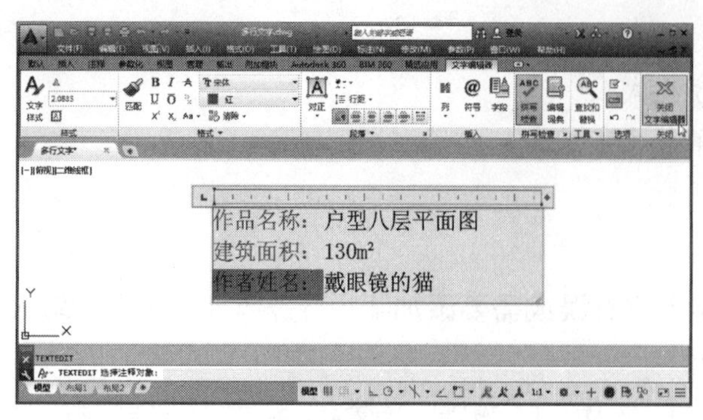

图8-23

作品名称：户型八层平面图
建筑面积：130m²
作者姓名：戴眼镜的猫

图8-24

8.3 工程特殊符号的输入

在标注文字说明时，有时需要输入一些特殊字符，如“‾”（上划线）、“_”（下划线）、“°”（度）、“±”（公差符号）和“ϕ”（直径符号）等，用户可以通过AutoCAD提供的控制码进行输入。

1. 通过控制码或统一码输入特殊符号

在标注文字说明时，如需输入“_”（下划线）、“°”（度数）或“±”（公差符号）等特殊符号，用户可以使用相应的控制码输入，其控制码的输入和说明如表8-1所示。

表8-1　特殊字符的控制码

控制码	特殊字符	说　明	控制码	特殊字符	说　明
%%p	±	公差符号	%%d	°	度
%%o	‾	上划线	%%c	ϕ	直径符号
%%u	_	下划线			

下面使用单行文字命令创建文本标注，以练习控制码的输入，具体操作如下。

01 启动AutoCAD 2015，在命令行中输入“DTEXT”命令，具体操作过程如下。

```
命令: DTEXT                                    //执行DTEXT命令
当前文字样式: "Standard" 文字高度: 2.5000 注释性: 否  对正: 左
                                               //系统提示当前文字样式设置
指定文字的起点或 [对正(J)/样式(S)]:            //在绘图区中指定一点作为起点
指定高度 <2.5000>:                             //按【Enter】键，保存默认文字的高度不变
指定文字的旋转角度 <0>:                        //按【Enter】键，保存默认文字的旋转角度不变
```

02 在绘图区内会出现文字输入框，输入“有受力钢筋保护层厚度允许偏差基础%%p10mm”，然后连续两次按下【Enter】键，结束单行文字的输入，完成后的效果如图8-25所示。

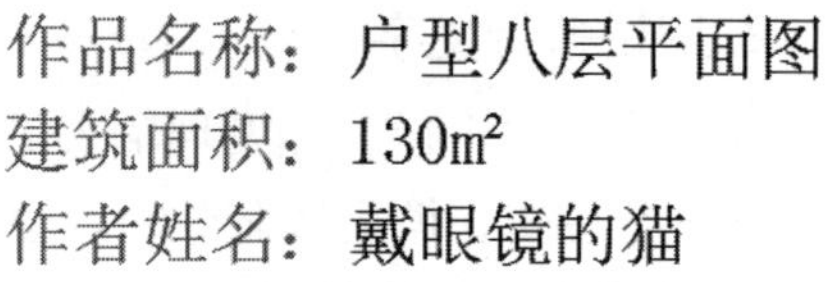

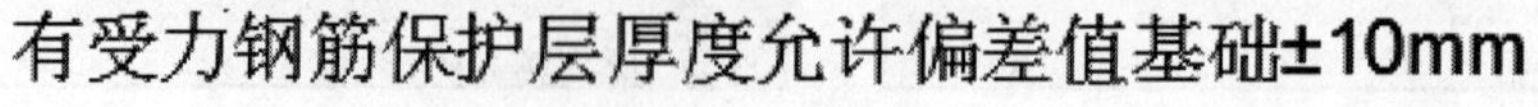

有受力钢筋保护层厚度允许偏差值基础±10mm

图8-25

2. 通过“文字编辑器”选项卡插入特殊符号

在输入多行文字时，通过单击“文字编辑器”选项卡的“插入”组中的“符号”按钮，可以插入特殊符号，具体操作方法如下。

01 打开“插入特殊符号.dwg”图形文件（光盘：\素材\第8章\插入特殊符号.dwg），如图8-26所示。

02 鼠标左键双击绘图区中的文字内容，启动“文字编辑器”选项卡，在“插入”组中单击“符号”按钮，在弹出的下拉列表中选择“直径”选项，如图8-27所示。

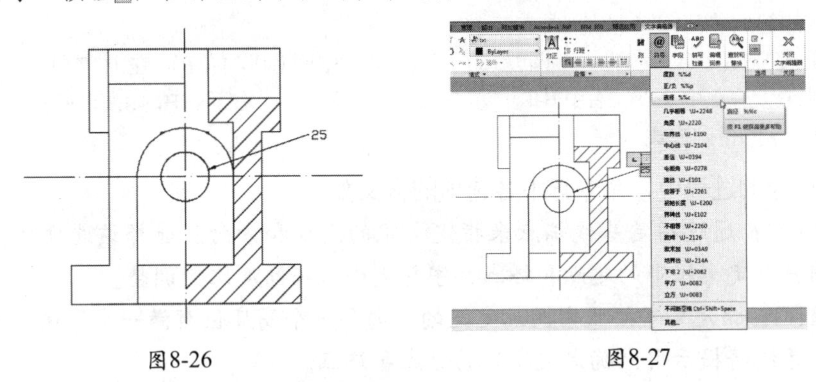

图8-26　　图8-27

03 在“文字编辑器”选项卡的“关闭”组中单击“关闭文字编辑器”按钮，结束多行文字的输入，如图8-28所示。

04 返回绘图区，即可看到在文字前面插入了“ϕ”符号，效果如图8-29所示（光盘：\场景\第8章\插入特殊符号.dwg）。

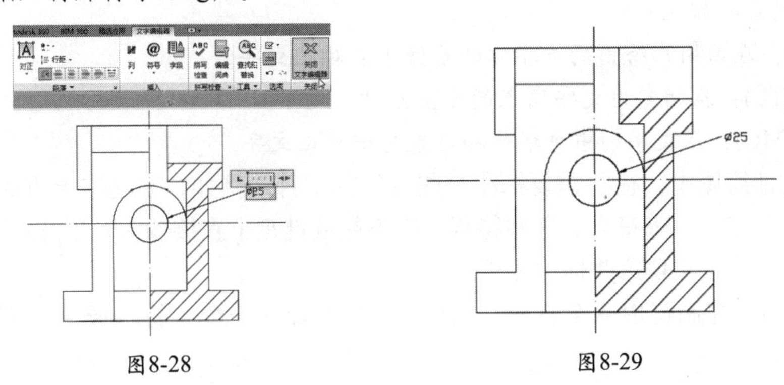

图8-28　　图8-29

8.4　创建与编辑单行文本

8.4.1　创建单行文本

在AutoCAD中，对于不需要多种字体或多行的简单输入一般使用单行文字，单行文字对于标签非常方便。创建单行文字有以下几种方式。

- 在命令行中输入“DTEXT”命令。
- 选择“绘图”|“文字”|“单行文字”命令。
- 在“注释”工具栏中单击“单行文字”按钮A。

通过以上方式，可以创建单行文字对象，此时命令行提示如下。

指定文字的起点或[对正(J)/样式(S)]:

// 指定文字的起点：在默认情况下，通过指定单行文字行基线的起点位置创建文字。如果当前文字样式的高度设置为0，系统将显示“指定高度:”的提示信息，要求指定文字高度，否则不显示该提示信息，而使用“文字样式”对话框来设置文字的高度

然后系统显示“指定文字的旋转角度<0>:”的提示信息，要求指定文字的旋转角度。文字旋转角度是指文字行排列方向与水平线的夹角，默认角度为0°。输入文字旋转角度，或按【Enter】键，使用默认角度0°，最后输入文字即可

指定文字的起点或[对正(J)/样式(S)]:J

输入对正选项[左(L)/对齐(A)/调整(F)/中心(C)/中间(M)/右(R)/左上(TL)/中上(TC)/右上(TR)/左中(ML)/正中(MC)/右中(MR)/左下(BL)/中下(BC)/右下(BR)]<左上(TL)>:

// 设置文字的排列方式

在执行命令的过程中，命令行中各选项的含义如下。

- 对齐(A)：通过指定基线端点来指定文字的高度和方向。选择该选项后，系统将提示用户确定文字串的起点和终点，字符大小根据高度比例调整。
- 调整(F)：指定文字按照由两点定义的方向和一个高度值布满一个区域。选择该选项后，系统将提示用户确定文字串的起点和终点。
- 中心(C)：从基线的水平中心对齐文字，此基线是由用户给出的点所指出的。输入选项后，在随后“指定文字的旋转角度”时，系统指定的旋转角度是指基线以中点为圆心旋转的角度，它决定了文字基线的方向，可通过指定点来决定该角度。
- 中间(M)：文字在基线的水平中点和指定高度的垂直中点上对齐。中间对齐的文字不保持在基线上。
- 右(R)：在由用户给出的点指定的基线上右对正文字。
- 左上(TL)：在指定为文字顶点的点上左对正文字。
- 正中(MC)：在文字的中央水平和垂直居中对正文字。

在实际设计绘图中，往往需要标注一些特殊的字符。例如，在文字上方或下方添加画线、标注“°”“±”等符号。这些特殊字符不能从键盘上直接输入，因此AutoCAD提供了相应的控制符，以实现这些标注要求。

AutoCAD的控制符由两个百分号（%%）后面紧接一个字符构成，常用的控制符如表8-2所示。

表8-2 特殊字符的输入方法

控制符	功能
%%nnn	Nnn（输入字符）
%%o	打开或关闭文字上划线
%%u	打开或关闭文字下划线
%%d	标注度（°）符号
%%p	标注公差（±）符号
%%c	标注直径（ϕ）符号
%%%	标注百分比（%）符号

在AutoCAD的控制符中，%%o和%%u分别是上划线与下划线的开关。第一次出现此符号时，可打开上划线或下划线，第二次出现该符号时，则会关闭上划线或下划线。

在“输入文字：”的提示下，输入控制符时，这些控制符也临时显示在屏幕上，当结束文本创建命令时，这些控制符将从屏幕上消失，转换成相应的特殊符号。

8.4.2 编辑单行文本

编辑单行文字主要是修改文字内容和特性，可以分别使用“DDEDIT”和“PROPERTIES”命令来编辑。当只需要修改文字内容时，使用“DDEDIT”命令。当要修改内容、文字样式、位置、方向、大小、对正和其他特征时，使用“PROPERTIES”命令，打开“特性”选项板，如图8-30所示。用户可在“文字”属性栏中选择相应的选项来修改文字特性。

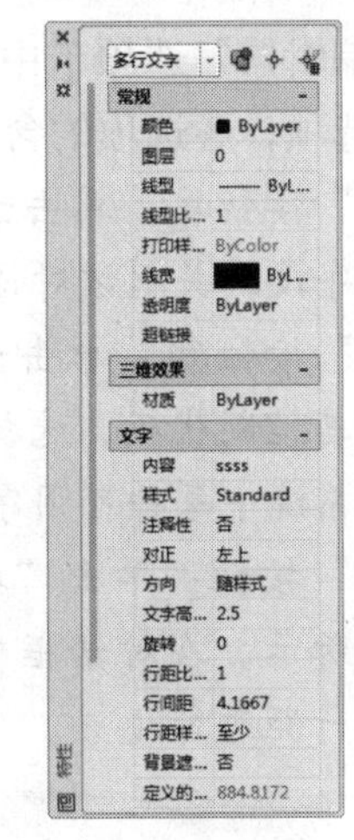

图8-30

8.5 创建与编辑多行文本

“多行文字”又称为段落文字，是一种更易于管理的文字对象，多行文字由任意数目的文字行或段落组成，可以布满指定的宽度，还可以在竖直方向上无限延伸，但不管书写多少行，多行文字都被认为是一个对象。

8.5.1 创建多行文本

创建多行文字有以下几种方式。

- 在“文字”工具栏中单击“多行文字”按钮A。
- 选择“绘图”|“文字”|“多行文字”命令。
- 在命令行中输入“MTEXT”命令。

在绘图窗口中指定一个用来放置多行文字的矩形区域，将打开“创建多行文字的文字输入窗口”和“文字编辑器”选项卡。在“创建多行文字的文字输入窗口”中进行多行文字的输入，如图8-31所示。在“格式”工具栏中设置多行文字的样式、字体及大小属性，如图8-32所示。

图8-31

图8-32

如果要创建堆叠文字（一种垂直对齐的文字或分数），可分别输入分子和分母，并使用“/”“#”或“^”分隔，然后按【Enter】键。打开“自动堆叠特性”对话框，可以设置是否使用“启用自动堆叠(E)”选项，还能对堆叠方法进行设置等，如图8-33所示。

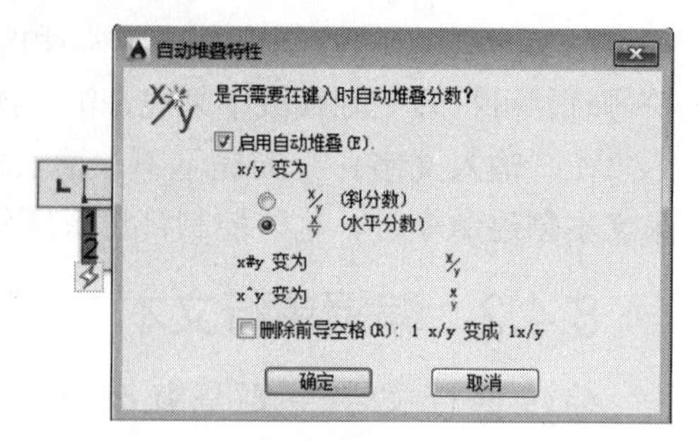

图8-33

在“文字编辑器”选项卡中，AutoCAD提供了更多的功能选项，各选项的含义如下。

- “字段”按钮：单击该按钮，可弹出“字段”对话框，从中可以选择要插入到文字中的字段。关闭该对话框后，字段的当前值将显示在文字中。
- “符号”按钮@：单击该按钮，将弹出子菜单，如图8-34所示。该菜单列出了常用符号及其控制代码。选择“其他…”命令，将弹出“字符映射表”窗口，该窗口中包含了系统中每种可用字体的字符集，如图8-35所示。
- “段落”按钮：单击“段落”选项组右下角的按钮，将弹出“段落”对话框，如图8-36所示。在对话框中可以对制表位、左缩进、右缩进、段落对齐、段落间距和段落行距进行设置。

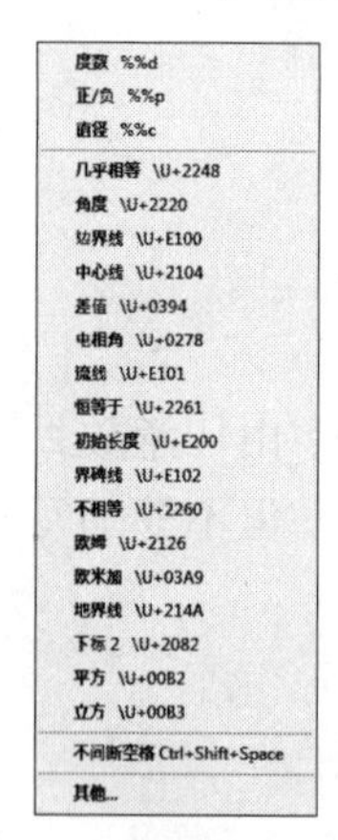

图8-34

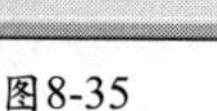

图8-35

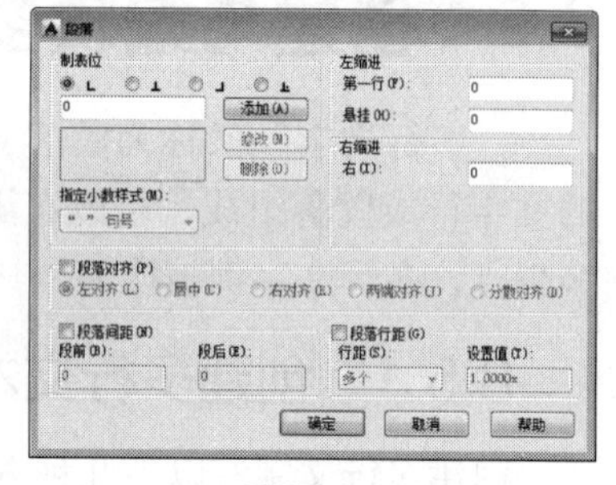

图8-36

8.5.2 编辑多行文本

编辑多行文字有以下几种方式。

- 双击输入的多行文字。
- 选择“修改”|“对象”|“文字”|“编辑”命令，选择所要编辑的多行文字。

通过以上方法都能打开“文字编辑器”选项卡，即可对多行文字进行编辑。

在“特性”选项板中，也可以设置多行文字样式、对齐方式、宽度和旋转角度等参数，如图8-37所示。

AutoCAD字体不能显示的原因及解决方法如下。

不能显示字体的原因如下。

- 对应的字形没有使用汉字字体，如“hztxt.shx”等。
- 当前系统中没有汉字字体文件，应将所用到的字体文件复制到AutoCAD的字体目录中（一般为...\FONTS\）。

- 对于某些符号，如希腊字母等，同样必须使用对应的字体文件，否则会显示成“?”号。

解决不显示字体的方法如下。

- 复制要替换的字库，再将其名称改为新字库的名称。例如，打开一幅图，提示找不到jd字库，现在想用“hztxt.shx”替换它，那么可以把“hztxt.shx”字库复制一份，再命名为“jd.shx”，就可以解决了。这种办法最大的缺点是太占用磁盘空间，最好不用。

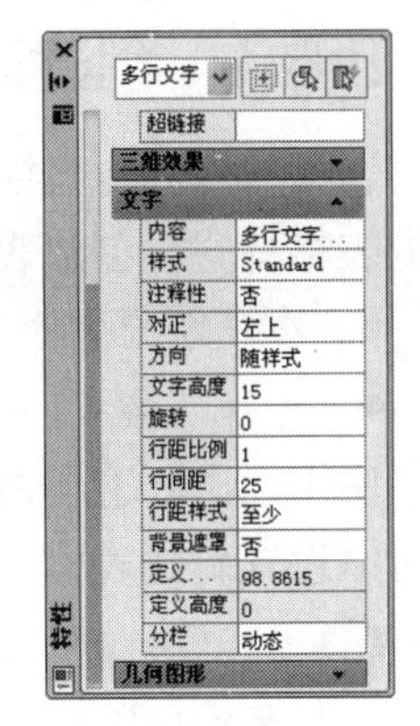

图8-37

- 创建FMP文件，这是一种比较好的方法，具体操作如下。

01 选择“开始”|“所有程序”|“Autodesk”|“AutoCAD 2015-简体中文（Simplified chinese）”|“AutoCAD2015-简体中文（Simplified chinese）”命令，打开AutoCAD。

02 选择“工具”|“选项”命令。

03 弹出“选项”对话框，选择“文件”选项卡。

04 在“文件”选项卡中，单击“文本编辑器、词典和字体文件名”选项左侧的加号（+）。

05 单击“字体映射文件”选项左侧的加号（+）。

06 在“字体映射文件”选项下，单击路径名查看字体映射文件的位置。

07 在字体映射文件的位置目录下创建“acad.fmp”文件，如果原来有此文件可直接打开，这是一个ASCII文件，输入“jd;hztxt”，如果还有别的字体“jh; hztxt”要替换，可以另起一行。以后如果打开的图形包含jd和jh等计算机里没有的字库，也不会不停地提示找字库替换。

注 意

下面是工作中常需要添加的CAD字体。

hztxtb;hztxt.shx、hztxto;hztxt.shx、hzdx;hztxt.shx、hztxt1;hztxt.shx、hzfso;hztxt.shx、hzxy;hztxt.shx、fs64f;hztxt.shx、hzfs;hztxt.shx、st64f;hztxt.shx、kttch;hztxt.shx、khtch;hztxt.shx、hzxk;hztxt.shx、st64s;hztxt.shx、ctxt;hztxt.shx、hzpmk;hztxt.shx、china;hztxt.shx、hztx;hztxt.shx、fs;hztxt.shx、ht64s;hztxt.shx、kt64f;hztxt.shx、eesltype;hztxt.shx、hzfs0;hztxt.shx。

- 打开DWG文件，看包含哪些机器里没有的SHX文件。往往没有的字形文件是大字体文件，一般用“hzd.shx”代替，所以将“hzd.shx”另存为“bigfont.shx”。当找不到字体文件时，在对话框中“bigfont.shx”位于首位备选位置上，直接按【Enter】键即可。

8.6 表格和表格样式创建

在AutoCAD中，表格的使用非常广泛，在表格中可以写入文本和块，并且可以编辑表格的格式。

8.6.1 创建表格样式

表格的外观由表格样式控制，用户可以使用默认表格样式“Standrad”，也可以创建自己的表格样式。创建表格样式有以下几种方式。

- 在命令行中输入“tablestyle”命令。
- 选择“格式”|“表格样式”命令。

使用以上任意一种方法都可以打开“表格样式”对话框，如图8-38所示。在该对话框中可以设置新建表格、将表格置为当前和修改表格。创建表格样式的具体操作方法如下。

01 在“表格样式”对话框中单击“新建(N)”按钮，将弹出“创建新的表格样式”对话框，如图8-39所示，在该对话框中可以创建新的表格样式Table。在“基础样式(S)”下拉列表框中可以选择一种表格样式作为新表格样式的默认设置。

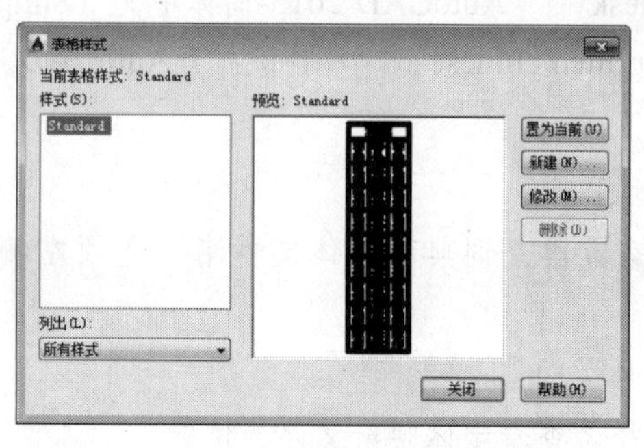

图8-38

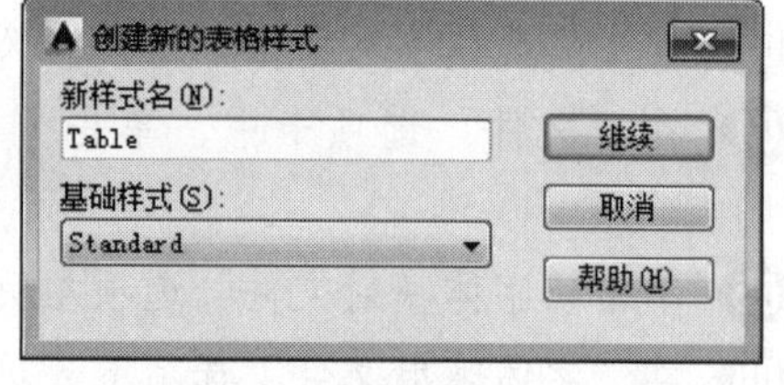

图8-39

02 单击“继续”按钮，可弹出“新建表格样式：table”对话框，如图8-40所示，主要选项的含义如下。

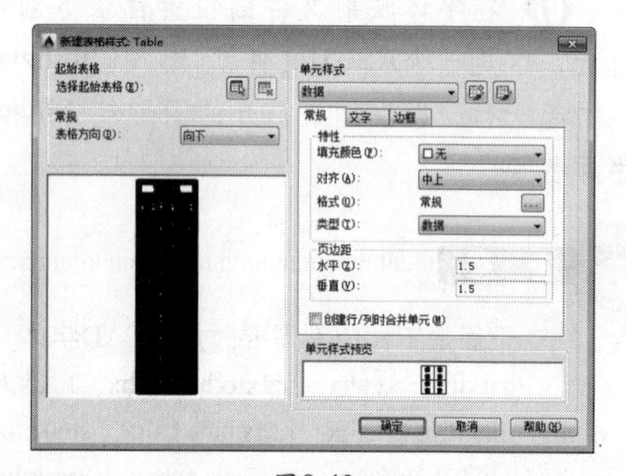

图8-40

- 选择起始表格：起始表格就是要创建的新表格格式的参照对象，如同Word编辑工具里的格式刷一样，找到一个表格，刷动一下，就把表格的格式都复制过来了。
- 单元样式：是指表格的每一类单元格的样式，AutoCAD提供了3种基本的样式：标题、表头和数据，这3种样式可以分别编辑其颜色、字体等，但是不能删除。还可以根据需要新建一些单元格样式，比如可以新建一个副标题的单元格样式，把字体、颜色区别于主标题。
- 创建行/列时合并单元：在“单元样式”下拉列表框中选择“标题”选项时才能用到，可以创建一个合并过的单元格，作为标题格。

8.6.2 插入表格

在“注释”工具栏中单击“表格”按钮▦，将弹出“插入表格”对话框，这里重点介绍“插入表格”对话框的方法，它主要指插入表格的方式，具体包含三种。

1. 从空表格开始

创建可以手动填充数据的空表格，一般不复杂的表格内容都是手工填写。

2. 自数据链接

01 选择“自数据链接(L)”单选按钮，从外部Excel电子表格中的数据创建表格，在其下拉列表框中选择“启动数据链接管理器”选项，将弹出“选择数据链接”对话框，如图8-41所示。选择“创建新的Excel数据链接”选项，弹出“输入数据链接名称”对话框，如图8-42所示。输入新链接名“链接1”。

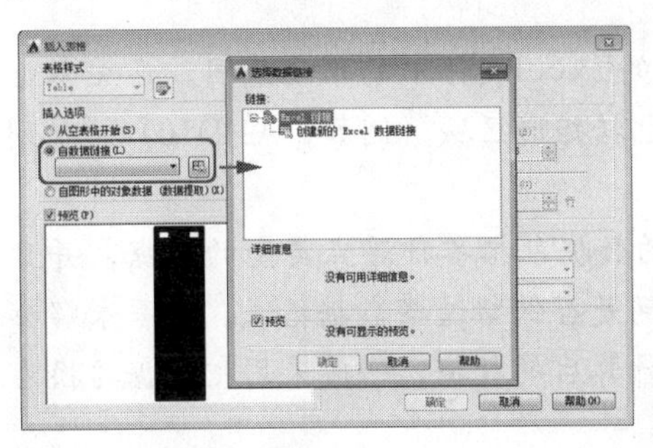

图8-41

图8-42

02 单击“确定”按钮，弹出“新建Excel数据链接：链接1”对话框，如图8-43所示。单击“浏览文件”后面的[...]按钮，弹出“另存为”对话框，选择Excel数据表，如图8-44所示。

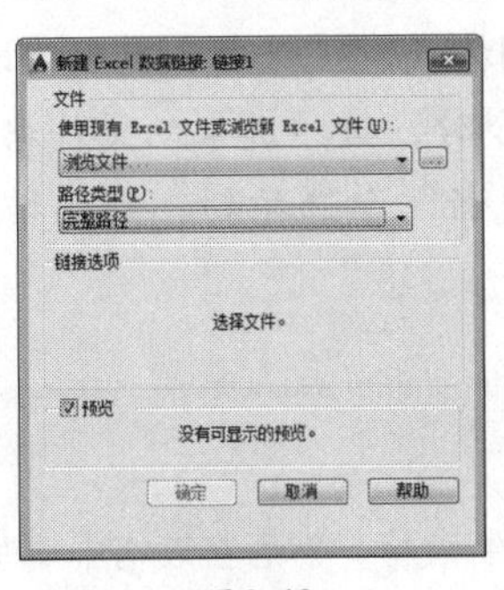

图8-43

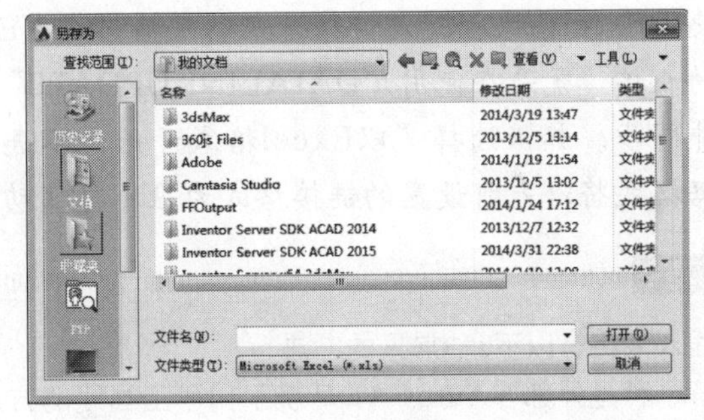

图8-44

03 在选择链接好的一个Excel数据表后，单击“打开”按钮，“链接选项”选项组的变化如图8-45所示。单击对话框右下角的⊙按钮，会显示出隐藏的选项，如图8-46所示。

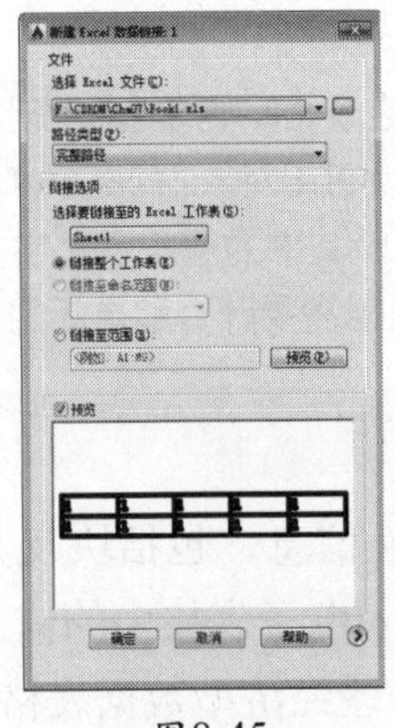

图8-45

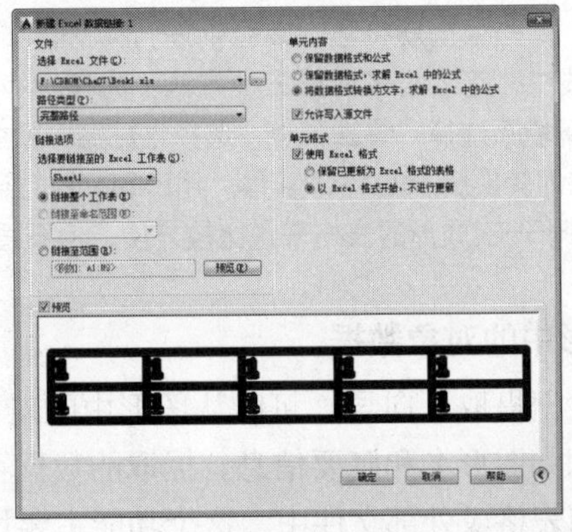

图8-46

“新建Excel数据链接：链接1”对话框主要选项的含义如下。

- 链接整个工作表：将Excel文件中指定的整个工作表链接至图形中的表格。
- 链接至命名范围：将已包含在 Excel文件中的命名单元范围链接至图形中的表格。单击下三角按钮将显示已链接电子表格中的可用命名范围。

注 意

Excel文件必须已经对某个选定单元格区域做了命名，该选项才可用，否则此选项是灰色的不可选择状态。这是Excel新增加的功能。

- 链接至范围：指定要链接至图形中表格的Excel文件中的单元范围。在文本框中输入要链接至图形的单元范围，有效范围包括矩形区域（例如，A1:D10）、整列（例如，A:A）和多组列（例如，A:D）。
- 保留数据格式和公式：由于Excel表中的数据包括各种浮点类型的数据，并且还包含计算公式，所以在导入时常常需要询问是否保留这些数据格式。如果求解公式，就是导入进来后不保留这些公式，只留计算后的数据，一般采用把数据转换为文本的方式。
- 允许写入源文件：就是使用“DATALINKUPDATE”命令时，如果图形中已链接数据有更改，源文件也做同步更改，否则“DATALINKUPDATE”命令就是不可逆向更新源文件的命令。
- 使用Excel格式：就是链接进来的表格格式是Excel格式，“保留已更新为Excel格式的表格”就是在使用“DATALINKUPDATE”命令时，链接进来的文件格式与源文件同步。如果选择“以Excel格式开始，不进行更新”单选按钮，则链接进来的数据格式将以先前设置的链接格式为准不再变动。

技 巧

插入表格有以下3种常见的办法。

第一种是外部在AutoCAD环境下用手工画线的方法绘制表格，然后在表格中填写文字。此方法不但效率低下，而且很难精确地控制文字的书写位置，文字排版也很会有很多问题。

第二种是上面讲的使用对象链接与嵌入，插入Word或Excel表格，虽然便于大量数据的创建和更新，但是也有缺点。一方面修改起来不是很方便，一点小小的问题就得进入Word或Excel中修改，修改完成后，又得退回到AutoCAD；另一方面，一些特殊符号在Word或Excel中很难输入，如一级钢筋符号、二级钢筋符号等。

在实践中，笔者常采用第三种方法：先在Excel中制作完成表格，再复制到剪贴板，然后在AutoCAD环境下选择“编辑”|“选择性粘贴”命令，选择作为OLE对象插入AutoCAD中，确定以后，表格即转换成AutoCAD实体。用Explode打开，即可以编辑其中的线条及文字，非常方便。这种方法对于一次成形的表格来说比较方便，但不适合有大量数据需要计算和更新的情况。

3. 自图形中的对象数据

启动“数据提取”向导。可以从图形中的对象提取特性信息，包括块及其属性，以及图形特性，例如图形名和概要信息。提取的数据可以与Excel电子表格中的信息进行链接，也可以输出到表格或外部文件中，这个功能主要用于生成一些经济型数据表格。

8.7 创建引线

建筑装饰施工图的特点之一就是文本注释多，因为对很多材料不能用图形来表达，只能添加文本加以说明，而引线就是起到连接文本指向的作用，这种引线也称为带有文本的引线。此外，还有许多需要放大的部件也需要引线指引放大部位，这种引线也称为带有块的引线。

8.7.1 引线的创建

引线对象是一条线或样条曲线，其一端带有箭头，另一端带有多行文字对象或块。在某些情况下，有一条短水平线（又称为基线）将文字或块和特征控制框连接到引线上，如图8-47所示。

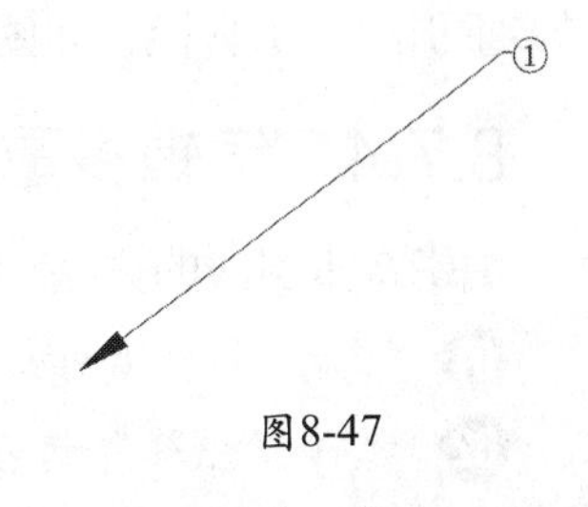

图8-47

在AutoCAD 2015中，着重给出了多重引线的创建和编辑功能，下面首先介绍普通引线的创建方法，调用引线命令的方法如下。

- 在命令行中输入“mleader”命令。
- 选择“标注”|“多重引线”命令。

8.7.2 使用MLEADER命令绘制引线

01 在命令行中输入“mleader”命令，按【Enter】键，命令行提示如下。

指定引线箭头的位置或[引线基线优先（L）/内容优先（C）/选项（O）]<选项>:

各选项的含义如下。

- “引线基线优先（L）”是先确定引线基线的位置，其次确定箭头的位置，最后输入文字。
- “内容优先（C）”是先确定引线基线的位置，其次输入文字，最后确定箭头的位置。
- “选项（O）”中内容较多，主要是用来设定引线的类型。

02 输入O，按【Enter】键，命令行提示如下。

输入选项[引线类型(L)/引线基线(A)/内容类型(C)/最大节点数(M)/第一个角度(F)/第二个角度(S)/退出选项(X)] <退出选项>:

各选项的含义如下。

- 输入L可指定引线。
- 输入S可指定直线引线。

03 在图形中，单击引线头的起点。

04 单击引线的端点。

05 输入多行文字内容。

06 在“文字格式”工具栏中单击“确定”按钮。

8.7.3 引线的编辑

多重引线是具有多个选项的引线对象，对于多重引线，先放置引线对象的头部、尾部或内容均可。可以创建与标注、表格和文字中的样式类似的多重引线样式，还可以把这些样式转换为工具并将其添加到工具选项板中，以便快速访问。通过选择“工具”|“工具栏”|“AutoCAD”|“多重引线”命令，打开“多重引线”工具栏，如图8-48所示。

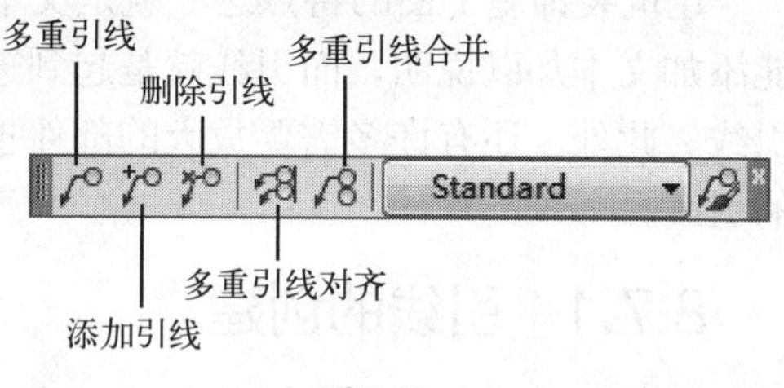

图8-48

8.7.4 编辑多重引线

编辑多重引线的方法如下。

01 打开“装饰.dwg”文件（光盘:/素材/第8章/装饰.dwg），如图8-49所示。

02 选择“注释”选项卡的“引线”组中右下角的按钮，弹出“多重引线样式管理器”对话框，如图8-50所示。

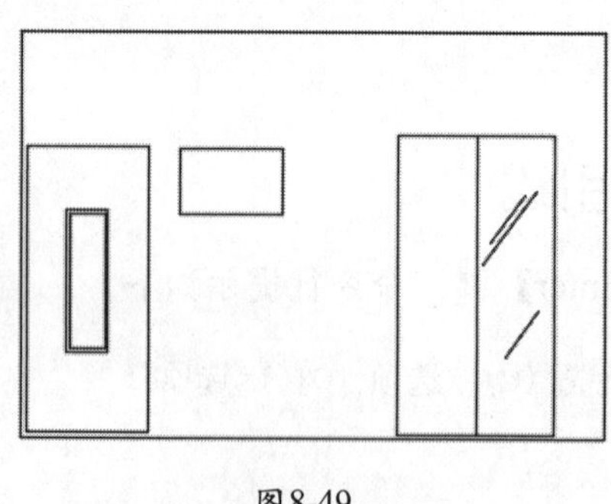

图8-49

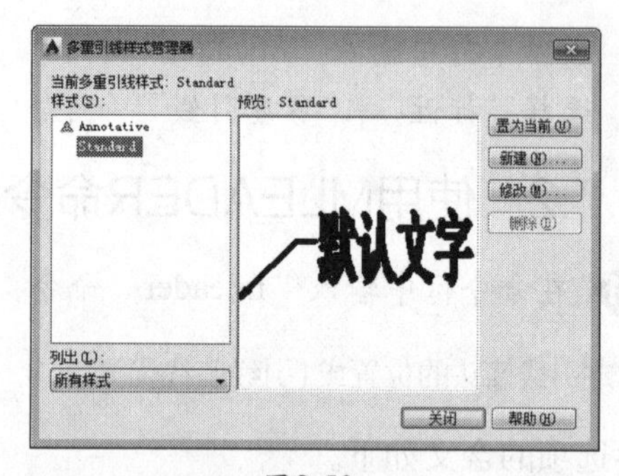

图8-50

03 单击“新建(N)”按钮，弹出“创建新多重引线样式”对话框，设置新样式名，如图8-51所示。

04 单击“继续(O)”按钮，弹出“修改多重引线样式：装饰多重引线”对话框，如图8-52所示。

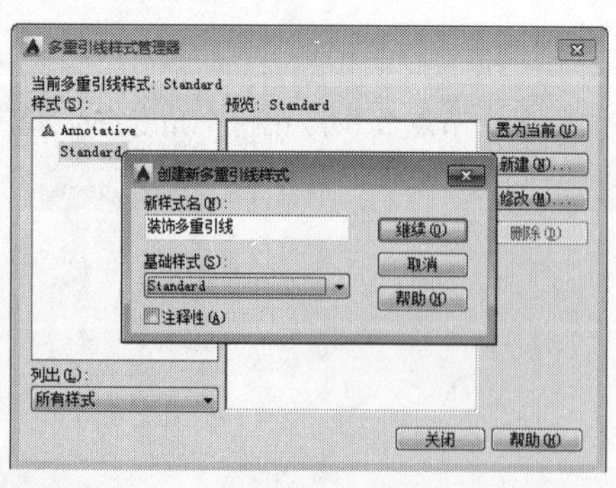

图8-51

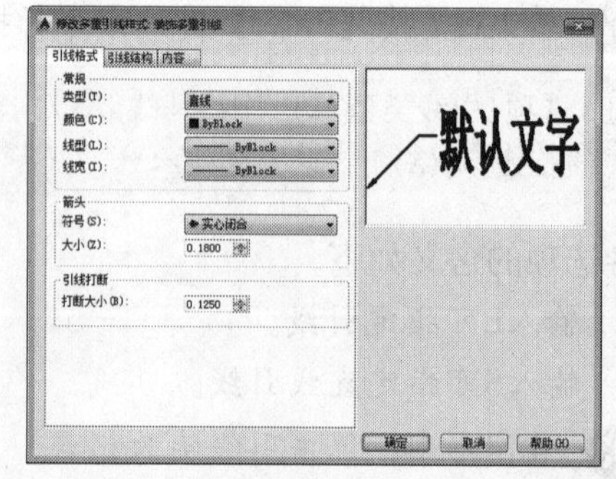

图8-52

05 在“引线格式”选项卡中，设置“颜色(C)”为“黑色”，在“箭头”选项组中设置“符号(S)”为“实心闭合”，“大小(Z)”为100，在“引线打断”选项组中设置“打断大小(B)”为75；在“引线结构”选项卡中，设置“基线距离”为200，在“内容”选项卡中设置“文字高度”为100，然后单击“确定”按钮，返回到“多重引线样式管理器”对话框。选择刚刚创建的“装饰多重引线”样式，然后单击“置为当前”按钮，将该样式设置为当前应用的样式，单击“关闭”按钮，关闭该对话框。

06 在“引线”组中单击“多重引线”按钮，选择箭头引线优先进行绘制多重引线，效果如图8-53所示。命令行提示如下。

```
命令：_mleader
指定引线箭头的位置或 [引线基线优先(L)/内容优先(C)/选项(O)] <选项>:
指定引线基线的位置:
```

07 在“多重引线”工具栏中单击“多重引线对齐”按钮，将引线对齐，按提示选择要对齐的3个引线，然后按【Enter】键，再选择要对齐到的多重引线，按【Enter】键，结果如图8-54所示。命令行提示如下。

```
命令：_mleaderalign
选择多重引线：找到 1 个
选择多重引线：找到 1 个，总计 2 个
选择多重引线：找到 1 个，总计 3 个
选择多重引线：
当前模式：使用当前间距
选择要对齐到的多重引线或 [选项(O)]:
指定方向:
```

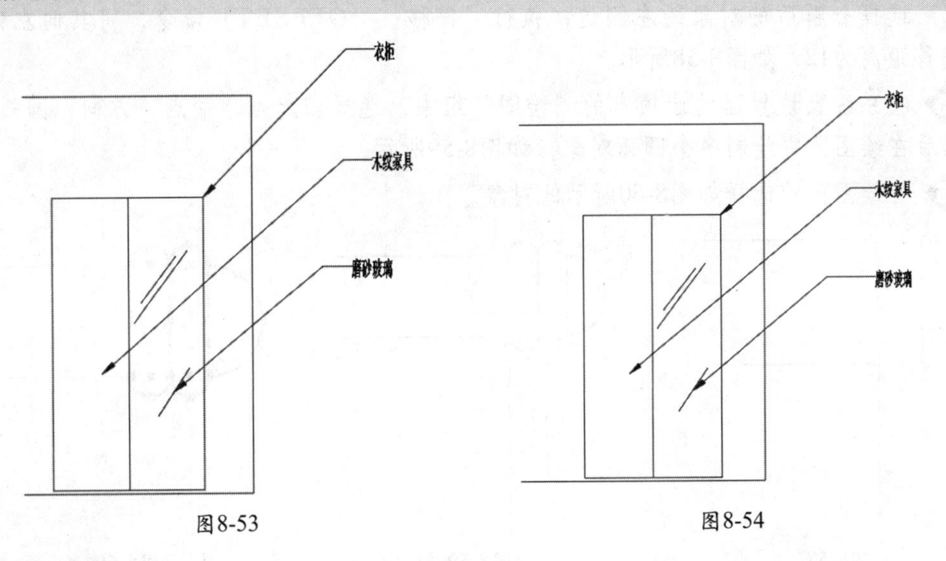

图8-53　　图8-54

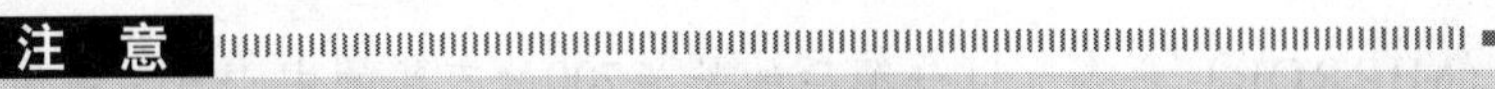

注 意

要绘制多重引线，先确定引线头部箭头位置、尾部基线部分或内容均可，以上绘制过程就是采取这种方法绘制的。

此外，引线的添加、删除、合并和编辑都可以按照命令行提示的步骤进行，这里不再一一赘述。

8.8 实战演练

8.8.1 输入并编辑文字

01 新建一个文件，在系统默认界面的选项卡的“绘图”组中单击“矩形”按钮，然后在绘图区中绘制一个长为700、宽为1900的矩形，如图8-55所示。

02 使用“矩形”工具，在绘图区中再绘制一个长为700、宽为33的矩形，如图8-56所示。

03 在系统默认界面的选项卡的“修改”组中单击“分解”按钮，然后分解新绘制的矩形，分解完成后，选择如图8-57所示的边，按Delete键将其删除。

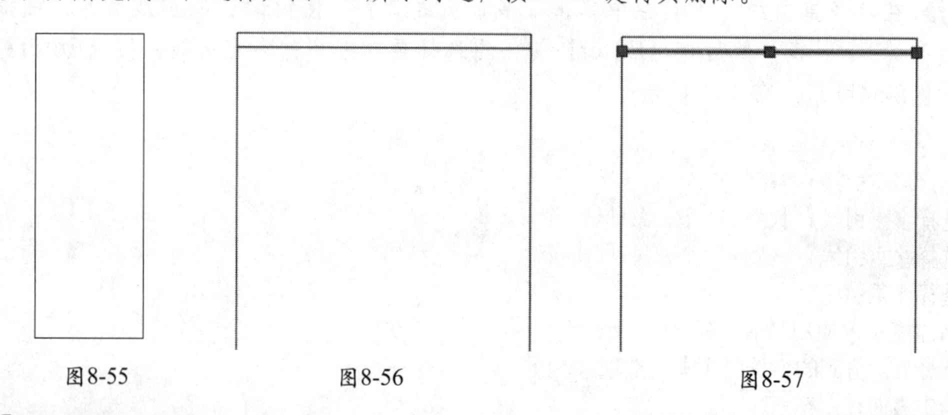

图8-55　图8-56　图8-57

04 选择分解后的对象的左侧边，执行“偏移”（OFFSET）命令，将其向左偏移2次，偏移距离为12，如图8-58所示。

05 在系统默认界面的选项卡的“绘图”组中，选择“起点，端点，方向”圆弧按钮，然后在绘图区中绘制多个圆弧对象，如图8-59所示。

06 在绘图区中选择如图8-60所示的对象。

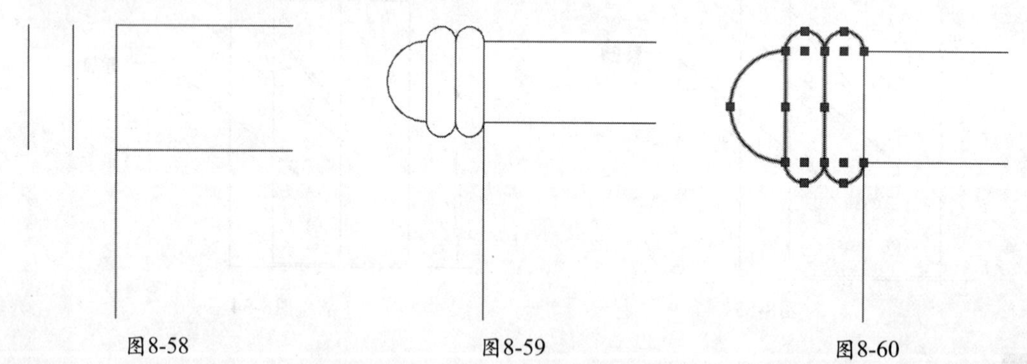

图8-58　图8-59　图8-60

07 执行“镜像”（MIRROR）命令，以分解后的长为700的直线的中心点为镜像线，镜像选择的对象，如图8-61所示。

08 在场景中选择除矩形以外的所有对象，执行“镜像”（MIRROR）命令，以矩形的宽的中心点为镜像线，镜像选择的对象，如图8-62所示。

09 在系统默认界面的选项卡的“绘图”组中单击“直线”按钮，然后在绘图区中绘制两条直线，如图8-63所示。

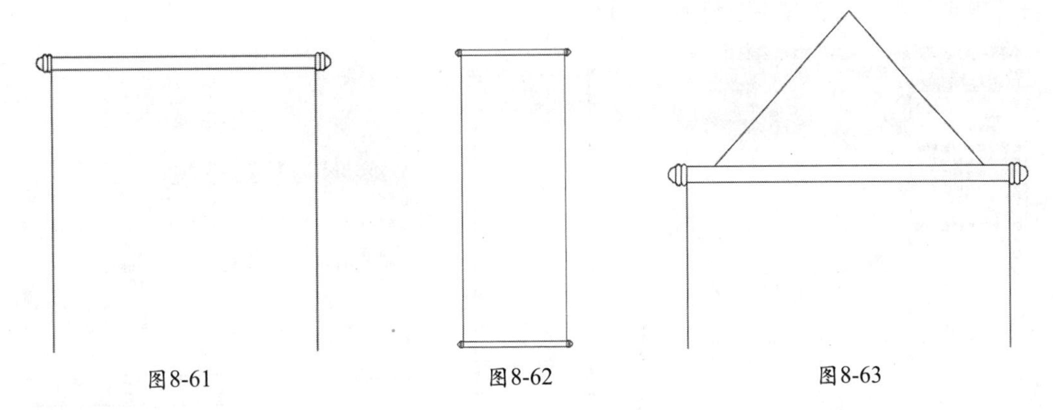

图8-61　　图8-62　　图8-63

⑩ 在系统默认界面的选项卡的“绘图”组中单击“矩形”按钮，然后在绘图区中绘制一个长为700、宽为200的矩形，如图8-64所示。

⑪ 执行“HATCH”（图案填充）命令，在新绘制的矩形内单击鼠标拾取内部点，然后在“图案填充创建”选项卡的“图案”组中，单击“图案填充”按钮，在弹出的下拉列表框中选择图案“ANSI37”，在“特性”组中将“图案填充比例”设置为5，如图8-65所示。

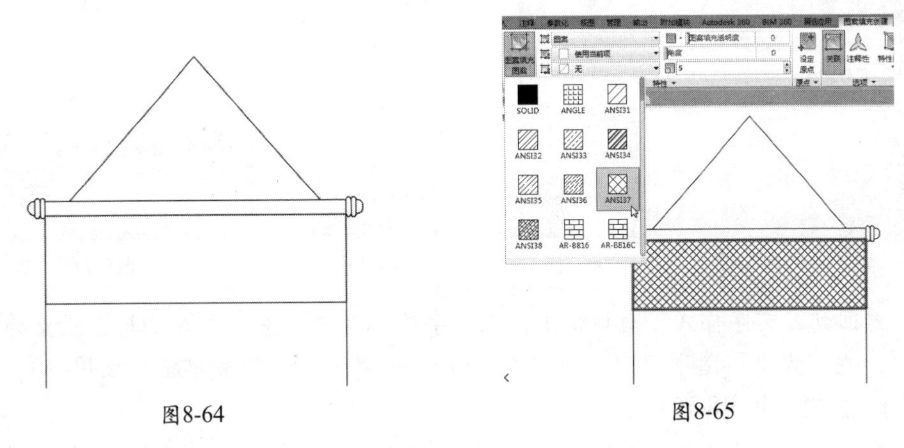

图8-64　　图8-65

⑫ 在“特性”组中单击“图案填充颜色”下拉按钮，在弹出的下拉列表中选择如图8-66所示的颜色。设置完成后，在“图案填充创建”选项卡的“关闭”组中，单击“关闭图案填充创建”按钮，关闭该选项卡。

⑬ 在绘图区中选择图案填充对象和新绘制的矩形，执行“MIRROR”（镜像）命令，以大矩形的宽的中心点为镜像线，镜像选择的对象，如图8-67所示。

⑭ 在系统默认界面的选项卡的“块”组中单击“插入块”按钮，弹出“插入”对话框，在该对话框中单击“浏览(B)”按钮，如图8-68所示。

⑮ 弹出“选择图形文件”对话框，在该对话框中选择素材文件“画.dwg”，单击“打开(O)”按钮，如图8-69所示。

⑯ 返回到“插入”对话框，直接单击“确定”按钮，然后在绘图区中单击鼠标左键指定插入点，即可将素材文件插入到绘图区中，如图8-70所示。

⑰ 在命令行中执行“STYLE”命令，打开“文字样式”对话框，然后单击“新建”

按钮，弹出“新建文字样式”对话框。在该对话框的“样式名”文本框中输入“文字”，单击“确定”按钮，如图8-71所示。

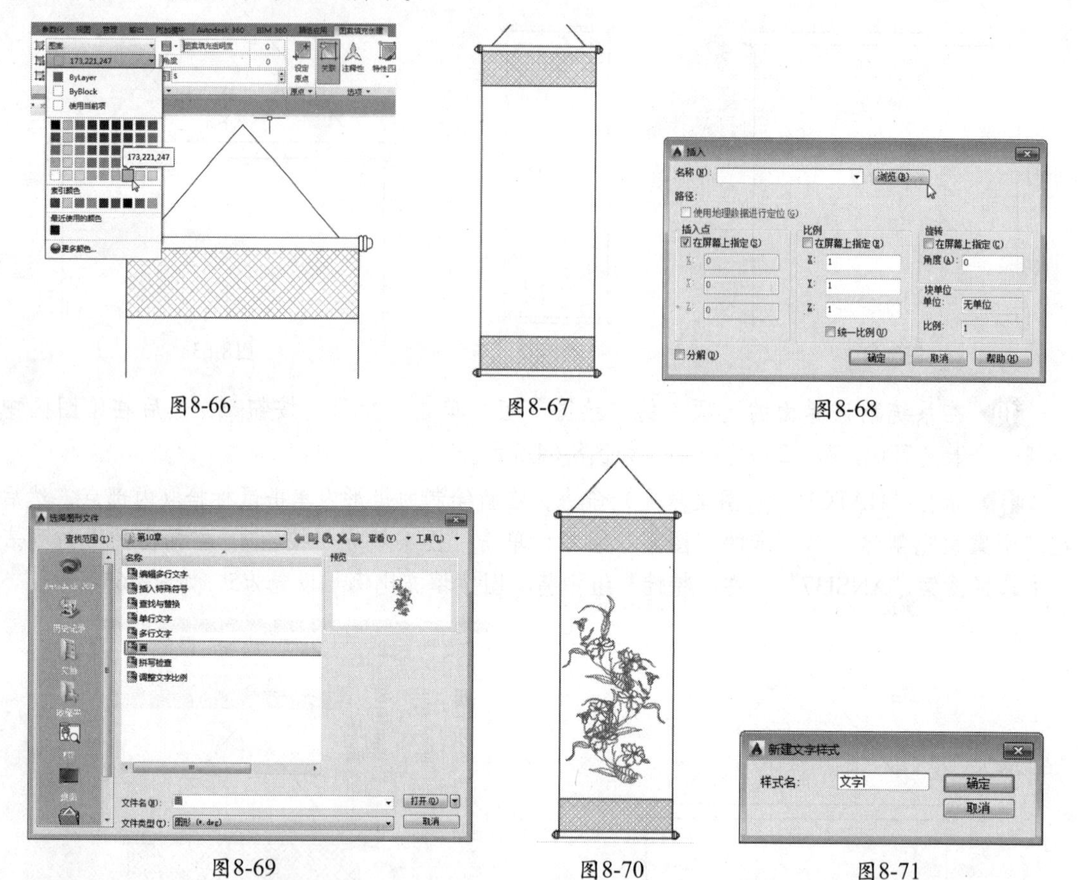

图8-66　　图8-67　　图8-68

图8-69　　图8-70　　图8-71

18 返回到“文字样式”对话框中，在“字体”组中，将“字体名(F)”设置为“汉仪行楷简”，在“大小”选项组中，将“高度(T)”设置为70，然后单击“应用(A)”按钮和“关闭(C)”按钮，如图8-72所示。

19 在系统默认界面的选项卡的“注释”组中，单击“多行文字”按钮A，然后在绘图区中绘制文本输入框，并输入文字，输入后的效果如图8-73所示（光盘：\场景\第8章\绘制卷轴画.dwg）。

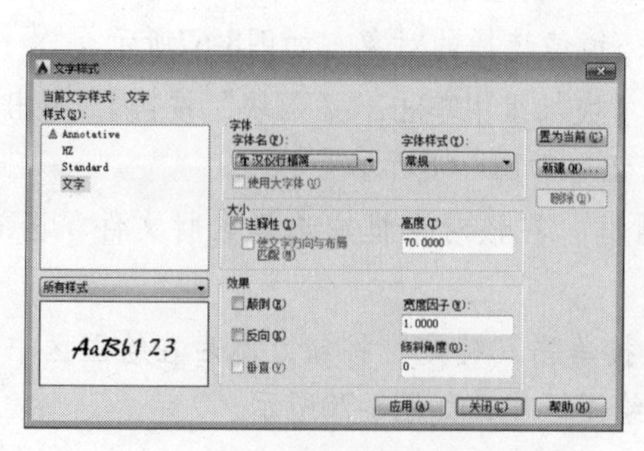

图8-72

图8-73

8.8.2 为施工图添加标题栏

下面以一个施工图中的标题栏为实例来说明图表的用法，这个实例采用创建空表格的方法来实现。具体操作步骤如下。

01 将“标题栏层”设置为当前层，选择“格式”|“表格样式”命令，弹出“表格样式”对话框。单击“新建”按钮，在弹出的“创建新的表格样式”对话框中创建新表格样式并命名为“Table”，如图8-74所示。

02 单击“继续”按钮，弹出“新建表格样式：Table”对话框，在“单元样式”下拉列表框中选择“数据”，选择“常规”选项卡，在“对齐”下拉列表框中选择“正中”选项；选择“边框”选项卡，单击“外边框”按钮，并在“线宽(L)”下拉列表框中选择0.30mm，如图8-75所示。

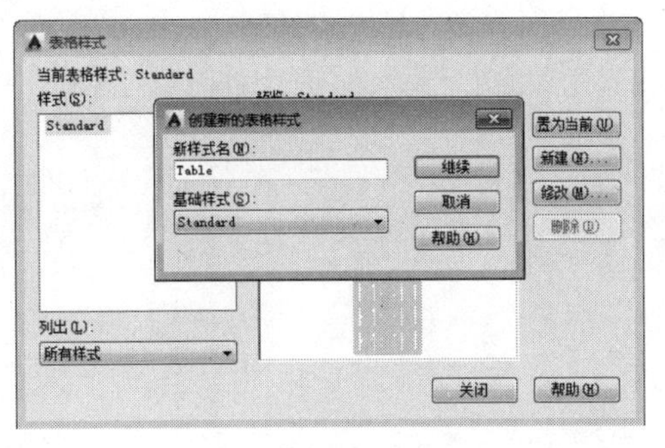

图8-74

图8-75

03 单击“确定”按钮，返回“表格样式”对话框，在“样式”列表框中选中创建的新样式，单击“置为当前(U)”按钮，如图8-76所示。设置完后，关闭对话框。

04 在“注释”工具栏中单击“表格”按钮，弹出“插入表格”对话框，在“插入方式”选项组中选择“指定插入点(I)”单选按钮；在“列和行设置”选项组中设置“列数(C)”为6，“数据行数(R)”为3，“列宽(D)”为10；“行高(G)”为10；在“设置单元样式”选项组中依次选择“标题”“表头”和“数据”选项，如图8-77所示。

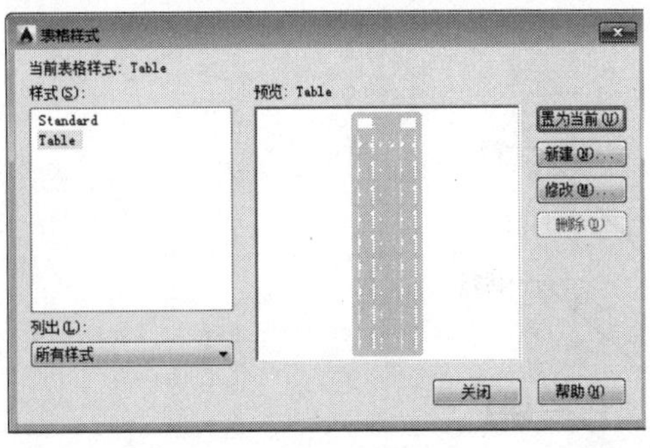

图8-76

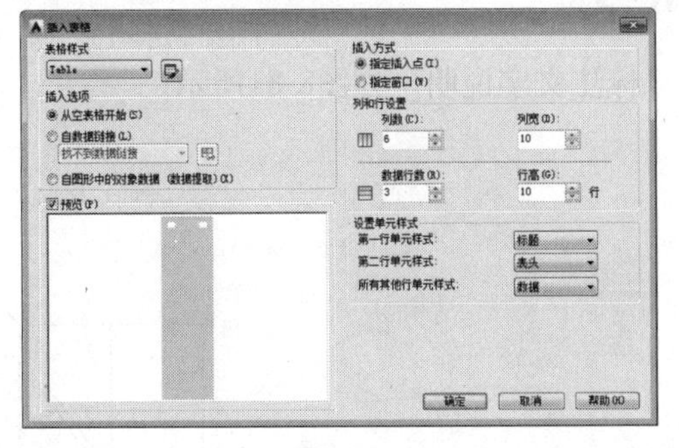

图8-77

05 单击“确定”按钮，将在绘图文档中插入一个5行6列的表格，如图8-78所示。如果第一行没有表格，则选中第一行并单击鼠标右键，在弹出的菜单中选择“取消合并”命令。

06 拖动鼠标选中表格中的前2行和前3列表格单元并单击鼠标右键，在弹出的快捷菜单中选择“合并”|“全部”命令，选中的表格单元将合并成一个表格单元，使用同样的方

法合并其他单元格，效果如图8-79所示。

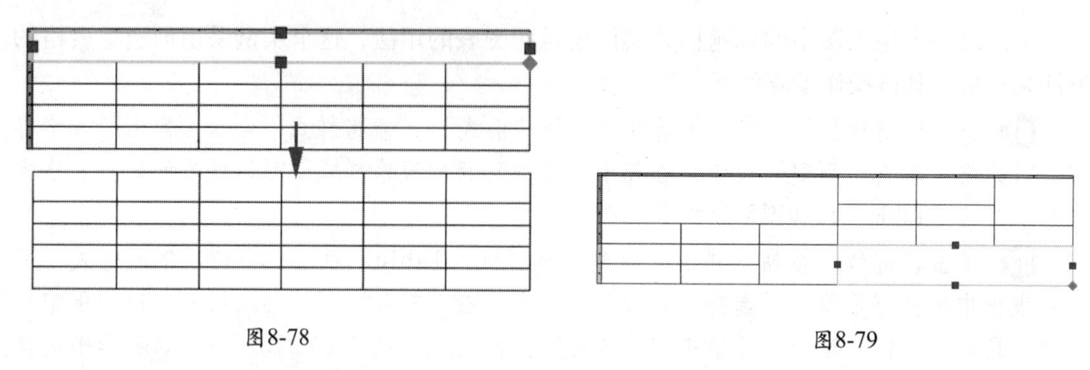

图8-78　　图8-79

07 选中绘制的表格，将其拖放到图框右下角，如图8-80所示，再标上相应的文字，完成标题栏的绘制。

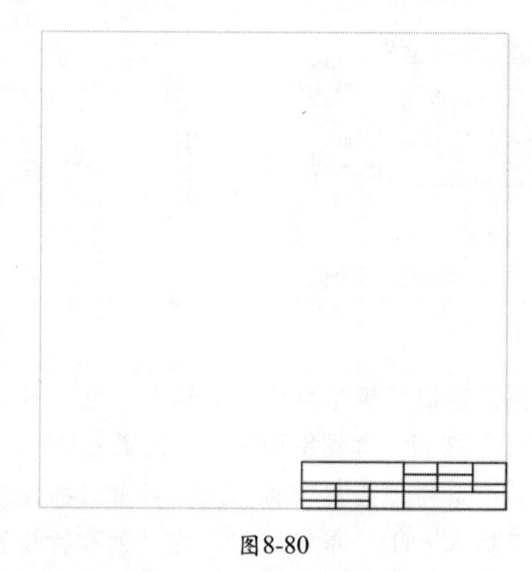

图8-80

练习

标注文字说明，如图8-81所示。

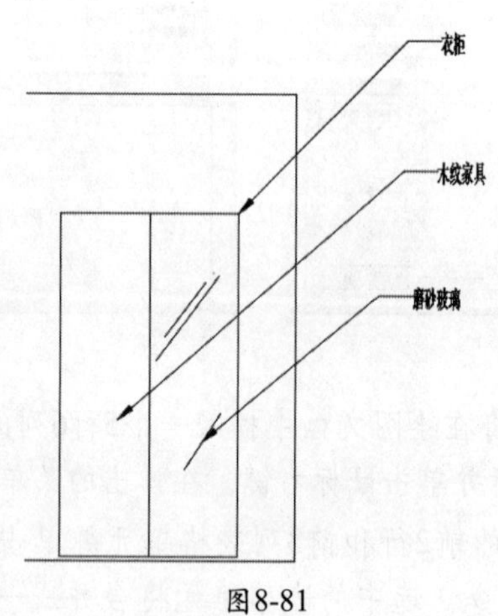

图8-81

AutoCAD

第9章 图形尺寸标注

尺寸标注是为了让查看图形对象的阅读者能一目了然地知道图形对象的具体大小，使图形表现得更清楚。本章将详细讲解尺寸标注的方法。

9.1 尺寸标注的组成与规定

在图形绘制完成后，必须要对其进行尺寸的标注才算真正完成了图纸的绘制，标注图形对象也有一定的规定。

9.1.1 尺寸标注的组成元素

尺寸标注由尺寸界线、尺寸线、标注文字、箭头和圆心标记等几部分组成，如图9-1所示。

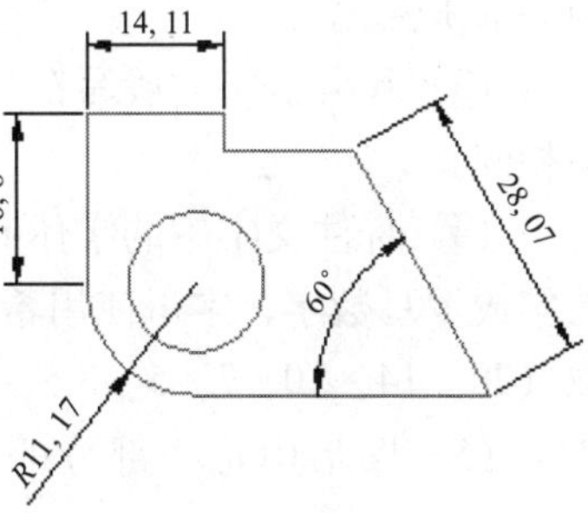

图9-1

组成尺寸标注中各选项的含义如下。

- 尺寸界线：也称投影线，用于标注尺寸的界限，由图样中的轮廓线、轴线或对称中心线引出。在标注时，尺寸界线从所标注的对象上自动延伸出来，其端点与所标注的对象接近但并未连接到对象上。
- 尺寸线：通常与所标注对象平行，放在两尺寸界线之间，用于指示标注的方向和范围。通常，尺寸线为直线，与标注的线段平行，而角度标注尺寸线则为一段圆弧。
- 标注文字：通常位于尺寸线上方或中断处，用于表示所选标注对象的具体尺寸大小。在进行尺寸标注时，AutoCAD会自动生成所标注对象的尺寸数值，用户也可对标注文字进行修改、添加等编辑操作。
- 箭头：在尺寸线两端，用于表明尺寸线的起始位置，用户可为标注箭头指定不同的尺寸大小和样式。
- 圆心标记：标记圆或圆弧的中心点。

9.1.2 尺寸标注的规定

了解了尺寸标注的组成元素以后，在对图形对象进行尺寸标注前，还需了解国家在机械和建筑方面对尺寸标注的相关规定。

1. 机械标注规定

我国对机械制图尺寸标注的有关规定如下。

（1）国家标准有关规定，标注制造零件所需要的全部尺寸，不重复、不遗漏，尺寸排列整齐，并符合设计和工艺要求。

（2）每个尺寸一般只标注一次，尺寸数值为零件的真实大小，与所绘图形的比例及准确性无关。尺寸标注以毫米为单位，若采用其他单位，则必须注明单位名称。

（3）标注文字中的字体按照国家规定标准书写，图样中的字体为仿宋体，字号分为1.8、2.5、3.5、5、7、10、14和20八种，其字体高度应按$\sqrt{2}$的比率递增。

（4）字母和数字分A型和B型，A型字体的笔画宽度（d）与字体高度（h）符合d=h/14，B型字体的笔画宽度与字体高度符合d=h/10。在同一张图样上，只允许选用一种类型的字体。

（5）字母和数字分正体和斜体两种，但在同一张图样上只能采用一种书写形式，常用斜体。

2. 建筑标注规定

我国对建筑制图尺寸标注的有关规定如下。

（1）当图形中的尺寸以毫米为单位时，不需要标注计量单位，否则必须注明所采用的单位代号或名称，如cm（厘米）、m（米）等。

（2）图形的真实大小应以图样上所标注的尺寸数值为依据，与所绘制图形的大小及画图的准确性无关。

（3）尺寸数字一般写在尺寸线上方，也可以写在尺寸线的中断处。尺寸数字的字高必须相同。

（4）标注文字中的字体必须按照国家标准，即汉字必须使用仿宋体，数字使用阿拉伯数字或罗马数字，字母使用希腊字母或拉丁字母。各种字体的具体大小可以从7种规格中选取（20、14、10、7、5、3.5、2.5），单位为毫米（mm）。

（5）图形中每一部分的尺寸应只标注一次，并且应标在最能反映其形体特征的视图上。

（6）图形中所标注的尺寸，应为该构件最后完工的尺寸，否则需另加说明。

9.2 设置尺寸标注样式

AutoCAD默认有一个ISO-25的标注样式，但有时是不能满足标注需要的。在对图形对象进行标注前，应先创建新的尺寸标注样式，在设置标注样式后要把其设置为当前样式才能使用，在创建了多余的尺寸标注样式后也可以进行删除。

9.2.1 创建新的尺寸标注样式

创建新的尺寸标注样式在“标注样式管理器”对话框中进行，打开该对话框的方法如下。

- 在系统默认界面的选项卡的“注释”组中单击 注释▼ 按钮，在弹出的下拉列表中单击“标注样式”按钮。

● 在菜单栏中选择“格式”|“标注样式”命令。

● 在命令行中执行“ddim”“DIMSTYLE”或“DIMSTY”命令。

创建尺寸标注样式的具体操作方法如下。

01 启动AutoCAD 2015，在系统默认界面的选项卡的“注释”组中单击 注释 按钮，在弹出的下拉列表中单击“标注样式”按钮，弹出“标注样式管理器”对话框。

02 单击“新建”按钮 新建(N)... ，弹出“创建新标注样式”对话框，在“新样式名(N)”文本框中输入标注样式的名称，这里输入文本“标注”，单击“继续”按钮 继续 ，如图9-2所示。

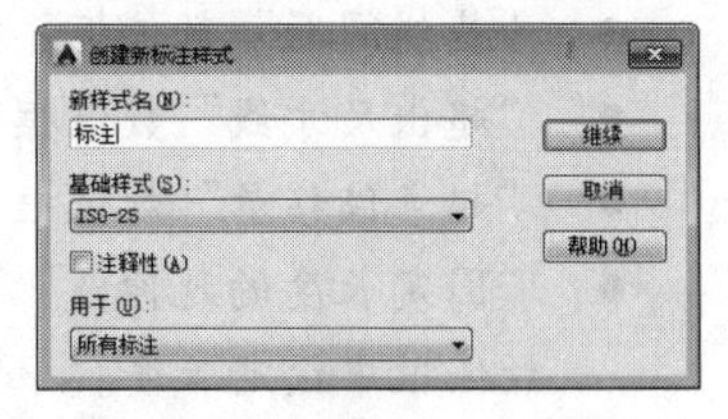

图9-2

03 弹出“新建标注样式：标注”对话框，切换至“线”选项卡，在“尺寸线”选项组的“颜色(C)”下拉列表中选择“蓝”选项，在“尺寸界线”选项组的“颜色(R)”下拉列表中选择“蓝”选项，在“超出尺寸线(X)”数值框中输入2.5，在“起点偏移量(F)”数值框中输入5，如图9-3所示。

04 切换至“符号和箭头”选项卡，在“箭头”选项组的“第一个(T)”下拉列表中选择“建筑标记”选项，在“箭头大小(I)”数值框中输入25，如图9-4所示。

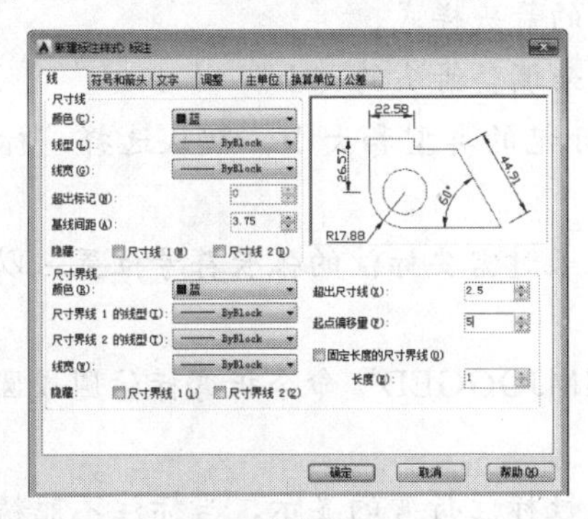

图9-3

图9-4

05 切换至“文字”选项卡，在“文字外观”选项组的“文字颜色(C)”下拉列表中选择“蓝”选项，在“文字高度(T)”数值框中输入80，在“文字位置”选项组的“从尺寸线偏移(O)”数值框中输入10，如图9-5所示。

06 切换至“主单位”选项卡，在“线性标注”选项组的“精度(P)”下拉列表中选择0，然后单击“确定”按钮完成设置，如图9-6所示。

图9-5

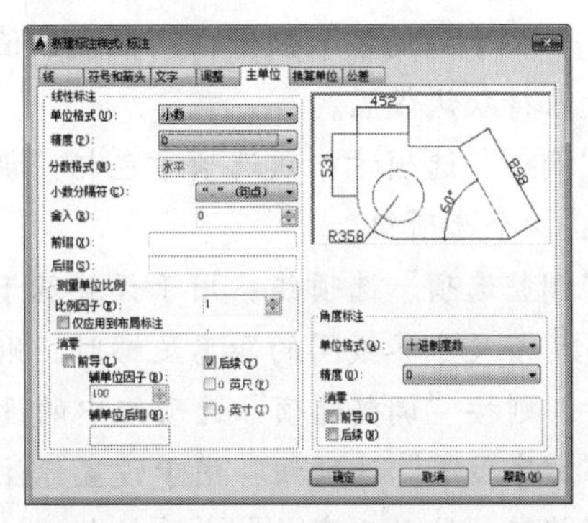

图9-6

在“新建标注样式”对话框中有多个选项卡，选项卡中比较难理解的各项参数的含义如下。

- “线”选项卡：包括“尺寸线”和“尺寸界线”等选项组，用于编辑尺寸线和尺寸界线的样式。
- “超出标记”文本框：用于设置尺寸线超出尺寸界线的距离，一般设为0。
- “基线间距”数值框：用于设置使用基线标注命令时尺寸线之间的间距。
- “超出尺寸线”数值框：用于设置尺寸界线超出尺寸线的距离。
- “起点偏移量”数值框：用于设置尺寸界线与标注对象的距离。
- “固定长度的延伸线”复选框：选择该复选框，则所有的尺寸界线只能在“长度”数值框中设定长度。
- “隐藏”选项组：选择该选项组中的两个复选框，可隐藏尺寸界线的左端或右端。
- “符号和箭头”选项卡：该选项卡主要用于设置符号和箭头的样式，包括“箭头”“圆心标记”“折断标注”“弧长符号”“半径折弯标注”和“线性折弯标注”选项组。
- “第一个”和“第二个”下拉列表：用于选择尺寸标注两端的箭头样式。
- “引线”下拉列表：用于选择引线标注的箭头样式。
- “箭头大小”：用户可以通过该文本框来调整箭头的大小。
- “圆心标记”选项组：用于设置圆心标记的类型和大小，默认选择“标记”单选按钮。
- “弧长符号”选项组：用于设置标注弧长时需要标注的弧长符号位置，以及有无弧长符号。
- “半径折弯标注”选项组：设置用“DIMJOGGED”命令折弯标注圆或圆弧半径时折弯的角度。
- “线性折弯标注”选项组：用于控制线性标注折弯的显示，当标注不能精确表示实际尺寸时，通常将折弯线添加到线性标注中。通常，实际尺寸比所需值小。
- “文字”选项卡：该选项卡主要用于设置标注中文字的样式，包括“文字外观”“文字位置”和“文字对齐”3个选项组。
- “分数高度比例”数值框：用于设置分数形式字符与其他字符的比例。
- “绘制文字边框”复选框：选中该复选框，则可为标注的文字添加边框。
- “垂直”和“水平”下拉列表：用于设置文字在尺寸线上的对齐位置。
- “从尺寸线偏移”数值框：在该数值框中可设置标注文字与尺寸线之间的距离，一般保持默认设置。
- “调整”选项卡：该选项卡包括“调整选项”“文字位置”“标注特性比例”和“优化”4个选项组。
- “调整选项”选项组：用于设置基于尺寸界线之间可用空间的文字和箭头的位置。当两条尺寸界线间的距离足够时，则把文字和箭头放在尺寸界线之间，当距离不足时，则按“调整选项”选项组中的设置放置文字和箭头。
- “文字位置”选项组：用于设置标注文字所显示的位置。
- “将标注缩放到布局”单选按钮：选择该单选按钮，可根据模型空间视口比例设置标注比例。

- “使用全局比例”单选按钮：选择该单选按钮，并在其右侧数值框中输入比值，则所有以该标注样式为基础的尺寸标注都将按该比例放大相应倍数。
- “手动放置文字”复选框：选择该复选框，将忽略所有水平对正设置，并将文字放置在“文字位置”提示中的指定位置。
- “在尺寸界线之间绘制尺寸线”：使箭头放在测量点之外，也在测量点之间绘制尺寸线。
- “主单位”选项卡：该选项卡包括“线性标注”“测量单位比例”“角度标注”和“消零”4个选项组。
- “线性标注”选项组：设置线性标注的单位格式、精度及标注文字的前缀和后缀。
- “角度标注”选项组：设置角度标注的当前单位格式和精度等。
- “换算单位”选项卡：在该选项卡中，只有选择了“显示换算单位”复选框，该选项卡中的其他选项才能被激活。
- “换算单位”选项组：用于设置除角度标注之外标注的换算单位格式、精度和前/后缀等。
- “消零”选项组：用于设置换算单位的消零规则。
- “位置”选项组：用于设置换算单位的位置。
- “公差”选项卡：在“公差格式”选项组中设置公差的格式、精度和放置位置等内容，该部分参数一般用于机械制图。其中“换算单位公差”选项组用于设置换算公差单位的精度和消零规则。

9.2.2 设置当前尺寸标注样式

设置当前尺寸标注样式的方法有以下3种。

- 在系统默认界面的选项卡的“注释”组中单击 注释▾ 按钮，在“标注样式”下拉列表中选择需要置为当前的标注样式，如图9-7所示。
- 在“注释”选项卡的“标注”组中单击“标注样式”下拉按钮，在弹出的下拉列表中选择需要置为当前的标注样式，如图9-8所示。
- 在命令行中执行“ddim”“DIMSTYLE”或“DIMSTY”命令，弹出“标注样式管理器”对话框，在“样式”列表框中选择需要置为当前的标注样式，单击 置为当前(U) 按钮，如图9-9所示。

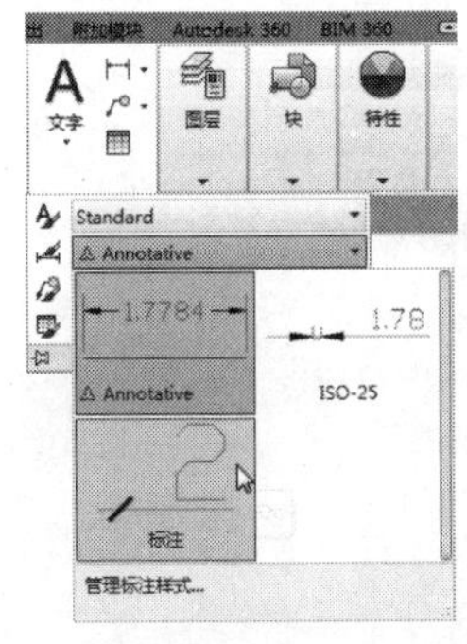

图9-7

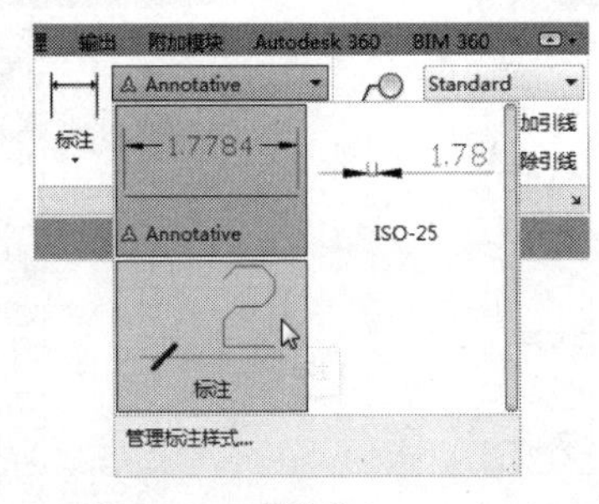

图9-8

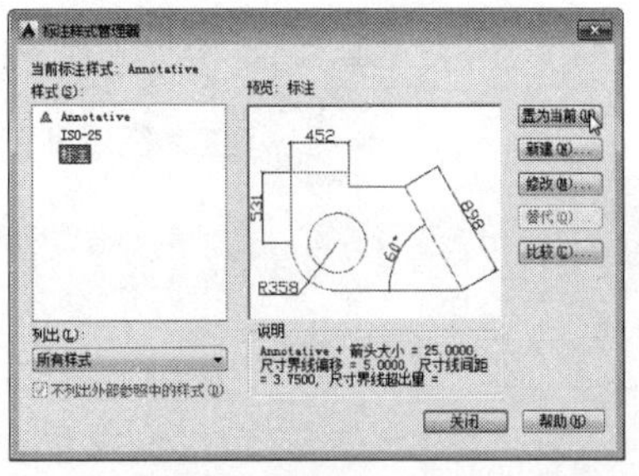

图9-9

9.2.3 删除尺寸标注样式

在“标注样式管理器”对话框左侧的“样式”列表框中选择需要删除的标注样式名称，然后在该标注样式名称上单击鼠标右键，在弹出的快捷菜单中选择“删除”命令，即可删除多余的尺寸标注样式，如图9-10所示。

注 意

在删除尺寸标注样式时，置为当前的尺寸标注样式不能被删除，若不小心误选了当前标注样式并执行了删除命令，系统会弹出提示对话框，如图9-11所示，提示用户无法删除该标注样式，此时只需单击“关闭(C)”按钮，然后返回“标注样式管理器”对话框中，再次选择需要删除的标注样式即可。

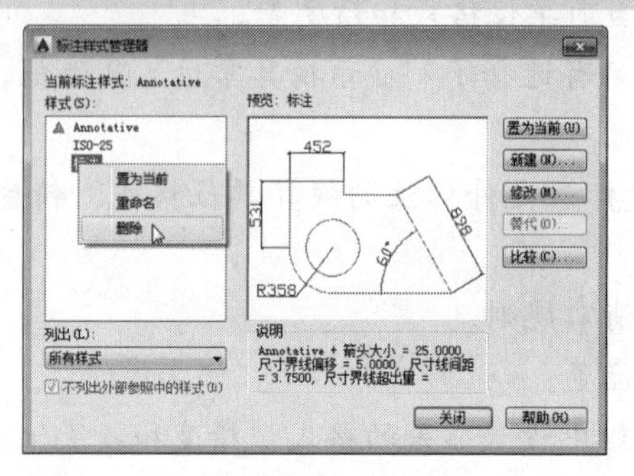

图9-10

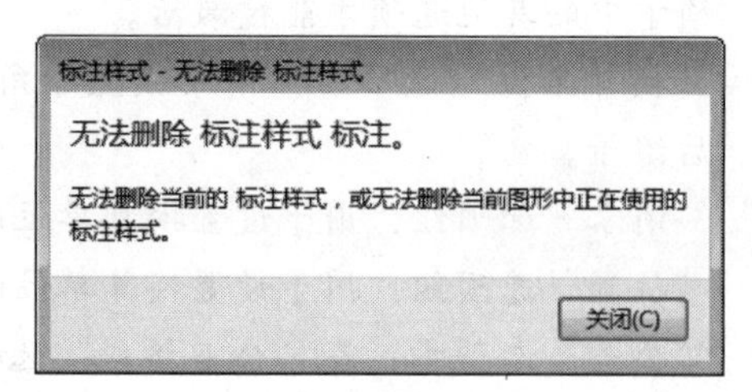

图9-11

9.3 标注长度型尺寸

在标注长度型尺寸时，可以采取线性标注、基线标注及连续标注3种方式进行，下面分别讲解这3种标注尺寸的方式。

9.3.1 线性标注

线性标注命令主要用于标注水平或垂直方向上的尺寸，调用该命令的方法如下。

- 在系统默认界面的选项卡的“注释”组中单击【线性】右侧的下三角按钮，在弹出的下拉列表中选择“线性”选项，如图9-12所示。
- 在“注释”选项卡的“标注”组中的左侧下拉列表中选择“线性”选项，如图9-13所示。

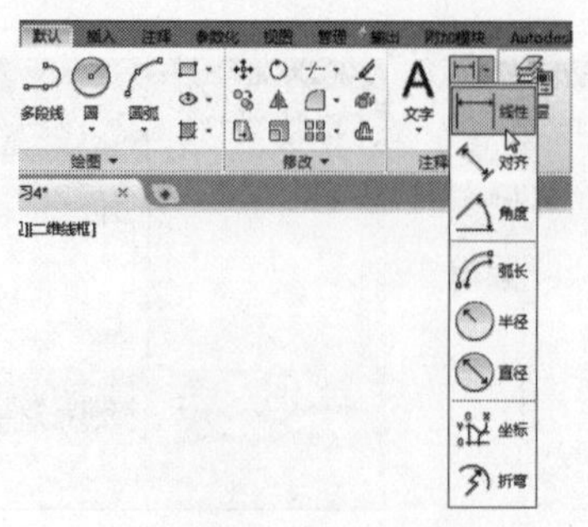

图9-12

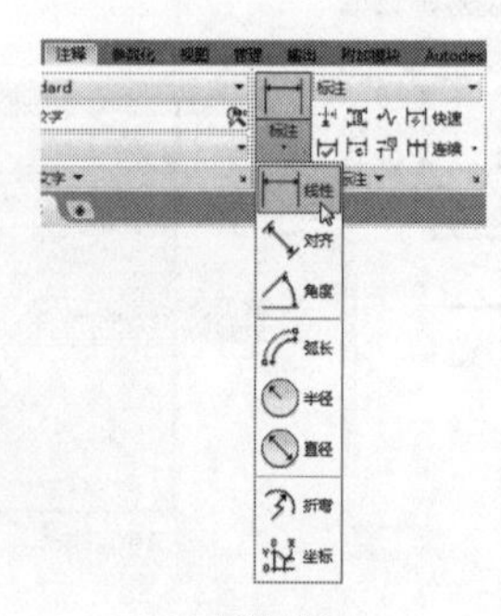

图9-13

- 在菜单栏中选择“标注”|“线性”命令。
- 在命令行中执行“DIMLINEAR”或“DIMLIN”命令。

执行上述命令后，具体操作如下。

01 打开“001.dwg”素材文件（），在命令行中执行“DIMLINEAR”命令，如图9-14所示。

02 执行该命令后，在A点和B点之间绘制一条线性标注，如图9-15所示。

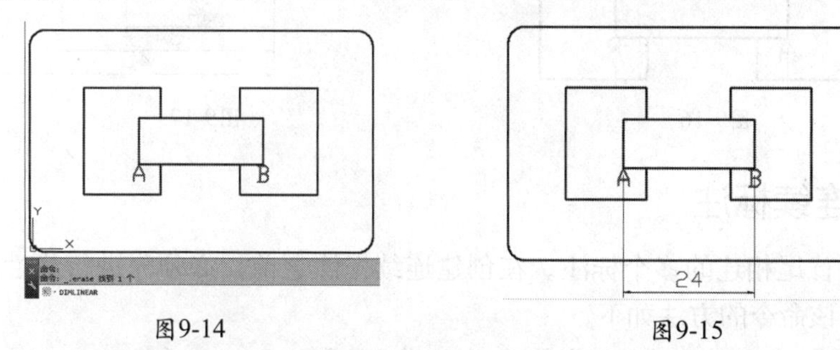

图9-14　图9-15

在执行命令的过程中，命令行中各选项的含义如下。

- 多行文字：选择该选项可通过输入多行文字的方式输入多行标注文字。
- 文字：选择该选项可通过输入单行文字的方式输入单行标注文字。
- 角度：选择该选项可设置标注文字方向与标注端点连线之间的夹角，默认为0°，即保持平行。
- 水平：选择该选项表示只标注两点之间的水平距离。
- 垂直：选择该选项表示只标注两点之间的垂直距离。
- 旋转：选择该选项可在标注过程中设置尺寸线的旋转角度。

9.3.2 基线标注

基线标注是自同一基线处测量的多个标注，即创建自相同基线测量的一系列相关标注，调用该命令的方法如下。

- 在“注释”选项卡的“标注”组中单击“连续”右侧的下三角按钮，在弹出的下拉列表中选择“基线”选项。
- 在菜单栏中选择“标注”|“基线”命令。
- 在命令行中执行“DIMBASELINE”或“DIMBASE”命令。

进行基线标注的具体操作方法如下。

01 继续上面的操作，在“注释”选项卡的“标注”组中单击“连续”右侧的下三角按钮，在弹出的下拉列表中选择“基线”选项，如图9-16所示。

02 执行该命令后，依次向右进行标注，标注完成后，按【Enter】键完成标注，标注后的效果如图9-17所示。

注 意

若先使用线性标注，接着马上使用基线标注命令，可省去选择基准标注这一操作步骤，但是标注后的效果会有所不同。

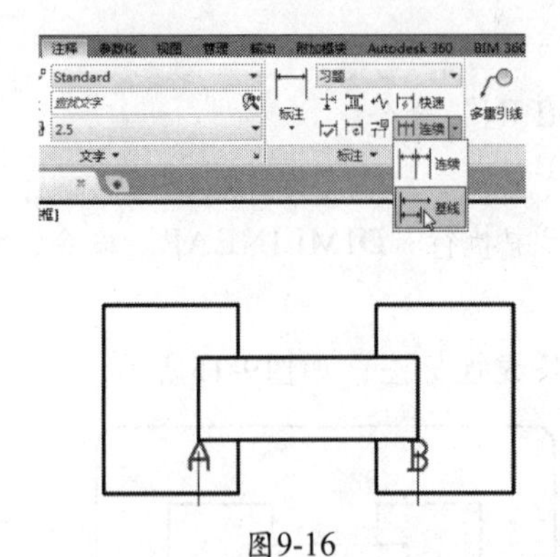

图9-16

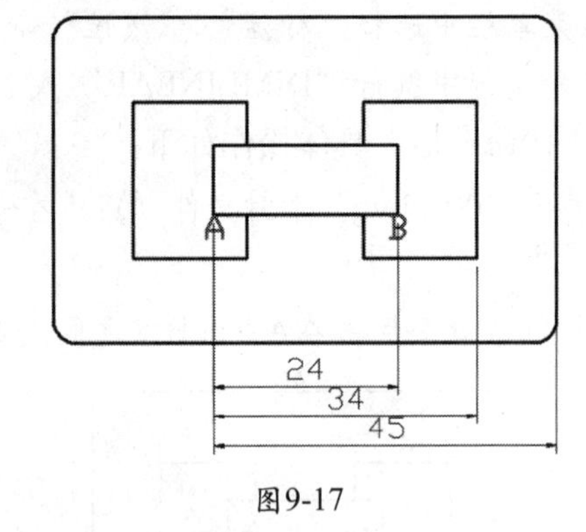

图9-17

9.3.3 连续标注

连续标注是首尾相连的多个标注。在创建连续标注之前，必须先进行线性、对齐或角度等标注。调用该命令的方法如下。

- 在“注释”选项卡的“标注”组中单击“连续”按钮。
- 在菜单栏中选择“标注”|“连续”命令。
- 在命令行中执行“DIMCONTINUE”或“DIMCONT”命令。

对图形对象进行连续标注的具体操作如下。

01 继续9.3.1小节的操作，在“注释”选项卡的“标注”组中单击“连续”按钮，在文档中向右拾取一个端点，如图9-18所示。

02 拾取完成后，继续向右进行拾取，然后按【Enter】键完成连续标注，效果如图9-19所示。

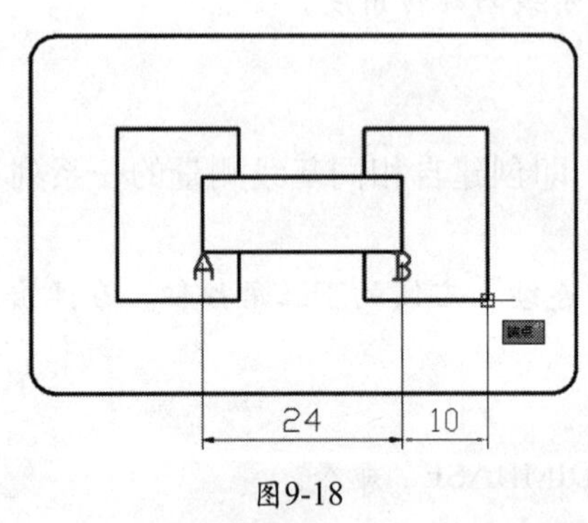

图9-18

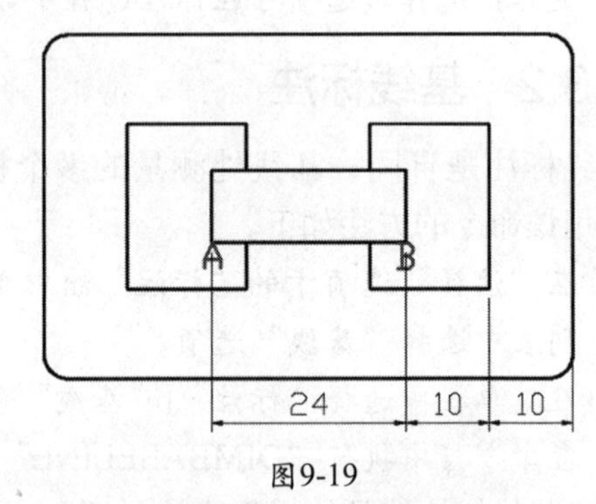

图9-19

9.3.4 边学边练——标注矩形门

打开随书附带光盘中的“矩形门.dwg”图形文件（光盘：\素材\第9章\矩形门.dwg）。

01 在“注释”选项卡下选择“线性标注”工具，根据命令行提示指定第一条尺寸界线原点，单击矩形的左上角点A，作为线性标注的第一点，如图9-20所示。

02 选择轴线A、B作为标注对象，分别单击轴线A和轴线B，如图9-21所示。

03 在任意指定尺寸线的位置，完成线性尺寸标注，如图9-22所示。

04 尝试对A、C点进行标注，完成后的效果如图9-23所示。

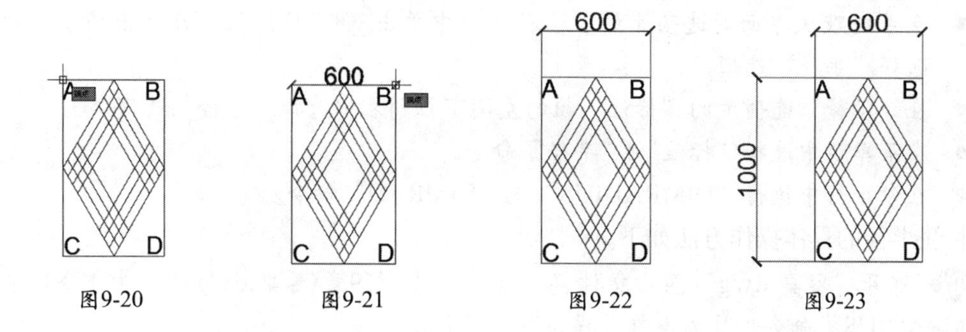

图9-20　　图9-21　　图9-22　　图9-23

9.4　标注圆弧形尺寸

圆弧形尺寸标注包括圆心标注、半径标注、直径标注和弧长标注等，下面分别进行讲解。

9.4.1　圆心标注

圆心标注命令用于标记圆或圆弧的圆心点位置，调用该命令的方法如下。

- 在“注释”选项卡的“标注”组中单击下侧的 标注▼ 按钮，在弹出的下拉列表中单击“圆心标记”按钮。
- 在菜单栏中选择“标注”|“圆心标记”命令。
- 在命令行中执行“DIMCENTER”命令。

执行上述命令后，具体操作方法如下。

01 在场景中绘制一个半径为10的圆，如图9-24所示。

02 在命令行中执行“DIMCENTER”命令，然后根据提示选择圆。圆心标注完成后，效果如图9-25所示。具体操作过程如下。

```
命令：DIMCENTER          //执行DIMCENTER命令
选择圆弧或圆：            //选择绘图区中的圆，如图9-25所示
```

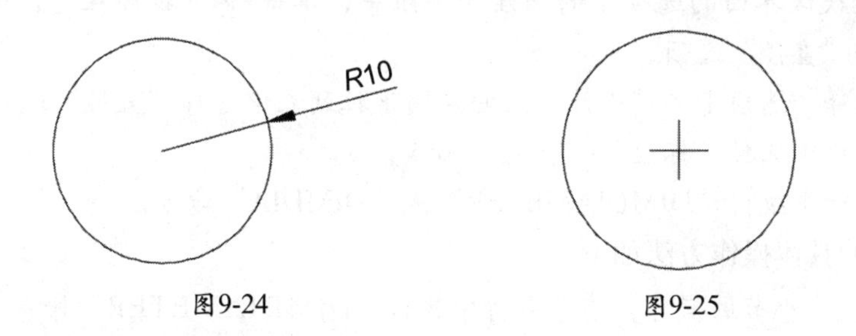

图9-24　　图9-25

9.4.2　半径和直径标注

半径和直径的标注方法类似，主要用于标注圆和圆弧，下面分别对其进行讲解。

1. 半径标注

半径标注命令的调用方法如下。

● 在系统默认界面的选项卡的“注释”组中单击下拉按钮，在弹出的下拉列表中选择“半径”选项。
● 在“注释”选项卡的“标注”组的左侧下拉列表中选择“半径”选项。
● 在菜单栏中选择“标注”|“半径”命令。
● 在命令行中执行“DIMRADIUS”或“DIMRAD”命令。

标注半径的具体操作方法如下。

01 打开“餐桌.dwg”图形文件（光盘：\素材\第9章\餐桌.dwg），在命令行中执行“DIMRADIUS”命令，具体操作过程如下。

```
命令：DIMRADIUS                                   //执行DIMRADIUS命令
选择圆弧或圆：                                     //选择如图9-26所示的餐桌内圆
指定尺寸线位置或[多行文字(M)/文字(T)/角度(A)]：     //移动鼠标使尺寸线处于合适的位置，
                                                  这里移动到餐桌左侧，单击鼠标完成标注
```

02 半径标注完成后，效果如图9-27所示。

图9-26

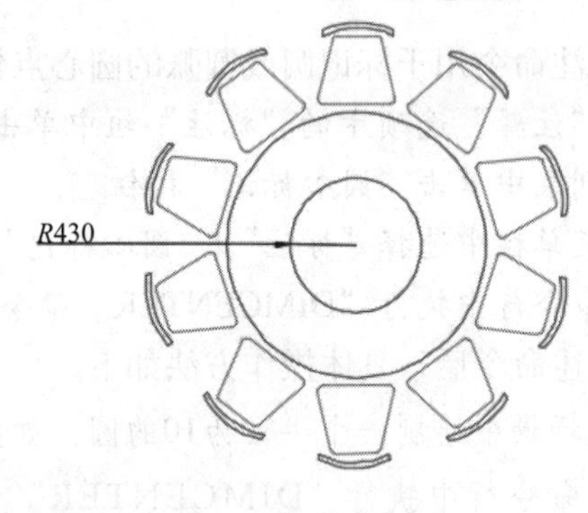

图9-27

2. 直径标注

直径标注命令的调用方法如下。

● 在系统默认界面的选项卡的“注释”组中，单击下拉按钮，在弹出的下拉列表中选择“直径”选项。
● 在“注释”选项卡的“标注”组的左侧下拉列表中选择“直径”选项。
● 在菜单栏中选择“标注”|“直径”命令。
● 在命令行中执行“DIMDIAMETER”或“DIMDIA”命令。

标注直径的具体操作方法如下。

01 继续上一小节的操作，在命令行中执行“DIMDIAMETER”命令，具体操作过程如下。

```
命令：DIMDIAMETER                                 //执行DIMDIAMETER命令
选择圆弧或圆：                                     //选择餐桌的外圆，如图9-28所示
指定尺寸线位置或 [多行文字(M)/文字(T)/角度(A)]：//指定尺寸线位置并单击鼠标完成标注
```

02 直径标注完成后，效果如图9-29所示（光盘：\场景\第9章\餐桌.dwg）。

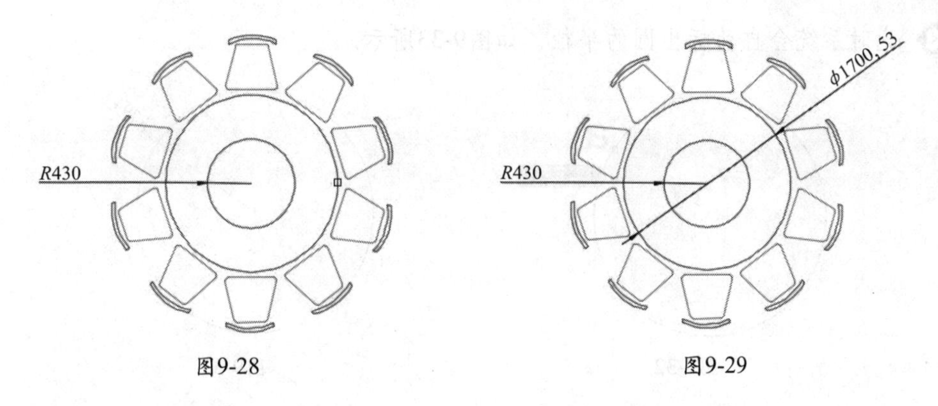

图9-28　　图9-29

9.4.3 弧长标注

弧长标注用于测量圆弧或多段线圆弧段的距离。弧长标注的典型用法包括测量凸轮的距离和电缆的长度。为区别是线性标注还是弧长标注，在默认情况下弧长标注将显示一个圆弧符号⌒。调用该命令的方法如下。

- 在系统默认界面的选项卡的“注释”组中单击下拉按钮，在弹出的下拉列表中选择“弧长”选项。
- 在“注释”选项卡的“标注”组的左侧下拉列表中选择“弧长”选项。
- 在菜单栏中选择“标注”|“弧长”命令。
- 在命令行中执行“DIMARC”命令。

标注弧长的具体操作方法如下。

01 打开“浴池.dwg”图形文件（光盘：\素材\第9章\浴池.dwg），在命令行中执行“DIMARC”命令，具体操作过程如下。

```
命令：DIMARC                                    //执行DIMARC命令
选择弧线段或多段线圆弧段：                      //选择如图9-30所示的弧线
指定尺寸线位置或［多行文字(M)/文字(T)/角度(A)］：
//显示标注效果，指定尺寸线位置并按【Space】键结束命令
```

02 弧长标注完成后，效果如图9-31所示（光盘：\场景\第9章\浴池.dwg）。

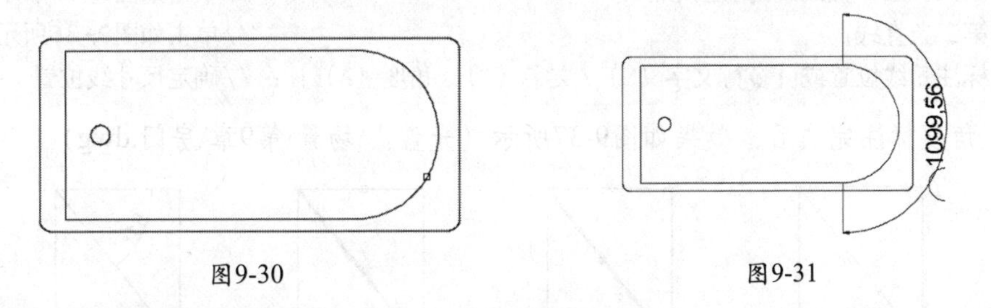

图9-30　　图9-31

9.4.4 边学边练——标注圆形灯

打开随书附带光盘中的“圆形灯.dwg” 图形文件（光盘：\素材\第9章\圆形灯.dwg）。

01 在“标注”面板中选择“线性”下拉菜单中的“半径”选项。

02 选择圆作为标注对象，单击圆上任一点a，如图9-32所示。

03 此时系统会自动标出圆的半径，如图9-33所示。

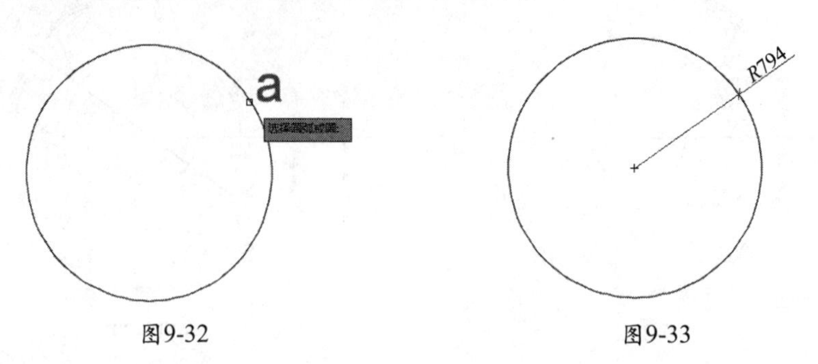

图9-32　　图9-33

9.5 标注特殊尺寸

特殊尺寸标注包括角度标注、坐标标注、快速标注、创建快速引线标注和折弯标注等，下面分别进行讲解。

9.5.1 角度标注

角度标注命令用于精确测量并标注直线、多段线、圆、圆弧，以及点和被测对象之间的夹角，调用该命令的方法如下。

- 在系统默认界面的选项卡的“注释”组中单击下拉按钮，在弹出的下拉列表中选择“角度”选项。
- 在“注释”选项卡的“标注”组的左侧下拉列表中选择“角度”选项。
- 在菜单栏中选择“标注”|“角度”命令。
- 在命令行中执行“DIMANGULAR”命令。

标注角度的具体操作方法如下。

01 绘制房门立面图，如图9-34所示。

02 在命令行中执行“DIMANGULAR”命令，具体操作过程如下。

```
命令：DIMANGULAR                                    //执行DIMANGULAR命令
选择圆弧、圆、直线或<指定顶点>：                    //单击如图9-35所示的线段
选择第二条直线：                                    //单击如图9-36所示的线段
指定标注弧线位置或［多行文字（M）/文字（T）/角度（A）］：//确定尺寸线位置
```

03 角度标注完成后，效果如图9-37所示（光盘：\场景\第9章\房门.dwg）。

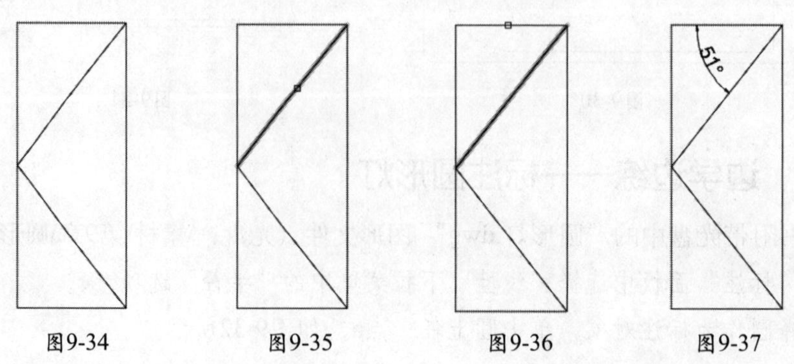

图9-34　　图9-35　　图9-36　　图9-37

9.5.2 坐标标注

坐标标注命令用于自动测量和标注一些特殊点的x、y轴的坐标值。使用坐标标注命令可以保持特征点与基准点的精确偏移量，从而避免加大误差。调用该命令的方法如下。

- 在系统默认界面的选项卡的“注释”组中单击下拉按钮，在弹出的下拉列表中选择“坐标”选项。
- 在“注释”选项卡的“标注”组的左侧下拉列表中选择“坐标”选项。
- 在菜单栏中选择“标注”|“坐标”命令。
- 在命令行中执行“DIMORDINATE”或“DIMORD”命令。

标注坐标的具体操作方法如下。

01 继续上一小节的操作，在命令行中执行“DIMORDINATE”命令，具体操作过程如下。

```
命令:DIMORDINATE            //执行DIMORDINATE命令
指定点坐标:                 //指定需要标注点所在的位置，这里单击如图9-38所示的点
指定引线端点或 [X 基准(X)/Y 基准(Y)/多行文字(M)/文字(T)/角度(A)]:
                            //指定尺寸标注点的位置，这里向右移动鼠标并单击鼠标完成标注
```

02 坐标标注完成后，效果如图9-39所示（光盘：\场景\第9章\房门.dwg）。

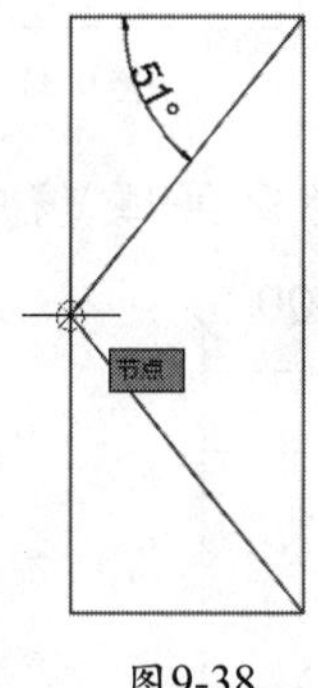

图9-38

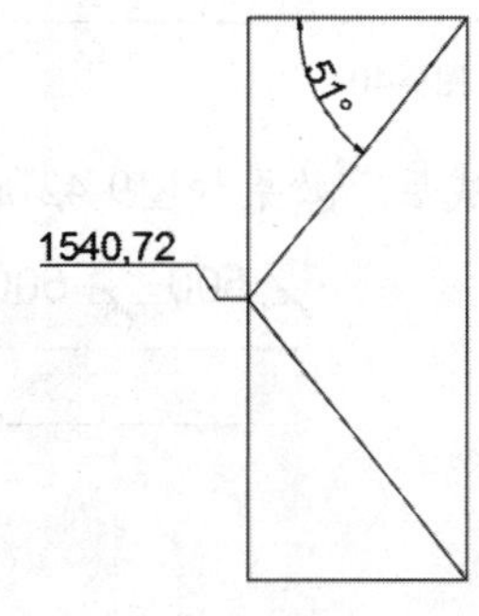

图9-39

在执行命令过程中，命令行中各选项的含义如下。

- X基准：系统自动测量x坐标值，并确定引线和标注文字的方向。
- Y基准：系统自动测量y坐标值，并确定引线和标注文字的方向。
- 多行文字：选择通过输入多行文字的方式输入多行标注文字。
- 文字：选择通过输入单行文字的方式输入单行标注文字。
- 角度：设置标注文字方向与x轴或y轴的夹角，默认为0°，即水平或者垂直。

9.5.3 快速标注

快速标注命令可以一次标注多个标注形式相同的图形对象，调用该命令的方法如下。

- 在“注释”选项卡的“标注”组中单击“快速标注”按钮。
- 在菜单栏中选择“标注”|“快速标注”命令。
- 在命令行中执行“QDIM”命令。

快速标注图形对象的具体操作方法如下。

01 打开“窗户.dwg”图形文件（光盘：\素材\第9章\窗户.dwg），在命令行中执行“QDIM”命令，具体操作过程如下。

```
命令: QDIM                                   //执行QDIM命令
关联标注优先级 = 端点                          //系统自动显示
选择要标注的几何图形: 找到 1 个                 //选择要标注的对象，单击如图9-40所示的边
选择要标注的几何图形: 找到 1 个，总计 2 个
                                             //选择要标注的对象，单击如图9-41所示的第二条边
选择要标注的几何图形: 找到 1 个，总计 3 个
                                             //选择要标注的对象，单击如图9-41所示的第三条边
选择要标注的几何图形: 找到 1 个，总计 4 个
                                             //选择要标注的对象，单击如图9-41所示的第四条边
选择要标注的几何图形:                          //按【Space】键，结束对象的选择
指定尺寸线位置或 [连续(C)/并列(S)/基线(B)/坐标(O)/半径(R)/直径(D)/基准点(P)/编
辑(E)/设置(T)] <连续>                          //系统当前提示
```

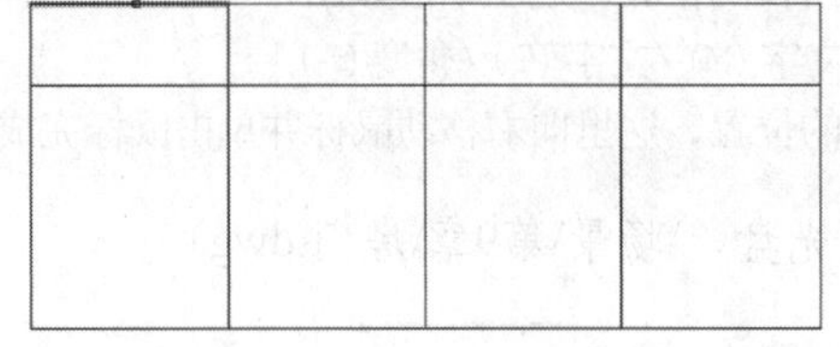
图9-40

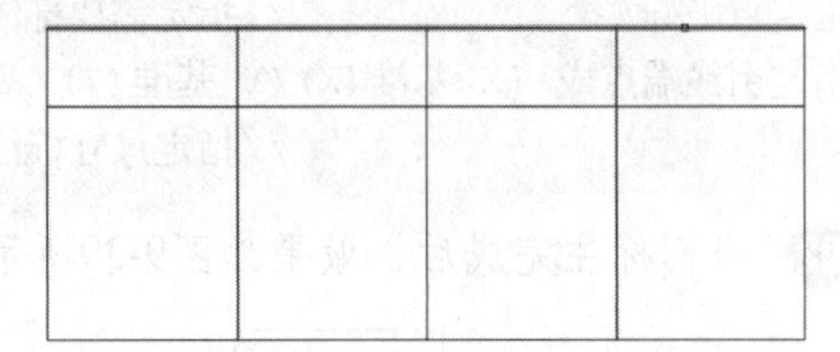
图9-41

02 快速标注完成后，效果如图9-42所示（光盘：\场景\第9章\窗户.dwg）。

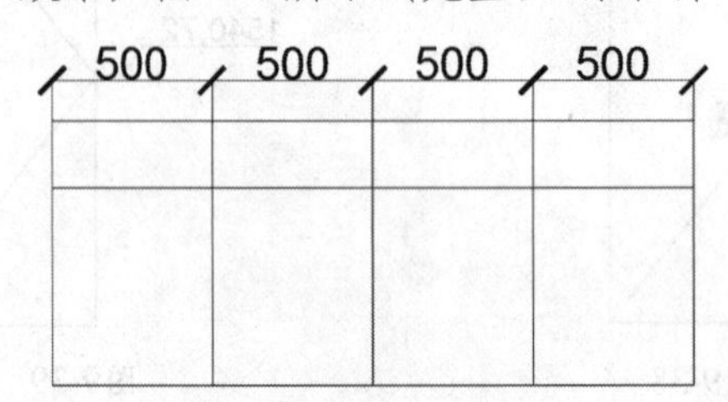

图9-42

在执行命令的过程中，各选项含义如下。

- 连续/并列/基线/坐标：以连续/并列/基线/坐标的标注方式标注尺寸。
- 半径/直径：标注圆或圆弧的半径和直径。
- 基准点：以“基线”或“坐标”方式标注时指定基点。
- 编辑：尺寸标注的编辑命令，用于增加或减少尺寸标注中延伸线的端点数目。
- 设置：设置关联标注优先级。

9.5.4 多重引线标注

引线标注常用于标注某对象的说明信息，通常不标注尺寸等数字信息，只标注文字信息。该命令并非是系统产生的尺寸信息，而是由用户指定标注的文字信息。

1. 设置多重引线样式

设置多重引线样式的方法如下。

- 在“注释”选项卡的“引线”组中单击其右下角的▫按钮。
- 显示菜单栏，选择“格式”|“多重引线样式”命令。

设置多重引线样式的具体操作方法如下。

01 在“注释”选项卡的“引线”组中单击其右下角的▫按钮，弹出“多重引线样式管理器”对话框，如图9-43所示。

02 单击“新建(N)”按钮，在弹出的“创建新多重引线样式”对话框中的“新样式名(N)”文本框中输入文本“新建样式”，单击“继续(O)”按钮，如图9-44所示。

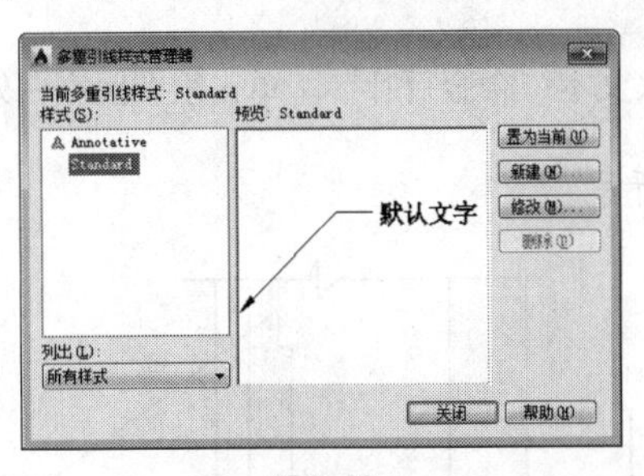

图9-43

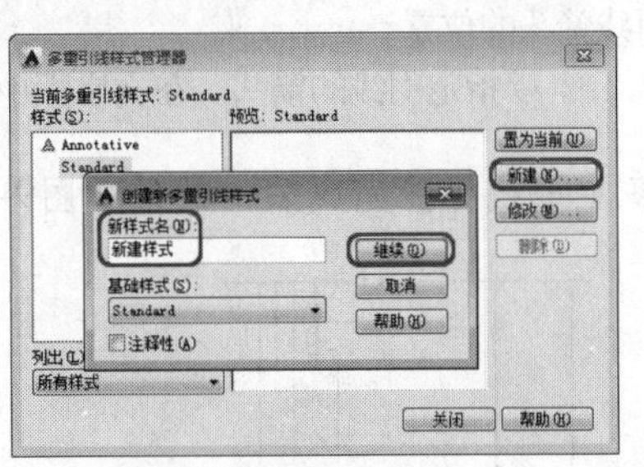

图9-44

03 弹出“修改多重引线样式：新建样式”对话框，切换至“引线格式”选项卡，在“常规”选项组的“类型(T)”下拉列表中选择“样条曲线”选项，在“颜色(C)”下拉列表中选择“绿”选项，在“箭头”选项组的“大小(Z)”数值框中输入10，如图9-45所示。

04 切换至“内容”选项卡，在“文字选项”选项组的“文字颜色(C)”下拉列表中选择“绿”选项，在“文字高度(T)”数值框中输入30，单击“确定”按钮，如图9-46所示。

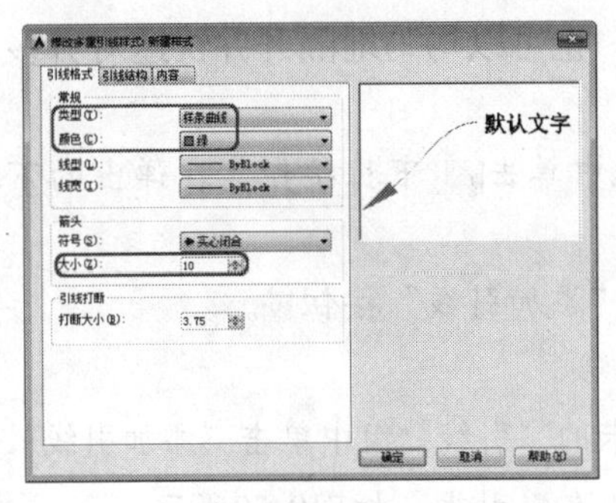

图9-45

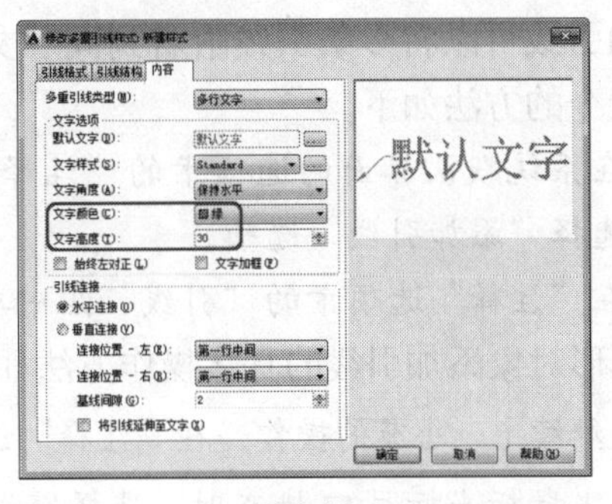

图9-46

05 返回“多重引线样式管理器”对话框，在“样式”列表框中选择“新建样式”选项，单击“置为当前(U)”按钮，再单击“关闭”按钮，如图9-47所示。

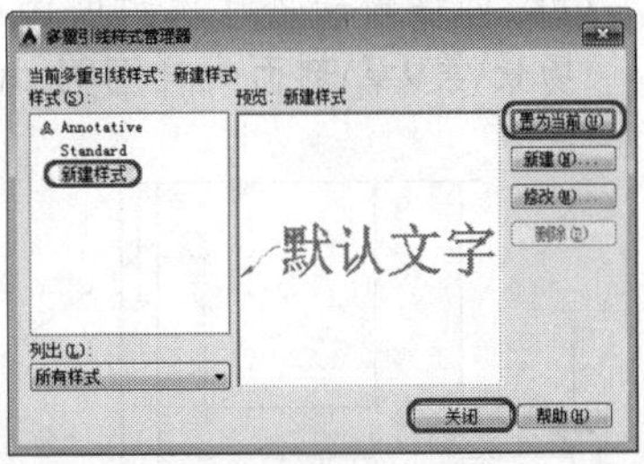

图9-47

2. 标注多重引线

标注多重引线的方法如下。

- 在系统默认界面的选项卡的“注释”组中单击“多重引线”按钮。
- 在“注释”选项卡的“引线”组中单击“多重引线”按钮。
- 在菜单栏中选择“标注”|“多重引线”命令。

- 在命令行中执行“MLEADER”命令。

标注多重引线的具体操作方法如下。

01 打开“剖面大样图01.dwg”图形文件（光盘：\素材\第9章\剖面大样图01.dwg），在命令行中执行“MLEADER”命令，具体操作过程如下。

```
命令：MLEADER                    //执行MLEADER命令
指定引线基线的位置或［引线箭头优先(L)/内容优先(C)/选项(O)］<引线基线优先>：
            //指定引线基线的端点，这里单击如图9-48所示的点，然后指向需要标注说明的图形
指定引线箭头的位置：
            //指定引线的箭头，在文字框中输入文本“合金百叶”，单击绘图区空白处完成标注
```

02 多重引线标注完成后，效果如图9-49所示。

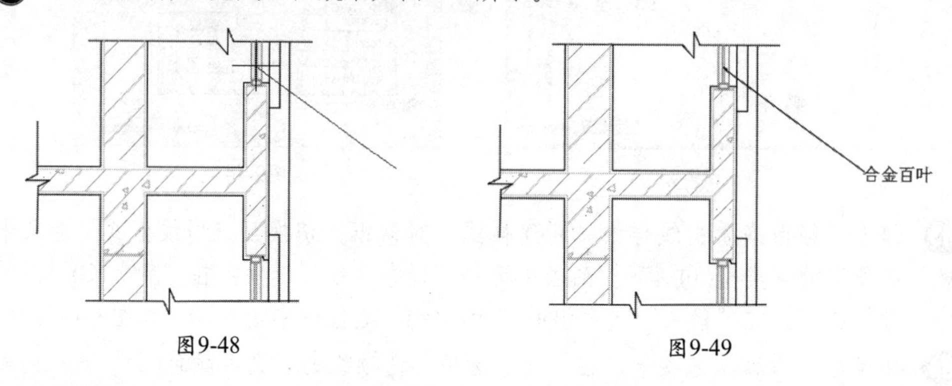

图9-48　　图9-49

3. 添加引线

添加引线可以将多条引线附着到同一文本，也可以均匀地隔开并快速对齐多个文本。调用该命令的方法如下。

- 在系统默认界面的选项卡的“注释”组中单击下拉按钮，在弹出的下拉列表中选择“添加引线”选项。
- 在“注释”选项卡的“引线”组中单击“添加引线”按钮。

为图形对象添加引线的具体操作方法如下。

01 继续上一小节的操作，在“注释”选项卡的“引线”组中单击“添加引线”按钮。

02 当鼠标光标呈□状态时，选择需添加的多重引线，如图9-50所示。

03 选择需要标注说明的图形，按【Esc】键退出该命令，最终效果如图9-51所示（光盘：\场景\第9章\剖面大样图01.dwg）。

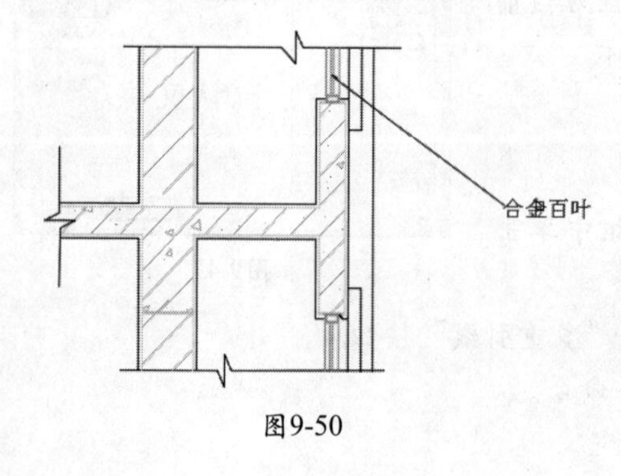

图9-50

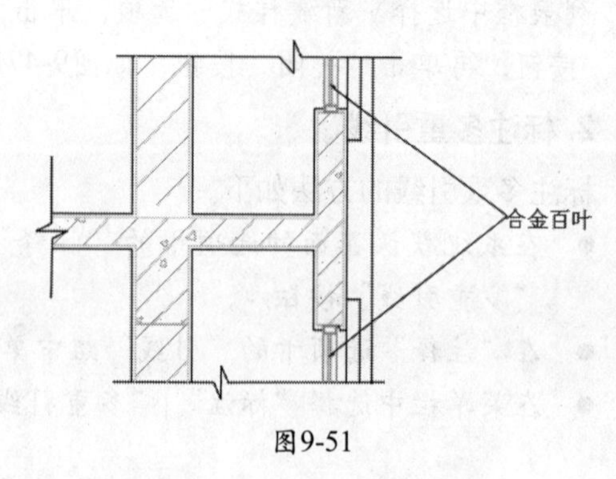

图9-51

4. 删除引线

一张图纸中若引线过多，会影响整个图形的效果，所以删除多余的引线是一项必要的操作。调用删除引线命令的方法如下。

- 在系统默认界面的选项卡的“注释”组中单击下拉按钮，在弹出的下拉列表中选择“删除引线”选项。
- 在“注释”选项卡的“引线”组中单击“删除引线”按钮。

删除引线的具体操作方法如下。

01 打开“剖面大样图02.dwg”图形文件（光盘：\素材\第9章\剖面大样图02.dwg），在“注释”选项卡的“引线”组中单击“删除引线”按钮。

02 当鼠标光标呈□状态时，选择要删除的多重引线，按【Enter】键确认，然后继续选择如图9-52所示的引线，按【Space】键退出该命令，最终效果如图9-53所示（光盘：\场景\第9章\剖面大样图02.dwg）。

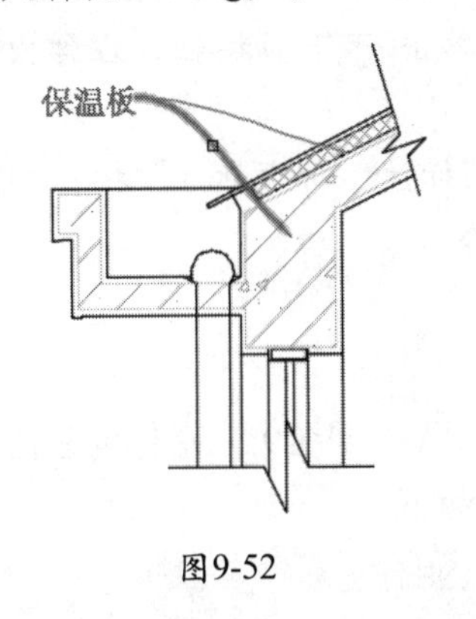

图9-52

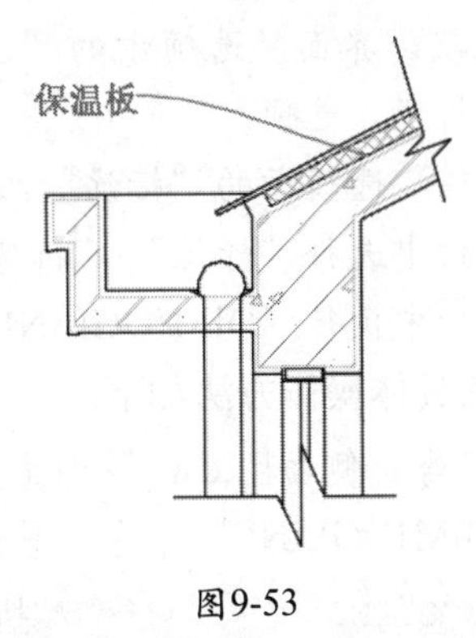

图9-53

5. 对齐引线

使用对齐引线命令可以沿指定的线对齐若干多重引线对象，水平基线将沿指定的不可见的线放置，箭头将保留在原来放置的位置。调用该命令的方法如下。

- 在系统默认界面的选项卡的“注释”组中单击下拉按钮，在弹出的下拉列表中选择“对齐引线”选项。
- 在“注释”选项卡的“引线”组中单击“对齐引线”按钮。
- 在命令行中执行“MLEADERALIGN”命令。

对齐引线的具体操作方法如下。

01 打开“节点详图.dwg”图形文件（光盘：\素材\第9章\节点详图.dwg），在命令行中执行“MLEADERALIGN”命令，具体操作过程如下。

```
命令：MLEADERALIGN          //执行MLEADERALIGN命令
选择多重引线：找到1个       //选择需要对齐的引线，这里选择如图9-54所示的引线
选择多重引线：找到2个       //选择需要对齐的引线，这里选择如图9-54所示的引线
选择多重引线：              //按【Space】键确认
当前模式：使用当前间距      //系统自动显示当前模式
选择要对齐到的多重引线或 [选项(O)]://选择被对齐的引线，这里选择绘图区中剩余的引线
指定方向：<正交 开>  <正交 关>      //指定对齐方向，这里在其上方单击
```

02 将其他引线标注对齐，效果如图9-55所示（光盘：\场景\第9章\节点详图.dwg）。

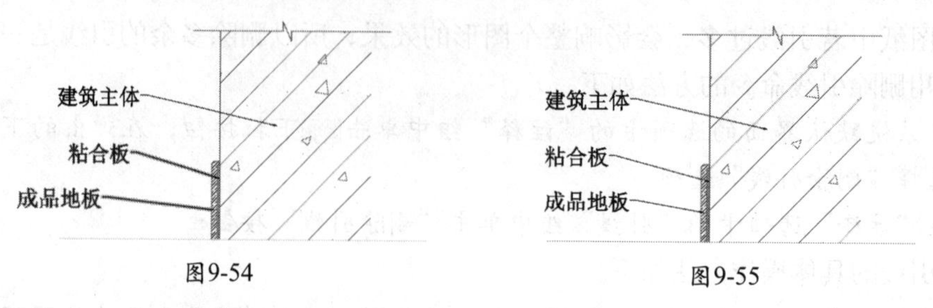

图9-54 图9-55

9.5.5 折弯标注

对图形进行标注的过程中，有时需要标注的值很大，甚至超过图纸的范围，但又要在图纸中标注出来，这时的标注值就不是测量值了。一般情况下，当显示的标注对象小于被标注对象的实际长度时，通常使用折弯线标注表示，调用该命令的方法如下。

- 在系统默认界面的选项卡的“注释”组中单击下拉按钮，在弹出的下拉列表中选择“折弯”选项。
- 在“注释”选项卡的“标注”组中，单击“标注，折弯标注”按钮。
- 在菜单栏中选择“标注”|“折弯线性”命令。
- 在命令行中执行“DIMJOGLINE”命令。

折弯标注的具体操作方法如下。

01 打开“螺钉侧面图.dwg”图形文件（光盘：\素材\第9章\螺钉侧面图.dwg），在命令行中执行“DIMJOGLINE”命令，具体操作过程如下。

```
命令：DIMJOGLINE                //执行DIMJOGLINE命令
选择要添加折弯的标注或 [删除(R)]:
                //选择需要标注的线性标注或对齐标注，这里选择如图9-57所示的线性标注
指定折弯位置（或按 ENTER 键）://指定折弯线的位置，这里单击线性标注右侧的任意位置
```

02 对线性标注进行折弯操作后，效果如图9-58所示（光盘：\场景\第9章\螺钉侧面图.dwg）。

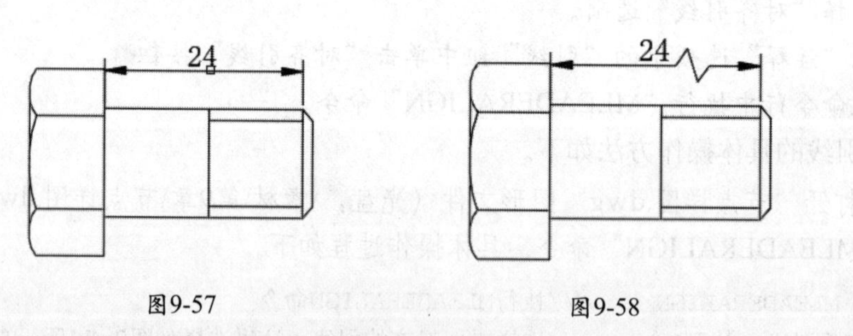

图9-57 图9-58

9.5.6 边学边练——采用“坐标”标注命令进行尺寸标注

打开随书附带光盘中的“尺寸标注1.dwg” 图形文件（光盘：\素材\第9章\尺寸标注1.dwg）。

01 在“标注”面板中选择“线性”下拉菜单中的“坐标”标注命令 坐标(O)。

02 在命令行的“选择功能位置”提示下，指定圆点位置A（在以下步骤中将要标注A点相对于原点的x或y坐标），如图9-59所示。

03 指定坐标引线端点B，如图9-60所示。

04 采用同样的方法完成其他坐标标注，效果如图9-61所示。

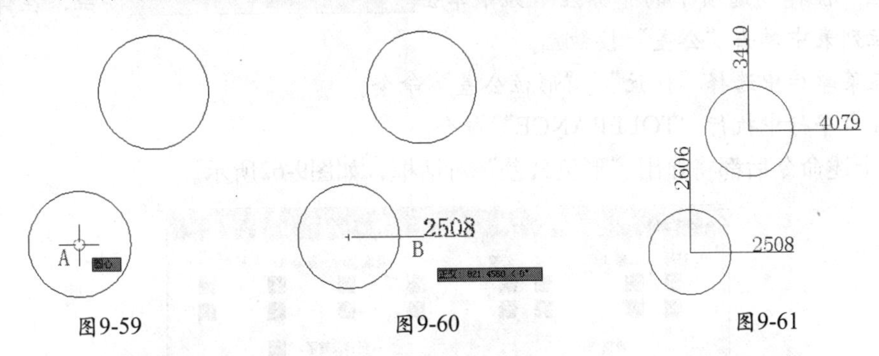

图9-59 图9-60 图9-61

9.6 形位公差

形位公差包括形状形位公差和位置形位公差两种，一般用于机械设计领域，是指导生产、检验产品和控制质量的技术依据。

9.6.1 使用符号表示形位公差

形位公差的标注样式通常由引线、形位公差代号、直径代号、形位公差值、材料状况、基准代号等组成。国家规定的各种形位公差的标准符号及其含义，如表9-1所示。

表9-1 形位公差的标准符号及含义

符 号	含 义	符 号	含 义
⌖	定位	⏥	平坦度
◎	同心轴	○	圆或圆面
⌯	对称	—	直线度
∥	平行	⌓	平面轮廓
⊥	垂直	⌒	直线轮廓
∠	角度	↗	圆跳动
⌭	柱面度	⌰	全跳动

在AutoCAD中，形位公差还经常和表示材料的符号连用，部分材料控制符号及其含义，如表9-2所示。

表9-2 材料控制符号及含义

符 号	含 义	符 号	含 义
Ⓜ	材料的一般中等状况	Ⓢ	材料的最小状况
Ⓟ	最小包容条件（LMC）	Ⓛ	材料的最大状况

9.6.2 使用对话框标注形位公差

形位公差是指机械零件的某些表面形状和有关部位的相对位置的允许变动范围。调用该命令的方法如下。

- 在“注释”选项卡的“标注”组中单击 标注 按钮，在弹出的下拉列表中单击“公差”按钮。
- 在菜单栏中选择“标注”|“形位公差”命令。
- 在命令行中执行“TOLERANCE”命令。

执行上述命令后都将弹出“形位公差”对话框，如图9-62所示。

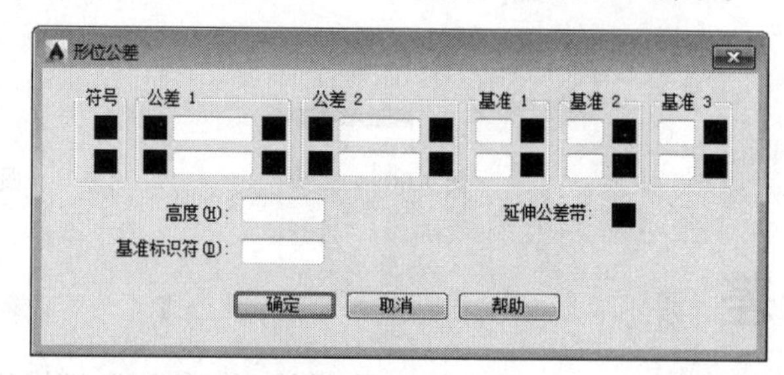

图9-62

“形位公差”对话框中各选项的含义如下。

- “符号”选项组：单击黑色的方块，弹出“特征符号”对话框，在其中可以选择形位公差符号，如图9-63所示。
- “公差1”和“公差2”选项组：单击黑色的方块，设置形位公差样式。每个选项下对应3个框，第1个黑色框设置是否选用直径符号ϕ，第2个空白框设置形位公差值，第3个黑色框设置附加符号。
- “基准1”“基准2”和“基准3”选项组：第1个空白框设置形位公差的基准代号，单击第2个黑色块可以弹出“附加符号”对话框，设置附加符号，如图9-64所示。
- “高度”文本框：用来设置特征控制框的投影形位公差零值。
- “延伸公差带”选项：该选项用于插入延伸公差带符号。
- “基准标识符”文本框：用来插入由参照字幕组成的基准标识符。

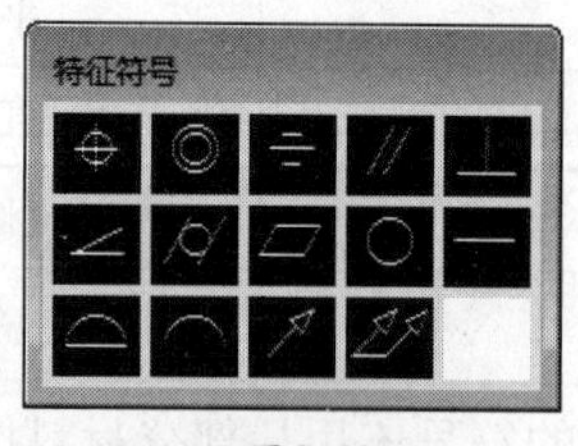

图9-63

图9-64

9.7 编辑尺寸标注

完成尺寸标注后，若不满意还可以对其进行编辑。编辑尺寸标注包括更新标注、关联标注、编辑尺寸标注文字的内容，以及编辑标注文字的位置等，下面讲解编辑尺寸标注的具体操作方法。

9.7.1 更新标注

更新标注一般是在某个尺寸标注不符合要求时使用，调用该命令的方法如下。

- 在“注释”选项卡的“标注”组中单击“更新”按钮。
- 在菜单栏中选择“标注”|“更新”命令。
- 在命令行中执行“DIMSTYLE”命令。

更新标注的具体操作方法如下。

01 在系统默认界面的选项卡的“注释”组中单击 注释▾ 按钮，然后在弹出的下拉列表中单击“标注样式”按钮。

02 弹出“标注样式管理器”对话框，单击“替代”按钮，弹出“替代当前样式ISO-25”对话框，如图9-65所示。在该对话框中修改标注样式参数，单击“确定”按钮，再单击“关闭”按钮。

03 返回绘图区，在“注释”选项卡的“标注”组中单击“更新”按钮。具体操作过程如下。

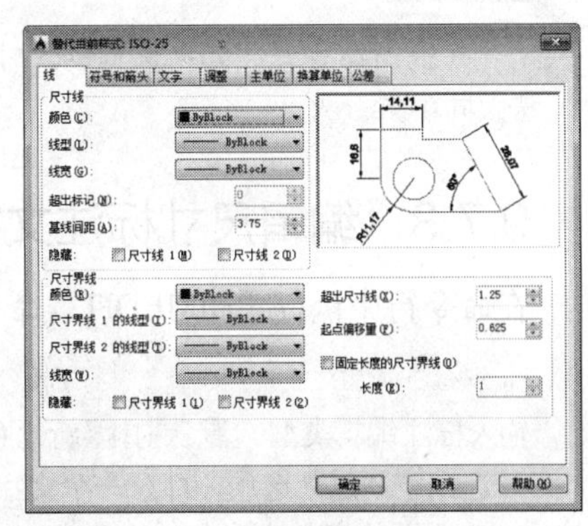

图9-65

```
    命令:DIMSTYLE                              //单击“更新”按钮后命令行显示该命令
    当前标注样式: Standard    注释性: 否        //提示当前标注样式
    输入标注样式选项[注释性(AN)/保存(S)/恢复(R)/状态(ST)/变量(V)/应用(A)/?] <恢复>:
apply                                          //提示系统自动选择了“应用”选项
    选择对象: 找到 1 个                         //选择要更新的尺寸标注
    选择对象:                                   //按【Space】键结束命令
```

在执行命令的过程中，部分选项的含义如下。

- 保存：将标注系统变量的当前设置保存到标注样式。
- 恢复：将尺寸标注系统变量设置恢复为选择标注样式设置。
- 状态：显示所有标注系统变量的当前值，并自动结束“DIMSTYLE”命令。
- 变量：列出某个标注样式或设置选定标注的系统变量，但不能修改当前设置。
- 应用：将当前尺寸标注系统变量设置应用到选定标注对象，永久替代并应用于这些对象的任何现有标注样式。选择该选项后，系统会提示选择标注对象，选择标注对象后，所选择的标注对象将自动被更新为当前标注样式。

9.7.2 重新关联标注

重新关联标注的作用是使修改图形时的标注根据图形的变化自动进行修改。调用该命令的方法如下。

- 在“注释”选项卡的“标注”组中单击“重新关联”按钮。
- 在显示菜单栏中选择“标注”|“重新关联标注”命令。
- 在命令行中执行“DIMREASSOCIATE”命令。

重新关联标注的具体操作过程如下。

```
命令:DIMREASSOCIATE                //执行DIMREASSOCIATE命令
选择要重新关联的标注 ...            //系统自动提示
选择对象: 找到 1 个                //选择需要关联的标注
选择对象:                          //按【Space】键确认
选择弧或圆<下一个>:                //选择需要关联的图形
```

注 意

在执行命令时，如果选择的尺寸标注不同，命令行中的提示内容也会有所不同，其操作方法大同小异。

9.7.3 编辑尺寸标注文字的内容

在命令行中执行“DIMEDIT”命令，可编辑尺寸标注文字的内容，具体操作过程如下。

```
命令: DIMEDIT                //执行DIMEDIT命令
输入标注编辑类型 [默认(H)/新建(N)/旋转(R)/倾斜(O)] <默认>:n
//选择“新建”选项，打开一个文字输入框，选中输入框中的所有内容，重新输入需要的内容，然后在绘图区的空白处单击
选择对象: 找到 1 个          //选择图形中需要编辑文字内容的尺寸标注
选择对象:                    //按【Space】键结束命令
```

9.7.4 编辑尺寸标注文字的位置

编辑尺寸标注文字位置的方法有以下3种。

- 在“注释”选项卡的“标注”组中单击 标注 ▾ 按钮，在弹出的下拉列表中单击第二排的按钮，如图9-66所示。

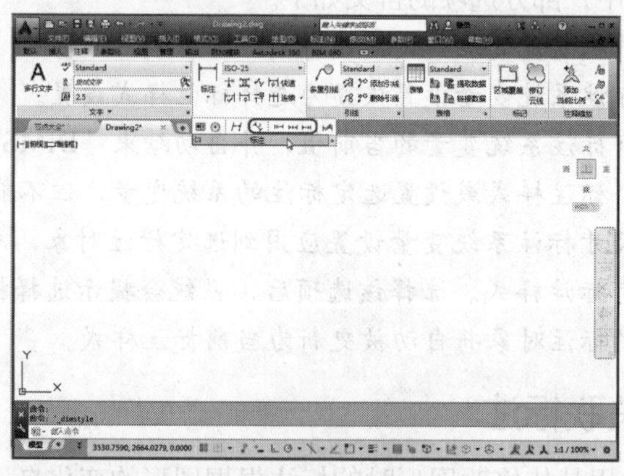

图9-66

- 在菜单栏中选择“标注”|“对齐文字”命令，在其子菜单中选择相应命令。
- 在命令行中执行“DIMTEDIT”命令。

执行“DIMTEDIT”命令后，具体操作过程如下。

```
命令:DIMTEDIT                //执行DIMTEDIT命令
输选择标注:                  //选择要修改的标注
```

标注文字指定新位置或［左对齐(L)/右对齐(R)/居中(C)/默认(H)/角度(A)]：
//为标注文字指定新位置并按【Space】键确认

在执行命令的过程中，命令行中各选项的含义如下。

- 左对齐：选择该选项，可将标注文字放置在尺寸线的左端。
- 右对齐：选择该选项，可将标注文字放置在尺寸线的右端。
- 居中：选择该选项，可将标注文字放置在尺寸线的中心。
- 默认：选择该选项，将恢复系统默认的尺寸标注设置。
- 角度：选择该选项，可将标注文字旋转一定的角度。

9.7.5 边学边练——采用“调整间距”命令修改尺寸标注

打开随书附带光盘中的“尺寸标注2.dwg”图形文件（光盘：\素材\第9章\尺寸标注2.dwg）。

01 单击“标注”面板中的“调整间距”按钮 标注间距(P)。

02 选择基准标注A，如图9-67所示。

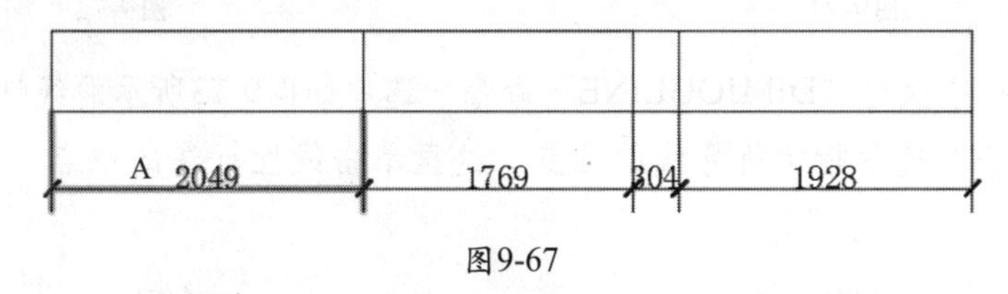

图9-67

03 选择要产生间距的标注B，如图9-68所示。

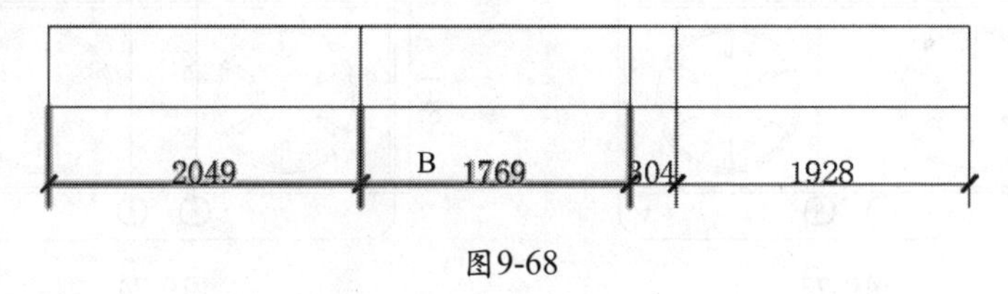

图9-68

04 输入间距值200，如图9-69所示。

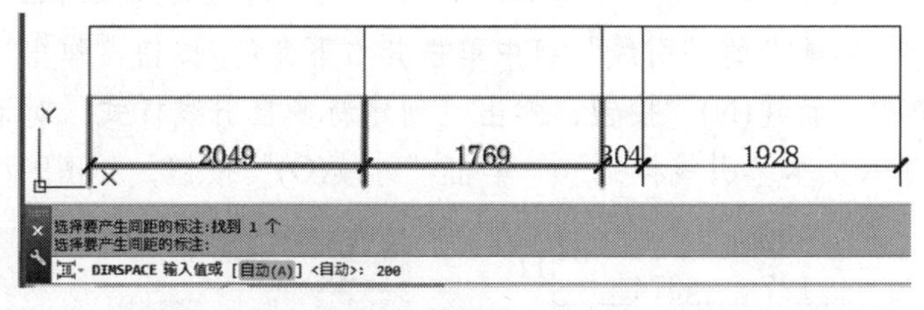

图9-69

05 按【Enter】键结束命令，完成间距的调整，效果如图9-70所示。

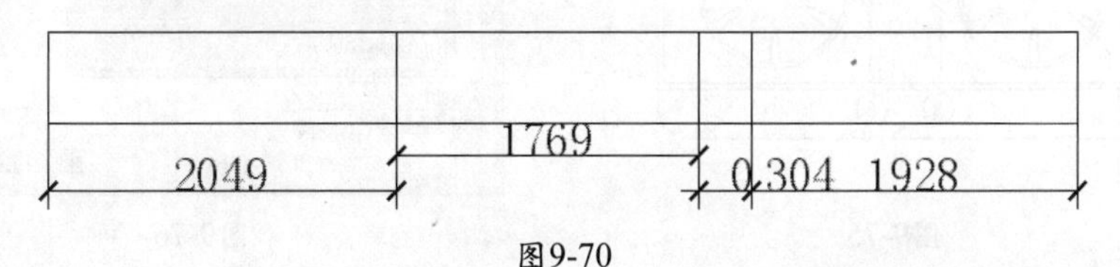

图9-70

9.8 实战演练

9.8.1 为天然气灶标注尺寸

下面为天然气灶标注尺寸，以巩固图形标注尺寸的命令。

01 打开“天然气灶.dwg”图形文件（光盘：\素材\第9章\天然气灶.dwg），如图9-71所示。

02 在命令行中执行“DIMLINEAR”命令，对图形进行线性标注，如图9-72所示。

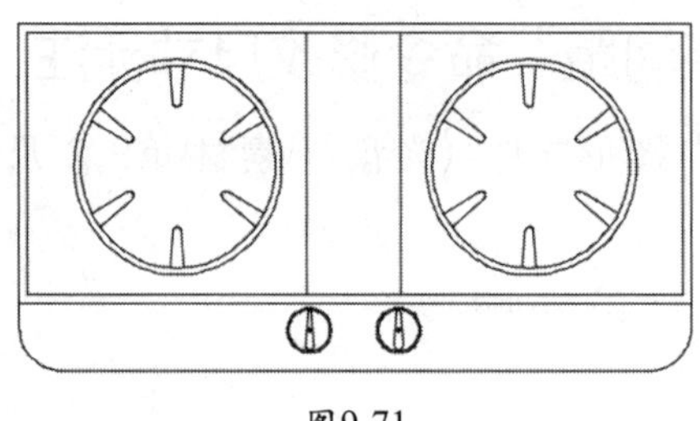

图9-71

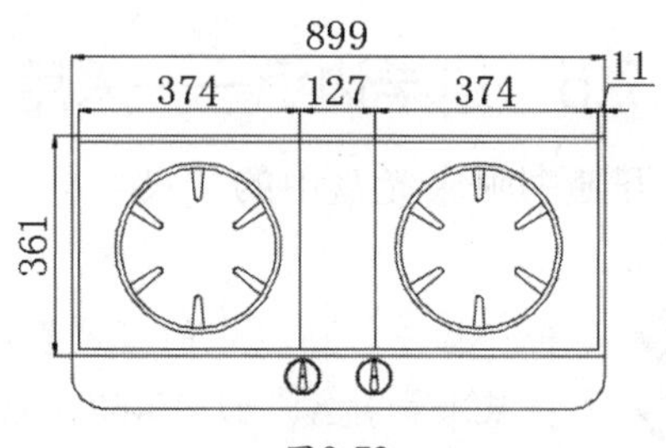

图9-72

03 在命令行中执行“DIMJOGLINE”命令，选中如图9-73所示的线性标注。

04 根据命令行提示指定折弯线的位置，这里单击线性标注的中点，完成折弯标注，如图9-74所示。

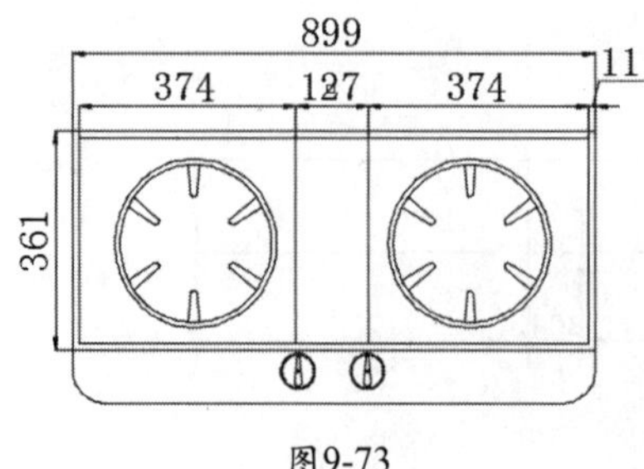

图9-73

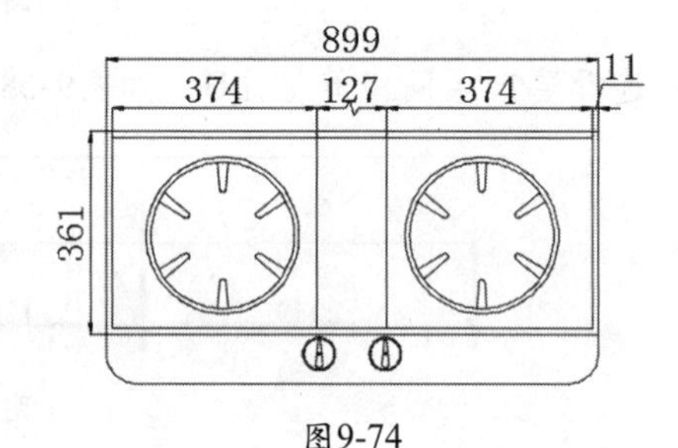

图9-74

05 在命令行中执行“DIMANGULAR”命令，对图形进行角度标注，如图9-75所示。

06 在“注释”选项卡的“引线”组中单击其右下角的按钮，弹出“多重引线样式管理器”对话框。单击“新建(N)”按钮，弹出“创建新多重引线样式”对话框，在“新样式名(N)”文本框中输入文本“引线样式”，单击“继续(O)”按钮，如图9-76所示。

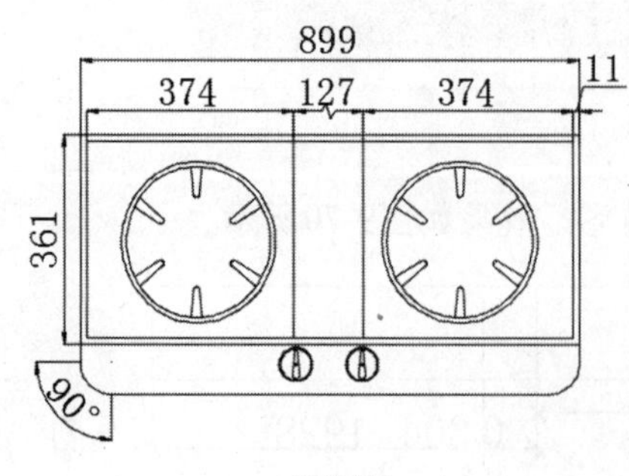

图9-75

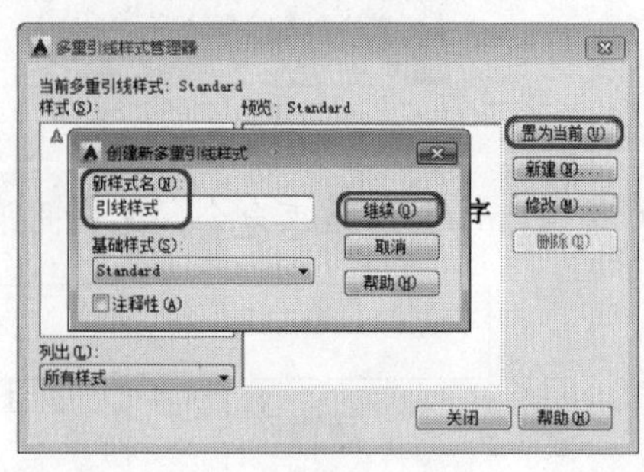

图9-76

07 弹出“修改多重引线样式：引线样式”对话框，选择“内容”选项卡，在“文字选项”选项组中的“文字颜色(C)”下拉列表中选择“蓝”选项，“文字高度(T)”设置为50；在“引线连接”选项组中的“基线间隙(G)”设置为10，如图9-77所示。

08 切换至“引线格式”选项卡，在“常规”选项组中的“颜色(C)”下拉列表中选择“蓝”选项，在“箭头”选项组的“大小(Z)”数值框中输入30，然后单击“确定”按钮，如图9-78所示。

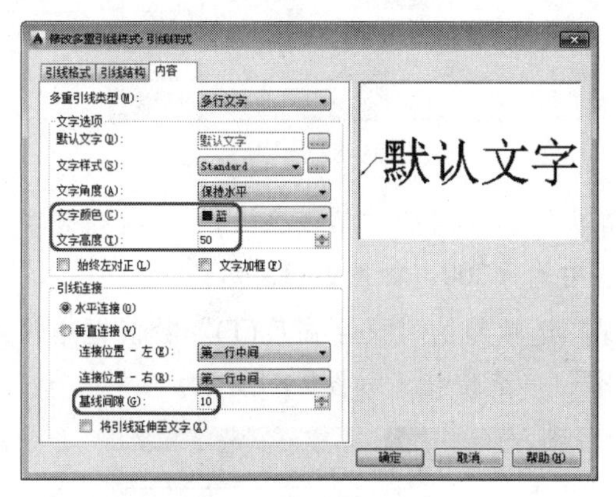

图9-77

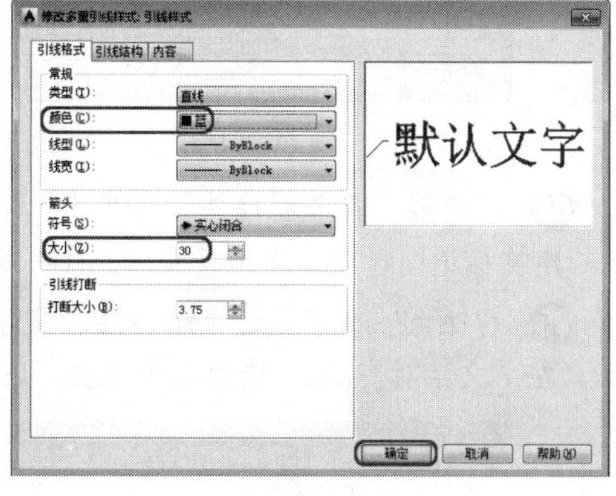

图9-78

09 返回“多重引线样式管理器”对话框，在“样式(S)”列表框中选择“引线样式”选项，单击“置为当前(U)”按钮，再单击【关闭】按钮，如图9-79所示。

10 在命令行中执行“MLEADER”命令，为图形添加引线标注，如图9-80所示。最后将场景文件进行保存（光盘：\场景\第9章\天然气灶.dwg）。

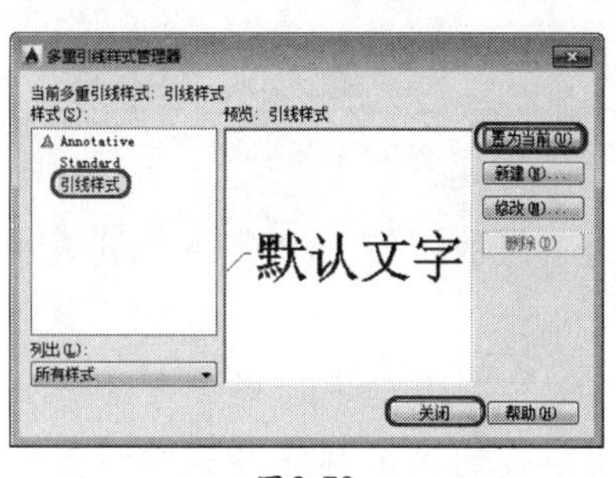

图9-79

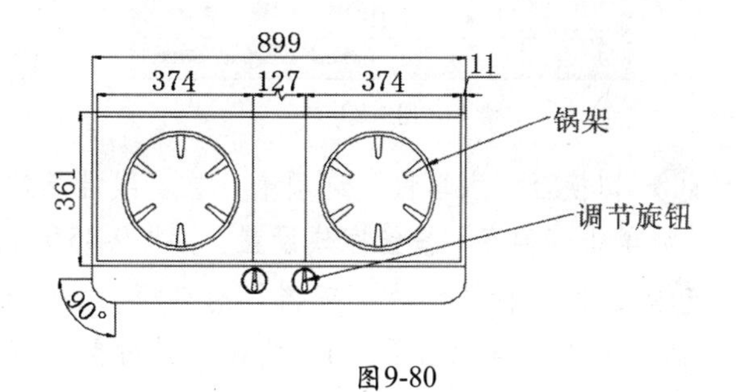

图9-80

9.8.2 标注家居室内平面图

01 打开“室内平面图.dwg”图形文件（光盘：\素材\第9章\室内平面图.dwg），在命令行中执行“DIMSTY”命令，弹出“标注样式管理器”对话框。

02 单击“新建”按钮，弹出“创建新标注样式”对话框，在“新样式名(N)” 的文本框中输入“平面样式”，如图9-81所示。

03 单击“继续”按钮，在弹出的对话框中选择“线”选项卡，将“尺寸线”选项组的“颜色(C)” 设置为“蓝”，将“基线间距(A)”设置为1，将“尺寸界线”选项组的“颜色(R)”设置为“蓝”，将“超出尺寸线(I)”和“起点偏移量(F)”分别设置为100和300，如图9-82所示。

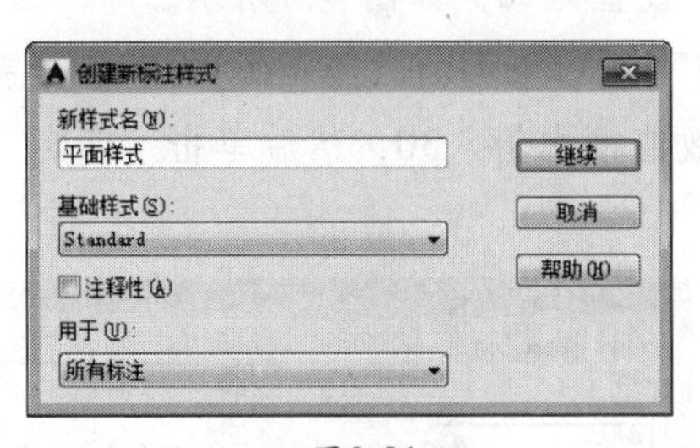

图9-81

图9-82

04 切换至“符号和箭头”选项卡，在“箭头”选项组的“第一个(T)”下拉列表中选择“/建筑标记”选项，在“箭头大小(I)”数值框中输入200，如图9-83所示。

05 切换至“文字”选项卡，在“文字外观”选项组的“文字高度(T)”数值框中输入300，在“文字对齐(A)”选项组中单击“ISO标准”单选按钮，如图9-84所示。

图9-83

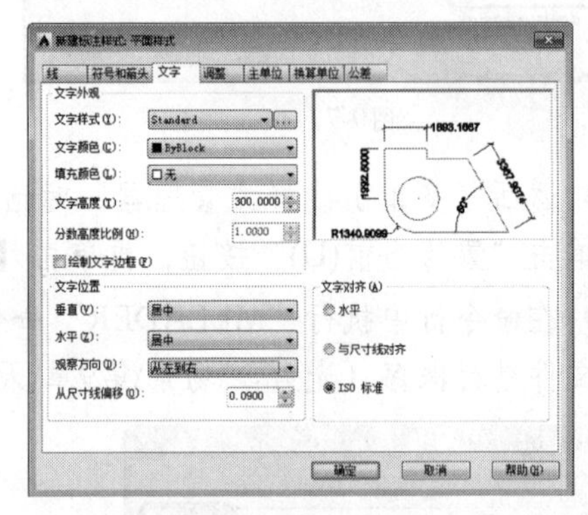

图9-84

06 切换至“主单位”选项卡，在“线性标注”选项组的“精度(P)”下拉列表中选择0，然后单击“确定”按钮完成设置，如图9-85所示。

07 返回“标注样式管理器”对话框，在“样式(S)”列表框中选择“平面样式”选项，然后单击“置为当前(U)”按钮，最后单击“关闭”按钮完成标注样式的设置，如图9-86所示。

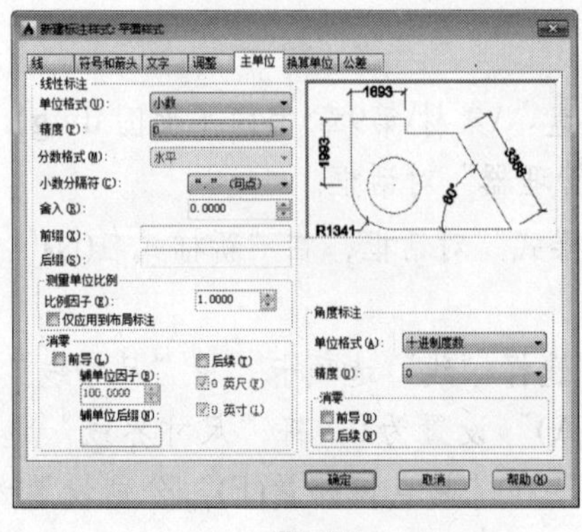

图9-85

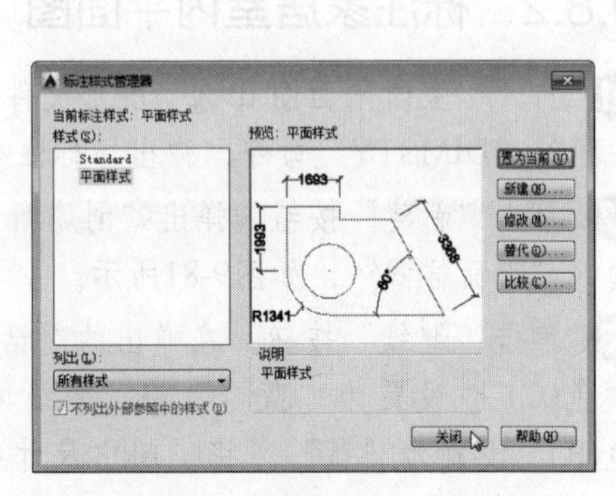

图9-86

08 返回绘图区，在命令行中执行“DIMLIN”命令，然后使用“DIMCONTINUE”命令进行连续标注，效果如图9-87所示。

09 按照相同的方法标注其他位置，效果如图9-88所示（光盘：\场景\第9章\室内平面图.dwg）。

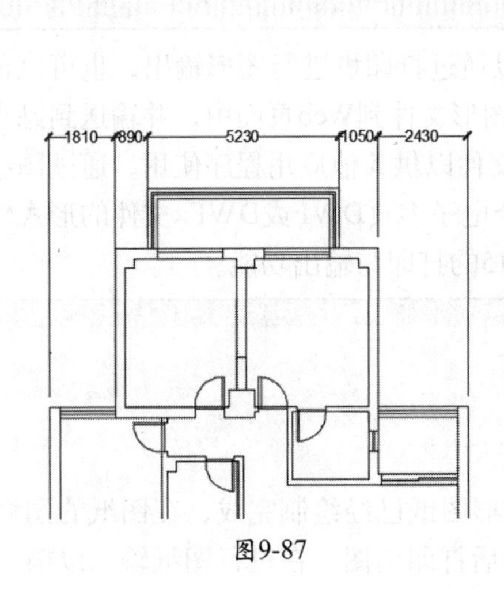

图9-87

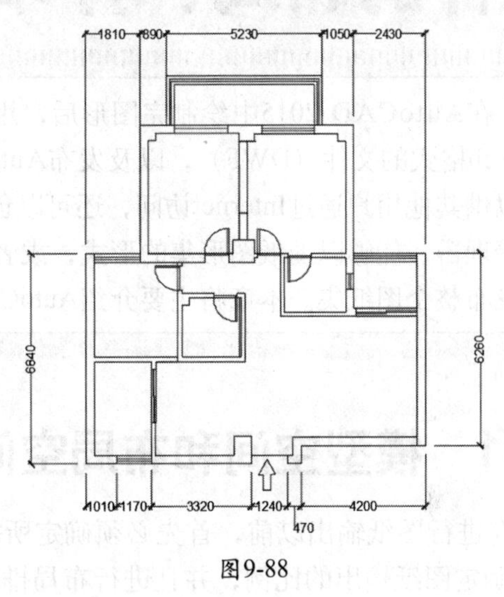

图9-88

练习

为办公桌平面图标注尺寸，如图9-89所示。

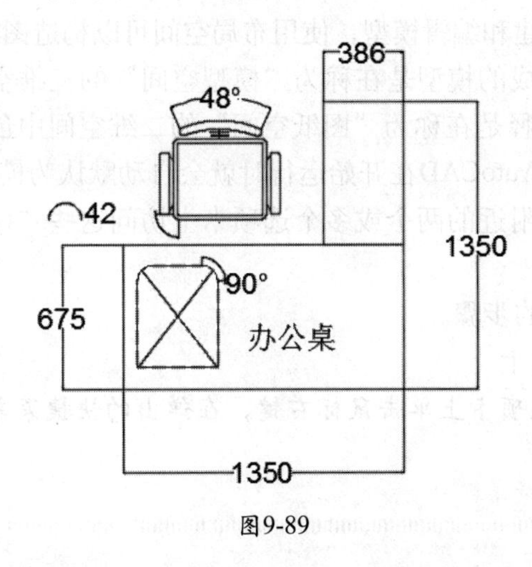

图9-89

第10章 文件的布局、打印与输出发布

在AutoCAD 2015中绘制完图形后，用户可以通过打印机进行图形输出，也可以创建Web格式的文件（DWF），以及发布AutoCAD图形文件到Web页面中，并输送到站点上以供其他用户通过Internet访问，还可以创建成文件以供其他应用程序使用。通过图纸集管理器，能够以图纸图形集的形式，或者以单个电子多页DWF或DWFx文件的形式轻松发布整个图纸集。本章将主要介绍AutoCAD 2015的打印与输出功能。

10.1 模型空间和布局空间

在进行图纸输出以前，首先必须确定所需的图形图纸已经绘制完成，在图纸的图幅限定下确定图纸输出的比例，并且进行布局排版，最后打印出图。在进行图纸输出以前，必须掌握模型空间和布局空间的概念。

10.1.1 模型空间

在AutoCAD 2015中，有两种截然不同的环境（或空间），从中可以创建图形中的对象。使用模型空间可以创建和编辑模型，使用布局空间可以构造图纸和定义视图。

通常，由几何对象组成的模型是在称为“模型空间”的三维空间中创建的，特定视图的最终布局和此模型的注释是在称为“图纸空间”的二维空间中创建的。人们在模型空间中绘制并编辑模型，而且AutoCAD在开始运行时就会自动默认为模型空间。

可以在绘图区域底部附近的两个或多个选项卡上访问这些“模型”选项卡及一个或多个“布局”选项卡。

激活“模型”选项卡的步骤。

- 选择“模型”选项卡。
- 在任何“布局”选项卡上单击鼠标右键，在弹出的快捷菜单中选择“激活模型选项卡”命令。

注 意

如果“模型”选项卡和“布局”选项卡都处于隐藏状态，则单击位于应用程序窗口底部状态栏上的“模型”按钮。

10.1.2 布局空间

布局空间是为图纸打印输出而“量身定做”的，在布局空间中，可以轻松地完成图形的打印与发布。在使用布局空间时，所有不同比例的图形都可以按1:1的比例出图，而且图

纸空间的视窗由用户自己定义，可以使用任意的尺寸和形状。相对于模型空间，布局空间环境在打印出图方面更方便，也更准确。在布局空间中，不需要对标题栏图块及文本等进行缩放操作，可以节省许多时间。

布局空间作为模拟图纸的平面空间，可以理解为覆盖在模型空间上的一层不透明的纸，需要从布局空间中看模型空间的内容时，必须进行开“视口”操作，也就是“开窗”。布局空间是一个二维空间，在模型空间中完成的图形是不可再编辑的。布局空间是图纸布局环境，可以在这里指定图纸大小、添加标题栏、显示模型的多个视图，以及创建图形标注和注释等。

10.1.3 模型空间与布局空间的切换

在AutoCAD 2015中，模型空间和布局空间可以进行相互切换，也可以创建和管理打印布局。

某小区家具平面布置图在模型空间中的状态，如图10-1所示。该小区家具平面布置图在布局空间中的状态，如图10-2所示。

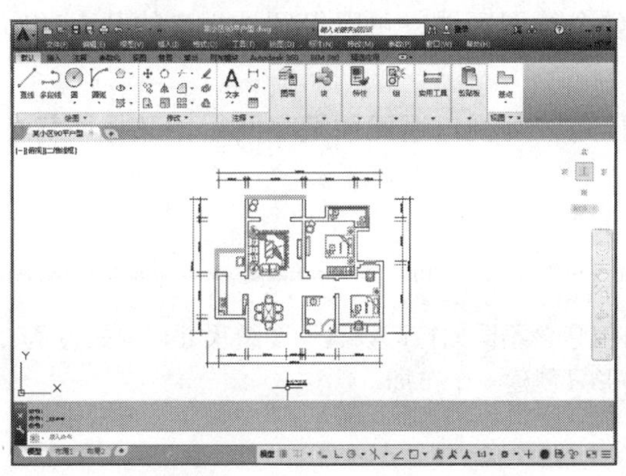

图10-1 模型空间显示

图10-2 布局空间显示

提 示

模型空间和布局空间的状态也可以在状态栏中单击“模型”或者“布局”按钮进行切换。

10.2 布局与布局管理

布局是从AutoCAD 2000版本开始在图纸空间中增加的新选项，通过它可以为一幅图设置多个不同的布局。布局作为一种空间环境，它模拟图纸页面，在图纸的可打印区域显示图形视图，进行直观的打印设置。

10.2.1 布局

每个布局都代表一张单独的打印输出图纸，创建新布局后，就可以在布局中创建浮动视口。视口中的各个视图可以使用不同的打印比例，并能够控制视口中图层的可见性。在默认情况下，新图形最开始有两个“布局”选项卡，即“布局1”和“布局2”。如果使用图形样板或打开现有图形，图形中的“布局”选项卡可以不同名称命名。

可以使用“创建布局”向导创建新布局。执行该命令，可以在命令行中输入“LAYOUTWIZARD”命令，向导会提示有关布局设置的信息，其中包括以下内容。

（1）新布局的名称。

（2）与布局相关联的打印机。

（3）布局要使用的图纸尺寸。

（4）图形在图纸上的方向。

（5）标题栏。

（6）视口设置信息。

（7）布局中视口配置的位置。

可以从布局视口访问模型空间，以编辑对象图层、冻结图层和解冻图层，以及调整视图等。创建视口对象后，可以从布局视口访问模型空间，以执行以下任务。

- *在布局视口内部的模型空间中创建和修改对象。*
- *在布局视口内部平移视图并更改图层的可见性。*

当有多个视口时，如果要创建或修改对象，请使用状态栏上的“最大化视口”按钮，将布局视口最大化。最大化的布局视口将布满整个绘图区域，可以保留该视口的圆心和布局可见性设置，并显示周围的对象。

在模型空间中可以进行平移和缩放操作，但是恢复视口返回图纸空间后，又将恢复布局视口中对象的位置和比例。

提 示

可以在图形中创建多个布局，每个布局都可以包含不同的打印设置和图纸尺寸，但是为了避免在转换和发布图形时出现混淆，建议每个图形只创建一个布局。

10.2.2 布局管理

AutoCAD中的布局命令可实现布局的创建、删除、复制、保存和重命名等各种操作。创建布局以后，可以继续在模型空间中进行绘制并编辑图形，在AutoCAD 2015中，可以采用以下两种方法管理布局。

- *在“布局”选项卡上单击鼠标右键，弹出快捷菜单，如图10-3所示。*
- *在命令行中输入“LAYOUT”命令，并按【Enter】键。*

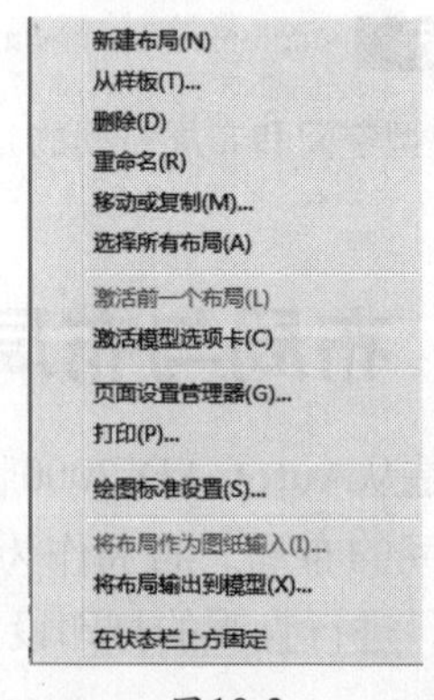

图10-3

10.3 页面设置管理

页面设置也就是通常所说的布局设置，这些设置决定打印设备、图纸尺寸、缩放比例、打印区域和旋转角度的选项，通过这些设置，控制最终的打印输出效果。

10.3.1 打开页面设置管理器

“页面设置管理器”对话框可以将命名的页面设置应用到图纸空间布局，可以在该对话框中新建页面设置，并且可以对已有的页面进行删除、修改等操作，如图10-4所示。

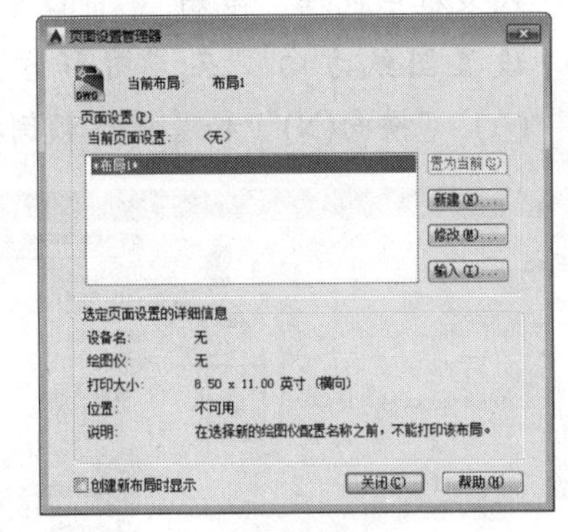

图10-4

打开“页面设置管理器”对话框有以下两种方法。

- 在命令行中输入“PAGESETUP”命令。
- 选择“文件”|“页面设置管理器”命令。

10.3.2 页面设置管理器的设置

在“页面设置管理器”对话框中单击“新建”按钮，系统会弹出“新建页面设置”对话框，在“新建页面设置”对话框中输入自定义的页面设置名称，单击“确定”按钮，系统弹出“页面设置-布局1”对话框，如图10-5所示。

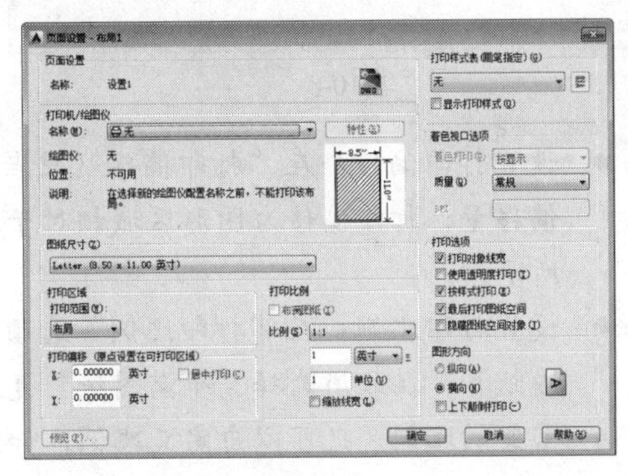

图10-5

通过在对话框中进行设置，可以定义和修改布局的所有设置并将其保存，与图形打印有关的设置操作都能在此对话框中完成。

10.3.3 设置打印参数

在“页面设置”|“模型”对话框中，可以对打印输出的参数进行详细设置，包括打印设备、图纸尺寸、打印方向、打印区域和打印比例等参数，下面将详细阐述。

- 打印机设置：可以在“打印机/绘图仪”选项组的“名称(M)”下拉列表框中选择需要的打印机，如图10-6所示。
- 设置图纸尺寸：在“图纸尺寸(Z)”下拉列表框中列出了该打印设备支持的图纸尺寸，如图10-7所示。

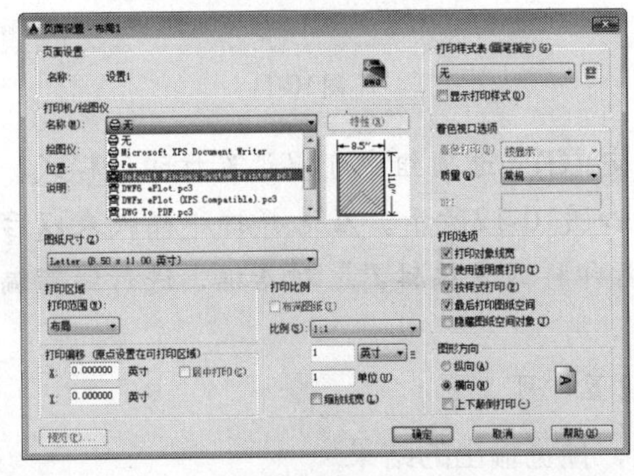

图10-6

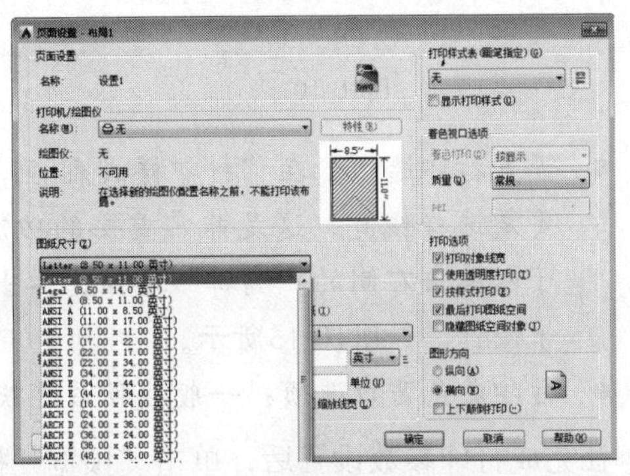

图10-7

- 设置打印区域：在“打印范围(W)”下拉列表框中可以设置打印的范围，在该下拉列表框中包括“布局”“窗口”“范围”和“显示”4个选项，如图10-8所示。
- 设置图纸方向：在“图形方向”选项组中可以设置图形的方向，包括“纵向(A)”“横向(N)”和“上下颠倒打印(-)”，如图10-9所示。

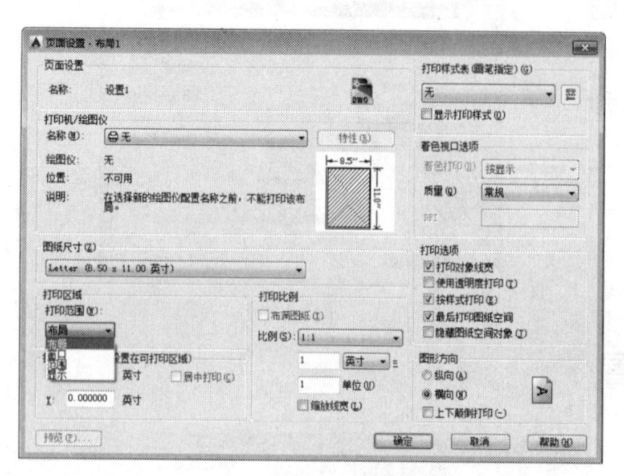
图10-8

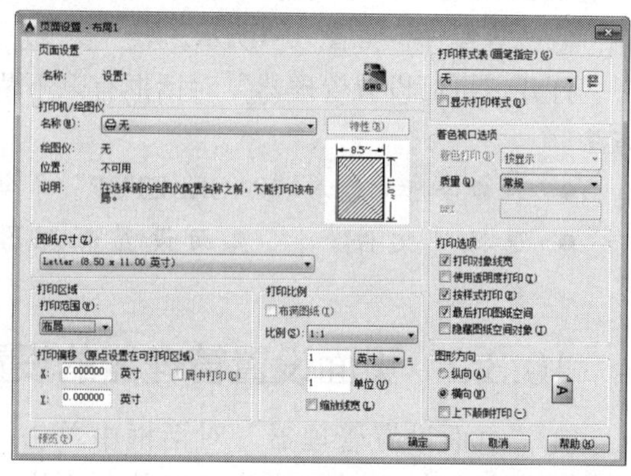
图10-9

- 设置打印偏移：在“打印偏移（原点设置在可打印区域）”选项组中可以设置打印偏移量，打印偏移为图形区域相对于打印原点的x轴和y轴方向的偏移量，如图10-10所示。
- 设置打印比例：在“打印比例”选项组中可以设置打印比例，系统默认的是“布满图纸”，在取消选择“布满图纸”复选项后，在“比例(S)”下拉列表框中可以选择需要的比例，也可以自定义比例，如图10-11所示。

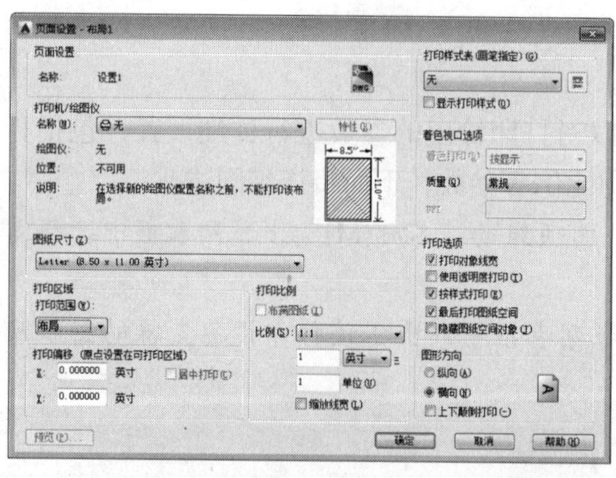
图10-10

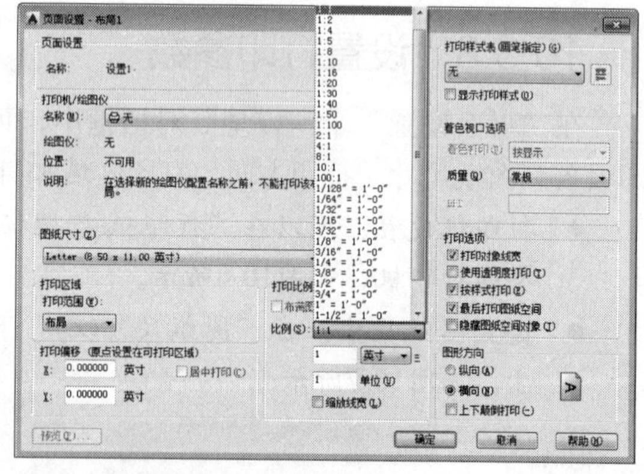
图10-11

- 设置打印选项：在“打印样式表(画笔指定)(G)”选项组中可以设置打印的样式，主要是选择线宽，这是非常重要的功能，如图10-12所示。在选择打印样式表以后，可以单击右侧的“编辑”按钮，弹出“打印样式表编辑器”对话框，进行线宽编辑等操作，如图10-13所示。
- 打印着色窗口选项：一般按照系统默认设置即可。

在完成打印参数设置后，单击“预览”按钮，预览输出的结果。

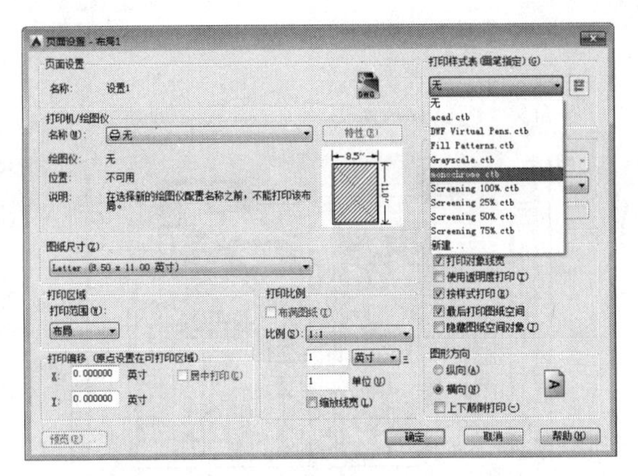

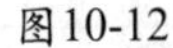
图10-12

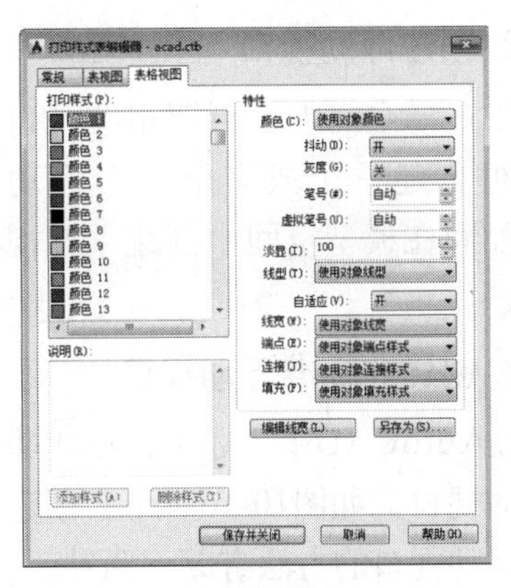

图10-13

10.4 视口

在AutoCAD 2015中，用户可以创建多个视口，以便显示不同的视图。视口就是指显示用户模型的不同视图区域，可以将整个绘图区域划分为多个部分，每个部分作为一个单独的视口。各个视口可以独立地进行缩放和平移，但是各个视口能够同步地进行图形的绘制，对一个视口中图形的修改可以在别的视口中体现出来。通过单击不同的视口区域，可以在不同的视口之间进行切换。

10.4.1 视口的创建

在AutoCAD 2015中，视口分为平铺视口和浮动视口两种类型。在绘图时，为了编辑方便，常常需要将图形的局部进行放大，以显示细节。当需要观察图形的整体效果时，仅使用单一的绘图视口已无法满足需要了。此时可使用AutoCAD的平铺视口功能，在模型空间中将绘图窗口划分为若干视口。在布局空间中创建视口时，可以确定视口的大小，并且可以将其定位于布局空间的任意位置，因此布局空间的视口通常称为浮动视口。

1. 创建平铺视口

选择“视图”|“视口”|“新建视口”命令，弹出“视口”对话框，单击“新建视口”选项卡可以显示标准视口配置列表和创建并设置新平铺视口，如图10-14所示。选择4个视口的模式，如图10-15所示。

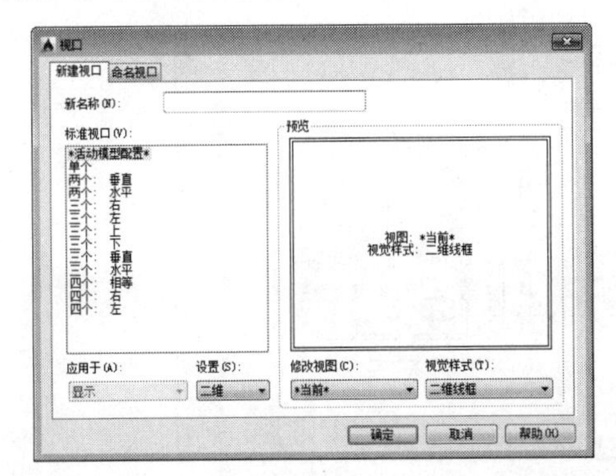

图10-14

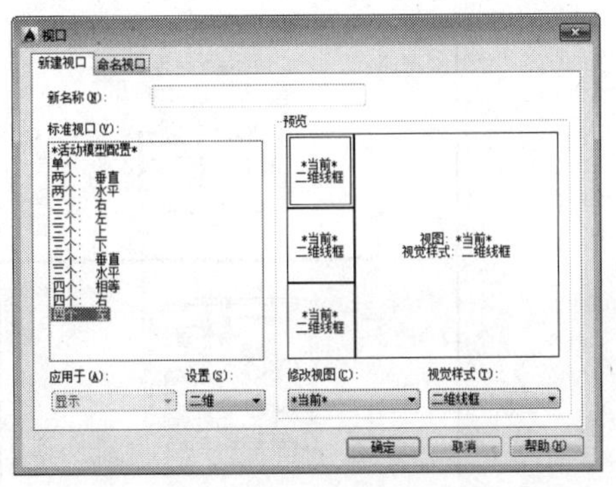

图10-15

2. 创建浮动视口

在布局空间中，可调用“视口”对话框创建一个或多个矩形浮动视口，如同在模型空间中创建平铺视口一样。

3. 创建非标准浮动视口

在AutoCAD中，还可以创建非标准浮动视口，如图10-16所示。创建非标准浮动视口的方法有以下两种。

- 选择“视图”|“视口”|“多边形视口”命令。
- 单击“视口”工具栏中的“多边形视口”按钮。

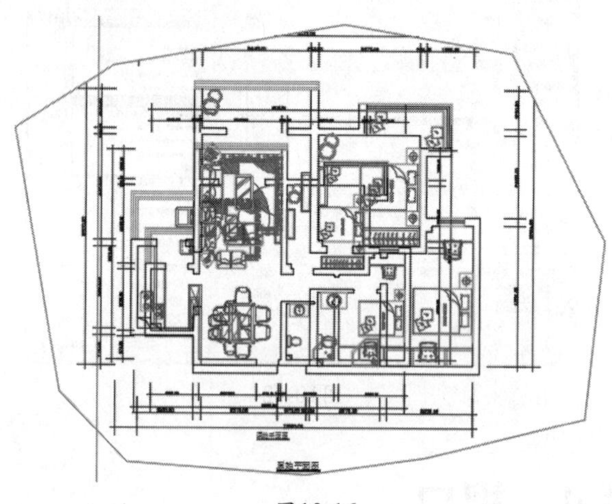

图10-16

提 示

在创建非标准视口时，一定要先切换到布局空间，才能够使用该命令。

10.4.2 浮动视口的显示控制

在设置布局时，可以将视口视为模型空间中的视图对象，可对它进行移动和大小调整。浮动视口可以相互重叠或者分离。因为浮动视口是AutoCAD的对象，所以在图纸空间中排放布局时不能编辑模型，要编辑模型必须切换到模型空间。将布局中的视口设为当前位置后，就可以在浮动视口中处理模型空间对象。在模型空间中的所有修改都将反映到所有图纸空间视口中。

在浮动视口中，还可以在每个视口中选择性地冻结图层。冻结图层后，就可以查看每个浮动视口中的不同几何对象。通过在视口中平移和缩放，还可以指定显示不同的视图。

- 删除、新建和调整浮动视口：在布局空间中，选择浮动视口边界，然后按【Delete】键即可删除浮动视口。删除浮动视口后，选择“视图”|“视口”|“新建视口”命令，可以创建新的浮动视口，此时需要指定创建浮动视口的数量和区域，如图10-17所示。

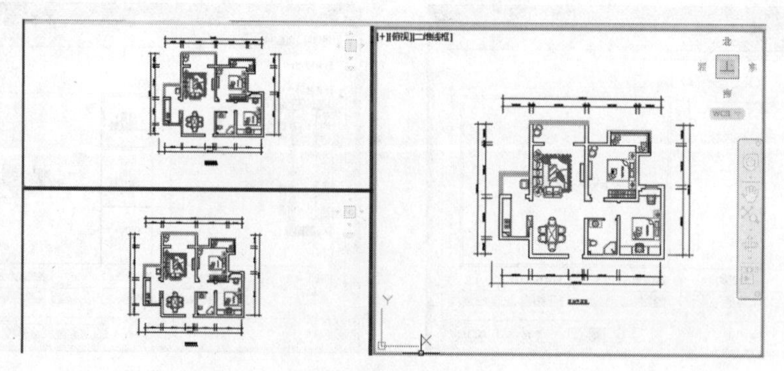

图10-17

- 在浮动视口中旋转视图。
- 在浮动视口中执行“MVSETUP”命令，根据命令提示可以旋转整个视图。
- 最大化与还原视图：在命令行中输入“VPMAX”命令或者“VPMIN”命令，并且选择要处理的视图即可。双击浮动视口的边界也可最大化与还原视图，如图10-18所示。
- 设置视口的缩放比例：单击当前的浮动视口，在状态栏的“注释比例”列表框中选择需要的比例，如图10-19所示。

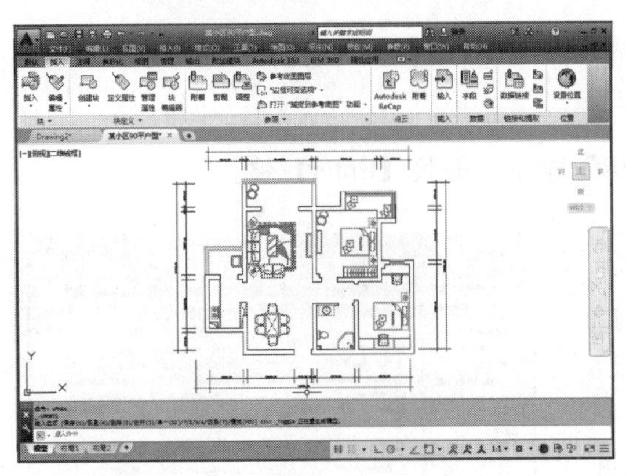

图10-18

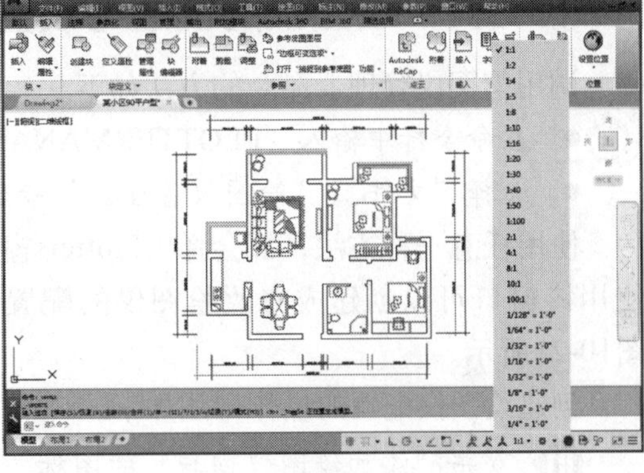

图10-19

10.4.3 编辑视口

在AutoCAD中可以对视口进行编辑，如剪裁视口、独立控制浮动视口的可见性，以及对齐两个浮动视口中的视图和锁定视口等。

1. 剪裁视口

在命令行中输入“VPCLIP”命令并按【Enter】键，或者先选择视口再单击鼠标右键，在弹出的快捷菜单中选择“视口剪裁(V)”命令，如图10-20所示。

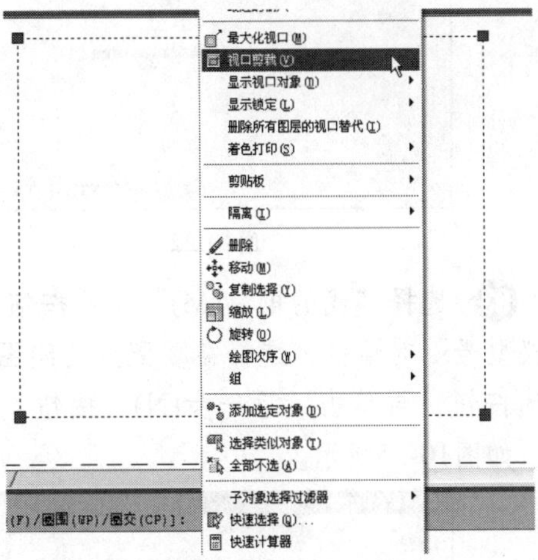

图10-20

2. 锁定视口视图

在图纸空间中选择视口并单击鼠标右键，在弹出的快捷菜单中选择“显示锁定(L)”命令，在弹出的子菜单中选择“是”或者“否”命令，可以锁定或者解锁浮动视口。视口锁定的是视图的显示参数，并不影响视口本身的编辑。

3. 对齐两个浮动视口中的视图

在命令行中输入“MOVE”命令并按【Enter】键，选择要移动的对象，移动到视图并且对齐。也可以在命令行中输入“MVSETUP”命令并按【Enter】键，选择相应的视图并且对齐。

10.5 绘图仪和打印样式的设置

绘图仪的设置和打印样式的设置是AutoCAD绘图中的重要功能，只有进行正确的设置，才能打印出正确的图纸。一般情况下，设计图的输出是需要使用专业的图纸输出设备，在专业人员的操作下完成，设计人员只需告诉他们要求即可。在设计的过程中，打印图纸的目的是对设计的过程加以校核。办公室一般采用的是喷墨或激光打印机，输出的图幅比较小，以A4或A3的幅面居多。

10.5.1 绘图仪的创建与设置

调用绘图仪管理器命令的方法如下。

- 在命令行中输入“PLOTTERMANAGER”命令，并按【Enter】键。
- 选择“文件”|“绘图仪管理器”命令。

使用任意一种方法，都会弹出Plotters窗口，使用该窗口可以创建或修改绘图仪的配置，如图10-21所示。

图10-21

创建绘图仪配置的操作方法如下。

01 双击“添加绘图仪向导”的图标，弹出“添加绘图仪-简介”对话框，如图10-22所示。

02 单击“下一步(N)”按钮，弹出“添加绘图仪-开始”对话框，选择需要配置的绘图仪，如图10-23所示。

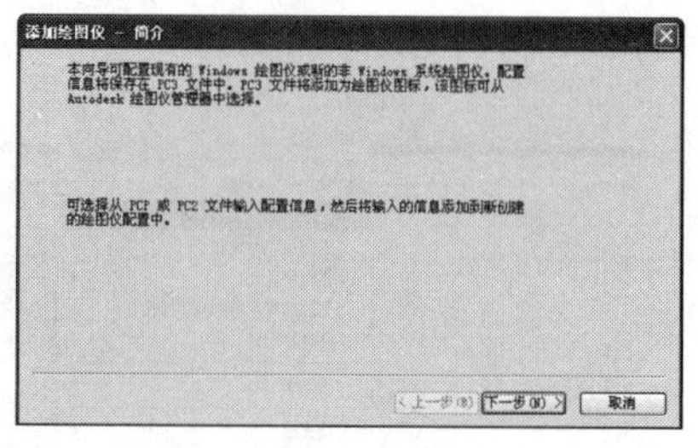

图10-22

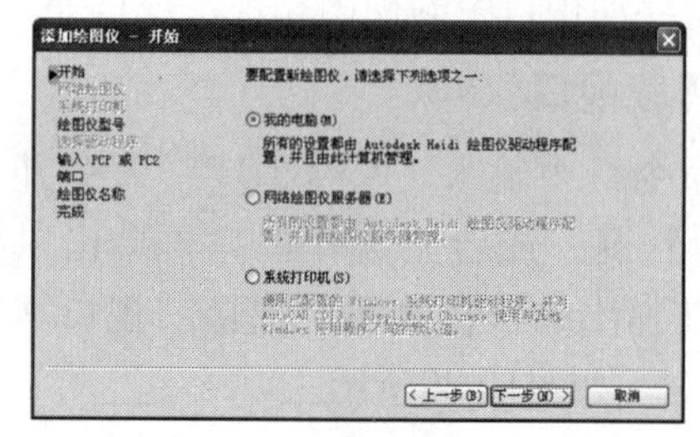

图10-23

03 选择“我的电脑(M)”单选按钮，单击“下一步(N)”按钮，弹出“添加绘图仪-绘图仪型号”对话框，选择需要配置的绘图仪，如图10-24所示。或者选择“系统打印机(S)”单选按钮，再单击“下一步(N)”按钮，可以直接使用Windows自带系统的打印机进行打印，如图10-25所示。

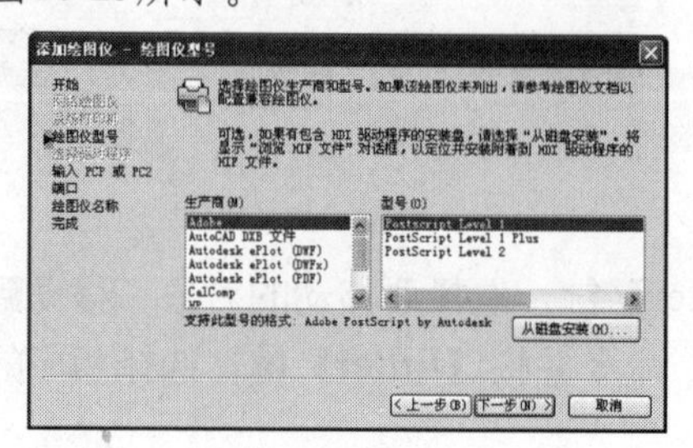

图10-24

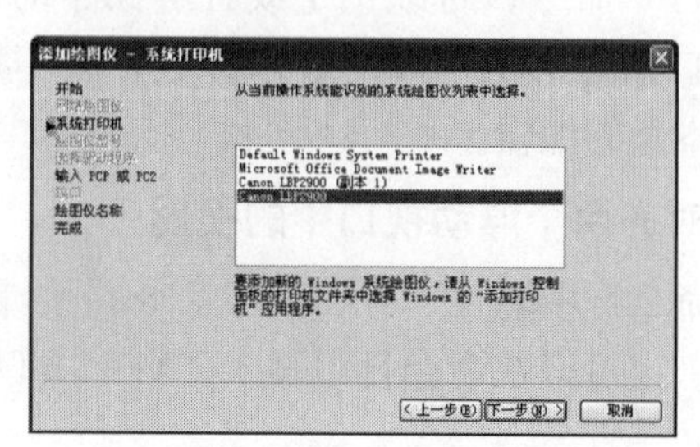

图10-25

10.5.2 打印样式的设置

打印样式（plot style）是一种对象特性，用于修改打印图形的外观，包括对象的颜色、线形和线宽等，也可指定端点、连接和填充样式，以及抖动、灰度、笔指定和淡显等的输出效果。

打印样式可分为“颜色相关（color dependent）”和“命名（named）”两种模式。颜色相关打印样式以对象的颜色为基础，共有255种颜色相关打印样式。在颜色相关打印样式模式下，通过调整与对象颜色对应的打印样式可以控制所有具有同种颜色的对象的打印方式。

命名打印样式可以独立于对象的颜色使用，可以给对象指定任意一种打印样式，而不管对象的颜色是什么。

常用打印样式的设置与修改是在打印样式表编辑器中进行的，使用打印样式编辑器管理打印样式表的方法有以下两种。

- 在命令行中输入“STYLESMANAGER”命令，并按【Enter】键。
- 选择“文件”|“打印样式管理器”命令。

采用上面的操作都将弹出Plot Styles窗口，可以在该窗口中管理打印样式表，如图10-26所示。

在Plot Styles窗口中双击“添加打印样式表向导”图标，就可以创建打印列表，一般情况下，工程制图中都采用CAD预设的打印样式表，并根据自己的实际需要进行修改。下面以对预设的“acad.ctb”打印样式表的修改为例，进行详细讲解。

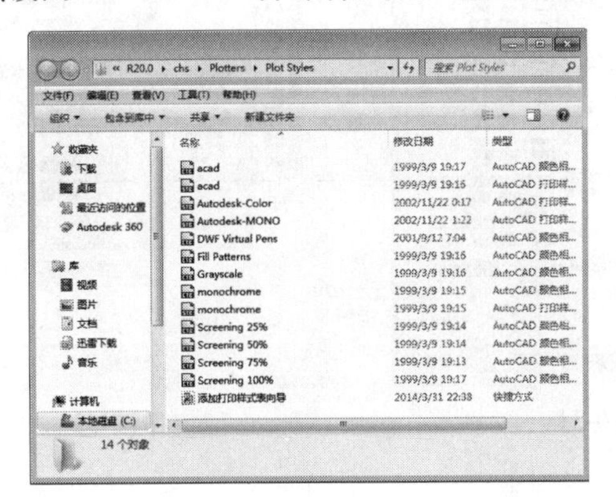

图10-26

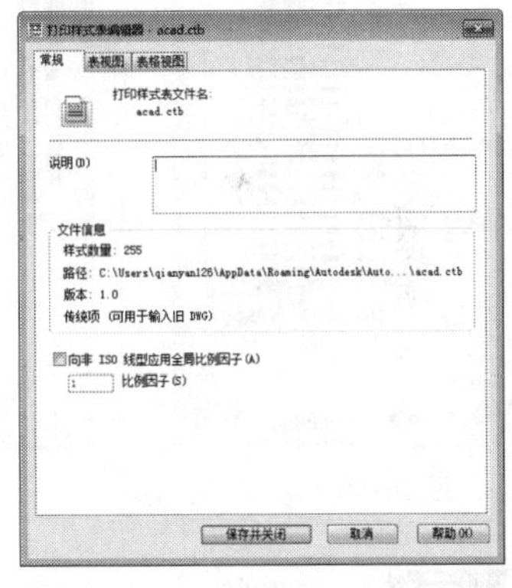

图10-27

01 在Plot Styles窗口中双击“acad.ctb”图标，弹出“打印样式表编辑器”对话框，如图10-27所示。选择“表格视图”选项卡，如图10-28所示。

02 在绘图时，绘制的线条都是彩色的，而工程图出图的时候一般都是黑白图，需要将所有的线都打印成黑色的，在“打印样式”列表框中将所有颜色都选上，在“颜色”下拉列表框中选择黑色，如图10-29所示。这样所有的线打印出来都是黑色的，如果选择“使用对象颜色”选项，就会打印出彩色的图。

提 示

“抖动”选项可以提高打印精度；“灰度”选项可以打印出灰度图，一般不需要选；“笔号”相关的选项都选择“自动”即可；“淡显”选项可以使某个对应线条的打印深度降低。

图10-28

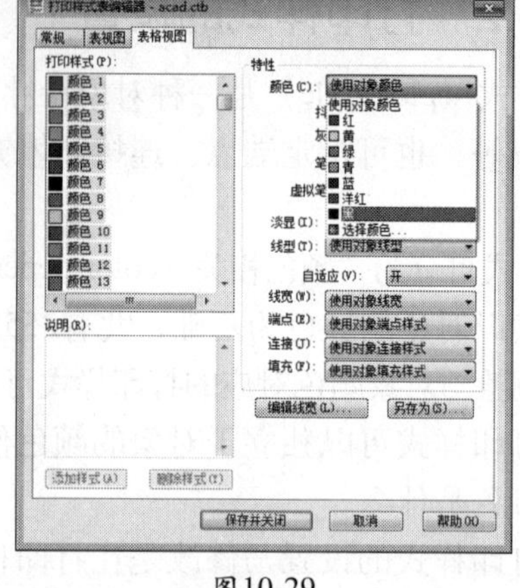

图10-29

03 在绘图时，绘制的线条除了PLINE线以外，都是没有宽度的，需要在打印时指定线条宽度，将所有线条都设置成最细的线条，如图10-30所示。再将需要加粗的线条单独设置线宽，以黄色线为例，先选中黄色线，再选择线宽为“0.3毫米”，如图10-31所示。如果在下拉列表框中没有需要的宽度，可以单击“编辑线宽”按钮，在弹出的“编辑线宽”对话框中自行输入线宽，如图10-32所示。

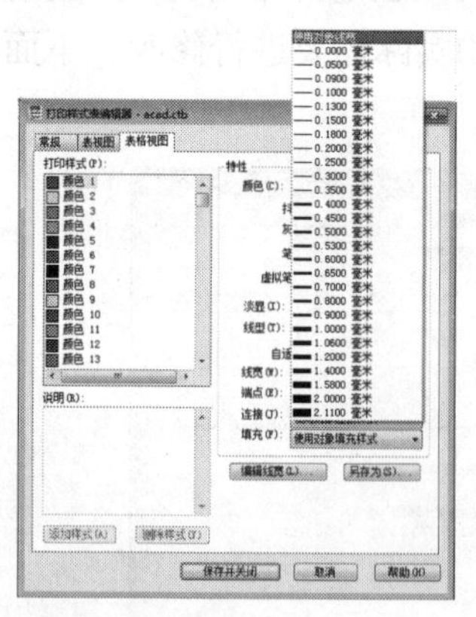

图10-30

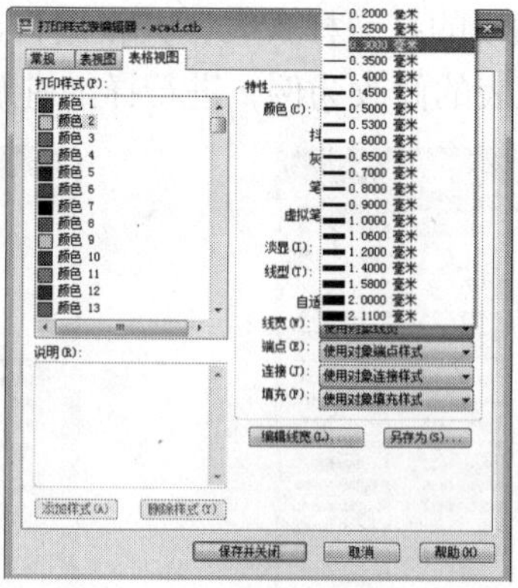

图10-31

图10-32

提 示

一般情况下，在激光打印机上的线条设置中，细线都是0.1线宽，而在大型绘图仪上同样的线条宽度就要设置成0.18了。

10.5.3 打印样式表的设置

设置好打印样式表以后，需要为绘图环境指定一个默认的打印样式表，具体操作方法如下。

01 选择“工具”|“选项”命令，在弹出的对话框“选项”中选择“打印和发布”选项卡，如图10-33所示。

02 单击“打印样式表设置(S)”按钮，弹出“打印样式表设置”对话框，如图10-34所示。在该对话框中可以设置默认打印样式表的类型，最后单击“确定”按钮即可。

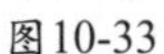
图10-33

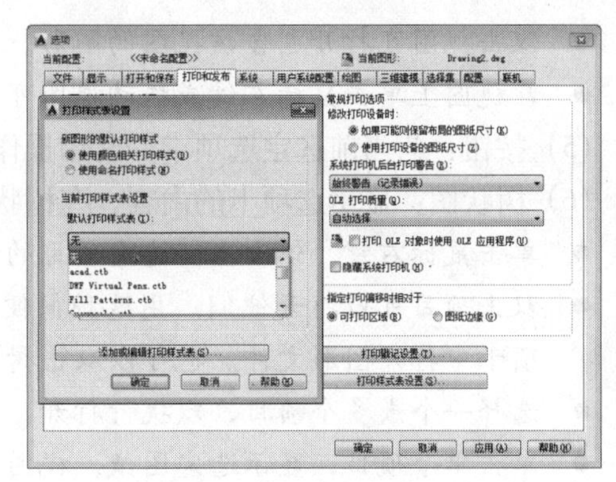

图10-34

10.6 图纸集管理

图纸集是几个图形文件中图纸的有序集合，图纸是从图形文件中选定的布局。图纸集管理器是一个协助用户将多个图形文件组织为一个图纸集的工具。通过图纸集管理器，能够以图纸图形集的形式，或者以单个电子多页 DWF 或 DWFx 文件的形式轻松发布整个图纸集。

对于大多数设计组来说，图形集是主要的提交对象。创建要分发以供检查的图形集可能是一项复杂而又费时的工作。通过“发布”对话框，可以轻松地合并图形集合，而且只需单击一下鼠标即可创建图纸图形集或电子图形集。

当使用图纸集管理器时，就在新图形中创建了布局，当删除、添加或者重新编号图纸时，可以方便地更新清单。

10.6.1 图纸集管理器简介

图纸集的打开方式是选择“工具”|“选项板”|“图纸集管理器”，即可打开“图纸集管理器”选项板，如图10-35所示。

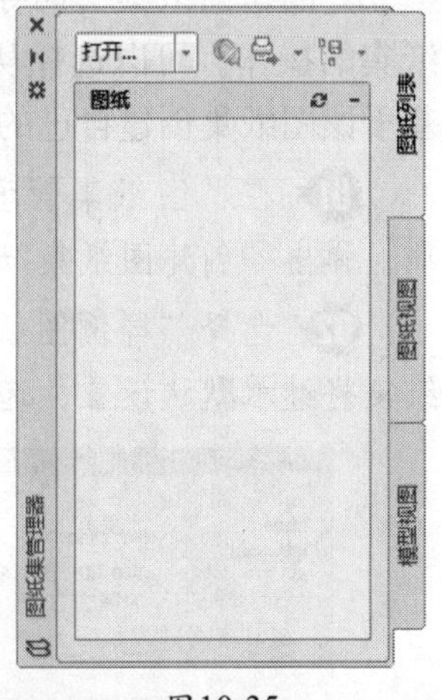

图10-35

在“图纸集管理器”选项板中，可以使用以下控件和选项卡。

（1）“图纸集”控件：列出了用于创建新图纸集、打开现有图纸集或在打开的图纸集之间切换的菜单选项。

（2）“图纸列表”选项卡：显示了图纸集中所有图纸的有序列表。图纸集中的每张图纸都是在图形文件中指定的布局。

（3）“图纸视图”选项卡：显示了图纸集中所有图纸视图的有序列表，但这里仅列出了用AutoCAD 2005和更高版本创建的图纸视图。

（4）“模型视图”选项卡：列出了一些图形的路径和文件夹名称，这些图形包含了要在图纸集中使用的模型空间视图。

- 单击文件夹可列出其中的图形文件。
- 单击图形文件可列出在当前图纸中可用于放置命名模型空间的视图。

- 双击视图可打开包含该视图的图形。
- 在视图上单击鼠标右键或拖动视图可将其放入当前图纸。

(5) 按钮：为当前选定选项卡的常用操作提供方便的访问途径。

(6) 树状图：显示选项卡的内容，在树状图中可以执行以下操作。

- 单击鼠标右键，弹出当前选定项目的快捷菜单。
- 双击项目可以打开他们。用这种简便方法从“图纸列表”选项卡或“模型视图”选项卡中打开图形文件。也可以双击树状图中的项目，以展开或收拢该项目。
- 选择一个或多个项目，以执行打开、发布或传递等操作。
- 单击单个项目，显示选定图纸、视图或图形文件的说明信息或缩略图的预览。
- 在树状图中拖动项目可进行重排序。

提 示

要有效地使用图纸集管理器，可在树状图的项目上单击鼠标右键，弹出快捷菜单。要在绘图区域中访问图纸集操作所需的快捷菜单，必须在“选项”对话框的“用户系统配置”选项卡中选择“绘图区域中使用快捷菜单”复选框。

10.6.2 创建图纸集

可以使用“创建图纸集”向导来创建图纸集。在向导中，既可以基于现有图形从头开始创建图纸集，也可以使用图纸集样例作为样板进行创建。指定的图形文件的布局将输入到图纸集中，用于定义图纸集的关联和信息存储在图纸集数据（DST）文件中。在使用“创建图纸集”向导创建新的图纸集时，将创建新的文件夹作为图纸集的默认存储位置。这个新文件夹名为“AutoCAD Sheet Sets”，位于“我的文档”文件夹中。可以修改图纸集文件的默认位置，但是建议将DST文件和项目文件存储在一起。

“创建图纸集”向导包含一系列页面，这些页面可以一步步地引导用户完成创建新图纸集的操作。可以选择从现有图形创建新的图纸集，或者使用现有的图纸集作为样板，并基于该图纸集创建自己的新图纸集，具体操作方法如下。

01 在“图纸集管理器”选项板中的“打开”下拉列表框中选择“新建图纸集”选项，弹出“创建图纸集-开始”对话框，如图10-36所示。

02 选择“样例图纸集(S)”单选按钮，然后单击“下一步”按钮，样例图纸集的新图纸集将继承默认设置，选择“选择一个图纸集作为样例(S)”单选按钮，如图10-37所示。

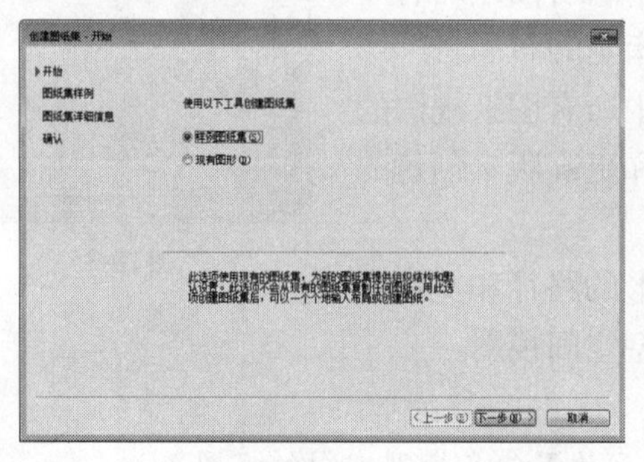

图10-36

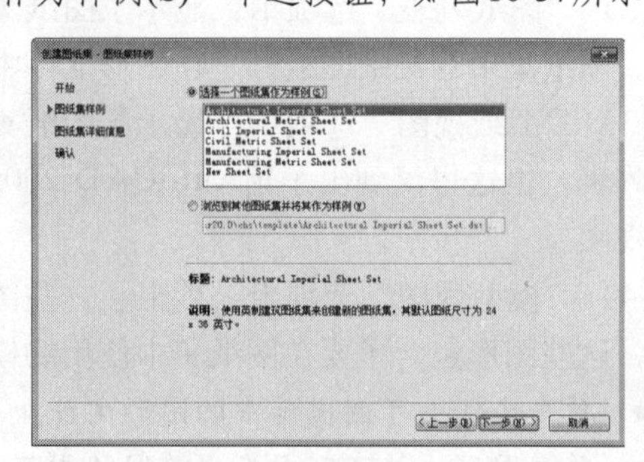

图10-37

03 完成设置以后，单击“下一步(N)”按钮，然后进行详细的设置，如图10-38和图10-39所示。

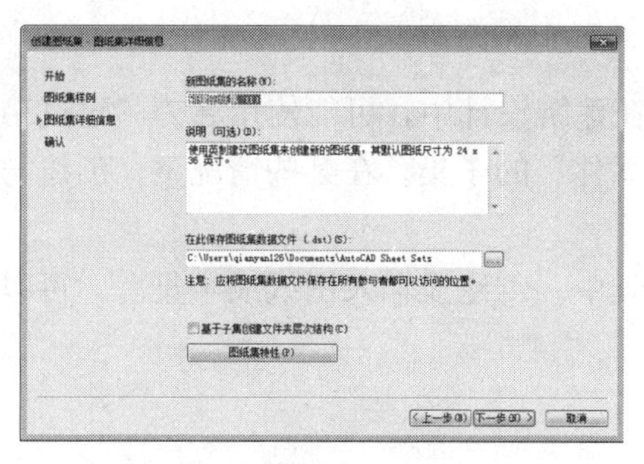

图10-38

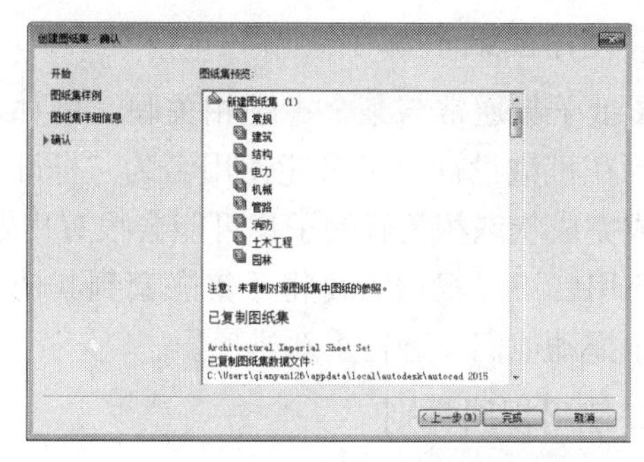

图10-39

04 完成设置以后，单击“完成”按钮，如图10-40所示。

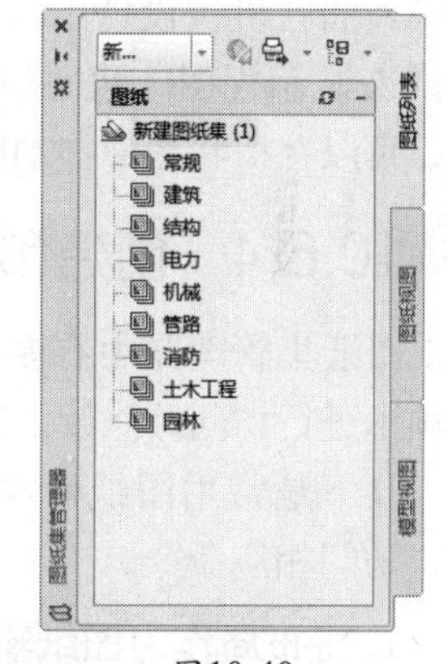

图10-40

1. 从图纸集样例创建图纸集

在“创建图纸集”向导中，选择从图纸集样例创建图纸集时，该样例将提供新图纸集的组织结构和默认设置。用户还可以根据指定图纸集的子集存储路径创建文件夹。

使用此选项创建空图纸集后，可以单独地输入布局或创建图纸。

2. 从现有图形文件创建图纸集

在“创建图纸集”向导中，选择从现有图形文件创建图纸集时，需指定一个或多个包含图形文件的文件夹。使用此选项，可以指定让图纸集的子集组织复制图形文件的文件夹结构。这些图形的布局可自动输入到图纸集中。

通过单击每个附加文件夹的“浏览”按钮，可以轻松地添加更多包含图形的文件夹。

3. 备份和恢复图纸集数据文件

存储在图纸集数据文件中的数据代表了大量的工作，所以应像创建图形文件的备份一样创建DST文件的备份。

在发生DST文件损坏或主要用户错误等事件时，可以恢复早期保存的图纸集数据文件。每次打开图纸集数据文件时，都会将当前图纸集数据文件复制到备份文件DS$中。此备份文件与当前图纸集数据文件具有相同的文件名，且位于相同的文件夹中。

要恢复早期版本的图纸集数据文件，首先要确保网络中没有其他用户正在使用该图纸集。然后，建议复制现有DST文件并用其他文件名保存。最后，重命名该备份文件，将文件扩展名从DS$修改为DST。

10.6.3 整理图纸集

通过创建子集和类别的层次结构可以整理图纸集，将图纸整理到称为子集的集合中，可以将视图整理到称为类别的集合中，对于较大的图纸集，有必要在树状图中整理图纸和视图。

在“图纸列表”选项卡中，可以将图纸整理为集合，这些集合被称为子集。在“图纸视图”选项卡中，可以将视图整理为集合，这些集合被称为类别。

1. 使用图纸子集

图纸子集通常与某个主题相关联。例如，在建筑设计中，可能使用名为“建筑”的子集；而在机械设计中，可能使用名为“标准紧固件”的子集。在某些情况下，创建与查看状态或完成状态相关联的子集可能会很有用处。

使用者可以根据需要将子集嵌套到其他子集中。创建或输入图纸或子集后，可以在树状图中拖动他们并进行重新排序。

2. 使用视图类别

视图类别通常与功能相关联。例如，在建筑设计中，可能使用名为“立视图”的视图类别；而在机械设计中，可能使用名为“分解”的视图类别。使用者可以按类别或所在的图纸来显示视图，也可以根据需要将类别嵌套到其他类别中。要将视图移动到其他类别中，可以在树状图中拖动他们或者使用“设置类别”的快捷菜单。

10.6.4 创建和修改图纸

图纸集管理器中有多个用于创建图纸和添加视图的选项，这些选项可通过快捷菜单或选项卡进行访问。修改则应始终在打开的图纸集中进行。

以下是常用图纸操作的说明，通过在树状图中的项目上单击鼠标右键，弹出快捷菜单，访问相应命令。

1. 将布局作为图纸输入

创建图纸集后，可以从现有图形中输入一个或多个布局。通过选择以前未使用的“布局”选项卡来激活布局，从而初始化该布局。初始化之前，布局中不包含任何打印设置。初始化完成后，可对布局进行绘制、发布，以及将布局作为图纸添加到图纸集中（在保存图形后）。这是由若干图形的布局快速创建多个图纸的方法。在当前图形中，可以将“布局”选项卡拖动到“图纸集管理器”选项板的“图纸列表”选项卡的“图纸”区域中。

2. 创建新图纸

除了输入现有布局之外，还可以创建新图纸。在此图纸中放置视图时，与视图关联的图形文件将作为外部参照附着到图纸图形上。将使用AutoCAD 2004格式或AutoCAD 2007格式创建图纸图形文件，具体取决于“选项”对话框的“打开和保存”选项卡中指定的格式。

3. 修改图纸

在“图纸列表”选项卡中，在某一张图纸上双击鼠标左键，以从图纸集中打开图形，使用【Shift】键或【Ctrl】键可选择多张图纸。若要查看图纸，可以使用快捷菜单以只读方式打开图形。

如果要修改某张图纸，则应该先在“图纸集管理器”选项板中打开相应的图纸集，这样可确保所有与图纸关联的数据均被更新。

4. 重命名并重新编号图纸

创建图纸后，可以更改图纸标题和图纸编号，也可以指定与图纸关联的其他图形文件。

如果更改布局名称，则图纸集中相应的图纸标题也要更新，反之亦然。

5. 从图纸集中删除图纸

从图纸集中删除图纸是指断开该图纸与图纸集的关联，但并不会删除图形文件或布局。

6. 重新关联图纸

如果将某个图纸移动到了另一个文件夹中，应使用“图纸特性”对话框更改路径，将该图纸重新关联到图纸集。对于任何已重新定位的图纸图形，将在“图纸特性”对话框中显示“需要的布局”和“找到的布局”的路径。要重新关联图纸，请在“需要的布局”中单击路径，然后单击以定位到图纸的新位置。

通过观察“图纸列表”选项卡底部的“详细信息”，可以快速确认图纸是否位于预设的文件夹中。如果选定的图纸不在预设的位置，则“详细信息”中将同时显示“预设的位置”和“找到的位置”的路径信息。

7. 向图纸添加视图

在“模型视图”选项卡中，通过向当前图纸中放入命名模型空间视图或整个图形，即可轻松地在图纸中添加视图。

注 意

创建命名模型空间视图后，必须保存图形，以便将该视图添加到“模型视图”选项卡。单击“模型视图”选项卡上的“刷新”按钮可更新“图纸集管理器”选项板的树状图。

8. 向视图添加标签块

使用图纸集管理器，可以在放置视图和局部视图的同时自动添加标签。标签中包含与参照视图相关联的数据。

9. 向视图添加标注块

标注块是术语，指参照其他图纸的符号。标注块有许多行业特有的名称，例如参照标签、关键细节、细节标记和建筑截面关键信息等。标注块中包含与所参照的图纸和视图相关联的数据。

注 意

如果要在图纸上放置带有字段或视图的标注块，请确保当前图层已经解锁。

10. 创建标题图纸和内容表格

通常，将图纸集中的第一张图纸作为标题图纸，其中包括图纸集说明和一个列出了图纸集中所有图纸的表。可以在打开的图纸中创建此表格，该表格称为图纸列表表格。该表格中自动包含了图纸集中的所有图纸。只有在打开图纸时，才能使用图纸集层快捷菜单创建图纸列表表格。创建图纸一览表之后，还可以编辑、更新或删除该表中的单元内容。

10.6.5 用图纸集和图纸包含信息

图纸集、子集和图纸包含各种信息，此信息称为特性，包括标题、说明、文件路径和用户定义的自定义特性。

1. 不同层次（所有者）的不同特性

图纸集、子集和图纸代表不同的组织层次，其中每个层次都包含不同类型的特性。在创建图纸集、子集或图纸时指定这些特性的值。此外，可以定义图纸和图纸集的自定义特性值，通常每张图纸的自定义特性值都是该图纸特有的。例如，图纸的自定义特性可能包括设计者的名字。通常，每个图纸集的自定义特性值都是项目特有的，例如，图纸集的自定义特性可能会包括合同号，但不能创建子集的自定义特性。

2. 查看和编辑特性

通过在图纸集、子集或图纸的名称上单击鼠标右键，可以在“图纸列表”选项卡中查看和编辑特性。在快捷菜单中选择“特性”命令，弹出的对话框中的特性和值取决于所选的内容。通过单击某一个值，可以编辑特性值。

10.7 打印发布

在AutoCAD 2015中绘制完图形后，用户可以通过打印机进行图形输出，也可以创建Web格式的文件（DWF），以及发布AutoCAD图形文件到Web页中，输送到站点上以供其他用户通过Internet访问。

创建完图形之后，通常要打印到图纸上，也可以生成一份电子图纸，以便从因特网上进行访问。打印的图形可以包含图形的单一视图，或者更为复杂的视图排列。根据不同的需要，可以打印一个或多个视口，或者通过设置选项决定打印的内容和图像在图纸上的布置。对于输出，在设计工作中常用到两种方式：一种是输出为光栅图像，以便在Photoshop等图像处理软件中应用；另一种是输出为工程图纸。要完成这些操作，需要熟悉模型空间、布局（图纸空间）、页面设置、打印样式设置、添加绘图仪和打印输出等功能。

使用电子打印的方法有以下两种。

- 选择“文件”|“打印”命令。
- 在命令行中输入“PLOT”命令，并按【Enter】键。

执行上述命令后，会弹出“打印-模型”对话框，使用该对话框可以进行打印设置，具体操作步骤如下。

01 选择“文件”|“打印”命令，弹出“打印-模型”对话框，并选择所需的打印机，如图10-41所示。

02 单击“添加”按钮，在弹出的“添加页面设置”对话框中输入页面设置名称，本例采用默认名称，如图10-42所示。

03 单击“确定”按钮，返回上级对话框，根据需要选择图纸图幅的大小，本例采用A4幅面，如图10-43所示。

04 单击“确定”按钮，即可打印输出。

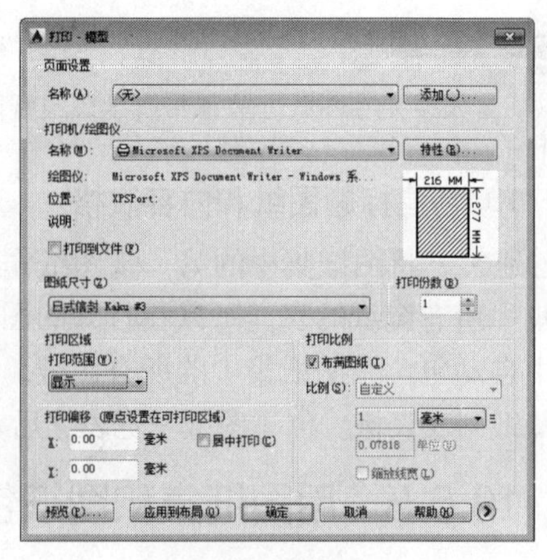

图10-41

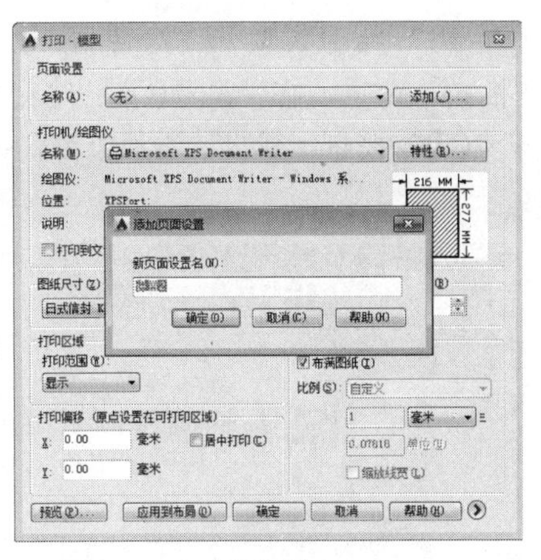

图10-42

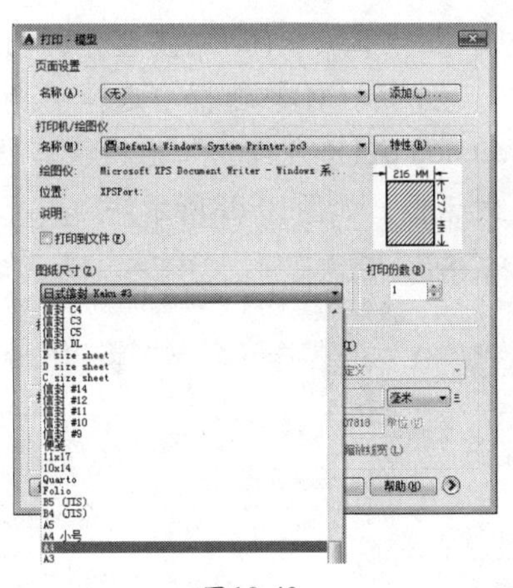

图10-43

注 意

打印的文件格式有PLT和DWF两种，DWF为电子打印，PLT为打印文件，PLT的文件可以脱离绘图环境单独打印。

在AutoCAD 2015中，打印输出时可以将DWG的图形文件输出为jpg、bmp、tif和tga等格式的光栅图像，以便在其他图像软件中进行处理，还可以根据需要设置图像大小。具体操作步骤如下。

1. 添加绘图仪

01 如果系统中为用户提供了所需图像格式的绘图仪，就可以直接选用，若系统中没有所需图像格式的绘图仪，就需要利用“添加绘图仪向导”进行添加。选择“文件”|“绘图仪管理器”命令，弹出Plotters窗口，如图10-44所示。

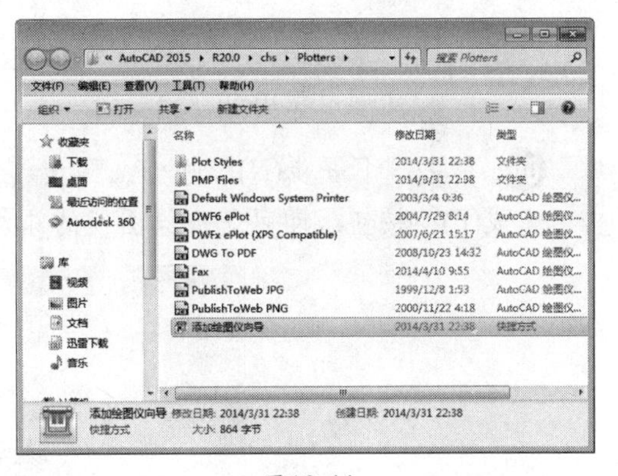

图10-44

02 双击“添加绘图仪向导”图标，弹出“添加绘图仪-简介”对话框，如图10-45所示。单击“下一步(N)”按钮，弹出“添加绘图仪-开始”对话框，选择“我的电脑(M)”单选按钮，如图10-46所示。

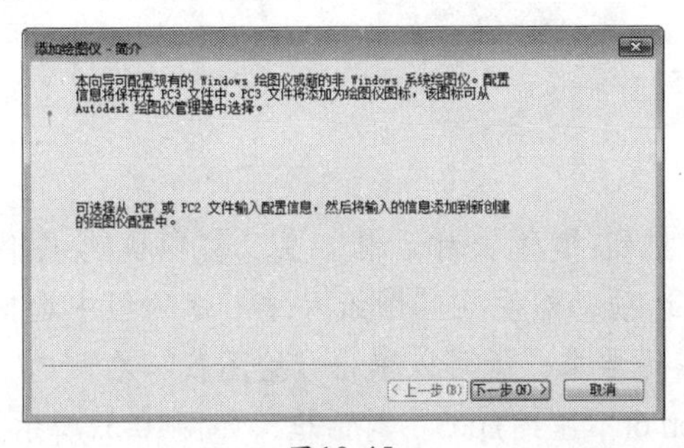

图10-45

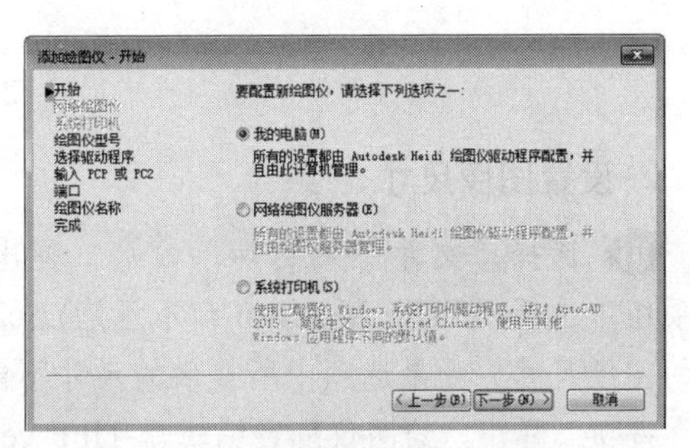

图10-46

03 单击“下一步(N)”按钮，弹出“添加绘图仪-绘图仪型号”对话框，如图10-47所示。在“生产商(M)”选框中选择“光栅文件格式”选项，在“型号(O)”列表框中选择“TIFF Version 6（不压缩）”选项。单击“下一步(N)”按钮，弹出“添加绘图仪-输入PCP或PC2”对话框，如图10-48所示。

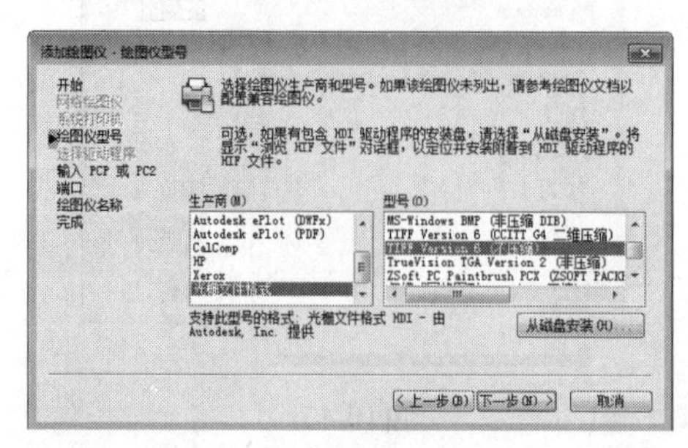

图10-47

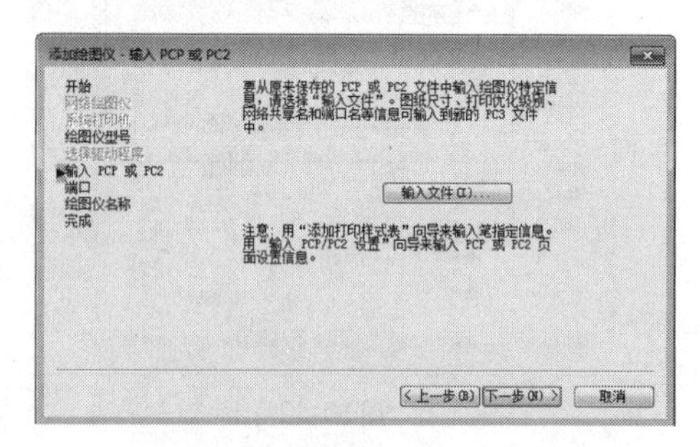

图10-48

04 单击“下一步(N)”按钮，弹出“添加绘图仪-端口”对话框，如图10-49所示。单击“下一步(N)”按钮，弹出“添加绘图仪-绘图仪名称”对话框，如图10-50所示。

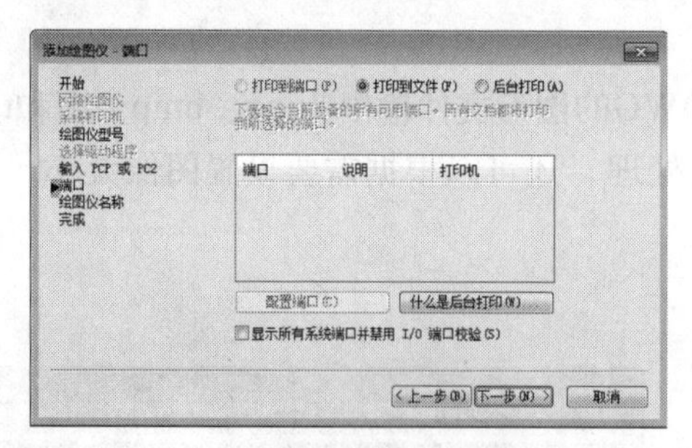

图10-49

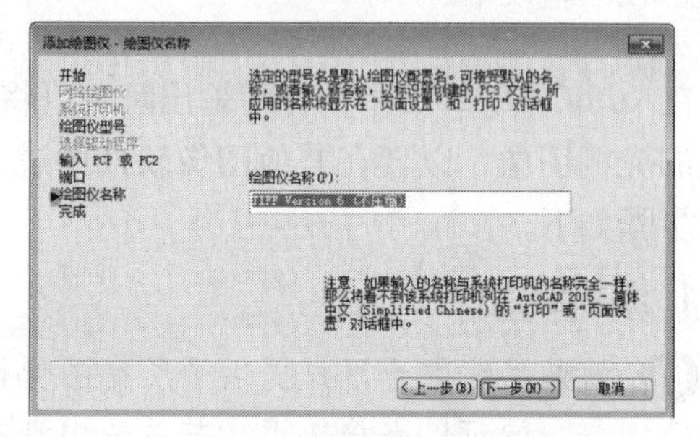

图10-50

05 单击“下一步(N)”按钮，弹出“添加绘图仪-完成”对话框，如图10-51所示。单击“完成(F)”按钮，即可完成绘图仪的添加操作。

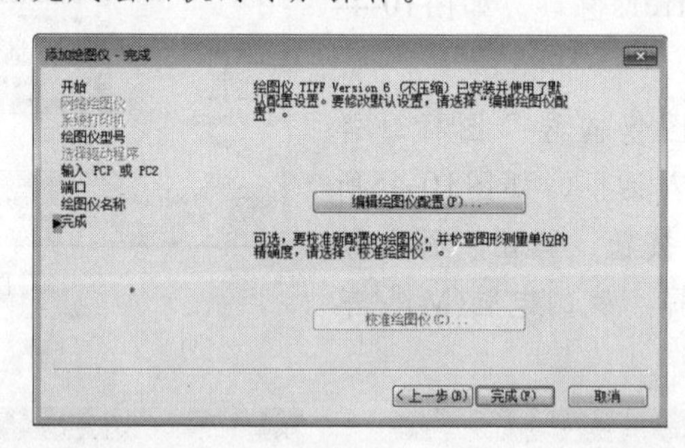

图10-51

2. 设置图像尺寸

01 选择“文件”|“打印”命令，弹出“打印-模型”对话框，在“打印机/绘图仪”选项组中选择“TIFF Version 6(不压缩).pc3”选项，然后在“图纸尺寸”选项组中选择合适的图纸尺寸。如果选项中所提供的尺寸不能满足要求，就可以单击“绘图仪”右侧的“特性”按钮，弹出“绘图仪配置编辑器-TIFF Version 6(不压缩).pc3”对话框，如图10-52所示。

02 选择“自定义图纸尺寸”选项，然后单击“添加”按钮，弹出“自定义图纸尺寸-开始”对话框，如图10-53所示。选择“创建新图纸(S)”单选按钮，单击“下一步(N)”按钮，弹出“自定义图纸尺寸-介质边界”对话框，设置图纸的宽度、高度等，如图10-54所示。

03 单击“下一步(N)”按钮，弹出“自定义图纸尺寸-图纸尺寸名”对话框，如图10-55所示。单击“下一步(N)”按钮，弹出“自定义图纸尺寸-文件名”对话框，如图10-56所示。

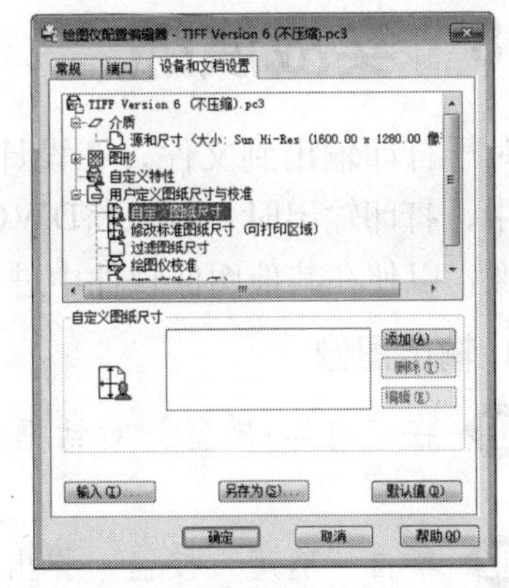

图10-52

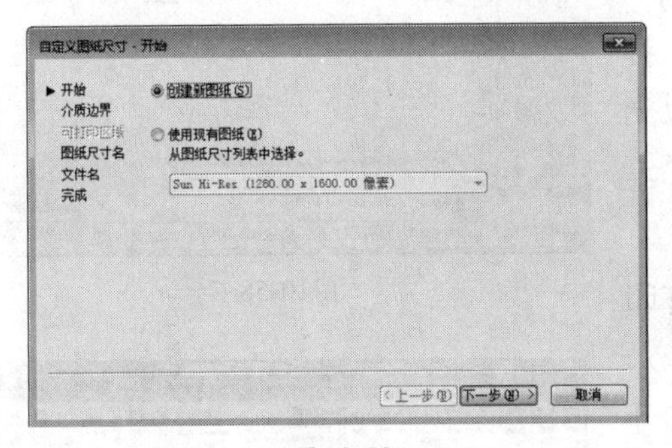

图10-53

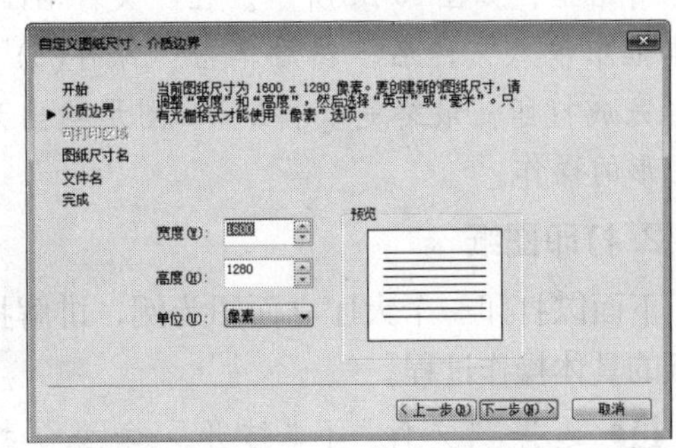

图10-54

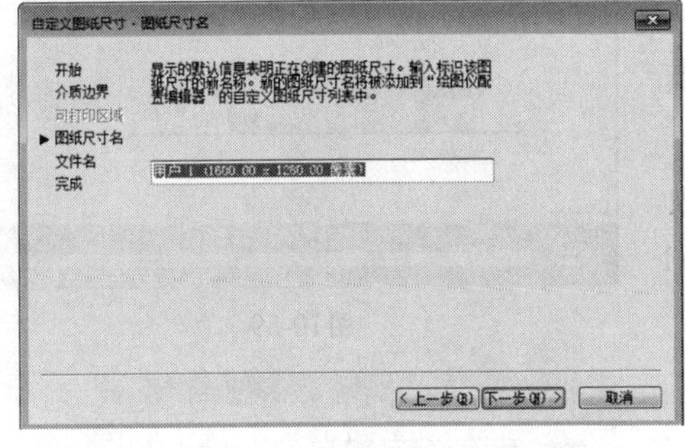

图10-55

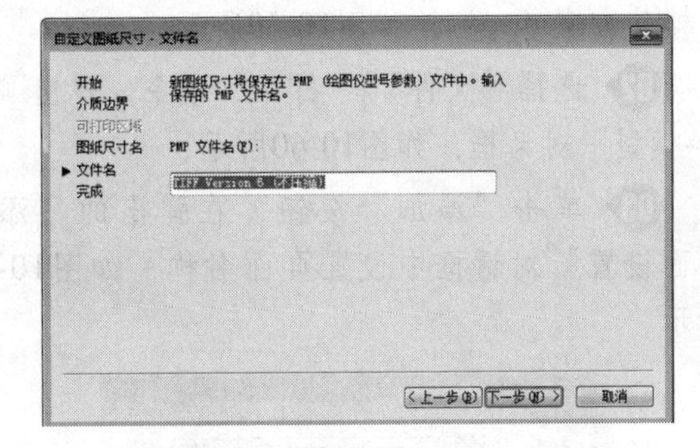

图10-56

04 单击“下一步(N)”按钮，弹出“自定义图纸尺寸-完成”对话框，单击“完成(F)”按钮，即可完成新图纸尺寸的创建，如图10-57所示。

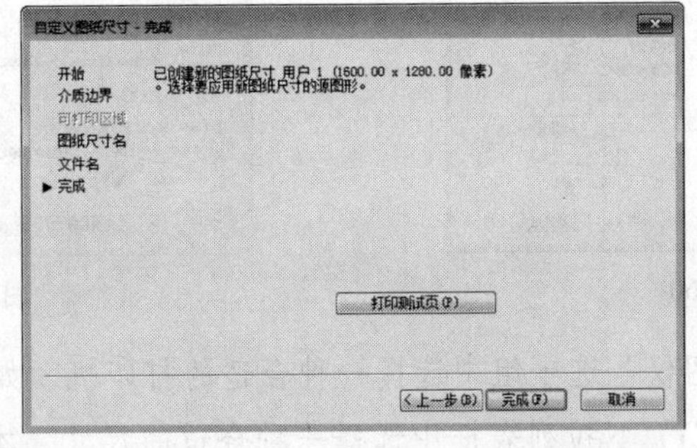

图10-57

10.8 实战演练

对于打印输出到文件，在设计工作中常用的是输出为光栅图像的文件。在AutoCAD 2015中，打印输出时，可以将DWG的图形文件输出为JPG、BMP、TIF、TGA等格式的光栅图像，以便在其他图像软件中进行处理，如Photoshop还可以根据需要设置图像大小。

1. 输出图像

01 在“打印-模型”对话框中设置好相关参数。

02 单击“确定”按钮，弹出“浏览打印文件”对话框，如图10-58所示。在“文件名(N)”文本框中输入文件名，然后单击“保存(S)”按钮，完成打印，最终完成将DWG图形输出为光栅图形的操作。

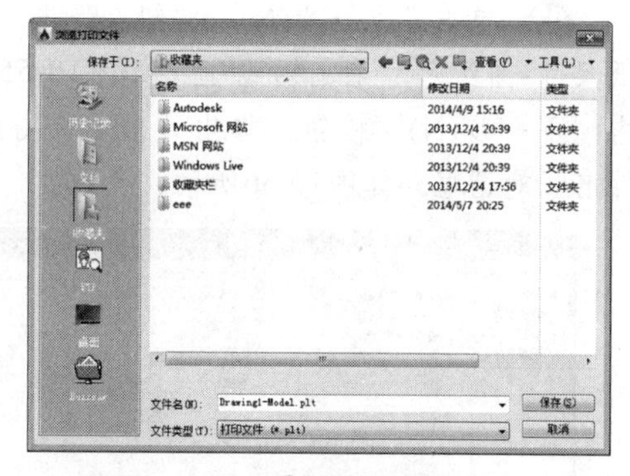

图10-58

2. 打印图纸

下面以打印一个大厅立面图为例，讲解打印图纸的具体操作过程。

01 选择“文件”|“打开”命令，打开“售楼处方案.dwg”文件（光盘：\素材\第10章\售楼处方案.dwg），如图10-59所示。

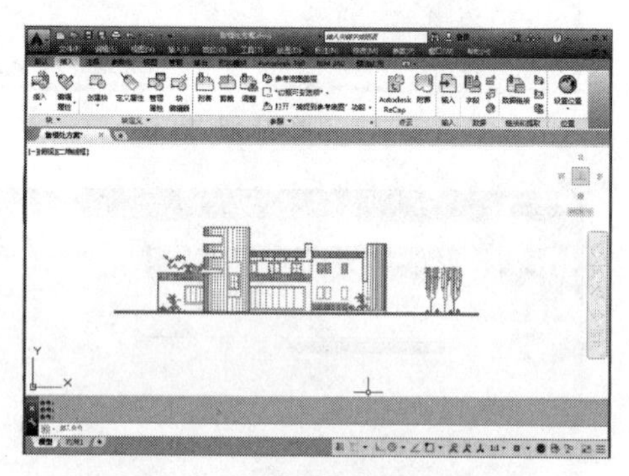

图10-59

02 选择“文件”|“打印”命令，弹出“打印-模型”对话框，如图10-60所示。

03 单击“添加”按钮，在弹出的“添加页面设置”对话框中设置页面名称，如图10-61所示。

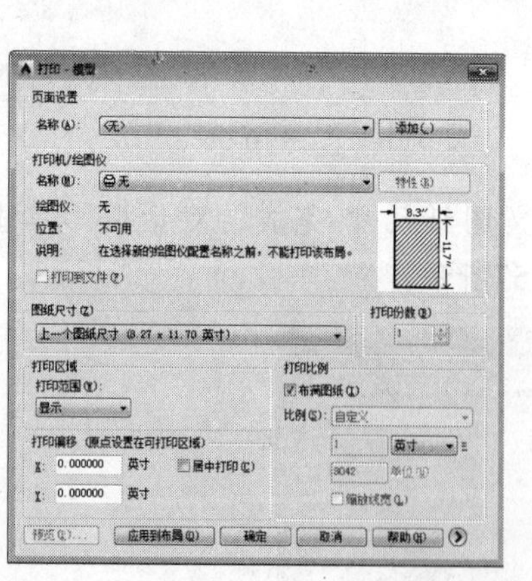

图10-60

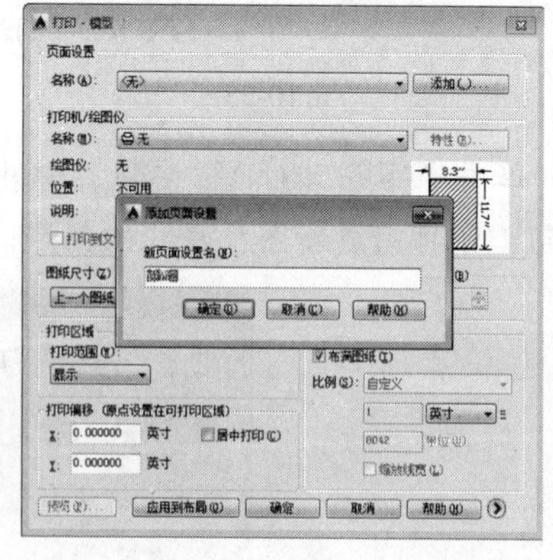

图10-61

04 在“打印机/绘图仪”选项组中选择一种合适的打印机，如图10-62所示。

05 在“图纸尺寸(Z)”下拉列表框中选择一种合适的尺寸，本例选择的尺寸是A4，如图10-63所示。

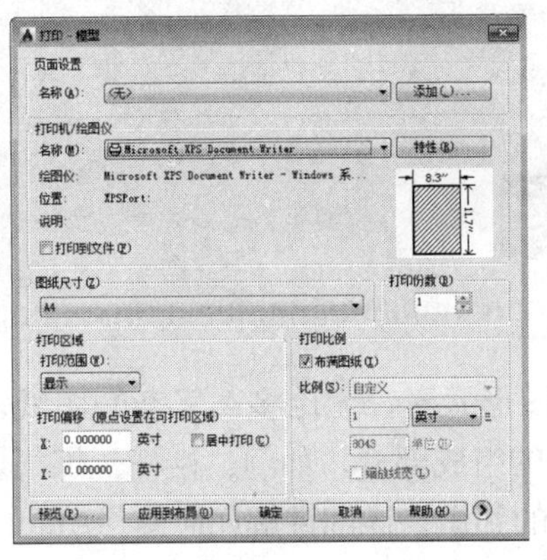

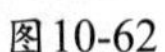
图10-62

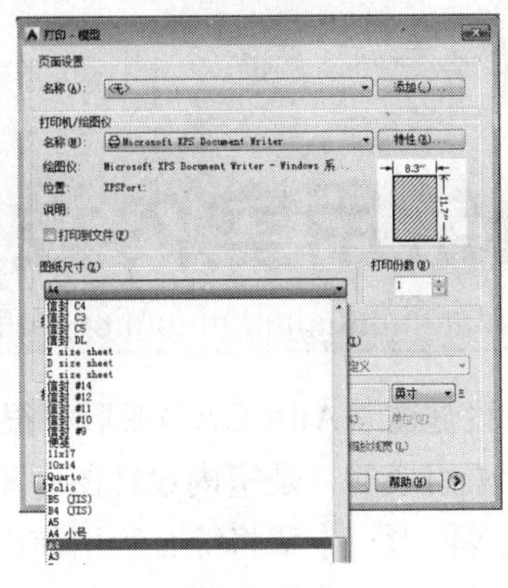

图10-63

06 在“打印范围”下拉列表框中选择“显示”选项。

07 在“打印偏移（原点设置在可打印区域）”选项组中选择“居中打印(C)”复选框，如图10-64所示。

08 单击“预览(P)”按钮，弹出预览窗口，可以在这个窗口中放大或者缩小图纸，如图10-65所示。

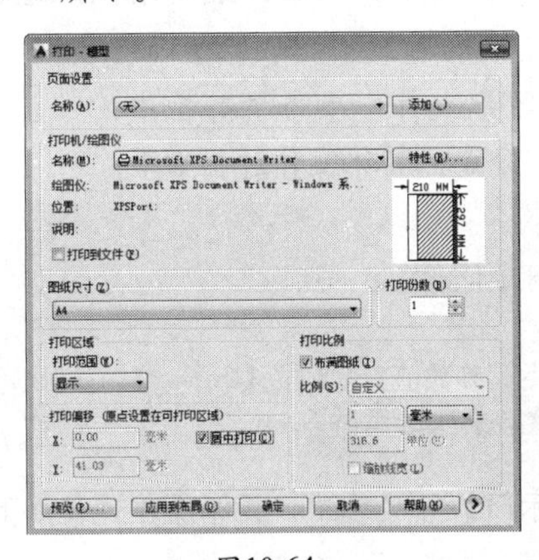

图10-64

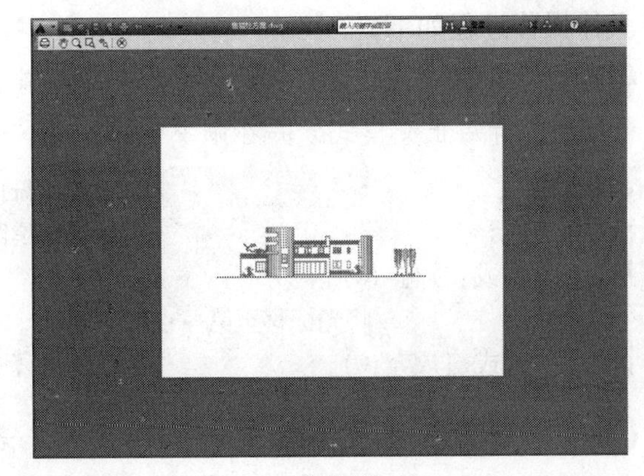

图10-65

09 在预览窗口中单击鼠标右键，在弹出的快捷菜单中选择“退出”命令，退出预览窗口，最后单击“确定”按钮，完成图纸的打印。

注 意

本例设置中不包含打印样式的设置，系统采用的是已经设定过的acad.ctb的打印样式，具体的线宽设置和其他设置都在这其中进行。

AutoCAD

第11章 绘制常用室内设施图

室内设施图是AutoCAD图形中很重要的图形元素，无论多么复杂的图纸，都是由不同的元素组成的，是室内设计图中不可缺少的组成部分，如门、栏杆、煤气灶、双人床、浴缸等图形。本章将综合利用前面所介绍的知识，详细讲解如何使用AutoCAD绘制一些常见的室内设施图。

11.1 绘制室内门

门在建筑图中很常见，并且是使用频率较高的一种设施，下面详细讲解门的绘制方法，具体操作过程如下。

01 启动AutoCAD 2015，在系统自动新建的图形文件中单击状态栏中的“正文模式”按钮，开启正交模式，并在命令行中执行“L”命令，具体操作过程如下。

```
命令：L                                  //执行L命令
指定第一点：                              //在绘图区中任意指定一点
指定下一点或［放弃(U)］：750
            //将光标移至第一点的下侧，输入距离参数值750，按【Enter】键确认输入
指定下一点或［放弃(U)］：                 //按【Enter】键结束命令
```

02 在命令行中执行“ARC”命令绘制圆弧，表示门的开启轨迹，具体操作过程如下。

```
命令：ARC                                  //执行ARC命令
指定圆弧的起点或［圆心(C)］：FROM          //输入并执行“FROM”命令
基点：                                     //单击直线下方端点
<偏移>：@750,0                             //输入相对坐标
指定圆弧的第二个点或［圆心(C)/端点(E)］:C
                                     //选择“圆心”选项并按【Enter】键确认选择
指定圆弧的圆心：                           //单击直线下方端点
指定圆弧的端点或［角度(A)/弦长(L)］：
                              //单击直线上方端点，绘制后的效果如图11-1所示
```

03 绘制完门后即可对其进行尺寸标注，在命令行中输入“DIMSTYLE”命令，弹出“标注样式管理器”对话框，单击新建(N)...按钮，如图11-2所示。弹出“创建新标注样式”对话框，在“新样式名(N)”文本框中输入文本“门”，其余保持默认设置不变，如图11-3所示，然后单击继续按钮。

04 弹出“新建标注样式：门”对话框，切换至“线”选项卡，在“超出尺寸线(X)”

数值框中输入25，在“起点偏移量(F)”数值框中输入30，如图11-4所示。

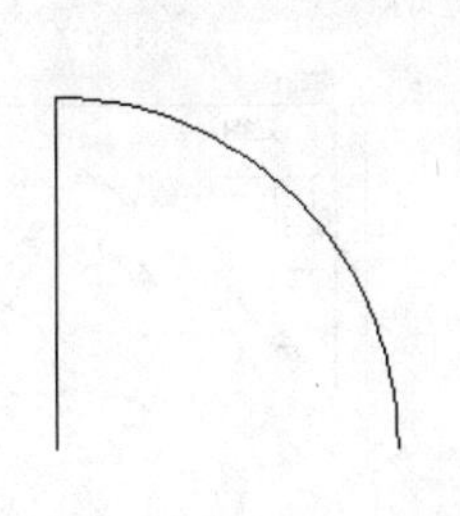

图11-1

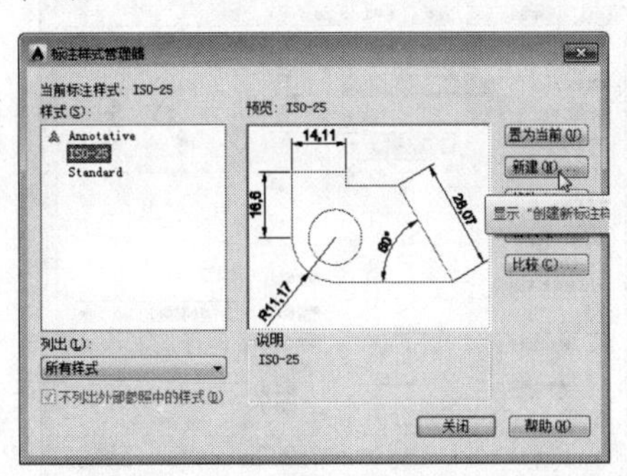

图11-2

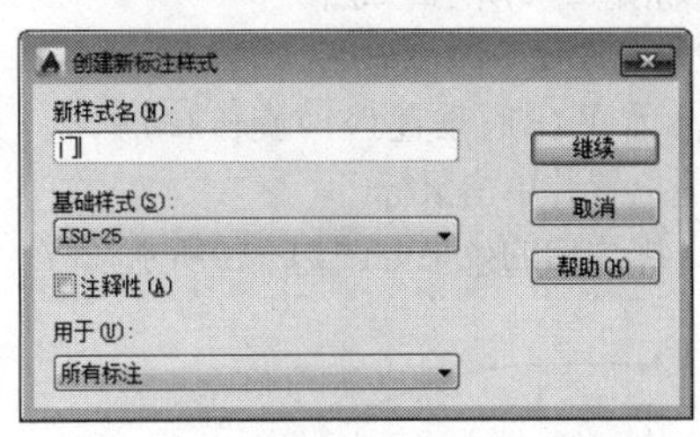

图11-3

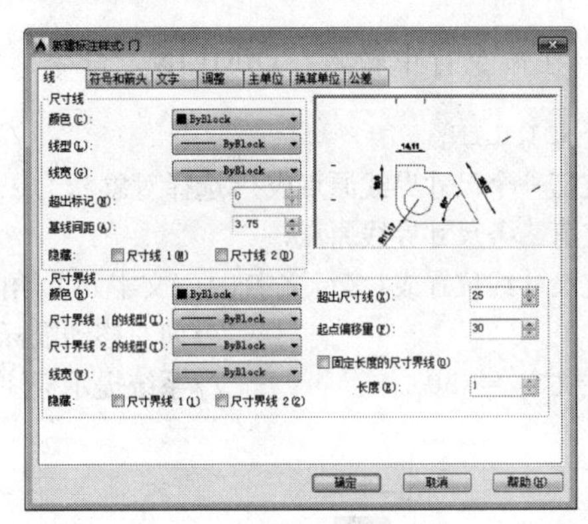

图11-4

05 切换至“符号和箭头”选项卡，在“箭头”选项组的“第一个(T)”下拉列表中选择“/建筑标记”选项，在“箭头大小(I)”数值框中输入35，如图11-5所示。

06 切换至“文字”选项卡，在文字外观选项组的“文字高度(T)”数值框中输入45，在“文字位置”选项组的“从尺寸线偏移(O)”数值框中输入15，如图11-6所示。

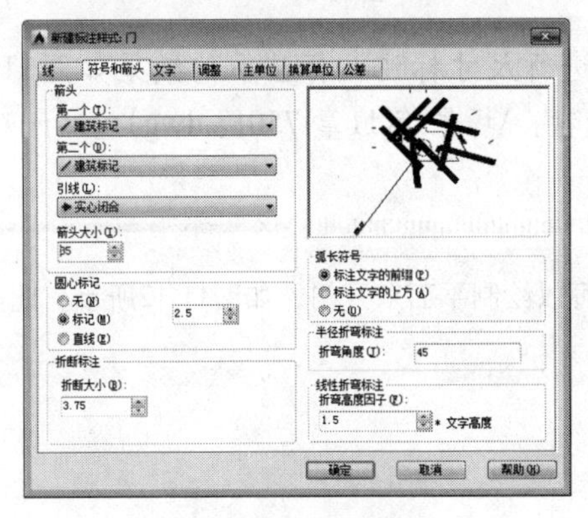

图11-5

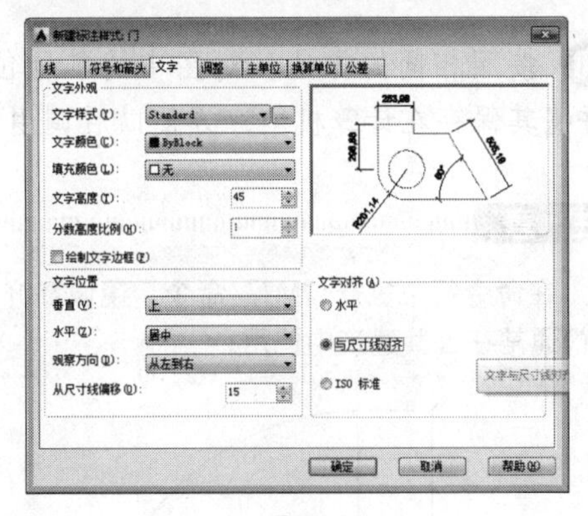

图11-6

07 切换至“主单位”选项卡，在“线性标注”选项组的“精度(P)”下拉列表中选择0选项，单击 确定 按钮，如图11-7所示。

08 返回“标注样式管理器”对话框，单击 置为当前(U) 按钮，再单击 关闭 按钮，关闭该对话框，如图11-8所示，完成标注样式的设置。

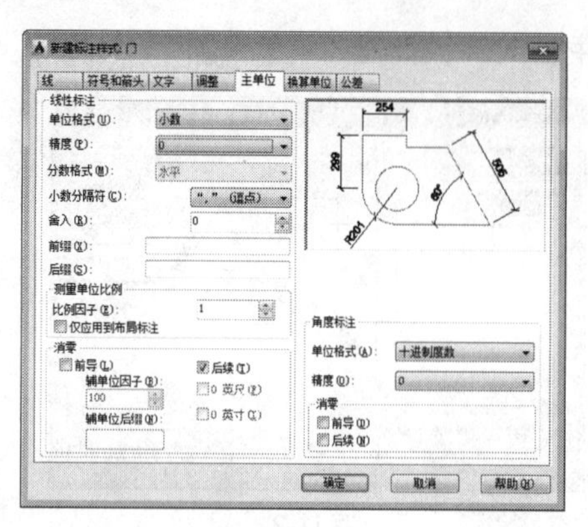

图11-7

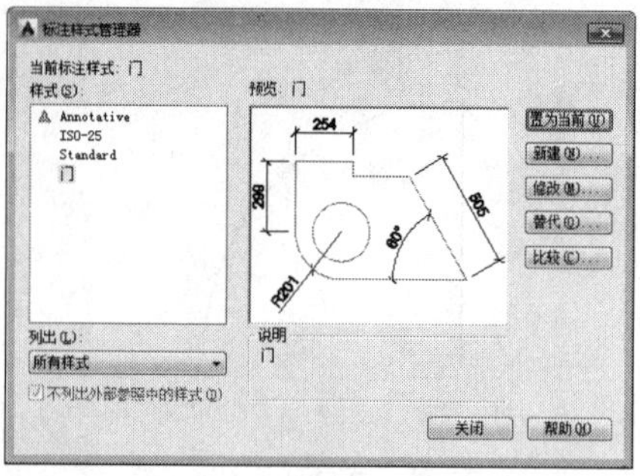

图11-8

09 在命令行中输入“DIMLIN”命令，命令行中的具体操作过程如下。

```
命令:DIMLIN                                  //执行DIMLIN命令
指定第一个尺寸界线原点或 <选择对象>:         //单击如图11-9所示的A点
指定第二条尺寸界线原点:                      //单击如图11-9所示的B点
指定尺寸线位置或[多行文字(M)/文字(T)/角度(A)/水平(H)/垂直(V)/旋转(R)]:
                                   //向左移动鼠标到合适位置并单击鼠标
标注文字 =750                      //系统提示标注尺寸，标注后的效果如图11-10所示
```

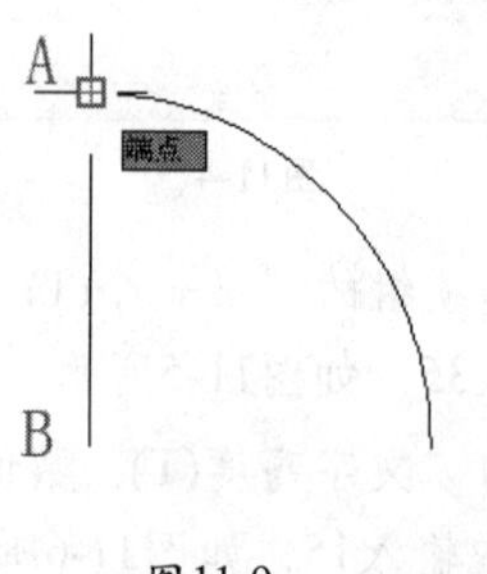

图11-9

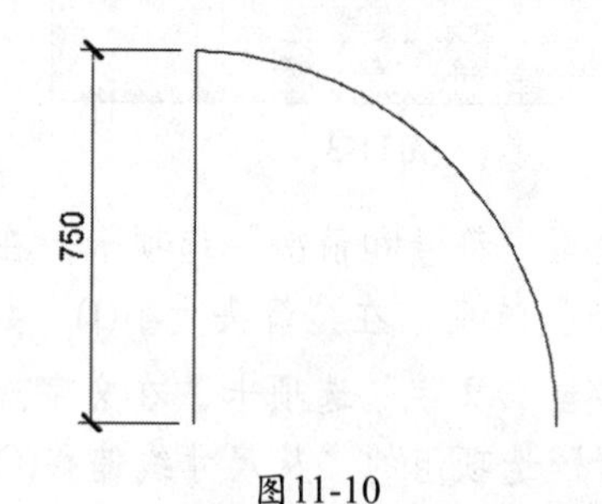

图11-10

10 按照相同的方法，对图中的其他位置进行尺寸标注，标注后的效果如图11-11所示，并将其保存在计算机中，方便以后调用（光盘：\场景\第11章\750门.dwg）。

注 意

在命令行中执行“MI”命令，镜像750门，可以绘制平面双开门，如图11-12所示。此类型的门通常在公共建筑中使用。

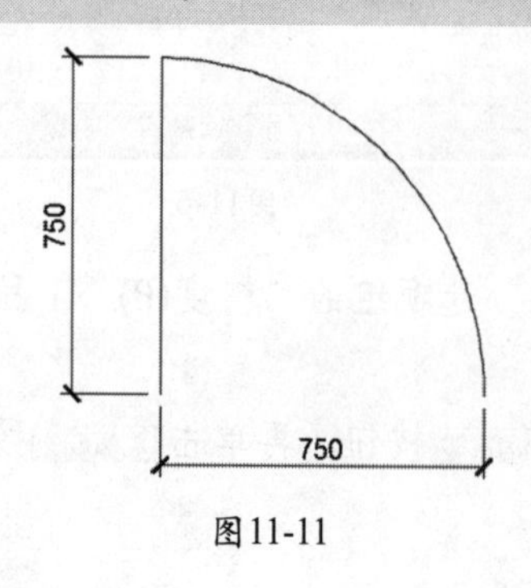

图11-11

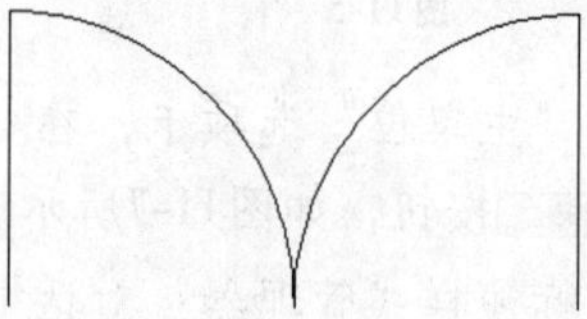

图11-12

11.2 绘制阳台栏杆

现代建筑中习惯用玻璃作为建筑材料，如玻璃滑门、玻璃栏杆等。下面详细讲解绘制玻璃栏杆的方法，具体操作过程如下。

01 执行“LINE”（直线）命令，绘制栏杆底面线，长度为3 900，如图11-13所示。

02 利用“OFFSET”（偏移）命令，绘制栏杆顶面线，将栏杆底面线向上平移，距离分别为100、1 000、1 100，效果如图11-14所示。

图11-13

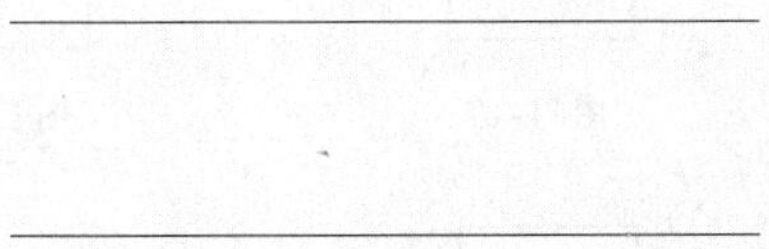

图11-14

03 执行“LINE”（直线）命令，连接栏杆左右两侧直线端点，完成栏杆轮廓线的绘制，如图11-15所示。

04 执行“RECTANG”（矩形）命令，绘制尺寸为300×100的矩形，执行“COPY”（复制）命令，复制另一个矩形，两个矩形之间的距离为700，如图11-16所示。

05 执行“LINE”（直线）命令，绘制长度为100的线段，距离上部分矩形左侧端点低100的位置、横向距离也为100，如图11-17所示。

06 执行“LINE”（直线）命令，绘制长度为80的线段，距离刚绘制完成的线段左端点低50的位置，横向距离为10，如图11-18所示。

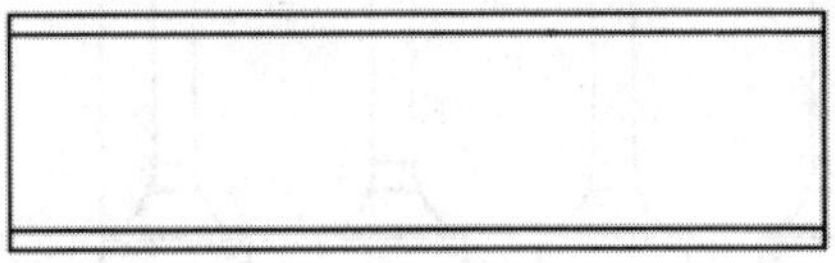

图11-15

图11-16

图11-17

图11-18

07 执行“ARC”（三点弧线）命令，选择矩形左侧下部端点、两条线段左侧端点，绘制弧线，如图11-19所示。

08 采用同样的方法绘制右侧弧线，效果如图11-20所示。

09 执行“LINE”（直线）命令，在距下部矩形350处任意绘制一条直线，作为辅助线，执行“MIRROR”（镜像）命令，以该条直线作为镜像线，镜像栏杆细部造型，如图11-21所示。

10 删除辅助线，执行“LINE”（直线）命令，连接上下两部分栏杆，完成单个栏杆的绘制，如图11-22所示。

11 执行“MOVE”（移动）命令，选择所有的栏杆，捕捉a点，如图11-23所示，将其移动到b点位置，如图11-24所示。

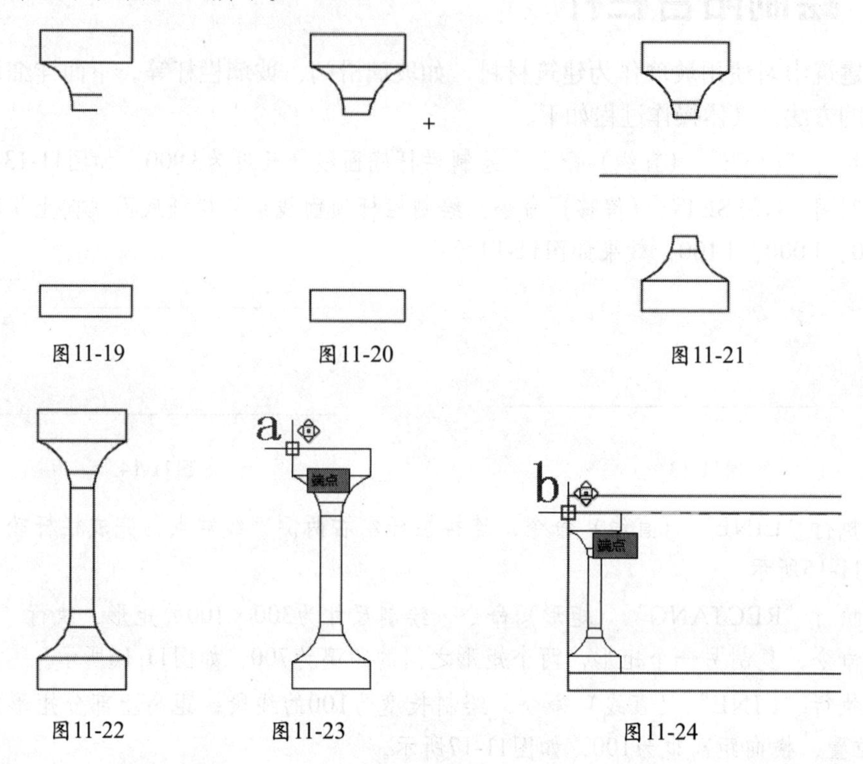

图11-19　图11-20　图11-21

图11-22　图11-23　图11-24

⓬ 执行“ARRAYRECT”（矩形阵列）命令，选择踏步线作为阵列对象，按【Enter】键，弹出“阵列创建”选项卡，将“列数”和“介于”分别设为9和450，将“行数”设为1，完成后的效果如图11-25所示。

图11-25

11.3　绘制煤气灶

⓫ 启动AutoCAD 2015，新建一个空白场景，在命令行中执行“RECTANG”命令，在文档中绘制一个长和宽分别为709和299的矩形，效果如图11-26所示。

⓬ 在命令行中执行“FILLET”命令，输入R，按【Enter】键确认，输入10，按【Enter】键确认，输入M，按【Enter】键确认，在文档中对绘制的矩形进行圆角处理，效果如图11-27所示。

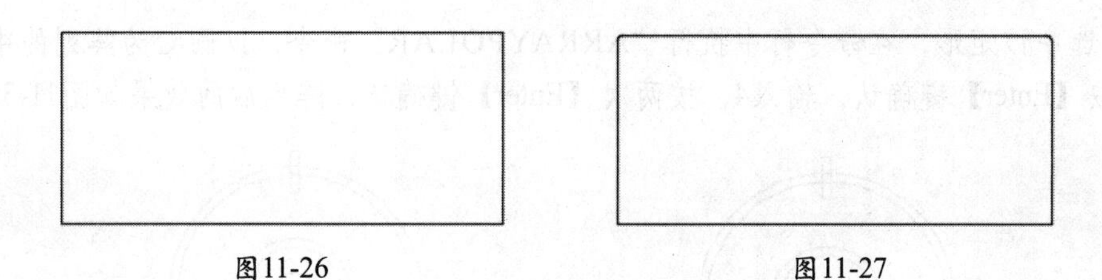

图11-26　　图11-27

03 利用“矩形”工具绘制长和宽分别为709和88的矩形，使其与上一步绘制的矩形对齐，如图11-28所示。

04 使用“圆角”工具，将半径设为30，对矩形进行圆角处理，如图11-29所示。

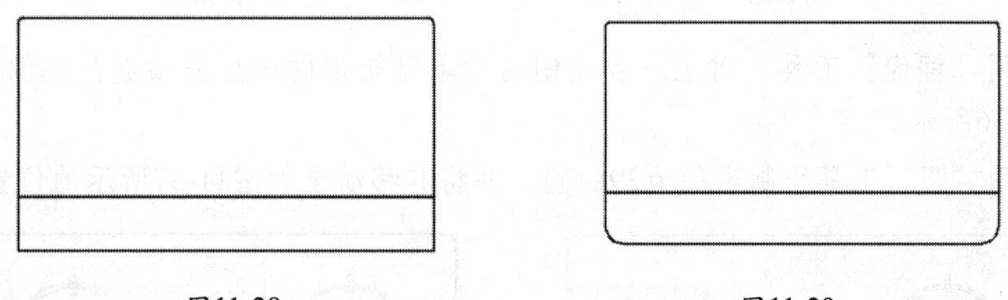

图11-28　　图11-29

05 在命令行中执行“OFFSET”命令，输入10，将新绘制的矩形向内偏移10，效果如图11-30所示。

06 在命令行中执行“CIRCLE”命令，在文档中以大矩形左下角的端点为圆心，绘制一个直径为180的圆形，如图11-31所示。

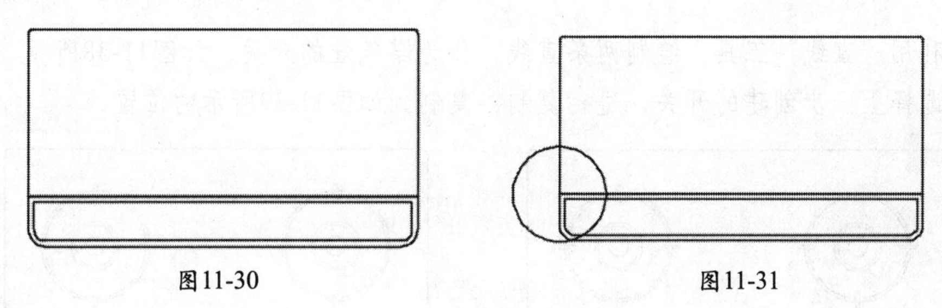

图11-30　　图11-31

07 在命令行中执行“MOVE”命令，以圆心为基点，在命令行中输入（@153,140），按【Enter】键完成移动操作，如图11-32所示。

08 利用“偏移”工具，将大圆分别向内偏移6、50、56、74，如图11-33所示。

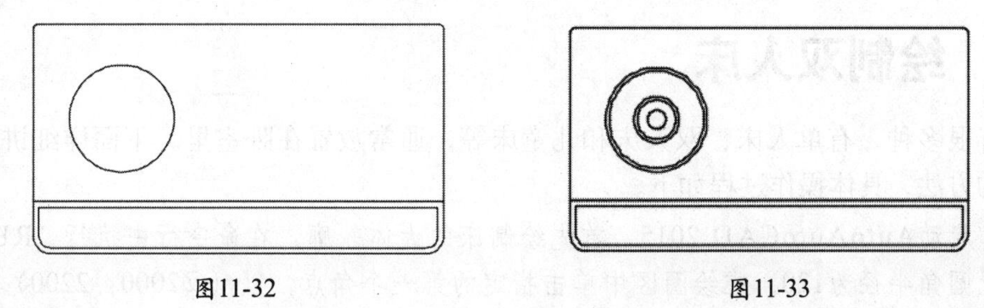

图11-32　　图11-33

09 利用“矩形”工具，绘制长和宽分别为28和6的矩形，放置到如图11-34所示的位置。

⑩ 选中该矩形，在命令行中执行“ARRAYPOLAR”命令，以圆心为阵列的中心点，输入1，按【Enter】键确认，输入4，按两次【Enter】键确认，阵列后的效果如图11-35所示。

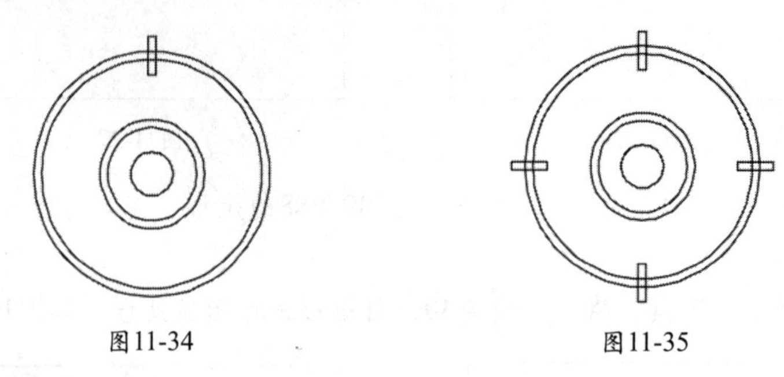

图11-34　　图11-35

⑪ 利用“镜像”工具，对上一步绘制的对象以矩形的中点为轴进行镜像，完成后的效果如图11-36所示。

⑫ 利用“圆”工具绘制半径为29的圆，并将其移动至如图11-37所示的位置。

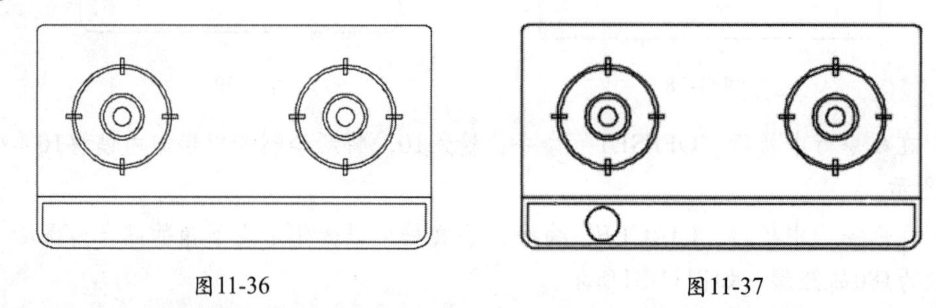

图11-36　　图11-37

⑬ 利用“直线”工具，绘制两条直线，作为煤气灶的开关，如图11-38所。

⑭ 选择上一步创建的开关，进行复制，复制到如图11-39所示的位置。

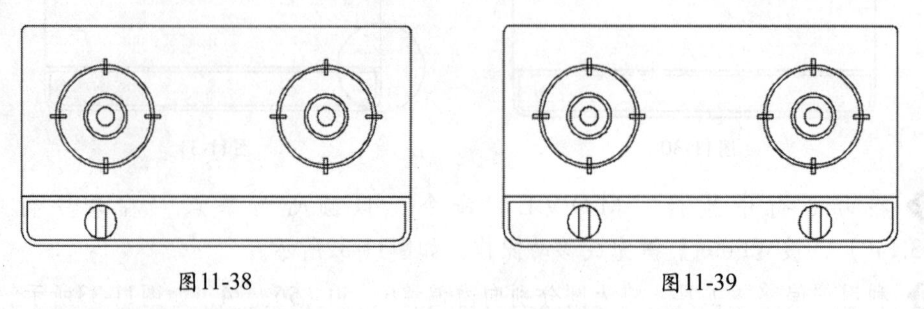

图11-38　　图11-39

11.4　绘制双人床

床有很多种，有单人床、双人床和儿童床等，通常放置在卧室里。下面详细讲解绘制双人床的方法，具体操作过程如下。

01 启动AutoAutoCAD 2015，首先绘制床的大体轮廓。在命令行中执行“REC”命令，设置圆角半径为120，在绘图区中单击指定的第一个角点，以（@2000，2200）坐标为另一个角点绘制圆角矩形，绘制后的效果如图11-40所示。

02 在命令行中执行“L”命令，以如图11-41所示的a点为第一点，再分别输入（@0，-430）（@2000，0）坐标为下一点绘制直线，绘制后的效果如图11-42所示。

03 绘制完床的大体轮廓后，接着绘制被单。在命令行中执行“L”命令，通过圆角矩形上方的中点和圆角矩形下方的中点绘制直线，绘制后的效果如图11-43所示。

04 在命令行中执行“O”命令，以第二步绘制的直线为源对象，分别向下偏移40、80、380、440、740、800、1100、1160、1460、1520，以第三步绘制的垂直直线为源对象，分别向左和向右各偏移140、200、480、540、820、880，偏移后的效果如图11-44所示。

05 在命令行中执行“TR”命令，修剪上一步偏移获得的直线，完成被单的绘制，修剪后的效果如图11-45所示。

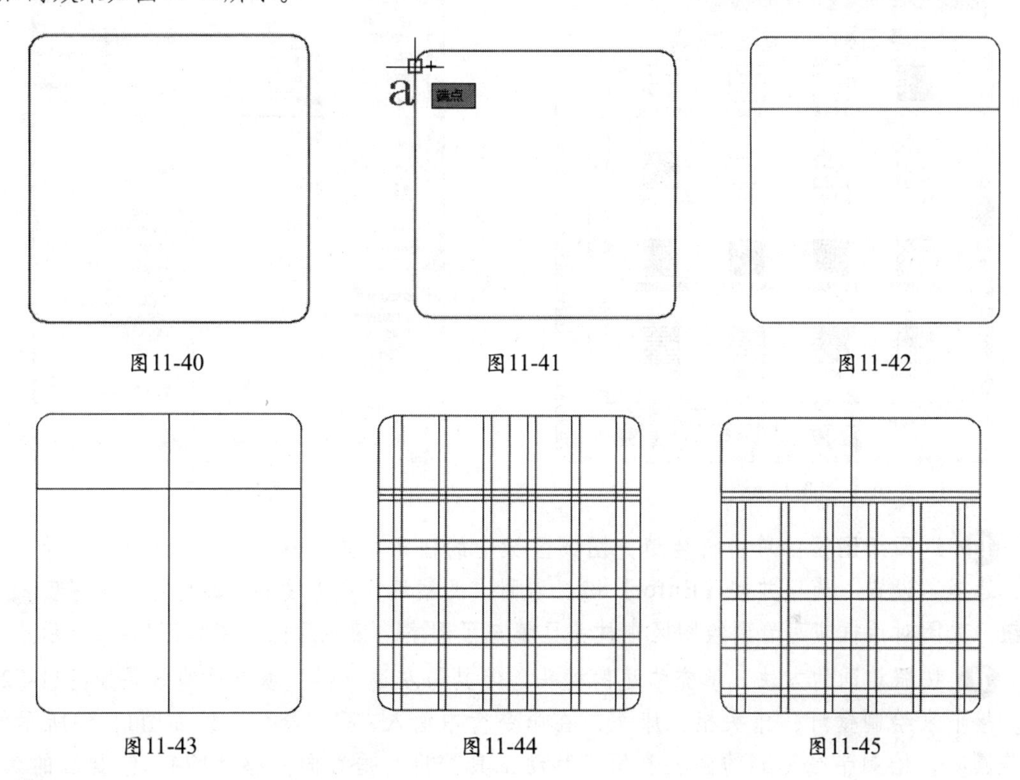

图11-40　图11-41　图11-42

图11-43　图11-44　图11-45

06 绘制枕头。在命令行中输入“REC”命令，绘制圆角半径为60，长和宽分别820和415的矩形，并放置到如图11-46所示的位置。

07 在命令行中执行“MI”命令，以大圆角矩形上方的中点为镜像线的第一点，以大圆角矩形下方的中点为镜像线的第二点，镜像左边的枕头，镜像后的效果如图11-47所示。

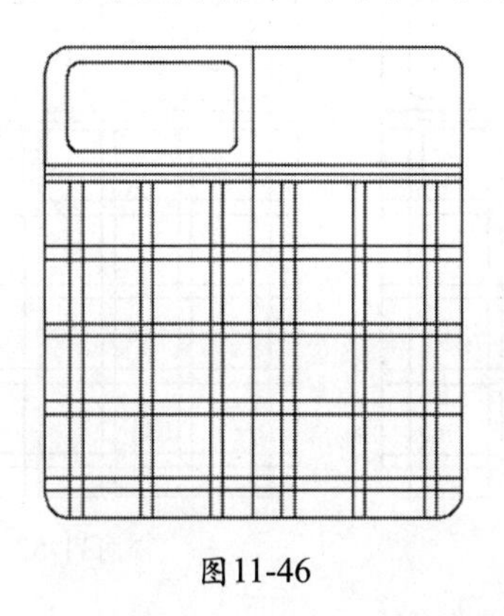

图11-46

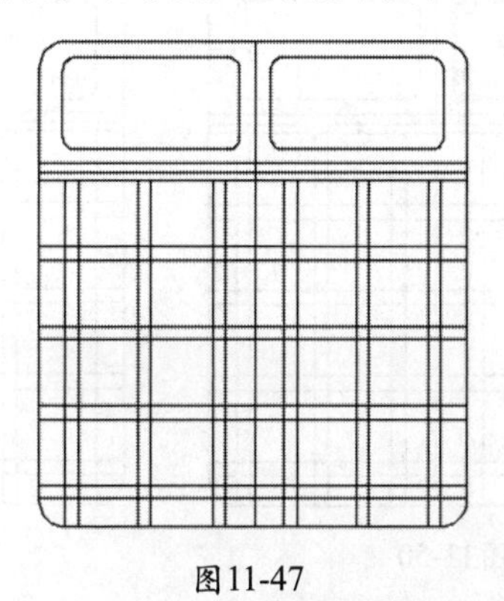

图11-47

08 填充枕头。在命令行中执行“BHATCH”命令并选择“设置”选项，弹出“图案填充和渐变色”对话框，然后单击“图案”右侧的按钮，弹出“填充图案选项板”对话框，切换至“其他预定义”选项卡，在列表框中选择“CROSS”图案样式，单击确定按钮，如图11-48所示。

09 为了更好地查看效果，在“角度和比例”选项组的“比例(S)”下拉列表中选择20，单击“边界”选项组中的“添加：拾取点(K)”按钮，如图11-49所示。

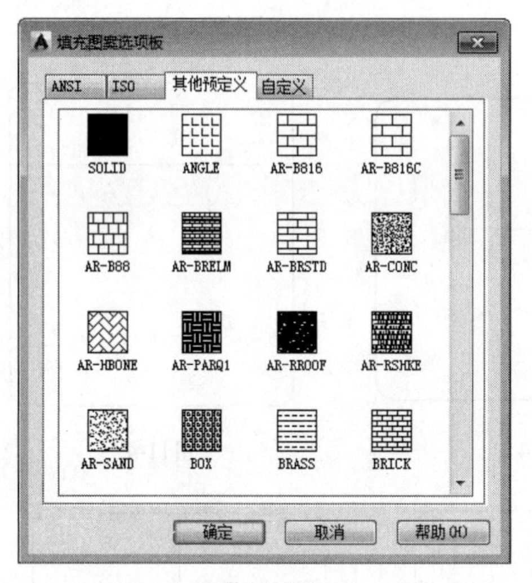

图11-48

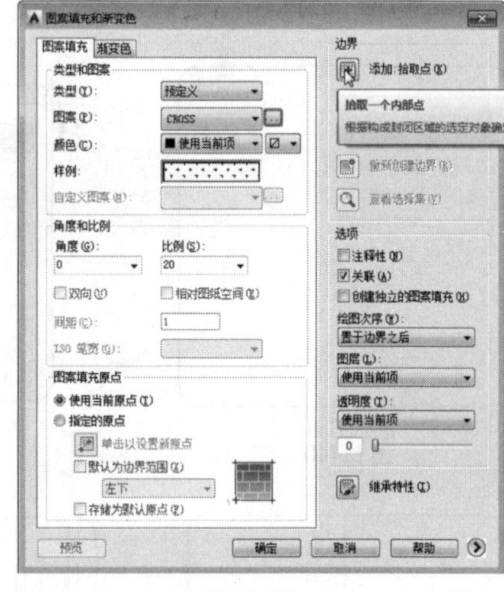

图11-49

10 返回绘图区，单击需要填充图案区域中的任意位置，这里单击如图11-50所示的a点。选择“设置”选项并按【Enter】键，返回“图案填充和渐变色”对话框，单击确定按钮，关闭对话框即可看到绘图区中枕头已填充了图案，填充后的效果如图11-51所示。

11 按照相同的方法，填充右边的枕头，使其与左边一样，填充后的效果如图11-52所示。接下来绘制壁灯、床头柜、床头，在命令行中输入“C”命令，以如图11-53所示的a点为圆心，绘制半径为64的圆，利用“移动工具”将其垂直向上移动174，绘制后的效果如图11-54所示。

12 在命令行中执行“O”命令，以上一步绘制的圆为源对象，分别向外偏移45、60、110，偏移后的效果如图11-55所示。

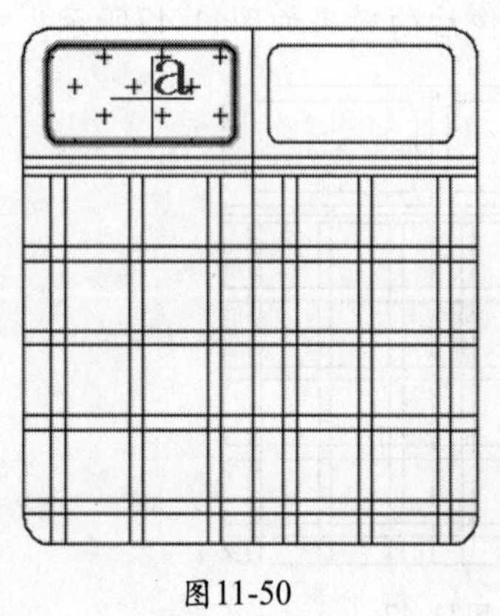

图11-50

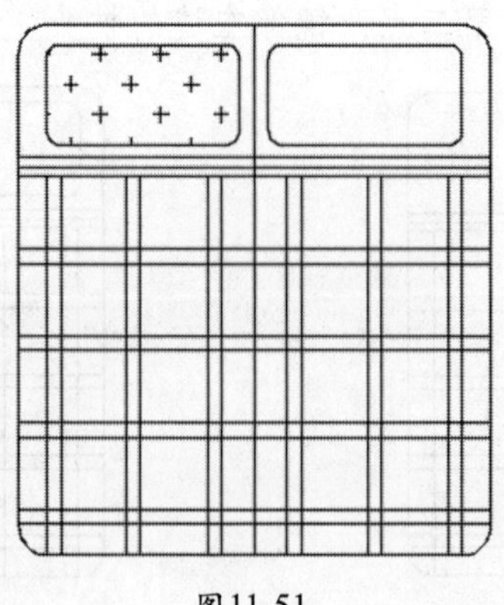

图11-51

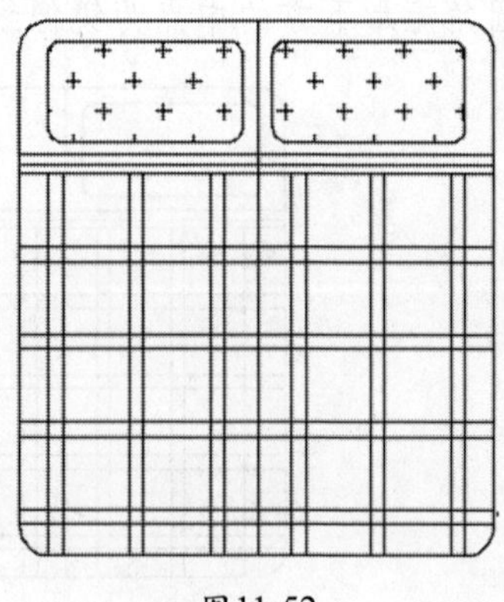

图11-52

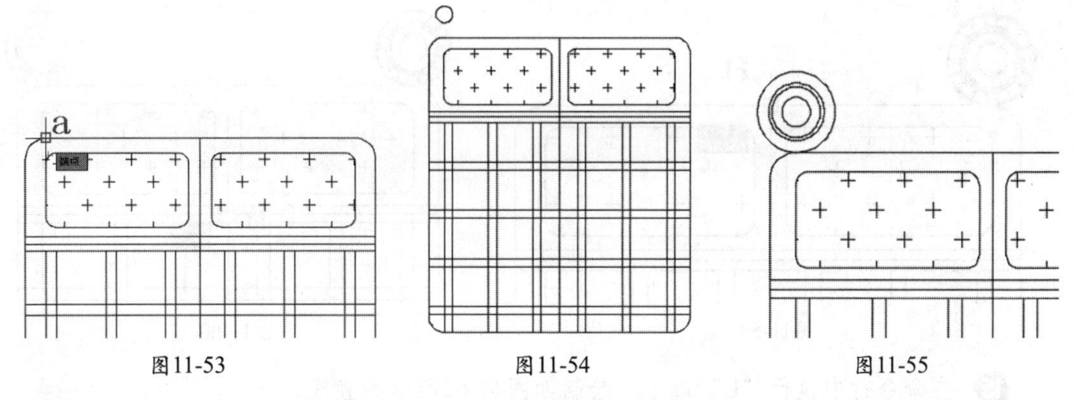

图11-53　　图11-54　　图11-55

⑬ 在命令行中执行“L”命令，绘制如图11-56所示的直线，然后在命令行中执行“ARRAYPOLAR”命令，具体操作步骤如下。

```
命令：ARRAYPOLAR                                  //执行ARRAYPOLAR命令
选择对象：指定对角点：找到 3 个                    //选择如图11-56所示的直线
选择对象：                                        //按【Enter】键确认对象的选择
类型 = 极轴  关联 = 是                            //系统当前提示
指定阵列的中心点或 [基点(B)/旋转轴(A)]：          //选择圆心为中心点，如图11-57所示
选择夹点以编辑阵列或 [关联(AS)/基点(B)/项目(I)/项目间角度(A)/填充角度(F)/行(ROW)/层(L)/旋转项目(ROT)/退出(X)] <退出>：I
输入项目数或 [项目间角度(A)/表达式(E)] <4>：18          //输入阵列的数目
按 Enter 键接受或 [关联(AS)/基点(B)/项目(I)/项目间角度(A)/填充角度(F)/行(ROW)/层(L)/旋转项目(ROT)/退出(X)] <退出>：       //退出命令，效果如图11-58所示
```

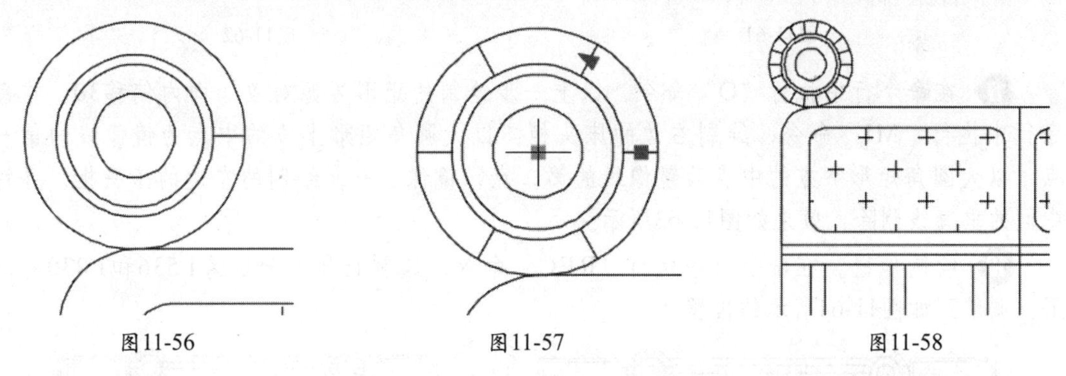

图11-56　　图11-57　　图11-58

⑭ 在命令行中执行“MI”命令，镜像绘制壁灯，具体操作过程如下。

```
命令：MIRROR                              //执行MIRROR
选择对象：指定对角点：找到 5 个            //选择圆形对象中的所有图形对象
选择对象：                                //按【Enter】键确认选择
指定镜像线的第一点：                      //选择如图11-59所示的中点a为镜像线的第一点
指定镜像线的第二点：
                    //向上移动鼠标，在交点或中点处选择第二点，如图11-60所示的b点
要删除源对象吗？[是(Y)/否(N)] <N>：
                    //按【Enter】键保留源对象并完成镜像，如图11-60所示
```

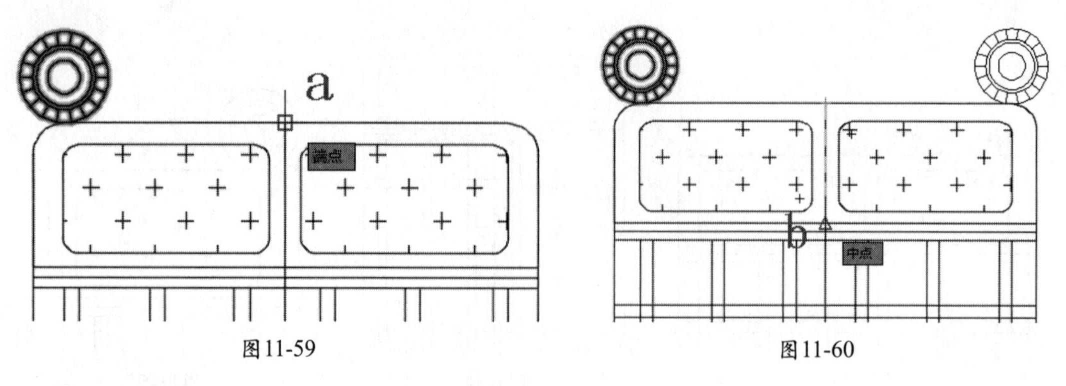

图11-59　　图11-60

⑮ 在命令行中执行“L”命令，绘制如图11-61所示的直线。

⑯ 在命令行中执行“REC”命令，绘制长和宽分别为650和550的矩形，并调整到如图11-62所示的位置。

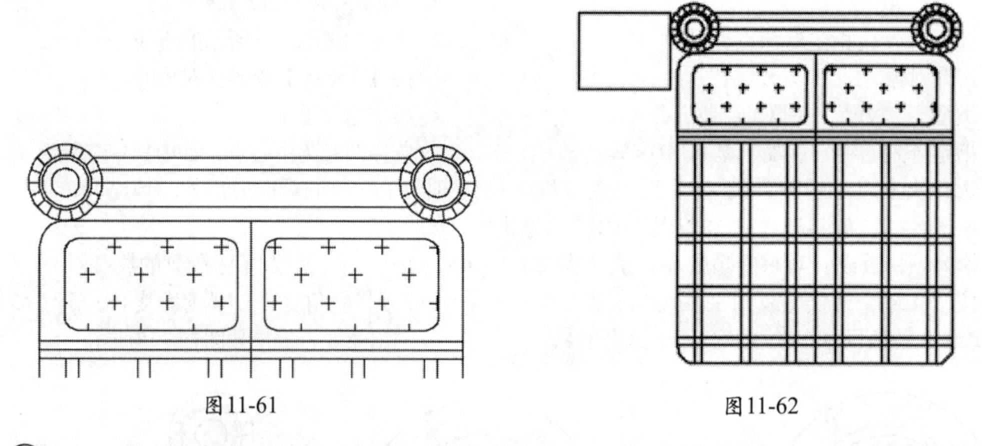

图11-61　　图11-62

⑰ 在命令行中执行“O”命令，以上一步绘制的矩形为源对象，向内偏移30。在命令行中执行“MI”命令，绘制右边的床头柜，以大圆角矩形上方的中点为镜像线的第一点，以大圆角矩形下方的中点为镜像线的第二点，镜像上一步绘制的左边的床头柜，并将中间的垂直线删除，效果如图11-63所示。

⑱ 绘制地毯。在命令行中执行“REC”命令，绘制长和宽分别为1 536和1 030的矩形，调整到如图11-64所示的位置。

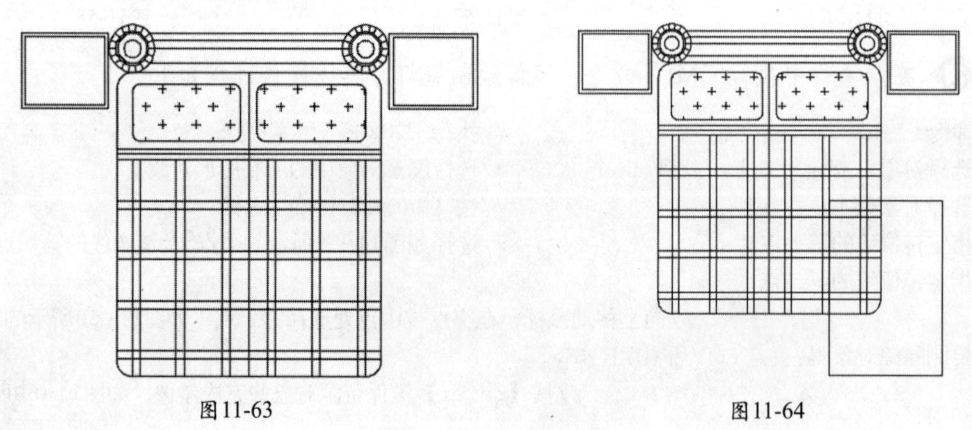

图11-63　　图11-64

⑲ 在命令行中执行“O”命令，以上一步绘制的矩形为源对象，向内偏移30，然后在命令行中执行“TR”命令，修剪矩形，修剪后的效果如图11-65所示。

⑳ 对地毯进行填充。在命令行中执行“BHATCH”命令，并选择“设置”选项，弹出“图案填充和渐变色”对话框，然后单击“图案”右侧的按钮，弹出“填充图案选项板”对话框，切换至“其他预定义”选项卡，在列表框中选择“GRASS”图案样式，单击确定按钮，如图11-66所示。

㉑ 返回对话框，为了更好地查看效果，在“角度和比例”选项组的“比例(S)”下拉列表中选择5，单击“边界”选项组中的“添加：拾取点(K)”按钮，如图11-67所示。

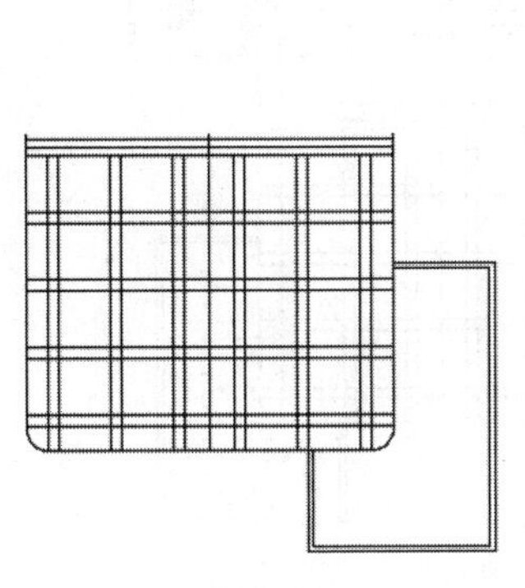

图11-65

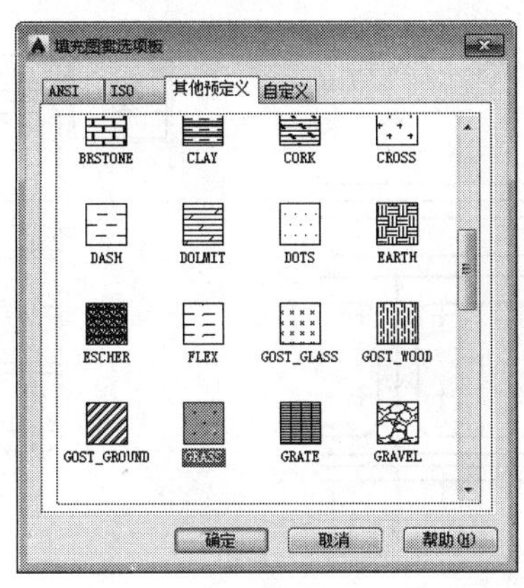

图11-66

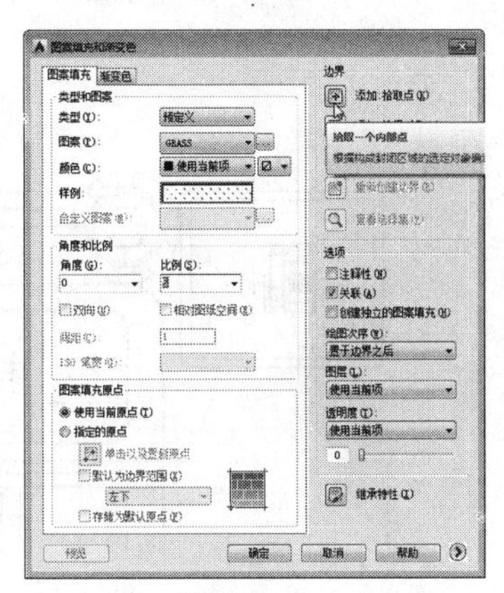

图11-67

㉒ 返回绘图区，单击需要填充图案区域中的任意位置，这里单击如图11-68所示的a点。选择“设置”选项并按【Enter】键，返回“图案填充和渐变色”对话框，单击确定按钮，关闭对话框即可看到绘图区中的地毯已填充了图案，填充后的效果如图11-69所示。

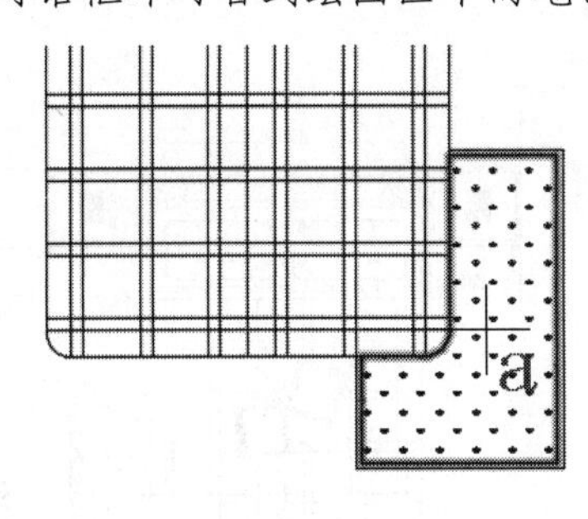

图11-68

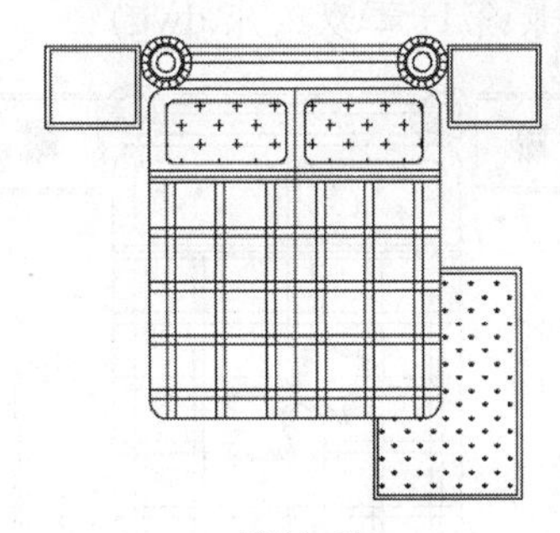

图11-69

㉓ 插入电话和抱枕。在命令行中执行“INSERT”命令，弹出“插入”对话框，单击“名称”右侧的浏览(B)...按钮，弹出“选择图形文件”对话框。在“查找范围”下拉列表中选择图块的目标位置，在中间的列表框中选择图形文件，这里选择“电话.dwg”（光盘：\素材\第11章\电话.dwg），然后单击打开(O)按钮，如图11-70所示。

㉔ 返回“插入”对话框，单击确定按钮，如图11-71所示。返回绘图区，在右边床头柜的中间位置插入“电话”，插入后的效果如图11-72所示。

㉕ 按照相同的方法，在床头柜右边的中间位置插入“电话.dwg”（光盘：\素材\第11章\电话.dwg），插入后的效果如图11-73所示。

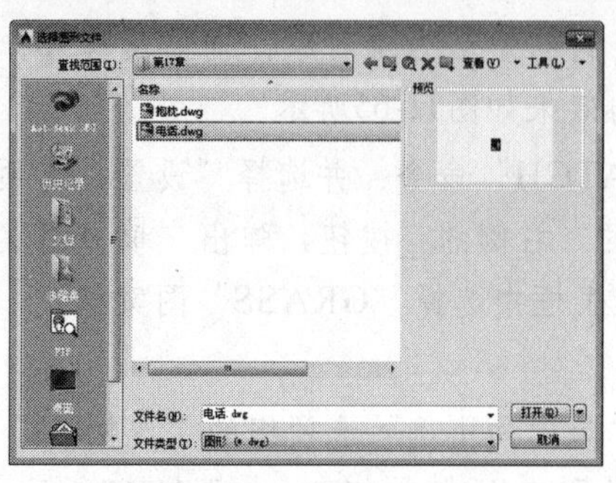
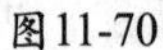

图11-70

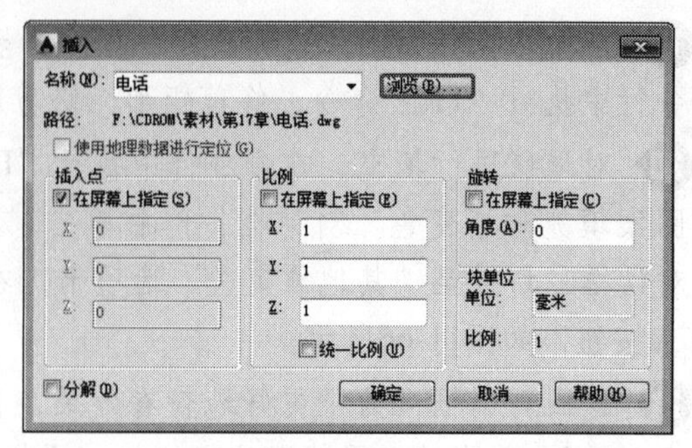

图11-71

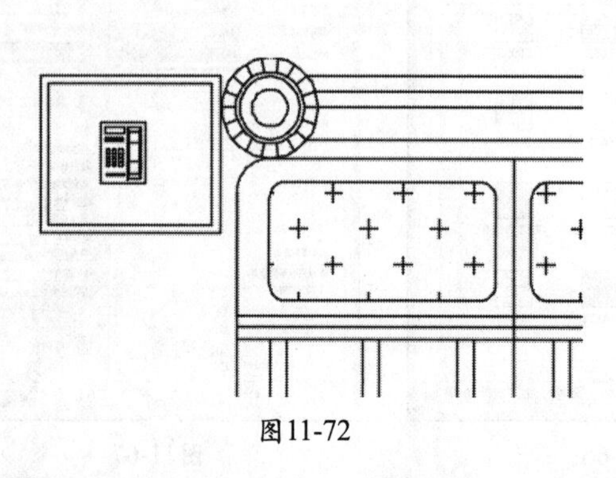

图11-72

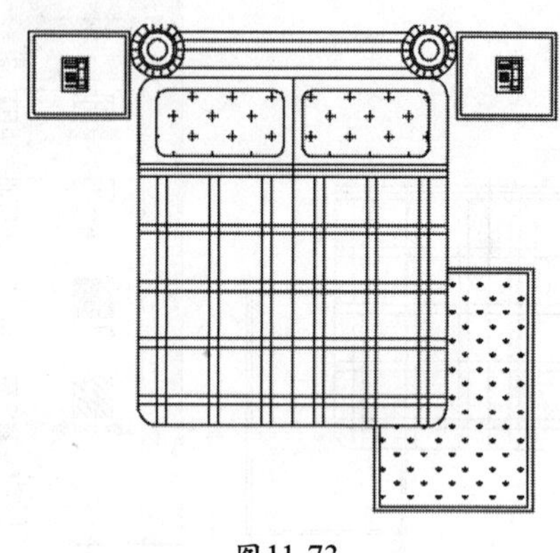

图11-73

26 按照相同的方法，在床上插入“抱枕.dwg”文件（光盘：\素材\第11章\抱枕.dwg）。在命令行中执行“TR”命令，修剪多余的线条，修剪后的效果如图11-74所示。

27 按照前面讲解标注尺寸的方法，对其进行尺寸标注，标注后的效果如图11-75所示（光盘：\场景\第11章\双人床.dwg）。

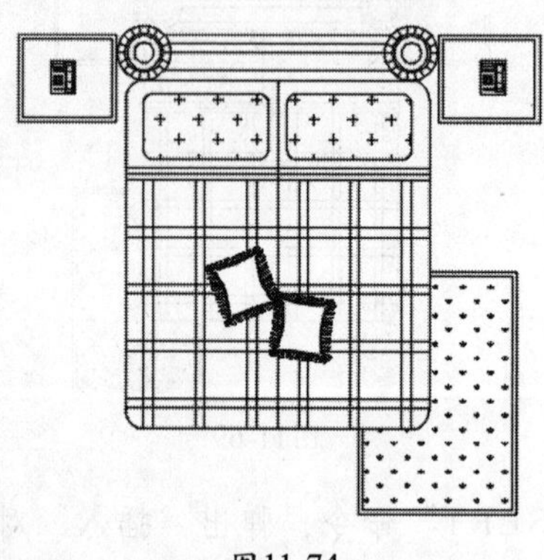

图11-74

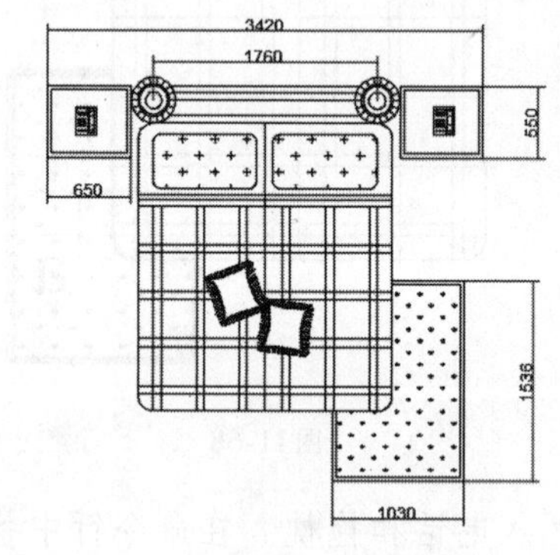

图11-75

11.5 绘制浴缸

01 利用“矩形”工具，在绘图区中绘制一个长和宽分别为1 530和750的矩形，效果如图11-76所示。

02 利用“直线”工具，以连接矩形两个宽边的中点，如图11-77所示。

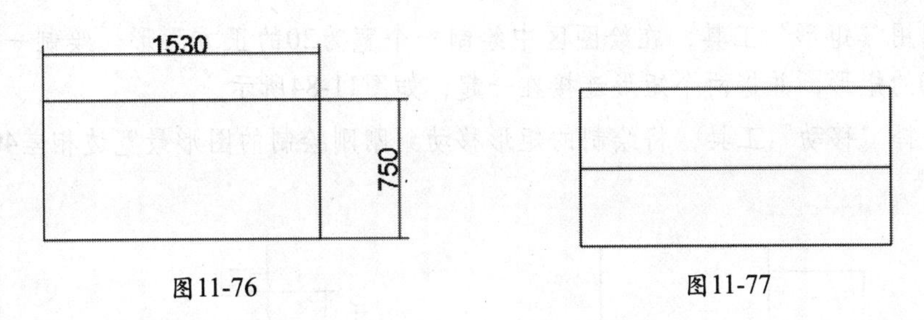

图11-76　　图11-77

03 选择上一步创建的直线，利用“偏移”工具，将直线分别向上向下偏移50、42、25，效果如图11-78所示。

04 利用“分解”工具，将大矩形分解成线，再使用“偏移”工具，将矩形左侧的线向右分别偏移20、225，效果如图11-79所示。

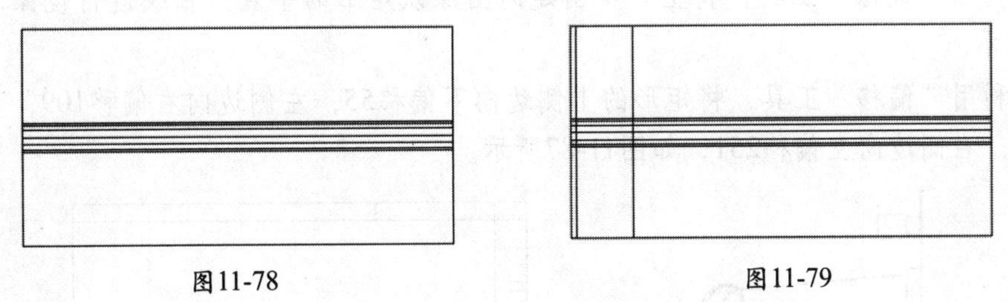

图11-78　　图11-79

05 利用“修剪”工具，对多余的直线进行修剪，效果如图11-80所示。

06 在菜单栏中选择“绘图”|“直线”命令，在绘制出的图形上绘制两条直线，其位置如图11-81所示。

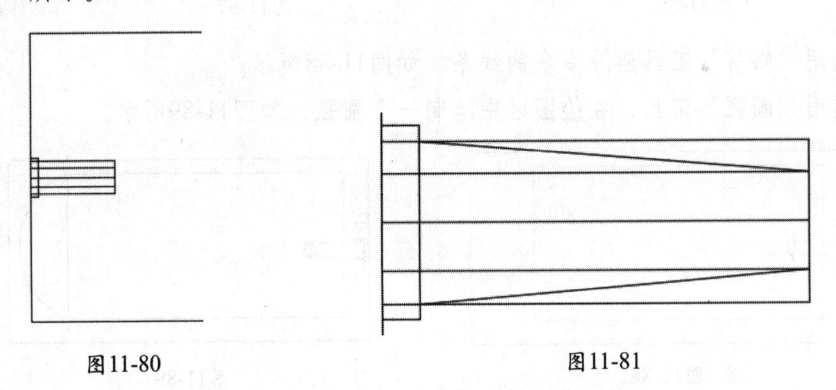

图11-80　　图11-81

07 绘制完成后，删除多余的线段，并使用“修剪”工具将多余的线段进行修剪，效果如图11-82所示。

08 在菜单栏中选择“绘图”|“圆弧”|“起点，端点，方向”命令，在绘制的图形的最末端绘制三个圆弧，效果如图11-83所示。

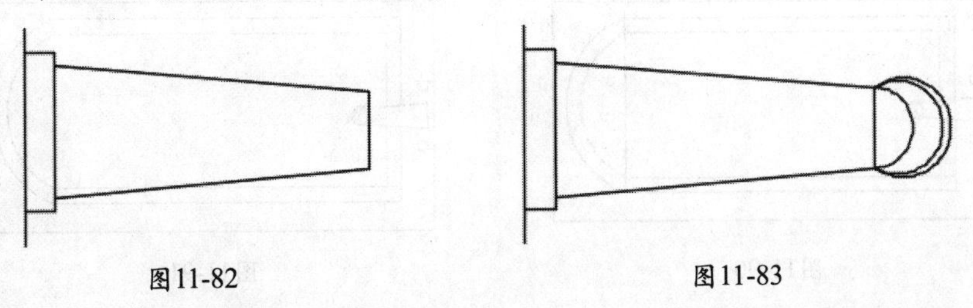

图11-82　　图11-83

09 利用“矩形”工具，在绘图区中绘制一个宽为20的正方形形，绘制一个长和宽分别为35和30的矩形，并将两个矩形连接在一起，如图11-84所示。

10 选择“移动”工具，将绘制的矩形移动到刚刚绘制的图形最宽边相差40mm处，如图11-85所示。

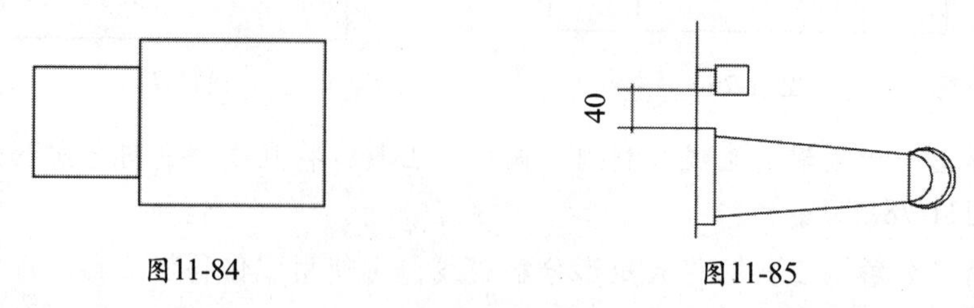

图11-84　　图11-85

11 利用“镜像”工具，将上一步创建的图像以矩形的中点为轴线进行镜像，效果如图11-86所示。

12 利用“偏移”工具，将矩形的上侧边向下偏移55，左侧边向右偏移109，下侧边向上偏移95，右侧边向左偏移251，如图11-87所示。

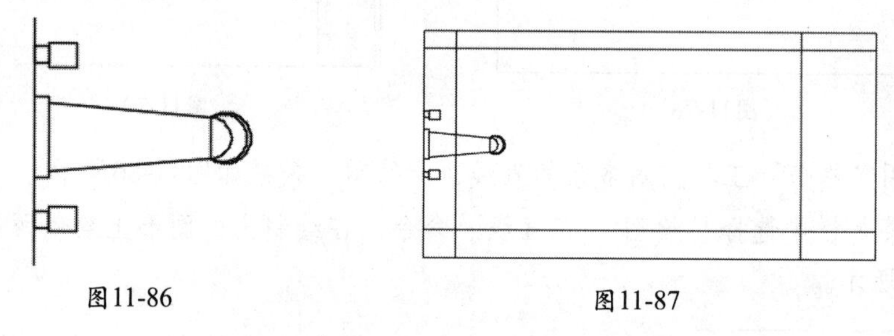

图11-86　　图11-87

13 利用“修剪”工具删除多余的线条，如图11-88所示。

14 利用“圆弧”工具，在绘图区中绘制一个圆弧，如图11-89所示。

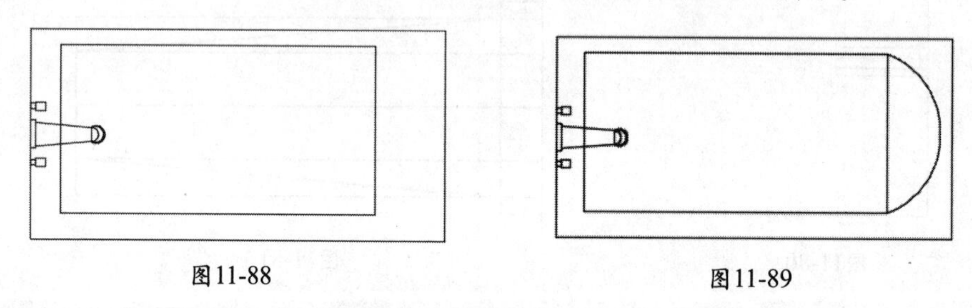

图11-88　　图11-89

15 利用“偏移”工具，将绘制的图形向内部偏移50，如图11-90所示。

16 利用“修剪”工具，将多余的线条删除，并适当对圆弧的端点进行调整，如图11-91所示。

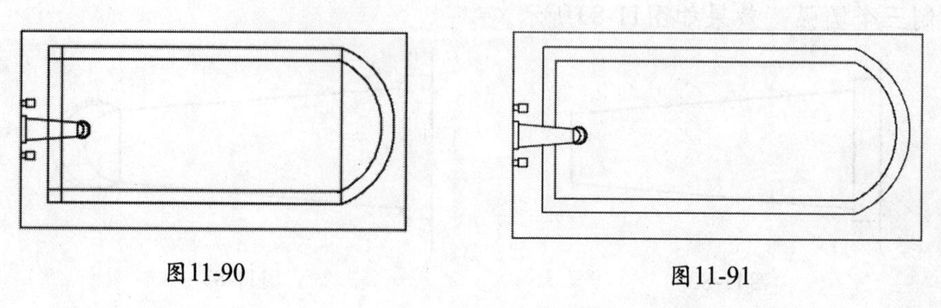

图11-90　　图11-91

⑰ 使用“偏移”工具，将矩形的下侧边向上偏移30，并使用“直线”命令将其封闭，再使用“修剪”工具将多余的线段删除，效果如图11-92所示。

⑱ 利用前面讲过的标注方法，对浴缸进行标注，完成后的效果如图11-93所示。

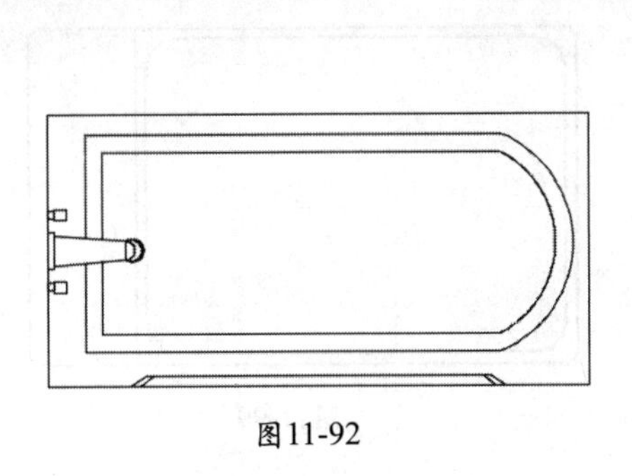
图11-92

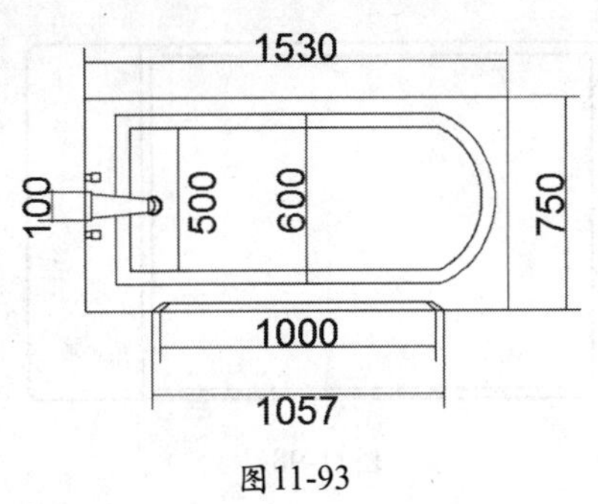

图11-93

11.6 绘制家电

通过前面的学习，大家了解了绘制常见室内设施图的方法。本节将通过绘制家电组（微波炉、洗衣机、电视、空调、饮水机、冰箱）实例的过程，来加深读者对相关知识的理解和掌握。

11.6.1 绘制微波炉

01 绘制微波炉的大体轮廓。在命令行中执行“REC”命令，绘制长和宽分别为510和306的矩形，如图11-94所示。

02 在命令行中执行“F”命令，设置圆角半径为10，对上一步绘制的矩形进行圆角操作，进行圆角处理后的效果如图11-95所示。

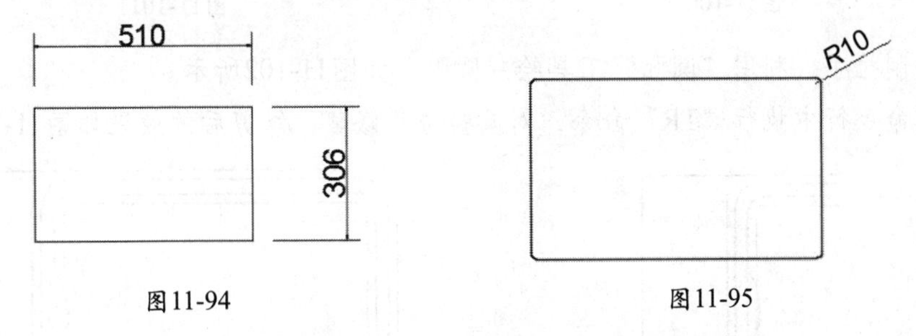

图11-94　　图11-95

03 在命令行中执行“L”命令，在距离右侧边100的位置绘制直线，如图11-96所示。

04 利用“偏移”工具，将矩形和直线向内偏移10，如图11-97所示。

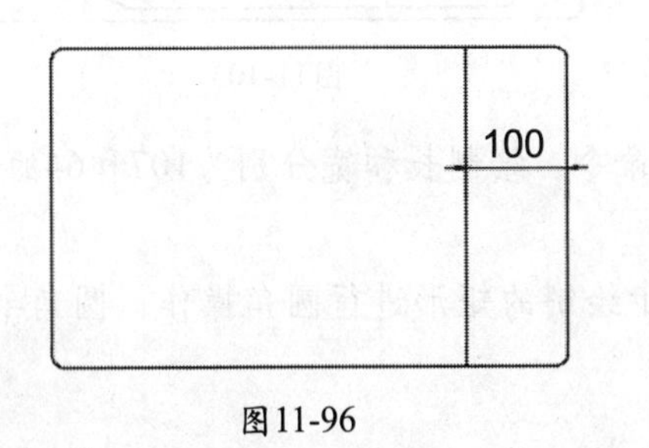

图11-96

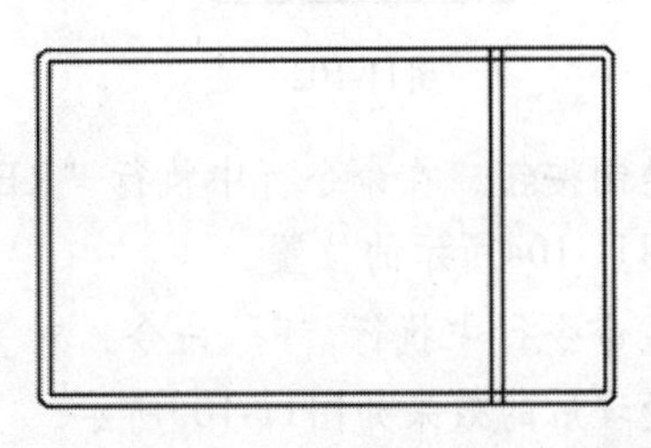
图11-97

05 利用“修剪”工具删除多余的线条，如图11-98所示。

06 在命令行中执行“F”命令，对上一步绘制的矩形进行圆角操作，圆角半径为30，进行圆角处理后的效果如图11-99所示。

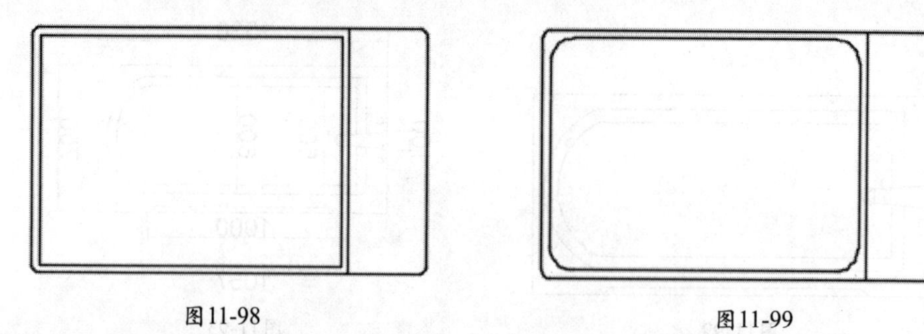

图11-98　　图11-99

07 绘制微波炉的玻璃框。在命令行中执行“O”命令，以上一步进行圆角操作的矩形为源对象，分别向内偏移15、25，偏移后的效果如图11-100所示。

08 在命令行中执行“F”命令，对向内偏移15形成的矩形进行圆角操作，圆角半径为20；对向内偏移25形成的矩形进行圆角操作，圆角半径为10，进行圆角处理后的效果如图11-101所示。

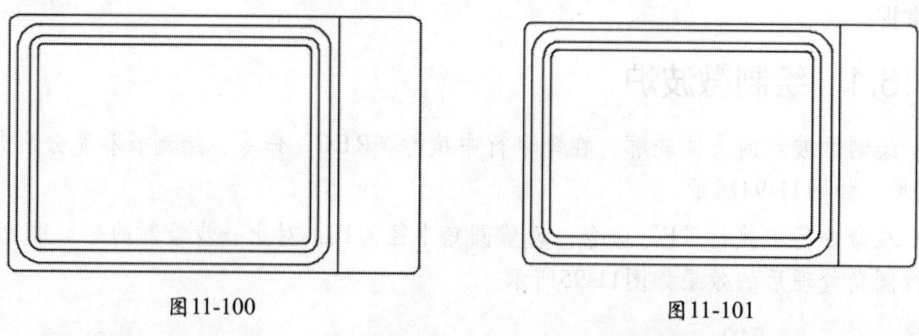

图11-100　　图11-101

09 绘制拉手。利用“圆弧”工具绘制圆弧，如图11-102所示。

10 在命令行中执行“TR”命令，对圆弧进行修剪，修剪后的效果如图11-103所示。

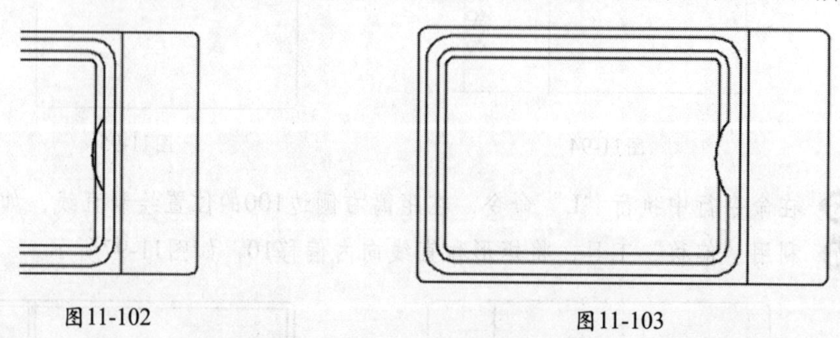

图11-102　　图11-103

11 绘制按钮。在命令行中执行“REC”命令，绘制长和宽分别为107和64的矩形，并调整到如图11-104所示的位置。

12 在命令行中执行“F”命令，对上一步绘制的矩形进行圆角操作，圆角半径为5，进行圆角处理后的效果如图11-105所示。

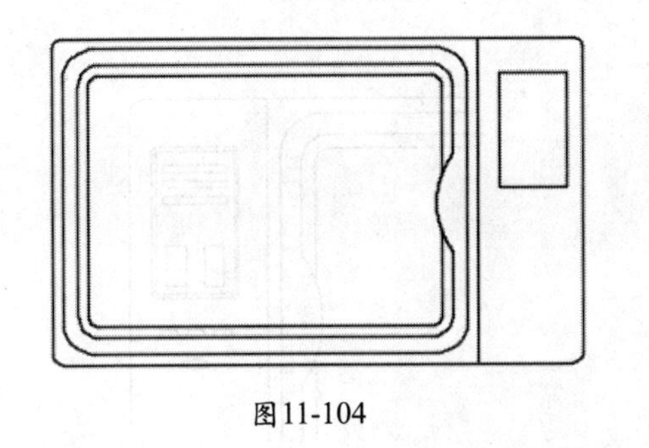

图11-104

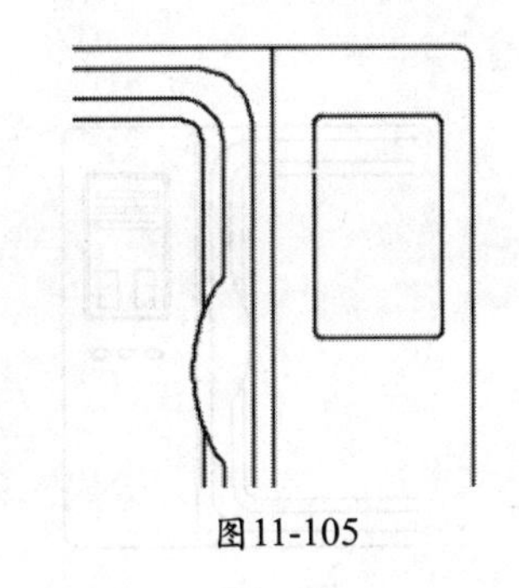

图11-105

⑬ 在命令行中执行“O”命令，以上一步绘制的圆角矩形为源对象，向内偏移3，偏移后的效果如图11-106所示。

⑭ 利用“矩形”工具，绘制长和宽分别为47和5的矩形，并放置到如图11-107所示的位置。

⑮ 在命令行中执行“CO”命令，复制上一步绘制的矩形，这里以矩形上边线条的中点为基点，分别垂直向下移动11、22，复制后的效果如图11-108所示。

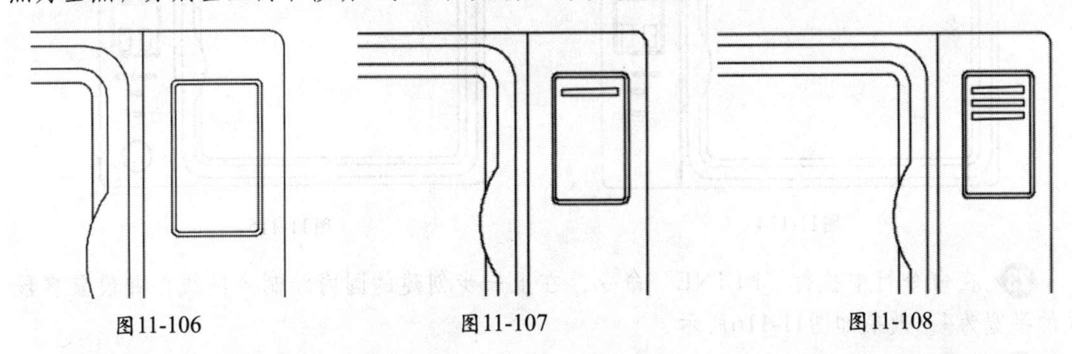

图11-106　图11-107　图11-108

⑯ 在命令行中执行“REC”命令，绘制长和宽分别为28和14的矩形，并将其放置到如图11-109所示的位置。

⑰ 利用“镜像”命令，选择上一步创建的矩形，根据大矩形的重点线进行镜像，效果如图11-110所示。

⑱ 利用“椭圆”工具，绘制长轴半径为7，短轴半径为3的椭圆，如图11-111所示。

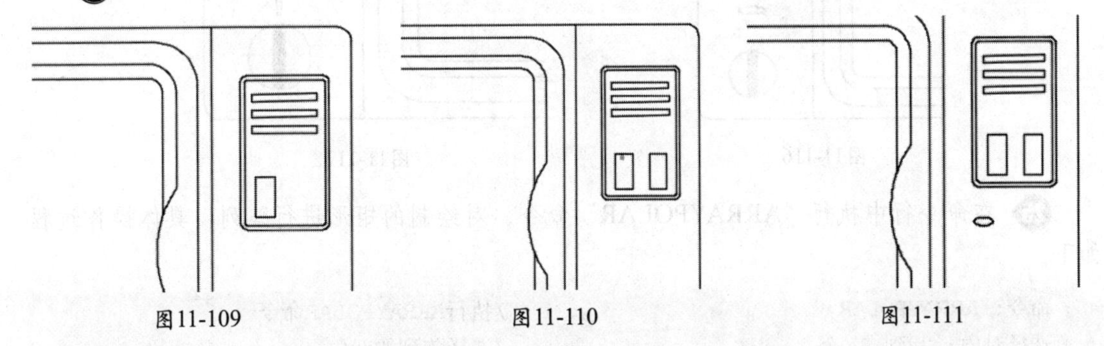

图11-109　图11-110　图11-111

⑲ 在命令行中执行“CO”命令，复制上一步绘制的椭圆，并以椭圆的中心点为基点，分别水平向右移动20、40，复制后的效果如图11-112所示。

⑳ 利用“椭圆”工具绘制长轴半径为11，短轴半径为3的椭圆，将其放置到如图11-113

所示的位置。

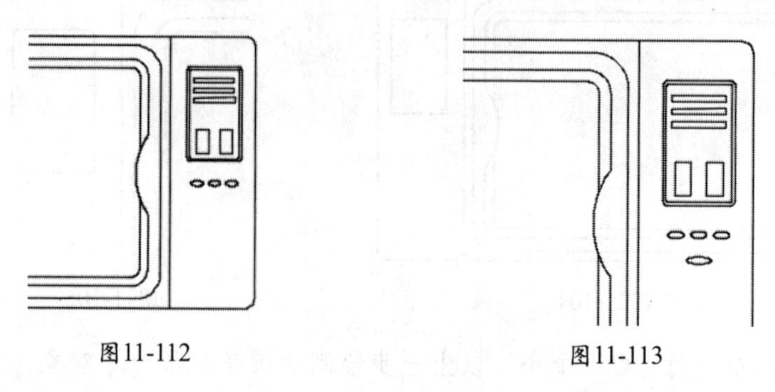

图11-112　　图11-113

21 在命令行中执行“CO”命令，复制上一步绘制的椭圆，并以椭圆的中心点为基点，垂直向下移动27，复制后的效果如图11-114所示。

22 在命令行中执行“C”命令，绘制半径为20的圆，将其放置到如图11-115所示的位置。

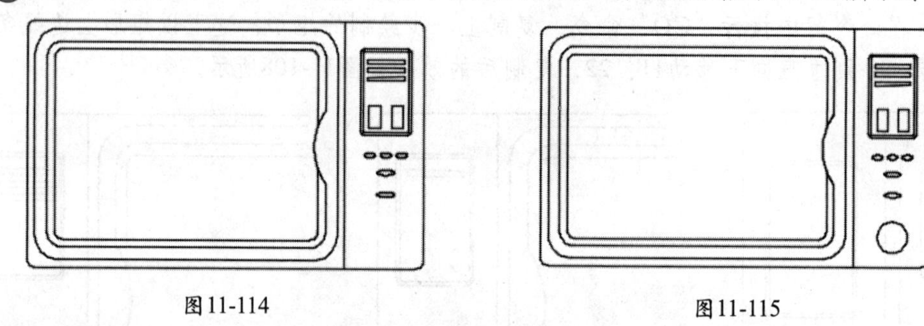

图11-114　　图11-115

23 在命令行中执行“PLINE”命令，在上一步创建的圆内绘制多段线，并设置多段线的半宽为4，效果如图11-116所示。

24 在命令行中执行“REC”命令，绘制长和宽分别为11和3的矩形，使其与圆心对齐，如图11-117所示。

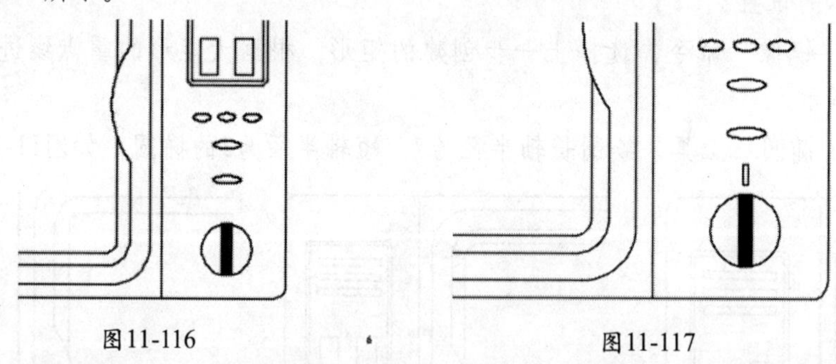

图11-116　　图11-117

25 在命令行中执行“ARRAYPOLAR”命令，对绘制的矩形进行阵列，具体操作过程如下。

```
命令：ARRAYPOLAR                              //执行ARRAYPOLAR命令
选择对象：找到 1 个                           //选择阵列的对象
选择对象：                                    //确认对象的选择
类型 = 极轴  关联 = 是                        //系统当前提示
指定阵列的中心点或 [基点(B)/旋转轴(A)]：      //指定阵列的中心点，如图11-118所示
```

选择夹点以编辑阵列或 [关联(AS)/基点(B)/项目(I)/项目间角度(A)/填充角度(F)/行(ROW)/层(L)/旋转项目(ROT)/退出(X)] <退出>: I //选择项目

指定填充角度(+=逆时针、-=顺时针)或 [表达式(EX)] <360>: //指定阵列角度

按 Enter 键接受或 [关联(AS)/基点(B)/项目(I)/项目间角度(A)/填充角度(F)/行(ROW)/层(L)/旋转项目(ROT)/退出(X)] <退出>: //确认阵列，完成后的效果如图11-119所示

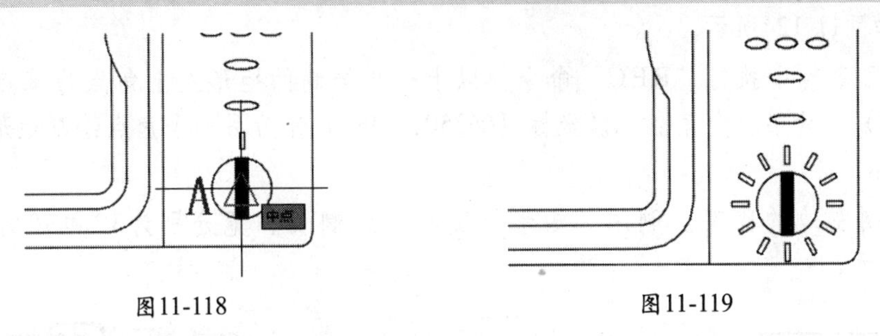

图11-118　　图11-119

26 填充玻璃。在命令行中执行“BHATCH”命令并选择“设置”选项，弹出“图案填充和渐变色”对话框。单击“图案”右侧的按钮，弹出“填充图案选项板”对话框，切换至“ANSI”选项卡，在列表框中选择ANSI32图案样式，然后单击确定按钮，如图11-120所示。

27 返回“图案填充和渐变色”对话框，在“角度和比例”选项组的“比例(S)”文本框中输入6，然后单击“添加：拾取点(K)”按钮，如图11-121所示。返回绘图区，在大矩形的内部单击拾取内部点。

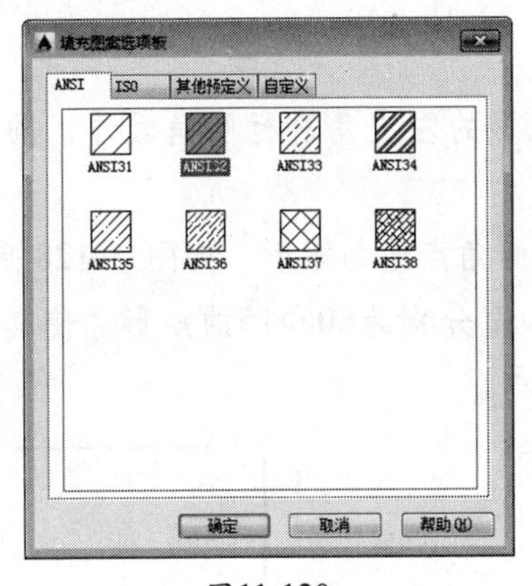

图11-120

图11-121

28 选择“设置”选项并按【Enter】键，返回“图案填充和渐变色”对话框，单击确定按钮保存设置并关闭对话框，玻璃填充后的效果如图11-122所示。

29 使用前面讲过的标注法，对微波炉进行标注，如图11-123所示。

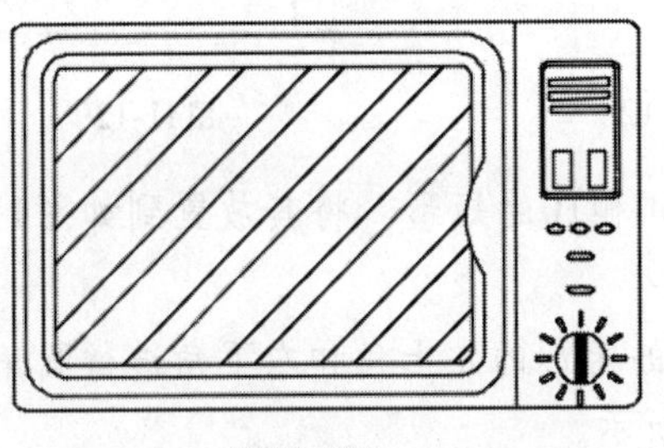

图11-122

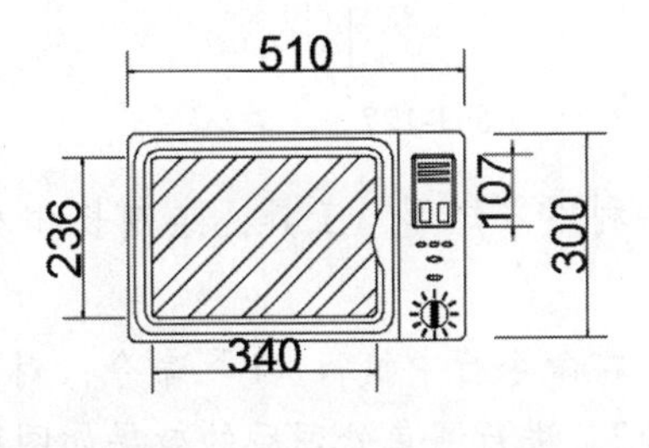

图11-123

11.6.2 绘制饮水机

01 绘制饮水机，首先绘制饮水机的外形。在命令行中执行“REC”命令，在绘图区表格外的空白位置单击并指定第一个角点，以坐标（@250，560）作为另一个角点绘制矩形。在命令行中执行“F”命令，对刚绘制矩形的左上角和右上角进行圆角操作，圆角半径为2，效果如图11-124所示。

02 在命令行中执行“REC”命令，以上一步绘制的矩形左上角点为基点，以坐标（@0，-570）作为第一个角点，以坐标（@250，-385）作为另一个角点绘制矩形，效果如图11-125所示。

03 绘制左边的脚架。利用“矩形”工具，绘制长和宽分别为32和30的矩形，如图11-126所示。

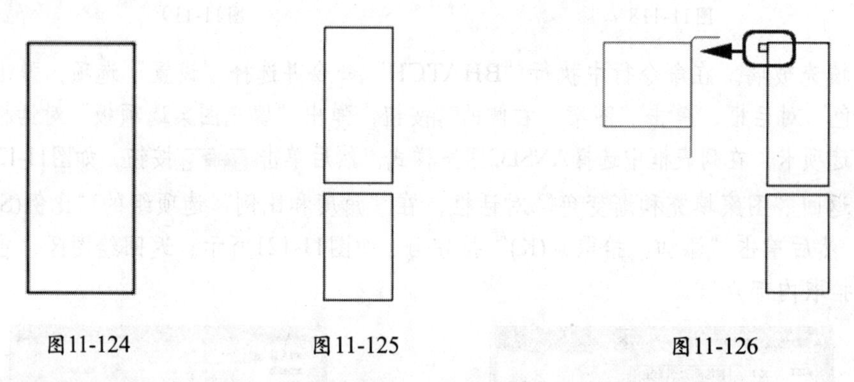

图11-124　　图11-125　　图11-126

04 命令行中执行“F”命令，对刚绘制的矩形的左上角进行圆角操作，圆角半径为5，进行圆角处理后的效果如图11-127所示。

05 在命令行中执行“REC”命令，捕捉矩形的角点绘制矩形，如图11-128所示。

06 在命令行中执行“REC”命令，绘制长和宽分别为60和15的矩形，使其左上角点与上一步绘制矩形的左下角点对齐，如图11-129所示。

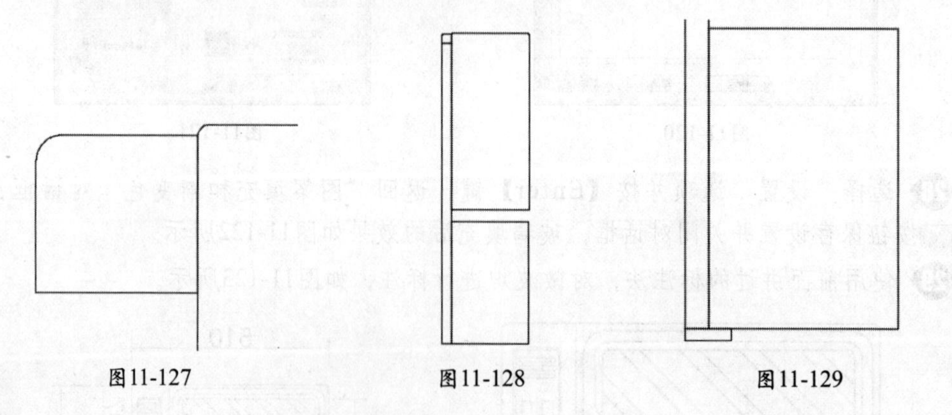

图11-127　　图11-128　　图11-129

07 利用“矩形”工具，绘制长和宽分别40和10的矩形，将其放置到如图11-130所示的位置。

08 在命令行中执行“F”命令，对刚绘制的矩形的左上角和左下角进行圆角操作，圆角半径为2，进行圆角处理后的效果如图11-131所示。

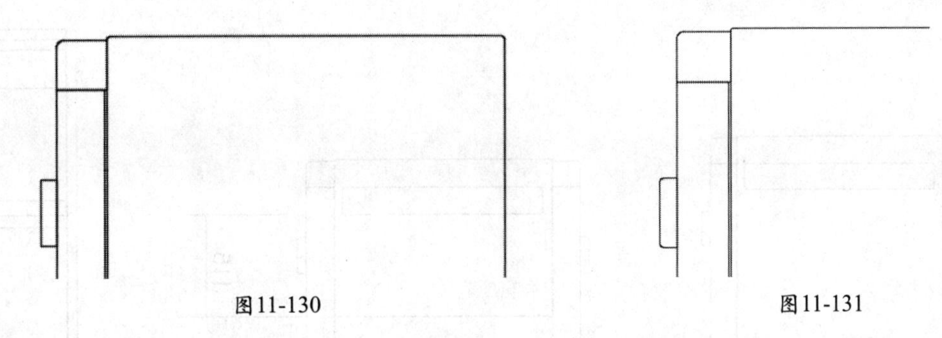

图11-130　　图11-131

⓽ 在命令行中执行“TR”命令，修剪矩形，修剪后的效果如图11-132所示。

⓾ 在命令行中执行“MI”命令，以中间大矩形上方水平线的中点为镜像线的第一点，在第一点的正上方单击指定镜像线的第二点，镜像如图11-133所示的图形，镜像后的效果如图11-134所示。

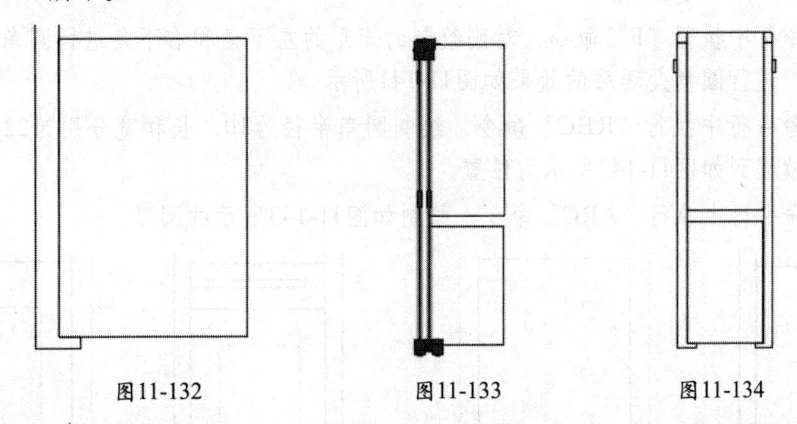

图11-132　　图11-133　　图11-134

⓫ 绘制完饮水机的外形后，绘制杯托架。在命令行中执行“REC”命令，捕捉如图11-135所示的a点为第一个角点，绘制圆角半径为3、长和宽分别为230和30的矩形，放置到如图11-136所示的位置。

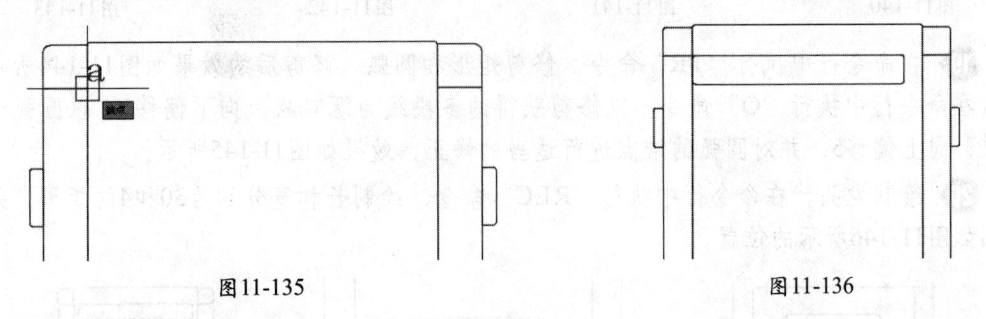

图11-135　　图11-136

⓬ 按【M】键选择矩形，捕捉上一步的矩形的中点，水平向右移动，使其大矩形中点对齐，效果如图11-137所示。

⓭ 在命令行中执行“L”命令，在距离上一步矩形下侧边的115处，绘制水平长度为250的直线，如图11-138所示。

⓮ 在命令行中执行“O”命令，以上一步绘制的直线为源对象，向下偏移340，偏移后的效果如图11-139所示。

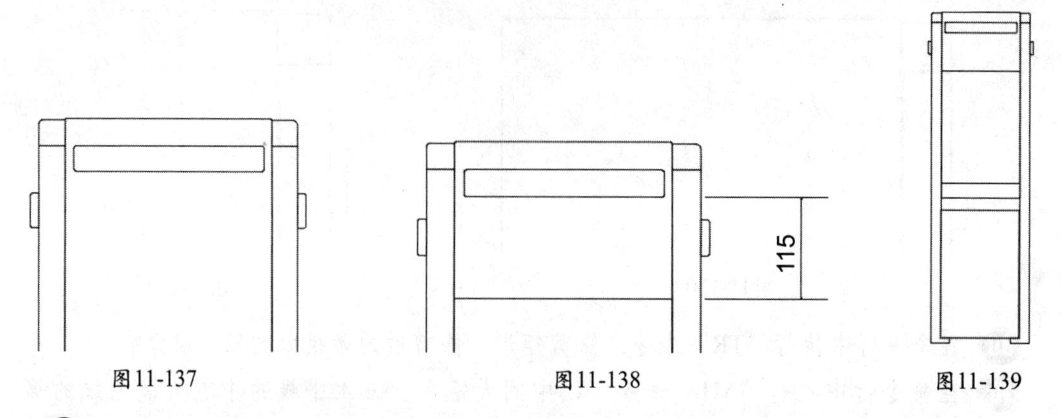

图11-137　　图11-138　　图11-139

⑮ 在命令行中执行“REC”命令，绘制长和宽分别为201和28的矩形，捕捉中点，放置到如图11-140所示的位置。

⑯ 命令行中执行“F”命令，对刚绘制的矩形的左下角和右下角进行圆角操作，其圆角半径为10，进行圆角处理后的效果如图11-141所示。

⑰ 在命令行中执行“REC”命令，绘制圆角半径为10，长和宽分别为224和150的矩形，并将其放置到如图11-142所示的位置。

⑱ 在命令行中执行“ARC”命令，绘制如图11-143所示的圆弧。

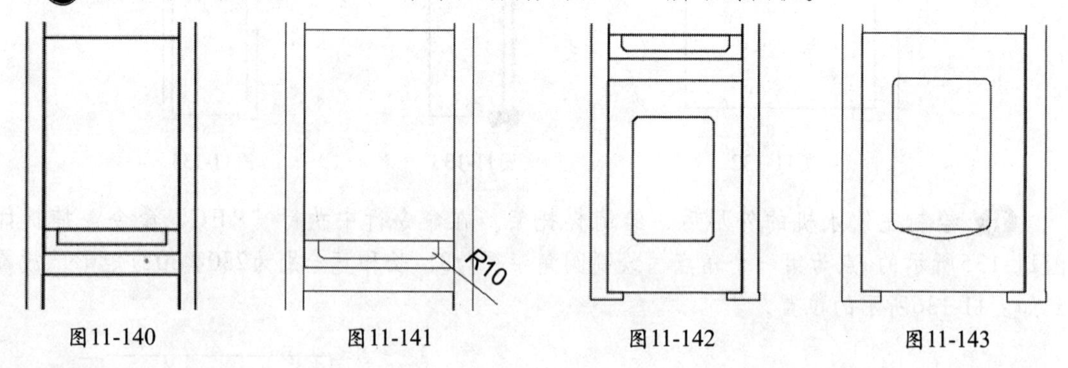

图11-140　　图11-141　　图11-142　　图11-143

⑲ 在命令行中执行“TR”命令，修剪矩形和圆弧，修剪后的效果如图11-144所示。然后在命令行中执行“O”命令，以修剪获得的多段线为源对象，向下偏移5；以圆弧为源对象，向上偏移5，并对圆弧的端点进行适当的修正，效果如图11-145所示。

⑳ 绘制龙头。在命令行中执行“REC”命令，绘制长和宽分别为30和4的矩形，并调整到如图11-146所示的位置。

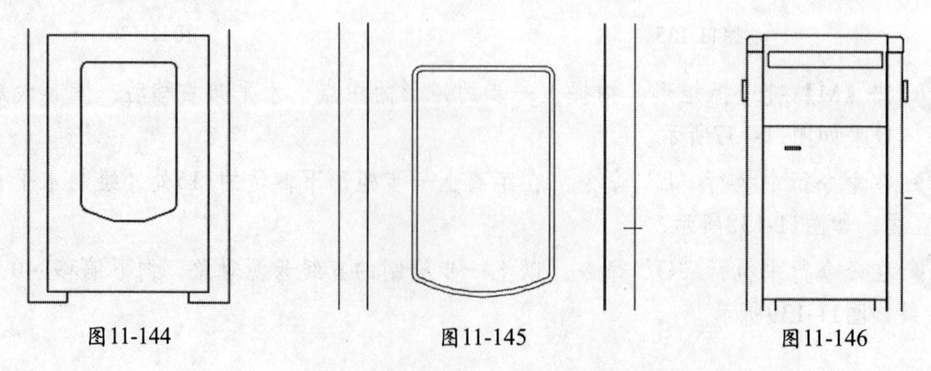

图11-144　　图11-145　　图11-146

21 在命令行中执行“L”命令，根据如图11-147所标识进行绘制。

22 在命令行中执行“REC”命令，绘制长和宽分别为30和11的矩形，捕捉中点，并调整位置，效果如图11-148所示。

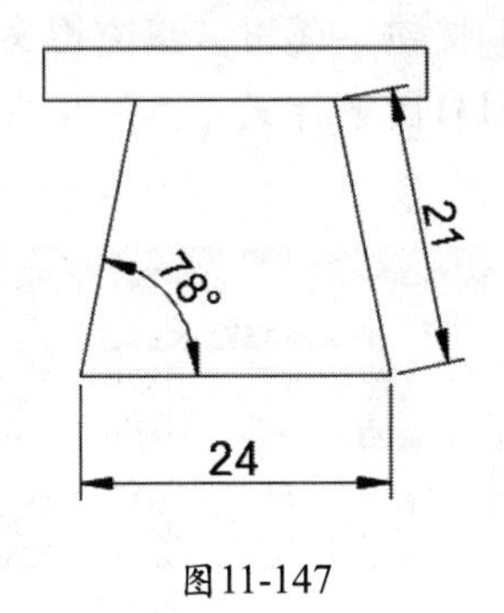

图11-147

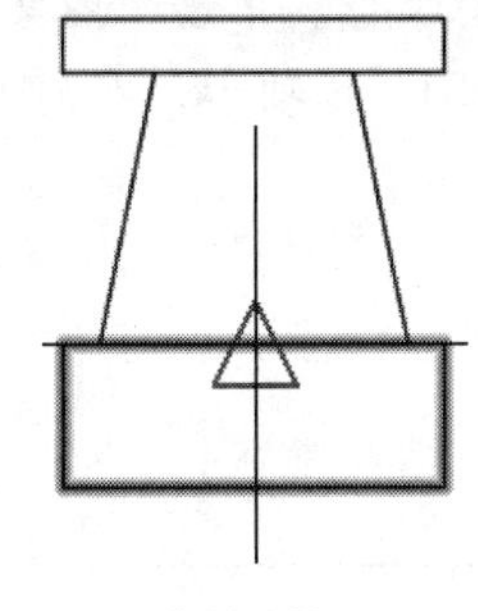
图11-148

23 在命令行中执行“L”命令，根据如图11-149所示标识进行绘制。

24 利用“矩形”工具，绘制长和宽分别为14.57和8.63的矩形，并捕捉端点，调整到如图11-150所示的位置。

25 左边龙头绘制完成后，绘制右边龙头。在命令行中执行“MI”命令，以中间大矩形上方水平线的中点为镜像线的第一点，在第一点的正上方单击指定镜像线的第二点，镜像左边龙头，镜像后的效果如图11-151所示。

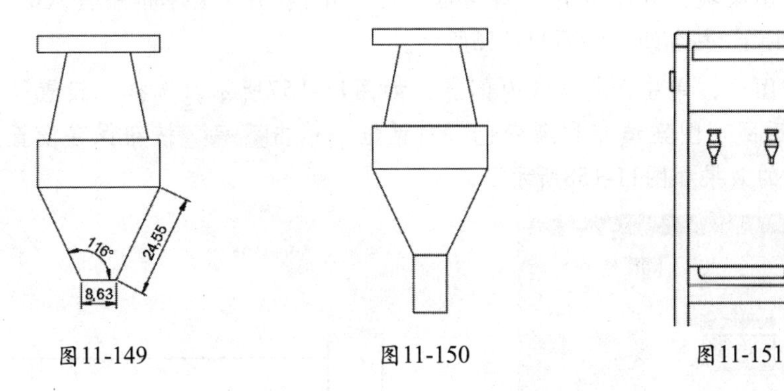

图11-149　　图11-150　　图11-151

26 绘制指示灯。在命令行中执行“C”命令，绘制半径为5的圆，放置到如图11-152所示的位置。

27 在命令行中执行“CO”命令，以上一步绘制的圆的圆心为基点，水平向左右两侧移动50，复制指示灯，复制后的效果如图11-153所示。

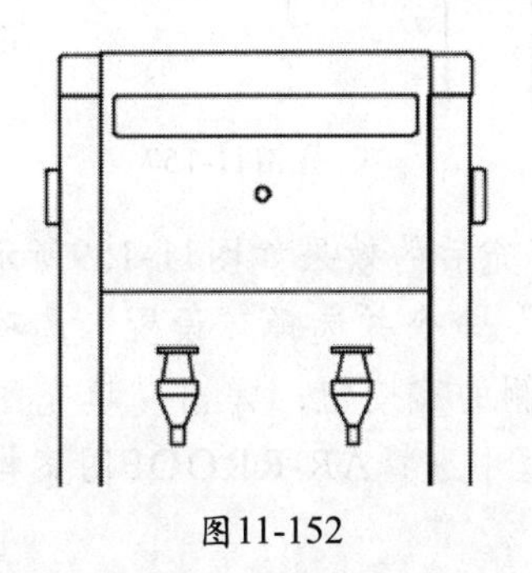
图11-152

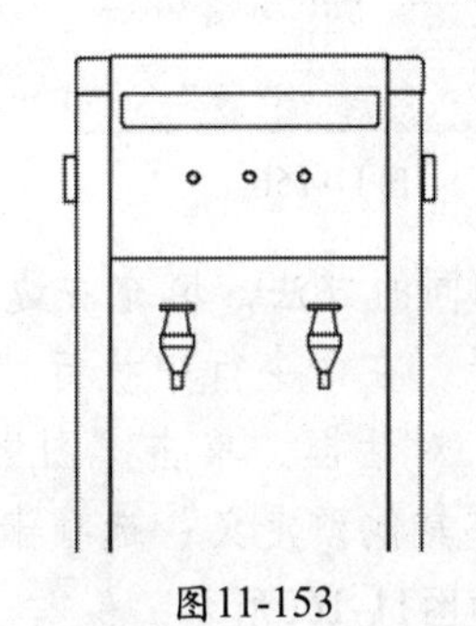
图11-153

㉘ 在命令行中执行“MTEXT”命令，在指示灯正下方标注文字说明“电源、加热、保温”，字体为宋体，字高为7，标注后的效果如图11-154所示。

㉙ 填充龙头。在命令行中执行“BHATCH”命令并选择“设置”选项，弹出“图案填充和渐变色”对话框。单击“图案”选项右侧的▭按钮，弹出“填充图案选项板”对话框，切换至“ANSI”选项卡，在列表框中选择ANSI31图案样式，然后单击[确定]按钮，如图11-155所示。

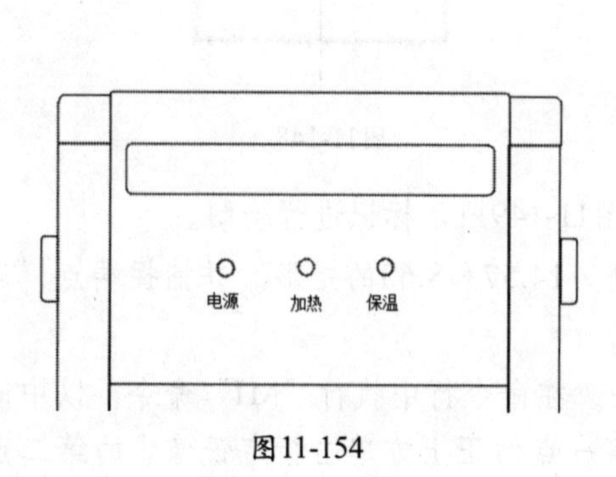

图11-154

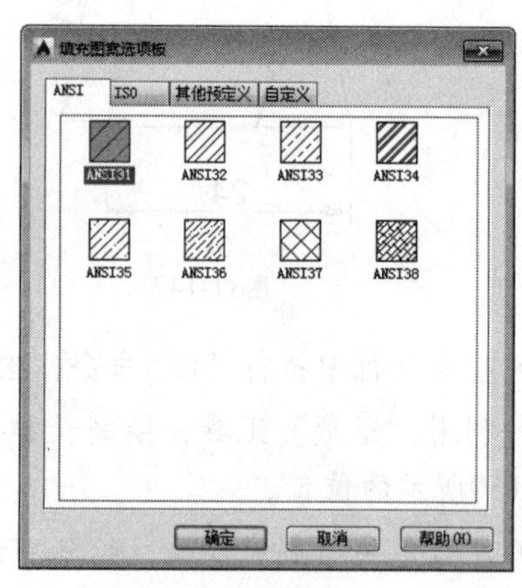

图11-155

㉚ 返回“图案填充和渐变色”对话框，在“比例(S)”文本框中输入0.7，然后单击“添加：拾取点(K)”按钮▣，如图11-156所示。

㉛ 返回绘图区，单击A点拾取内部点，如图11-157所示。选择“设置”选项并按下【Enter】键，返回“图案填充和渐变色”对话框，单击[确定]按钮保存设置并关闭对话框，龙头填充后的效果如图11-158所示。

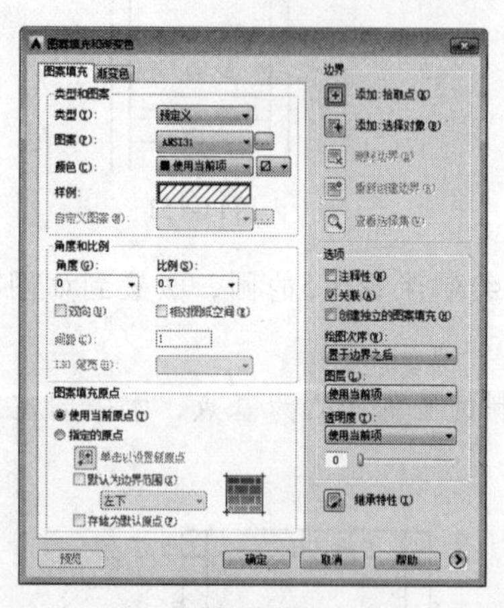

图11-156

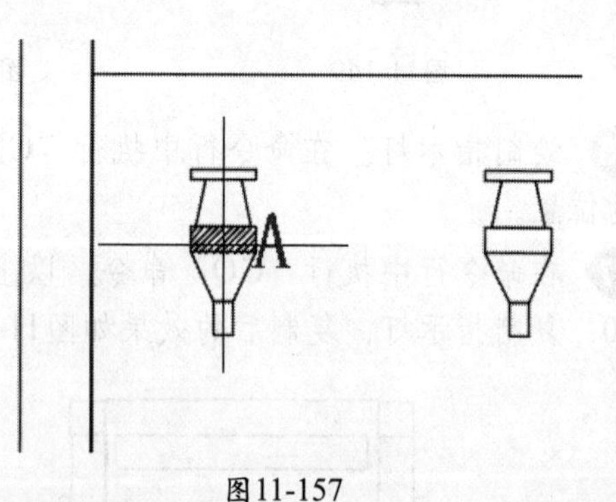

图11-157

㉜ 按照相同的方法，填充右边的龙头，填充后的效果如图11-159所示。接下来填充放置纸杯的柜子。在命令行中执行“BHATCH”命令并选择“设置”选项，弹出“图案填充和渐变色”对话框。单击“图案”选项右侧的▭按钮，弹出“填充图案选项板”对话框，切换至“其他预定义”选项卡，在列表框中选择AR-RROOF图案样式，然后单击[确定]按钮，如图11-160所示。

33 返回“图案填充和渐变色”对话框，在“角度(G)”文本框中输入45，在“比例(S)”文本框中输入3.8，然后单击“添加：拾取点(K)”按钮，如图11-161所示。

34 返回绘图区，单击如图11-162所示的A点拾取内部点。选择“设置”选项并按【Enter】键，返回“图案填充和渐变色”对话框，单击确定按钮保存设置并关闭对话框，纸杯柜填充后的效果如图11-163所示。

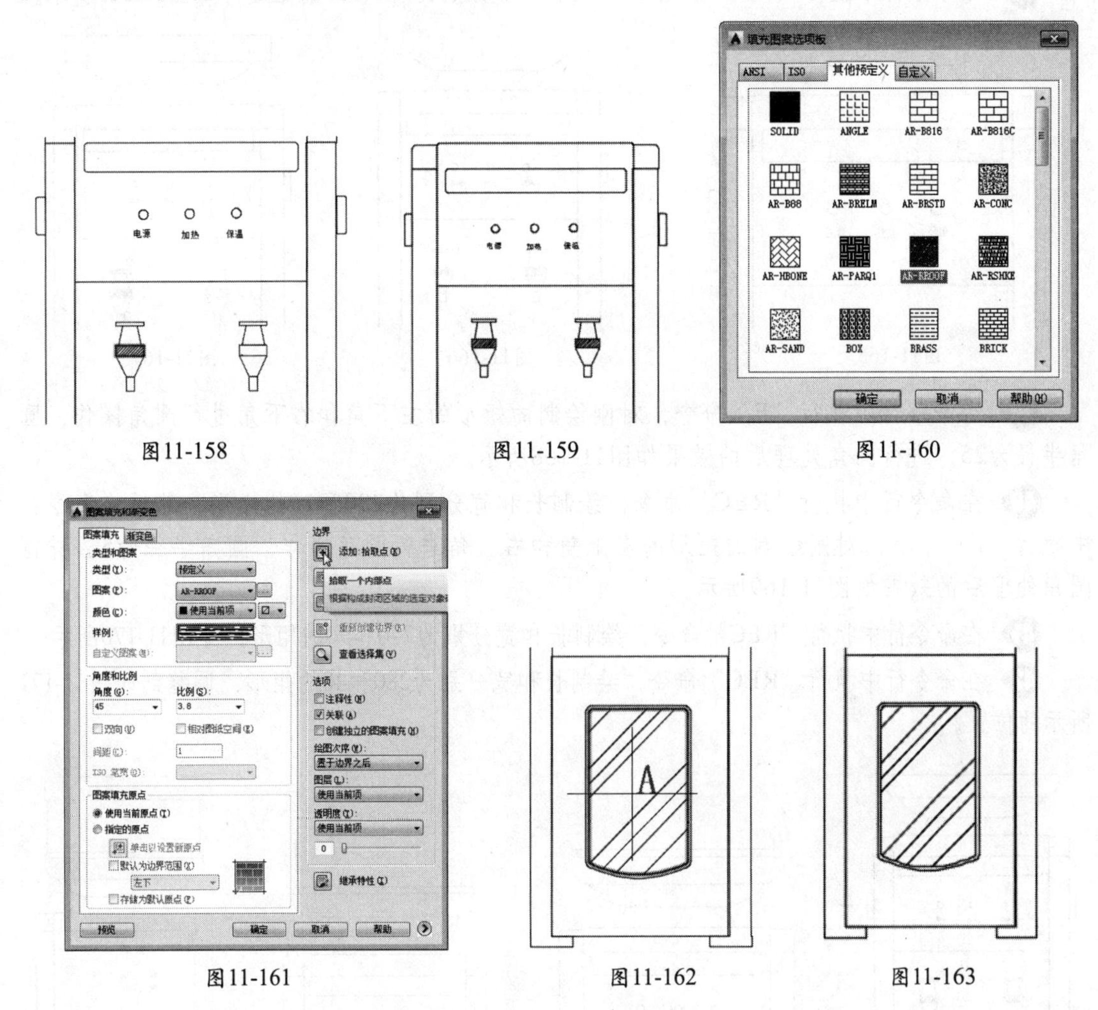

图11-158　图11-159　图11-160

图11-161　图11-162　图11-163

35 绘制饮水机上面的饮水桶。在命令行中执行“L”命令，根据如图11-164所示的标识进行绘制。

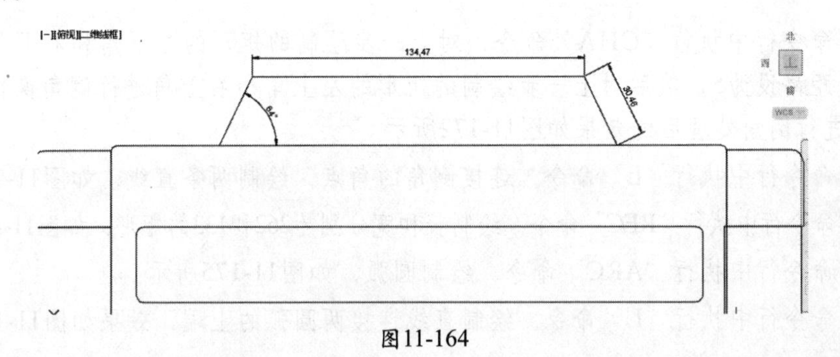

图11-164

36 在命令行中执行“ARC”命令，绘制弧线，如图11-165所示。

37 在命令行中执行“MI”命令，以最上方的直线的中点作为镜像线的第一点，在第一点正上方单击指定镜像线的第二点，镜像上一步绘制的圆弧，镜像后的效果如图11-166所示。

38 在命令行中执行“REC”命令，绘制长和宽分别为280和35的矩形，如图11-167所示。

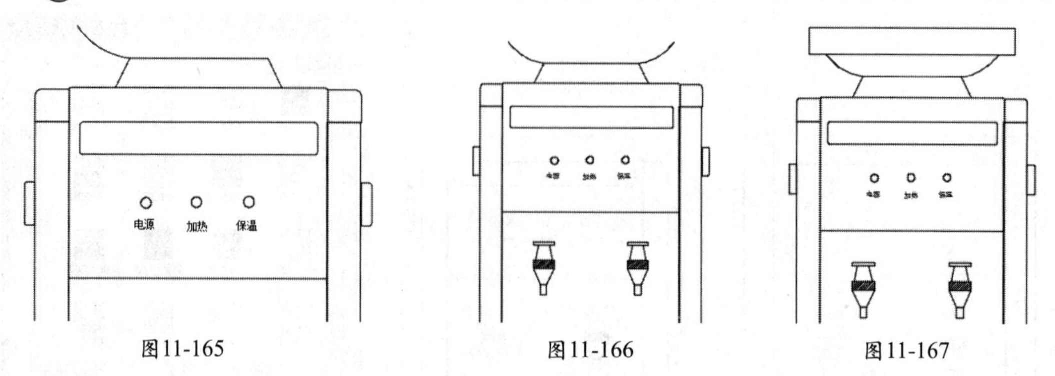

图11-165　图11-166　图11-167

39 在命令行中执行“F”命令，对刚绘制的矩形的左下角和右下角进行圆角操作，圆角半径为25，进行圆角处理后的效果如图11-168所示。

40 在命令行中执行“REC”命令，绘制长和宽分别为280和10的矩形，然后在命令行中执行“F”命令，对刚绘制的矩形的左上角和右上角进行圆角操作，圆角半径为5，进行圆角处理后的效果如图11-169所示。

41 在命令行中执行“REC”命令，绘制长和宽分别为270和90的矩形，如图11-170所示。

42 在命令行中执行“REC”命令，绘制长和宽分别为280和40的矩形，调整到如图11-171所示的位置。

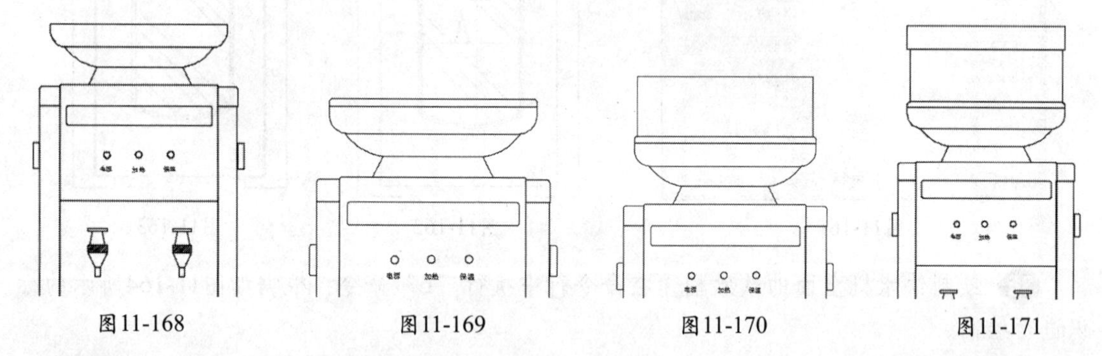

图11-168　图11-169　图11-170　图11-171

43 在命令行中执行“CHA”命令，对上一步绘制的矩形的左下角和右下角进行倒角操作，倒角距离设为5。然后对上一步绘制的矩形的左上角和右上角进行倒角操作，倒角距离设为9，进行倒角处理后的效果如图11-172所示。

44 在命令行中执行“L”命令，连接倒角的角点，绘制两条直线，如图11-173所示。

45 在命令行中执行“REC”命令，绘制长和宽分别为262和133的矩形，如图11-174所示。

46 在命令行中执行“ARC”命令，绘制圆弧，如图11-175所示。

47 在命令行中执行“L”命令，绘制直线连接两圆弧的上端，效果如图11-176所示。

48 在命令行中执行“ARC”命令，绘制圆弧，如图11-177所示。

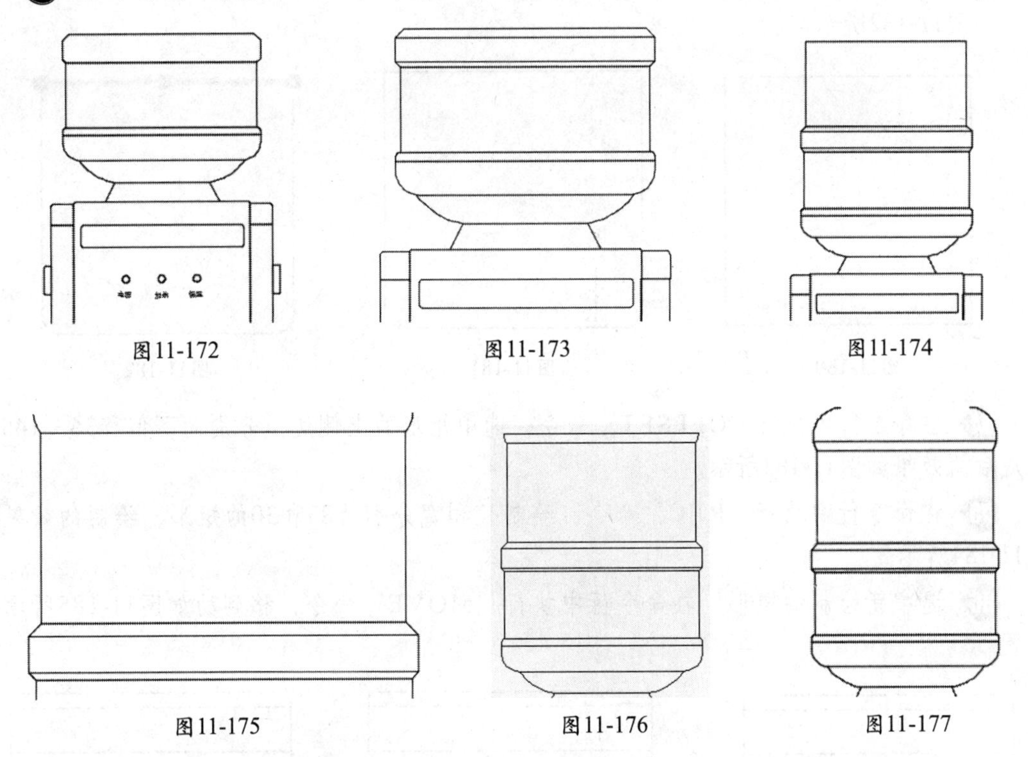

图11-172　图11-173　图11-174

图11-175　图11-176　图11-177

49 在命令行中执行“L”命令，绘制直线连接两圆弧的上端，效果如图11-178所示。

50 在命令行中执行“L”命令，绘制如图11-179所示的3条直线，体现饮水桶的材质。

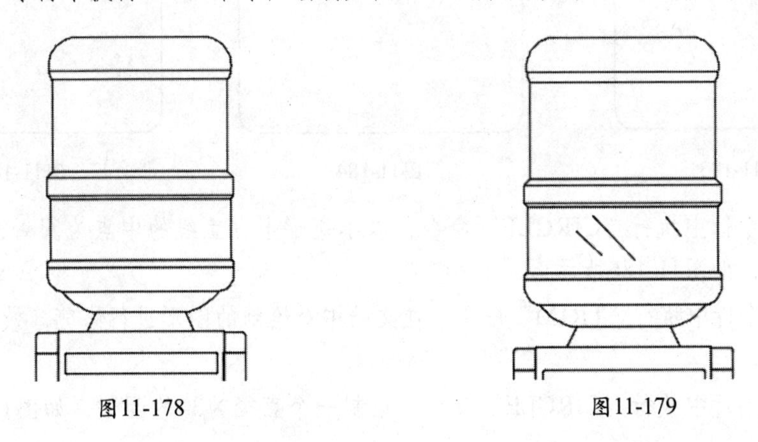

图11-178　图11-179

11.6.3 绘制洗衣机

洗衣机是一种用来清洗衣物的设备，下面详细讲解绘制洗衣机的方法，具体操作方法如下。

01 利用“矩形”工具，在文档中指定一点，绘制长和宽分别为706和690的矩形，效果如图11-180所示。

02 在命令行中执行“FILLET”命令，对矩形的左下角和右下角进行圆角处理，将圆角半径设为50，进行圆角处理的效果如图11-181所示。

03 选中上一步创建的矩形，在命令行中执行“X”命令，将选中后的对象进行分解，如图11-182所示。

图11-180　　图11-181　　图11-182

04 在命令行中执行“OFFSET”命令，选中矩形的上侧边，分别向下偏移36、145，完成后的效果如图11-183所示。

05 在命令行中执行“REC”命令，绘制长和宽分别为83和30的矩形，绘制的效果如图11-184所示。

06 选中新绘制的矩形，在命令行中执行“MOVE”命令，移到动如图11-185所示的位置。

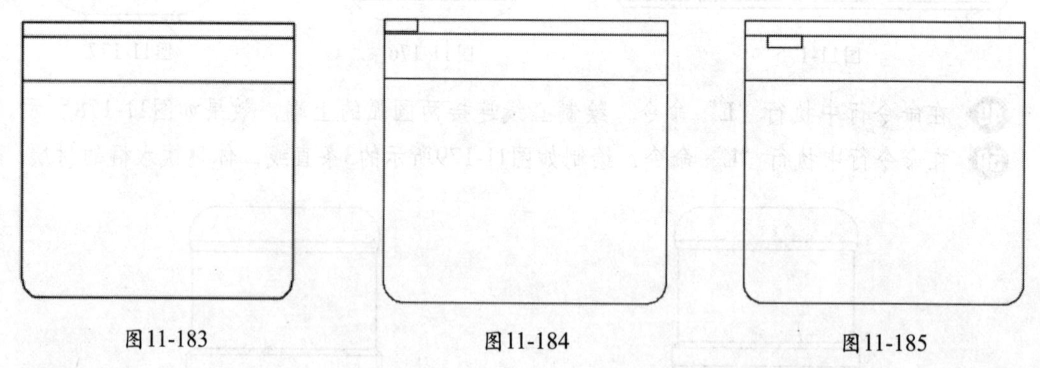
图11-183　　图11-184　　图11-185

07 在命令行中执行“CIRCLE”命令，以小矩形上方直线的中点为圆心，绘制一个直径为35的圆形，如图11-186所示。

08 在命令行中执行“TRIM”命令，在文档中对绘制的图形进行修剪，效果如图11-187所示。

09 在命令行中执行“CIRCLE”命令，绘制一个直径为34的圆形，如图11-188所示。

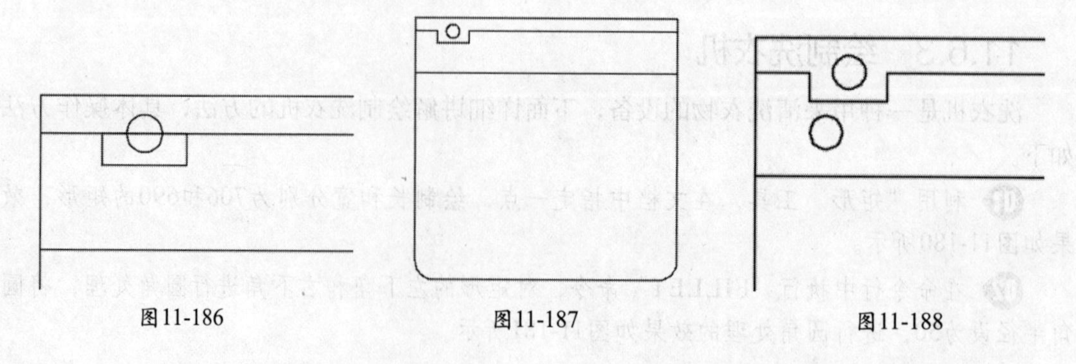
图11-186　　图11-187　　图11-188

⑩ 在命令行中执行“REC”命令，绘制长和宽分别为7.5和2的矩形，效果如图11-189所示。

⑪ 继续选中该矩形，在命令行中执行“ARRAYRECT”命令，弹出“阵列创建”选项板，将“项目数”和“介于”分别设为12和30，将“行数”设为1，完成后的效果如图11-190所示。

⑫ 利用“直线”工具，绘制两条相同的直线，如图11-191所示。

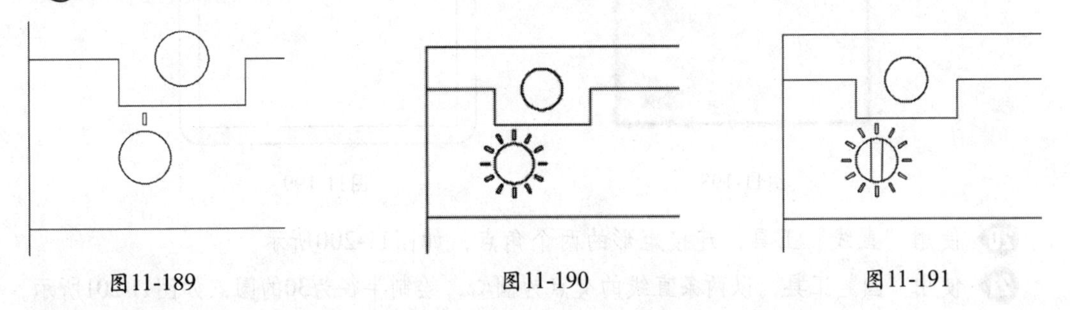

图11-189　　图11-190　　图11-191

⑬ 选择上一步创建的开关，对其进行复制，效果如图11-192所示。

⑭ 按【X】键，将上一步复制的开关进行分解，并将多余的矩形删除，完成后的效果如图11-193所示。

⑮ 利用“圆”工具，绘制直径为16的圆，并将其放到如图11-194所示的位置。

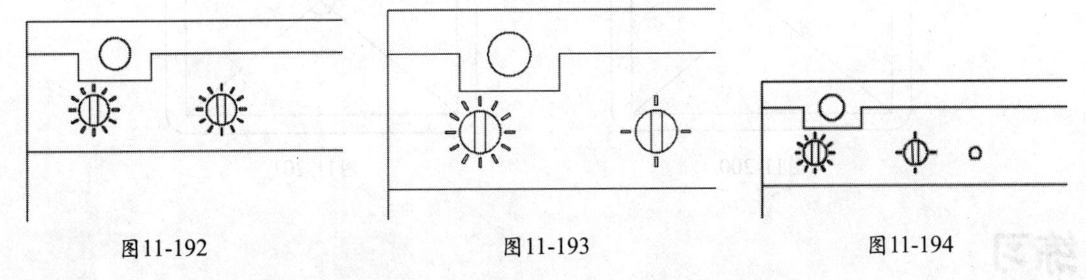

图11-192　　图11-193　　图11-194

⑯ 选中上一步绘制的圆形，在命令行中执行“ARRAYRECT”命令，弹出“阵列创建”选项卡，将“列数”和“介于”分别设为5和30，将“行数”设为1，完成后的效果如图11-195所示。

⑰ 在命令行中执行“ELLIPSE”命令，绘制长半轴和短半轴分别为39和12的椭圆形，如图11-196所示。

⑱ 利用“矩形”工具，绘制长和宽分别为506和614的矩形，如图11-197所示。

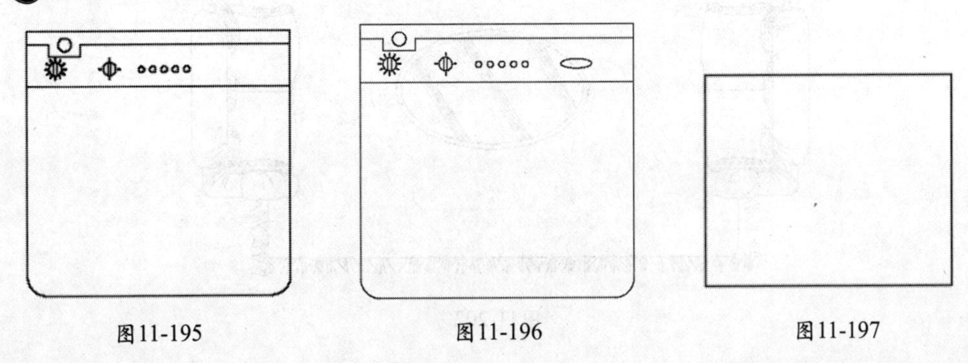

图11-195　　图11-196　　图11-197

⑲ 按【M】键，选择上一步创建的矩形，捕捉其上边的中点a，如图11-198所示，将a点移动到b点，如图11-199所示。

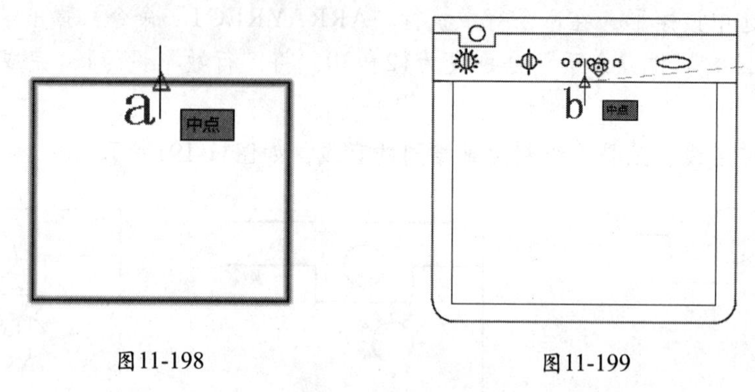

图11-198　　图11-199

⑳ 使用“直线”工具，连接矩形的两个角点，如图11-200所示。

㉑ 使用“圆”工具，以两条直线的交点为圆心，绘制半径为30的圆，如图11-201所示。

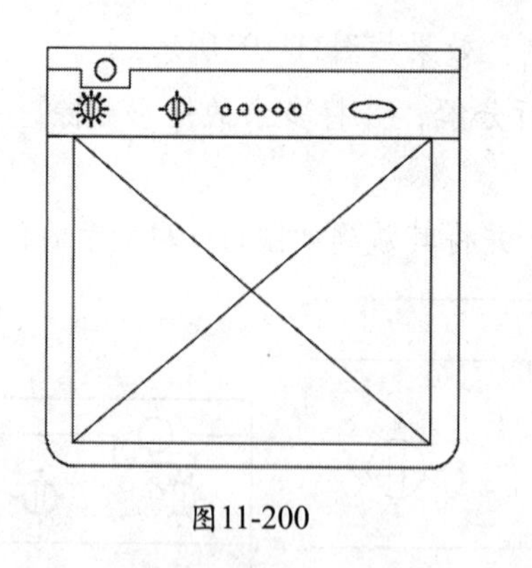

图11-200

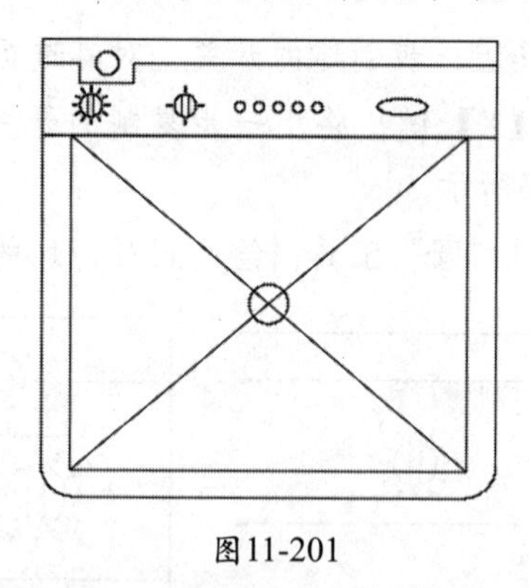

图11-201

练习

综合运用前面介绍的知识，绘制沙发，如图11-202所示。

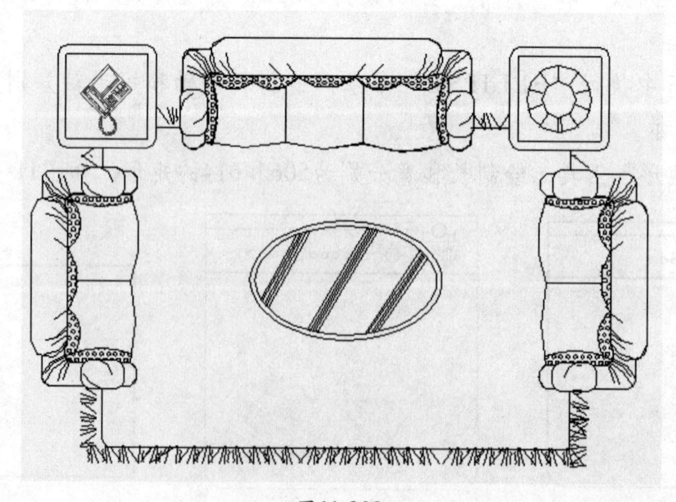

图11-202

第12章 绘制室内平面图

本章以办公室平面图的设计为出发点，详细讲述办公空间的室内装饰设计理念和装饰图的绘制技巧。希望读者通过本章的学习，在了解室内设计的表达内容和绘制思路的前提下，掌握具体的绘制过程和操作技巧，快速方便地绘制符合制图标准和施工要求的室内设计图，同时也为后面章节的学习打下坚实的基础。

12.1 室内设计平面图绘制概述

现代室内设计，也称室内环境设计，它是建筑设计的组成部分，目的是创造一个优美、舒适的办公或生活环境。

以办公室室内设计为例。一方面，办公室是一个企业职员的工作场所，良好的环境有利于个人的创造性和工作效率的提高，同时还可以营造一个好的团队氛围。另一方面，办公室也是企业的一个对外形象，比如在客户来访时，或者新员工面试时，企业的形象就显得尤为重要。所以，在做好相应的办公室装饰设计时，在满足空间的功能性前提下，应赋予办公室相匹配的艺术气息，使商业、艺术与文化有机结合，给空间赋予活力。

室内设计的主要内容包括建筑平面设计和空间划分，围护结构内表面的处理，自然光和照明的运用，以及室内家具、灯具及陈设的造型和布置，此外，还包括一些配景和标识符号等。

12.1.1 室内平面设计的内容

室内设计是一门实用艺术，也是一门综合性的科学，包括建筑学、环境学、美学、光学、色彩学，甚至心理学等方面的知识，比起传统意义上的室内装饰，内容更丰富，也不断会有新的元素融入进来。

1. 室内设计的依据

(1) 人体尺度及人们在室内停留、活动、交往、通行时的空间范围。

人体的尺度，即人体在室内完成各种动作时的活动范围，是确定室内诸如门扇的高度、宽度，踏步的高度、宽度，窗台阳台的高度，家具的尺寸及其相间的距离，以及楼梯平台、室内净高等的最小高度的基本依据。

(2) 家具、灯具、设备和陈设等的尺寸，以及使用并安置他们所需的空间范围。

家具、灯具、设备和陈设等除了其固有尺寸外，还应考虑其使用功能的距离，如摇椅、餐桌椅和健身器等。书桌一般为1.2～1.5m长，宽度为0.6m左右，高度为0.7m。

（3）室内空间的结构构成、构件尺寸、设施管线等的尺寸和条件制约。

室内空间的结构体系、柱网的开间间距、楼面的板厚梁高、风管的断面尺寸，以及水电管线的走向和铺设要求等，都是组织室内空间时必须考虑的。

（4）符合设计环境要求，可供选用的装饰材料和可施行的施工工艺。

由设计到施工有一定的过程，在设计时一定要与施工工艺联系起来，要考虑所设计造型的可行性、材料的适宜人群以及后期的维修性等，如图12-1所示。

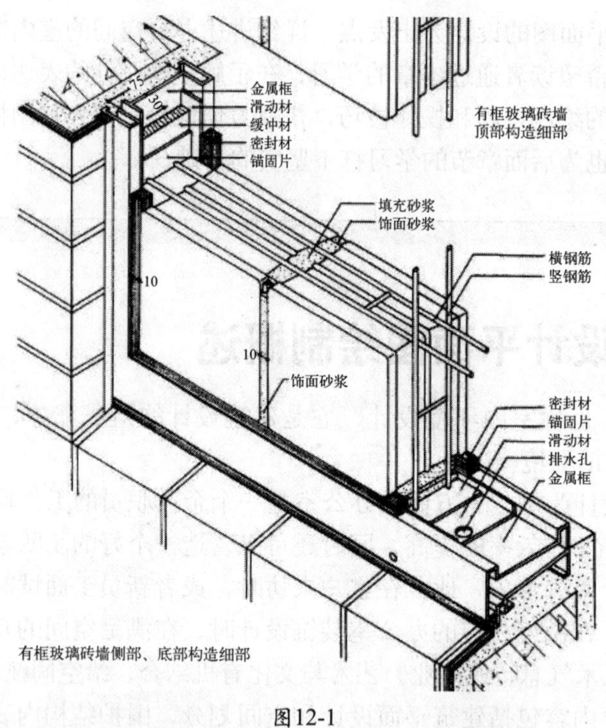

图12-1

（5）业主已确定的投资限额和建设标准，以及设计任务要求的工程施工期限等，这些具体而又明确的经济和时间概念，是一切现代工程设计的重要前提。

2. 室内设计的内容

室内设计的目的在于为人们的工作、生活提供一个舒适的室内环境，其内容大概包括以下几个方面。

（1）室内空间的组织与安排。

包括室内平面功能的分析、布置和调整，原有不合理部分的改建和再创造。

（2）室内各界面的设计。

包括地面、墙面和顶棚等的使用分析、形态、色彩、材料，以及相关构造的设计。

（3）室内物理环境设计。

包括按室内的使用要求进行声、光、电的设计和改造，创造良好的室内采光、照明、音质，以及创造适宜的温度和湿度环境。要与室内空间和各界面的设计相协调。

（4）室内装饰设计。

即在前期装修的基础上，通过家具、灯具、织物、绿化和陈设等的选用、设计和布置，对室内氛围的再创造，从而升华为最终的设计效果。

伴随社会生活的发展和科技的进步，室内设计的内容也会有新的发展，对于从事室内设计工作的人员，应不断探索，抓住影响室内设计的主要因素，并与相关专业人员积极配合，创造出优质的室内环境。

12.1.2 室内平面设计的流程

对于室内设计的图面作业程序，基本上是按照正常设计的过程来设置的。一个完整的室内设计通常分为4个阶段，即设计准备阶段、方案设计阶段、施工图设计阶段和设计实施阶段。

1. 设计准备阶段

设计准备阶段主要是接受业主委托，明确设计任务，签订相关合同，制订相关的设计进度计划，考虑各工种之间的配合。在此阶段，要充分掌握设计任务的使用性质、功能特点、造价限制、业主的个性需求，以及相关的规范和定额标准，收集分析必要的资料和信息，从而制定相关的设计进度和收费标准。

2. 方案设计阶段

方案设计阶段主要是在前期准备的基础上进行立意构思，进行初步方案设计，主要包括以下几个方面。

- 室内平面布置图（包括家具布置），比例为1：50、1：100。
- 室内平顶图或室内平面仰视图（包括灯具、喷淋设施和风口等），比例为1：50、1：100。
- 室内立面展开图，比例为1：20、1：50。
- 室内透视图，整体布局、质感和色彩的表达。
- 室内设计材料的实景图，包括构造详图、材料、设备，以及家具、灯具详图或实物照片。
- 设计说明和造价概算。

3. 施工图设计阶段

初步设计方案确定后，即进入施工图设计阶段，使方案图的内容得以深化，便于施工，主要包括以下几个方面。

- 室内平面布置图，包括家具布置，比例为1：50、1：100。
- 室内平顶图或室内平面仰视图，包括灯具、喷淋设施和风口等，比例为1：50，1：100。
- 室内立面展开图，比例为1：20、1：50。
- 构造节点详图。
- 细部大样图。
- 设备管线图。
- 施工说明。
- 造价概算。

4. 设计实施阶段

设计实施阶段即室内装修施工阶段，需要设计人员与施工单位进行有效沟通，明确设计意图和相关技术要求，必要时可根据现场情况进行图纸变更，但必须由设计单位同意且出具设计变更书。施工结束后进行施工质量验收。

12.1.3 室内空间划分

办公空间具有不同于普通住宅的特点，它是由办公、会议和走廊3个区域构成内部空间的使用功能，同时办公空间的最大特点是公共化，这个空间要照顾到众多员工的审美要求和功能需要。目前办公空间设计理念主要强调以下3个要素。

（1）团队空间。

把办公空间分为多个团队区域，3～6人为一个区域，每个团队可以自行安排，将它和别的团队区别开的公共空间可用于开会和存放资料等，按照成员间的交流与工作需要安排一定的个人空间。

（2）公共空间。

目前有一些办公空间，公共空间较小，从电梯一上来就是大堂，进入办公室缺乏一个转化的过程。一个良好的设计在此处必须要有一种空间的过渡，不能只有过道走廊，而是需要有一个从公共空间过渡到私属空间的过程。可能有些客户会觉得这样比较浪费，其实这完全是一种非专业的想法。比如可以把电梯门口部分设计为会客厅或者洽谈室，这不仅实现了公共空间和私属空间的一个分隔，形成了不同的节奏，而且没有浪费空间。在设计公共空间时，不仅要有正式的会议室等公共空间，还要有非正式的公共空间，如舒适的茶水间、刻意空出休息的角落等。非正式的公共空间可以让员工自然地互相碰面与交流，其不经意间聊出来的点子常常超出一本正经的会议结果，同时也加强了员工间的交流。另外办公空间要赋予员工充分的自主权，使其可以自由地装扮其个人空间。

（3）平面空间。

写字楼的空间设计还必须注意平面空间的使用效率，这也正是很多使用者非常关心的问题。在装修过程中，尽量对空间采取灵活的分割，对柱子的位置及柱外空间要有明确的使用目的。

12.1.4 办公室室内空间的设计概念

1. 办公室平面布置

在办公室设计中，各机构或各项功能区都应该有自身的特点，所以一般都根据功能特点的要求来划分空间。根据办公机构设置与人员配备的情况来合理划分和布置办公室空间是室内设计的首要任务。

（1）注意设计导向。

采用办公整体的共享空间与兼顾个人空间与小集体组合的设计方法，是现代办公室设计的趋势，在平面布局中应注意设计导向的合理性。

设计的导向是指人在其空间的流向。这种导向应追求“顺”而不乱。所谓“顺”是指导向明确，人流向的地方空间充足，当然也涉及布局的合理。为此在设计中应模拟每个座位中人的流向，让其在变化之中寻到规整。

（2）根据功能特点与要求来划分空间。

在办公室设计中，各机构或各项功能区都有自身应注意的问题。例如，财务室应有防盗的功能；会议室应有不受干扰的功能；经理室应有保密的功能；会客室应具有便于交谈、休息的特点。因此根据其功能特点来划分空间，在设计中可以考虑将财务室、会议室与经理室的空间靠墙划分；让洽谈室靠近大厅与会客区；将普通职工办公区规划于整体空间的中央。这些在平面布置图中都应该引起注意。

根据以上划分原则，办公建筑的各类房间按其功能性质一般可以分为以下几种。

- 办公用房。办公建筑室内空间的平面布局形式取决于办公楼本身的使用特点、管理体制和结构形式等。办公室的类型有：小单间办公室、大空间办公室、单元型办公室、公寓型办公室和景观型办公室等。此外，绘图室、主管室或经理室也可属于具有专业或专用性质的办公用房。
- 公共用房。为办公楼内外人际交往或内部人员聚会、展示等的用房，如会客室、接待室、各类会议室、阅览展示厅和多功能厅等。
- 服务用房。为办公楼提供资料和信息的收集、编制、交流和贮存等的用房，如资料室、档案室、文印室、计算机室和晒图室等。
- 附属设施用房。为办公楼工作人员提供生活及环境设施服务的用房，如开水间、卫生间、电话交换机房、变配电间、机房、锅炉房和员工餐厅等。

2. 办公家具的布置

（1）办公家具的布置。

现在许多家具公司设计了矮隔断式的家具，它可将数件办公桌以隔断方式相连，形成一个小组，可在布局中将这些小组以直排或斜排的方式巧妙组合，使其设计在变化中符合合理的要求。另外，办公柜的布置应尽量采用“墙体效益”，即让办公柜尽可能靠墙，这样既节省空间，也可使办公室更加规整、美观。

家具本身是供人使用的，所以家具设计中的尺度、造型、色彩及其布置方式都必须符合人体的生理、心理尺度及人体各部分的活动规律，以便达到安全、实用、方便、舒适、美观的目的。人体工程学在家具布置中的应用，就是特别强调家具在使用过程中对人体的生理及心理的影响，并对此进行科学的布置。

（2）办公室隔断布置。

要重视个人环境，提高个人工作的注意力，就应尽可能让个人空间不受干扰。根据办公的特点，应做到人在端坐时，可轻易地环顾四周，伏案时则不受外部视线的干扰而集中精力工作。这个隔断高度大约在1 080mm，在小集体中的桌与桌之间相隔的高度可设置为890mm，而办公区域性划分的隔断高则设置为1 490mm，这是VOICE壁板的3种尺寸。这些尺寸值得人们在设计中参考、借鉴。

（3）办公台的理想方位。

室内摆设办公台最理想的方案是写字台后面是踏踏实实的墙，左边是窗，透过窗是一幅美丽的自然风景，这就形成了一个景色优美、采光良好、通风适宜的工作环境。在这样的环境里工作能让人才思敏捷，工作热情增加，效率提高。门开在写字台前方右角上，也不易受门外噪音的干扰和他人的窥视。如果写字间的门开在左上角，办公台也可以相应地调整一下位置，效果会一样好。

3. 办公室天花

在办公室的设计中，一般追求一种明亮感和秩序感，为达到此目的，办公室天花的设计有以下几点要求。

- 在天花中布光要求照度高，多数情况使用日光灯，局部配合使用筒灯。在设计中往往使用散点式、光带式和光棚式来布置灯光。
- 在天花中考虑好通风与恒温。
- 设计天花时应考虑维修的便利性。
- 天花造型不宜复杂，除经理室、会议室和接待室之外，一般情况采用平吊。
- 办公室天花的材料有多种，多数采用轻钢龙骨石膏板、埃特板、铝龙骨矿棉板和轻钢龙骨铝扣板等，这些材料具有防火性，而且便于平吊。

12.2 室内设计平面图的绘制实例

建筑平面图是将房屋从门窗口处水平剖切后所做的俯视图，即将剖切平面以下部分向水平面投影所得的图形。平面图反映了房屋的平面形状和大小，房间、墙（或柱）、门窗的位置及各种尺寸。下面将介绍办公室建筑平面设计的相关知识及绘图方法和技巧，如图12-2所示。

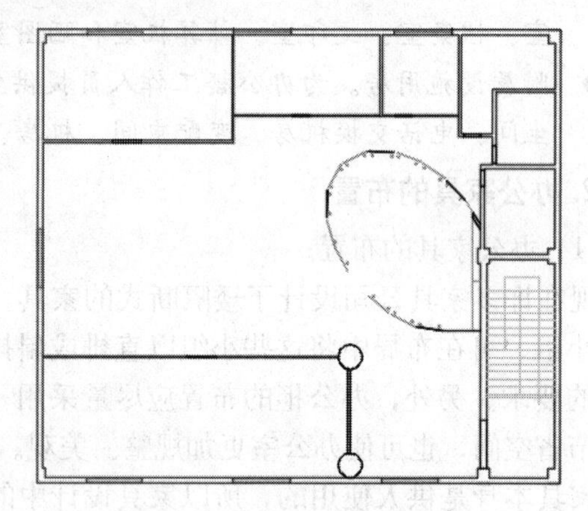

图12-2

12.2.1 室内家具平面图的绘制

在办公室平面图的设计中，首先要确定功能空间的分区，而功能分区反映在设计图上最主要的方法就是房间命名和绘制房间的家具。对于一个办公区，其各个机构就是各个功能区，都有自身的特点，所以要根据这些特点并参照客户要求来划分空间。如何根据办公机构的设置与人员配备的情况来合理划分空间、布置办公室家具呢？这就成为室内设计的首要任务。

1. 办公区家具装饰的设计

办公区家具装饰设计的具体操作步骤如下。

01 设置图层、命名空间。首先新建一个“图块”层，并设为当前层，然后对各个房间的功能进行命名。在菜单栏中选择“绘图”|“文字”|“多行文字”命令，依照命令提示在需要命名的房间内指定需要输入文字位置的两个角点，此时会弹出一个输入文字的界面，在界面内输入房间名称。选中输入的文字，在弹出的“文字格式”工具栏内对文字的格式进行设置，单击“确定”按钮，完成对房间名称的定义，效果如图12-3所示。

02 合理安排各个功能房间的平面位置，并标注相应房间的名称，使用“修改”工具栏中的“移动”按钮，将标注移到合适的位置，效果如图12-4所示。

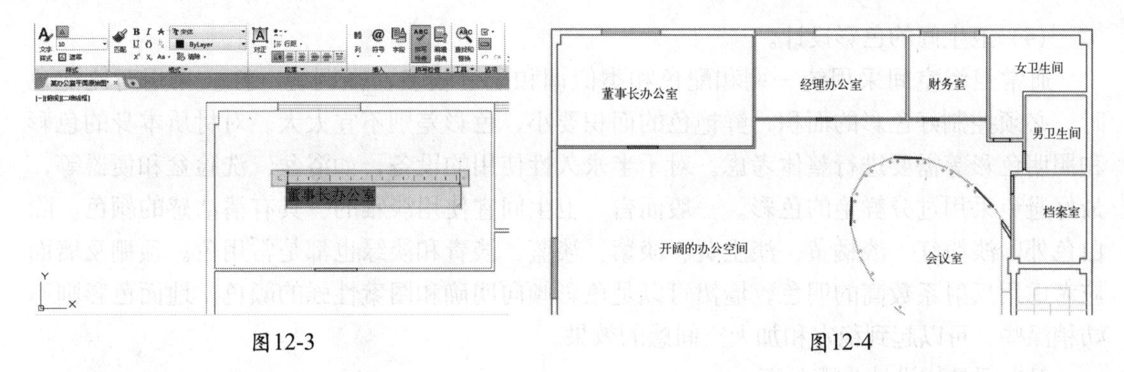

图12-3　　图12-4

03 绘制办公家具。以财务室的办公桌为例。选择“绘图”|“矩形”命令，在视图范围内绘制一个1 200×600的矩形和一个360×360的正方形，如图12-5所示。使用“偏移”工具将矩形向内侧偏移20，通过“COPY”（复制）命令将矩形和正方形再复制出一组，并拖动到房间的合适位置，按【Enter】键退出复制，效果如图12-6所示。

04 按【Ctrl+O】组合键，打开“办公图例.dwg”文件（光盘：\素材\第12章\办公图例.dwg文件），将其中的办公椅和电脑粘贴到图形中，效果如图12-7所示。

05 创建“办公桌”图块。使用“BLOCK”命令将绘制的两个办公桌分别定义为“办公桌”图块和“办公桌1”图块。

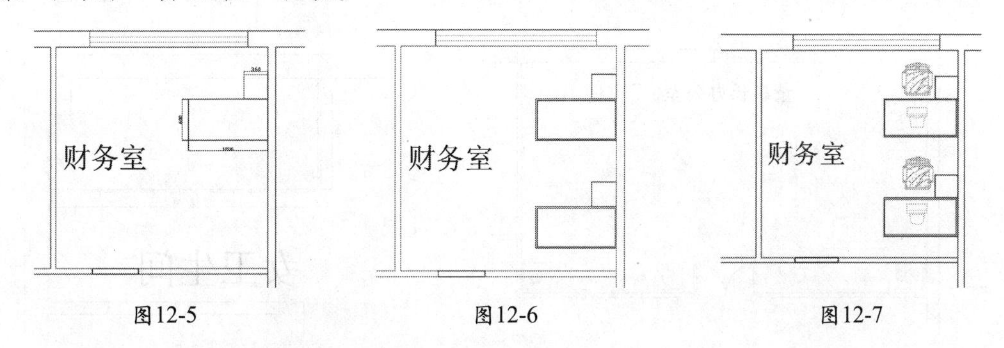

图12-5　　图12-6　　图12-7

2. 空间细分与卫生间平面装饰设计

卫生间、前厅和厨房的功能性比较强，所以在设计中要体现这些功能性的特点。具体设计要点如下。

(1) 卫生间的空间布局。

要根据房间大小和设备状况而定。可将洗漱、洗浴、洗衣和坐便器组合在同一空间中，这种布局节省空间，适合小型卫生间；对于较大或者是长方形的卫生间，就可以用门、帐幕和拉门等进行隔断，一般是把洗浴与坐便器放置于一间，把洗漱、洗衣放置于另一间。

(2) 卫生间的地面处理。

墙面用瓷砖来贴。地面选用防滑材料铺设，高度应低于其他地面10～20mm，地漏应低于地面10mm左右，以利于排水。淋浴间应选用有机玻璃或钢化玻璃门，避免伤人。

(3) 卫生间的设备布置。

卫生间的设备一般有3大件：盥洗设备、便器设备和沐浴设备。如坐便器、浴缸、淋浴器、浴房、洗手台、梳妆镜、衣钩以及热水器等。配套的照明设备，如浴霸、浴灯等。对于办公室的卫生间来说，首先是解决盥洗设备和便器设备，沐浴设备一般无需考虑。

（4）卫生间的色彩设计。

通常卫浴空间采用统一调和配色和类似调和配色较多，强调统一性。采用对比配色时，必须控制好色彩的面积，鲜艳色的面积要小，色彩差别不宜太大。对材质本身的色彩和照明色彩等需要进行整体考虑。对于半永久性使用的设备，如浴盆、洗脸盆和便器等，最好避免采用过分鲜艳的色彩。一般而言，卫生间宜使用淡雅的、具有清洁感的颜色。除白色外，淡粉红、淡橘黄、淡土黄、淡紫、淡蓝、淡青和淡绿也都是常用色。顶棚及墙面应考虑用反射系数高的明色，墙裙可以是色彩倾向明确和图案性强的颜色，地面色彩则不妨稍深些，可以起到稳定和加大空间感的效果。

卫生间具体设计步骤如下。

01 对原有空间继续进行分割，细化功能分区。比如，把董事长办公室进一步划分为办公区、秘书办公区和接待区，在接待区可以放置沙发和茶几等图块，在办公区可插入相应的办公桌、电脑和电话等图块。如果室内空间比较大还可以根据需要或要求划分出独立的卫生间等。使用“INSERT”命令插入，方法同上，效果如图12-8所示。

02 绘制卫生间隔墙。在办公楼里，卫生间一般都设有男女两间卫生间，这样方便员工使用。单击“绘图”工具栏中的 “直线”按钮，在卫生间区域绘制隔墙，并使用“修剪”按钮修剪墙体，设置墙体厚度为30mm，效果如图12-9所示。

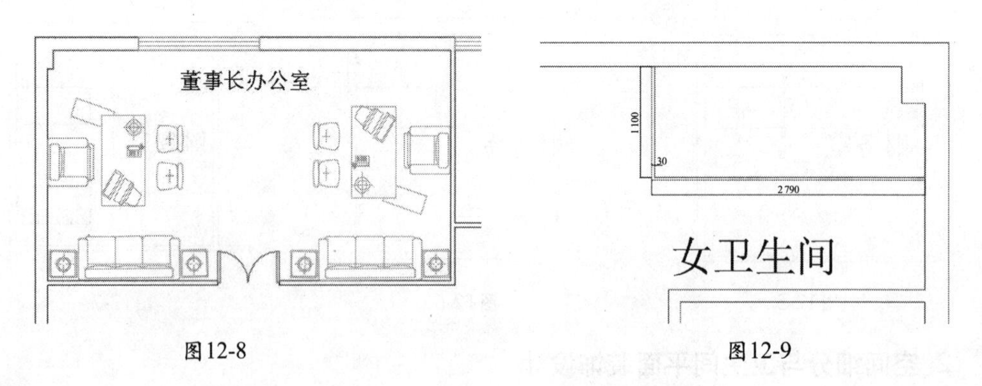

图12-8　　图12-9

03 绘制卫生间门。使用“直线”工具绘制隔墙内部隔断，且各个隔断的厚度都为30mm，隔断间的空间为900×1 100，其效果如图12-10所示。使用“偏移”工具，将绘制的隔墙外墙线向内偏移，并每次以新偏移获得的直线为基线分别向右偏移180mm、600mm、330mm、600mm、345mm、600mm、135mm，使用“修剪”工具将多余的线段删除，效果如图12-11所示。

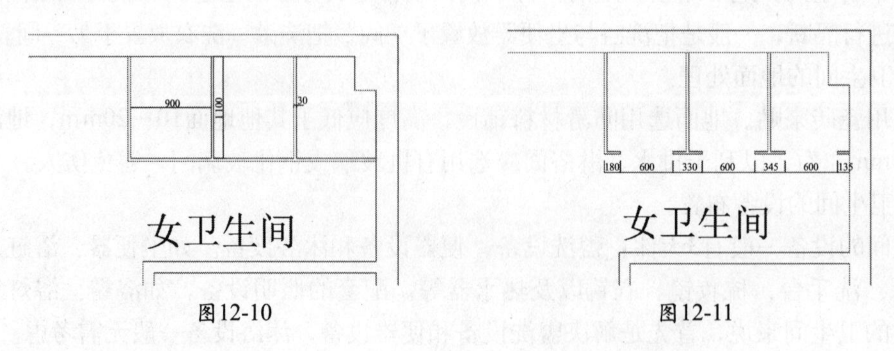

图12-10　　图12-11

04 在命令行中输入“INSERT”命令，选择插入DWG参考图，打开“坐便器.dwg”文件（光盘：\素材\第12章\坐便器.dwg），将其插入到当前图形里面，并且使用移动命令“MOVE”将插入的图块移动到隔间内的相应位置，效果如图12-12所示。

05 绘制卫生间的洗脸池和台面。使用“绘图”工具栏中的“矩形”和“椭圆”工具，完成卫生间洗脸池和台面的绘制，效果如图12-13所示。

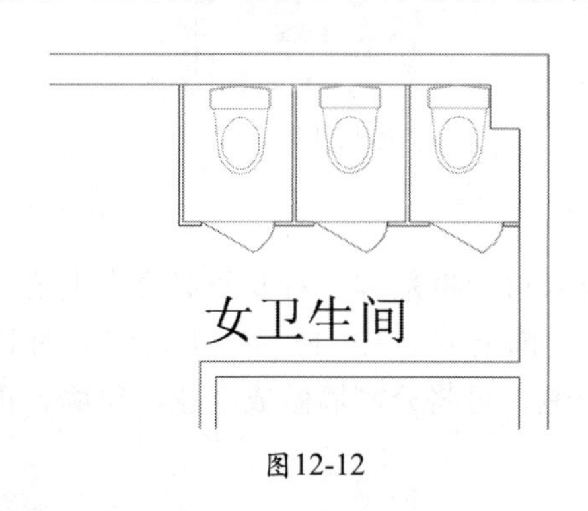

图12-12

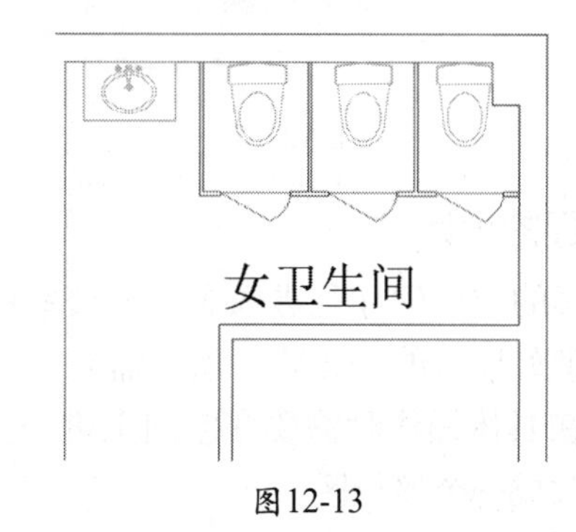

图12-13

06 使用同样的方法完成男卫生间的绘制。

3. 会议室平面装饰设计

会议室除了需要会议桌椅外，还需要利用会议室南侧的空间，制作一个既实用又美观的储物柜，具体操作步骤如下。

01 单击“绘图”工具栏中的“椭圆”按钮，在会议室中绘制一个一端为1 560，半径为1 760的椭圆，效果如12-14所示。

02 使用“偏移”工具，选择绘制的椭圆，向内部偏移140，完成后的效果如图12-15所示。

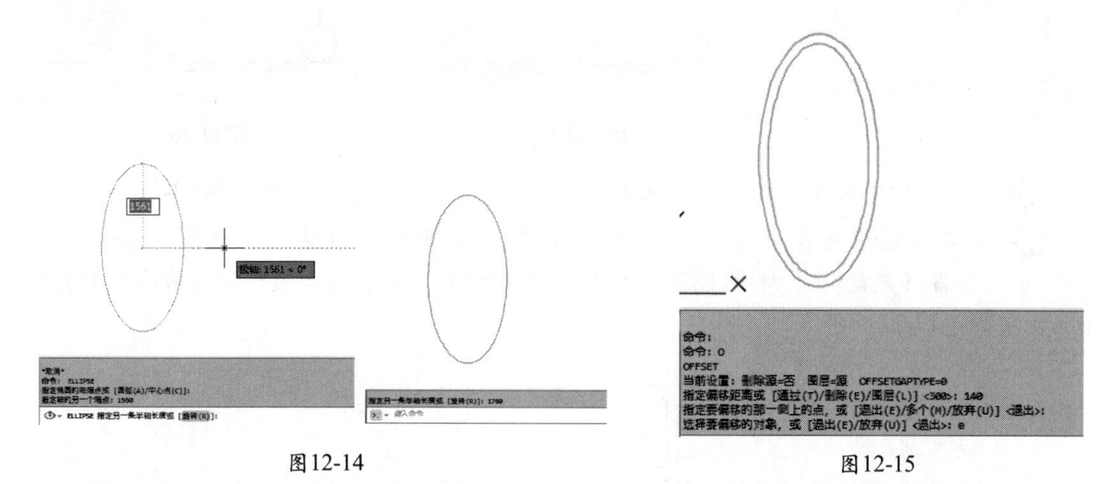

图12-14　　图12-15

03 使用“移动”工具，选择绘制的圆环，将其移动至适当的位置，效果如图12-16所示。

04 在菜单栏中选择“插入”|“块”命令，在弹出的对话框中选择“会议室椅子组.dwg”文件（光盘：\素材\第12章\会议室椅子组.dwg），并将其移动到适当的位置，效果如图12-17所示。

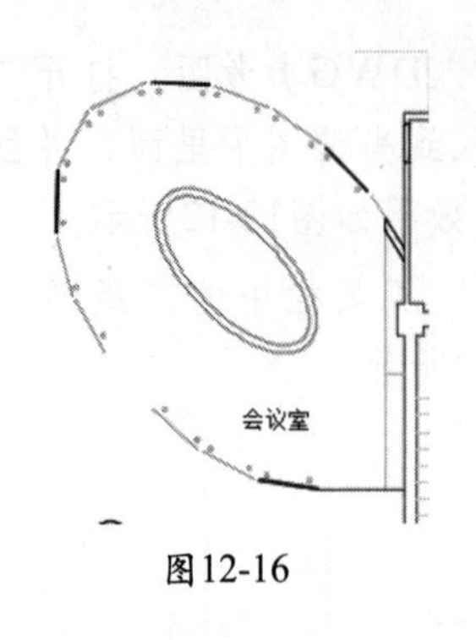

图12-16

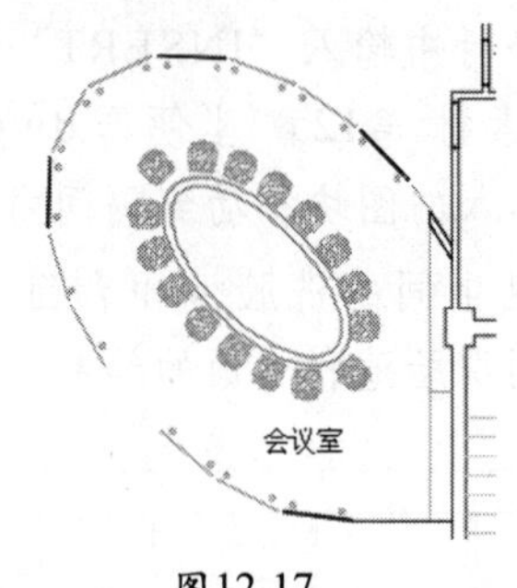

图12-17

4. 前厅的设计

办公楼的前台门厅是进入各个办公室的主要入口，也是客户对办公形象产生第一印象的地方，就好比人的一张脸，所以需要在造型和装饰上下工夫。图12-18所示的前厅比较狭长，所以在具体操作时需要在空间上进一步的分割，可将分割墙做成企业形象墙，再在形象墙背后做成一个接待区。

前厅设计的具体操作步骤如下。

01 绘制门厅入口。靠近楼梯的方向作为前厅的大门入口，所以首先要绘制大门。将门洞处的矩形删除，在菜单栏中选择“绘图”|“圆”命令，在门洞处绘制两个圆，效果如图12-19所示。在菜单栏中选择“绘图”|“直线”命令，以两个圆的圆心为起点绘制相互平行的直线，线长为圆的半径，再将两个圆的圆心相连，效果如图12-20所示。

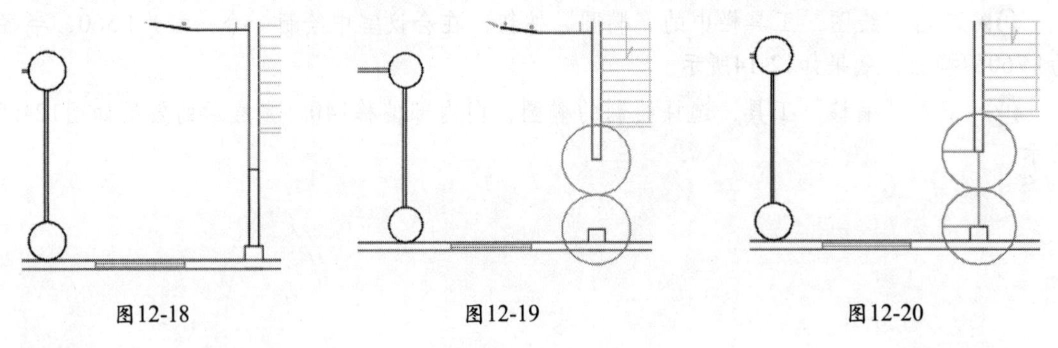

图12-18　图12-19　图12-20

02 在菜单栏中选择“修改”|“修剪”命令，将圆进行修剪，效果如图12-21所示。

03 在菜单栏中选择“插入”|“块”命令，在弹出的对话框中选择“会议室椅子.dwg”文件（光盘：\素材\第12章\会议室椅子.dwg），并利用圆弧和直线命令绘制招待桌，效果如图12-22所示。

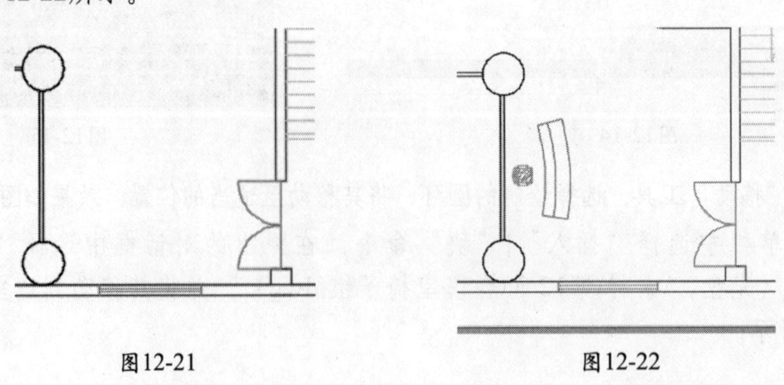

图12-21　图12-22

04 绘制接待区。接待区的绘制如前面小节所述，具体不再赘述，主要是布置沙发、茶几和衣柜等的位置，最终效果如图12-23所示。

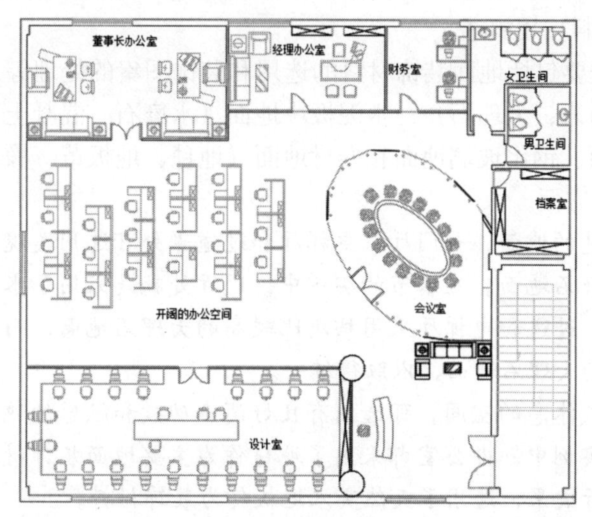

图12-23

12.2.2 地面拼花造型的设计与绘制

地面是室内设计中一个非常重要的陪衬点，好的地面造型、颜色和亮度可以很好地衬托出室内效果。人们入室后，眼睛大多数时间都是看向地面，所以在人的视域中，地面的比例比较大，离人眼的距离比较近，因此它的造型往往给人更为直观的印象。

在地面设计中必须注意设计的整体效果，包括上下界面的组合、地面和空间的实用机能、图案和色彩的设计，以及材料的质感和功能等。办公室的地面除使用石材或瓷砖外，应更多地使用实木地板、复合地板和优质地毯等软性材料。

下面介绍如何绘制地面的拼花造型，最终效果如图12-24所示。

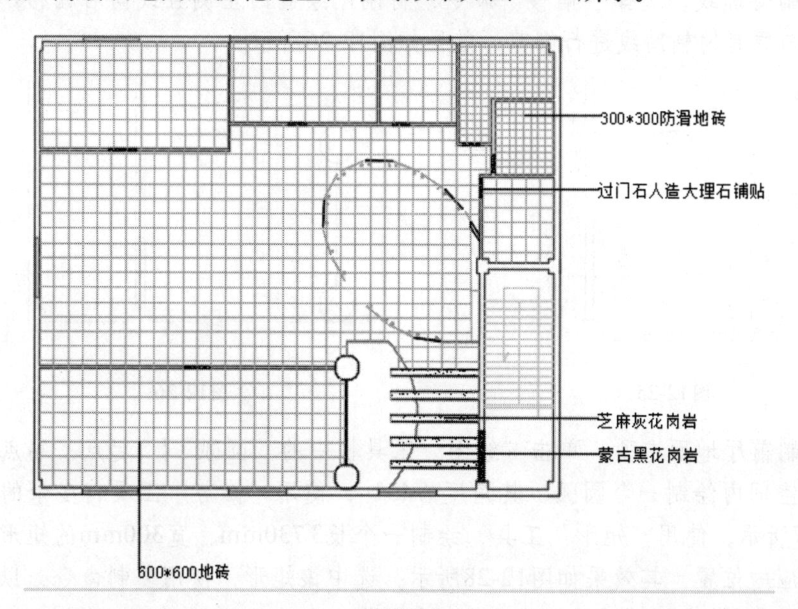

图12-24

1. 前厅地面的绘制

在介绍详细的绘制步骤之前，先了解一下地面装饰材料的应用和前厅地面的设计。

（1）地面装饰材料应用概述。

地面装饰设计主要包括地面装饰材料的选用和装饰图案的处理等。地面材料常用的有天然石材地面（花岗岩、大理石）、水泥板块地面（水磨石、混凝土）、陶瓷板地面、木板地面、金属板地面、钢化玻璃地面和卷材地面（地毯、地板革、橡胶）。在选择地面材料时应注意以下几个方面。

- 大量人流通过的地面，如门厅、电梯厅和过道等处可选用美观、耐磨与易于清洁的花岗岩或水磨石地面。在本节的实例中，门厅处就是采用了水磨石和大理石相结合的处理方法，过道和电梯厅采用档次比较高的大理石地面，而一些辅助空间则采用与走道一致的大理石地面，以取得统一。
- 安静、私密或休息的空间，可选用有良好消声功效和触感的地毯、橡胶和木地板等材料。在本实例中，办公室都采用了地毯作为主要地面装饰材料，而会议室为了取得较好的视听效果，选用了天然实木地板作为装饰材料。
- 厨房、卫生间等处应选用防滑、耐水且易于清洁的地面材料，如缸砖、马赛克等。

本节将在后面介绍办公空间地面铺装图绘制的方法和技巧。

（2）前厅的地面设计。

前厅的地面人流量大，一般采用耐磨的材质。耐磨材质一般分两种，一种是石材地面，比如花岗岩、大理石等，这种材质比较高档；另一种是采用成本较低的耐磨瓷砖等，是目前比较常见的材料。

前厅地面设计的具体操作步骤如下。

01 设置地面。使用“直线”工具将前厅的空间封闭起来，并使用“修剪”工具将多余的部分进行修剪，效果如图12-25所示。

02 绘制轮廓线。选择“偏移”命令，将刚刚绘制的左侧直线向右偏移1 700mm，将偏移的直线与原有的辅助线进行修剪，效果如图12-26所示。

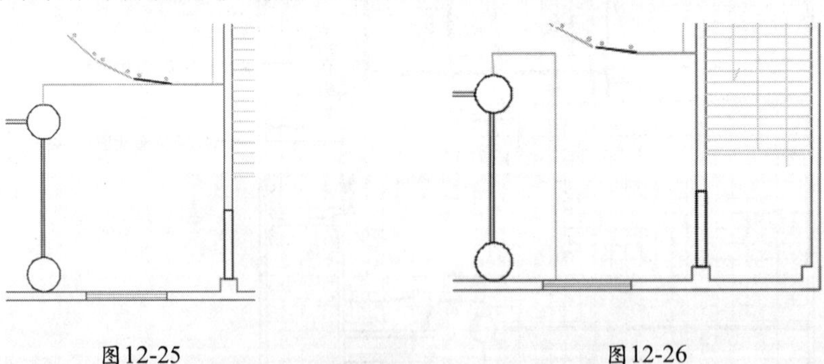

图12-25　　图12-26

03 绘制前厅地面造型。单击“绘图”工具栏中的“圆弧”|“起点，端点，方向”命令，在门厅空间内绘制一个圆弧，其角度为45°，使用“修剪”工具将多余的线删除，效果如图12-27所示。使用“矩形”工具，绘制一个长3 730mm、宽300mm的矩形，将其选中并移动到相应的位置，其效果如图12-28所示。选中该矩形，使用复制命令，以矩形的右下角为基点向上复制4个矩形，其距离分别为900mm、1 800mm、2 700mm、3 600mm，且使

用修剪工具将圆弧上多余的线段删除，效果如图12-29所示。

04 填充图案。单击“绘图”工具栏中的“图案填充”按钮，在弹出的“图案填充和渐变色”对话框中设置“图案填充比例”为2，“图案填充图案”为AR-CONC，然后在矩形中单击鼠标左键进行填充，效果如图12-30所示。

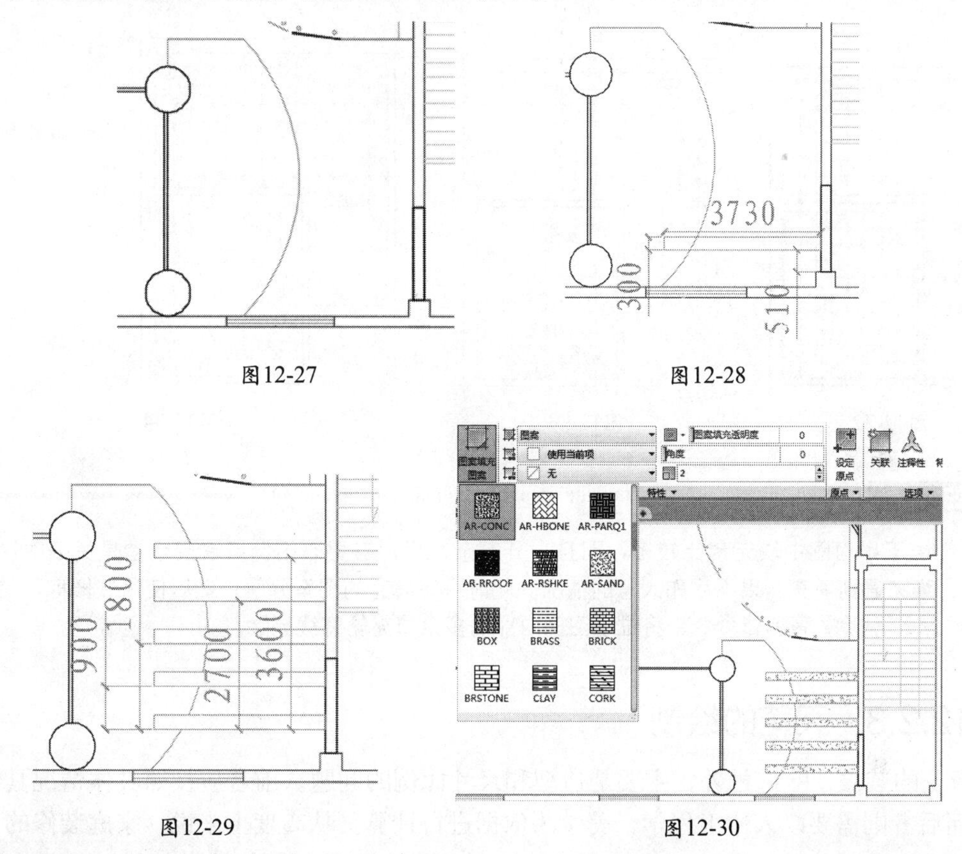

图12-27　图12-28

图12-29　图12-30

注 意

也可以通过AR-SAND对图形进行填充。

2. 卫生间的地面设计

卫生间的地面装饰材料要便于清洁、耐腐蚀和防滑，还要配合洁具的颜色，一般采用涂釉磨砂瓷砖作为装饰材料，也可以根据个人爱好，做相应的颜色和样式的调整。

卫生间地面设计的具体操作步骤如下。

01 图案填充。单击“绘图”工具栏中的“图案填充”按钮，在弹出的“图案填充和渐变色”对话框中将“图案填充比例”设置为95，将“图案填充图案”设置为NET，如图12-31所示。对轮廓线内侧填充图案，效果如图12-32所示。

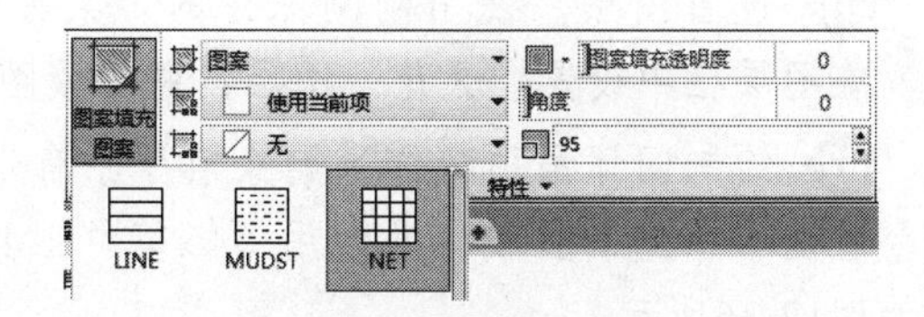

图12-31

02 绘制标高。由于卫生间排水的需要，地面并不是水平的，需要一定的倾斜角度，这就需要在卫生间标识标高，用来标识卫生间地面的倾斜方向。具体方法是绘制标高三角符号，然后标注0基面和高差面，效果如图12-33所示。

03 绘制材料标识。在合适的空白位置绘制标识锚点、标识引线和标识文字，并把其他几个卫生间的铺地填充了材质，效果如图12-34所示。

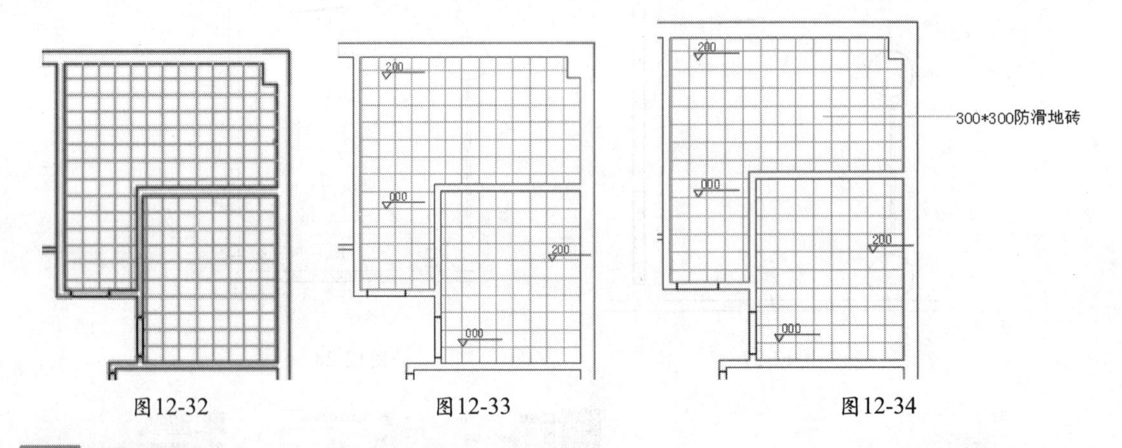

图12-32　　图12-33　　图12-34

注 意

由于平面图中块元素比较多，而且十分复杂，用户在更改图例所在层或者是关闭图块层时，难免遇到填充结果不尽如人意的情况。此时可将填充的图案分解，然后使用“修剪”“延伸”和“删除”等编辑命令，将位于图例内部的多余填充轮廓线删除。

12.2.3 天花的绘制

天花的装修，除选材外，主要是造型和尺寸比例的问题。前者应按照具体情况具体处理，而后者则需要以人体工程学、美学为依据进行计算。从高度上来说，家庭装修的内净空高度不应少于2.6m，因此尽量不做有造型的天花，而选用石膏线条框设。通常办公空间、酒店和宾馆等商业空间的高度均高于3米，所以可以应用各类天花板来装饰空间。

根据空间装饰的需求不同，其材料的选择也不尽相同。比如办公空间装饰中的天花材料多选择石膏、铝扣板，以及最近新兴的软模天花等。在酒店、宾馆等装饰装修中，由于其对材料要求更高，一般会用到高级铝扣板、彩绘玻璃和异型软模天花等。普通办公室天花的装修材料常采用石膏板、夹板和金属板，有些天花悬吊网格或局部悬挂平板，部分或全部暴露楼板下的各种管线，简洁而不简单，实用而不失时代气息。设计者可以根据各个房间的性质综合选用。

1. 前厅的天花设计

01 设置图层。使用刚刚保存的“某办公室地面铺装图”，将除前厅外的地面都删除，在图层栏中设置“天花”图层，并将该图层设置为当前图层，如图12-35所示。

02 绘制门厅吊顶装饰。删除前厅原有地面铺装造型的“图案填充”，使用“直线”命令在图形中绘制直线，并使用“修剪”工具将多余的线段删除，得到想要的图形，其效果如图12-36所示。

03 绘制石膏板拉缝。单击“绘图”工具栏中的“图案填充”按钮，在弹出的“图案填充和渐变色”对话框中将“图案填充比例”设置为20，将“图案填充图案”设置为AR-RROOF，将“图案填充角度”设置为45°，对轮廓线内侧填充图案，效果如图12-37所示。

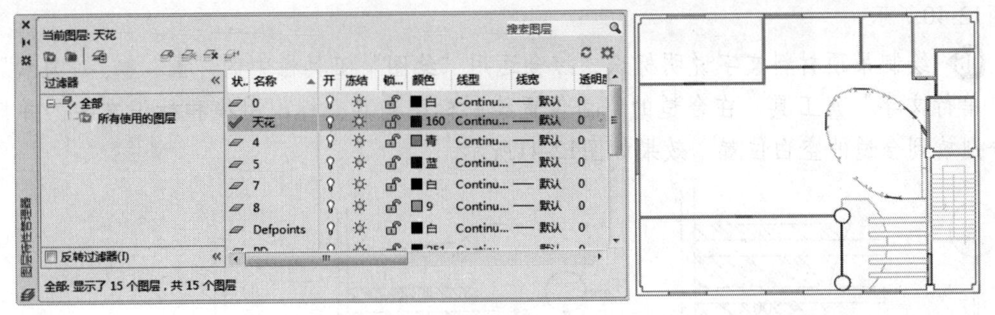

图12-35

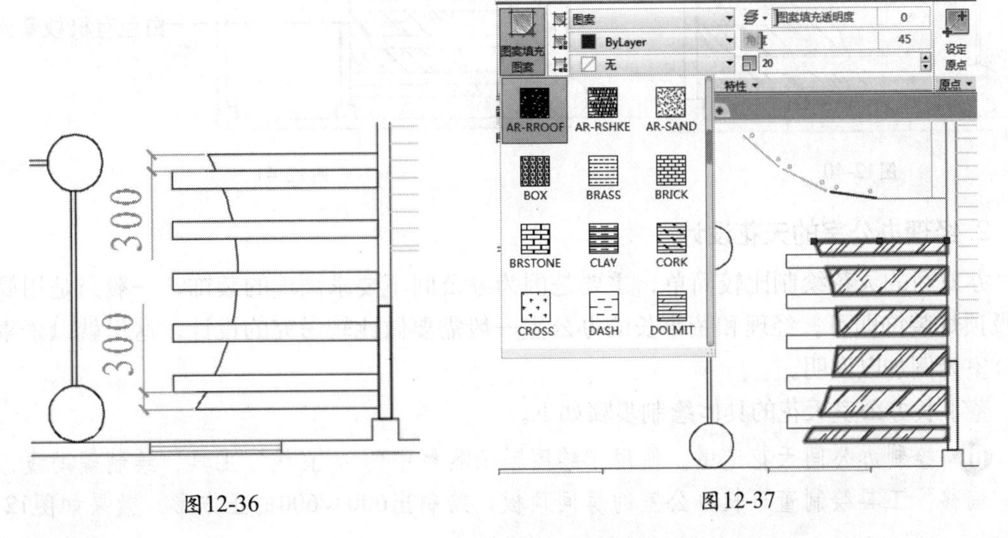

图12-36　　　　图12-37

04 绘制格栅顶灯。前厅位置的灯光一般要求华丽，但是如果门厅空间较小，装饰风格也比较简单，可以只采用吸顶灯或者格栅节能灯来做装饰。选择菜单栏中的“插入”|“块”命令，在打开的“插入”对话框中单击“浏览(B)”按钮，在打开的对话框中选择“灯具.dwg”文件（光盘: \素材\第12章\灯具.dwg），将其放置在适当的位置，如图12-38所示。在命令行中输入“INSERT”命令，插入6个“灯具”图块，效果如图12-39所示。

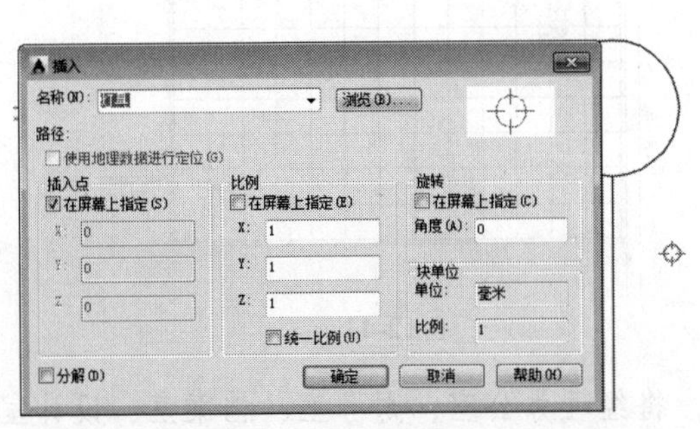

图12-38

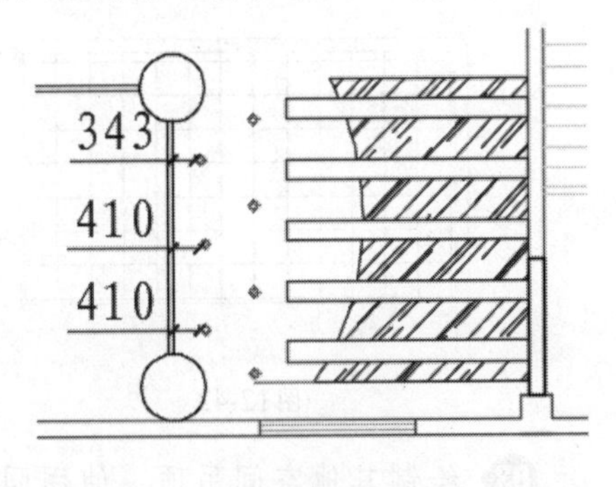

图12-39

05 绘制吊顶材料的标高。由于吊顶构建有不同的高度，所以在绘制完吊顶的平面图后，要绘制出标高值以表明其在立体空间的相互位置关系。具体方法是绘制标高三角符号，然后标注靠上的白色有机板藏光为2 600mm，再标注靠下的石膏吊顶为2 700mm，效果如图12-40所示。

06 绘制吊顶材料文字说明标识。综合运用“绘图”工具栏中的“圆”、“直线”和“单行文字”工具，在合适的空白位置绘制标识锚点、标识引线和标识文字，并把他们分别放到合适的空白位置，效果如图12-41所示。

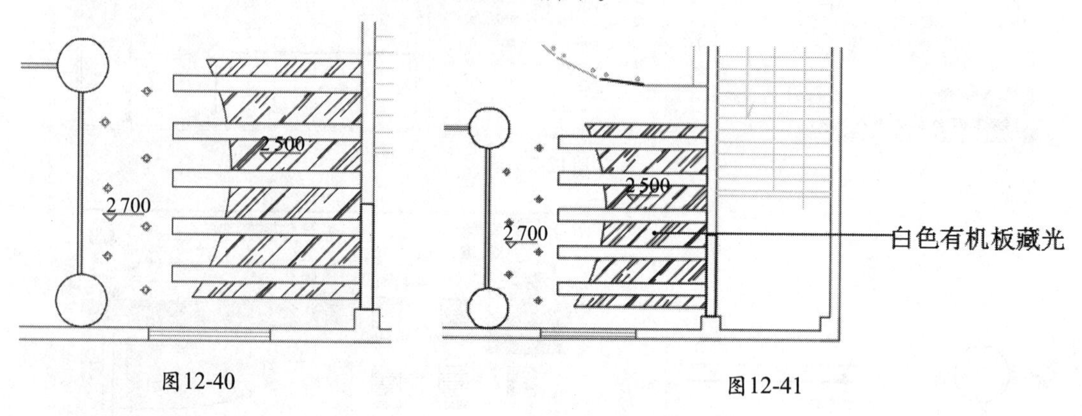

图12-40　　图12-41

2. 经理办公室的天花设计

办公间的天花绘制比较简单，主要是因为办公间不要求烦琐的装饰，一般只是用简单的吸顶灯装饰即可。经理和董事长的办公室一般需要做比较考究的设计，这里就以董事长办公室为例加以说明。

董事长办公室天花的具体绘制步骤如下。

01 绘制办公间天花造型。使用“绘图”工具栏中的 “直线”工具，绘制辅助线，使用“偏移”工具绘制董事长办公室的房间顶板，绘制出600×600的正方形，效果如图12-42所示。

02 绘制天花灯饰。选择菜单栏中的“插入”|“块”命令，在打开的“插入”对话框中单击“浏览”按钮，在打开的对话框中选择“灯具2.dwg”文件（光盘：\素材\第12章\灯具2.dwg），将其放置在适当位置，如图12-43所示。使用“复制”命令，将插入的“灯具3”图块进行复制，效果如图12-44所示。

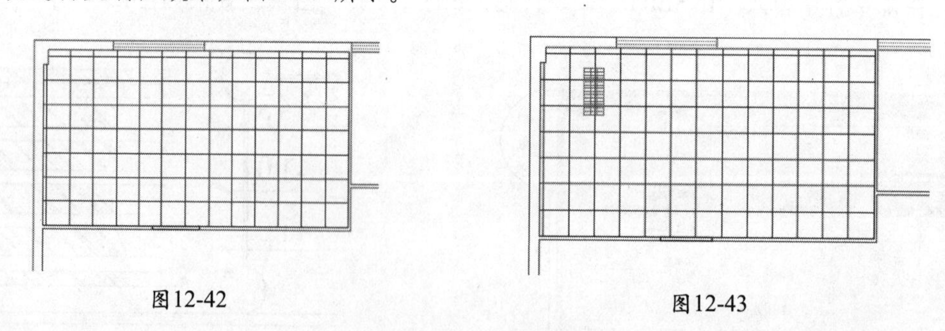

图12-42　　图12-43

03 绘制其他空间吊顶。使用同样的方法，将经理办公室、财务室、档案室、设计室进行绘制，如图12-45所示。

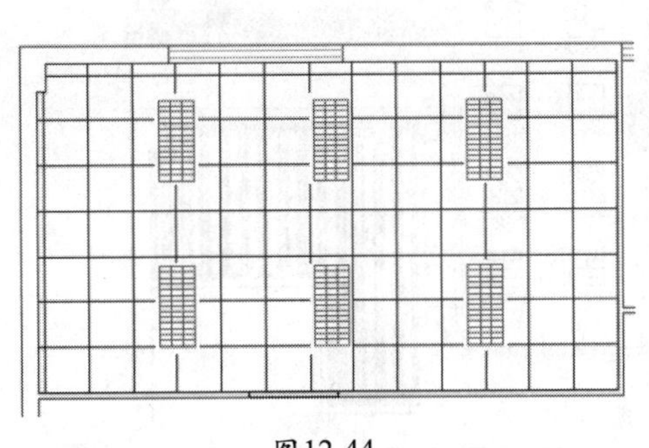

图12-44

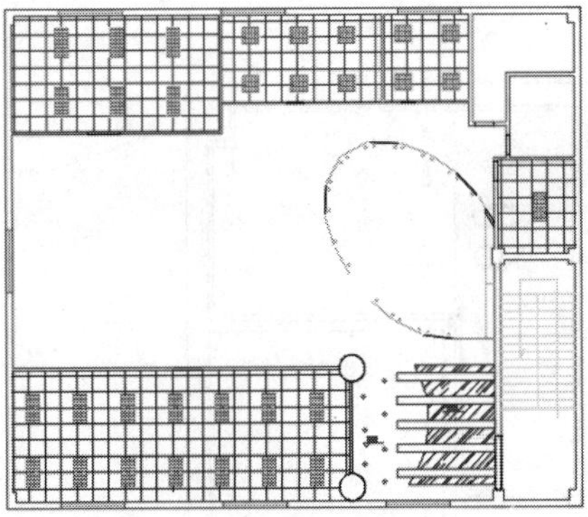

图12-45

04 绘制文字说明标识。综合运用“绘图”工具栏中的“圆”、“直线”和“单行文字”工具，在合适的空白位置绘制标识锚点、标识引线和标识文字，并把他们分别放到合适的空白位置，最终效果如图12-46所示。

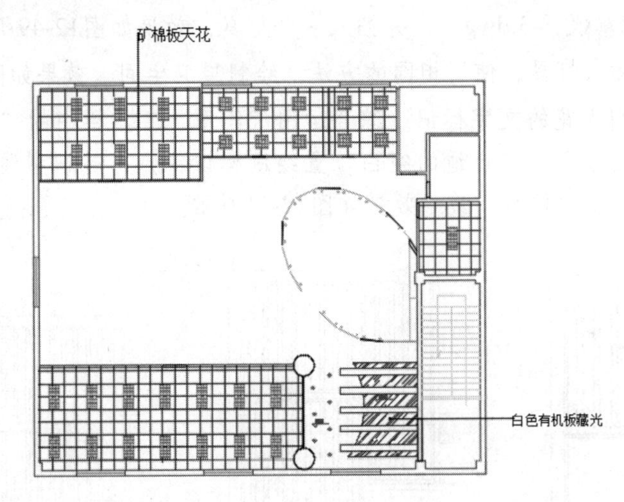

图12-46

3. 卫生间的天花设计

卫生间由于管道比较多，一般都需要吊顶，吊顶通常选用透光和不怕潮湿的材料。由于卫生间的潮湿环境，对灯具、衣镜和家具都要求具有防潮、防腐蚀的性能，卫生间的涂料等也是如此。下面以一个卫生间为实例加以说明。

卫生间天花的具体绘制步骤如下。

01 绘制卫生间吊顶轮廓。卫生间吊顶的材料一般是防水、防潮的材料，这里采用的是防水澳泊板吊顶。使用“绘图”工具栏中的“直线”工具，紧贴卫生间的内墙线，做一个封闭的区域，使用“偏移”工具将绘制的内墙线向内侧偏移60mm，使用“圆角”工具将相垂直的直线进行修改，其半径为0，便于填充材质，效果如图12-47所示。

02 绘制卫生间吊顶材料。在菜单栏中选择“绘图”|“图案填充”命令，在弹出的“图案填充创建”工具栏中，将“图案填充图案”设置为ANSI32，“图案填充比例”设置为30，“图案填充角度”设置为45°，填充后的效果如图12-48所示。

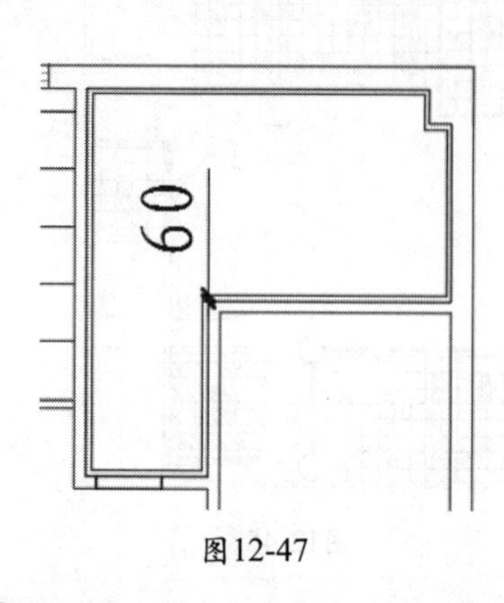
图12-47

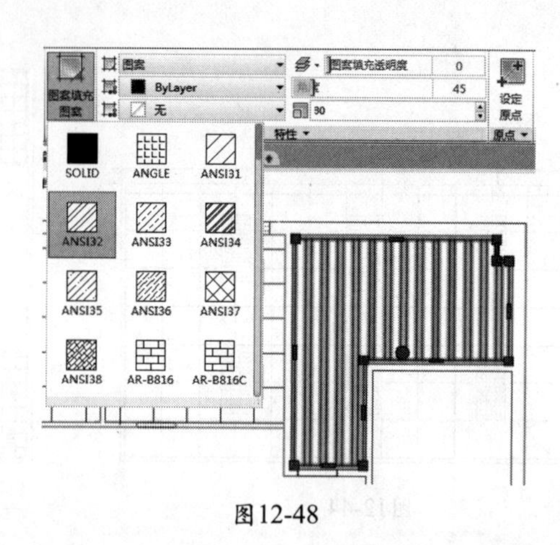
图12-48

03 为卫生间插入灯具。由于卫生间没有窗户，所以在洗脸池的化妆镜前需要加强灯光，一般采用前照灯，或者吸顶灯来达到目的，卫生间中可放置多个灯具。在菜单栏中选择“插入”|“块”命令，在弹出的块对话框中单击“浏览”按钮，选择“灯具3.dwg”文件（光盘：\素材\第12章\灯具3.dwg），并插入多个灯具，效果如图12-49所示。

04 为卫生间插入灯具。使用相同的方法，绘制男卫生间，效果如图12-50所示。

05 绘制卫生间天花的文字标识。综合运用“绘图”工具栏中的“圆”、“直线”和“单行文字”命令，在合适的空白位置绘制标识锚点、标识引线和标识文字，并把他们分别放到合适的空白位置，最终效果如图12-51所示。

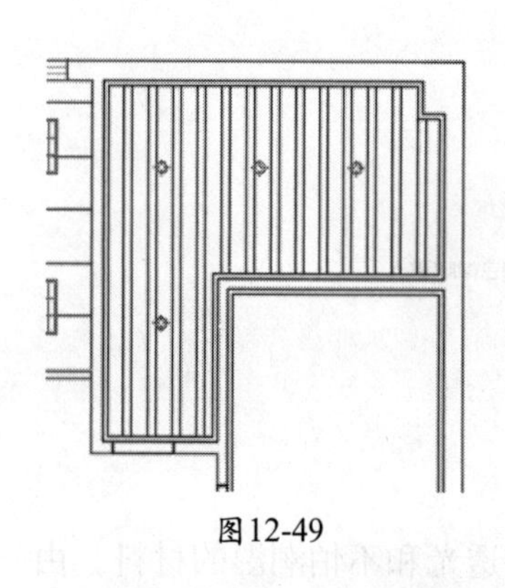
图12-49

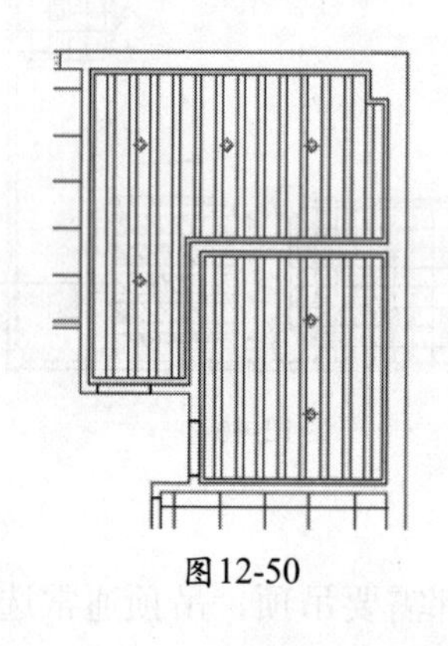
图12-50

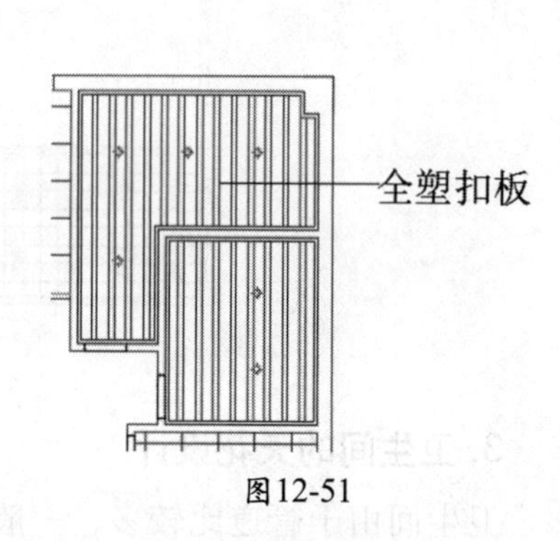

图12-51

4. 办公区的天花设计

办公区的装饰比较简单，一般采用防火、防潮和吸音等材料，常见的又经济又能阻燃的材料有矿棉板、石膏板，外观大方的格栅板，以及质轻美观的PVC扣板、铝扣板等。当然也可以不用吊顶，直接在天花顶刷墙漆，然后使用吸顶灯，这样比较简便。如果是吊顶，就需要使用内嵌的格栅灯具，这样才能保证办公区的美观性。

本例大部分空间采用了比较简洁的刷乳胶漆的办法，比如入口玄关处，采取吊顶装饰，并各自配以相应的灯具。

办公区天花的具体绘制步骤如下。

01 使用“直线”工具沿墙内侧线绘制封闭空间，使用“偏移”工具向内侧偏移60mm，绘制出另两条分隔线，如图12-52所示。然后使用“修剪”工具和“圆角”工具，将相垂直的线连接，半径为0，效果如图12-53所示。

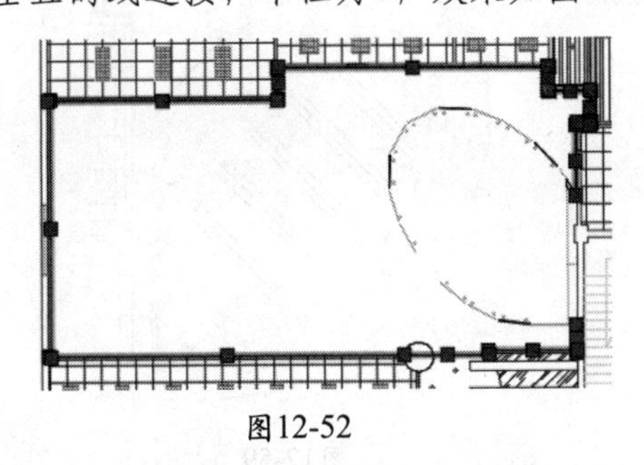
图12-52

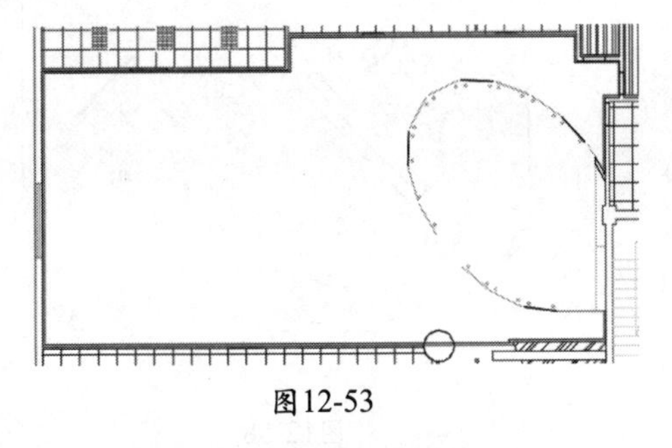
图12-53

02 绘制卫生间灯具、标高和文字说明。使用“INSERT”命令插入“双筒灯”图块（光盘：\素材\第12章\双筒灯.dwg），如图12-54所示，并标注标高和材质的文字说明，效果如图12-55所示。

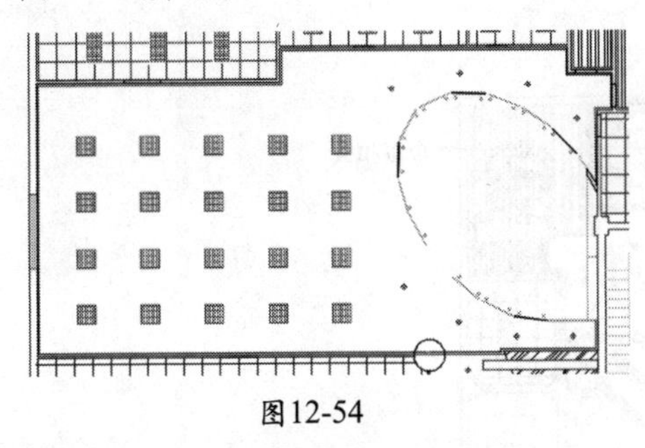
图12-54

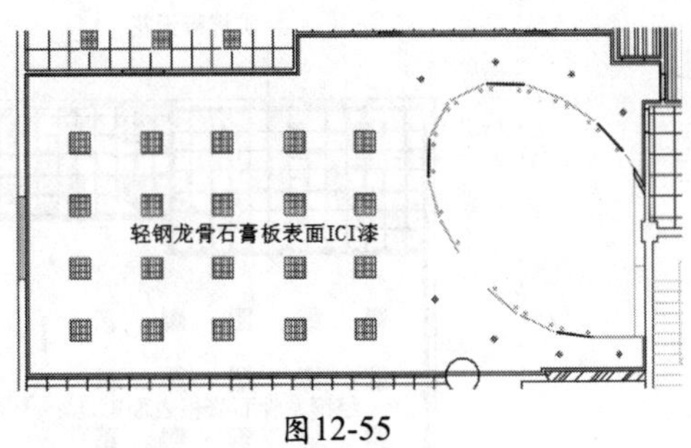

图12-55

5. 会议室天花吊灯的设计

根据实际需要，会议室的空间需要明亮一些，具体绘制方法如下。

01 设计吊灯吊顶板。如果房间没有做吊顶，可以使用“偏移”工具将会议室内侧线向内侧偏移710，在得到的偏移线后再向内侧偏移150，效果如图12-56所示。

02 插入吊灯。使用“INSERT”命令，插入“双筒灯.dwg”文件（光盘：\素材\第12章\双筒灯.dwg），并插入多个，效果如图12-57所示。

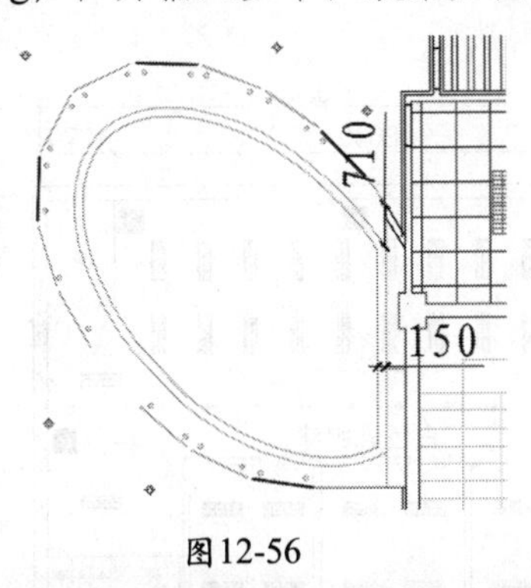

图12-56

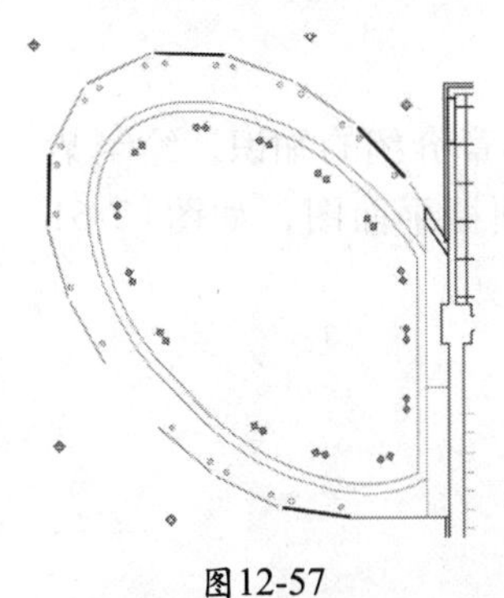
图12-57

03 添加标高和文字说明。在菜单栏中选择“矩形”工具，绘制2 050×150的矩形，并将其移动到适当的位置，在菜单栏中选择“修改”|“旋转”命令，将矩形旋转到适当角度，再使用“直线”工具绘制直线，其长度为2 500，角度与绘制矩形相同，效果如图12-58所示。使用相同的方法绘制其他造型，效果如图12-59所示。

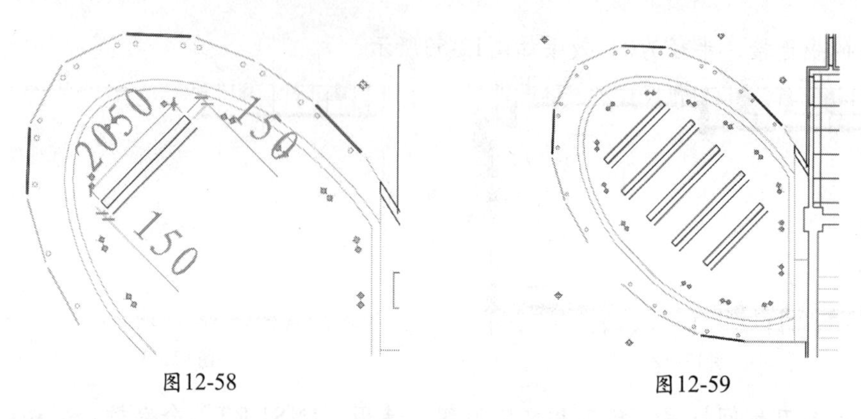

图12-58　　　　图12-59

04 整理天花设计效果图。当把所有的造型设计、标高和文字说明都绘制好后，需要整理一下图形，比如文字说明的对齐排列等，天花装饰的最终设计效果如图12-60所示。

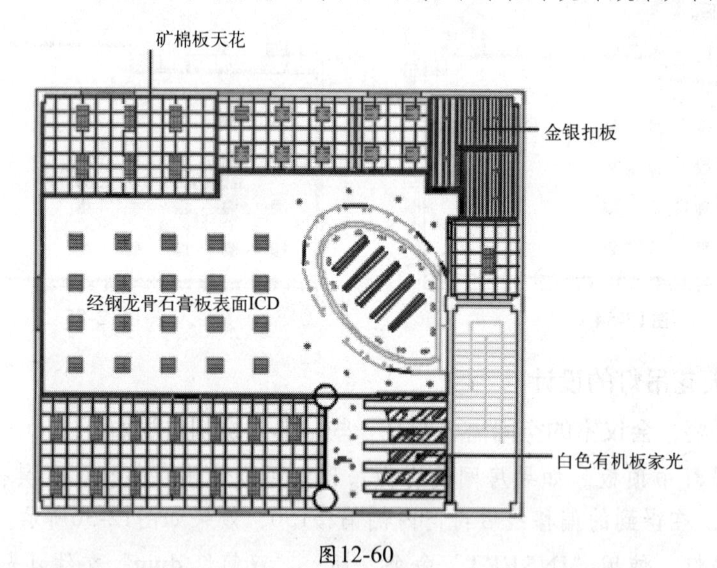

图12-60

练习

根据本章介绍的知识，绘制某办公室的顶棚平面图，如图12-61所示。

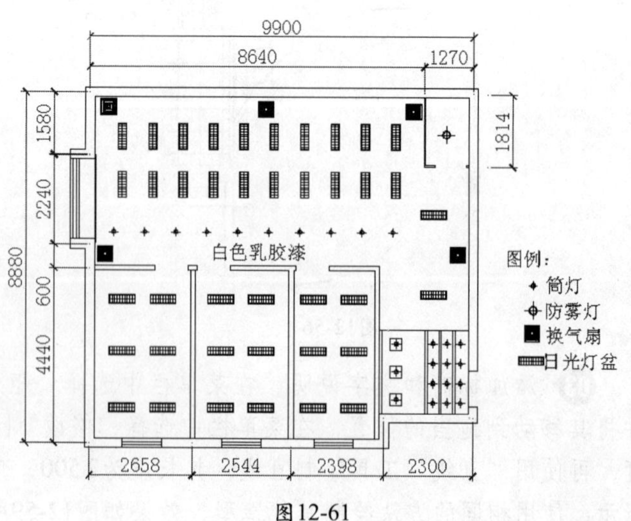

图12-61

AutoCAD

第13章 绘制室内立面图

本章主要介绍家庭装修中立面图绘制的基本内容和设计手法，在掌握了相关的基础知识以后，再用实例来介绍家庭装修中立面图的绘制方法与步骤。立面图是配合平面图表达家庭装修设计思路的图纸，是能够真实反映设计效果的图纸，要求其把设计中的细节表达清楚。

13.1 室内设计立面图绘制概述

室内设计立面图包括投影方向可见的室内轮廓线和装修构造、门窗、构配件、墙面、固定家具、灯具、必要尺寸和标高，以及需要表示的非固定家具、灯具和装饰构件等。

13.1.1 室内设计立面图的内容

室内设计立面图是表现室内墙面装修及布置的图样，它除了能设计出固定的墙面装修外，还可画出墙面上灵活移动的装饰品，以及陈设的家具等设施。它可供观赏和检查室内设计艺术效果及绘制透视效果图所用，如图13-1所示。

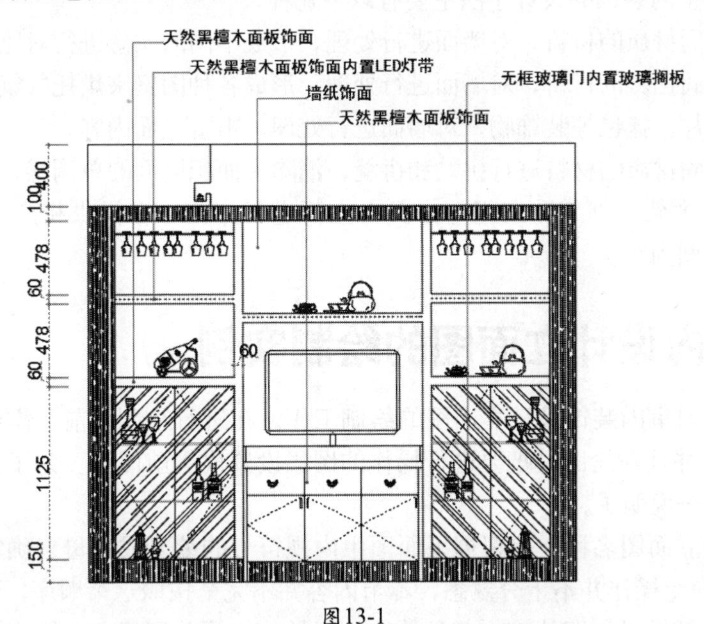

图13-1

室内设计立面图所需绘制的内容包括：剖切后所有能观察到的物品，如家具、家电等陈设物品的投影，但家具陈设等物品应根据实际大小，用统一比例绘制；标出室内空间的竖向尺寸及横向尺寸；需要标明墙面装饰材料的材质、色彩与工艺要求，另外，如果墙面上有装饰壁面、悬挂的织物，以及灯具等装饰物时也应标明。

13.1.2 室内设计立面图的设计方法

室内装饰设计的立面面积比较大，与人的距离也比较近，又常有照片、挂毯等装饰品，是装饰设计中最重要的部分，对整个设计效果的成败起着极其重要的作用。因此在设计时，不但要考虑到实际使用上的要求，更要考虑到设计艺术上的要求。立面的设计与整个设计目的要保持一致，营造出与其空间属性相一致的气氛。

室内装饰设计立面的过程需要注意以下几点。

（1）注意充分利用材料的质感，装修立面是有色的或者带图案的，自身的分格及凸凹变化也带有图案化的特征，他们的材料特色及颜色特色都会影响到空间的特征，因此要尽可能利用立面设计的造型来表达空间的特性，包括空间的时代性、民族性与地方性，这些特性与其他要素综合在一起来反映空间的特色。

（2）注意立面的封闭程度，立面的组成不完全是墙，也不一定是完全封闭的，有的可能是半隔半透的，有的可能是基本空透的，也有的可能是完全的实墙面。在实际工程中，有的将墙面用传统的窗花加以处理，有的把实墙面上的墙体处理成有装饰意味的空洞，这些手法极大地增加了光影变化的效果，烘托出了浓郁的民族气息。

（3）注意空间之间的关系，现在室内设计中的空间特色是强调流通空间，因此空间之间的过渡和协调是非常重要的，要处理好相邻空间的关系，就要处理好相邻空间的界面关系，主要是立面的关系，不但在空间上要做到该隔就隔、该透就透，还可以利用借景的手法，增加景深，以达到丰富空间的效果。

概括来说，室内装饰的设计手法主要有以下几种。

（1）使用不同材质的材料，对墙面进行处理，形成不同的质感进行对比。

（2）使用不同色彩的材料，对墙面进行处理，形成各种图案来烘托气氛。

（3）使用照片、挂毯等装饰物，对墙面进行处理，丰富立面内容。

（4）使用不同材质的材料进行拼贴和拼缝，消除大面积墙面的单调感，使立面丰富。

（5）采用博古架、书架和壁柜等家具对立面进行分割，在提供相应使用功能的前提下，丰富室内空间内容。

13.2 室内设计立面图的绘制实例

本节开始学习室内装饰设计立面图的绘制工作。在进行绘制以前，需要把所有的图形按照图层分开，并且在绘图时把要进行操作的图层设置成当前图层。为了叙述简便，就不在具体步骤中逐一说明了。

建筑的室内立面图名称一般根据平面图中内视符号的编号或字母来确定，考虑到初学者对AutoCAD命令操作并不十分熟悉，本节内容并不完全按照这个顺序，而是采用“由小到大”的渐进讲解模式，即从室内家具的绘制开始，由简单到复杂，循序渐进。希望读者可以尽快掌握AutoCAD中的命令和技巧。

13.2.1 绘制厨房立面图

根据前面讲解的室内立面图的绘制流程，以及前面章节中讲解的绘制图形的方法，下面绘制厨房立面图，具体操作过程如下。

1. 设置图层和标注样式

01 在命令行中执行“layer”命令，弹出“图层特性管理器”选项板，新建如图13-2所示的图层，设置完成后，关闭“图层特性管理器”选项板。

02 在命令行中执行“DIMSTYLE”命令，弹出“标注样式管理器”对话框，单击 新建(N)... 按钮，弹出“创建新标注样式”对话框，在“新样式名(N)”文本框中输入文本“厨房立面图”，其余保持默认设置，单击 继续 按钮，如图13-3所示。

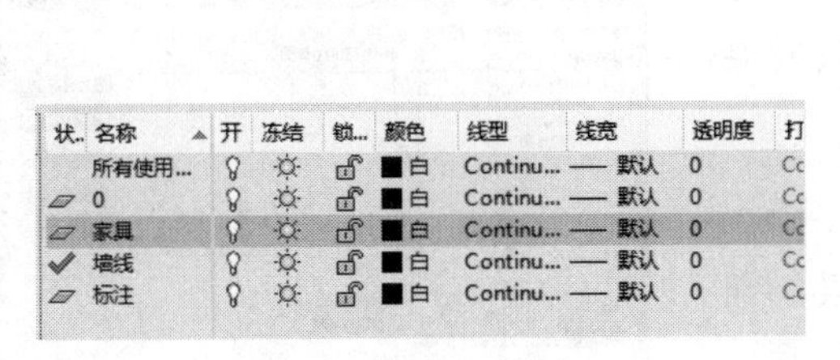

图13-2

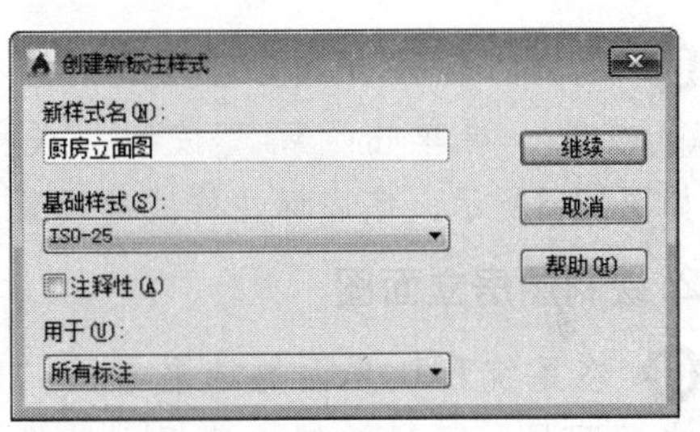

图13-3

03 弹出“新建标注样式：厨房立面图”对话框，切换至“线”选项卡，在“超出尺寸线(X)”数值框中输入80，在“起点偏移量(F)”数值框中输入80，将“尺寸线”和“尺寸界线”的颜色都设为“绿色”，如图13-4所示。

04 切换至“符号和箭头”选项卡，在“箭头”选项组的“第一个(T)”下拉列表中选择“/建筑标记”选项，在“箭头大小(I)”数值框中输入2.5，如图13-5所示。

图13-4

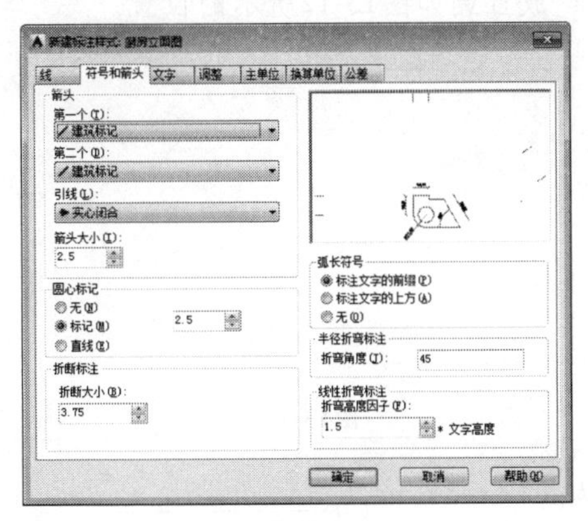

图13-5

05 切换至“文字”选项卡，将“文字颜色(C)”设为“绿色”，在“文字高度(T)”数值框中输入100，如图13-6所示。

06 切换至“主单位”选项卡，在“线性标注”选项组的“精度(P)”下拉列表中选择0选项，单击 确定 按钮，如图13-7所示。

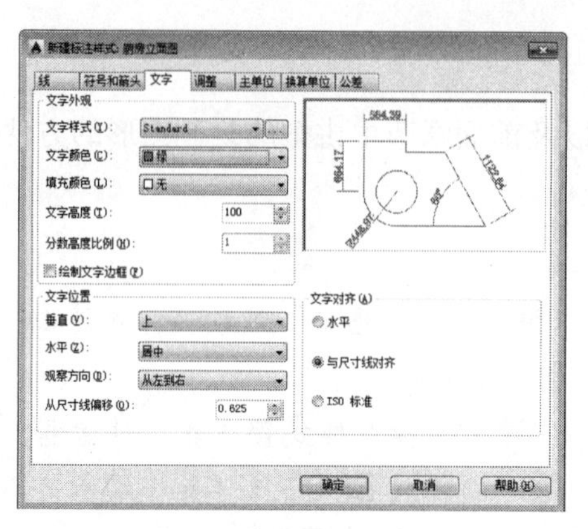

图13-6

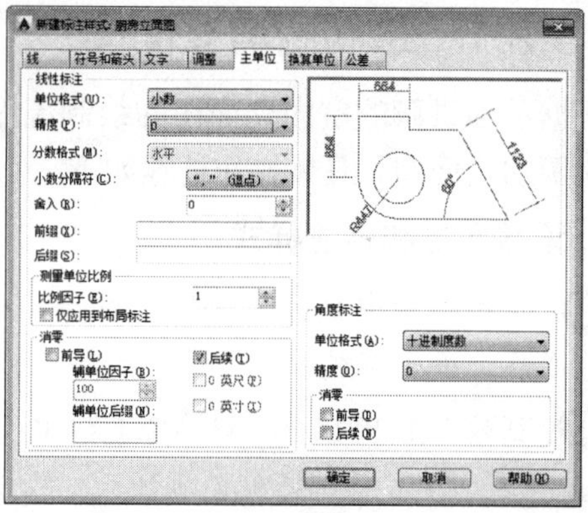

图13-7

07 返回“标注样式管理器”对话框，单击置为当前(U)按钮，再单击关闭按钮，关闭该对话框，如图13-8所示，完成标注样式的设置。

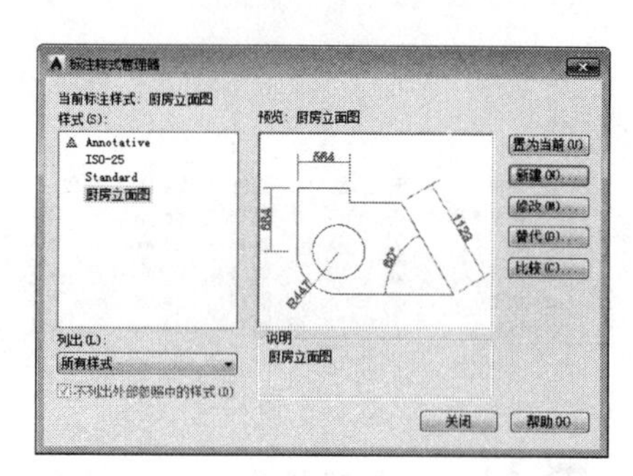

图13-8

2. 绘制厨房立面图

01 在系统默认界面的选显卡的“图层”组中单击“图层”下拉按钮，选择“墙线”选项，将“墙线”设置为当前图层。利用“矩形”工具绘制长和宽分别为5 900和3 000的矩形，并将其修改为“青色”，如图13-9所示。

02 利用“直线”工具，根据图13-10所做的标注进行绘制，最终效果如图13-11所示。

03 利用“矩形”工具，绘制长和宽分别为2 230和1 460的矩形，将其颜色设为“黄色”，放置到如图13-12所示的位置。

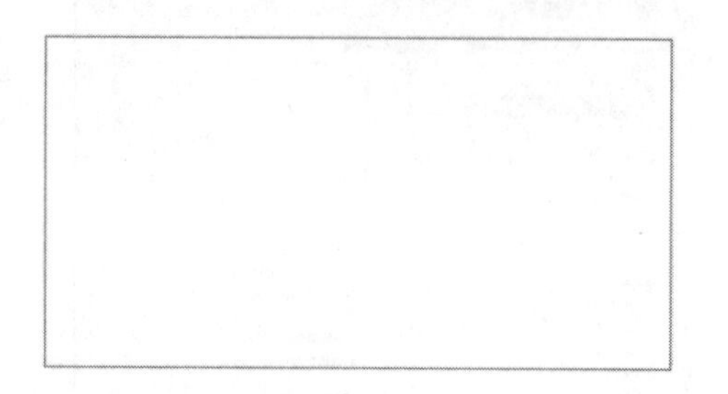

图13-9

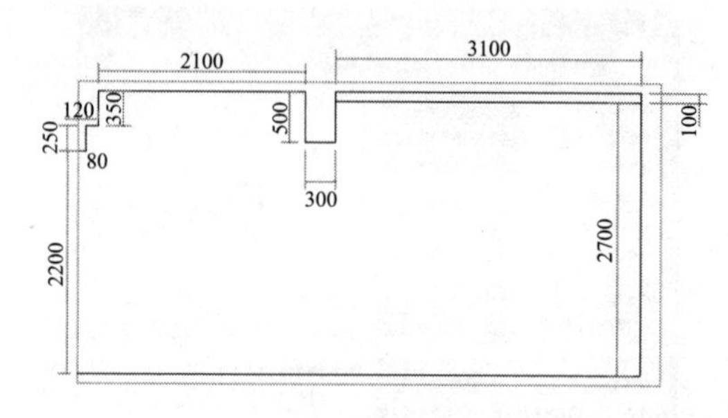

图13-10

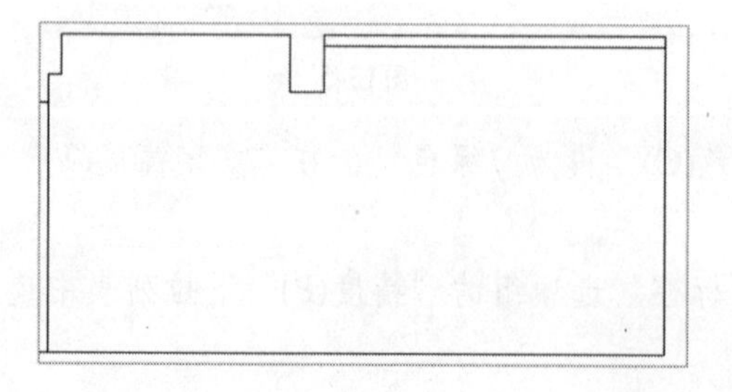

图13-11

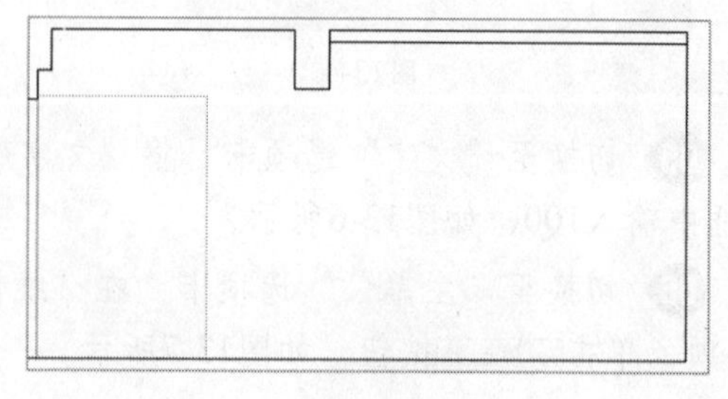

图13-12

04 选择“移动”工具捕捉移动基点，如图13-13所示的A点，水平向右移动2 690，效果如图13-14所示。

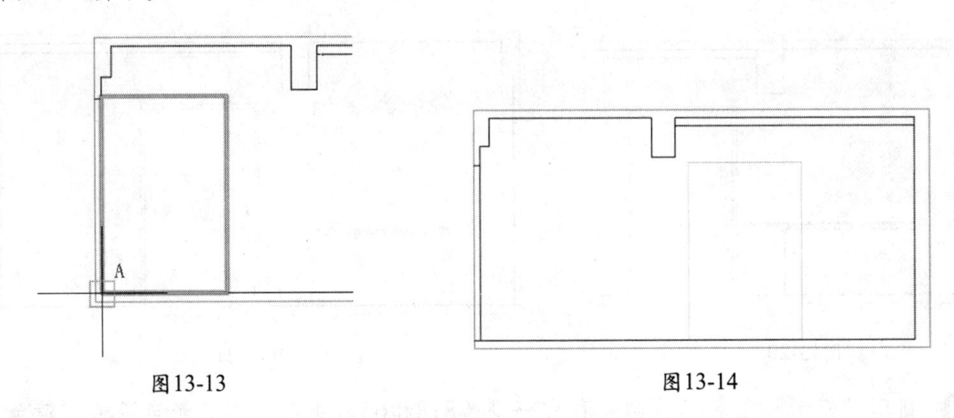

图13-13　　图13-14

05 利用“偏移”工具，将上一步创建的矩形，分别向内偏移80和130，并将偏移的矩形颜色修改为“绿色”，如图13-15所示。

06 利用“分解”工具，将上一步偏移的矩形进行分解，并删除其下侧的边，如图13-16所示。

07 利用“延伸”工具，对矩形两侧的边进行延伸，最终效果如图13-17所示。

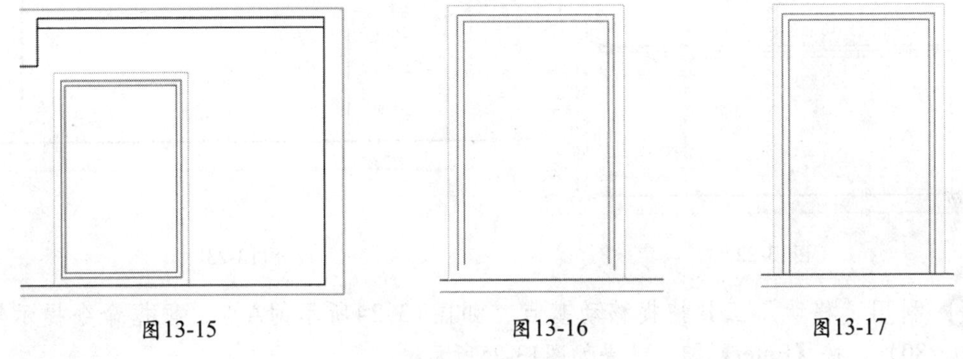

图13-15　　图13-16　　图13-17

08 利用“直线”工具，绘制如图13-18所示的图形，并将其颜色修改为“绿色”。

09 利用“直线”工具，根据图13-19所标注的数值进行绘制，完成后的效果如图13-20所示。

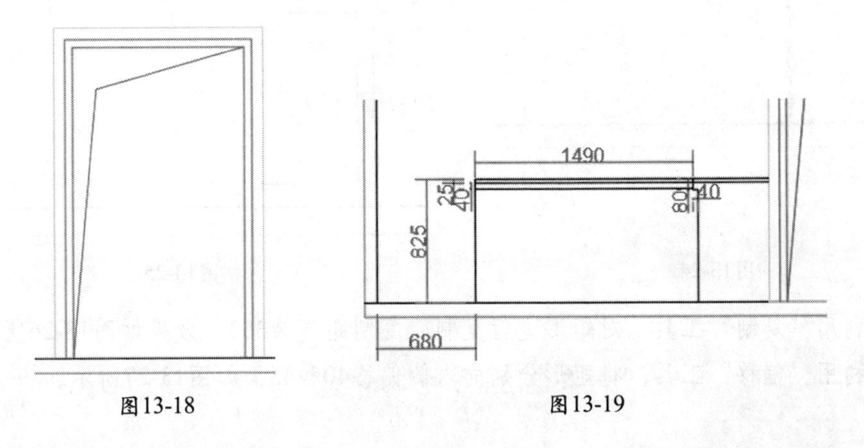

图13-18　　图13-19

⑩ 选择绘制的门和上一步绘制的图形，将其转换为“家具”图层，颜色修改为“绿色”，如图13-21所示。

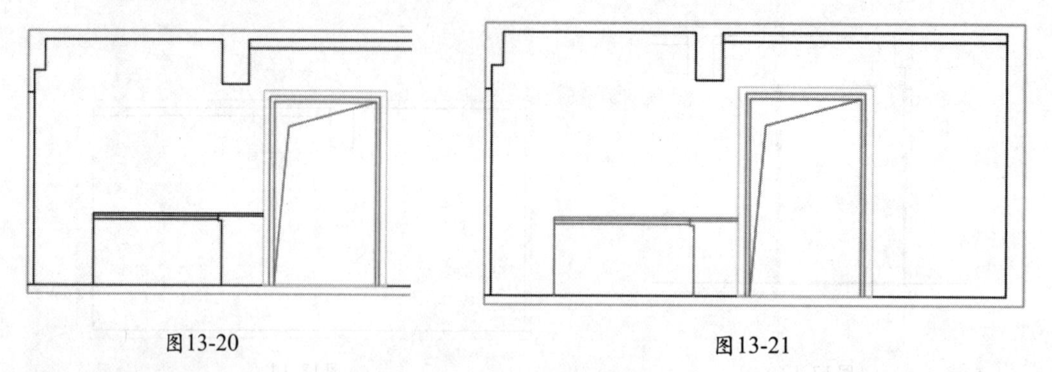

图13-20　　图13-21

⑪ 利用“矩形”工具，绘制长和宽分别为818和63的矩形，将其颜色设为“黄色”，如图13-22所示。

⑫ 利用“矩形”工具，绘制长和宽分别为620和353的矩形，如图13-23所示。

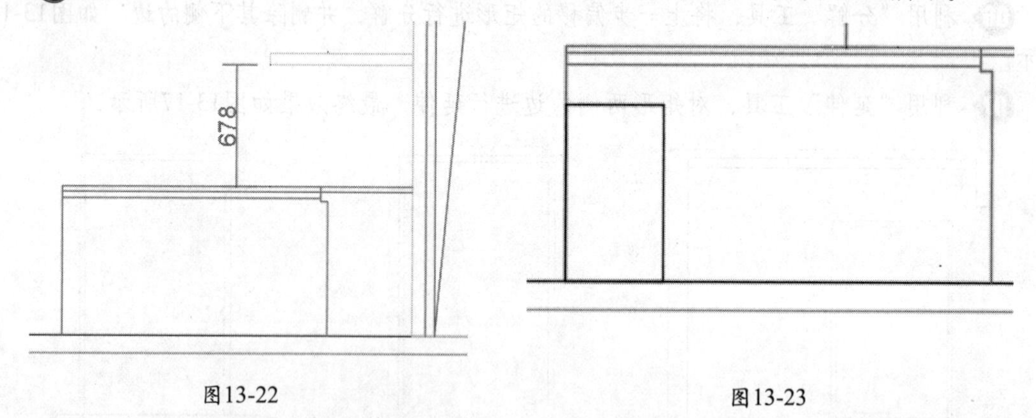

图13-22　　图13-23

⑬ 利用“移动”工具捕捉移动基点，如图13-24所示的A点，根据命令提示输入（@60，80），按【Enter】键，效果如图13-25所示。

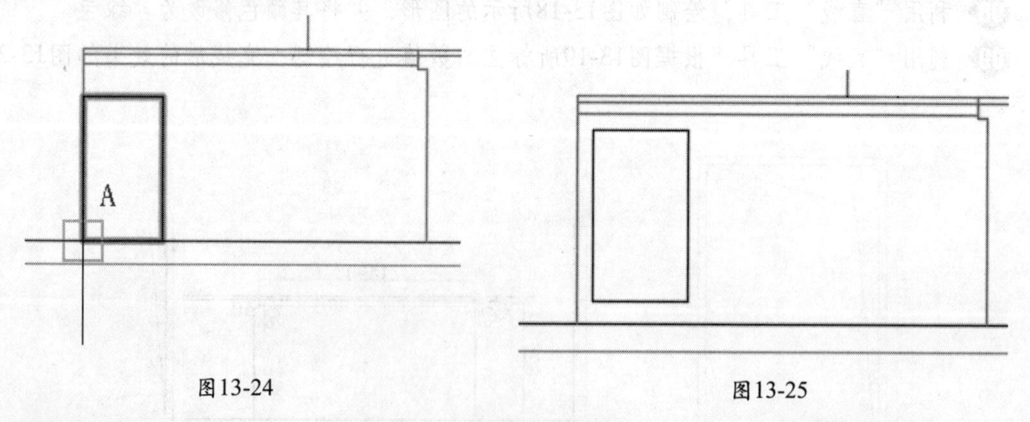

图13-24　　图13-25

⑭ 利用“复制”工具，对矩形进行复制，复制距离为353，效果如图13-26所示。

⑮ 利用“偏移”工具，将矩形分别向内侧偏移40和45，如图13-27所示。

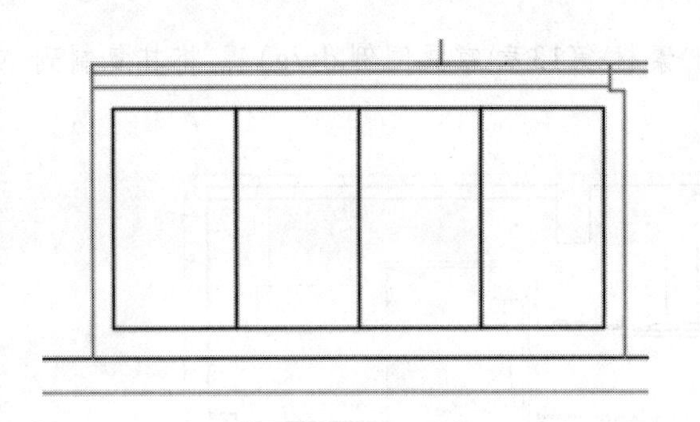

图13-26

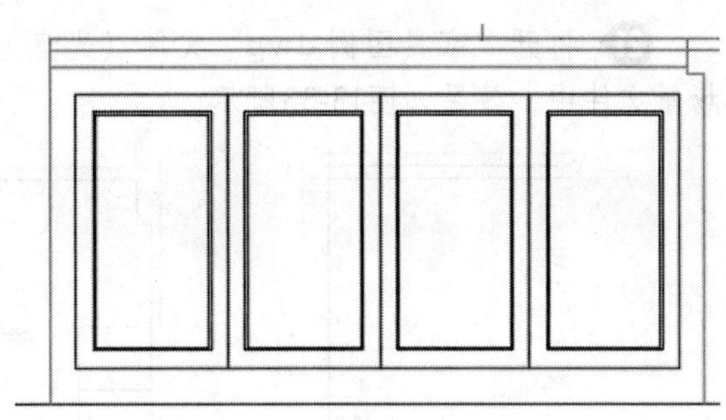

图13-27

⑯ 在命令行中执行“HATCH”命令并设置选项，弹出“图案填充和渐变色”对话框，单击“图案”选项右侧的按钮，弹出“填充图案选项板”对话框，切换至“ANSI”选项卡，在列表框中选择“ANSI31”图案样式，然后单击确定按钮，如图13-28所示。

⑰ 为了更好地查看效果，在“角度和比例”选项组中将“角度(G)”和“比例(S)”分别设为45和10，单击“边界”选项组中的“添加：拾取点(K)”按钮，如图13-29所示。

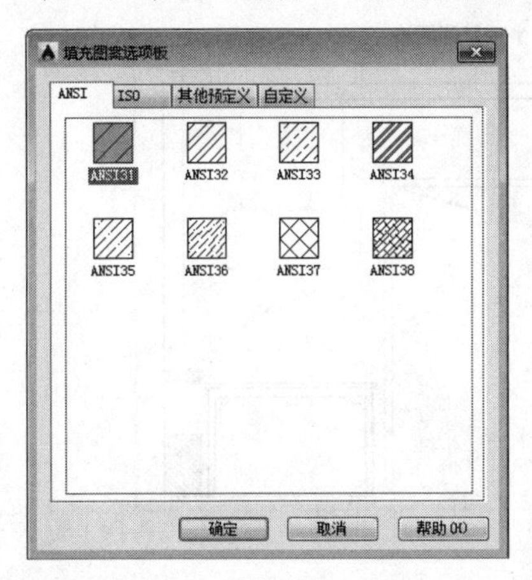

图13-28

图13-29

⑱ 在场景中拾取需要填充的队形，按两次【Enter】键，效果如图13-30所示。

⑲ 利用“矩形”工具，分别绘制250×80和250×420的矩形，绘制墙面装饰剖面的轮廓，如图13-31所示。

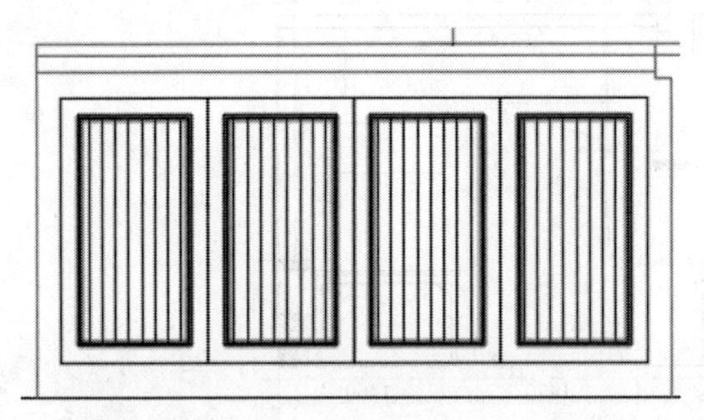

图13-30

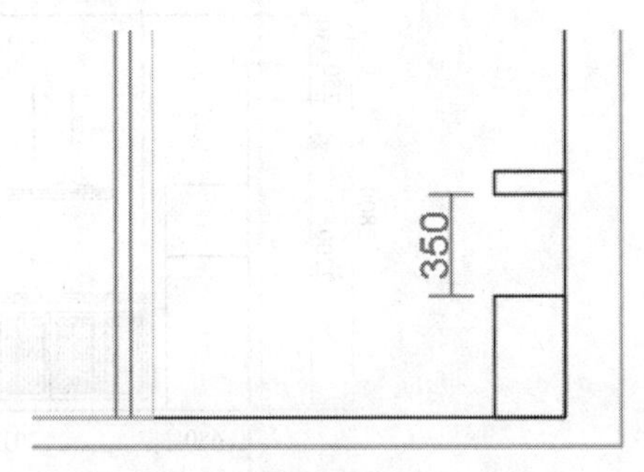

图13-31

⑳ 使用前面介绍的方法对上一步创建的矩形进行填充，填充后的效果如图13-32所示。

21 打开“家具图例.dwg”文件（光盘：\素材\第13章\家具图例.dwg），将其复制到场景文件中，效果如图13-33所示。

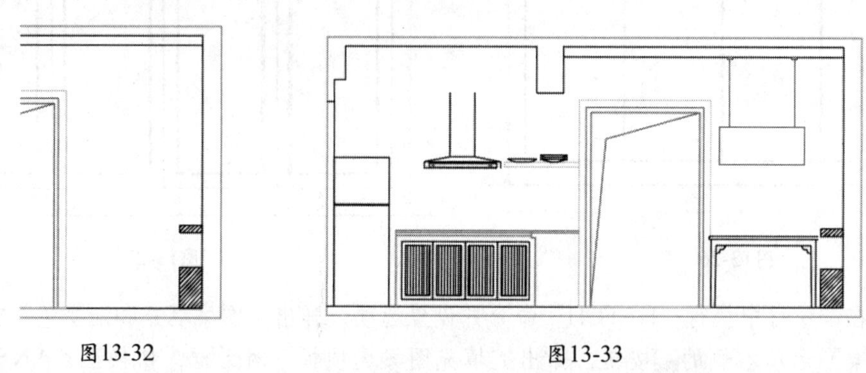
图13-32　　图13-33

22 利用“多重引线”工具，对立面材料进行标注，如图13-34所示。

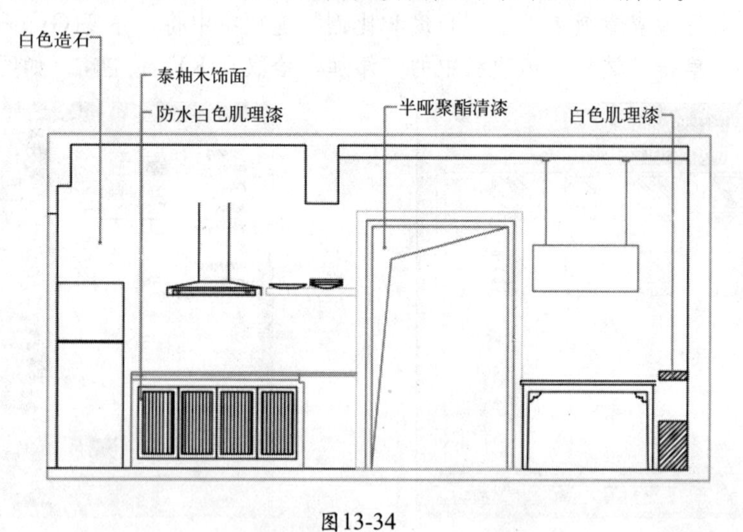

图13-34

23 利用“线性标注”工具，标注立面图的尺寸，最终效果如图13-35所示。

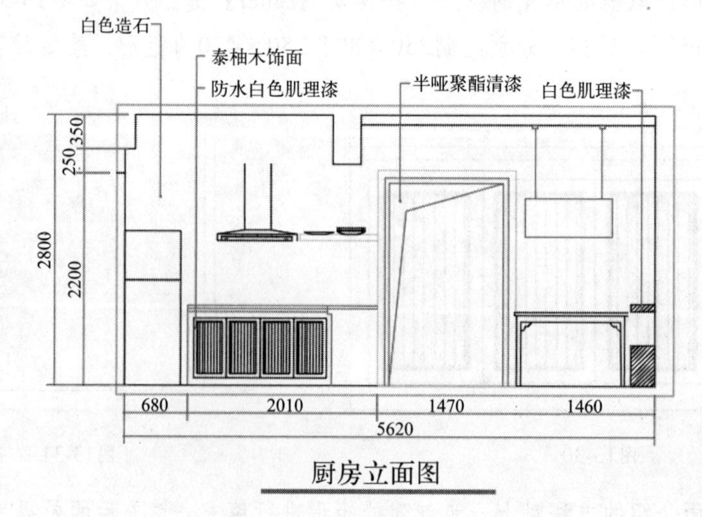

图13-35

13.2.2 绘制酒店造型墙

根据前面讲解的立面图的绘制流程和绘制图形的方法，下面绘制酒店造型墙，具体操作过程如下。

1. 设置图形界限和图层

01 启动AutoCAD 2015，在命令行中执行“LIMITS”命令，设置图形界限大小，具体操作过程如下。

```
命令:LIMITS                                                    //执行LIMITS命令
重新设置模型空间界限:                                           //系统提示
指定左下角点或 [开 (ON) /关 (OFF) ] <0.0000,0.0000>:
                                    //按【Space】键确定左下角坐标，保持默认设置
指定右上角点<420.0000,297.0000>:25000, 20000                    //确定绘图区大小
```

02 在命令行中执行“UNITS”命令，弹出“图形单位”对话框。在“长度”选项组的“精度(P)”下拉列表中选择0选项，然后单击 确定 按钮，如图13-36所示。

03 在命令行中执行“layer”命令，弹出“图层特性管理器”选项板，新建如图13-37所示的图层，设置完成后，关闭“图层特性管理器”选项板。

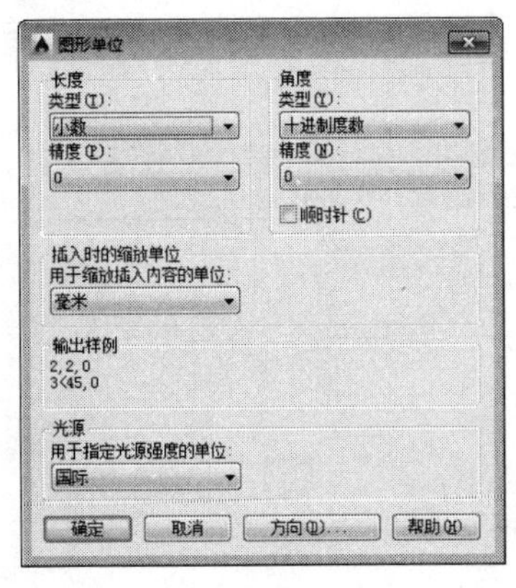

图13-36

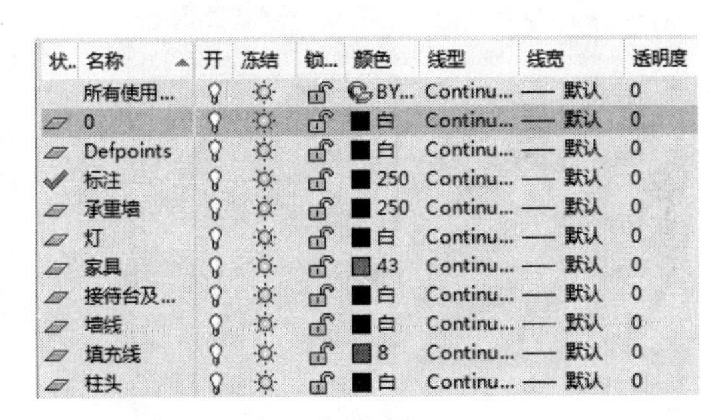

状..	名称	开	冻结	锁...	颜色	线型	线宽	透明度
	所有使用...				BY...	Continu...	—— 默认	0
	0				白	Continu...	—— 默认	0
	Defpoints				白	Continu...	—— 默认	0
✔	标注				250	Continu...	—— 默认	0
	承重墙				250	Continu...	—— 默认	0
	灯				白	Continu...	—— 默认	0
	家具				43	Continu...	—— 默认	0
	接待台及...				白	Continu...	—— 默认	0
	墙线				白	Continu...	—— 默认	0
	填充线				8	Continu...	—— 默认	0
	柱头				白	Continu...	—— 默认	0

图13-37

04 在命令行中执行“DIMSTYLE”命令，弹出“标注样式管理器”对话框，单击 新建(N)... 按钮，如图13-38所示。弹出“创建新标注样式”对话框，在“新样式名(N)”文本框中输入文本“酒店造型墙”，其余保持默认设置，单击 继续 按钮，如图13-39所示。

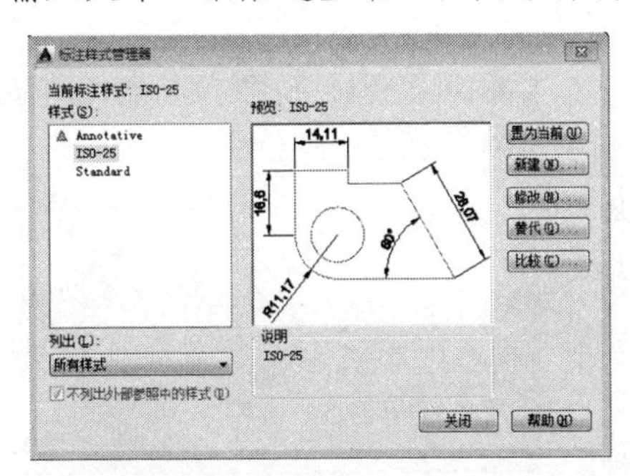

图13-38

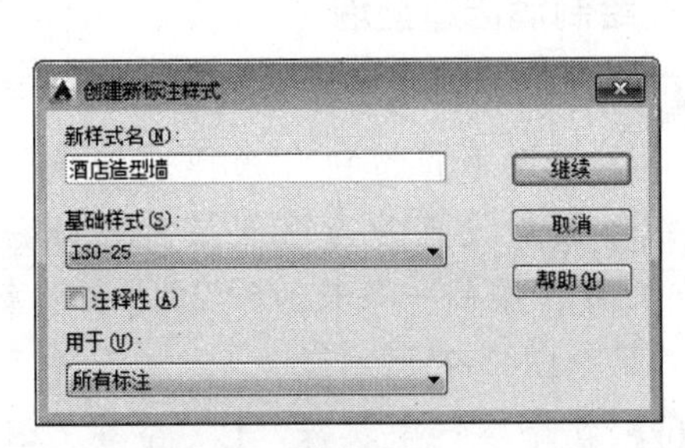

图13-39

05 弹出“新建标注样式：酒店造型墙”对话框，切换至“线”选项卡，在“超出尺寸线(X)”数值框中输入45，在“起点偏移量(F)”数值框中输入50，如图13-40所示。

06 切换至“符号和箭头”选项卡，在“箭头”选项组的“第一个(T)”下拉列表中选择“/建筑标记”选项，在“箭头大小(I)”数值框中输入42，如图13-41所示。

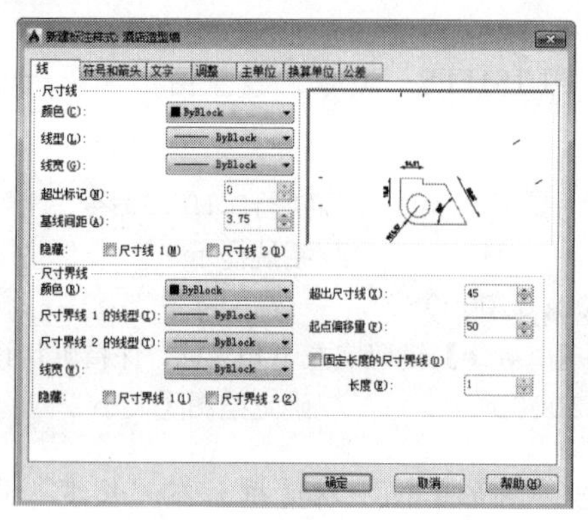

图13-40

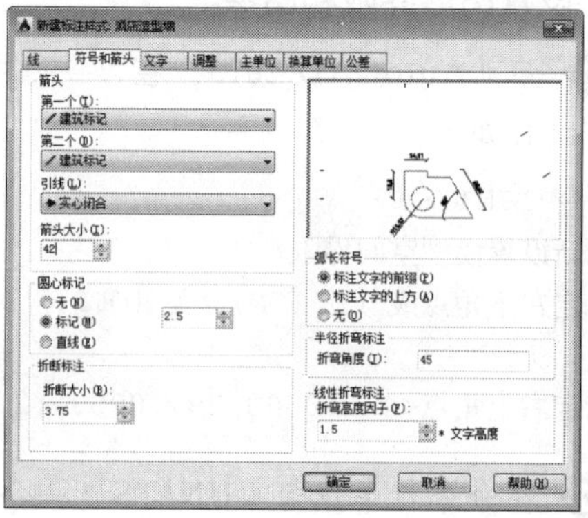

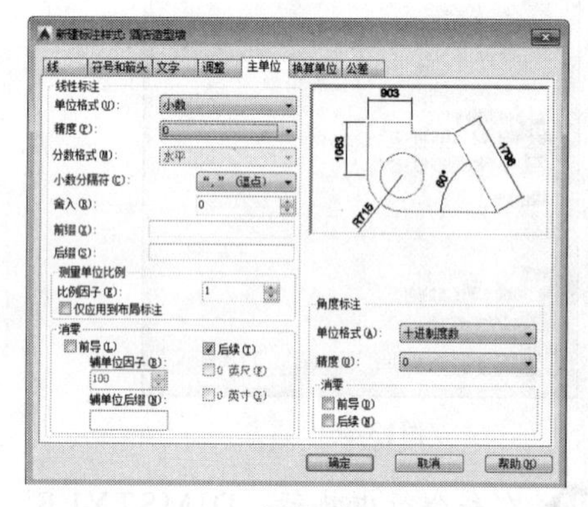

图13-41

07 切换至“文字”选项卡，在“文字外观”选项组的“文字高度(T)”数值框中输入160，在“文字位置”选项组的“从尺寸线偏移(O)”数值框中输入65，如图13-42所示。

08 切换至“主单位”选项卡，在“线性标注”选项组的“精度(P)”下拉列表中选择0选项，单击 确定 按钮，如图13-43所示。

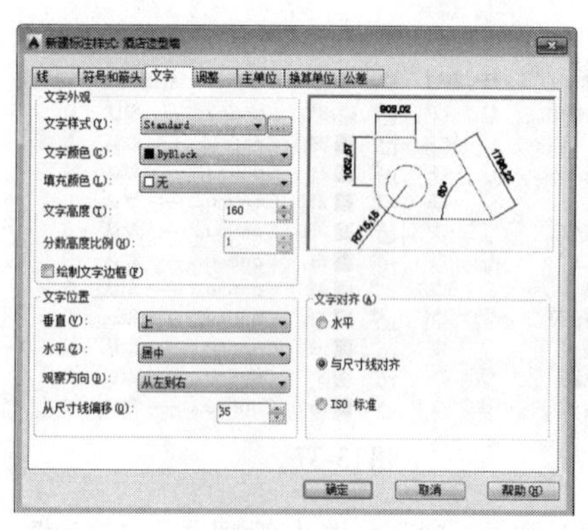

图13-42

图13-43

09 返回“标注样式管理器”对话框，单击 置为当前(U) 按钮，再单击 关闭 按钮，关闭该对话框，完成标注样式的设置，如图13-44所示。

2. 绘制酒店造型墙

01 在系统默认界面的选显卡的“图层”组中单击“图层”下拉按钮，选择“墙线”选项，将“墙线”图层设置为当前图层。在命令行中执行“L”命令，绘制一条长为6 520的水平直线，完成后的效果如图13-45所示。

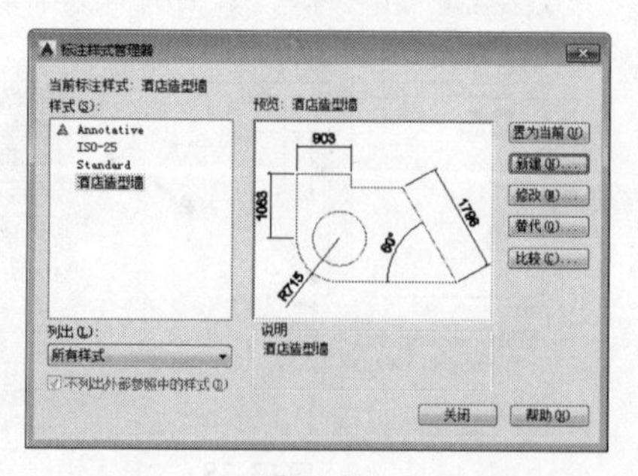

图13-44

02 在命令行中执行“L”命令，具体操作过程如下。

```
命令：L                          //执行L命令
指定起点:FROM                    //输入FROM，执行该命令
基点：                           //单击第1步绘制的水平直线的左边端点
<偏移>：@250,0                   //输入坐标（@250，0）作为起点，并按【Space】键确认
当前线宽为 0指定下一个点或 [圆弧(A)/半宽(H)/长度(L)/放弃(U)/宽度(W)]：@0，3760
                                 //输入坐标（@0，3760）作为下一个点，并按【Space】键确认
指定下一点或 [圆弧(A)/闭合(C)/半宽(H)/长度(L)/放弃(U)/宽度(W)]：@6020,0
                                 //输入坐标（@6020，0）作为下一个点，并按【Space】键确认
指定下一点或 [圆弧(A)/闭合(C)/半宽(H)/长度(L)/放弃(U)/宽度(W)]：@0,-3760
                                 //输入坐标（@0，-3760）作为下一个点，并按【Space】键确认
指定下一点或 [圆弧(A)/闭合(C)/半宽(H)/长度(L)/放弃(U)/宽度(W)]：
                                 //按【Space】键结束该命令，绘制完成后的效果如图13-46所示
```

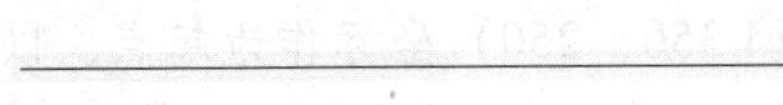

图13-45

图13-46

03 在命令行中执行“L”命令，具体操作过程如下。

```
命令：L                          //执行L命令
指定起点：FROM                   //执行FROM命令
基点：                           //单击第1步绘制的水平直线的左边端点
<偏移>：@250,0                   //输入坐标（@250，0）作为起点，并按【Space】键确认
当前线宽为 0指定下一个点或 [圆弧(A)/半宽(H)/长度(L)/放弃(U)/宽度(W)]：@0,3420
                                 //输入坐标（@0，3420）作为下一个点，并按【Space】键确认
指定下一点或 [圆弧(A)/闭合(C)/半宽(H)/长度(L)/放弃(U)/宽度(W)]：@6020,0
                                 //输入坐标（@6020，0）作为下一个点，并按【Space】键确认
指定下一点或 [圆弧(A)/闭合(C)/半宽(H)/长度(L)/放弃(U)/宽度(W)]：@-200，0
                                 //输入坐标（@-200，0）作为下一个点，并按【Space】键确认
指定下一点或 [圆弧(A)/闭合(C)/半宽(H)/长度(L)/放弃(U)/宽度(W)]：@0，-3420
                                 //输入坐标（@0，-3420）作为下一个点，并按【Space】键确认
指定下一点或 [圆弧(A)/闭合(C)/半宽(H)/长度(L)/放弃(U)/宽度(W)]：
                                 //按【Space】键结束该命令，绘制完成后的效果如图13-47所示
```

04 在命令行中执行“O”命令，以最下方的水平直线为源对象，向上偏移3 300，然后在命令行中执行“TR”命令，修剪偏移获得的直线，修剪后的效果如图13-48所示。

图13-47

图13-48

05 在系统默认界面的选显卡的“图层”组中单击“图层”下拉按钮，选择“柱头”选项，将“柱头”图层设置为当前图层。在命令行中执行“REC”命令绘制柱头，以A点为基点，如图13-49所示，以（@1 200，0）坐标为第一个角点，以（@900，150）坐标作为另一个角点绘制矩形，完成后的效果如图13-50所示。

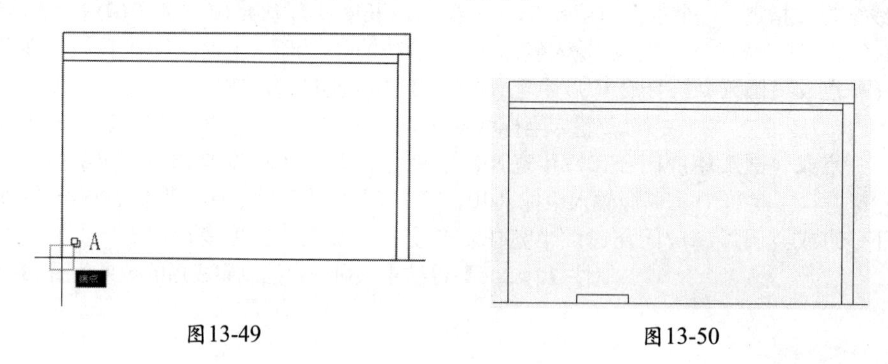

图13-49　　图13-50

06 在命令行中执行“ARC”命令，以A点为基点，如图13-51所示，以（@1 350，150）坐标作为起点、以（@-50，50）坐标作为下一点、以（@50，50）坐标作为端点绘制圆弧。以A点为基点，如图13-51所示，以（@1 350，250）坐标作为起点、以（@30，20）坐标作为下一点、以（@20，30）坐标作为端点绘制圆弧。以A点为基点，如图13-51所示，以（@1 400，300）坐标作为起点、以（@-25，25）坐标作为下一点、以（@25，25）坐标作为端点绘制圆弧。完成后的效果如图13-51所示。

07 在命令行中执行“MI”命令，以第5步绘制的矩形下方的中点为镜像线的第一点，以第5步绘制矩形上方的中点为镜像线的第二点，镜像第6步绘制的3个圆弧，镜像后的效果如图13-52所示。

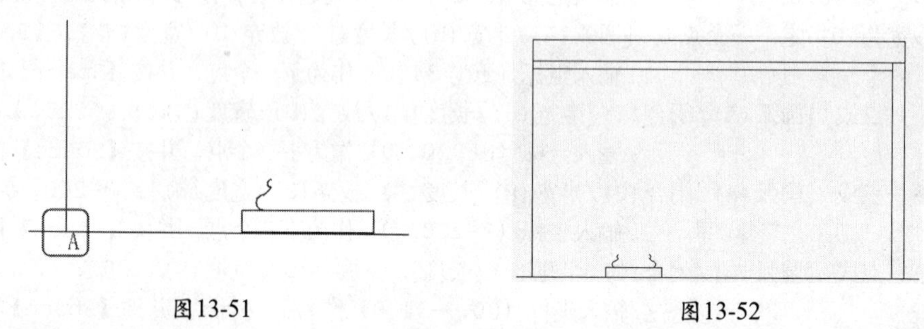

图13-51　　图13-52

08 在命令行中执行“L”命令，连接圆弧的端点，绘制如图13-53所示的3条水平直线。

09 在命令行中执行“L”命令，以A点为起点，如图13-54所示，绘制长为2 750的垂直直线；以B点为起点，如图13-54所示，绘制长为2 750的垂直直线，绘制后的效果如图13-55所示。

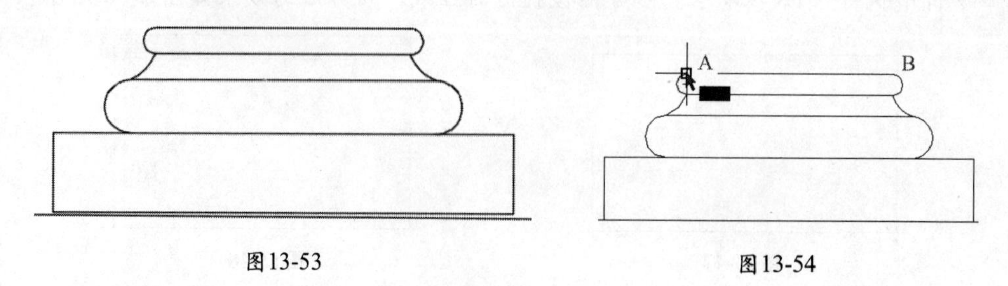

图13-53　　图13-54

⑩ 在命令行中执行“MI”命令，以第9步绘制的左边直线的中点为镜像线的第一点，以第9步绘制的右边直线的中点为镜像线的第二点，镜像图13-56所示的图形，镜像后的效果如图13-57所示。

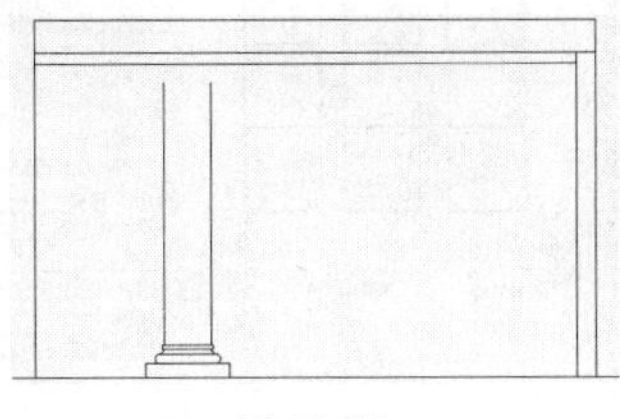
图13-55

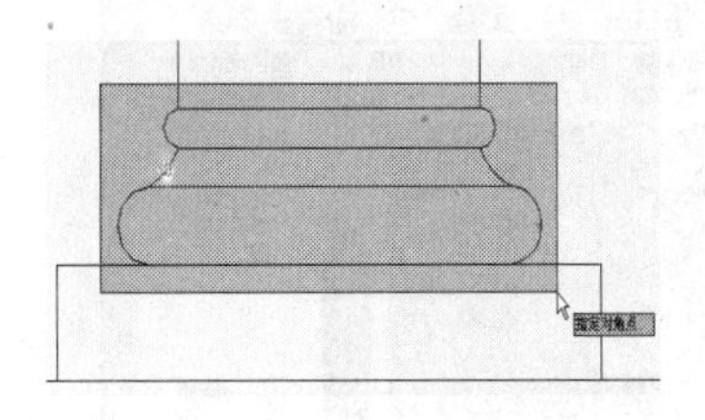
图13-56

⑪ 在系统默认界面的选显卡的“图层”组中单击“图层”下拉按钮，选择“接待台及椅子”选项，将“接待台及椅子”图层设置为当前图层。

⑫ 绘制接待台及后面的形象墙。在命令行中执行“O”命令，以最上方的直线为源对象，分别向下偏移1058、1078、2035、2055、2610、2660，偏移后的效果如图13-58所示。

图13-57

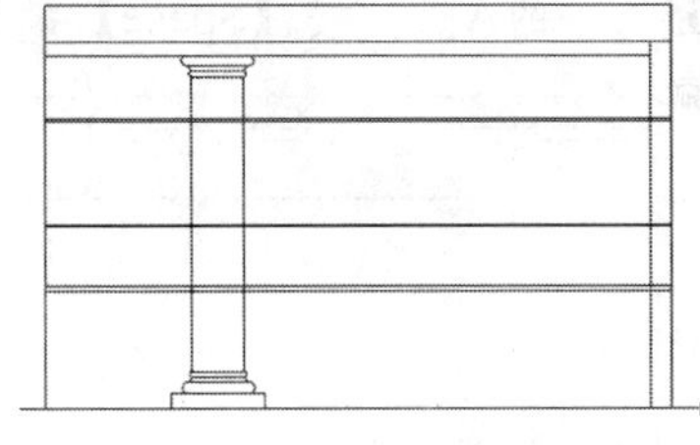
图13-58

⑬ 在命令行中执行“TR”命令，修剪上一步偏移获得的直线，修剪后的效果如图13-59所示。

⑭ 在命令行中执行“BHATCH”命令，弹出“图案填充和渐变色”对话框，切换至“渐变色”选项卡，在“边界”选项组中单击“添加：拾取点(K)”按钮，返回绘图区，单击如图13-60所示的A点、B点和C点，按【Space】键返回“图案填充和渐变色”对话框。

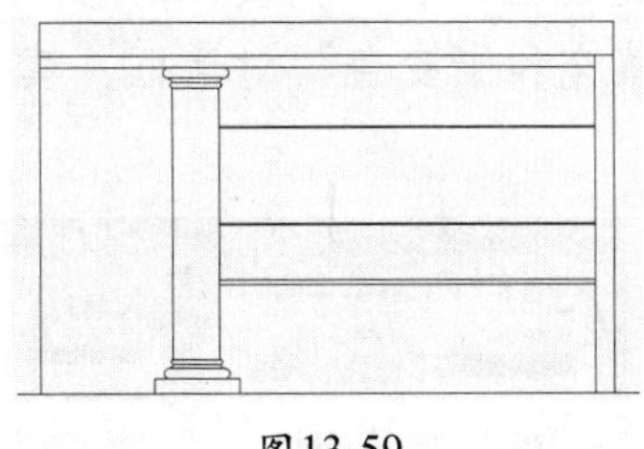
图13-59

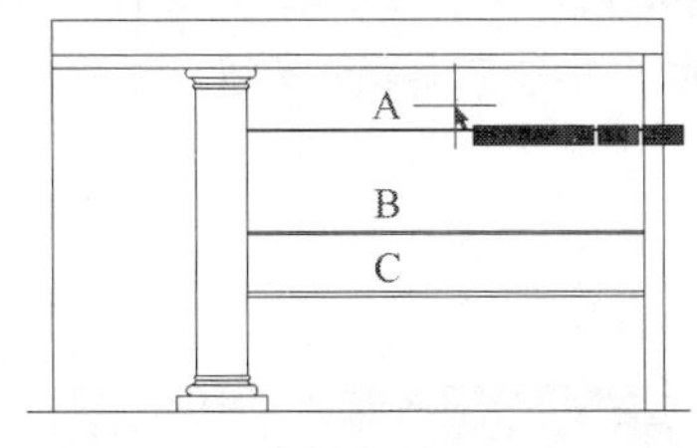

图13-60

⑮ 单击“单色”单选按钮下的按钮，弹出“选择颜色”对话框，默认打开的是“真彩色”选项卡，在该选项卡的“颜色(C)”文本框中输入合适的颜色值（247，227，197），然后单击 确定 按钮关闭该对话框，如图13-61所示。

⑯ 返回“图案填充和渐变色”对话框，在“颜色”选项组中选择第3排的第3种渐变色效果。在“方向”选项组中选择“居中(C)”复选框，在“角度(L)”文本框中输入0，如图13-62所示，单击 确定 按钮，关闭“图案填充和渐变色”对话框，填充后的效果如图13-63所示。

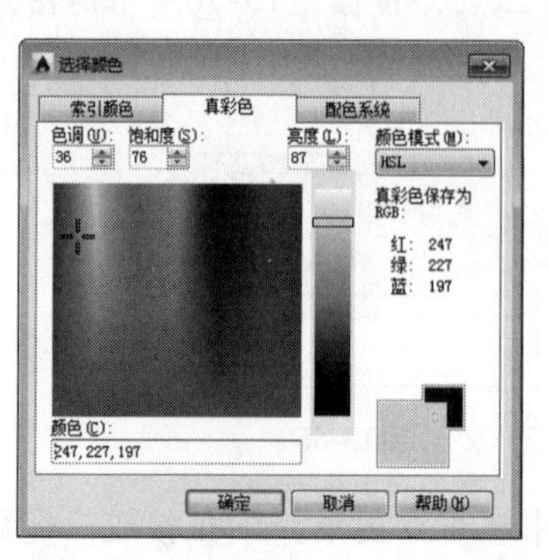
图13-61

图13-62

⑰ 在命令行中执行“BHATCH”命令，弹出“图案填充和渐变色”对话框，切换至“渐变色”选项卡，在“边界”选项组中单击“添加：拾取点(K)”按钮，返回绘图区，单击如图13-64所示的A点，按【Space】键返回“图案填充和渐变色”对话框。

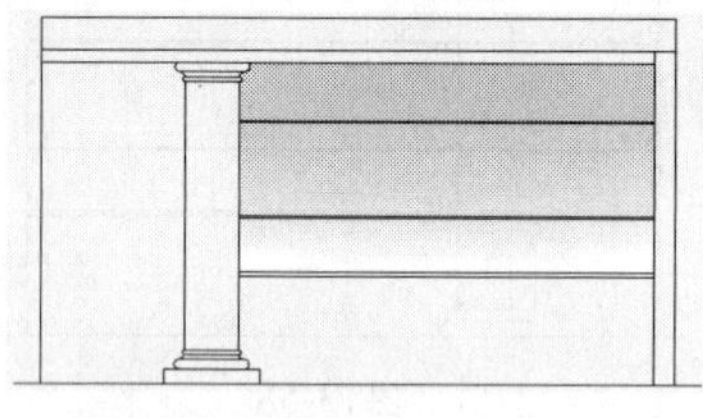
图13-63

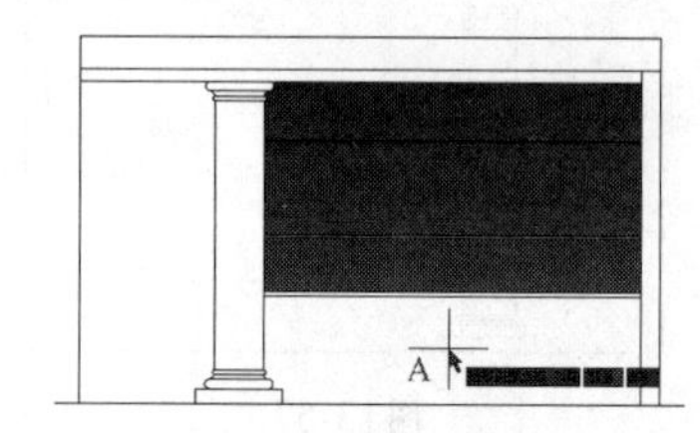
图13-64

⑱ 单击“单色”单选按钮下的按钮，弹出“选择颜色”对话框，默认打开的是“真彩色”选项卡，在该选项卡的“颜色(C)”文本框中输入合适的颜色值（176，117，59），然后单击确定按钮，关闭该对话框，如图13-65所示。

⑲ 返回“图案填充和渐变色”对话框，在“颜色”选项组中选择第1排的第2种渐变色效果。在“方向(C)”选项组中选择“居中”复选框，在“角度(L)”文本框中输入0，如图13-66所示，单击确定按钮，关闭“图案填充和渐变色”对话框，填充后的效果如图13-67所示。

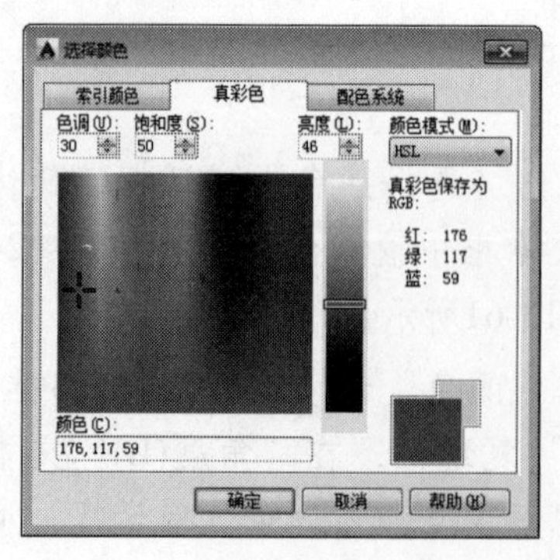
图13-65

图13-66

20 在命令行中执行“INSERT”命令，弹出“插入”对话框，单击“名称”文本框右侧的浏览(B)...按钮，弹出“选择图形文件”对话框。

21 在“查找范围(I)”下拉列表中选择图块的目标位置，在中间列表框中选择图形文件，这里选择“椅子.dwg”的图形文件（光盘：\素材\第13章\椅子.dwg），单击打开(O)按钮，如图13-68所示。返回“插入”对话框，单击确定按钮，如图13-69所示。返回绘图区，在如图13-70所示的A处插入图形文件，插入后的效果如图13-71所示。

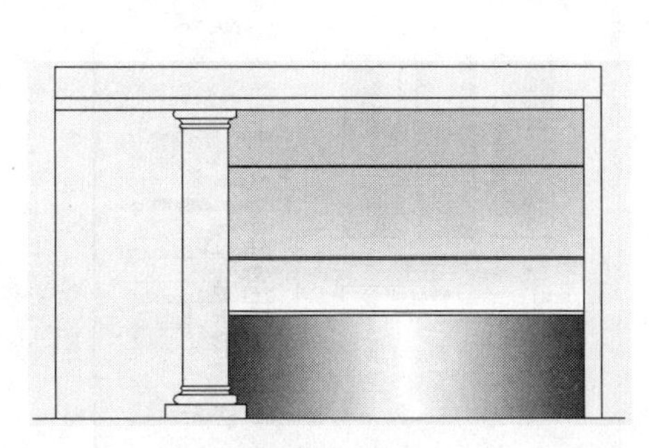
图13-67

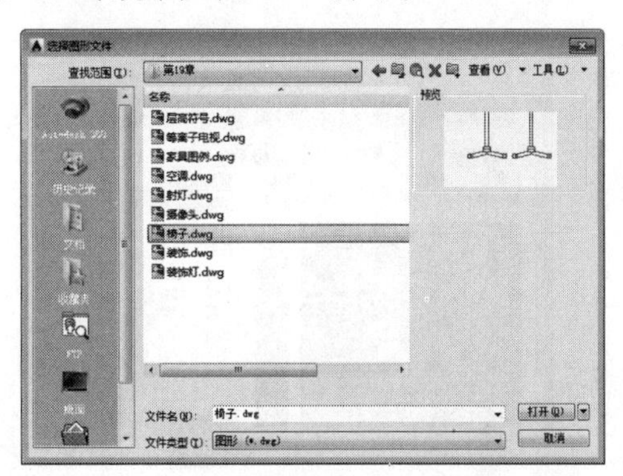

图13-68

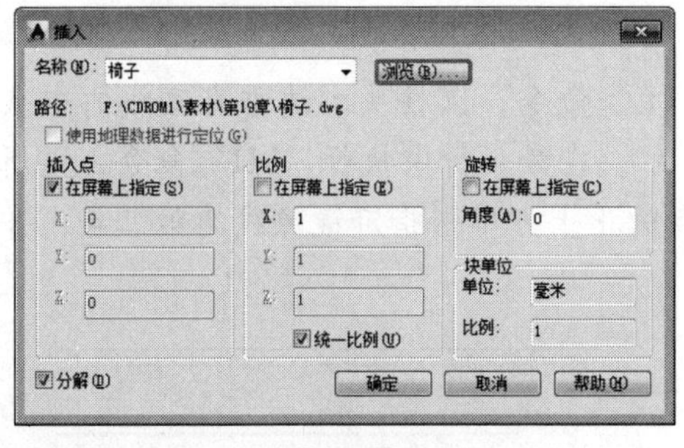

图13-69

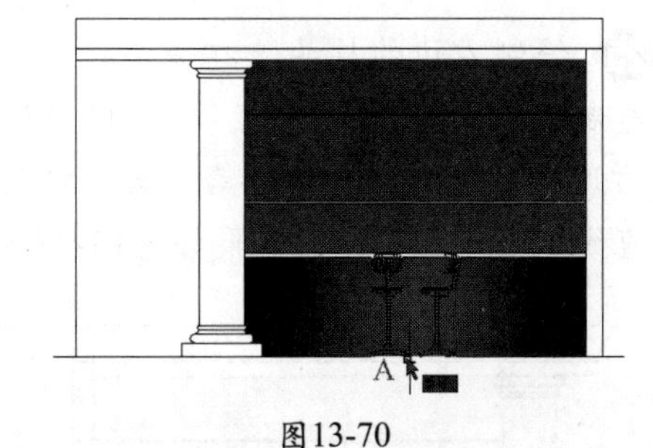

图13-70

22 在系统默认界面的选显卡的“图层”组中单击“图层”下拉按钮，选择“柱头”选项，将“柱头”图层设置为当前图层。在命令行中执行“BHATCH”命令，弹出“图案填充和渐变色”对话框，切换至“渐变色”选项卡，在“边界”选项组中单击“添加：拾取点(K)”按钮，返回到绘图区，单击如图13-72所示的柱子，选择“设置”选项，返回“图案填充和渐变色”对话框。

图13-71

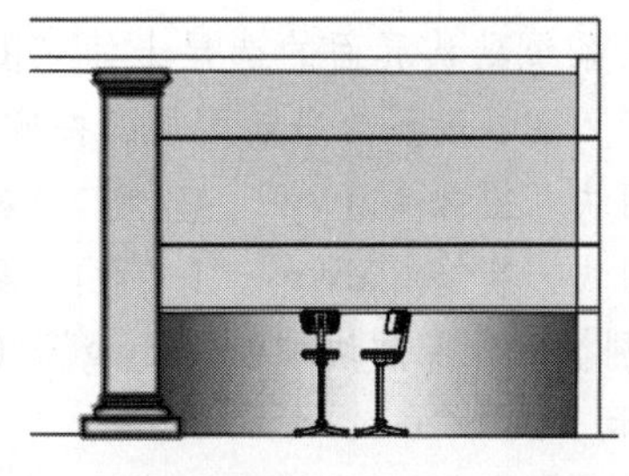
图13-72

23 单击“单色”单选按钮下的按钮，弹出“选择颜色”对话框，默认打开的是

"真彩色"选项卡，在该选项卡的"颜色(C)"文本框中输入合适的颜色值（158，154，138），然后单击[确定]按钮，关闭该对话框，如图13-73所示。

㉔ 返回"图案填充和渐变色"对话框，在"颜色"选项组中选择第1排的第2种渐变色。在"方向"选项组中选择"居中(C)"复选框，在"角度(L)"文本框中输入0，如图13-74所示。单击[确定]按钮，关闭"图案填充和渐变色"对话框，填充后的效果如图13-75所示。

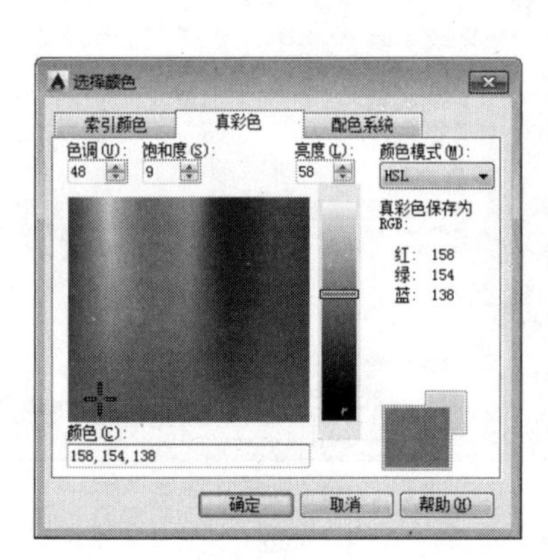

图13-73

图13-74

㉕ 绘制右边的柱头。在命令行中执行"L"命令，以柱头右边垂直直线的中点为起点，绘制长为1 610的水平直线，如图13-76所示。在命令行中执行"MI"命令，以所绘制直线右边的端点为镜像线的第一点，在第一点的正上方单击指定镜像线的第二点，并将绘制的直线删除，镜像后的效果如图13-77所示。

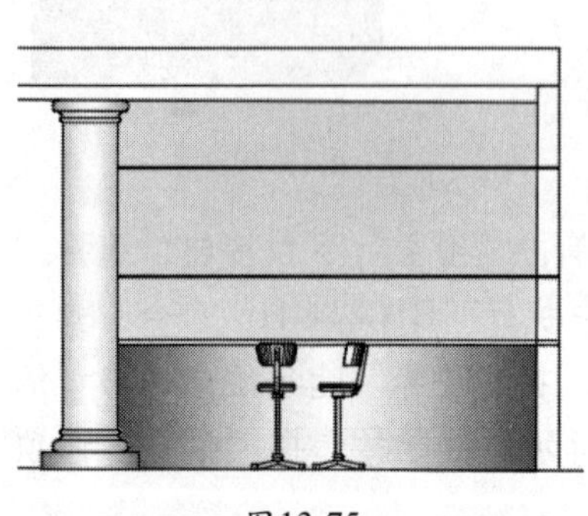

图13-75

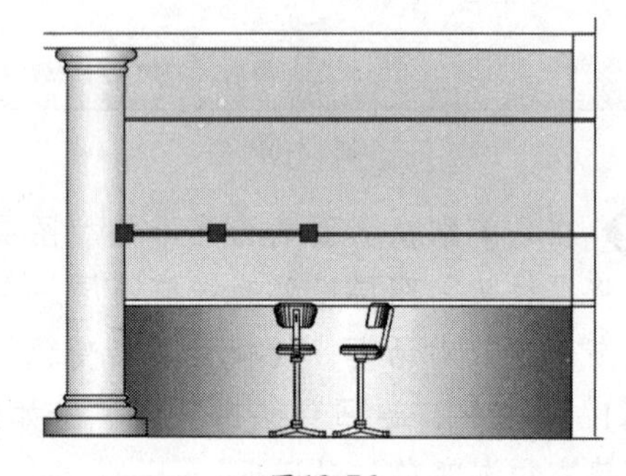

图13-76

㉖ 在系统默认界面的选显卡的"图层"组中单击"图层"下拉按钮，选择"灯"选项，将"灯"图层设置为当前图层。按照前面讲解插入图块的方法，在如图13-78所示的A点插入外部图块"摄像头.dwg"（光盘：\素材\第13章\摄像头.dwg），在如图13-78所示的B点插入外部图块"装饰灯.dwg"（光盘：\素材\第13章\装饰灯.dwg），在如图13-78所示的C、D、E点分别插入外部图块"射灯.dwg"（光盘：\素材\第13章\射灯.dwg），插入后的效果如图13-79所示。

㉗ 在命令行中执行"MI"命令，以最上方直线的中点为镜像线的第一点，以最下方直线的中点为镜像线的第二点，镜像左边的摄像头，镜像后的效果如图13-80所示。

图13-77

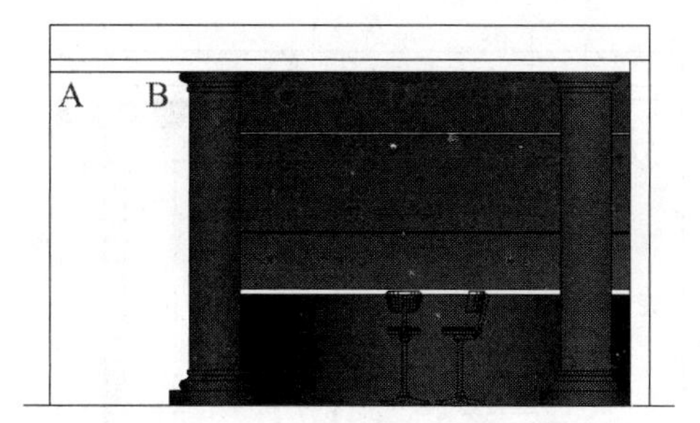

图13-78

图13-79

图13-80

28 在系统默认界面的选显卡的“图层”组中单击“图层”下拉按钮，选择“承重墙”选项，将“承重墙”图层设置为当前图层。在命令行中执行“BHATCH”命令并选择“设置”选项，弹出“图案填充和渐变色”对话框，单击“图案”选项右侧的按钮，弹出“填充图案选项板”对话框，切换至“其他预定义”选项卡，在列表框中选择“AR-CONC”的图案样式，然后单击确定按钮，如图13-81所示。

29 为了更好地查看效果，在“角度和比例”选项组的“比例(S)”文本框中输入2，单击“边界”选项组中的“添加：拾取点(K)”按钮，如图13-82所示。

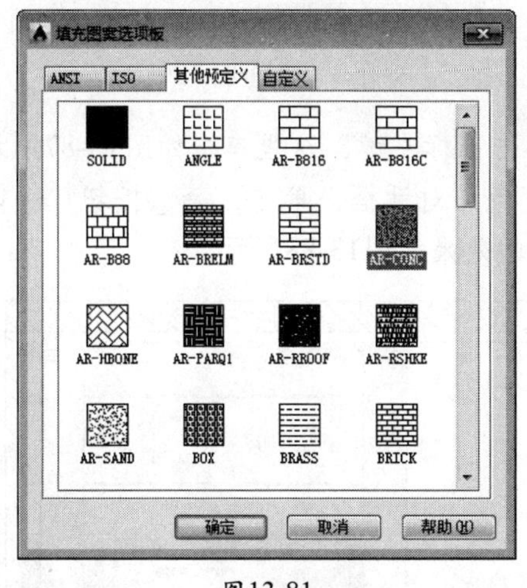

图13-81

图13-82

30 返回绘图区，在需要填充图案的区域单击鼠标左键，这里单击A点，如图13-83所示。选择“设置”选项并按【Space】键，返回“图案填充和渐变色”对话框，单击确定按钮，关闭对话框，即可看到在绘图区中已填充了图案，填充后的效果如图13-84所示。

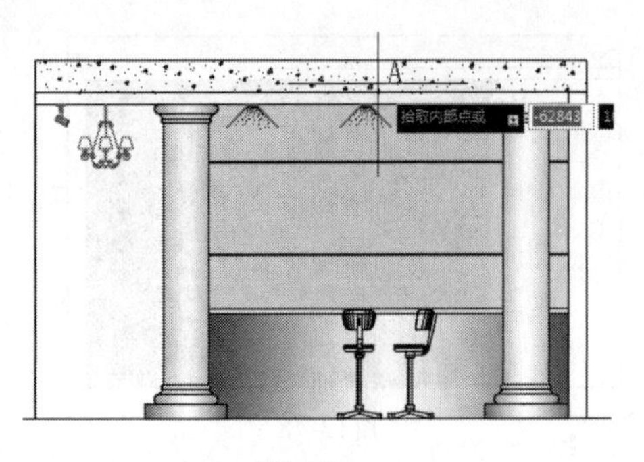

图13-83

图13-84

31 在命令行中执行“BHATCH”命令并选择“设置”选项，弹出“图案填充和渐变色”对话框。单击“图案”选项右侧的按钮，弹出“填充图案选项板”对话框，切换至“ANSI”选项卡，在列表框中选择“ANSI31”的图案样式，然后单击确定按钮，如图13-85所示。

32 为了更好地查看效果，在“角度和比例”选项组的“比例(S)”文本框中输入45，单击“边界”选项组中的“添加：拾取点(K)”按钮，如图13-86所示。

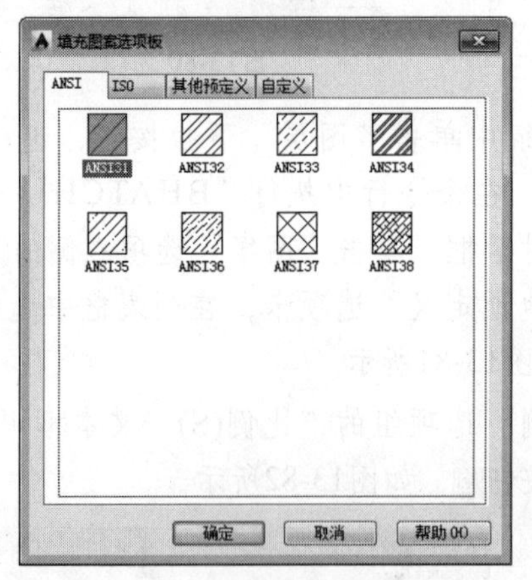

图13-85

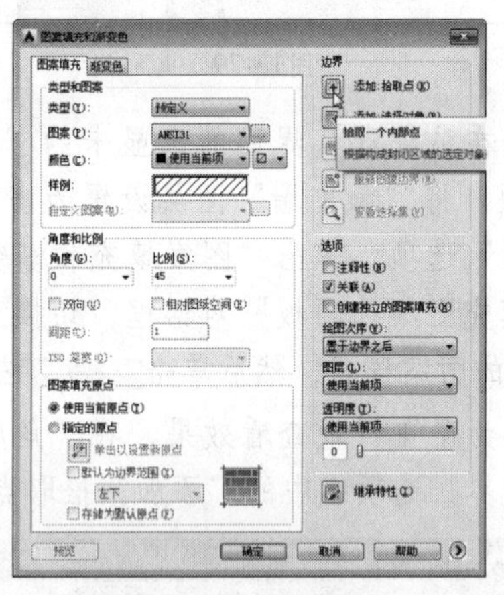

图13-86

33 返回绘图区，在需要填充图案的区域单击鼠标左键，这里单击如图13-87所示的区域。选择“设置”选项，返回“图案填充和渐变色”对话框，单击确定按钮，关闭对话框，即可看到在绘图区中已填充了图案，填充后的效果如图13-88所示。

图13-87

图13-88

34 在系统默认界面的选显卡的“图层”组中单击“图层”下拉按钮，选择“标注”选项，将“标注”图层设置为当前图层。在命令行中执行“MTEXT”命令，添加酒店名称，具体操作过程如下。

```
命令：MTEXT                                                    //执行MTEXT命令
当前文字样式： "Standard"  文字高度： 2.5  注释性： 否         //系统自动提示
指定第一角点:指定对角点或 [高度(H)/对正(J)/行距(L)/旋转(R)/样式(S)/宽度(W)/栏(C)]:H        //在绘图区的空白位置单击，并选择“高度”选项，按【Space】键确认
指定高度 <2.5>: 150        //指定文字的高度为150
指定对角点或 [高度(H)/对正(J)/行距(L)/旋转(R)/样式(S)/宽度(W)/栏(C)]:
                           //指定第一个角点的对角点，绘制出文本框
```

35 在文本框中输入文本“酒店造型墙”，然后在绘图区的空白位置单击鼠标左键，退出多行文字的编辑状态。添加完成后，将多行文字移动到接待台后的墙壁上，效果如图13-89所示。

36 对酒店造型墙立面图进行尺寸标注，标注后的效果如图13-90所示（光盘：\场景\第13章\酒店造型墙.dwg）。绘制完成后还可将其保存在计算机中，以便以后查看和调用。

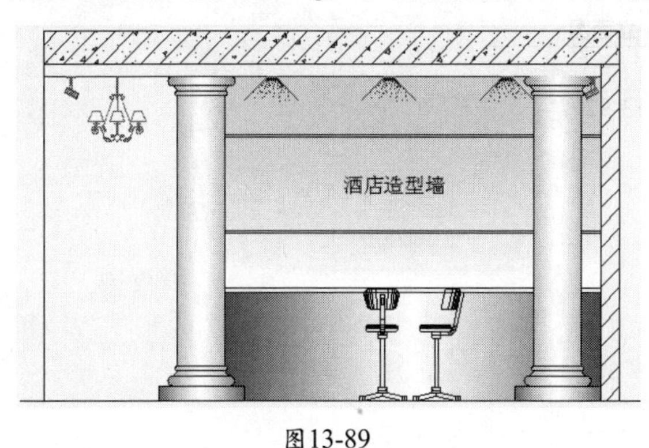

图13-89

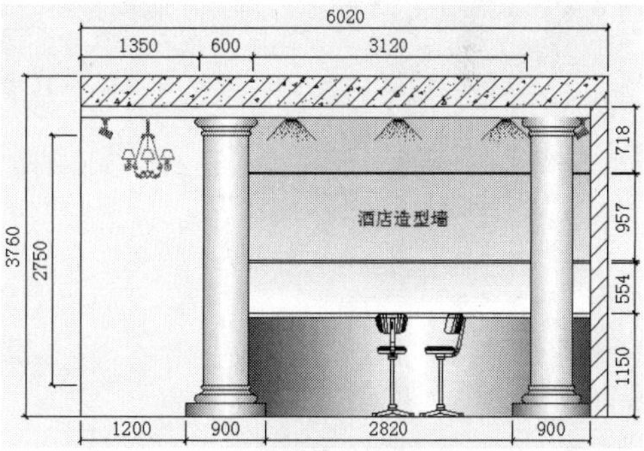

图13-90

练习

绘制立面设计图，如图13-91和图13-92所示。

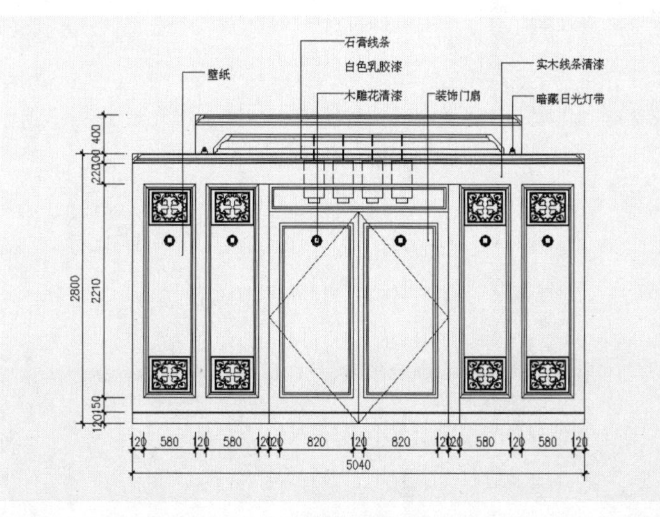

图13-91

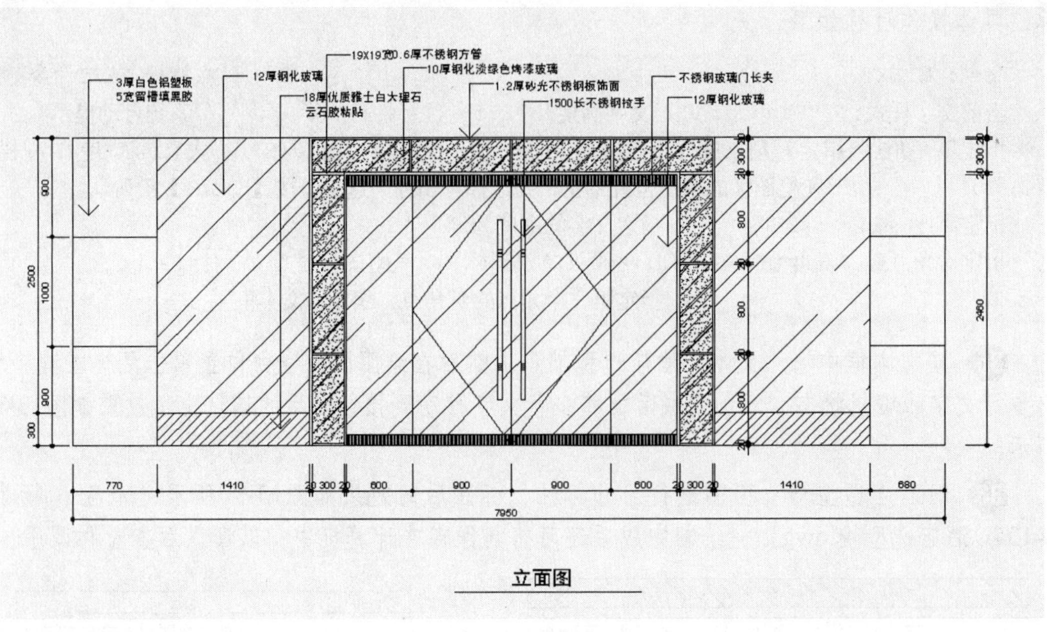
19X19宽0.6厚不锈钢方管
10厚钢化淡绿色烤漆玻璃
3厚白色铝塑板
5宽留槽填黑胶
12厚钢化玻璃
18厚优质雅士白大理石
云石胶粘贴
1.2厚砂光不锈钢板饰面
1500长不锈钢拉手
不锈钢玻璃门长夹
12厚钢化玻璃
900
2500
1000
900
300
20 300 20
800
800
800
2460
770
1410
20 300 20
600
900
900
600
20 300 20
1410
680
7950
立面图

图13-92

AutoCAD

第14章 绘制室内详图

虽然装饰平面图和装饰立面图已基本上将整个室内空间的装饰内容表达出来了，但是这些平面图和立面图都是从大处着眼，从整体布局上来展现装饰内容。对于内部细节和具体装修内容并不能详细地表现出来，还需要另配装饰详图，以小详图的形式具体表现内部细节的装修概况，如门窗节点、玄关、隔断和天花等。

本章将从绘制门窗详图、玄关详图和隔断详图等经典实例来学习室内详图的绘制方法和具体的绘制过程。

14.1 门窗造型与构造

1. 门窗的使用功能与造型

门窗一般都是以自由开关为前提，同时门窗构件也具有使室内空间相对独立的功能，因此他们必须具备各种足以防止损害居住、工作和学习等各种骚扰侵入的功能。门窗既要具有分隔功能，在使用上作为开口部位，又与自由出入诸因素和功能之间存在矛盾，因为这些开口部位容易降低或影响其隔断功能的作用。例如，窗户因有采光、通风及视野上的需要，通常采用耐久性的透明玻璃是最能满足这种需要，但它在防止日晒、隔声和防盗等方面则很难说是优良的材料。在选择窗户材质时还要兼顾其开关等五金配件装置，这对满足气密性、水密性及防止不法侵入者等方面的要求也是不易达到。

针对这些问题，设计者在门窗选材和构造方面应采取相应的措施予以妥善解决，使选用的门窗既符合实际使用功能的条件，又能满足其使用质量的要求。门窗构件是建筑围护结构的组成部分，具有一定的装饰作用。它对完善建筑物的外观造型和室内环境有很大关系。因此，在满足使用功能的前提下，门窗的外观造型、比例尺度、色彩及排列组合形式等方面，均应与建筑物的内外环境及立面整体造型进行协调和统一的艺术处理。

2. 门窗的材料与细部构造

(1) 门的材料。

一般门的构造主要由门扇和门樘组成。门樘按其部位不同，又分为上槛、中槛、下槛和边框；门扇由上冒头、中冒头、下冒头和边框构成。为解决室内外通风、采光等问题，常在门扇的上部设腰窗。门框与墙洞间为了安装方便，一般留出一定的缝隙。安装完成后往往用木条盖缝，称贴脸或门头线。

门按使用材料划分，可分为木门、金属门、玻璃门和塑料门等，木门在建筑中应用最广泛。门扇形式主要分拼板门、镶板门和夹板门3种。拼板门用厚木板拼成，有时加设横档或斜撑，构造简单，坚固耐用，门扇重大，外形显得粗犷有力，常用做分户门或外门。镶板门用木料做框，框内镶嵌的门心板，一般用木板或纤维板，局部也可镶嵌玻璃，适用于建筑的内外门。夹板门的门扇骨架用料较小，一般用双面粘贴胶合板或纤维板，外形简洁美观，门扇自重小，适用于民用建筑的内门。当用于潮湿的环境时，应粘贴防水胶合板。玻璃门常在门扇的局部或全部装置玻璃，以解决透光和避免遮挡视线而发生碰撞。一般采用木或金属材质做框，内装玻璃，有的则采用整块较厚的钢化玻璃，四周做成金属框或无框。把手及锁等金属五金配件直接安装在12mm厚的玻璃门扇上。金属门一般分钢板门和铝合金门两种。

(2) 窗的材料。

窗的常用材料有木、钢、铝合金、塑料及钢塑复合材料等，个别特殊的也用不锈钢及耐候性高强钢或青铜的材料。窗的构造一般由窗樘和窗扇两部分组成，两者间均用五金件连接。窗按材料可分为木窗、钢窗、铝合金窗、塑料窗和塑钢复合材料窗等。

(3) 门窗的五金配件。

门窗因使用场合、开闭形式及类型等的不同，需要各种规格、类型的五金配件与之相配套。如今在门窗上用的拉手、插销和铰链（合页）等五金产品已经把本身功能和装饰功能集于一体了，产品的外观造型和表面处理都非常考究，其材料有不锈钢、铜和其他合金。用于金属门窗中的五金配件，为了防止金属之间的接触腐蚀，在安装中最好采用不锈钢、铜或经镀锌处理的五金配件。如门用的铰链，不仅要求能完全支托住门扇的重量，还要能承受住频繁的开关冲击，而且要注意门在开闭中对门扇和门樘要取适度的“平面高低差”。同时为了考虑擦窗玻璃的方便与安全，这类平开窗的铰链可改用长脚铰链或平移式铰链，对于大面积的采光玻璃幕墙，还要考虑设置擦窗机，这些细节在设计中是不容忽视的。

14.2 绘制门及门套立面图

在专业设计制图中，首先要做的工作就是设置图形单位和图形界限。具体该如何设置在前面的章节中已经说明，在此不再讲述。

1. 绘制门套立面图

01 选择“直线”命令绘制两条长度为2 700mm的垂直线和一条长度为1 750mm的水平直线，效果如图14-1所示。

02 选择“偏移”（OFFSET）命令，以左右两侧的边为偏移对象，以偏移出的对象作为下一次的偏移对象，分别创建出间距为5mm、40mm、5mm、90mm、20mm、40mm、5mm和20mm的垂直轮廓线，以上侧水平轮廓线作为起始偏移对象，以偏移出的对象作为下一次的偏移对象，分别创建出间距为5mm、40mm、5mm、190mm、20mm、40mm、5mm和20mm的水平轮廓线，效果如图14-2所示。

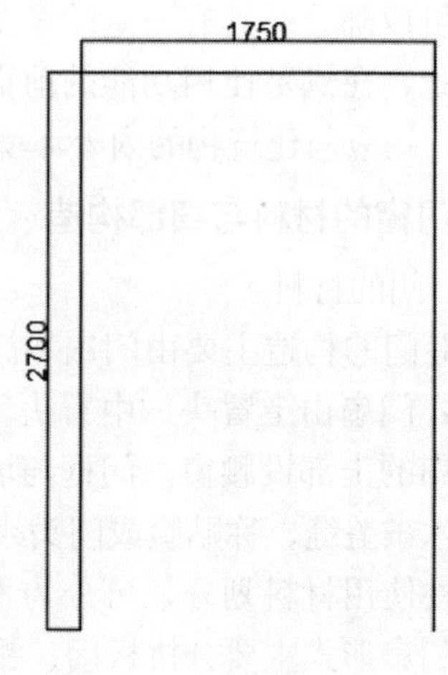

图14-1

03 选择“圆角”（FILLET）命令，对上一步偏移出的直线进行圆角处理，其圆角半径设置为0，并删除多余的直线，绘制出门的立面轮廓线，效果如图14-3所示。

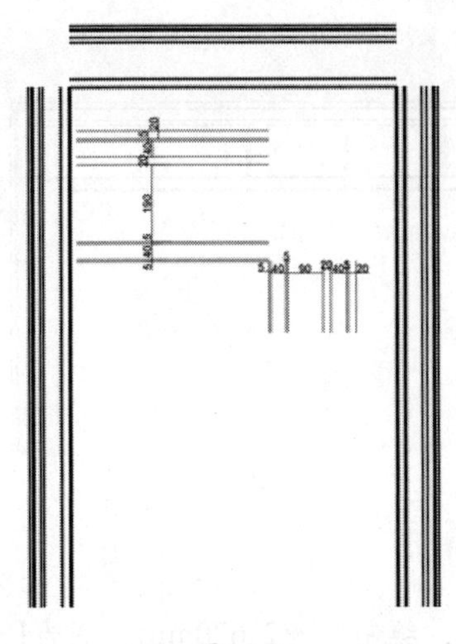

图14-2

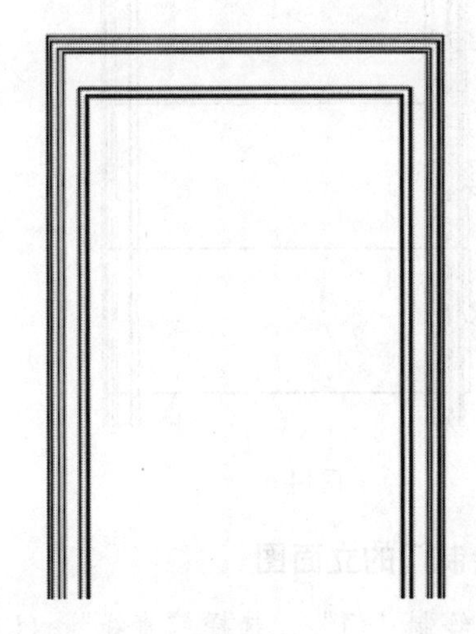
图14-3

04 绘制门左侧的造型。选择“偏移”（OFFSET）命令，以左侧边为偏移对象，以偏移出的对象作为下一次的偏移对象，分别创建出间距为175mm、370mm、370mm、370mm、370mm、360mm的垂直轮廓线，效果如图14-4所示。

05 使用“偏移”工具，将第4步中偏移出的直线均向右偏移10mm，再使用“修剪”工具将多余的直线进行修剪，效果如图14-5所示。

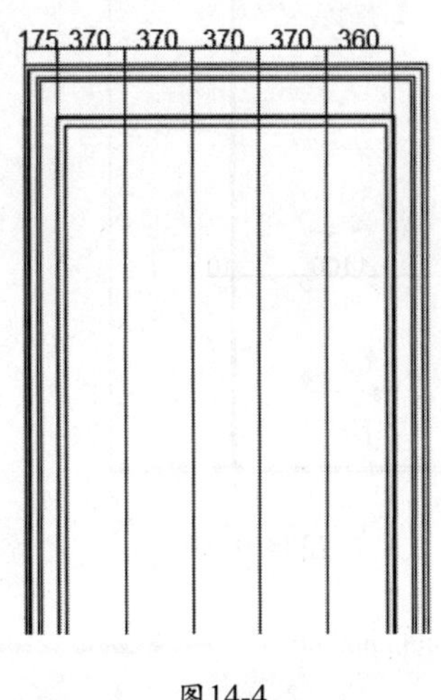

图14-4

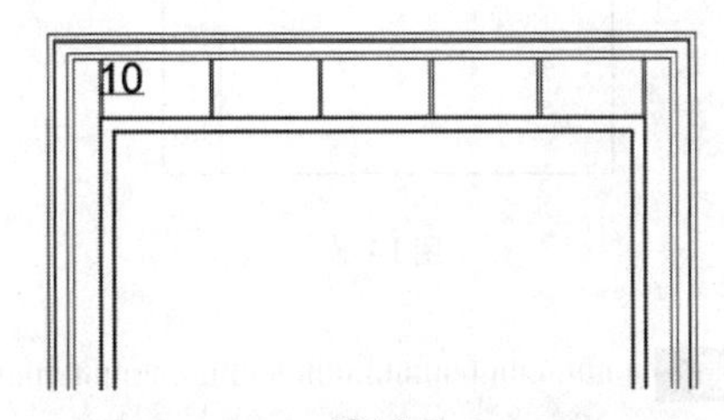

图14-5

06 选择“偏移”（OFFSET）命令，以上侧水平轮廓线作为起始偏移对象，以偏移出的对象作为下一次的偏移对象，分别创建出间距为275mm、850mm、850mm、850mm的水平轮廓线，偏移完成后的效果如图14-6所示。

07 使用“偏移”工具，将刚刚偏移出的第一条直线向下偏移10mm，将第2和第3条线向上向下各偏移5mm，再使用“修剪”工具将多余的直线进行修剪，效果如图14-7所示。

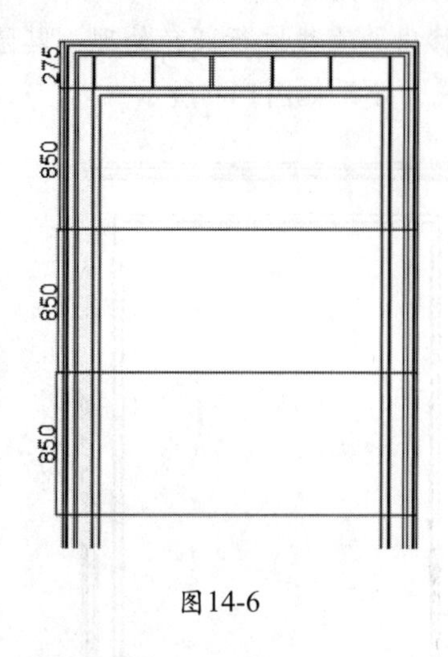

图14-6

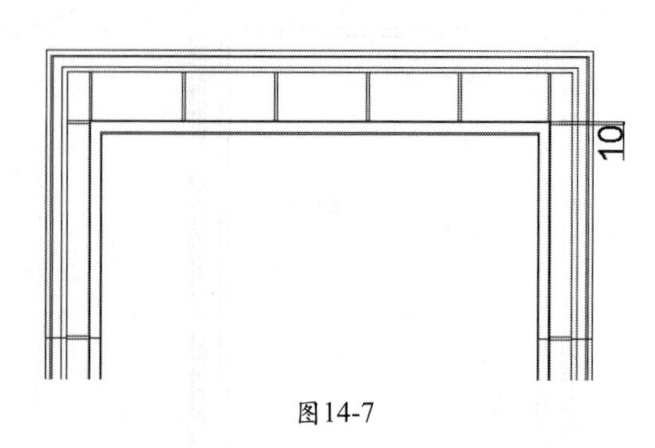

图14-7

2. 绘制门的立面图

01 绘制“门”。选择“直线”（LINE）命令，绘制高为2 670mm、宽为1 750mm的门，效果如图14-8所示。

02 选择“偏移”（OFFSET）命令，将绘制的门的左侧边向右偏移，以偏移出的对象作为下一次偏移的对象，分别创建出间距为1 100mm和10mm的直线，再分别将上下边向中间偏移20mm，效果如图14-9所示。

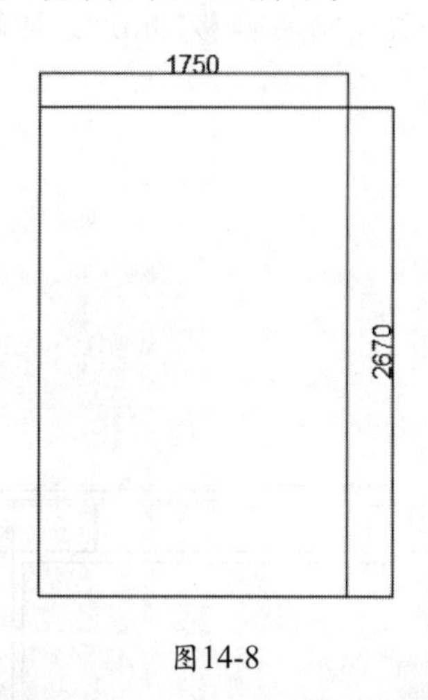

图14-8

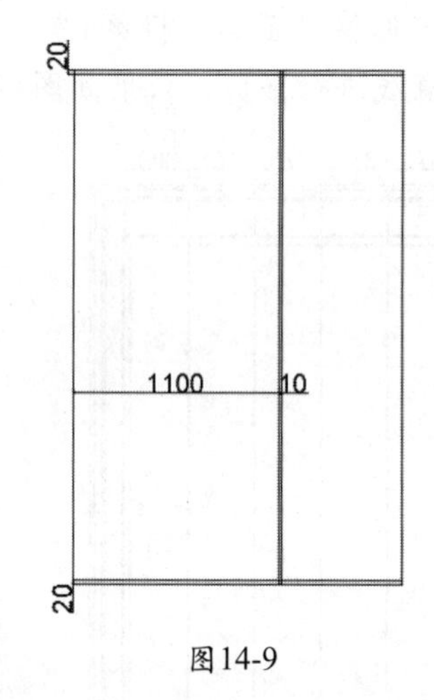

图14-9

注 意

使用“直线”命令时，在屏幕左下角的信息栏中打开正交模式，或者直接按【F8】键，再按一下【F8】键则可退出正交模式。正交模式可以保证绘制出的线为水平直线或者垂直直线。

03 在菜单栏中选择“修剪”命令，将偏移出的直线进行修剪，效果如图14-10所示。

04 选择“偏移”（OFFSET）命令，将绘制的图形左侧线向右偏移，以偏移出的对象作为下一次的偏移对象，分别创建出间距为150mm、350mm、100mm、350mm的直线，效果如图14-11所示。

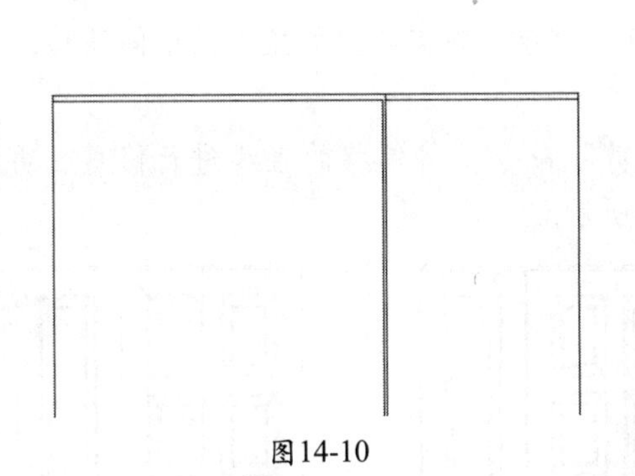

图14-10

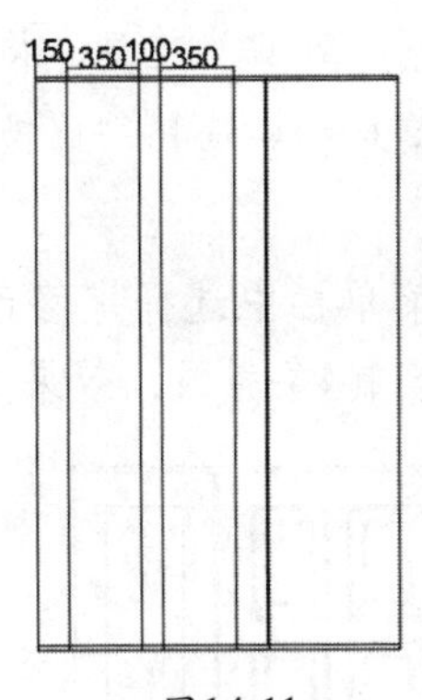

图14-11

05 选择“偏移”（OFFSET）命令，将绘制的图形上侧线向下偏移，以偏移出的对象作为下一次的偏移对象，分别创建出间距为170mm、500mm、90mm、500mm、90mm、500mm、90mm、500mm的直线，效果如图14-12所示。

06 在菜单栏中选择“修改”|“修剪”命令，将绘制的直线进行修剪，效果如图14-13所示。

07 修剪完成后得到8个矩形，使用“偏移”工具将8个矩形的边均向内侧偏移，以偏移出的对象作为下一次的偏移对象，分别创建出间距为15mm、50mm、15mm的直线，效果如图14-14所示。

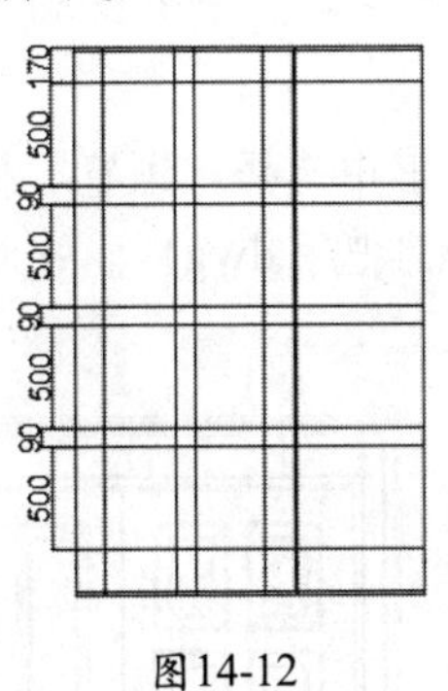

图14-12

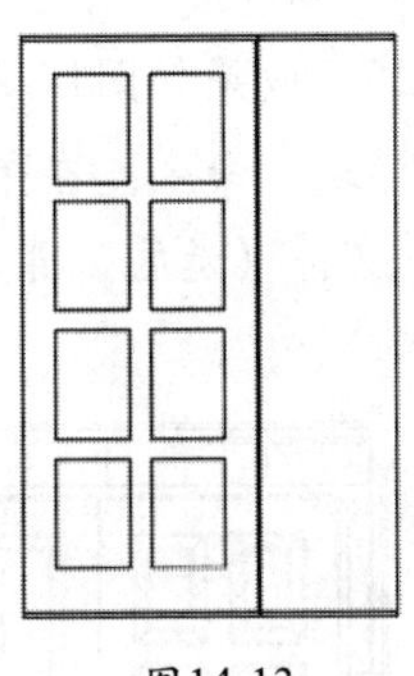

图14-13

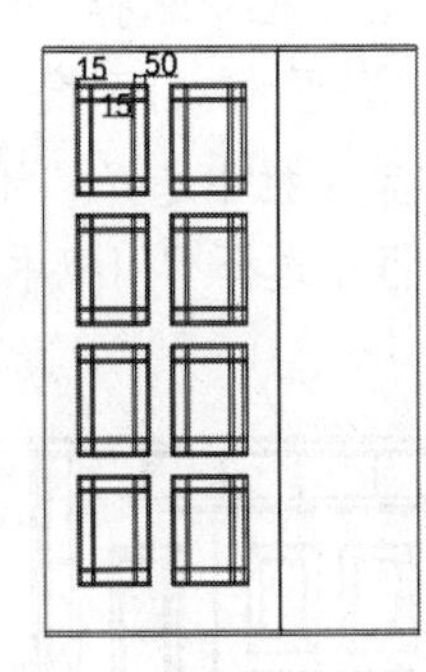

图14-14

08 选择“圆角”命令，对绘制的偏移线进行圆角处理，其圆角半径设置为0，完成后的效果如图14-15所示。

09 使用“直线”工具，将绘制的小方格中的3个相连，如图14-16所示。

10 在菜单栏中选择“修改”|“偏移”命令，将图形进行偏移，如图14-17所示。

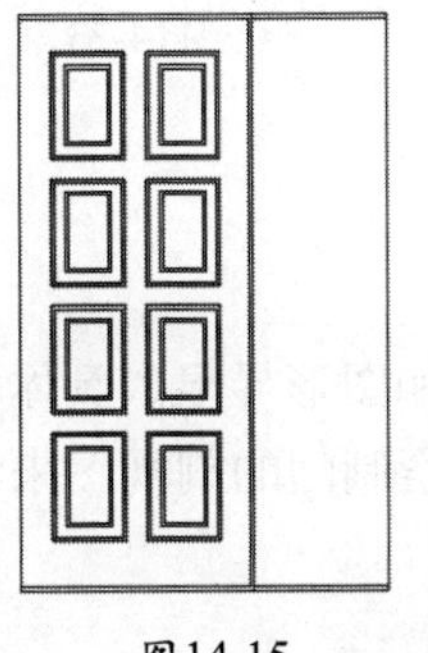

图14-15

图14-16

图14-17

⑪ 使用“修剪”工具，将偏移出的直线进行修剪，修剪后的效果如图14-18所示。

⑫ 在菜单栏中选择“修改”|“偏移”命令，将偏移出的矩形向中间偏移，如图14-19所示。

⑬ 在菜单栏中选择“修改”|“修剪”命令，将偏移的直线进行修剪，并使用“直线”工具，绘制4条斜线，效果如图14-20所示。

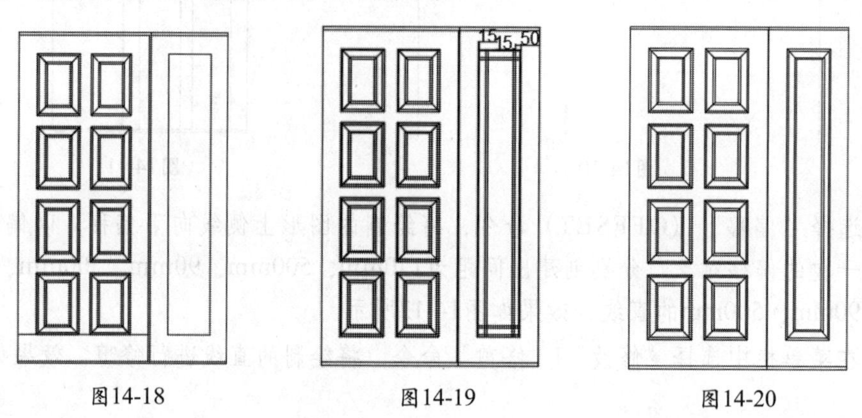

图14-18　　图14-19　　图14-20

⑭ 单扇门绘制完成后，将其全部选中，使用“移动”工具，将门移动到门套处，效果如图14-21所示。

⑮ 在菜单栏中选择“绘图”|“多段线”命令，在门下方绘制一条多段线，双击多段线，选择“宽度”，将宽度设置为25，效果如图14-22所示。

⑯ 在菜单栏中选择“插入”|“块”命令，在弹出的对话框中选择“浏览”按钮，再在弹出的对话框中选择“门把手.dwg”文件（光盘：\素材\第14章\门把手.dwg），效果如图14-23所示。

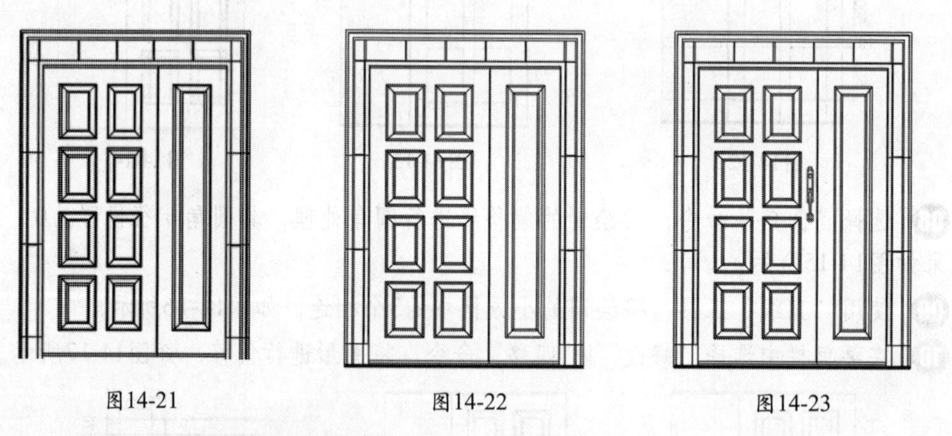

图14-21　　图14-22　　图14-23

14.3　绘制门节点剖面大样图

在专业设计制图中，首先要做的工作就是设置图形单位和图形界限。具体设置在前面的章节已经说明，在此不再讲述。下面根据14.2节中讲述的绘制门的剖视图来绘制门的大样图。

01 在菜单栏中选择“绘图”|“直线”命令，在绘图区绘制图形，效果如图14-24所示。

02 在菜单栏中选择“修改”|“偏移”命令，将图形左侧的边向右偏移，以偏移出的对象作为下一次的偏移对象，分别创建出间距为31mm、10mm、1mm、3mm、6mm、1mm、10mm的垂直轮廓线，效果如图14-25所示。

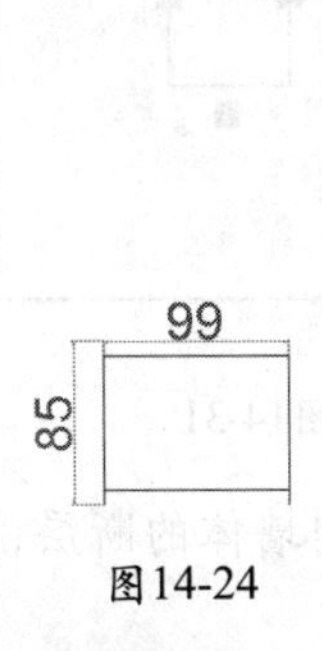

图14-24

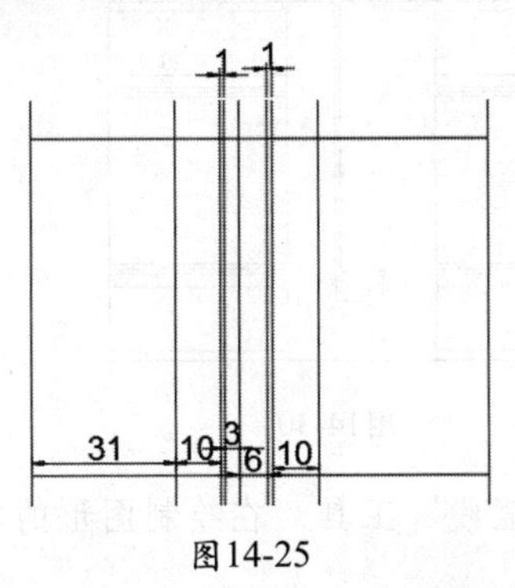

图14-25

03 在菜单栏中选择“修改”|“偏移”命令，将图形下侧的边向上偏移，以偏移出的对象作为下一次的偏移对象，分别创建出间距为10mm、5mm、1mm的垂直轮廓线，效果如图14-26所示。

04 在菜单栏中选择“修改”|“修剪”命令，将偏移的直线进行修剪，效果如图14-27所示。

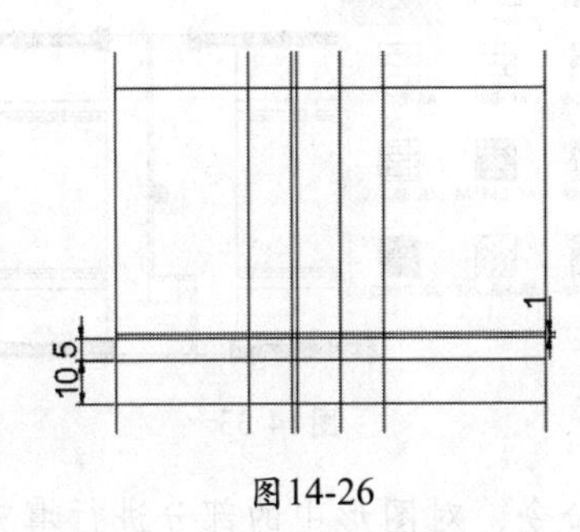

图14-26

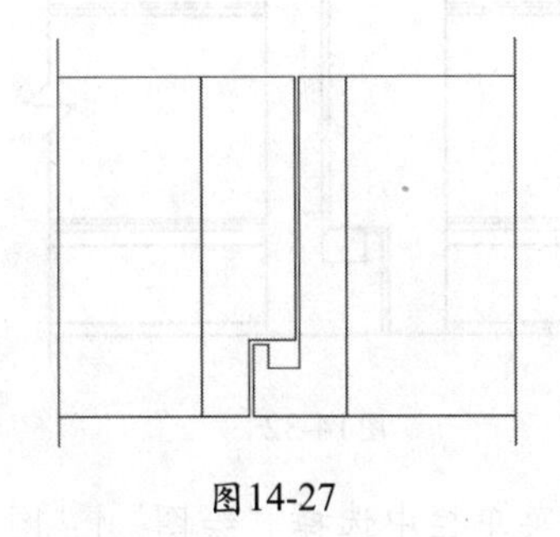
图14-27

05 使用“偏移”工具，将绘制的图形上侧边向下偏移，以偏移出的对象作为下一次的偏移对象，分别创建出间距为2mm、13mm、2.5mm、1mm、1mm、34mm、1mm、1mm、2.5mm、13mm、2mm的垂直轮廓线，效果如图14-28所示。

06 使用“修剪”工具，将偏移出的直线进行修剪，并使用“直线”工具将直线封闭，效果如图14-29所示。

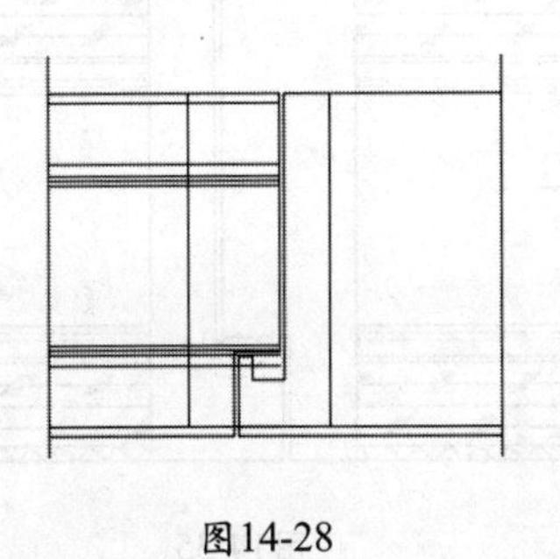
图14-28

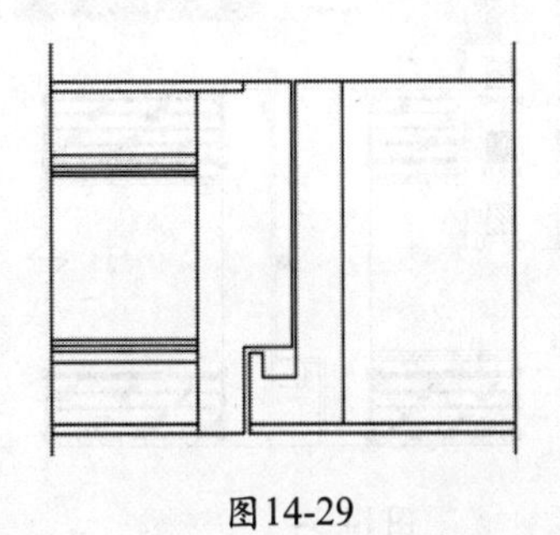
图14-29

07 使用相同的方法绘制另一侧的直线，效果如图14-30所示。

08 在菜单栏中选择“绘图”|“圆弧”|“起点，端点，方向”命令，在绘图区中绘制一个圆弧，其位置如图14-31所示。

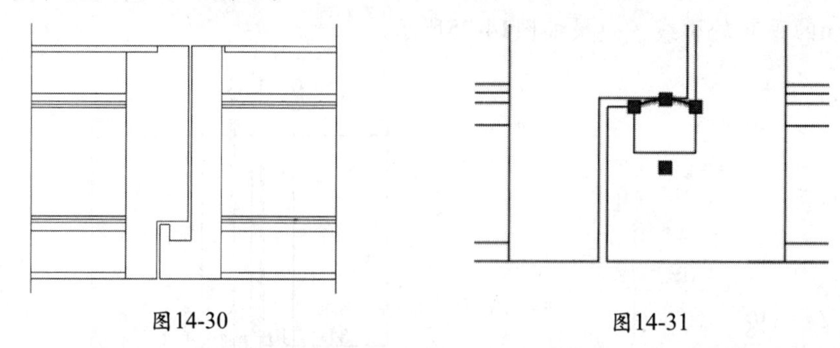

图14-30　　图14-31

09 使用“直线”工具，在绘制图形的左右两条边上绘制墙体的断层，效果如图14-32所示。

10 在菜单栏中选择“绘图”|“图案填充”命令，对图形中的部分进行填充，将“图案填充图案”设置为“ANSI37”，将“图案填充比例”设置为1，效果如图14-33所示。

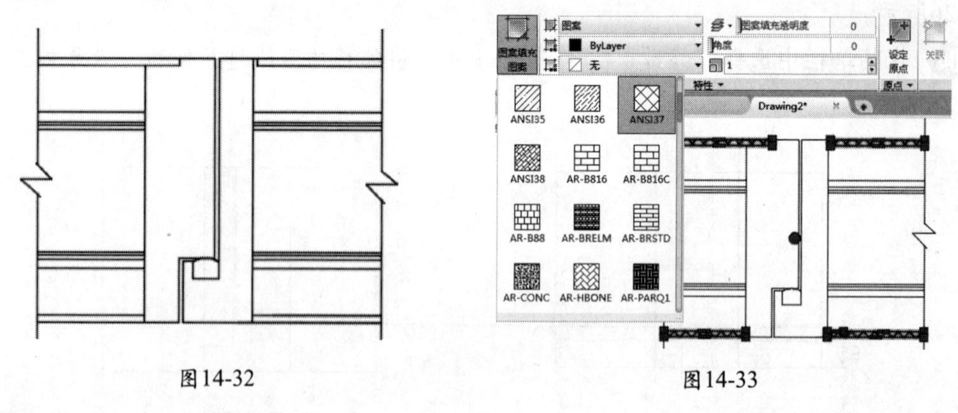

图14-32　　图14-33

11 在菜单栏中选择“绘图”|“图案填充”命令，对图形中的部分进行填充，将“图案填充图案”设置为“CORK”，将“图案填充比例”设置为1，效果如图14-34所示。

12 在视图中选择“直线”，在菜单栏中选择“图层”，将选中直线的颜色设置为254，效果如图14-35所示。

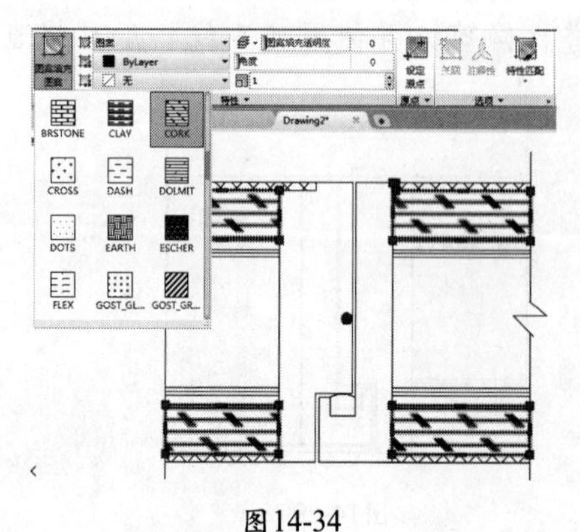

图14-34

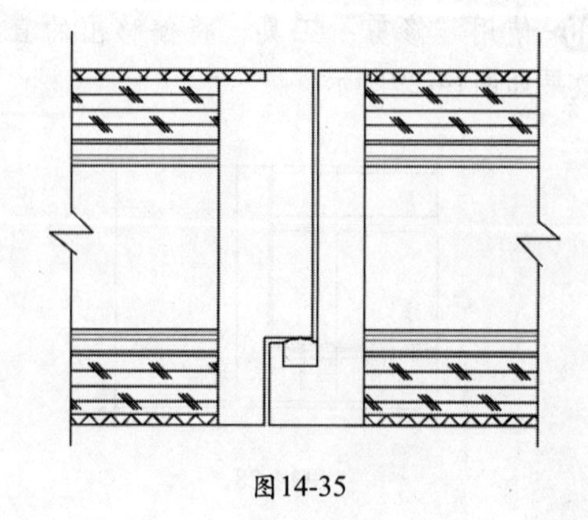

图14-35

⑬ 在菜单栏中选择“绘图”|“图案填充”命令，为绘图区中的图案进行填充，将“图案填充图案”设置为“STARS”，将“图案填充比例”设置为0.1，效果如图14-36所示。

⑭ 在菜单栏中选择“绘图”|“样条曲线”命令，在图形中绘制曲线，效果如图14-37所示。

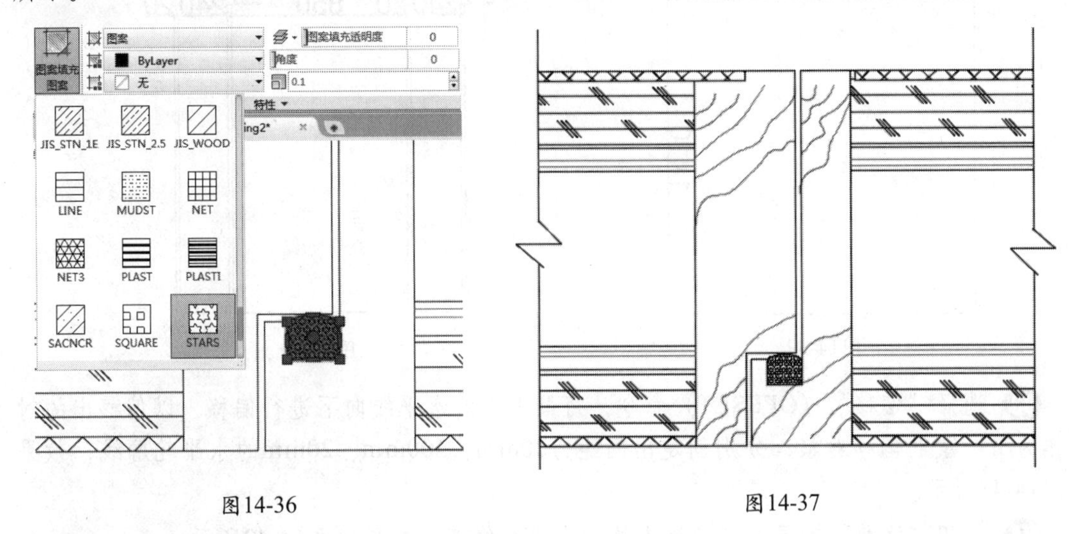

图14-36　　　　图14-37

⑮ 进行文字说明。使用“单行文字”（DTEXT）命令对所绘制的图纸进行说明，最后再使用“直线”命令将所输入的文字引出标注（具体操作步骤可以参考以前的实例）。门节点剖面大样的最终效果如图14-38所示。

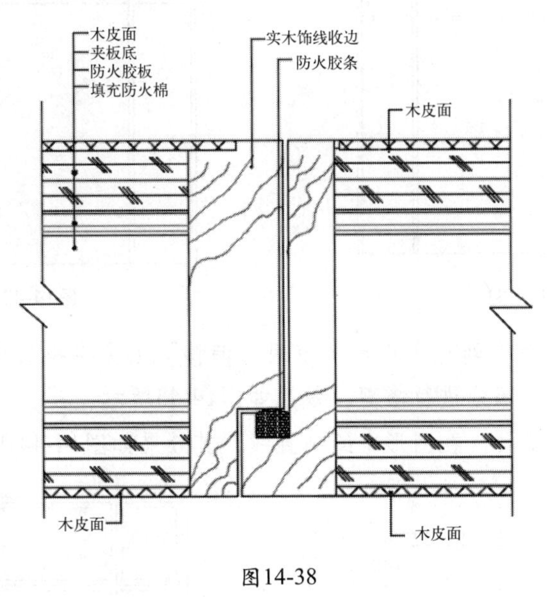

图14-38

14.4 绘制窗立面图

下面以窗的立面为例，讲解一下窗户立面详图的绘制方法。

⑪ 选择“直线”命令，绘制一个1 410mm×1 410mm的正方形，效果如图14-39所示。

02 选择“偏移”（OFFSET）命令，将绘制的矩形的左侧边为偏移对象，以偏移出的对象作为下一次的偏移对象，分别创建出间距为20mm、240mm、20mm、850mm、20mm、240mm、20mm的垂直轮廓线，效果如图14-40所示。

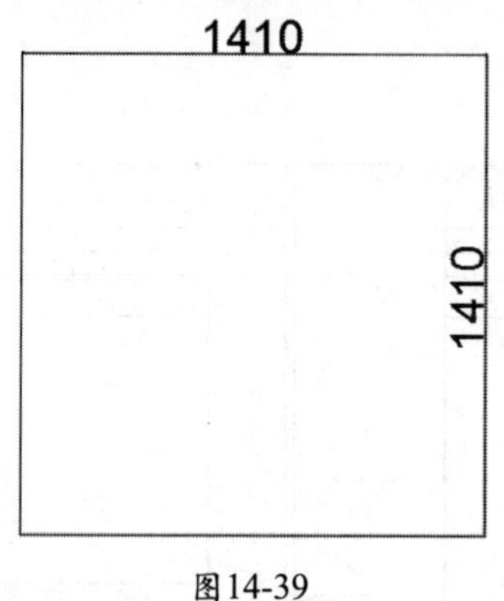

图14-39

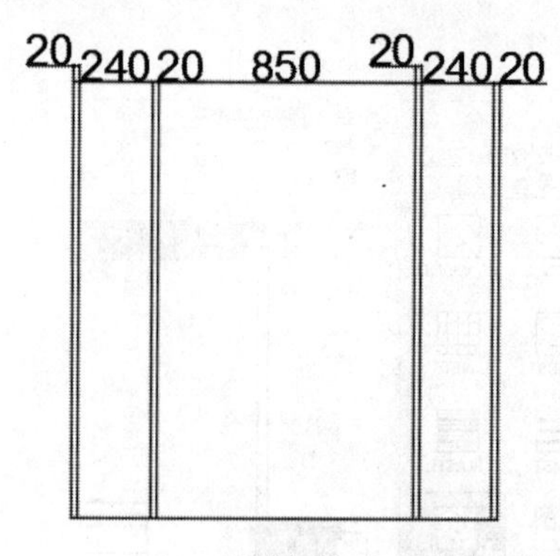

图14-40

03 选择“偏移”（OFFSET）命令，将最上方的水平线向下进行偏移，以偏移出的对象作为下一次的偏移对象，分别创建出间距为20mm、300mm、20mm的水平轮廓线，效果如图14-41所示。

04 使用“修剪”工具，将偏移出的直线进行修剪，效果如图14-42所示。

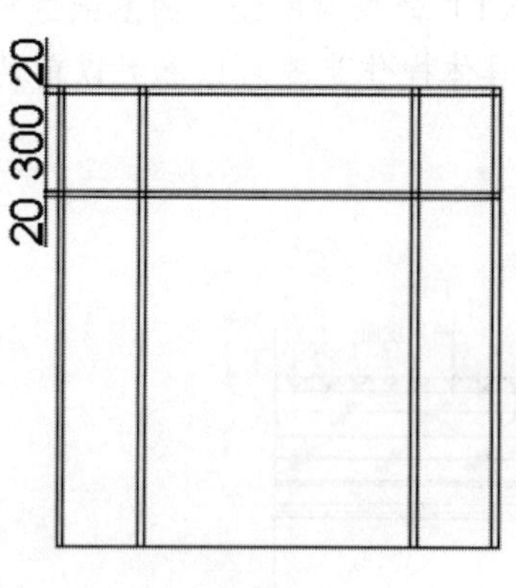

图14-41

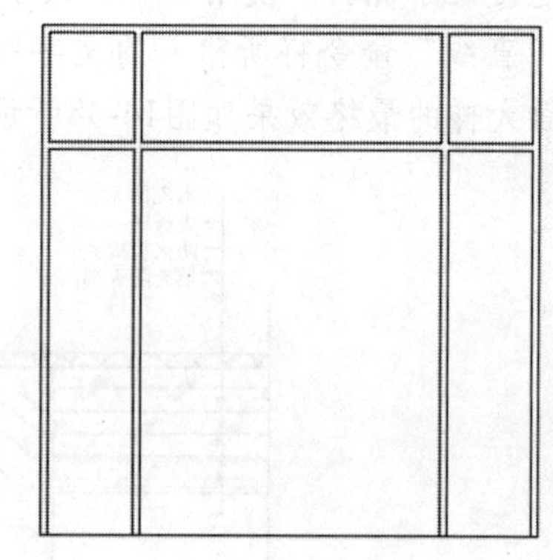

图14-42

05 修建完成后，会得到几个矩形，使用“偏移”工具将矩形均向内部偏移20，并使用“修剪”工具，将多余部分进行修剪，效果如图14-43所示。

06 使用“直线”工具，在图形中绘制直线，其效果如图14-44所示。

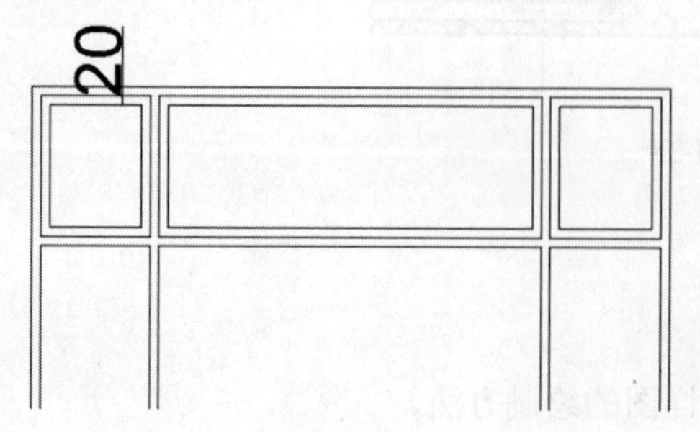

图14-43

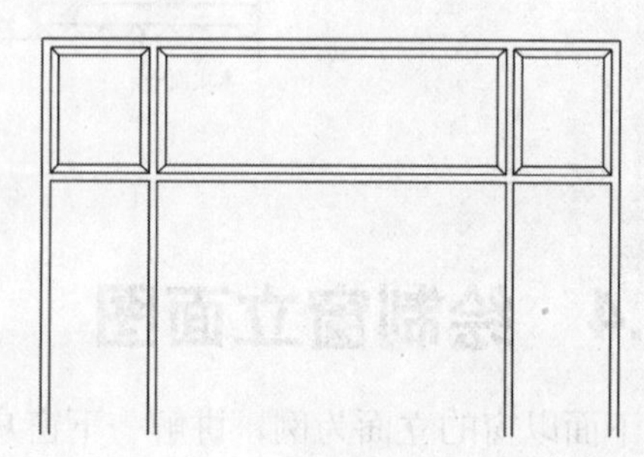

图14-44

07 选择如图所示区域，将其上侧边向下进行偏移，以偏移出的对象作为下一次的偏移对象，分别创建出间距为35mm、600mm、35mm、350mm的水平轮廓直线，将左右两侧的边向中间偏移35mm，效果如图14-45所示。

08 在菜单栏中选择“修改”|“修剪”命令，将偏移出的直线进行修剪，效果如图14-46所示。

09 使用“偏移”工具，将偏移出的矩形再次向内部进行偏移，效果如图14-47所示。

10 使用“圆角”工具，将偏移出的直线进行处理，然后使用“直线”工具将其连接，效果如图14-48所示。

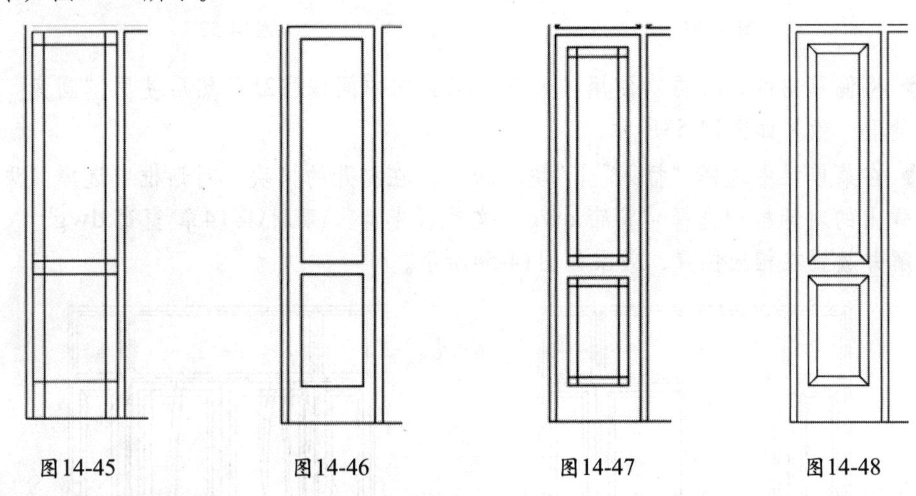

图14-45　图14-46　图14-47　图14-48

11 将绘制的图形选中，使用“复制”和“粘贴”工具，将其粘贴到如图14-49所示的位置。

12 选择中间的矩形，使用“偏移”工具，将其左侧边向右偏移，以偏移出的对象作为下一次的偏移对象，分别创建出间距为40mm、345mm、40mm、40mm、345mm的垂直直线，效果如图14-50所示。

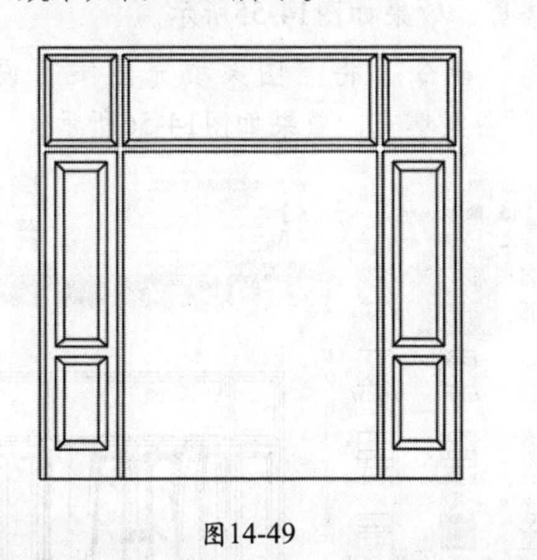

图14-49

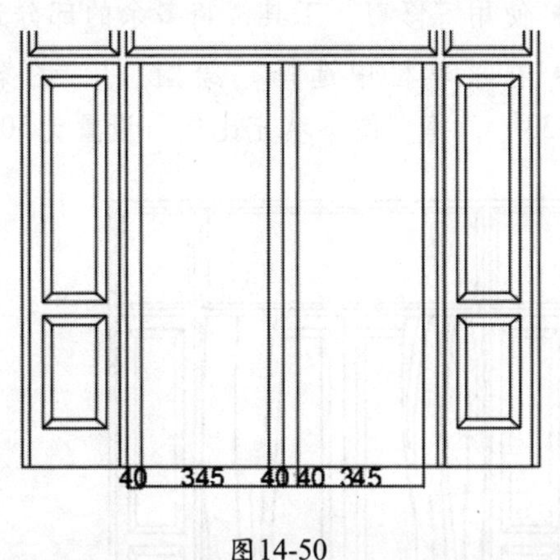

图14-50

13 使用“偏移”工具，选择上侧边，将其向下偏移，以偏移出的对象作为下一次的偏移对象，分别创建出间距为35mm、785mm、25mm、35mm的水平直线，效果如图14-51所示。

14 选择“修剪”工具，将偏移出的直线进行修剪，效果如图14-52所示。

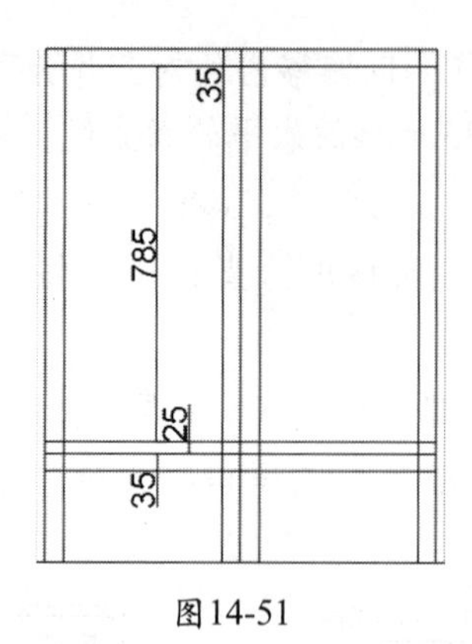

图14-51

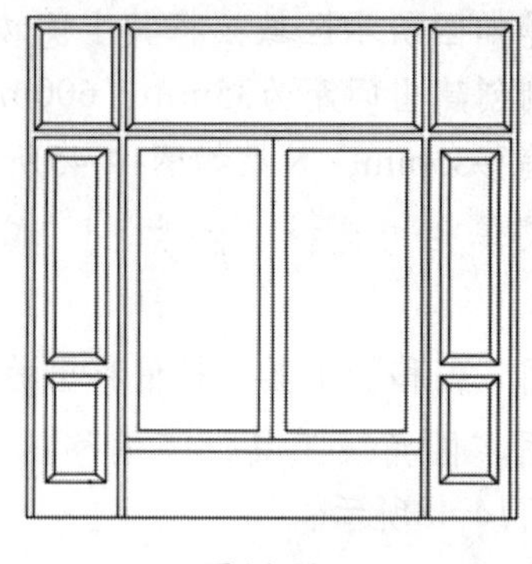

图14-52

⑮ 将偏移出的矩形再次使用“偏移”工具向中间偏移25，然后使用“圆角”工具进行圆角处理，效果如图14-53所示。

⑯ 在菜单栏中选择“插入”|“块”命令，在打开的“块”对话框中选择“浏览”按钮，在弹出的对话框中选择“窗帘.dwg”文件（光盘：\素材\第14章\窗帘.dwg），将插入的块分解并放置在相应位置，效果如图14-54所示。

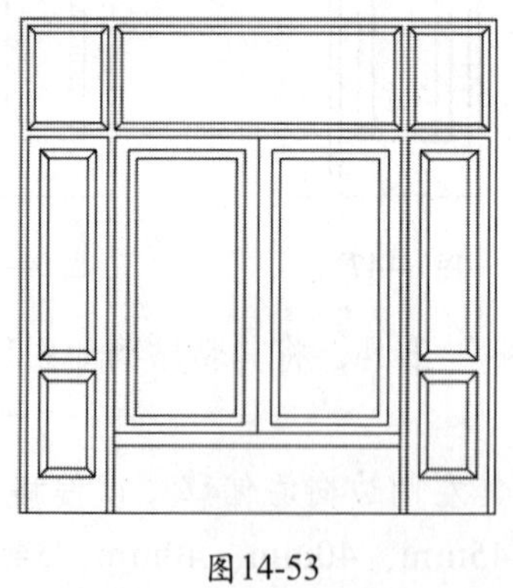

图14-53

图14-54

⑰ 使用“修剪”工具，将多余的部分进行修剪，效果如图14-55所示。

⑱ 在菜单栏中选择“绘图”|“图案填充”命令，将“图案填充图案”设置为“ANSI33”，将“图案填充比例”设置为50，进行图案填充，效果如图14-56所示。

图14-55

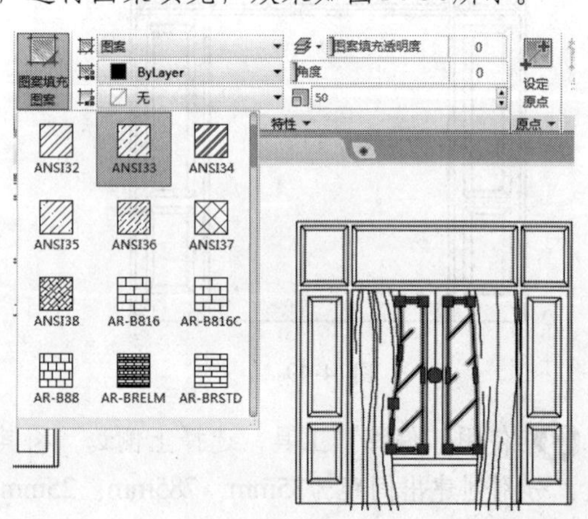

图14-56

⓳ 使用“单行文字”（DTEXT）命令对所绘制的图纸进行说明。在第一次使用“单行文字”工具时，需要对文字的高度和角度进行选择，确定后就可以输入所需要的文字了，如图14-57所示。

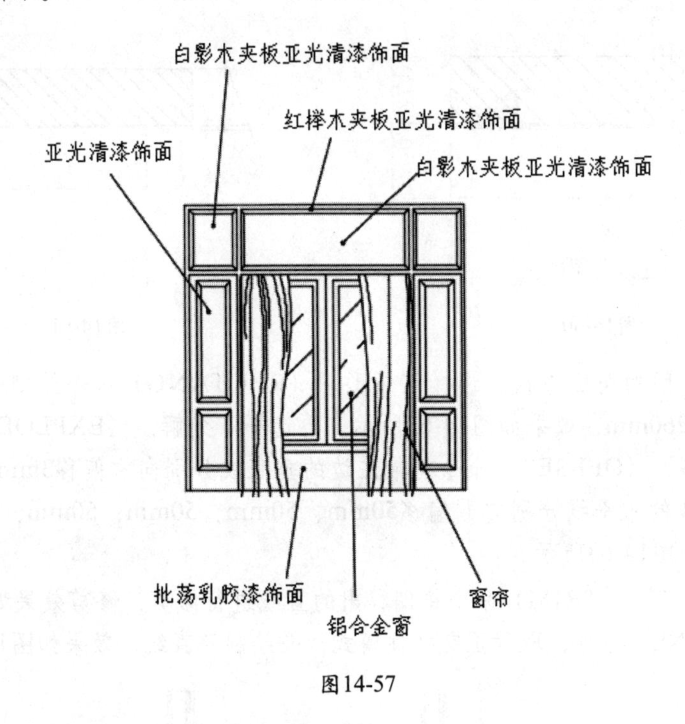

图14-57

14.5 绘制窗的节点详图

下面以窗的详图为例，讲解一下窗户节点详图的绘制方法。

⓵ 选择“矩形”（RECTANG）命令绘制剖面墙体，设置墙体的尺寸为1 050mm×240mm，效果如图14-58所示。

⓶ 选择“图案填充”（HATCH）命令为墙体进行填充，弹出“图案填充和渐变色”对话框。选择“图案填充”选项卡，在“类型和图案”选项组的“图案填充图案”下拉列表框中选择“ANSI31”选项，“图案填充比例”设置为400，“图案填充角度”设置为0，进行填充，效果如图14-59所示。

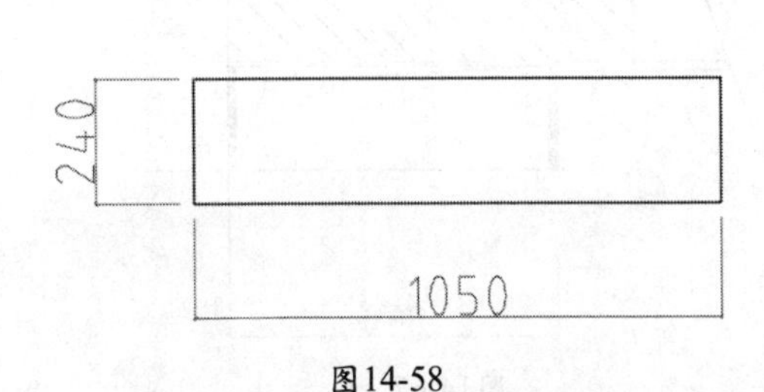

图14-58

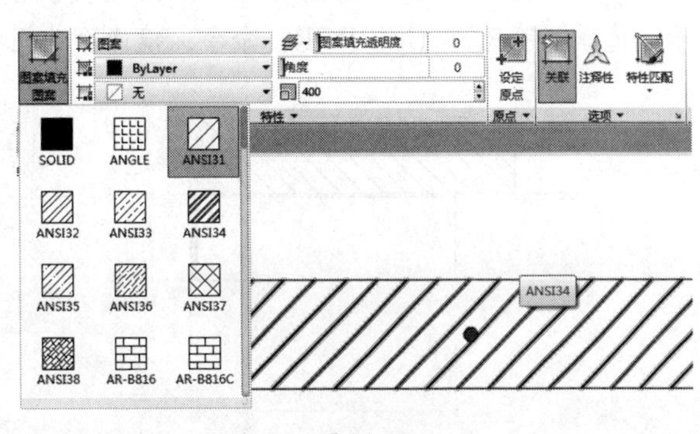

图14-59

03 将最上方的水平线向左延长，选择“偏移”（OFFSET）命令将最上方的水平线分别向下偏移240mm、10mm、10mm和270mm，将最右边的垂直线向左偏移850mm，效果如图14-60所示。选择“修剪”（TRIM）命令进行修剪，效果如图14-61所示。

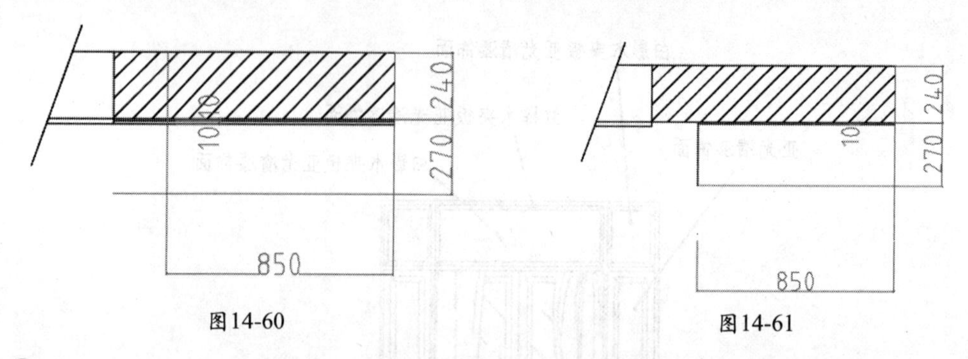

图14-60　　图14-61

04 绘制百叶门的两侧夹板。选择“矩形”（RECTANG）命令绘制矩形，设置矩形的尺寸为21mm×260mm，效果如图14-62所示。再选择“分解”（EXPLODE）命令将矩形分解。选择“偏移”（OFFSET）命令将最左边的垂直线分别向右偏移3mm、3mm、12mm和3mm，将最上边的水平线分别向下偏移50mm、50mm、50mm、50mm、50mm、5mm和5mm，偏移效果如图14-63所示。

05 选择“修剪”（TRIM）命令将偏移出的直线进行修剪，修剪效果如图14-64所示。选择“直线”（LINE）命令，取消正交捕捉模式，并绘制斜直线，效果如图14-65所示。

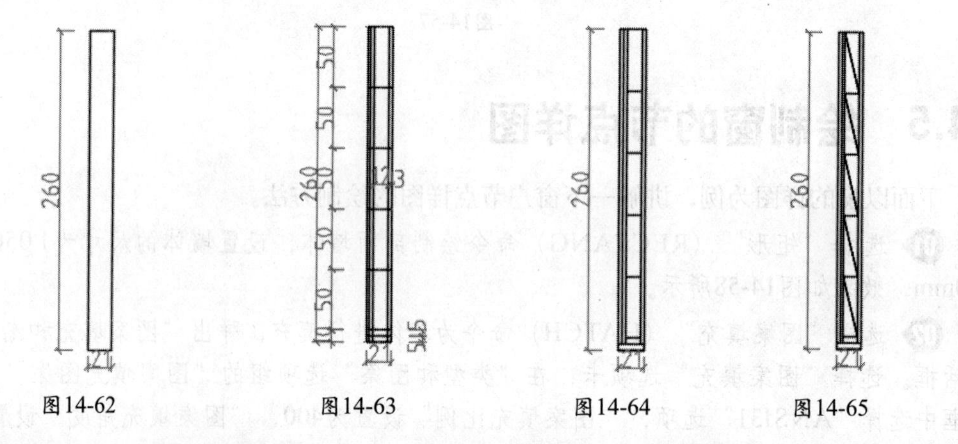

图14-62　　图14-63　　图14-64　　图14-65

06 将图14-65绘制好的百叶门的两侧夹板移到图14-61中的合适位置，效果如图14-66所示。选择“镜像”（MIRROR）命令，镜像百叶门的两侧夹板，效果如图14-67所示。

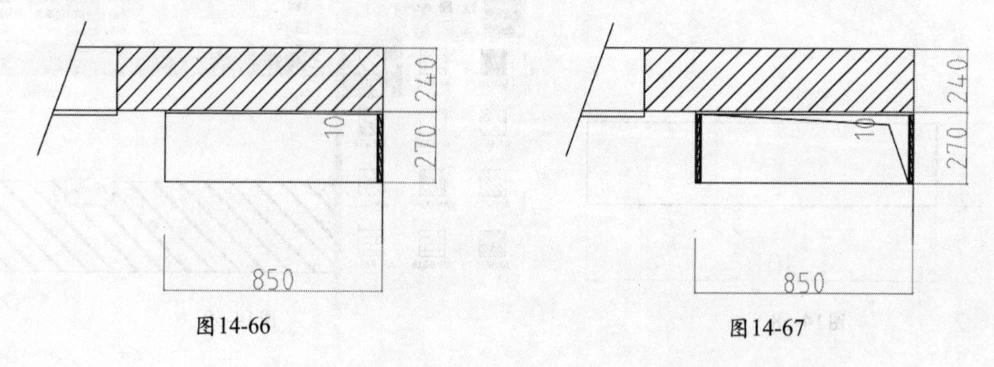

图14-66　　图14-67

07 用绘制百叶门两侧夹板的方法绘制百叶门，效果如图14-68所示。选择“镜像”（MIRROR）命令，镜像百叶门，效果如图14-69所示。

08 使用“移动”（MOVE）命令，把百叶门移到合适的位置，效果如图14-70所示。

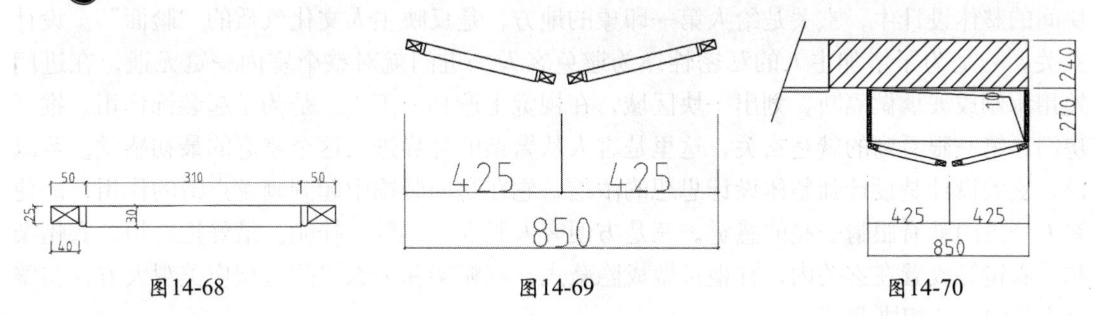

图14-68　　图14-69　　图14-70

09 用绘制百叶门两侧夹板的方法绘制铝合金窗，效果如图14-71所示。

10 选择“移动”（MOVE）命令，把铝合金窗移到合适的位置，效果如图14-72所示。

11 选择“单行文字”（DTEXT）命令对所绘制的图纸进行说明。在第一次使用“单行文字”命令时，需要对文字的高度和角度进行设置，确定后就可以输入所需要的文字了。最后，再使用“直线”命令将所输入的文字引出标注，如图14-73所示。

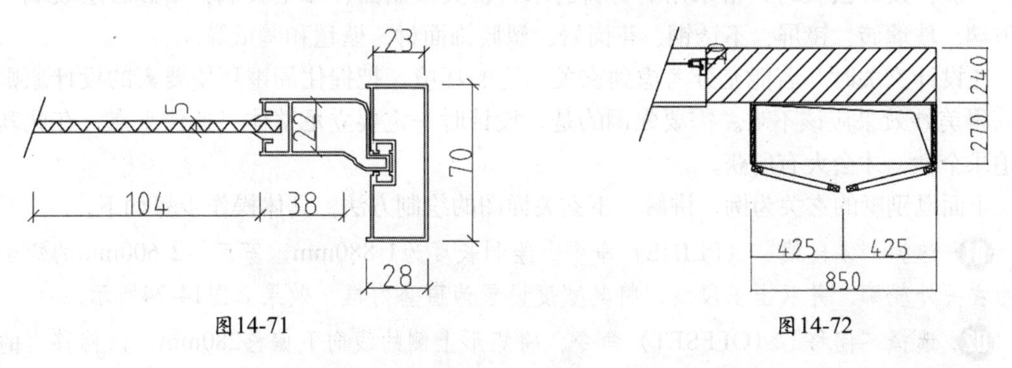

图14-71　　图14-72

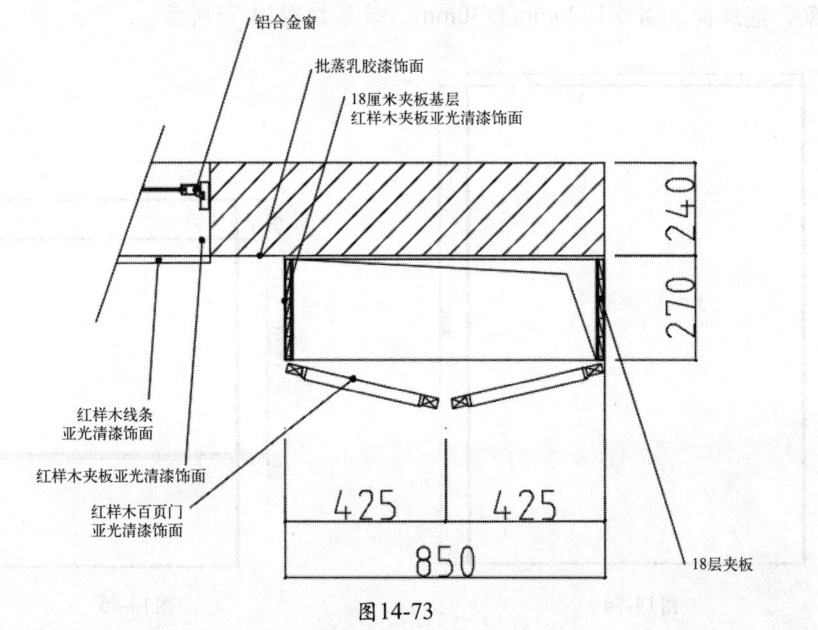

图14-73

14.6 绘制玄关详图

在房屋装修中，人们往往最重视客厅的装饰和布置，而忽略对玄关的装饰。其实，在房间的整体设计中，玄关是给人第一印象的地方，是反映主人文化气质的“脸面”。设计玄关，一是为了增加主人的私密性。为避免客人一进门就对整个室内一览无遗，在进门处用木制或玻璃做隔断，划出一块区域，在视觉上遮挡一下。二是为了起装饰作用。推开房门，第一眼看到的就是玄关，这里是客人从繁杂的外界进入这个家庭的最初感觉。可以说，玄关设计是设计师整体设计思想的浓缩，它在房间装饰中起到画龙点睛的作用，能使客人一进门就有眼睛一亮的感觉。三是方便客人脱衣、换鞋、挂帽。最好把鞋柜、衣帽架和大衣镜等设置在玄关内，鞋柜可做成隐蔽式，衣帽架和大衣镜的造型应美观大方，与整个玄关的风格相协调。

玄关的概念源于中国，过去中式民宅推门而见的“影壁”（或称照壁），就是现代家居中玄关的前身。中国传统文化重视礼仪，讲究含蓄内敛，有一种“藏”的精神。体现在住宅文化上，“影壁”就是一个生动写照，不但使外人不能直接看到宅内人的活动，而且通过影壁在门前形成一个过渡性的空间，为来客指引方向，也给主人一种领域感。

一般在设计玄关时，常采用的材料有木材、夹板贴面、雕塑玻璃、喷砂彩绘玻璃、镶嵌玻璃、玻璃砖、镜屏、不锈钢、花岗岩、塑胶饰面材、壁毯和壁纸等。

在设计玄关时，若能充分考虑到玄关周边的环境，把握住周围环境要素的设计原则，要获得美妙效果应该不难。需要强调的是，设计时一定要立足整体，抓住重点，在此基础上追求个性，才会大有所获。

下面以别墅的玄关为例，讲解一下玄关详图的绘制方法。具体操作步骤如下。

01 选择“多段线”（PLINE）命令，绘制长度为1 880mm，宽度为2 600mm的矩形，作为玄关外轮廓，并双击多段线，将其宽度设置为窗套内框，效果如图14-74所示。

02 选择“偏移”（OFFSET）命令，将矩形上侧的线向下偏移280mm，以偏移出的线为偏移对象，继续向下偏移1520mm和30mm，效果如图14-75所示。

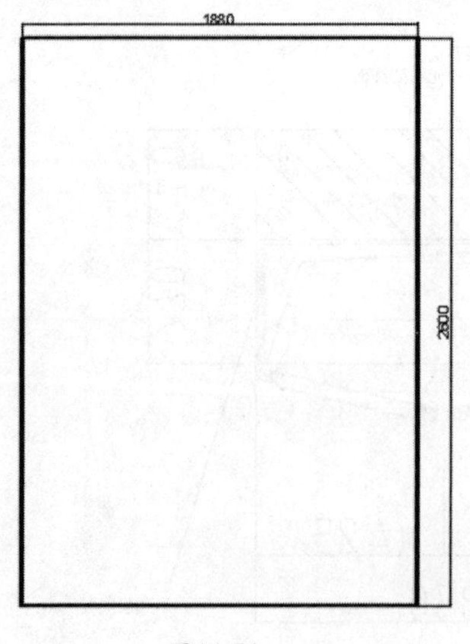

图14-74

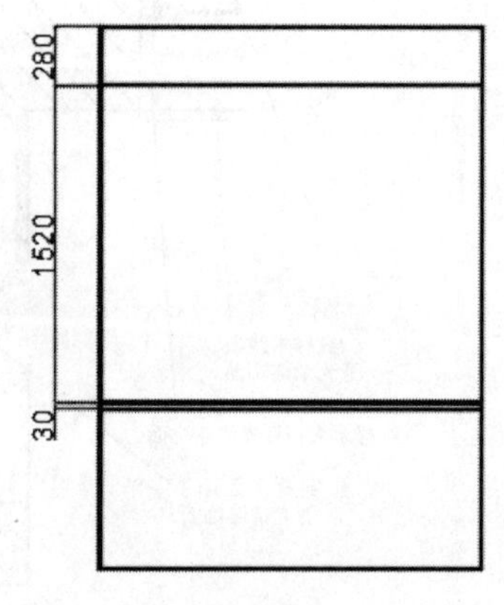

图14-75

03 在绘制的多段线的最上侧绘制一条等长的直线。

04 按【Enter】键，重复使用“偏移”（OFFSET）命令，将上侧的水平边线向下偏移，以偏移出的线为偏移对象，继续向下偏移615mm、10mm、325mm、10mm、860mm、700mm，效果如图14-76所示。

05 在菜单栏中选择“绘图”|“矩形”命令，在绘图区中绘制一个280×230的矩形，并将其移动到如图14-77所示的位置。

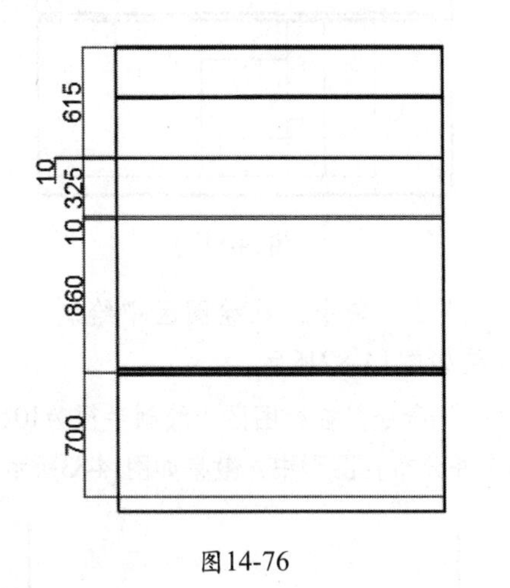

图14-76

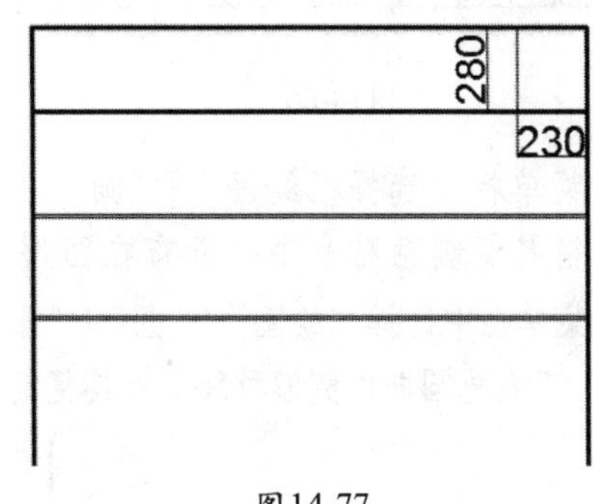

图14-77

06 在菜单栏中选择“绘图”|“图案填充”命令，为矩形填充图案，将“图案填充图案”设置为“ANSI31H”和“TRIANG”，“图案填充比例”都设置为5，效果如图14-78所示。

07 选择之前偏移出的最下侧直线，将其向上进行偏移，以偏移出的直线为下次偏移对象，依次偏移距离为173mm、173mm、173mm、173mm，效果如图14-79所示。

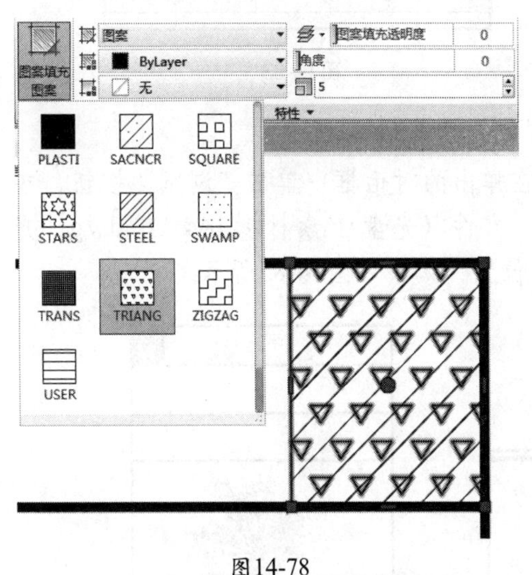

图14-78

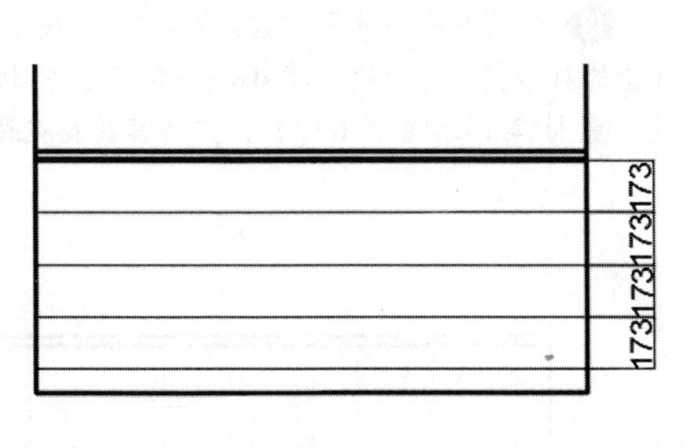

图14-79

08 选择“直线”命令，绘制同左侧多段线等长的直线，并以绘制的直线为基线向右偏移，以偏移出的对象作为下一次的偏移对象，分别创建出间距为350mm、224mm、170mm、393mm、393mm、350mm的垂直直线，效果如图14-80所示。

09 在菜单栏中选择“修改”|“修剪”命令，将绘制的直线进行修剪，效果如图14-81所示。

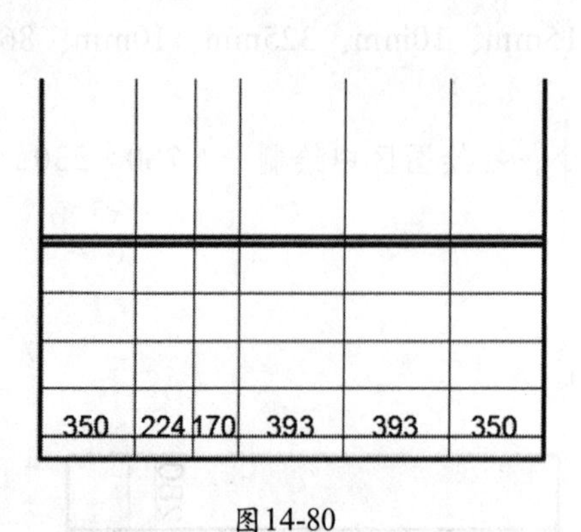

图14-80

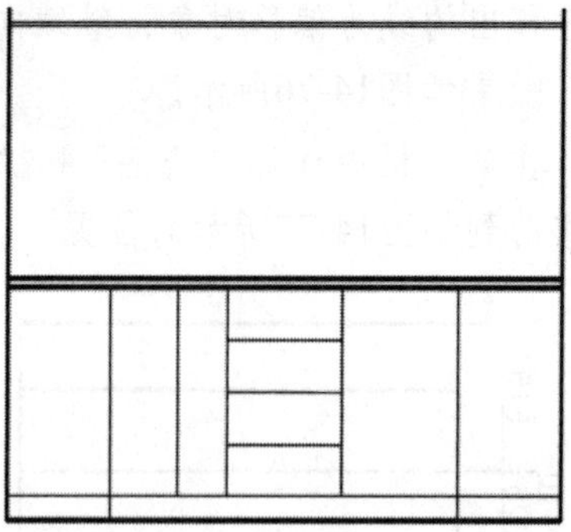

图14-81

10 在菜单栏中选择“绘图”|“圆”|“圆心，半径”命令，在绘图区中绘制一个半径为10的圆，将其复制粘贴多个并分布在图形中，效果如图14-82所示。

11 在菜单栏中选择“绘图”|“圆”|“圆心，半径”命令，在绘图区中绘制半径为10的圆，使用“偏移”工具将圆向内侧偏移56，将其复制粘贴3个并分布在图形中，效果如图14-83所示。

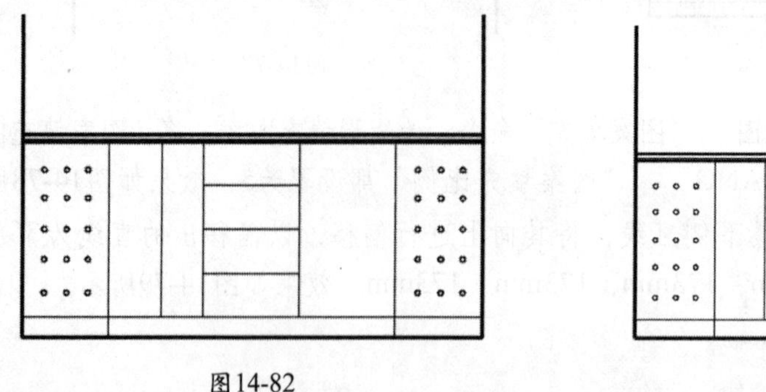

图14-82

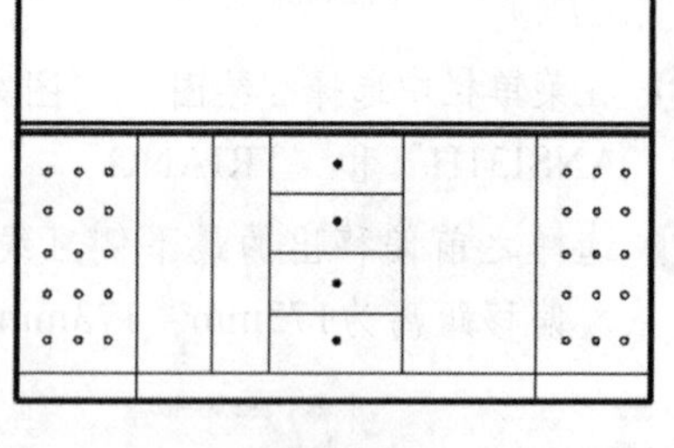

图14-83

12 使用“矩形”工具，绘制两个矩形，放置位置如图14-84所示。

13 在菜单栏中选择“插入”|“块”命令，在弹出的对话框中单击“浏览”按钮，在弹出的对话框中选择随“花.dwg”和“零件.dwg”文件（光盘：\素材\第14章\花.dwg、光盘：\素材\第14章\零件.dwg），并将其放置在适当位置，效果如图14-85所示。

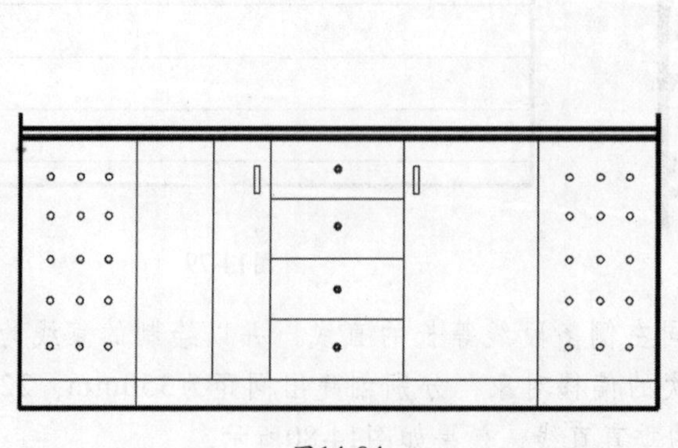

图14-84

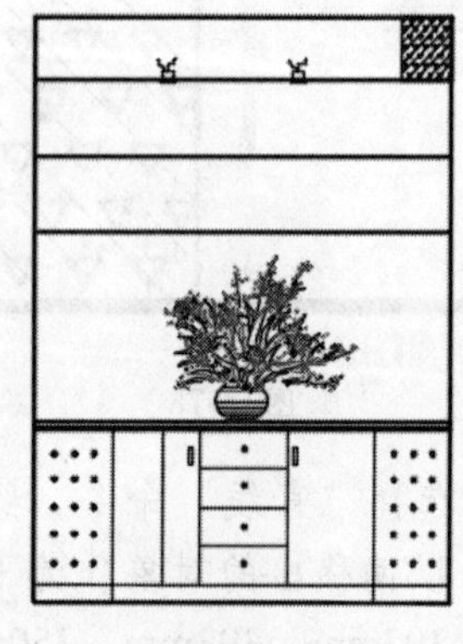

图14-85

⑭ 使用“单行文字”（DTEXT）命令对所绘制的图纸进行说明。在第一次使用“单行文字”命令时，需要对文字的高度和角度进行设置，确定后就可以输入所需要的文字了。最后，使用“直线”命令将所输入的文字引出标注，如图14-86所示。

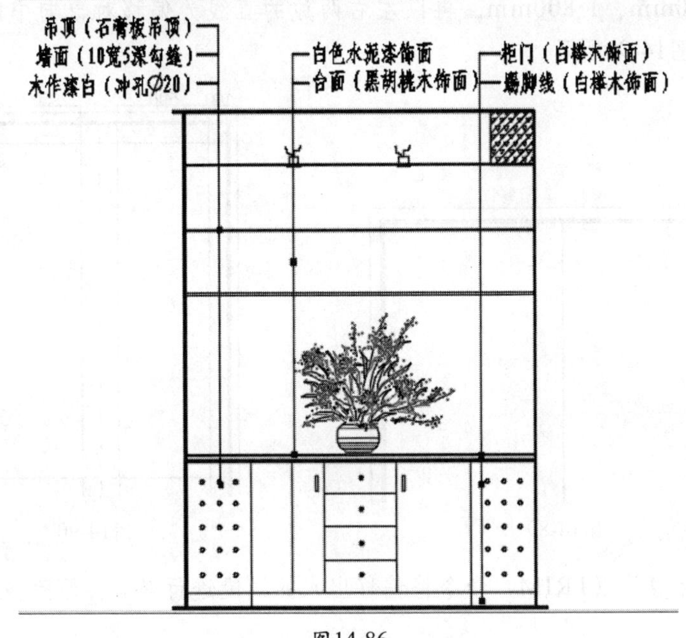

图14-86

14.7 隔断装饰详图

下面以隔断的立面为例，讲解一下隔断立面详图的绘制方法。具体操作步骤如下。

01 选择“直线”命令绘制3条长度为2 000mm的垂直线和一条长度为1 400mm的水平直线，效果如图14-87所示。

02 选择“偏移”（OFFSET）命令，把刚才绘制出的线均向外偏移，以偏移出的线为偏移对象分别向外偏移7mm、8mm、45mm，绘制门的基本轮廓，效果如图14-88所示。

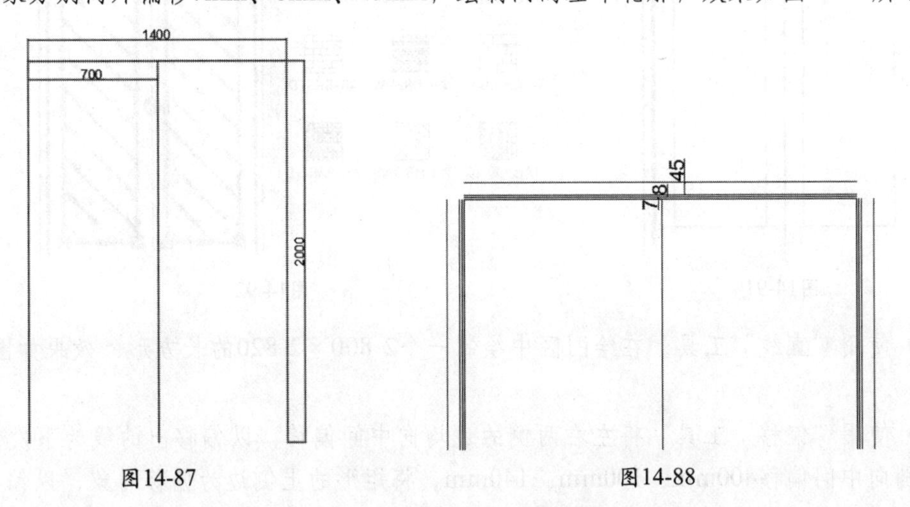

图14-87 图14-88

03 选择“圆角”（FILLET）命令将偏移出的直线进行圆角处理，其圆角半径设置为0，效果如图14-89所示。

04 以绘制的直线的上侧边为偏移对象，向下部偏移，以偏移出的线为偏移对象分别向下偏移100mm、1 800mm，再以左右两边的直线为偏移对象向中间偏移100mm、500mm，效果如图14-90所示。

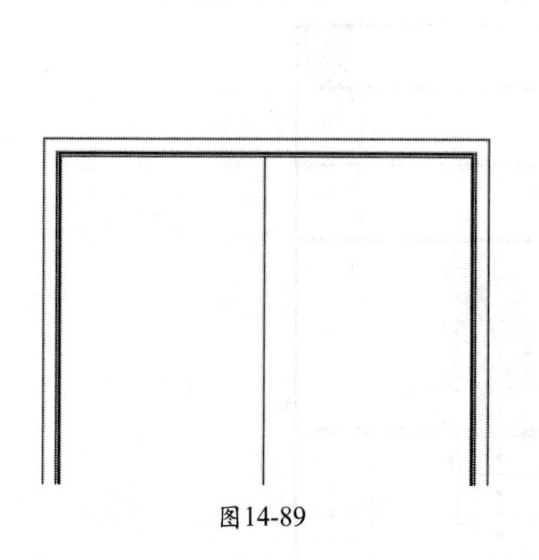

图14-89

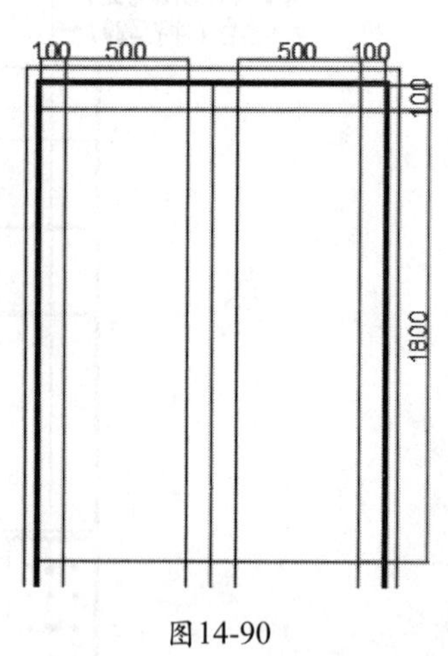

图14-90

05 选择“修剪”（TRIM）命令将偏移出来的线段进行修剪，删除多余的线段，效果如图14-91所示。

06 在菜单栏中选择“绘图”|“图案填充”命令，为绘制的矩形填充图案，将“图案填充图案”设置为“ANSI35”，将“图案填充比例”设置为50，效果如图14-92所示。

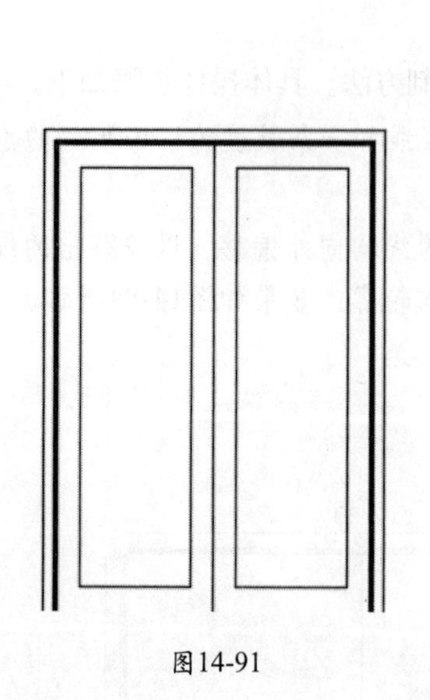

图14-91

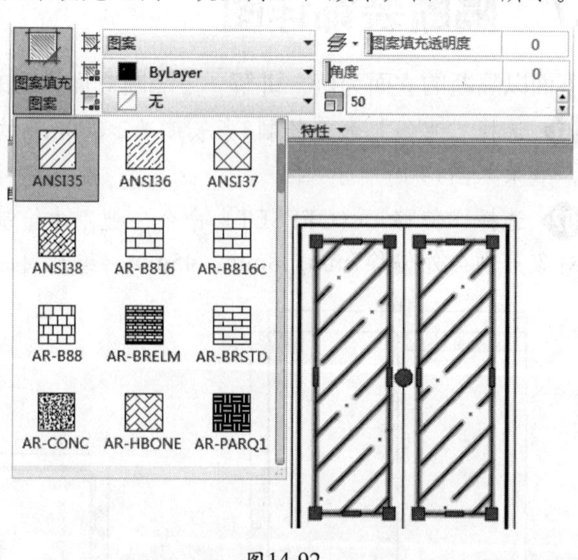

图14-92

07 使用“直线”工具，在绘图区中绘制一个2 800×2 820的长方形，效果如图14-93所示。

08 使用“偏移”工具，将左右两侧的边均向中间偏移，以偏移出的线为下次偏移对象，分别向中间偏移400mm、100mm、140mm。将矩形的上侧边为偏移对象，以偏移出的线为下次偏移对象进行偏移，分别向下偏移250mm和390mm，效果如图14-94所示。

09 在菜单栏中选择“修改”|“修剪”命令，将偏移出的直线进行修剪，删除多余的线段，效果如图14-95所示。

10 选择“偏移”命令，以上侧边为偏移对象再次向下偏移，以偏移出的线为下次偏移对象，分别向下偏移250mm、100mm、600mm、20mm、560mm、20mm、100mm、770mm、20mm、100mm、100mm、20mm，效果如图14-96所示。

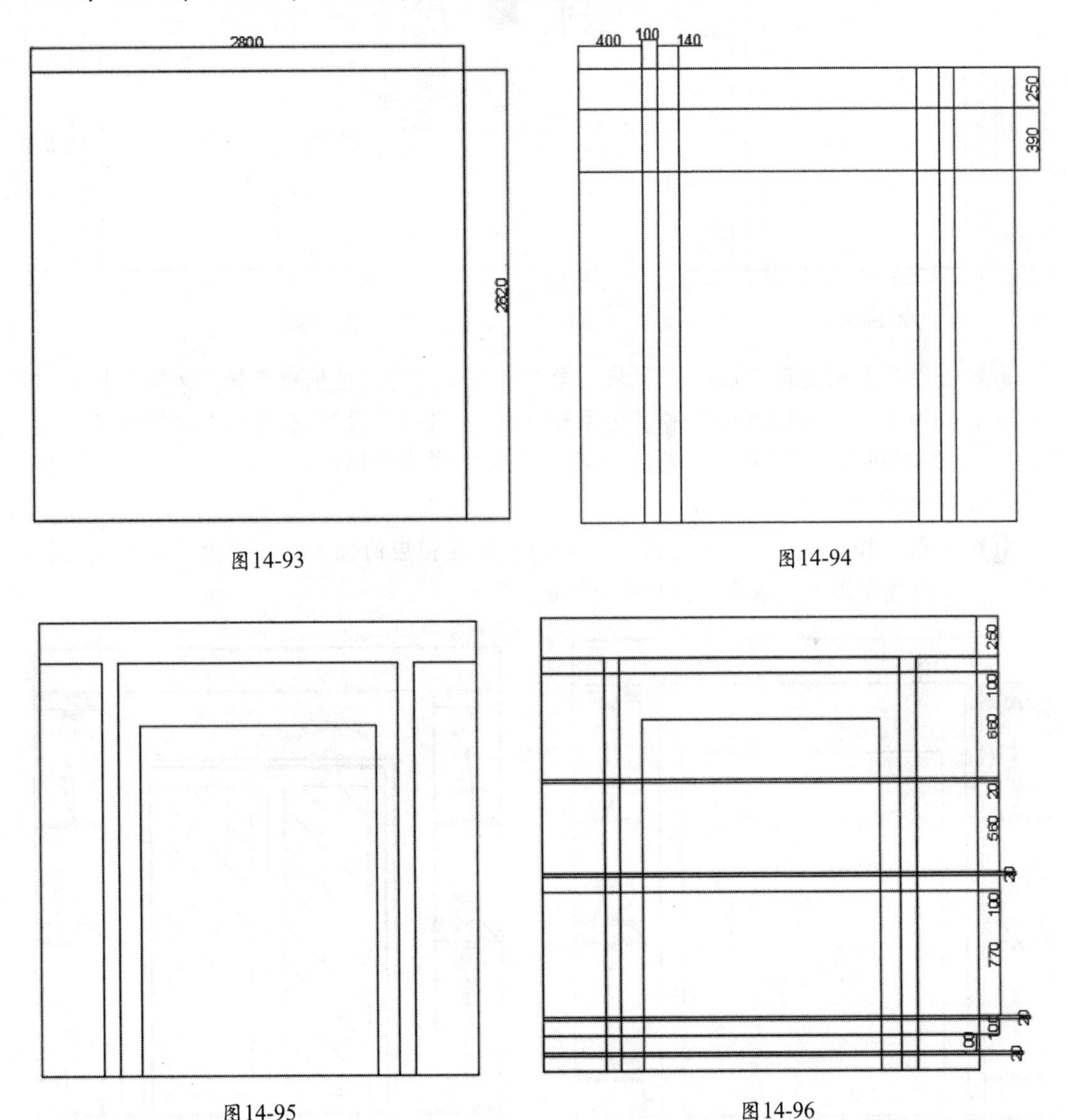

图14-93

图14-94

图14-95

图14-96

11 在菜单栏中选择“修改”|“修剪”命令，将偏移出的直线进行修剪，删除多余的线段，效果如图14-97所示。

12 在菜单栏中选择“绘图”|“图案填充”命令，为绘制的图形填充图案，将“图案填充图案”设置为“AR-RROOF”，将“图案填充比例”设置为5，“图案填充角度”设置为45°，效果如图14-98所示。

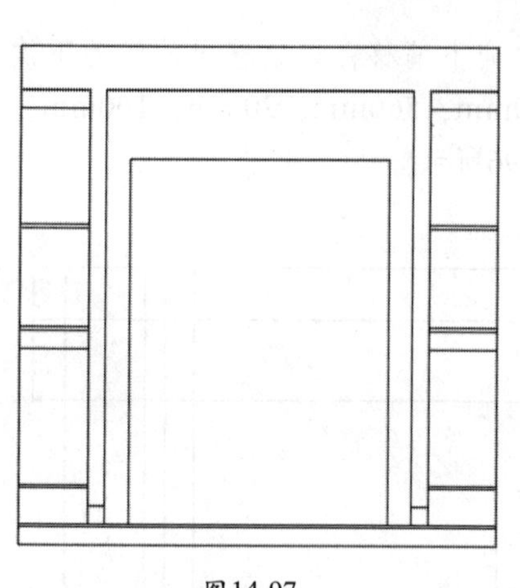

图14-97

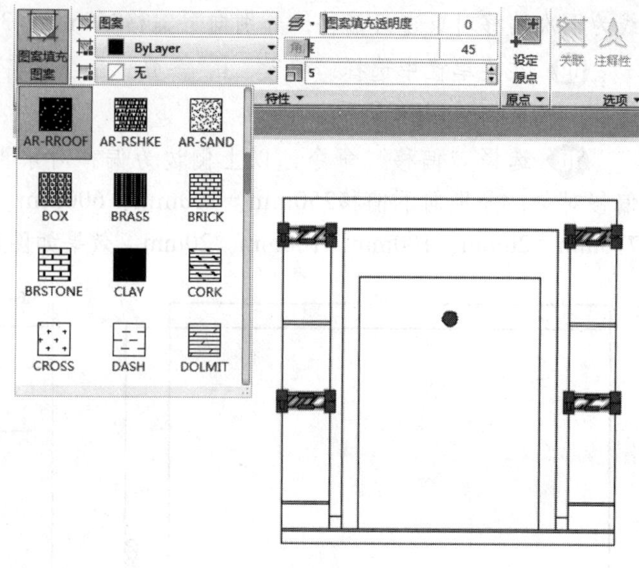

图14-98

⑬ 在菜单栏中选择“插入”|“块”命令，在弹出的对话框中选择“浏览”按钮，选择“饰品1.dwg”“饰品2.dwg”和“饰品3.dwg”文件（光盘：\素材\第14章\饰品1.dwg、光盘：\素材\第14章\饰品2.dwg、光盘：\素材\第14章\饰品3.dwg），将其放置在适当位置，效果如图14-99所示。

⑭ 使用“移动”工具，将之前绘制的门放置在相应的位置，并使用“直线”工具和“曲线”工具绘制图案，效果如图14-100所示。

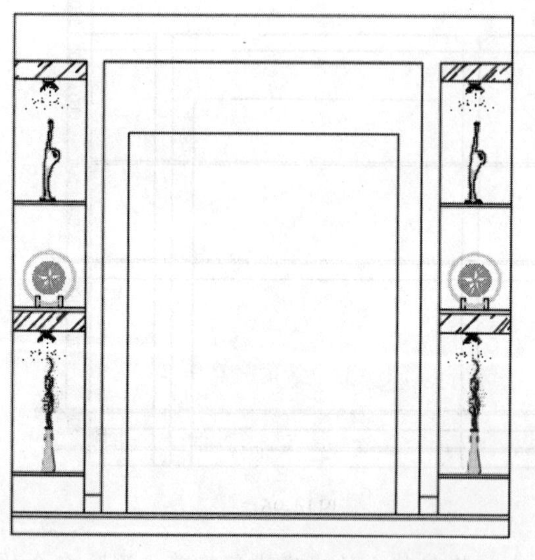

图14-99

图14-100

⑮ 选择“单行文字”（DTEXT）命令，对所绘制的图纸进行说明。在第一次使用“单行文字”命令时，需要对文字的高度和角度进行设置，确定后就可以输入所需要的文字了。最后，使用“直线”命令将所输入的文字引出标注，如图14-101所示。

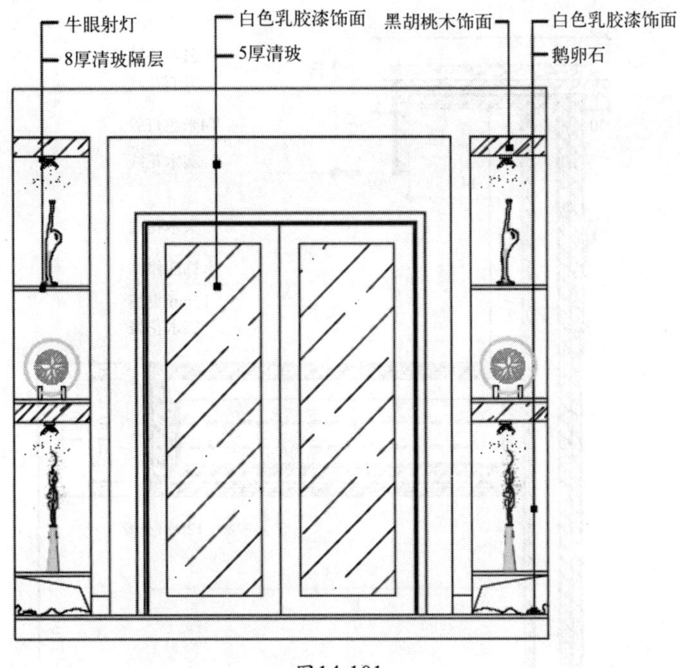

图14-101

练习

绘制室内设计详图，如图14-102和图14-103所示。

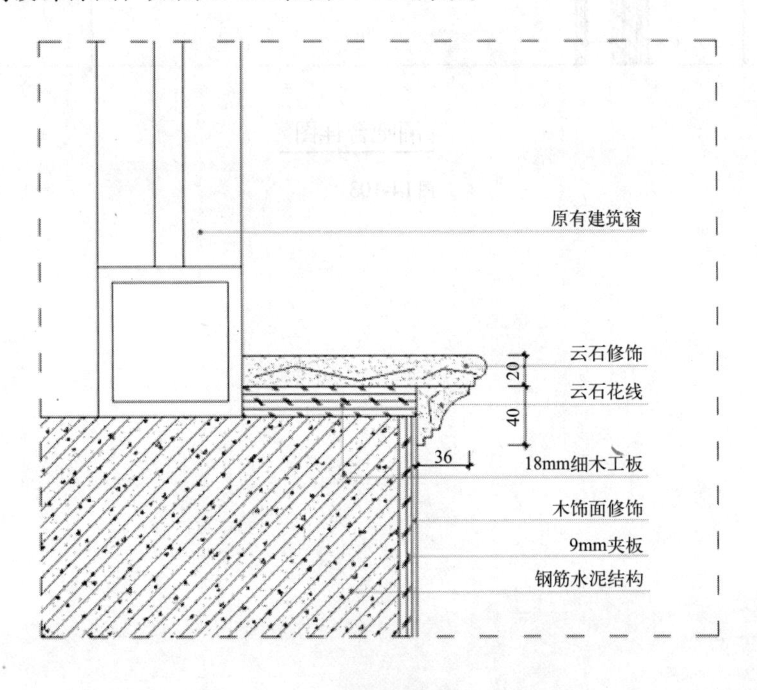

图14-102

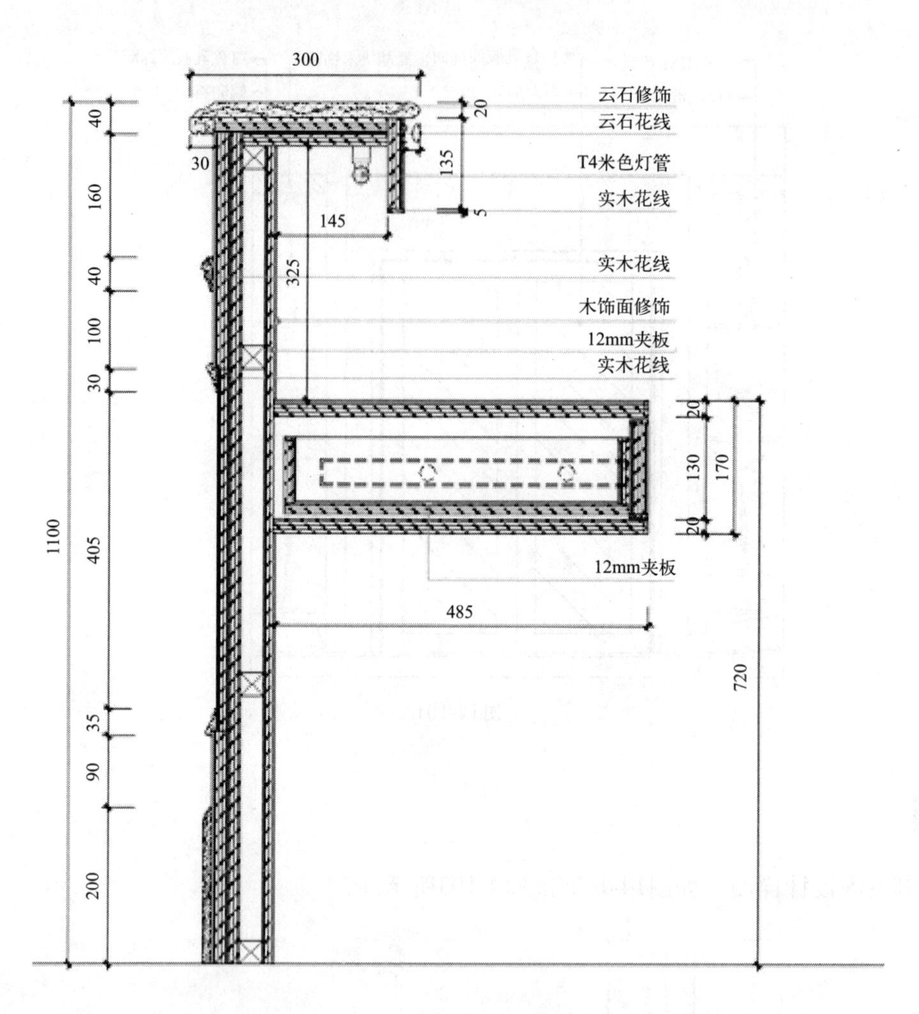

酒吧台详图

图14-103

第15章
绘制室内照明图纸

照明设计是相对室内环境自然采光而言的，它是依据不同建筑室内空间环境中的所需照度，正确选用照明方式与灯具类型来为人们提供良好的光照条件，使人们在建筑室内空间环境中能够获得最佳的视觉效果，同时还能够获得某种氛围和意境，这是增强其建筑室内空间表现效果及审美感受的一种设计处理手法。本章将重点介绍室内照明系统的基本知识，并通过对设计范例的制作，可使读者对室内照明系统设计有一个初步的了解。

15.1　室内照明系统的基本概念

室内照明系统一般由以下4个部分组成。

（1）光源，包括白炽灯、卤钨灯等。

（2）灯具，包括灯座、灯罩等。

（3）控制电器，包括开关、调光台等。

（4）供电系统，包括导线、总开关和配电柜等。

15.1.1　室内照明设计的目的

从居住环境来看，若没有光线就会影响人们的正常生活，所以居住环境中的采光与照明是人们日常生活中的必备条件之一，也是人们审美情趣上的基本要求。居住环境中的照明，既能强化我们所要表现的环境空间，也可淡化或隐藏那些不愿外露的私密空间。室内照明设计的目的就是实现适宜的照明分布设计，并且塑造各种类型的氛围。现代室内照明的作用主要表现在以下几个方面。

（1）提供舒适的视觉条件。

（2）创造良好的空间气氛。

（3）表达建筑环境的个性。

（4）对室内空间的组织作用。

15.1.2　室内照明设计的原则

为了满足上面所述的设计目的，提供更好的光感受，塑造更舒适的室内环境，在进行室内照明设计时需要按照以下原则进行设计。

（1）要有适宜的照度和照度分布。

（2）要有合理的亮度比和亮度分布。

（3）要有效地控制眩光。

（4）要实现艺术美，深化环境的主题，强化空间的各种要素。

（5）要满足安全性和经济性的要求。

15.2 室内照明工程系统设计

通过上面对室内照明工程设计概念的简单介绍，对室内照明设计已有了一个基本的了解，但在进行室内设计之前，还要对室内照明工程设计的内容有所了解。只有这样才能明确设计的工程量，并合理安排实际进度，最终完成整体设计。

15.2.1 室内照明系统设计内容

室内照明工程系统的设计内容包括以下两个部分。

（1）室内照明部分的设计，又称为光照设计，包括选择照明方式、选择光源和灯具、确定灯具的布置、确定照度标准并进行照度计算。

（2）供电部分的设计，又称为电气设计，包括选择配电方式、供电电压和电器结线，进行负荷计算，选择导线、开关和熔断器等电气设备的型号和规格，绘制电气照明施工图，以及编写设备材料表和施工说明等。

15.2.2 室内照明设计的步骤

（1）明确照明设计的用途和目的。

（2）确定适当的照度。

（3）确定照明质量。

（4）选择光源。

（5）确定照明方式。

（6）确定照明器具的选择。

（7）确定照明器具的位置。

（8）进行电气设计。

15.2.3 室内照明设计施工图的要求

（1）电力平面图，绘制电力平面图，画出轴线、主要尺寸、工艺设备编号，以及进出线的位置等。

（2）电力系统图，用单线绘出各种电气设备、导线规格、线路保护管颈和敷设方法，以及用电设备名称等，并标出各个部位的电气参数。

（3）电力安装图，包括照明配电箱、灯具、开关、插座、照明，以及插座回路的平面布置图，还包括线路走向等。

（4）照明系统图，包括照明配电箱电气系统图，标注配电箱型号和规格。

（5）照明控制图，包括照明控制原理图和特殊照明装置图。

15.3 照明标准值与电路图元件图形符号

在室内照明工程设计的过程中，了解相关的计算参数和电路元件图形符号是非常关键的。只有了解参数的计算才能够进行正确的设计，掌握了电路元件图形符号才能绘制出标准化的图纸。设计图纸是用来指导施工的，只有标准化的图纸才能便于施工人员正确读图，并正确施工。

15.3.1 照明标准值

下面列出常用的居住建筑和公共建筑照明的标准值，根据建筑照明设计标准（GB 50024—2004），对各种常用环境中的照明标准值都进行了规定，可以根据需要进行选择。居住建筑照明标准值如表15-1所示。公共建筑照明标准值如表15-2所示。

表15-1 居住建筑照明标准值

<table>
<tr><th colspan="2">房间或者场所</th><th>参考平面及高度</th><th>照度标准值</th><th>Ra</th></tr>
<tr><td rowspan="2">起居室</td><td>一般活动</td><td rowspan="2">0.75m水平面</td><td>100</td><td rowspan="2">80</td></tr>
<tr><td>书写阅读</td><td>300</td></tr>
<tr><td rowspan="2">卧室</td><td>一般活动</td><td rowspan="2">0.75m水平面</td><td>75</td><td rowspan="2">80</td></tr>
<tr><td>书写阅读</td><td>150</td></tr>
<tr><td colspan="2">餐厅</td><td>0.75m水平面</td><td>150</td><td>80</td></tr>
<tr><td rowspan="2">厨房</td><td>一般活动</td><td>0.75m水平面</td><td>100</td><td rowspan="2">80</td></tr>
<tr><td>操作台</td><td>台面</td><td>150</td></tr>
<tr><td colspan="2">卫生间</td><td>0.75m水平面</td><td>100</td><td>80</td></tr>
</table>

表15-2 公共建筑照明标准值

房间或者场所	参考平面及高度	照度标准值	UGR	Ra
普通办公室	0.75m水平面	300	19	80
高档办公室	0.75m水平面	500	19	80
会议室	0.75m水平面	300	19	80
接待室、前台	0.75m水平面	300	—	80
营业厅	0.75m水平面	300	22	80
设计室	实际工作面	500	19	80
文件整理	0.75m水平面	300	—	80
资料、档案室	0.75m水平面	200	—	80

15.3.2 电路图的元件图形符号

电路图的元件图形符号是电路设计图中非常重要的部分，因为施工图是一种重要的图示语言，需要通过简明扼要的图纸清楚地实现设计的要求。构成电气工程的设备、元件和线路有很多，结构类型不一，安装方法各异。在电气工程图中，设备、元件、线路及安装方法等是需要用国家统一规定的图形文字符号来表达的，因此在设计建筑电气时，必须掌握相应的图形符号，明白图形符号的组成及代表的含义。根据国家规范要求，图形符号可以分为3类：基本图形符号，它不代表独立的器件和设备；一般图形符号，它代表某一大类设备元件；明细图形符号，它代表具体的器件和设备。文字符号是配合图形符号使用，并进一步说明图形符号的。

由于电路图元件图形符号的重要性和标准性，国家制定了统一的标准，常用的建筑电气图纸中的电气图形符号包括系统图图形符号、平面图图形符号、电气设备符号、文字符号和系统图的回路符号。

每项工程都应该有图例说明。有些电气工程设计中，国家规定的统一符号可能还不能满足图纸表达的需要，可以根据工程的实际情况，设定某些图形符号，并在设计图纸中加以说明。相关的图形符号有很多，本书中没有列出所有的符号，只列出了最常用的符号，如表15-3所示，其他的符号可以在建筑电气设计规范中查询。

表15-3 常用电气符号图例

项 目	内 容	项 目	内 容
	日光灯		射灯
	壁灯		排风扇
	防水防雾灯		四联开关
×	吸顶灯		二联开关
	工艺吊灯		单联开关
	普通吊灯		三联开关

15.4 住宅建筑照明设计

住宅照明设计是所有照明设计工程中数量最大的工程类型，也是最常规的设计，这种设计关系着每个人的生活质量。在设计时，需要更加深入地了解人们的生活习惯，对人们最基本的要求和比较高水准的要求要有所了解，这样才能恰当地满足人们各种层次的照明需求。

15.4.1 住宅照明设计的基本要求

在住宅设计中，灯光照明有很强的使用功能和装饰要求，通过合理的照明设计，对光源的性质及位置进行合理的选择，并运用光源颜色及照度的调整，与灯饰、家具及其他陈设合理搭配，塑造所需的空间氛围。照明设计对人们的活动空间进行塑造，形成各具特色的格调，充满各种情趣。

15.4.2 住宅照明的设计要点与灯具的布置原则

在住宅照明设计中，需要注意以下几点。

（1）满足人们使用的基本照度要求。

（2）情景照明与基本照明要分开。

(3) 电器设施应该有足够的余量控制。

(4) 各个房间之间照度要注意协调。

灯具的布置就是确定灯在房间内的空间位置。灯具的位置对照明的质量有很大的影响，工作面的照度、反射光与眩光、亮度的分布，以及阴影的影响等都与灯具的位置有直接关系。灯具的布置是否合理还直接关系到照明设计的有效性与经济性，以及照明灯具的维护、维修等。因此只有合理的灯具设计才能获得良好的照明质量。在照明设计中选择灯具时，需要考虑以下几点要素。

(1) 灯具的光度效应，如灯具效率、配色、表面亮度与眩光等。

(2) 灯具使用的经济性，如维护费用、价格和电消耗等。

(3) 灯具使用的环境条件，如是否防潮、防爆等。

(4) 灯具的外形是否与建筑设计风格相协调。

住宅照明有一般照明和局部照明之分，一般照明是为整个房间照明，也称为主体照明，局部照明是作为房间内部的局部范围照明的，直接安装在工作地点附近。一般照明常采用顶棚吊灯或者吸顶灯，可以根据房间的高度来选择，也可以采用镶嵌式灯具，这种照明可以使房间显得比较开阔。对于高级住宅，可以采用装饰性和艺术性较强的吊灯，由于这种住宅的面积比较大，装修标准比较高，需要特别强调照明灯具的艺术性，体现一种富丽堂皇的氛围，因此在客厅常采用带金属托架和玻璃装饰罩的花灯。

15.4.3 客厅照明的设计要点

客厅是家庭中最重要的公共空间，是会客和家人团聚的场所，在这种公共空间的照明设计中，灯的装饰性和照明要求应该符合客厅的特点，即创造热烈的气氛，使客人感受到热情。一般照明应该安装在客厅中央，灯具的设置以吊灯或者多支吸顶灯为主，可以通过照度的控制来调节室内灯照的气氛。客厅家具中的重要部分是电视机的位置，很多家庭都设计了电视墙，将电视位置的一面墙体与书架、博古架和电视柜结合在一起。需要做相应的背景灯照明，进行装饰照明的同时也提供基本的背景照明，避免过大的照度差，加强对眼睛的保护。另外还可以用射灯对客厅中的字画及艺术品进行投光照明，衬托其艺术魅力，也可以在距离地面比较高的天花板上设计内凹式的照明装置，将光源可以隐藏起来。

15.4.4 入口玄关照明的设计要点

入口玄关是室内外重要的过渡空间，这个空间虽小，却是一个家庭的门面，是一个家庭个性的初步展现，给人们的第一印象非常重要。在家庭在装修中，入口玄关是非常受重视的部分。入口玄关的光源设计一般是主题装饰照明与一般照明相结合，以满足装饰性照明为主，满足功能性照明为辅。一般照明应该采用吸顶灯或者简洁的吊灯，也可以在墙面上安装壁灯，保证入口玄关有比较高的照度，使环境空间庄重大方，显得高贵典雅。

15.4.5 卧室照明的设计要点

卧室是休息的空间，卧室的照明需要有宁静、温馨的感觉，使人有一种安全感，但是也有一些人，把卧室当做是客卧兼用，因此要根据需求的不同来进行相应的照明设计。常规卧室的设计安装主体照明和床头灯的辅助照明就可以了，一般在卧室的中间安装一个吸顶灯，在卧室的床头安装两个床头灯，也可以选用壁灯或台灯。灯具不宜采用有过强反光的金属材质，灯光的强度也不宜过强，要创造出一种宁静的气氛。选择灯光的颜色时，建议采用比较温暖的淡黄色。对于客卧兼用的房间，应该设置两套可以相互切换的灯具，以适应不同时期的使用要求，主体照明可以参照客厅设计，最好采用可以调光的灯具，以实现功能的调节。

15.4.6 书房照明的设计要点

书房是人们进行思考和写作的场所，书桌的照明是设计的重点，在书桌上进行的主要活动是看书、学习或者绘图、写作等文字工作。书房的照明需要保证足够的照度，并且灯光的照射范围应该是可调的，因此一般采用台灯或者可以调节灯具位置的吊灯进行照明。由于一般人是用右手书写，为了避免书写时受阴影的影响，一般灯光的投射方向应是从左侧射入。书房内是藏书的地方，会摆放书柜，因此在书柜的顶部需要增设射灯，提供相应的照明或者起到一定的装饰作用。

15.4.7 其他辅助空间照明的设计要点

浴室和厨房的照明应该把安全放在首要位置，特别是浴室，为了防止飞溅的水花造成漏电或者短路事故，需要安装防水的灯具，而且灯具的安装位置尽量高一点，最好采用吸顶灯。镜前灯一般是为了化妆而用，采用可以调节方向的射灯为好。厨房应该设计吸顶灯加上操作区的射灯照明。

15.5 公共建筑照明设计

公共建筑照明设计是比较高端的设计范围，从设计的深度和广度上来说，都是居住建筑难以比拟的。在各种公共建筑照明设计中，办公建筑的照明设计是比较简单的设计内容，对于大剧院这样复杂的公共建筑，在照明和音响设备上的设计难度不比建筑造型上的难度小。因此只有了解各种公共建筑对照明设计的要求，才能正确地设计公共建筑照明。

15.5.1 办公空间照明的设计要点

现代办公空间是由多种视觉作业组成的工作环境。各种办公活动都需要舒适的、相对无眩光的照明条件。办公室照明已成为直接影响办公效率的主要因素之一，越来越引起人们的重视。

由于办公时间基本都是白天，因此人工照明应与天然采光结合起来设计，以形成舒适环保、绿色节能的照明环境。办公室的照明灯具宜采用荧光灯。暖色系列和昼光系列会给人以偏暖和偏冷的感觉，白色系列色温约在3 500K～4 000K左右，明亮的白色光可与自然光完美的结合，有明亮感觉，使人视觉开阔，精力集中。

办公室的一般照明宜设计在工作区的两侧，采用荧光灯时宜使灯具纵轴与水平视线平行，不宜将灯具布置在工作位置的正前方。照度水平主要取决于视觉作业的需要与经济条件的范围。国际发达国家的办公室照度值水平远高于我国，设计时要结合国情做出合理的选择。

眩光是影响照明质量最重要的因素，现代办公环境必须严格控制眩光，否则会明显地影响人们的工作。眩光包括直射眩光和反射眩光。限制直射眩光，一般是从光源的亮度、背景亮度与灯具安装位置等因素加以考虑。限制反射眩光的方法，一是尽量使工作者不处在照明光源同眼睛形成的镜面反射的角内；二是使用发光表面面积大、亮度低的灯具，或使用在视觉方向反射光较小的特殊配光灯具。视觉作业的邻近表面及房间内的装饰表面宜采用无光泽的装饰材料，避免亮光的表面产生光线反射。

15.5.2 餐厅和娱乐场所照明的设计要点

餐饮、娱乐等场所应采用多种照明组合设计的方式，同时采用调光装置，以满足不同功能和使用上的需要。酒吧、咖啡厅和茶室等照明设计，宜采用低照度水平并可调光，餐桌上可设烛台、台灯等局部低照度照明。在入口及收款台处的照度要高，以满足功能上的需要。室内艺术装饰品应该选择强度合适的照度。

15.5.3 商业场所照明的设计要点

商业场所的照明设计比较复杂，为了吸引顾客，商场必须创造一个舒适的光感环境，一个顾客购物时如果感觉舒适，就会停留更长的时间，花更多的钱，并乐于一次又一次地再来消费。对商品等特定物体进行照明，可以提升他们的外在形象，同时强调他们，使之成为注意力的焦点，因此满足商品的可见度和吸引力是十分重要的。

商业场所的照明分为基础照明、重点照明和环境照明3种。基础照明提供基本的功能照明；重点照明（陈列柜和橱窗照明）运用合理可以营造出多种对比效果，强调商品的形状、质地和颜色，提升商品可见度和吸引力，吸引更多的关注；环境照明可以营造舒适的光环境，表达空间的各种情绪。

15.5.4 酒店照明的设计要点

酒店不同于办公室、商场和车站等公共场所，这是挽留客人、停留住宿的地方，其照明要传达给客人的暗示和感受是亲切、温馨、安全、高雅和私密，是能够让客人找到家的感觉的地方，是能够让客人彻底放松的地方。酒店照明要传达出丰富的、有情调的、令人视觉舒适的感觉，同时传达的目的性要清晰而准确，能够充分显示不同光源的照明功效。设计酒店照明时，将不同功能区的照明性质进行分门别类的研究，必须有目的性地布置灯具的位置和选择光源（灯具），将“必要照明区”和“次要照明区”加以区别。好的照明设计能通过不同的照明对客人心理产生积极作用，能提高酒店经营的优势。

在酒店大堂的照明上，有一种观点认为大堂必须要彰显豪华、气派之势，所以大堂的光线一定要做得越亮越好，甚至有人认为大堂的照明就等同于照亮，越亮越好。实际上，大堂的照度虽然需求比较充足，但这种充足不能简单化，而是要划分区域、目标明确、节奏丰富，富于表现力和感染力。

客房提供给客人的不仅仅是一个休息的空间，更多的是享受和关怀，一个好的光环境，更是体现酒店档次的关键所在。当人处在高亮度的环境时，精神会处于紧张状态，不利于身心放松，所以客房的亮度要相对低一点。客房光环境设计的核心是营造一种宁静、温馨、怡人、柔和、舒适的氛围，给人以舒适、放松的感觉。根据功能的不同，客房各区域的亮度应控制在50 Lx～300 Lx之间。客房的照明设计根据功能区域的不同需要进行分区域设计，依次分为门厅通道、洗浴间、休息空间和阅读空间，每个区域的设计重点都该有所不同。

15.6 建筑照明设计实例

本例就是在建筑平面图的基础上，根据建筑设计的要求，进行相应的配电设计和照明设计。本章以绘制某小办公楼室内的电气图纸为例，讲述运用AutoCAD 2015绘制照明电路图的方法，并介绍相应的操作命令和建筑电气设计的基础知识。

15.6.1 绘制前的准备

通过前面的理论学习，相信读者已对电气设计有了基本了解，接下来通过实例的操作，增加对绘图的感性认识。

在本例中，通过绘制小办公楼的电气图纸，学习相关图纸的知识。具体操作步骤如下。

01 单击“快速访问工具栏”中的“新建”按钮，弹出“选择样板”对话框，在对话框中选择acadiso.dwt样板，单击“打开(O)”按钮，新建一个图形文件，如图15-1所示。

02 选择“格式”|“图层”命令，打开“图层特性管理器”选项板，如图15-2所示。

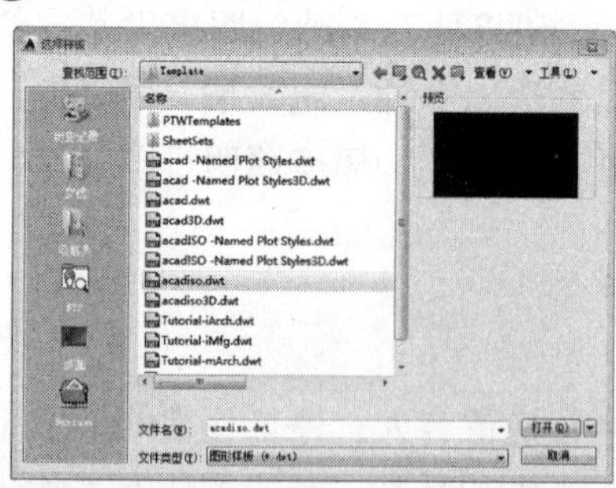

图15-1

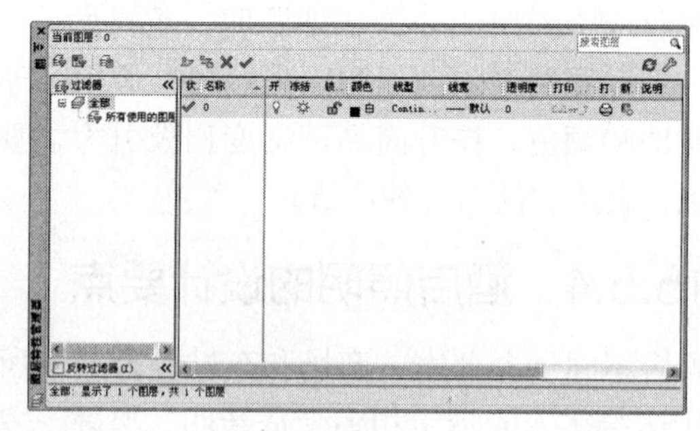

图15-2

03 设置各个图层的名称、颜色和线型等，如图15-3所示。

04 在状态栏上用鼠标右键单击“对象捕捉”按钮，在弹出的快捷菜单中选择“对象捕捉设置”命令，弹出“草图设置”对话框，选择“对象捕捉”选项卡，按照图15-4所示选择相应的复选框，完成后单击“确定”按钮。

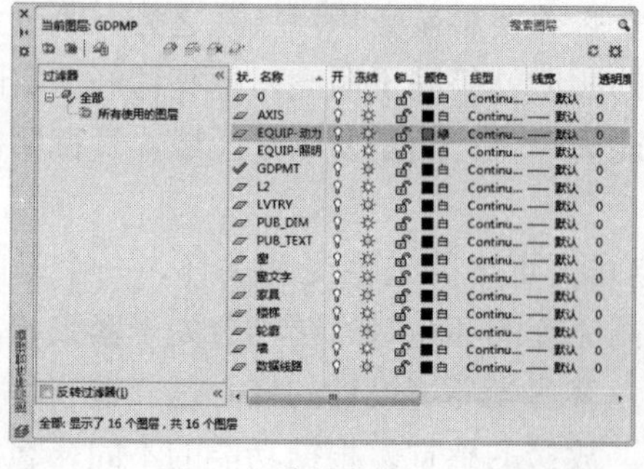

图15-3

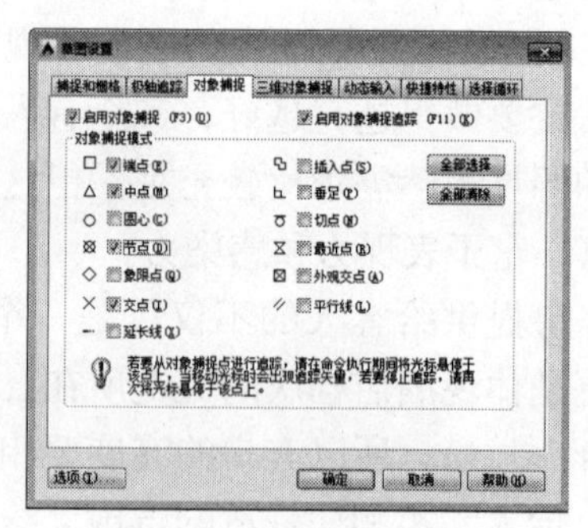

图15-4

05 绘制建筑平面图时，主要采用了“直线” 和“修剪” 命令。先绘制出轴线，再进行尺寸标注，如图15-5和图15-6所示。

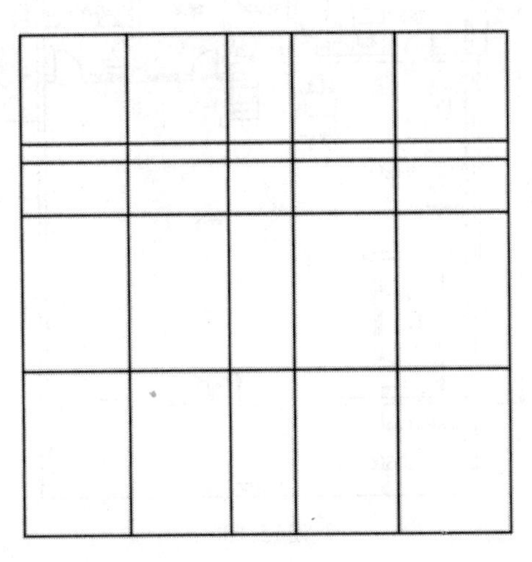

图15-5

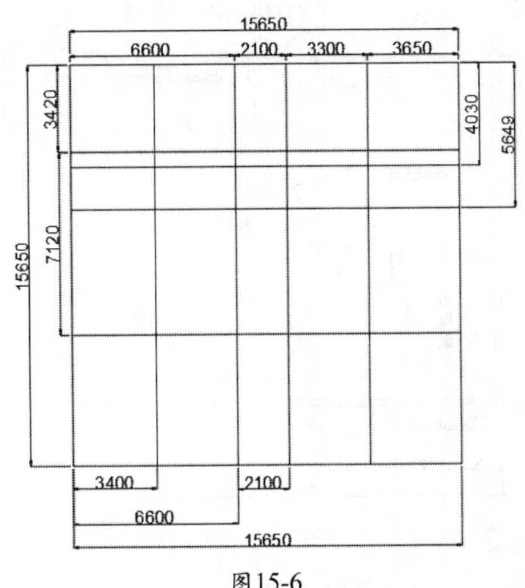

图15-6

06 根据以前所学的绘图方法绘制建筑平面图，先绘制墙线，再绘制门窗，最后进行文字标注，如图15-7、图15-8、图15-9所示。

07 选择“直线” 和“修剪” 命令，将室内的家具绘制在建筑图上，便于了解电气符号的位置。最后删除轴线，完成建筑平面图的绘制，最终效果如图15-10所示。

提 示

在实际工程图纸的绘制过程中，水电专业的图纸不需要重新绘制建筑图，只需在建筑专业提供的条件图的基础上进行修改即可。

在实际工程图纸的绘制过程中，建筑专业提供的条件图中家具的位置对于电气图纸的绘制起着很重要的作用，但电气设备的布置不需要满足建筑家具布置使用的要求。

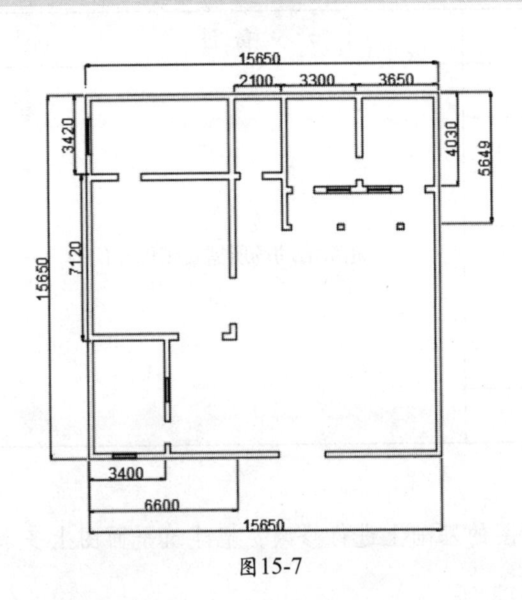

图15-7

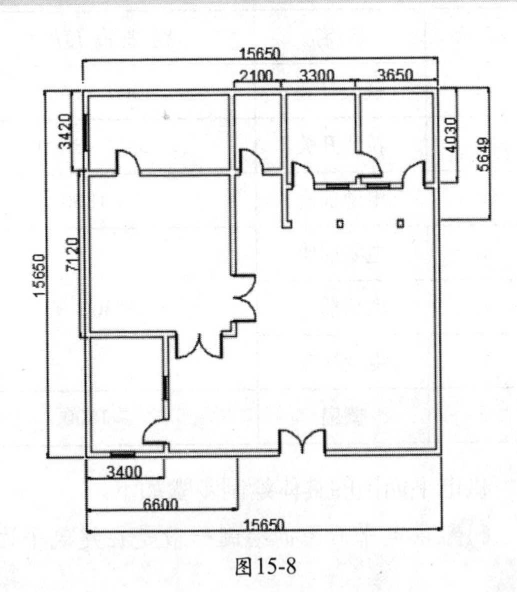

图15-8

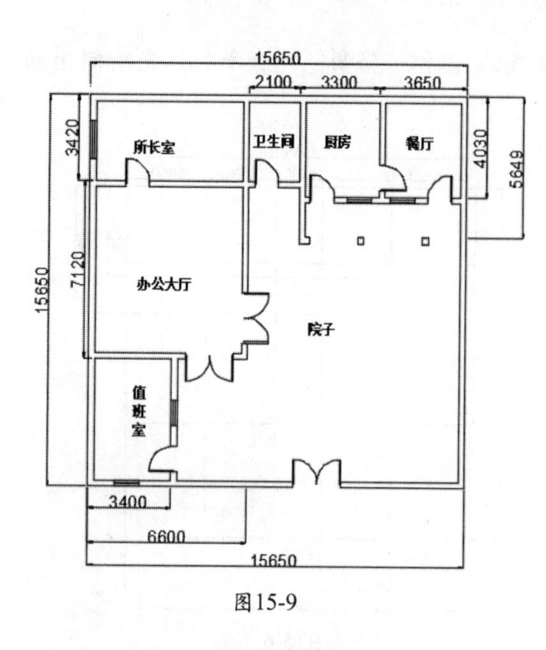

图15-9

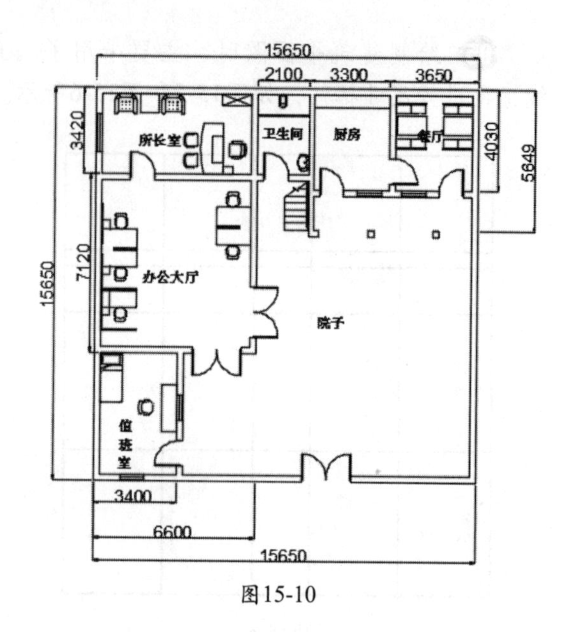

图15-10

15.6.2 绘制供电平面图

供电平面图在实际工程的设计中，是在建筑专业的建筑平面图的基础上删去不需要的部分，再根据相关电路知识和规范，以及业主的要求，绘制每个房间的电路插座的位置。

供电平面图是将所需要的开关和插座按照设计的要求在建筑平面图的基础上表示出来。开关和插座的安装也分为明装和暗装两种方式，明装时先用塑料膨胀圈和螺栓将木台固定在墙上，然后将开关或者插座安装在木台上；暗装时将开关盒或者插座盒按照图纸要求的位置埋在墙体内，等到敷线完成后再接线，然后将开关或者插座，以及面板用螺钉固定在开关盒或者插座盒上。安装开关时，潮湿的房间不宜安装，一定要安装时，需采用防水型开关。另外，开关及插座的安装位置和规范有明确的要求，如表15-4所示。

表15-4 开关和插座安装高度表

标示	名称	距地高度/mm	备注
a	跷板开关	1300～1400	儿童活动场所需要带保护门
b	拉线开关	2000～3000	
c	电源插座	≥1800	
d	电源插座	300	
d	电话插座		
d	电视插座		
e	壁扇	≥1800	

供电平面图的具体绘制步骤如下。

01 供电平面图的绘制一般是在建筑平面图的基础上进行修改，把建筑平面图上多余的部分删掉，只留下需要的墙体、门窗和家具。也可用以前所讲的方法重新绘制平面图，如图15-10所示。

02 使用“插入”命令，打开“电气图例.dwg”文件（光盘：\素材\第15章\电气图例.dwg）插入到当前图中，将图中所需要的灯具、插座等电气元件符号插入到指定的位置，如图15-11和图15-12所示。

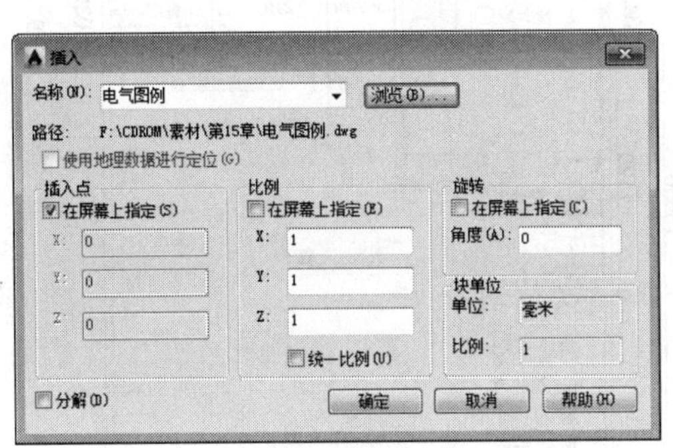

图15-11

图例	名称	型号规格	安装方式	备注
	暗藏灯带			
	防潮吸顶灯	250V.40W	吸顶	
	吸顶灯	250V.40W	吸顶	
	壁灯	250V.40W		
	斗胆灯		暗藏安装	
	双管日光灯	250V .2X40W	暗藏安装	
	三管日光灯	250V. 3X40W	暗藏安装	1200×600 格栅灯
K	三联四空插座	AP86Z14A14 15A	暗装	三相空调插座
K	单联三孔插座	AP86Z13A10 15A	暗装	空调插座
	单联五孔插座	AP86Z223A10 10A	暗装	
	单联单控翘板开关	AP86K11-10 10A	暗装1.3m	
	双联单控翘板开关	AP86K21-10 10A	暗装1.3m	
	三联单控翘板开关	AP86K31-10 10A	暗装1.3m	
	单联双控翘板开关	AP86K12-10 10A	暗装1.3m	
ZP	供电照明配电箱		暗装1.2m	

图15-12

03 选择“分解”（EXPLODE）命令，将“电气图例”图块炸开，这样才能将里面的每个图例直接调用。

04 选择“复制”命令，将需要的图例（如插座、配电箱等）按照需求复制到图上，如图15-13和图15-14所示。

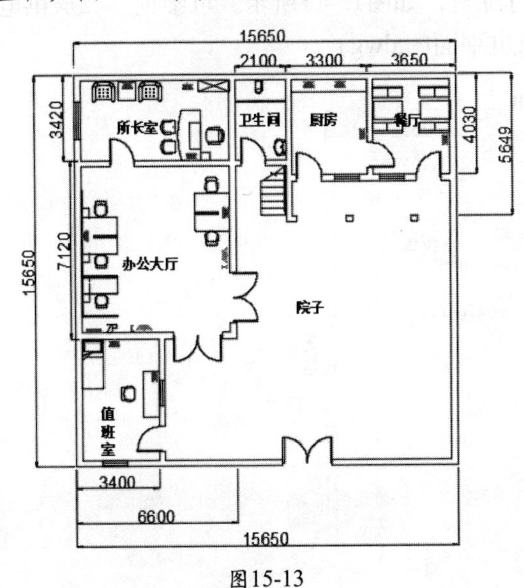

图15-13

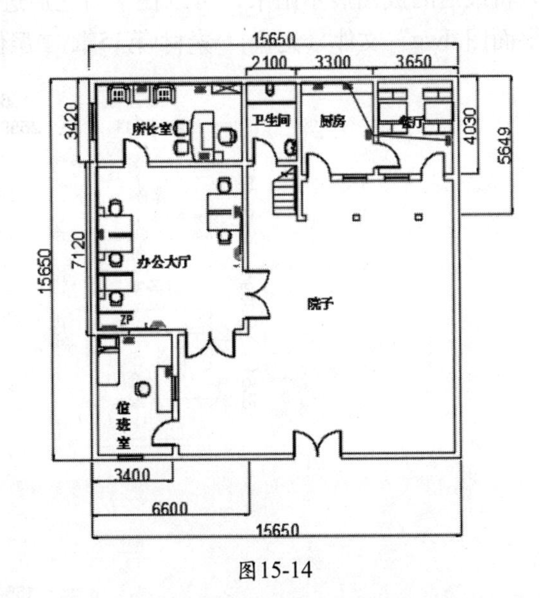

图15-14

05 使用“多段线”命令，将绘制出的图例（如插座、配电箱等）按照需要连接起来，如图15-15所示。

06 选择“单行文字”命令A，将绘制出的图例加上编号和说明，完成图纸的绘制，如图15-16所示。

提 示

在本图的绘制中，插座的高度在“电气图例”图块中已统一表示出来，再用不同的编号加以说明，这样表示使图面比较简洁，但是需要与图例说明配合才能够完全表达清楚。

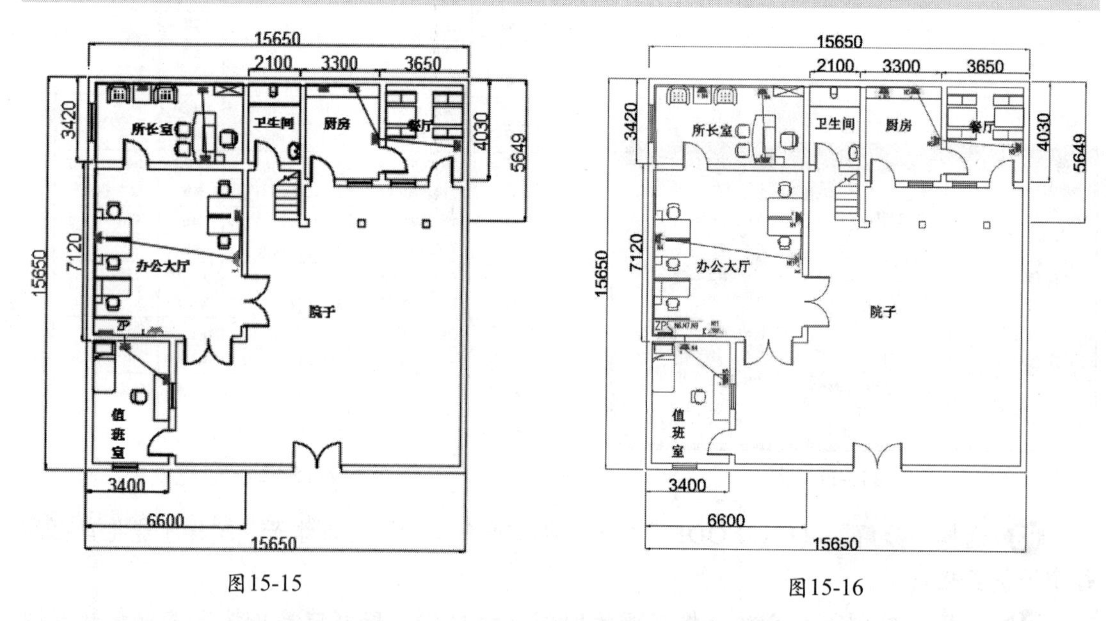

图15-15　　图15-16

二层供电平面图的绘制流程与一层供电平面图的绘制是完全一样的，这里不再赘述，只将最后的成图展示出来，可以在学习之后进行练习，如图15-17所示。可参见“二层供电平面图.dwg”文件（光盘：\素材\第15章\二层供电平面图.dwg）。

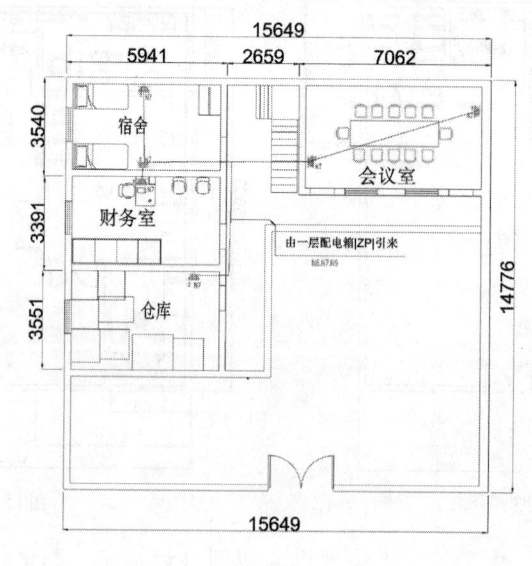

图15-17

15.6.3 绘制天花照明平面图

办公楼的天花照明平面图，顾名思义是在天花平面图的基础上完成的。在实际工程的设计中，经常是在建筑专业平面条件图的基础上删去不需要的部分，增加平面条件图上没有的天花布置图，再根据相关电路知识和规范，以及业主的要求，把照明的灯具用连线连接起来，主要是绘制每个房间的光源，以及相应控制器的位置。下面讲解天花照明平面图的绘制方法。

1. 天花照明平面图的绘制

01 与供电平面图一样，天花照明平面图也是在前图的基础上完成的，在本例中直接打开图15-10所绘制的建筑图。

02 选择“插入块”（INSERT）命令，把图15-12所示的图块插入到图中，目的是为了在画图时能够随时调用图块，如图15-18所示。

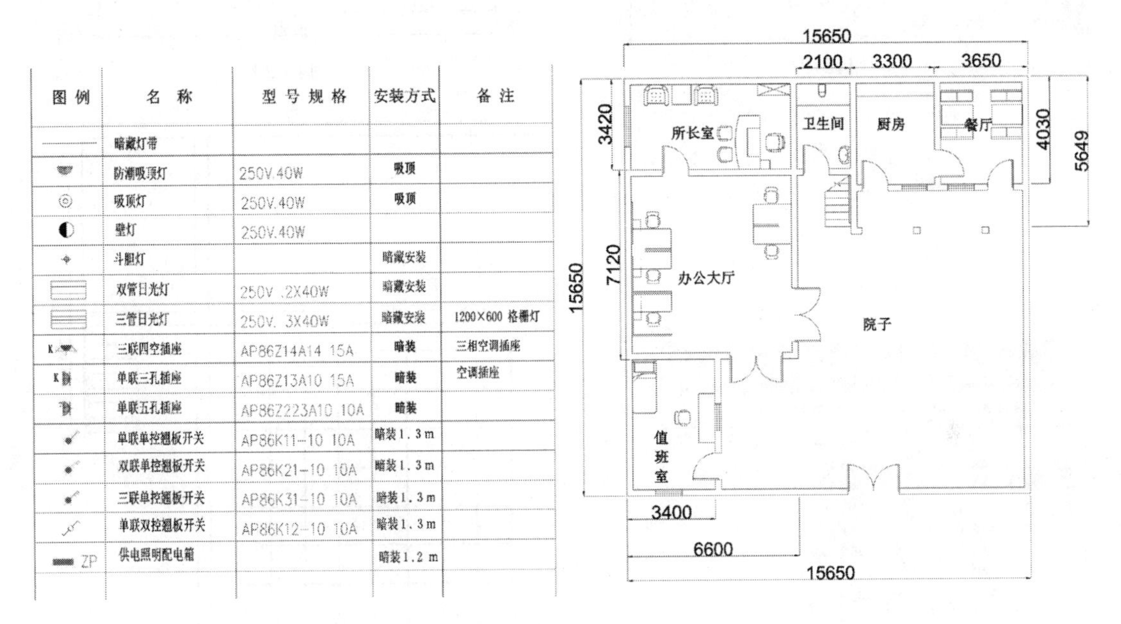

图例	名称	型号规格	安装方式	备注
	暗藏灯带			
	防潮吸顶灯	250V.40W	吸顶	
	吸顶灯	250V.40W	吸顶	
	壁灯	250V.40W		
	斗胆灯		暗藏安装	
	双管日光灯	250V .2X40W	暗藏安装	
	三管日光灯	250V. 3X40W	暗藏安装	1200×600 格栅灯
K	三联四空插座	AP86Z14A14 15A	暗装	三相空调插座
K	单联三孔插座	AP86Z13A10 15A	暗装	空调插座
	单联五孔插座	AP86Z223A10 10A	暗装	
	单联单控翘板开关	AP86K11-10 10A	暗装1.3m	
	双联单控翘板开关	AP86K21-10 10A	暗装1.3m	
	三联单控翘板开关	AP86K31-10 10A	暗装1.3m	
	单联双控翘板开关	AP86K12-10 10A	暗装1.3m	
ZP	供电照明配电箱		暗装1.2m	

图15-18

03 在命令行中输入“LAYER”命令，打开“图层特性管理器”选项板，新建“照明线路”和“天花吊顶”图层，并且把“照明线路”图层设置为当前图层，如图15-19所示。

04 选择“偏移”（OFFSET）命令，把墙线向内偏移500mm，绘制出吊顶的轮廓线，并且将多余的线条用“修剪”（TRIM）命令修剪掉，如图15-20所示。

05 选择“线段等分”（DIVIDE）命令，把吊顶的轮廓线等分为8段，再按照前面介绍的方法打开“草图设置”对话框，选择“对象捕捉”选项卡，在“对象捕捉模式”选项组中选择“节点”复选框，如图15-21所示。

06 选择“直线”（LINE）命令，把吊顶的轮廓线进行分隔，选择“节点捕捉”命令⊡进行精确定位，如图15-22所示。

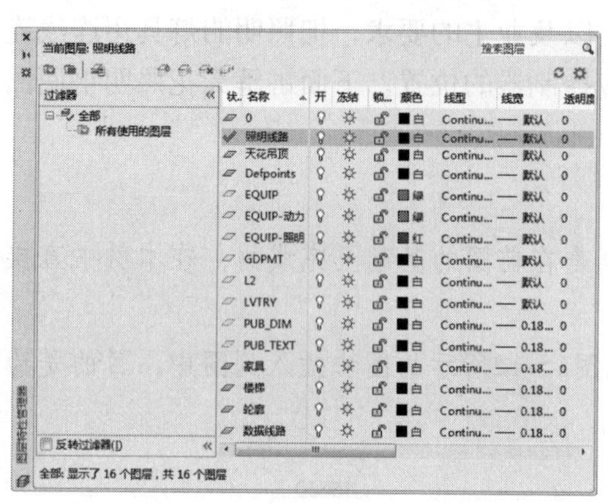

图15-19

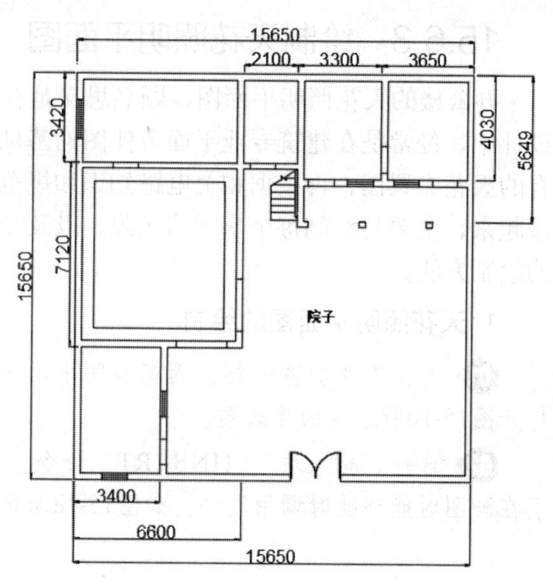

图15-20

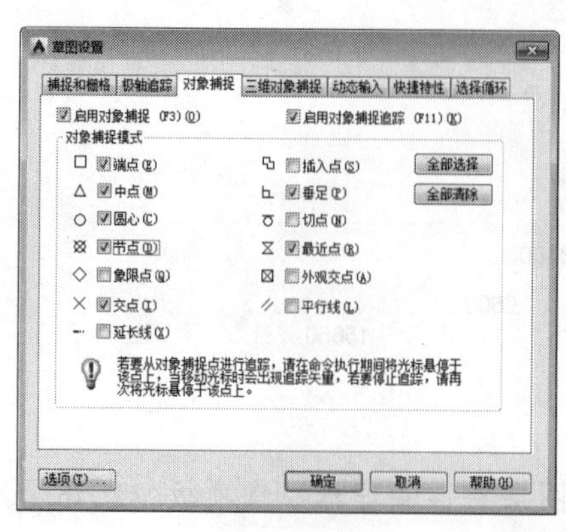

图15-21

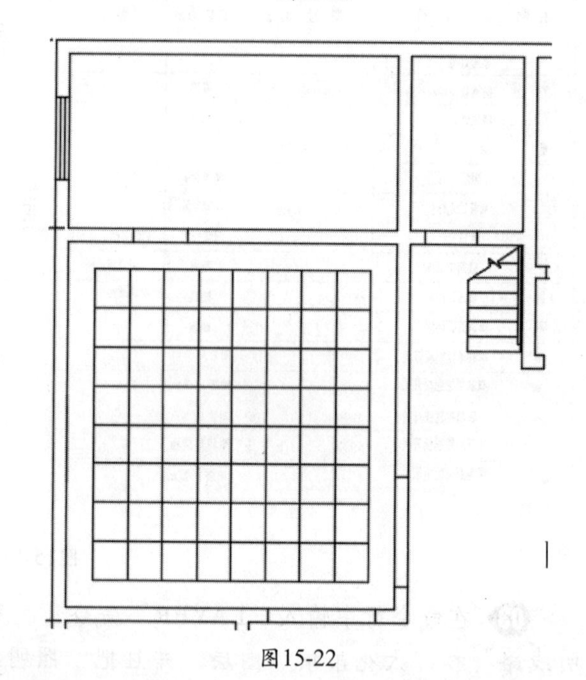

图15-22

07 重复步骤5和步骤6，把吊顶的轮廓线进行分隔，并选择“节点捕捉”命令进行精确定位，如图15-23所示。

08 将吊顶的轮廓线向内偏移500mm，绘制出辅助线，再把“3管日光灯”图块复制到图形中，利用辅助线对日光灯进行定位，如图15-24所示。

09 参考步骤8，把“3管日光灯”图块复制到图形中，辅助线的绘制是将两个方向的墙线的中点连接起来，再绘制日光灯的中线，最后进行定位，如图15-25所示。

10 把排气扇复制到卫生间，再选择“修剪”命令把相交的线段和多余的辅助线删掉，效果如图15-26所示。

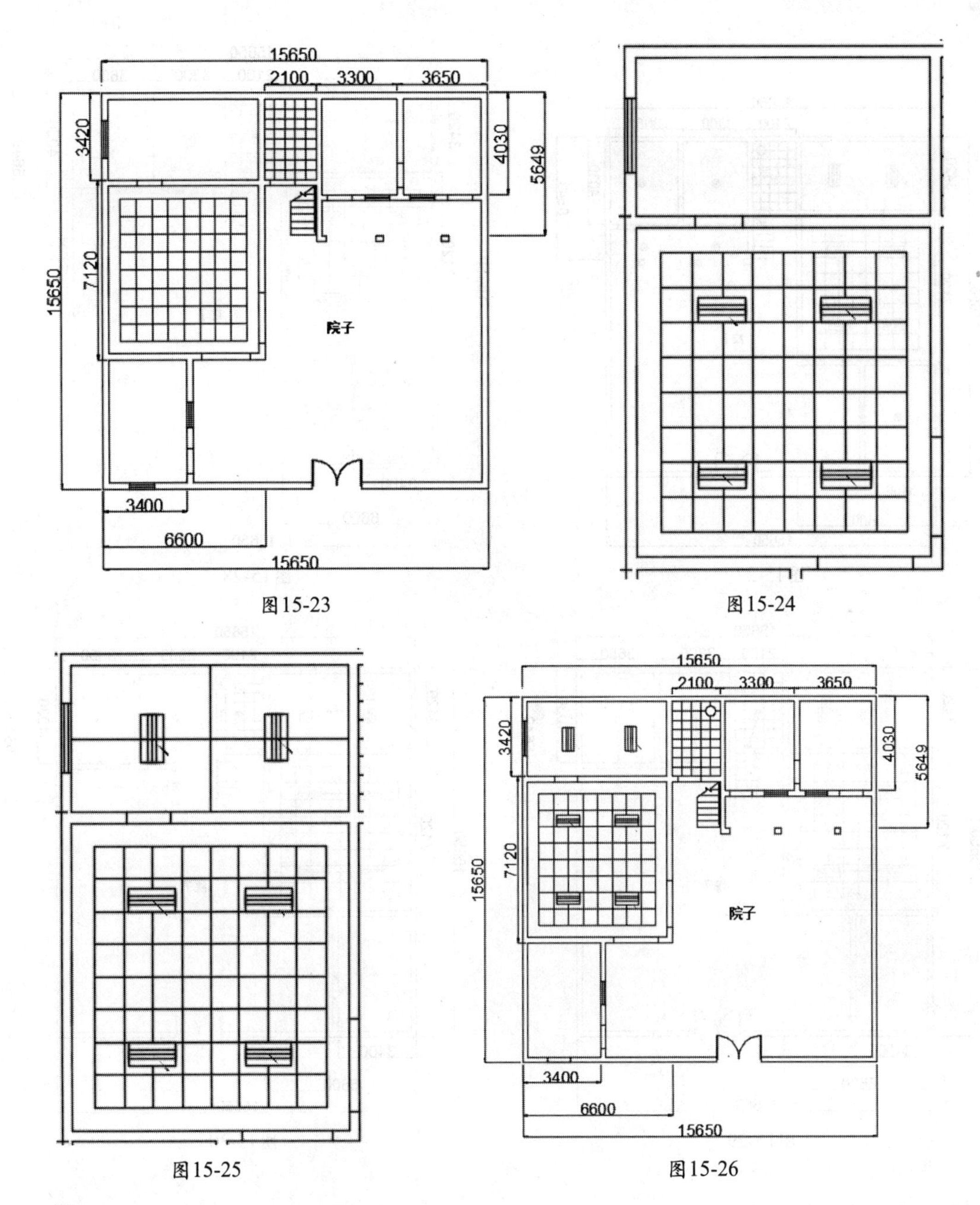

图15-23

图15-24

图15-25

图15-26

⑪ 参照上面的步骤，选择“复制”命令把需要加上的灯具放置到相应的位置，注意这时的灯具位置不需要精确定位，只需把大致位置表示出来即可，如图15-27所示。

⑫ 选择“复制”命令把需要加上的开关放置到相应的位置，开关位置也不需要精确定位，如图15-28所示。

⑬ 选择“直线”命令，把绘制出的开关和灯具连接起来，绘制时要开启捕捉模式定位，如图15-29所示。

⑭ 使用“单行文字”命令，加上标注文字。对于很多重复的文字，可以在写完一个以后，用“复制”命令复制即可，如图15-30所示（光盘：\素材\第15章\一层天花照明平面图.dwg）。

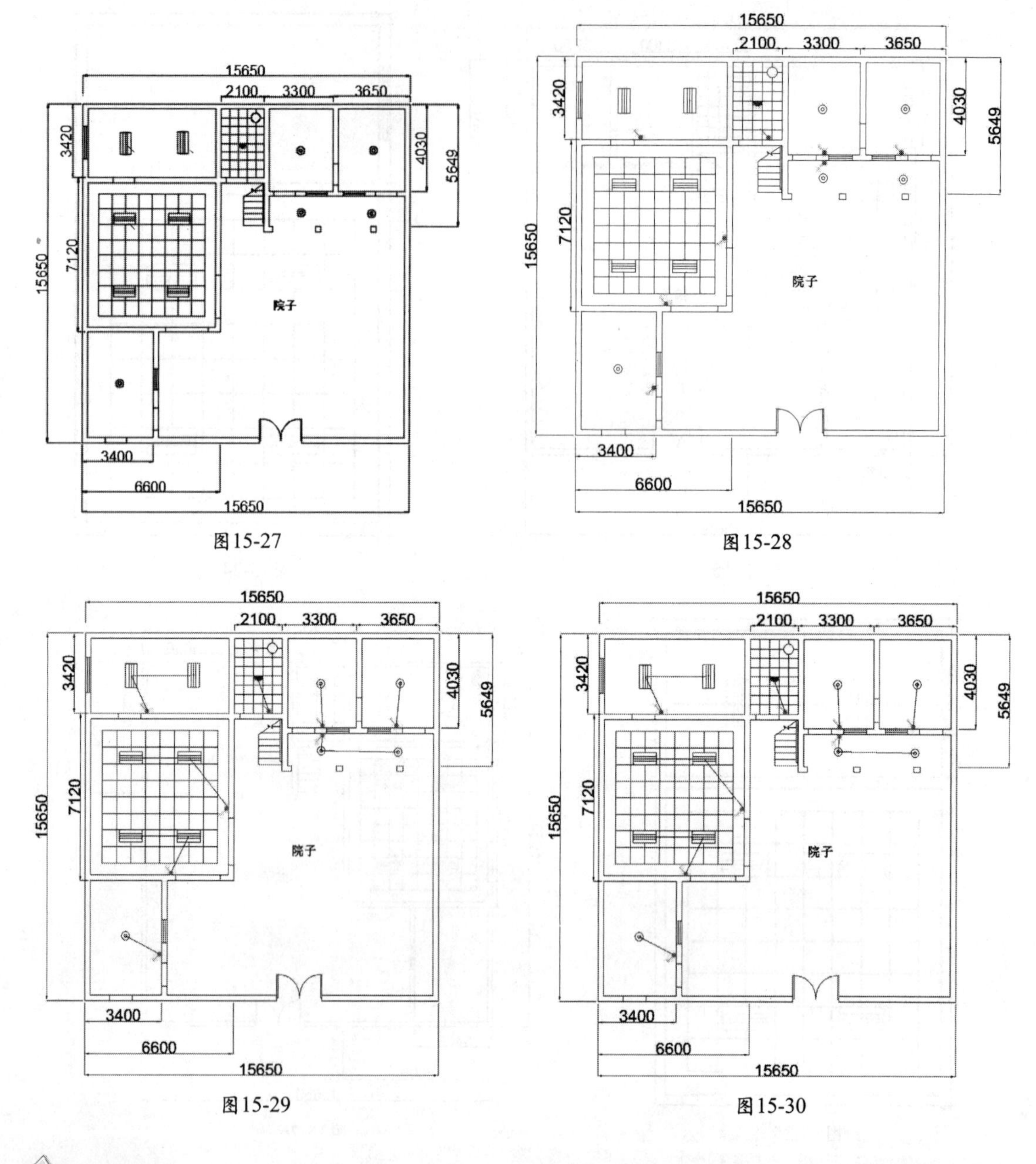

图15-27　图15-28

图15-29　图15-30

提　示

在图纸的绘制中，需要及时调整当前层，如绘制天花吊顶时就把天花吊顶层设置为当前层，在绘制线路时就把相应的线路图层设置成为当前层，这样方便以后的修改。

2. 二层天花照明平面图的绘制

01 与一层天花照明平面图一样，二层天花照明平面图也是在建筑图的基础上修改完成的，在本例中直接打开如图15-31所示的建筑图。

02 在命令行中输入“LAYER”命令，打开“图层特性管理器”选项板，新建“照明线路”和“天花吊顶”图层，并且把“天花吊顶”图层设置为当前图层。

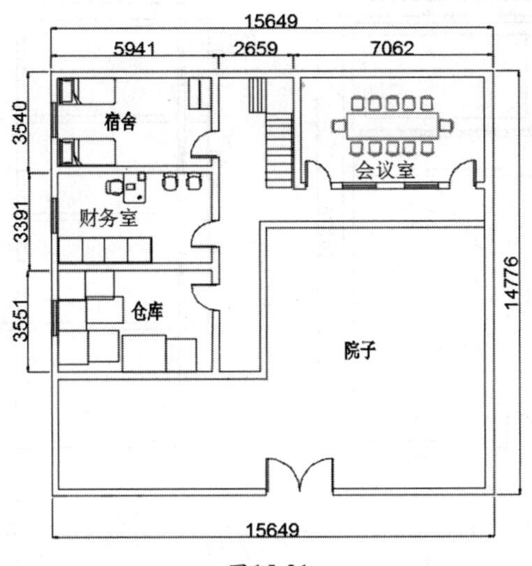

图15-31

03 把如图15-12所示的图块插入到图中。这里讲解另外一种调用图块的方法，在AutoCAD中，也可以不使用“INSERT ”命令来插入图块，而是像WORD中的那样，选择“复制”和“粘贴”命令来直接操作。由于AutoCAD 2015可以一次打开多个图，先打开一层天花照明平面图，选择要复制的对象，按【Ctrl+C】组合键，如图15-32所示。再选择“菜单浏览器”|“打开”|“图形”命令，如图15-33所示。在弹出的对话框中选择“二层天花照明平面图.dwg”选项，然后单击“打开”按钮，按【Ctrl+V】组合键，就可以直接把在另外一个图上复制的部分粘贴到本图上来。

图 例	名 称	型 号 规 格	安装方式	备 注
	暗藏灯带			
	防潮吸顶灯	250V.40W	吸顶	
	吸顶灯	250V.40W	吸顶	
	壁灯	250V.40W		
	斗胆灯		暗藏安装	
	双管日光灯	250V .2X40W	暗藏安装	
	三管日光灯	250V. 3X40W	暗藏安装	1200×600 格栅灯
	二联四空插座	AP86Z14A14 15A	暗装	三相空调插座
	单联三孔插座	AP86Z13A10 15A	暗装	空调插座
	单联五孔插座	AP86Z223A10 10A	暗装	
	单联单控翘板开关	AP86K11-10 10A	暗装1.3m	
	双联单控翘板开关	AP86K21-10 10A	暗装1.3m	
	三联单控翘板开关	AP86K31-10 10A	暗装1.3m	
	单联双控翘板开关	AP86K12-10 10A	暗装1.3m	
ZP	供电照明配电箱		暗装1.2m	

图15-32

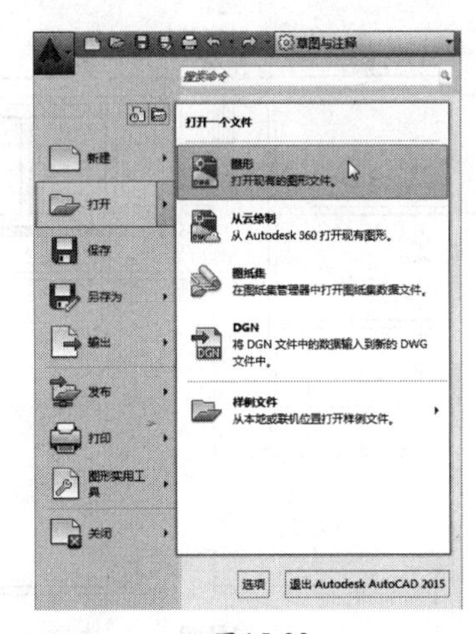

图15-33

04 选择“偏移”（OFFSET）命令，把会议室中的墙线向内偏移400mm，绘出吊顶的轮廓线，并且将多余的线条用“修剪”命令（TRIM）修剪掉，如图15-34所示。

05 选择“偏移”（OFFSET）命令，把会议室吊顶的东西两侧轮廓线各向内偏移1 400mm和1 700mm，绘出吊顶的分隔线，并且将多余的线条用“修剪”（TRIM）命令修剪掉，如图15-35所示。

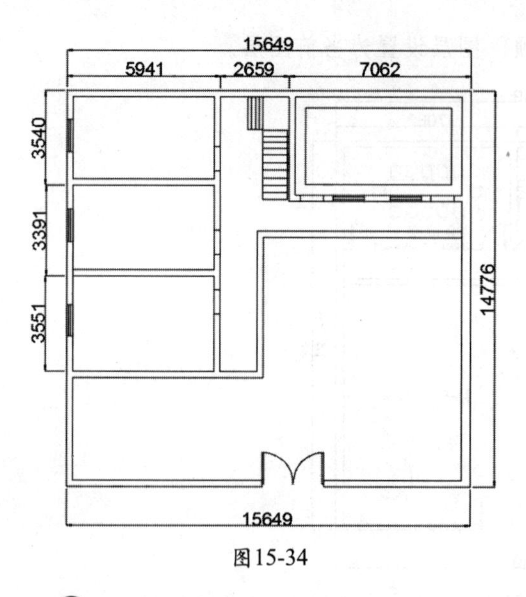

图15-34

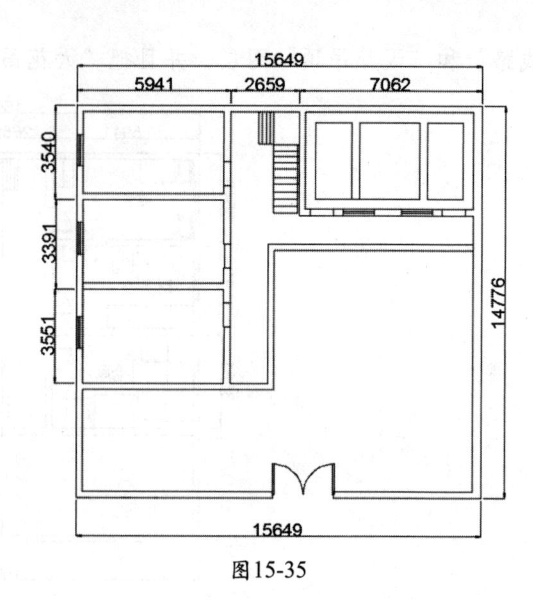

图15-35

06 选择“偏移”（OFFSET）命令，把办公室墙线向内偏移，东西两侧的墙线向内偏移1 000mm，南侧的墙线向内偏移1 200mm，绘制出日光灯的辅助线，如图15-36所示。

07 选择“复制”（COPY）命令，把日光灯复制到图示的位置，定位点是日光灯左上角交点对应辅助线左上角的交点，如图15-37所示。

提 示

按【F3】键打开“捕捉设置”，便于寻找精确的捕捉点。

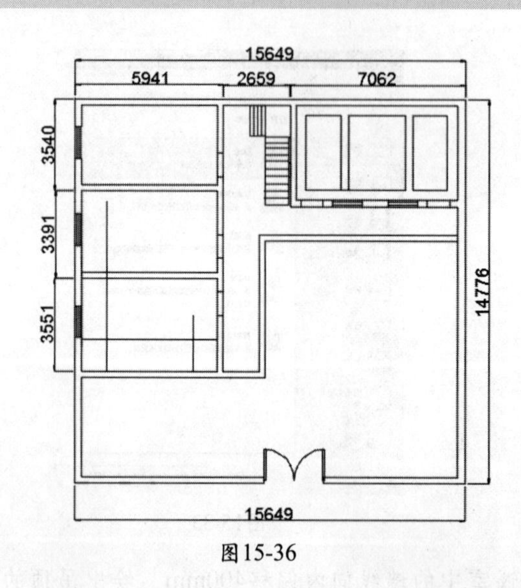

图15-36

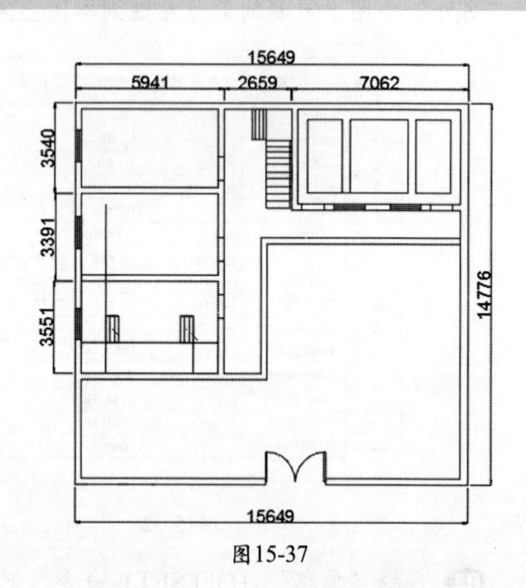

图15-37

08 使用“复制”工具，把日光灯复制到其他的办公室中，定位点是墙线的交点就可以了，连续复制几个日光灯，然后删除辅助线，如图15-38所示。

09 使用“复制”工具，把需要加上的开关和灯具放置到相应的位置，位置不需要精确定位，如图15-39所示。

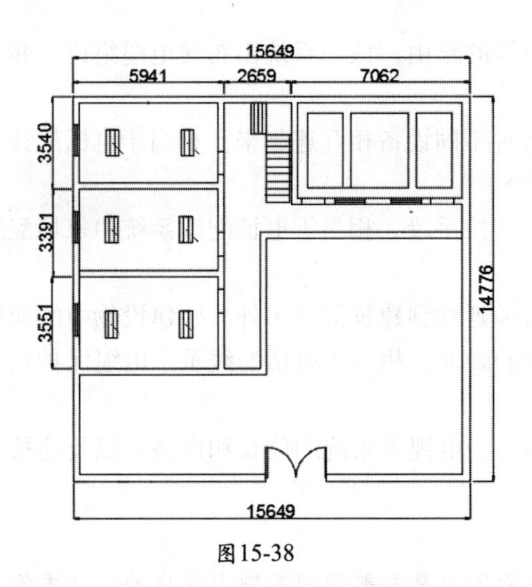

图15-38

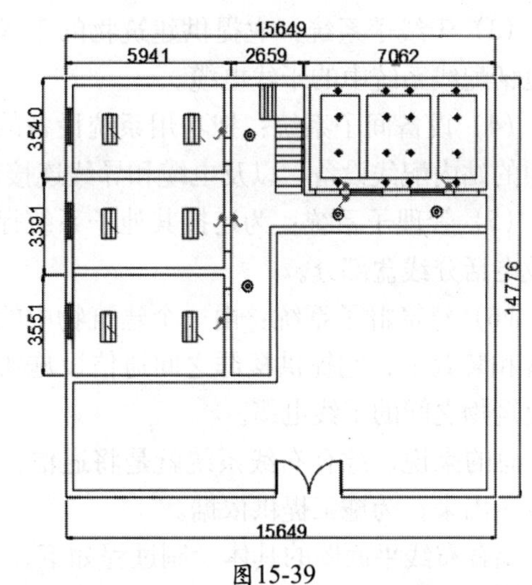

图15-39

⑩ 选择“直线”命令 把绘制的开关和灯具连接起来，绘制时要开启捕捉模式以便定位，如图15-40所示。

⑪ 选择“单行文字”命令 ，将文字标注加上，完成二层天花照明平面图的绘制，如图15-41所示（光盘：\场景\第15章\二层天花照明平面图.dwg）。

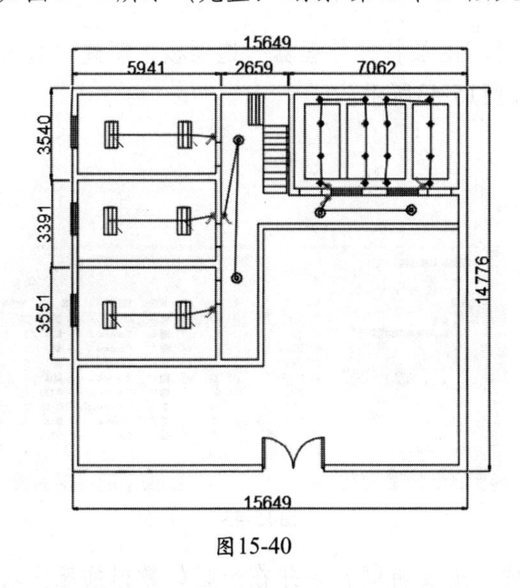

图15-40

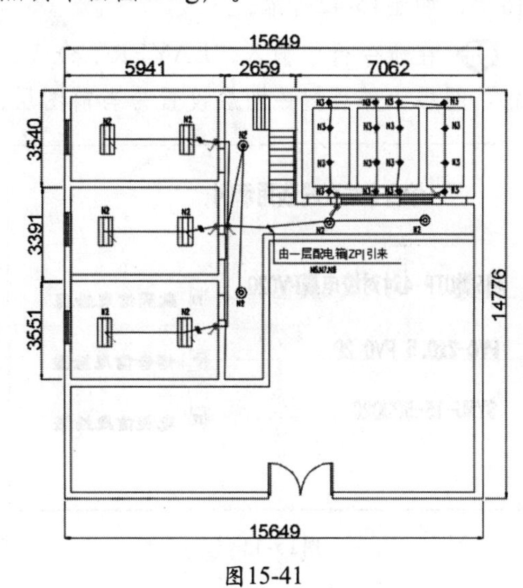

图15-41

15.6.4 绘制综合布线平面图

综合布线系统（GCS）是开放式结构，能支持电话及多种计算机的数据系统，还能支持会议电视、监视电视等系统的需要。相关标准将建筑物综合布线系统分为6个子系统。

（1）工作区子系统：由终端设备连接到信息插座的连线组成，它包括装配软线、连接器和连接所需的扩展软线，相当于电话配线系统中连接话机的用户线及话机终端部分。

（2）配线子系统：相当于电话配线系统中配线电缆或连接到用户出线盒的用户线部分。

（3）干线子系统：它提供建筑物的干线电缆的路由。该子系统由布线电缆组成，相当于电话配线系统中的干线电缆。

（4）设备间子系统：把功用系统设备的各种不同设备相互连起来。相当于电话配线系统中的站内配线设备，以及电缆和导线连接部分。

（5）管理子系统：为连接其他子系统提供连接手段。相当于电话配线系统中每层配线箱或电话分线盒部分。

（6）建筑群子系统：由一个建筑物中的电缆延伸到建筑群的另外一些建设物中的通信设备和装置上，它提供楼群之间通信设施所需的硬件。相当于电话配线重点电缆保护箱及各建筑物之间的干线电缆。

总的来说，综合布线系统就是将通信、网络和电视等系统的位置和设备，以及连接方式表示出来，为施工提供依据。

综合布线平面图的具体绘制过程如下。

01 与天花照明平面图一样，综合布线平面图也是在前图的基础上完成的，在本例中直接打开图15-10所绘制出的建筑图。

02 选择“插入”（INSERT）命令，打开“综合布线直线选用示例.dwg”文件（光盘：\素材\第15章\综合布线直线选用示例.dwg），插入到图中，以便在画图时能够随时调用图块，如图15-42所示。

03 在命令行中输入“LAYER”命令，打开“图层特性管理器”选项板，新建“数据线路”图层，并且把该图层设置为当前图层，如图15-43所示。

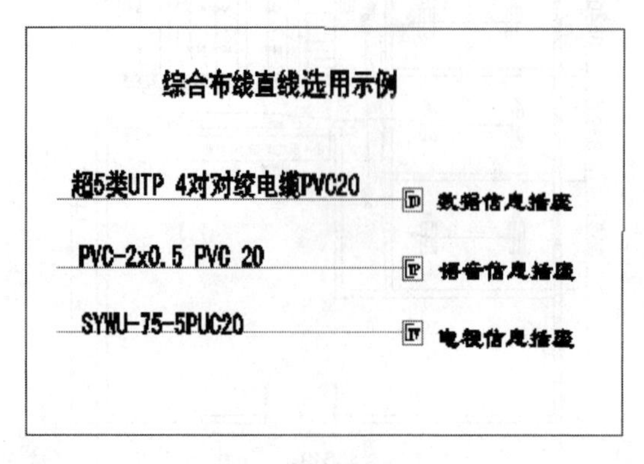

图15-42

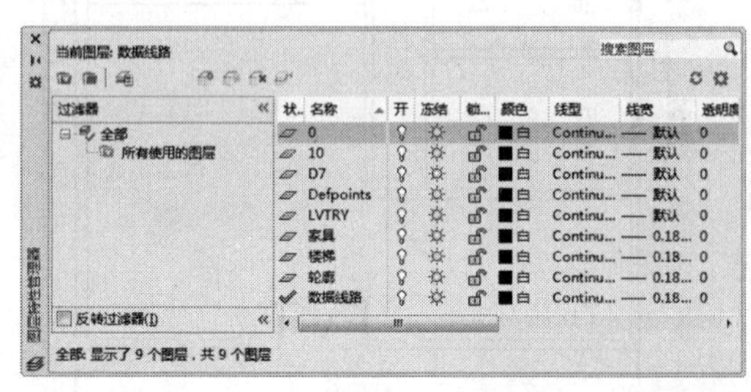

图15-43

04 由于数据插座在本图中是合并到一起的，需要再制作合并在一起的数据插座图块就要先把相关的“数据插座”图块用“分解”（EXPLODE）命令打散，再放到一起，如图15-44所示。

05 把“数据插座”图块中多余的线条删掉，修改成“数据插座1”和“数据插座2”，再选择“BLOCK”命令将他们编辑成两个同名图块，如图15-45所示。

06 把制作好的“数据插座”图块插入到图中，有些图块的方向若需要调整，就在插入图块以后使用“旋转”命令旋转90°，然后再放置到相应的位置，如图15-46所示。

07 把配线箱插入到图中，再选择“直线”命令，把绘制出的数据插座和配线箱连接起来，如图15-47所示。

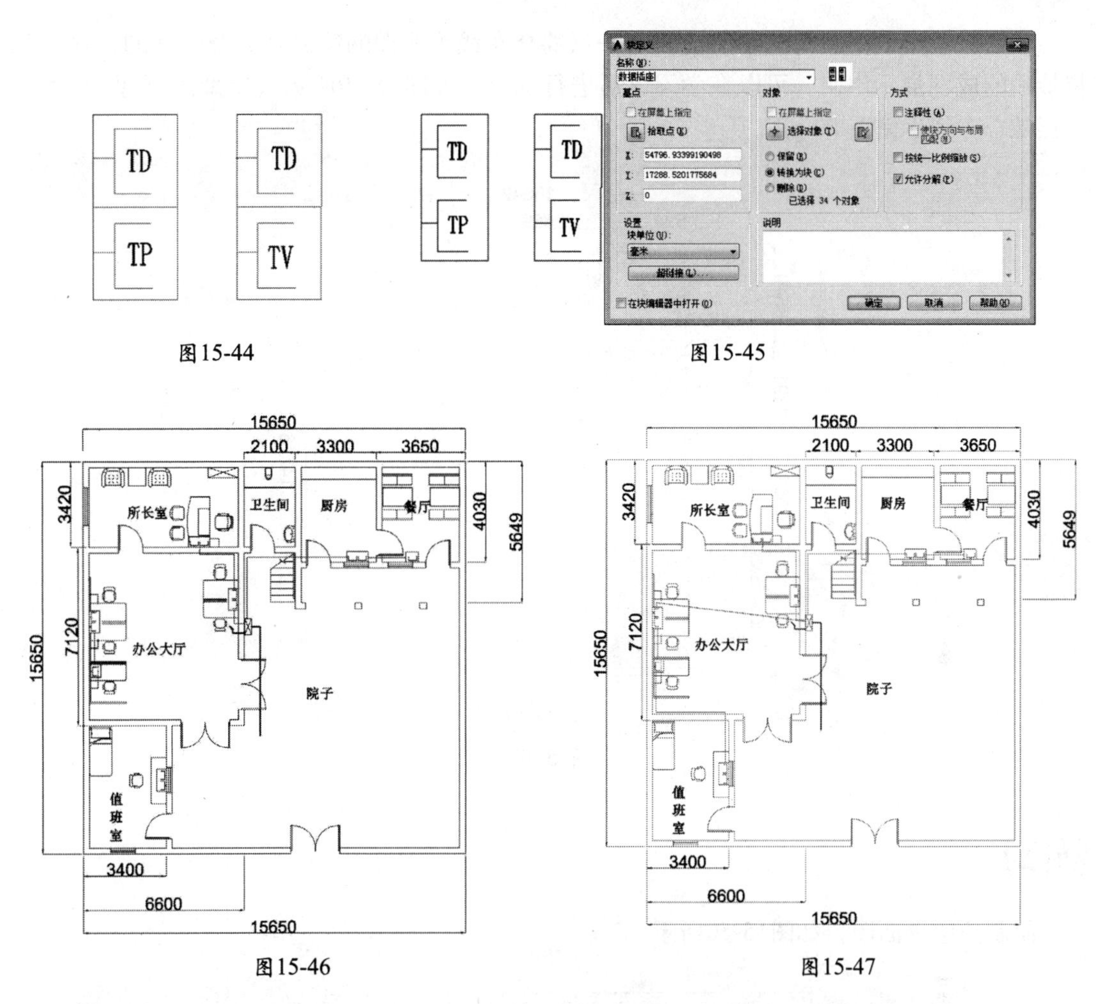

图15-44

图15-45

图15-46

图15-47

08 使用“单行文字”命令，将文字标注加上，完成综合布线平面图的绘制，如图15-48所示（光盘：\场景\第15章\一层综合布线平面图.dwg）。

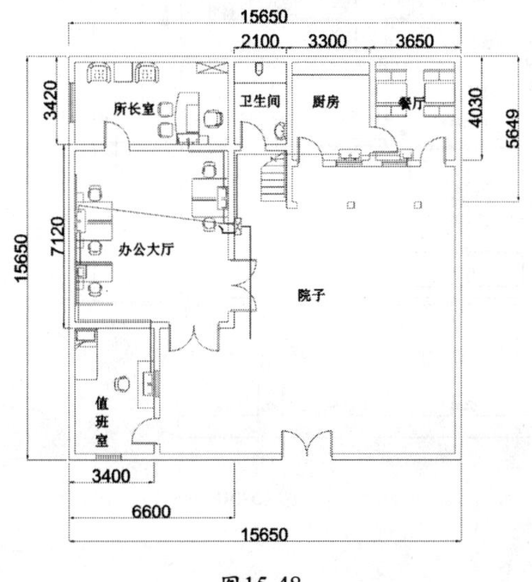

图15-48

二层综合布线平面图的绘制流程与一层综合布线平面图的绘制是完全一样的，这里只将最后的成图展示出来，可以在学习之后进行练习，如图15-49所示（光盘：\场景\第15章\二层综合布线平面图.dwg）。

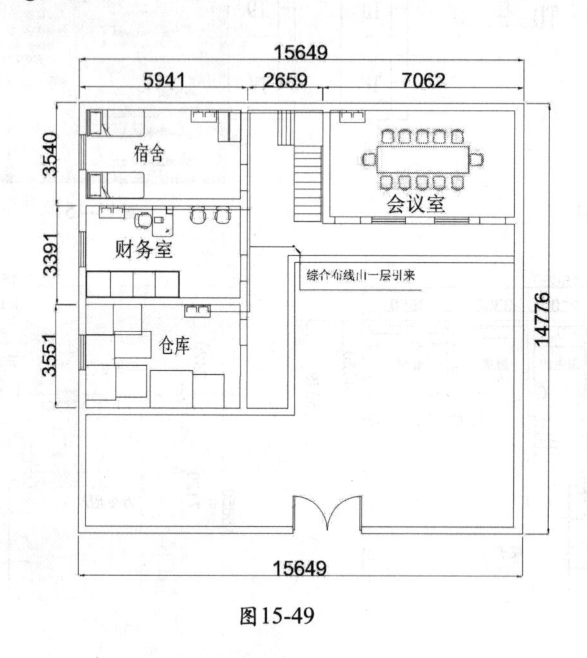

图15-49

练习

绘制插座平面图，如图15-50所示。

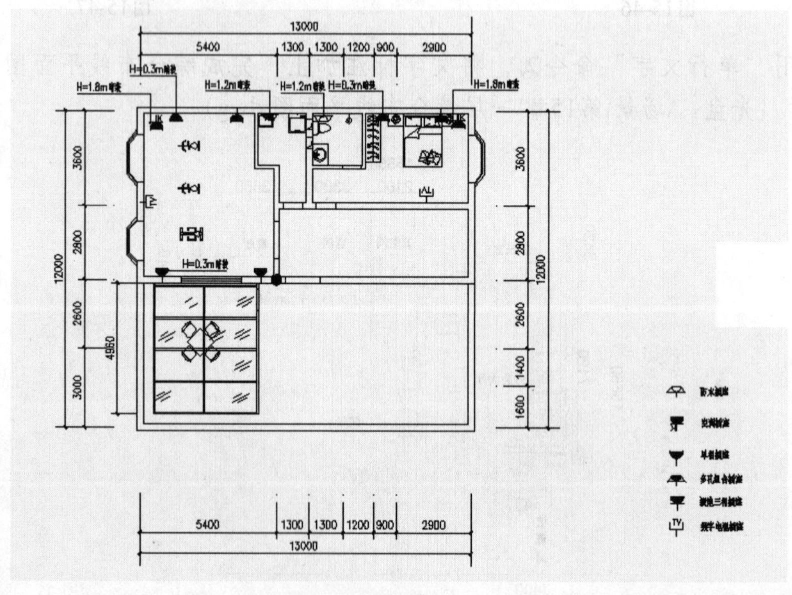

图15-50